3D游戏编程大师技巧（上册）

TRICKS OF THE 3D GAME PROGRAMMING GURUS

ADVANCED 3D GRAPHICS AND RASTERIZATION

[美] André LaMothe 著　　李祥瑞 陈武 译

人民邮电出版社
北京

图书在版编目（CIP）数据

3D游戏编程大师技巧 ： 全2册 / （美） 拉莫斯
(LaMothe, A.) 著 ； 李祥瑞， 陈武译. -- 北京 ： 人民邮
电出版社， 2012.7（2022.8重印）
ISBN 978-7-115-28279-8

Ⅰ. ①3… Ⅱ. ①拉… ②李… ③陈… Ⅲ. ①三维动
画软件—程序设计 Ⅳ. ①TP311.5

中国版本图书馆CIP数据核字(2012)第110639号

版权声明

3D 游戏编程大师技巧（上、下册）

◆ 著　[美] André　LaMothe
译　李祥瑞　陈　武
责任编辑　陈冀康
◆ 人民邮电出版社出版发行　北京市丰台区成寿寺路 11 号
邮编　100164　电子邮件　315@ptpress.com.cn
网址　https://www.ptpress.com.cn
北京九州迅驰传媒文化有限公司印刷
◆ 开本：800×1000　1/16
印张：69.5　2012 年 7 月第 1 版
字数：2260 千字　2022 年 8 月北京第 16 次印刷

著作权合同登记号　图字：01-2012-2890 号

ISBN 978-7-115-28279-8

定价：169.90 元（上、下册）（附光盘）

读者服务热线：(010)81055410　印装质量热线：(010)81055316
反盗版热线：(010)81055315
广告经营许可证：京东市监广登字 20170147 号

内容提要

本书是游戏编程畅销书作者 André LaMothe 的扛鼎之作，从游戏编程和软件引擎的角度深入探讨了 3D 图形学的各个重要主题。全书共分 5 部分，包括 16 章的内容。第 1～3 章简要地介绍了 Windows 和 DirectX 编程，创建了一个 Windows 应用程序模板，让读者能够将精力放在游戏逻辑和图形实现中，而不用考虑 Windows 和 DirectX 方面的琐事；第 4～5 章简要地介绍了一些数学知识并实现了一个数学库，供以后编写演示程序时使用；第 6 章概述了 3D 图形学，让读者对之后即将介绍的内容有大致的了解；第 7～11 章分别介绍了光照、明暗处理、仿射纹理映射、3D 裁剪和深度缓存等内容；第 12～14 章讨论了高级 3D 渲染技术，包括透视修正纹理映射、Alpha 混合、1/z 缓存、纹理滤波、空间划分和可见性算法、阴影、光照映射等；第 15～16 章讨论了动画、运动碰撞检测和优化技术。

本书适合于有一定编程经验并想从事游戏编程工作或对 3D 图形学感兴趣的人员阅读。

序

这是向程序员介绍从零开始创建下一代视频游戏所需技能的一本重要著作，很荣幸应邀为其作序。从绘制像素开始介绍创建实时 3D 引擎的著作并不多。以前，先进技术和 Atari 公司开发的粗糙游戏形成了鲜明的反差，对此进行反思时发现，我们确实曾致力于提高技术发展水平，但看起来收效甚微。

回顾过去，早期的游戏从技术的角度看根本算不上计算机游戏，它们不过是奇特的信号生成器，是使用计数器和基于布尔逻辑的移位寄存器的状态机，由拼凑而成的 MSI（中等规模集成）门组成。读者可能还记得我于 20 世纪 70 年代开发的第一款游戏——*Computer Space*，它面世的时间比 Intel 4004 早了 4 年，比 8080 早 6 年。我曾希望有微处理器来运行它！在那时候，对于任何重要的实时计算而言，典型的时钟速度太慢了。我们开发的第一款使用微处理器的游戏是 *Asteriods*，即使是这样，仍使用了大量的硬件来支持该程序，因为微处理器不能完成软件的所有工作。

当前，我们正在通向创建照片级图像的道路上迈进，虽然这种目标还未达到。能够动态地创建这样的图像确实令人兴奋。软件和硬件工具为游戏制作人员提供了非常强大的创建真实感游戏世界、环境和角色的功能。使用这些功能可以缩短游戏制作周期，增加财富，使开发新的游戏项目成为可能。

André LaMothe 不但谙熟这些技术，还有独特的"游戏感"。多年来，我见过很多精通尖端技术的专家，但缺乏编写优秀游戏必备的游戏感；而其他人有良好的游戏感，却是平庸的程序员。André不但是真正的游戏大师，还是软件大师，这一点在他撰写的每本著作中都表现得淋漓尽致。

在我们最近合作开发的一个项目中，André对尖端技术的精通、历史知识的广博以及对早期一些默默无闻游戏的了解之深，给我留下了深刻的印象。更值得一提的是，他竟然只花了 19 天的时间就为我编写了一款完整的游戏！了解一些成功案例很容易，但对败笔也了如指掌很难。是的，Atari 确实有一些糟糕的败笔，但如大家所知，我们也开发了很多著名的经典游戏。

希望读者喜欢本书，并以此为跳板，在未来开发出让我流连忘返的优秀游戏。

Atari 公司创始人
Nolan Bushnell

作者简介

André LaMothe 有 25 年的计算行业从业经验，拥有数学、计算机科学和电子工程等学位，是 20 岁时就在 NASA 做研究工作的少数几人之一。在 30 岁之前，他在硅谷的众多公司中从事过咨询工作，了解了公司运作，获得了多种领域的知识，如电信、虚拟现实、机器人技术、编译器设计、3D 引擎、人工智能以及计算和工程的其他领域的知识。

他创办的公司 Xtreme Game 公司一直是自成一体的游戏开发商和发行商。后来他创办了 Xtreme Games Developer Conference（XGDC），为游戏开发人员提供了费用更低廉的 GDC 替代品。

他参与了多个项目的开发工作，其中包括 eGamezone Networks——一个公平、有趣、没有任何广告的网络游戏分发系统。他还创建了一家公司——Nurve Networks 公司，为在乎价格的消费者和业余爱好者开发手持设备上的视频游戏系统。最后，他还是世界上最庞大的游戏开发系列丛书的编辑。

技术审校人员简介

David Franson 从 1990 年起开始从事网络、编程、2D/3D 计算机图形学等工作。2000 年，他辞去了纽约最大的娱乐律师事务所之一的信息系统总监职务，全身心地投入游戏开发工作。他还是 *2D Artwork and 3D Modeling for Game Artists* 的作者，这本书 2005 年已出版。

献　　词

谨以此书献给所有诚实正直的人们——人间正道是沧桑。您的举动不会默默无闻……

致　　谢

首先要感谢 Sams 出版社的全体员工。这里有必要说明一下，Sams 出版社有一套非常严格的图书出版流程，“大师技巧”系列图书都是完全按这种流程成书的。

感谢出版人 Michael Stephens、组稿编辑 Kim Spilker、可信赖的开发编辑 Mark Renfrow，当然还有确保一切工作顺利进行的项目编辑 George Nedeff。书中还有很多具体细节，这首先要感谢文字编辑 Seth Kerney，当然还有技术编辑 David Franson，他提供了包括摩托艇在内的一些 3D 模型以及演示程序中使用的众多纹理。

最后，本书如果没有附带光盘将是不完整的，感谢媒体开发人员 Dan Scherf；还要感谢无名英雄 Erika Millen 为本书制作了详细而完备的索引——这对于读者查找内容至关重要。

有一个特殊人物这里不能不提，那就是 Angela Kozlowski；她与我一道完成了本书前面的 1/4，帮助确定了整体框架，让所有其他人明白本书有多么重要和与众不同。在本书完成之前，她被调往其他岗位工作。

接下来要感谢那些为我提供、租借或帮助我获得软件和硬件的公司和个人。Intel 公司的 David Hackson 提供了最新的高级 C++和 Fortran 编译器以及 VTune， Caligari 公司的 Kristine Gardner 提供了各种版本的 trueSpace，微软公司的老朋友 Stacey Tsurusaki 给我提供了微软公司内部使用的尖端工具。当然，还有一些公司给我提供了其产品的评估版或允许我将其软件放到本书的附带光盘中，如 JASC 公司允许我使用 Paint Shop Pro，Sonic Foundry 允许我使用 Sound Forge，Right Hemisphere's Mary Alice Krayecki 提供了 Deep Exploration and Deep Paint UV 的拷贝。

接下来要感谢那些在我撰写本书期间提供帮助的朋友。我这个人“爱憎分明”，但正是这一点让我在聚会中很有趣！

回到正题，感谢 Mike Perone 帮助我获得“软件”并处理网络方面的问题；感谢 Mark Bell 耐心地倾听我抱怨——只有创业者才能理解我们经历的困境；感谢参与举办 Vintage 计算机节的 Sellam Ismail 提供大量非常棒且价格低廉的东西；感谢 John Romero 经常同我交流，让我相信这个行业中有那么有趣的人！

感谢 Nolan Bushnell 邀请我前往 uWink 公司并抽空与我讨论视频游戏，与创建 Atari 的人共度时光可是难得的机会！感谢他为本书作序。

另外，感谢我的新助手 Alex Varanese 容忍我喋喋不休地谈论尽善尽美、最后期限、超越极限、展望成功。

最后，感谢那些真正能够容忍我好斗、苛刻个性的人：母亲、父亲、耐心的女友 Anita，还有小狗 Ariel。

前　言

游戏编程原理和实践

很久以前，我编写了一本有关游戏编程的图书《Windows 游戏编程大师技巧》，终于实现了夙愿——为读者编写一本介绍如何制作游戏的图书。多年后，我在游戏编程方面的经验更加丰富，思想也更睿智，同时学会了更多游戏编程的技巧。读者即使没有阅读过《Windows 游戏编程大师技巧》，也能读懂本书；但需要提醒您的是，本书的内容更深，重点为 3D 游戏编程，要求读者具备众多的背景知识。

本书将续写和弥补《Windows 游戏编程大师技巧》没有涉及的内容，进一步探讨 3D 游戏编程的概念，在时间和篇幅允许的情况下，尽可能地涵盖 3D 游戏编程的每个重要主题。

当然，我不会假设读者是位大师级程序员且已经知道如何制作游戏。本书是为游戏编程新手编写的，针对的读者群是中高级程序员。如果读者不熟悉 C/C++编程，势必会在阅读本书的过程中深感迷惘。市面上有很多优秀的 C/C++图书，建议读者参考 Stephen Prata[1]或 Robert Lafore 的著作。在笔者看来，他们是世界上最棒的 C/C++图书作者。

当前是有史以来游戏行业最美好的时代。现在的技术足以让您创建出栩栩如生的游戏！想象一下即将出现的技术，PlayStation 2、Xbox 和 GameCube 都很酷。然而，这些技术掌握起来并不容易，您必须付出艰苦的努力。

当前，游戏编程的难度更高了，为制作游戏必须掌握更多的技能。然而，如果您正阅读这段文字，表明您乐于迎接挑战。算您找对了地方，阅读本书后，您将能够使用自己编写的软件光栅化模块，制作出支持纹理映射和光照效果的 3D PC 视频游戏。另外，您还将理解 3D 图形学的基本原理，更深入地认识与运用当前和未来的 3D 硬件。

内容简介

本书的内容极其丰富，涵盖了创建基于 Windows 9x/2000 的 PC 游戏所需的全部知识，其中包括以下主题：

- 《Windows 游戏编程大师技巧》中开发的引擎；
- Win32 编程和 DirectX 基础知识；
- 包括四元数在内的高等数学知识；

1　编者注：Stephen Prata 所著的《C++ Primer Plus 中文版第 6 版》由人民邮电出版社于 2012 年 5 月出版（978-7-115-27946-0，定价 99 元）。

- 2D/3D 图形学和算法；
- 3D 投影和相机操控；
- 线框和实心模式渲染；
- 光照和纹理映射；
- 高级可见性算法；
- 3D 动画技术。

读者可能会问，本书介绍如何使用 3D 硬件还是使用代码实现 3D 软件光栅化模块？

答案是后者。只有懦弱的人才依赖于 3D 硬件，真正的游戏程序员能够从头开始编写 3D 引擎，对这样的工作充满激情，同时知道如何使用 3D 硬件。本书将介绍真正的 3D 游戏编程，具备这些知识后，读者将能够在两三周内学会使用任何 3D API。

在作者看来，如果您知道如何编写纹理映射函数和观察系统，使用硬件时将更为得心应手。另外，您不能假设每台计算机都配置了优秀的 3D 硬件，这样的时代还没有到来；只因为计算机没有 3D 硬件就将其排除在目标市场之外是非常糟糕的，尤其是在您没有数百万的资金，又想进入游戏市场时。在这种情况下，您将从非 3D 加速的软件市场着手。

最后，读者肯定对“Windows-DirectX”有些担心。只要方法得当，Windows 编程实际上非常简单、有趣，DOS32 编程中的很多问题都不再会出现。不要将 Windows 编程视为障碍——它让我们能够将更多的时间花在游戏代码而不是诸如 GUI、I/O 和图形驱动程序等细节上。如果想为市面上所有的 2D/3D 加速硬件编写图形驱动器，就是日夜不停地干也干不完，况且还有声卡、游戏杆等硬件呢。

读者必须具备的知识

本书假定读者有很强的编程技能。如果您不懂如何编写 C 语言代码，不知道怎样使用编译器，将会在阅读本书时感到相当迷惘。本书还使用了一些 C++代码，这可能会让 C 语言程序员感到有些担心。不过也不用怕，我在做任何怪异的事情前将提醒读者。如果您需要 C++程序设计的速成课程，可参阅附录 D。基本上，本书只有有关 DirectX 的范例偶尔使用了 C++。

然而，我还是决定在本书中稍微多用些 C++，因为在游戏编程中，很多东西都是面向对象的，如果将它们设计成 C 语言风格的结构，简直是悖理逆天。总之，如果您能够使用 C 语言进行编程，那很好；如果能够使用 C/C++进行编程，阅读本书将完全不成问题。

众所周知，计算机程序是由逻辑和数学计算组成的。3D 视频游戏的重点在数学运算，数学在 3D 图形学中几乎无处不在。幸运的是，读者只需具备一些基本的代数和几何学知识即可；本书还将介绍有关向量和矩阵的知识。读者只要知道加、减、乘、除，就可以理解 90%以上的内容，虽然不能亲自推导。毕竟，最终的目的只是要能使用其中的代码。

本书的组织结构

本书由 6 部分组成。

- 第一部分——3D 游戏编程简介。简要地介绍游戏、Windows 和 DirectX 编程，将建立一个虚拟计算机接口，用于创建所有的演示程序。
- 第二部分——3D 数学和变换。介绍各种数学概念，创建一个供本书使用的完整数学库。这部分的最后几章涉及 3D 图形学、数据结构、相机和线框模式渲染等。

- 第三部分——基本 3D 渲染。讨论光照、基本着色、隐藏面消除和 3D 裁剪。
- 第四部分——高级 3D 渲染。讨论纹理映射、高级光照、阴影以及 BSP 树、入口等空间划分算法等。
- 第五部分——高级动画、物理建模和优化。介绍动画、运动、碰撞检测、简单物理建模等。另外，还将讨论层次型建模、加载大型游戏世界和众多的优化技术。

附带光盘的内容

附带光盘包含本书全部的源代码、可执行文件、范例程序、素材、软件程序、音效和技术文章，其目录结构如下。

```
Tricks 3D\

SOURCE\
        T3DIICHAP01\
        T3DIICHAP02\
                .
                .
        T3DIICHAP16\

TOOLS\
GAMES\
MEDIA\
         BITMAPS\
         3DMODELS\
         SOUND\


DIRECTX\


ARTICLES\
```

每个主目录都包含您所需的特定数据，具体情况如下。

- Tricks 3D：包含其他所有目录的根目录。请阅读 README.TXT 文件以便了解最后的修改。
- SOURCE：按章节顺序收录了书中所有的源代码。只需将整个 SOURCE\目录拷贝到硬盘上就可以使用。
- TOOLS：收录了各公司慷慨地允许我放入本光盘的演示版程序。
- MEDLA：可在您的游戏中随便使用的图像、声音和模型。
- DIRECTX：最新版本的 DirectX SDK。
- GAMES：大量演示了软件光栅化的共享版 2D、3D 游戏。
- ARTICLES：由 3D 游戏编程领域的许多老手撰写的启迪性文章。

附带光盘包含各种程序和数据，因此没有统一的安装程序，您需要自行安装不同的程序和数据。然而，在大多数情况下，只需将 SOURCE\目录拷贝到硬盘中就可以了。至于其他程序和数据，可以在需要时安装它们。

安装 DirectX

附带光盘中最重要的、必须安装的部分是 DirectX SDK 及其运行阶段文件。安装程序位于 DIRECTX\

目录中，该目录中还有一个 README.TXT 文件，阐明了最后的修改。

注意：必须安装了 DirectX 8.1 SDK 或更高版本（附带光盘中提供了 DirectX 9.0）才能使用本书的源代码。如果不能确定系统中是否已经安装了最新版本的 DirectX SDK，请运行安装程序进行确认。

编译程序

本书的程序是使用 Microsoft Visual C++ 6.0 编写的。然而，多数情况下，也可以任何与 Win32 兼容的编译器进行编译。尽管如此，我还是推荐使用 Microsoft VC++或.NET，因为用它们做这类工作最有效率。

如果您不熟悉您的编译器集成开发环境（IDE），编译 Windows 程序时肯定会遇到麻烦。因此，编译程序之前，请务必花些时间来熟悉编译器，至少达到知道如何编译控制台（console）程序“Hello World”的程度。

要编译生成 Windows Win32.EXE 程序，只需将工程的目标程序设置为 Win32.EXE，再进行编译。然而，要创建 DirectX 程序，必须在工程中包含 DirectX 导入库。您可能认为只要将 DirectX 库添加到包含路径（Include path）中即可，但这样不行。为避免麻烦，最好手工将 DirectX .LIB 文件包含到工程中，.LIB 文件位于 DirectX SDK 安装目录中的 LIB\目录下。这样将不会出现链接错误。在大多数情况下，需要下面这些文件。

- DDRAW.LIB：DirectDraw 导入库。
- DINPUT.LIB：DirectInput 导入库。
- DINPUT8.LIB：DirectInput8 导入库。
- DSOUND.LIB：DirectSound 导入库。
- WINMM.LIB： Windows 多媒体扩展库。

具体使用上述文件时，将更详细地介绍它们；当链接器指出“未知符号（Unresolved Symbol）”错误时，请检查是否包含了这些库。我不想从新手那里再收到有关这方面的电子邮件。

除 DirectX .LIB 文件外，还需要将 DirectX .H 文件放到头文件搜索路径中。另外，请务必将 DirectX SDK 目录放在搜索路径列表的最前面，因为很多 C++编译器带有旧版本的 DirectX，编译器可能在其 INCLUDE\目录下找到旧版本的头文件，而使用这些头文件是错误的。正确的位置是 DirectX SDK 的包含目录，即 DirectX SDK 安装目录中的 INCLUDE\目录。

最后，如果读者使用的是 Borland 产品，请务必使用 Borland 版本的 DirectX .LIB 文件，它们位于 DirectX SDK 安装目录中的 BORLAND\目录下。

目　　录（上册）

第一部分　3D 游戏编程简介

第二部分 3D 数学和变换

第 一 部 分

3D 游戏编程简介

第 1 章　3D 游戏编程入门

本章介绍一些基本的游戏编程主题，如游戏循环、2D 和 3D 游戏的差别等。最后将介绍一个很小的 3D 游戏，以帮助您正确地设置编译器和 DirectX。如果读者阅读过我的《Windows 游戏编程大师技巧》，可以考虑略读本章，并重点关注最后部分的内容；否则，即使您已经是一个中级或高级游戏程序员，也最好仔细阅读本章。本章主要包括下列内容：

- 简介；
- 2D/3D 游戏的元素；
- 游戏编程通用指南；
- 使用工具；
- 一个 16 位窗口游戏范例：*Raiders 3D*。

1.1 简　介

本书是我写作的 2D 和 3D 游戏编程系列的第二卷。第一卷《Windows 游戏编程大师技巧》主要介绍了如下内容：

- Windows 编程；
- Win32 API；
- DirectX 基础；
- 人工智能；
- 基本物理模型；
- 声音和音乐；
- 算法；
- 游戏编程；
- 2D 光栅和矢量图形。

本书是前一卷的续写。但是，即使您没有阅读过前一卷，仍可以从本书获得许多与实时 3D 图形相关的知识，以更好地进行 3D 编程。因此，本书将主要适合那些阅读过第一卷且对 3D 游戏编程感兴趣，或者已经是 2D 程序员且想从软件和算法的角度学习 3D 技术的读者。

考虑到这一点，本书将重点介绍 3D 数学和图形学，而对于与游戏编程有关的内容只作简要介绍。我认为您已经了解了这些内容——如果您还不了解这些内容，建议先阅读《Windows 游戏编程大师技巧》或其他优秀的游戏编程书籍，并在计算机上进行练习，以熟悉 Windows、DirectX 和游戏编程。

另一方面，即使您没有阅读过《Windows 游戏编程大师技巧》，且不了解游戏编程，仍可以从本书学习到一些知识，因为这是一本有关图形学的书籍。我们将在每章中逐步建立 3D 引擎，但是为了节省时间，我们将以《Windows 游戏编程大师技巧》中开发的基本 DirectX 引擎为基础。它将有助于处理 2D、声音、音乐、输入等。当然，该引擎是一个 DirectX 7/8 引擎，而 DirectX 8.0 以上版本所做的修改使 2D 编程更困难，因为 DirectDraw 已被集成到 Direct3D 中。我们将继续使用 DirectX 7/8 的接口，但在 DirectX 9.0 SDK 下进行编译。

注意：本书介绍软件和算法，而不是 DirectX，因此这些内容在 DOS 下也是适用的。只是需要适当的高级图形、I/O 和声音层，因此 DirectX 8.0+是一个合理的选择。如果读者是 Linux 用户，该引擎移植到 SDL 也是相当容易的！

因而，如果您阅读过《Windows 游戏编程大师技巧》，将很熟悉该引擎及其函数；否则，可将其视为一个黑盒 API（当然其中包括源代码），因为本书将逐步在该引擎中加入 3D 功能。

不用担心，下一章将介绍整个 2D 引擎及其结构，您将知道每一个函数的功能；我还将提供一些演示程序，帮助您熟悉使用《Windows 游戏编程大师技巧》中创建的基本 DirectX 引擎。

本书将从一种通用的角度来介绍图形系统。本书的代码将以《Windows 游戏编程大师技巧》中创建的引擎为基础，该引擎是以标准的线性寻址方式建立一个双缓存图形系统。

要将代码移植到 Mac 或 Linux 平台上，只需要几小时或一个周末。本书的目标是以一种通用的角度介绍 3D 图形学和数学。DirectX 所处的 Windows 平台是当前最流行的计算机操作系统，因此将以它为基础进行介绍。本书的重点是高级的概念。

我编写过大约 20 个 3D 引擎，它们都保存在我的硬盘中。但是在编写本书时，我想随着本书的进度编写一个新的 3D 引擎，因此是为本书编写一个引擎，而不是编写一本关于引擎的书。本书不是讨论 3D 引擎，而是介绍如何编写 3D 引擎。因此，我并不清楚最后将得到一个什么样的 3D 引擎！实际上，我对于将会看到什么感到非常兴奋。我争取编写一个类似于 Quake 的 6DOF（degree of freedom，自由度）引擎，但谁知道结果将如何呢？您将学习创建 Quake 引擎所需要的所有知识，但我将重点介绍室外引擎或其他内容——谁知道呢。关键是本书将提供一个学习过程，而不是充满了作者注释的典型代码。我想您很清楚我在说什么！

最后，阅读过《Windows 游戏编程大师技巧》的读者可能还会注意到，本书中有些地方与该书相同。实际上，我没有办法一点也不重复前一本书中的内容，而直接介绍 3D 图形学。我不能假定每个人都购买了《Windows 游戏编程大师技巧》，也不能强迫他们去购买。总之，本书的前几章包含一些与 DirectX、引擎和 Windows 相关的内容。

1.2　2D/3D 游戏的元素

首先回顾一下视频游戏程序与其他程序的区别。视频游戏是一些相当复杂的软件。毫无疑问，它们是最难编写的程序。的确，编写类似于 MS Word 之类的软件要比编写星星游戏困难，但编写类似于 Unreal、Quake Arena 或 Halo 之类的游戏要比编写我所能想象到的任何其他程序都困难——包括军队武器控制软件！

这意味着您必须学习一种有利于实时应用程序和仿真的全新编程方式，而不是您习惯的单线、事件驱动或顺序逻辑程序。一个视频游戏本质上是一个持续不断的循环，它执行逻辑并在屏幕上绘制图像——通常以 30～60 帧/秒或更高的速度进行绘制。这类似于电影放映方式，不同的是您将控制电影的情节发展。

首先来看一个简化的游戏循环，如图 1.1 所示。

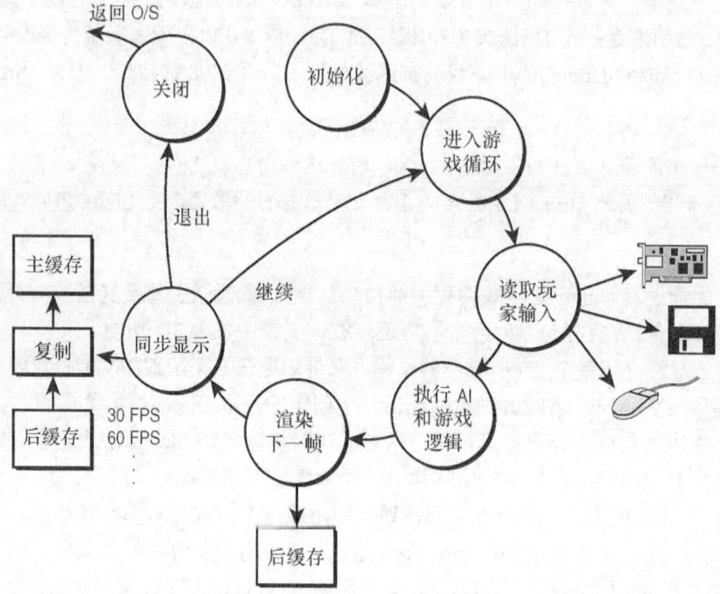

图 1.1　通用游戏循环体系结构

接下来的几个小节将介绍游戏循环的各个部分。

1.2.1　初始化

这部分执行与其他任何程序类似的标准操作，如内存分配、资源获取、从磁盘加载数据等。

1.2.2　进入游戏循环

这部分进入主游戏循环。用户将在这里不断地执行动作，直到退出主循环为止。

1.2.3　读取玩家输入

这部分处理玩家输入，或将其存储到缓冲区中，供 AI 和游戏逻辑使用。

1.2.4　执行 AI 和游戏逻辑

这部分包含游戏代码的主体部分，将执行人工智能、物理系统和通用游戏逻辑，并根据结果在屏幕上绘制下一帧。

1.2.5　渲染下一帧

在这一部分中，将根据玩家输入以及游戏 AI 和逻辑的执行结果，生成下一个游戏动画帧。这种图像通常在离屏（offscreen）缓存中绘制，因此用户无法看到渲染过程。下一帧图像被快速复制到可视区域，产生动画影像。在基于 3D 软件的引擎中，将由一个非常复杂的 3D 图形流水线来渲染构成世界的成千上万（甚至数百万）个多边形；在基于 OpenGL 或 Direct3D 的 3D 硬件加速引擎中，大部分工作都由硬件来承担。

1.2.6　同步显示

很多计算机的速度将因当前执行的游戏的复杂度而提高或降低。例如，如果屏幕上有 1000 个物体，CPU 的负载将比只有 10 个物体时重。因而，游戏的帧频将改变，这是不可接受的。因此，必须使用定时函数或等待函数，同步游戏到某个最大帧频，并保持该帧频。通常，30 帧/秒是可接受的最小帧频，60 帧/秒是比较理想的帧频。将帧频提高到 60 帧/秒以上没有多大意义，因为人的大脑很难处理超过 60 帧/秒的信息。

注意：尽管有些游戏在理论上可以达到 30～60 帧/秒的速率，但帧频会随着 3D 渲染的复杂度增加而下降。如果在代码的游戏逻辑、物理模型和 AI 部分使用基于时间的计算，将可在某种程度上保持显示速率尽可能地稳定。也就是说，如果在运动和动画控制中使用时间（t）进行计算，将得到显示速度更加稳定的动画。

1.2.7　循环

这部分相当简单，只需返回到游戏循环的开头，然后重新执行整个循环。

1.2.8　关闭

这是游戏的末尾，意味着用户已经退出游戏主体或游戏循环，并返回到操作系统。但是，与任何其他软件一样，需要在返回操作系统之前释放占用的所有资源，并清理系统。

现在，您可能想要知道真正游戏循环的所有细节。的确，上面的介绍有点过于简单，但是它包括了游戏的精华部分。实际上，在大多数情况下，游戏循环是一个包含多种状态的 FSM（finite state machine，有限状态机）。例如，下面的程序清单更详细地说明了 C/C++游戏循环。

程序清单 1.1　一个简单的游戏事件循环

```
// 表示游戏循环状态的常量
#define GAME_INIT       // 游戏正在初始化
#define GAME_MENU       // 游戏处于菜单模式
#define GAME_START      // 游戏将开始运行
#define GAME_RUN       // 游戏正在运行
#define GAME_RESTART    // 游戏将重新启动
#define GAME_EXIT       // 游戏正在退出

// 全局变量
int game_state = GAME_INIT; // 游戏状态
int error   = 0;    // 用于将错误发回给操作系统


// 主循环

void main()
{
// 主游戏循环的实现

while (game_state!=GAME_EXIT)
  {
  // 检查游戏循环状态
    switch(game_state)
  {
```

```
    case GAME_INIT: // 游戏正在初始化
      {
      // 分配所有内存和资源
      Init();

      // 切换到菜单模式
      game_state = GAME_MENU;
      } break;

     case GAME_MENU: // 游戏处于菜单模式
       {
       // 调用主菜单函数，让它来切换状态
       game_state = Menu();
       // 可以在这里直接切换到运行状态
       } break;

     case GAME_START:  // 游戏要运行了
       {
       // 这种状态是可选的，但通常用于为游戏运行做准备
       // 还可以做一些清理工作
       Setup_For_Run();

       // 切换到运行状态
       game_state = GAME_RUN;
       } break;

     case GAME_RUN:  // 游戏正在运行
        {
        // 这部分包含整个游戏逻辑循环

        // 清屏
        Clear();

        // 读取输入
        Get_Input();

        // 执行逻辑和 AI
        Do_Logic();

        // 显示下一帧
        Render_Frame();

        // 将显示速度同步到 30 帧/秒+
        Wait();

        // 改变游戏状态的唯一方式是通过用户交互
        } break;

        case GAME_RESTART: // 游戏重新启动
          {
          // 这部分是清理状态
          // 用于在重新运行游戏之前解决遗留问题
          Fixup();
          // 切换到菜单模式
          game_state = GAME_MENU;
          } break;

       case GAME_EXIT:  // 游戏正在退出
          {
          // 如果游戏处于这种状态
          // 则释放占用的所有资源
```

```
        Release_And_Cleanup();

        // 设置 error 变量
        error = 0;

        // 这里不用切换状态
        // 因为处于退出状态后，在下一次循环中，代码将退出循环，返回到操作系统
        } break;

    default: break;
    } // end switch

  } // end while

// 将错误代码返回给操作系统
return(error);

} // end main
```

尽管上面的代码并不能真正运行，但是您可以通过研究它们来了解真正游戏循环的结构。所有游戏循环（包括 2D 和 3D 游戏）都以某种方式采用这种结构。图 1.2 说明了游戏循环逻辑的状态切换图。正如读者看到的，状态切换是一个序列化过程。

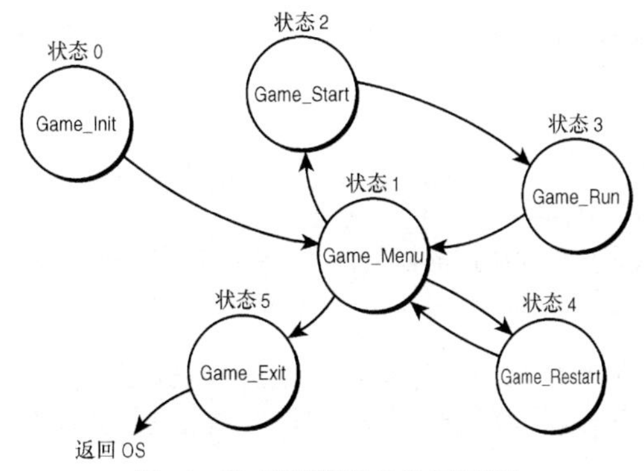

图 1.2　游戏循环逻辑的状态切换图

1.3　通用游戏编程指南

下面介绍通用游戏编程技术和思想，您应该学习并尽可能采用这些技术和思想，从而更容易地进行游戏编程。

首先，视频游戏是一种超高性能计算机程序。这意味着您将不能在时间关键代码部分和内存关键代码部分使用高级 API。从很大程度上说，您必须自己编写与游戏代码内部循环有关的一切内容，否则您的游戏将无法达到所需要的速度和性能。显然，这并不是说您不能信任像 DirectX 之类的 API，因为 DirectX 是作为一种高性能 API 编写的，并且进行了最大限度的精简。但是一般来说，您应该避免调用基于 Win32 API 的高级函数。例如，您可能认为 memset() 函数的速度相当快，但它只使用单字节进行填充。更好的填充方法是使用 QUAD（四元数），因为它可以一次写入 4 字节。例如，下面是我编写的用于 4 字节填充的内嵌汇编语言函数：

```
inline void Mem_Set_QUAD(void *dest, UINT data, int count)
{
// 这个函数填充 32 位对齐内存
// count 为 QUAD 数目

_asm
  {
  mov edi, dest  ; edi 指向目标内存
  mov ecx, count ; 要移动的 32 位字数
  mov eax, data  ; 32 位数据
  rep stosd     ; 移动数据
  } // end asm

} // end Mem_Set_QUAD
```

下面是使用 WORD（2 字节数据）进行填充的函数：

```
inline void Mem_Set_WORD(void *dest, USHORT data, int count)
{
// 这个函数填充 16 位对齐内存
// count 为 WORD 数目

_asm
  {
  mov edi, dest  ; edi 指向目标内存
  mov ecx, count ; 要移动的 16 位字数
  mov ax, data  ; 16 位数据
  rep stosw     ; 移动数据
  } // end asm

} // end Mem_Set_WORD
```

在有些情况下，这几行代码可以使游戏的帧频提高 2～4 倍！因此，当您考虑使用 API 调用时，需要清楚该 API 调用执行了哪些操作。

注意：奔腾 III、4 或更高级别的 CPU 支持 SIMD（Single Instruction Multiple Data，单指令多数据）指令，使得能够并行执行简单数学运算，因此优化基本数学运算的空间，如向量和矩阵计算，这将在后面介绍。

下面来看一看进行游戏编程时需要记住的一些技巧。

- 对您所做的工作进行备份。编写游戏代码时，很容易导致系统锁死。重新执行编写排序算法是一件事情，而重新编写角色的 AI 和冲突检测则是另一件事情。
- 开始游戏项目时，需要进行良好的组织。在项目中使用合理的文件名称和目录名称，使用一致的变量命名规则，并尽可能使用单独的目录存储图形和声音数据，而不要将所有内容存放到一个目录中。
- 使用内嵌函数。可以使用编译指令 inline 来完全避免函数调用。编译指令 inline 将使编译器尽可能地把源代码加入到函数调用的位置，从而不必进行实际的函数调用。当然，这将会使程序变大，但是程序的速度更为重要。下面是一个范例：

```
inline void Plot_I(int x, int y, int color)
{
// 在屏幕上绘制一个像素
video_buffer[x + y*MEMORY_PITCH] = color;
} // end Plot_I
```

这里没有使用全局变量，因为编译器将执行相同类型的数据别名处理（data aliasing）。但是，如果在函数调用之间只有一两个参数发生改变，则使用全局变量将非常方便，因为未改变的变量值将可以继续使用，

而不需要重新加载。

● 尽可能使用 32 位变量而不是 8 位或 16 位变量。奔腾以上的 CPU 都是 32 位 CPU，而安腾是 64 位的 CPU。这意味着它们不擅长处理 8 位或 16 位数据。实际上，更小的数据将会由于高速缓存和其他相关的内容寻址问题，降低程序的速度。例如，您可能创建一个类似如下的结构：

```
struct CPOINT
{
short x,y;
unsigned char c;
} // end CPOINT
```

尽管这个结构看起来不错，但实际上并非如此！首先，该结构本身的长度为 5 个字节（(2 * sizeof(short) +sizeof（char)) = 5）。这是相当糟糕的，将导致内存寻址的性能相当差。更好的方法是使用如下结构：

```
struct CPOINT
{
int x,y;
int c;
} // end CPOINT
```

注意：C++语言中的结构与类很相似，只是其默认可见性为 PUBLIC。

这个新结构要好得多。首先，它所有的元素大小相同——即 sizeof (int) = 4 字节。因而，可以使用一个指针在 DWORD 边界上递增，访问它的任何成员。当然，现在新结构的大小为（3 * sizeof (int)) =12 字节，但是它是 4 的倍数（即与 DWORD 边界对齐）；这将可以在相当大程度上改善程序的性能。

实际上，要想事情更完善些，可以填充所有结构，使得它们的尺寸为 32 字节的倍数。这是最优长度，因为在奔腾类处理器中，标准芯片级高速缓存线为 32 字节。可以手工进行填充，也可以使用编译器指令自动进行填充（这种方法更容易）。当然，这样可能会浪费一些内存，但是相对于所获得的速度而言它是值得的。

● 不要害怕使用全局变量。许多视频游戏在对于时间要求很严格的函数中都不使用参数，而是简单地使用全局参数。例如，对于如下函数：

```
void Plot(int x, int y, int color)
{
// 在屏幕上绘制一个像素
video_buffer[x + y*MEMORY_PITCH] = color;
} // end Plot
```

函数体所花费的时间比函数调用还要少！这是由于参数进栈和出栈而引起的。在这种情况下，更好的方法是先创建一个全局参数，并在调用函数前给它赋值：

```
int gx,gy,gz,gcolor; // 声明一些全局变量

void Plot_G(void)
{
// 根据全局变量来绘制像素
video_buffer[gx + gy*MEMORY_PITCH] = gcolor;

} // end Plot_G
```

● 以 RISC（Reduced Instruction Set Computer，精简指令集计算机）方式进行编程。使得您的代码尽可能简单。奔腾类处理器特别适合处理简单指令，而不太擅长处理复杂指令。另外，通过使用简单指令使代码变得更长，将会使编译器更加容易处理。例如，不要编写类似如下的代码：

```
if (x+=(2*buffer[index++])>10)
{
// 执行处理
} // end if
```

而应该修改成如下代码：

```
x+=(2*buffer[index]);
index++;

if (x > 10)
{
// 执行处理
} // end if
```

使用后一种编码方法的原因有两个。首先，它允许调试器在代码段之间设置断点；其次，它使编译器更容易地为奔腾系列 CPU 简化代码，从而允许它使用多个执行单元并行处理更多代码。复杂的代码是相当糟糕的！

- 对于整数乘以 2 的幂这种简单运算，应使用二进制移位。因为所有数据在计算机中都是以二进制形式存储的，所以将数据向左移位或向右移位分别对应于乘法和除法。例如：

```
int y_pos = 10;

// 将 y_pos 乘以 64
y_pos = (y_pos << 6); // 2^6 = 64

// 将 y_pos 除以 8
y_pos = (y_pos >> 3); // 1/2^3 = 1/8
```

当然，在当今时代（尤其是在奔腾 4 上），有一些单循环乘法，但是移位将总是计算乘以 2 或除以 2 时最快的方法。

- 编写高效的算法。任何汇编语言也不能使 O（*n*2）算法变快。最好是使用干净、高效的算法。
- 不要在编写代码过程中优化代码。在编写游戏代码时，经常会忍不住去进行优化。这通常都是在浪费时间。等到已经完成一个主要代码块或已经完成游戏编码后，再进行仔细的优化（Intel 的 VTUNE 是一个很好的优化工具）。这将会节省大量时间，因为您不需要处理那些模糊的代码或不必要的优化。完成游戏编码之后，才是真正开始进行优化工作的时候。另一方面，不要编写不清晰的代码。
- 慎用 C++。如果您是一名经验丰富的专家，可以按所想的去做，但是不要过度地使用类或者重载一切东西。最后，简单、直观的代码是最好的代码，并且最容易进行调试。我从来不想看到多重继承！如果对于 Doom 和 Quake，C 语言已经足够了，则没有理由去使用 C++。如果它有所帮助，那很好；如果没有帮助，则不要在游戏编程中使用它，直到您非常熟悉游戏编程和 C++。
- 如果您发现所采取的路线很困难，则应该马上停止，然后备份，并想办法绕过该困难。我曾经见过许多程序员因为采用了糟糕的编程路线而最终葬送了他们的前程。您应该意识到，犯一个错误并重新编写 500 行代码，要比采用一个不好的编码结构强得多。因此，如果您在编程过程中发现了问题，应重新进行评价，并确认您所节省的时间是值得的。
- 对于简单对象，不要编写复杂的数据结构。不能因为链表功能强大，而在知道元素为 256 个的情况下，不使用数组而使用链表。在这种情况下，只需静态地分配数组，然后直接使用它。视频游戏编程中 90%的工作是数据操作。保持数据尽可能简单并可见，以便可以迅速访问它并执行所需的操作。确保数据结构与需要解决的问题相称。

1.4 使用工具

在过去，编写视频游戏的工具无非是文本编辑器以及自编的绘图和声音程序。但是在今天，事情要稍微复杂些。要编写 3D 游戏，至少需要 C/C++编译器、2D 绘图程序、声音处理程序以及某种 3D 建模程序（除非您想要以 ASCII 格式输入所有 3D 模型数据）。另外，如果要使用任何 MIDI 音乐，还将需要一个音乐序列化程序。

下面来看一些比较流行的产品以及它们的功能。

- C/C++编译器：对于 Windows 9x/Me/XP/2000/NT 开发，最好的编译器当然是 MS VC++，如图 1.3 所示。它可以做您需要它做的一切事情。它所生成的.EXE 程序是执行速度最快的代码。Borland 公司的编译器功能也很强大（且价格更便宜一些），但它的功能相对来说要少一些。不管哪个编译器，您都不需要其全功能的版本——能生成 Win32 .EXE 文件的学习版足够了。

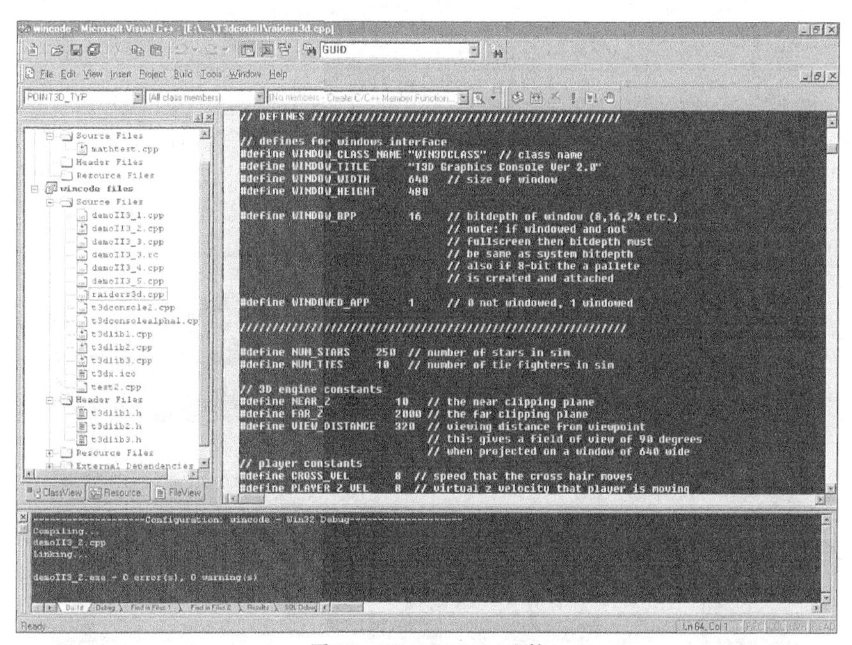

图 1.3　Microsoft VC++环境

- 2D 位图绘图软件：需要一个绘图程序，用于绘图或图像处理。绘图程序主要用于让您按像素来绘制图像并对图像进行操作。据我所知，Corel 公司的 Paint Shop Pro 软件（如图 1.4 所示）的性价比最高。但大多数人最喜欢的是 Adobe Photoshop，其功能更强大。

- 2D 矢量绘图软件：另一方面，绘图程序允许用曲线、直线和其他 2D 几何图形构造图像。这种类型的程序不是必需的，但如果需要，Adobe Illustrator 是很好的选择。

- 图像后处理：图像处理软件是您所需的最后一种 2D 绘图程序。这些程序大多用于进行图像后处理，而很少用于创建图像。在这一方面，大多数人都喜欢选择 Adobe Photoshop，但是我认为 Corel Photo Paint 更好——哪一个更好，需要您自己决定。

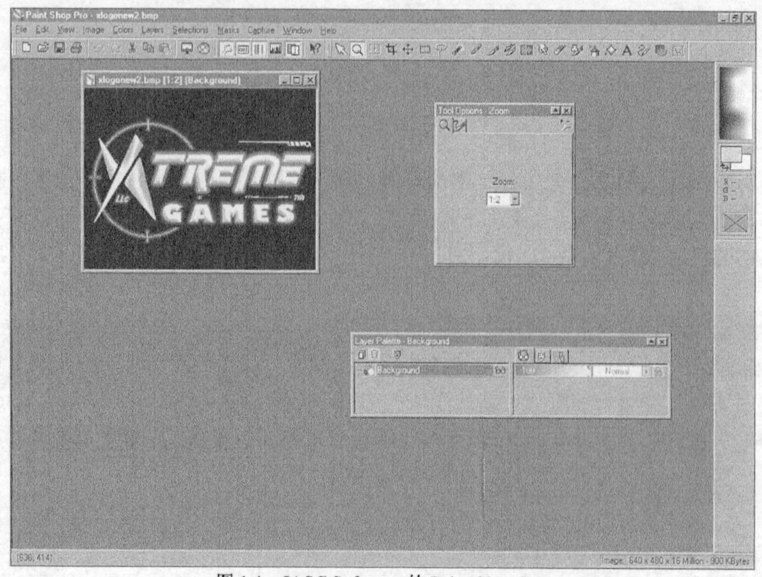

图 1.4　JASC Software 的 Paint Shop Pro

● 声音处理软件：在当今游戏使用的声音 FX 中，90%以上都是数字取样的。要对这种类型的声音数据进行处理，需要一个数字声音处理程序。在这方面，Sound Forge（如图 1.5 所示）是最好的程序之一。它是迄今为止我所见过的最复杂的声音处理程序之一，也是使用起来最简单的。我现在还在不断发现它的新功能！Cool Edit Pro 的功能也非常强大，但我很少使用它。

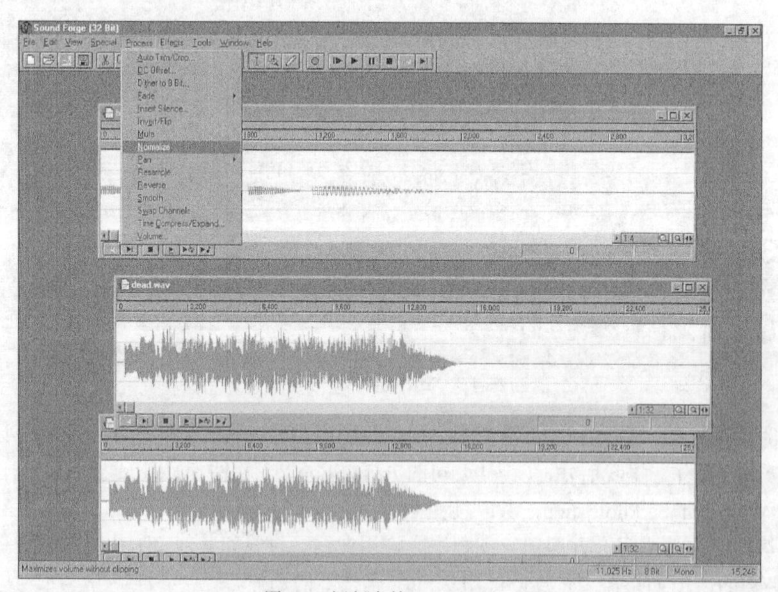

图 1.5　运行中的 Sound Forge

● 3D 建模程序：3D 建模程序的选择是最具挑战性的。3D 建模程序可能需要花费数万美元，但是近来也出现了很多价格便宜的建模程序，它们也有创建动画所需的功能。对于简单到中等规模的 3D 模型和动画，我主要使用一个名为 Caligari trueSpace 的建模程序，如图 1.6 所示。我认为它是性价比最高的建模程序——只需要几百美元，同时具有最好的界面（在我看来）。

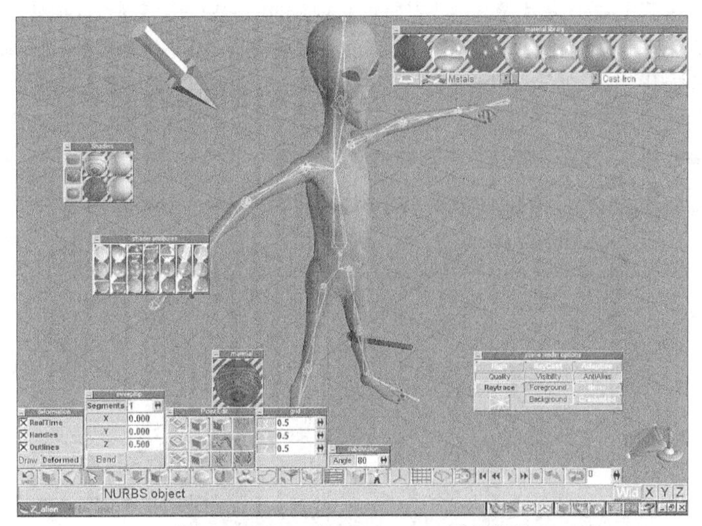

图 1.6　Caligari 的 trueSpace 3D 建模程序

如果您需要更多的功能和接近于照片质量的真实感，可以考虑选择 3D Studio Max（如图 1.7 所示），但它需要 2500 美元甚至更多。然而，由于我们大多数时候都仅使用建模程序来创建 3D 网格，而不进行渲染，因此 trueSpace 是正确的选择，也可以考虑选择免费或共享的建模程序。

注意：在 Internet 上有很多免费或共享的 3D 建模程序，在有些情况下它们的功能与商业 3D 建模软件的功能一样强大。因此，如果您存在资金上的困难，可考虑到 Internet 上搜寻一些免费或共享的 3D 建模程序。

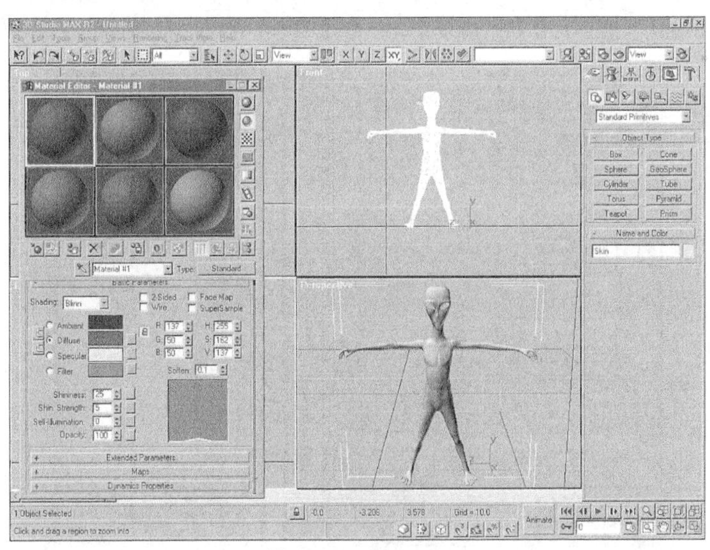

图 1.7　3D Studio Max

1.4.1　3D 关卡编辑器

本书将编写一个基于软件的 3D 引擎，但不打算编写复杂的工具来创建 3D 室内模型。当然可以用 3D 建模程序来创建 3D 世界，但有更好的程序来做这些事情，如 WorldCraft，如图 1.8 所示。因而，在编写 3D 游戏和引擎时最好的方法是使用一种与其他常用编辑器（如 WorldCraft 或类似的编辑器）输出类型兼容的文件格式和数据结构，这样将可以使用他人的工具来创建自己的游戏世界。当然，这些编辑器的文件格式大多数以 id Software 的工作和 Quake 引擎为基础，但是不管是否基于 Quake 文件格式，它应该是一种已被广泛采用的格式。

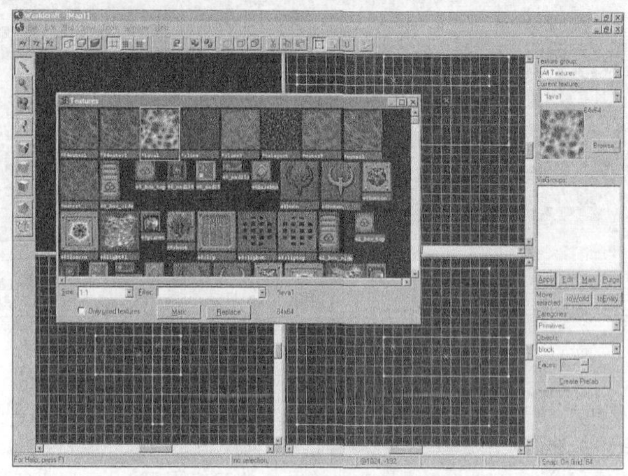

图 1.8　WorldCraft 关卡编辑器

- 音乐和 MIDI 序列化程序：在当今的游戏中主要有两种类型的音乐——纯数字音乐（如 CD）和 MIDI（音乐设备数字接口）音乐，其中 MIDI 是根据音节数据合成的。要操作 MIDI 信息和歌曲，需要一个序列化软件。在这方面最好的软件之一是 Cakewalk，如图 1.9 所示。Cakewalk 的价格也比较合理，因此如果您计划录制或操作任何 MIDI 音乐，建议考虑该软件。介绍 DirectMusic 时，将进一步介绍 MIDI 数据。

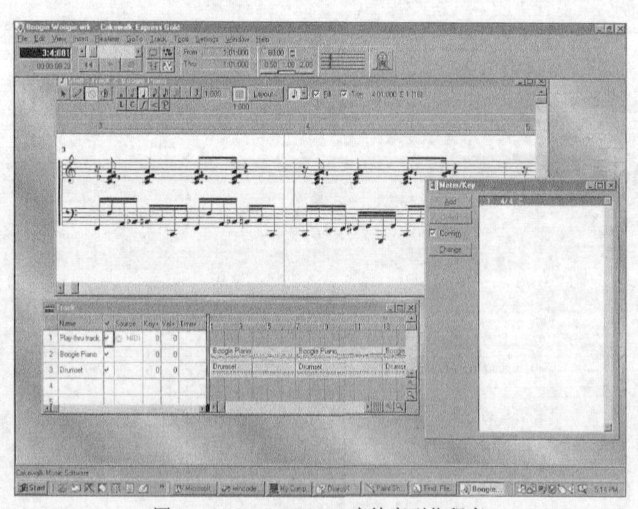

图 1.9　Cakewalk MIDI 音轨序列化程序

注意：前面所介绍的许多软件的出版商允许我将其软件的共享版本和评估版本放到本书的光盘中，因此您可以在本书的光盘中找到它们。

1.4.2 使用编译器

学习 3D Windows 游戏编程最困难的地方之一是学习如何使用编译器。在大多数情况下，人们会兴奋地急于开始，急着用 IDE 来编译，而编译时无数的编译错误和链接错误便冒了出来！为帮助解决这些问题，这里介绍几个基本的编译器概念。

注意：这里介绍的细节都与 Visual C++编译器相关，但其思想适用于任何编译器。

1．阅读整个编译器手册。

2．必须在系统中安装 DirectX 9.0 SDK。为此，可打开附带光盘中的 DirectX SDK 目录，阅读其中的文件 README.TXT，并根据其中的说明执行安装程序——双击 DirectX SDK 安装程序。但是别忘了，本书使用 DirectX 9.0（但只使用了 DirectX 7/8 的接口），因此您需要使用附带光盘中的 DirectX SDK。如果愿意，也可以使用 DirectX 8.0 编译所有程序。

3．除非特别说明，我们将生成 Win32.EXE 应用程序，而不是.DLL、ActiveX 组件、控制台应用程序等。因此，使用编译器时，首先要创建一个新工程，并将目标输出文件设置为 Win32.EXE。图 1.10 说明了如何在 Visual C++ 6.0 编译器中完成这种设置。

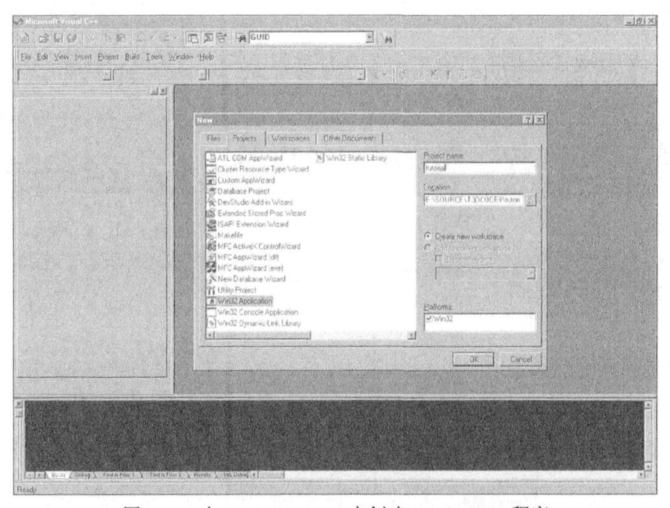

图 1.10 在 Visual C++ 6.0 中创建 Win32.EXE 程序

注意：编译时可以建立两种类型的 EXE 程序——Release（发布版）和 Debug（调试版）。发布版经过了优化，执行速度较快；而调试版保存了调试信息，执行速度较慢。建议开发时建立调试版程序，直到它能够正常工作时，再将编译器设置成发布版模式。

4．从主菜单中选择 Add Files 命令，将源文件加入到工程中。图 1.11 说明了如何在 Visual C++ 6.0 编译器中执行这一步。

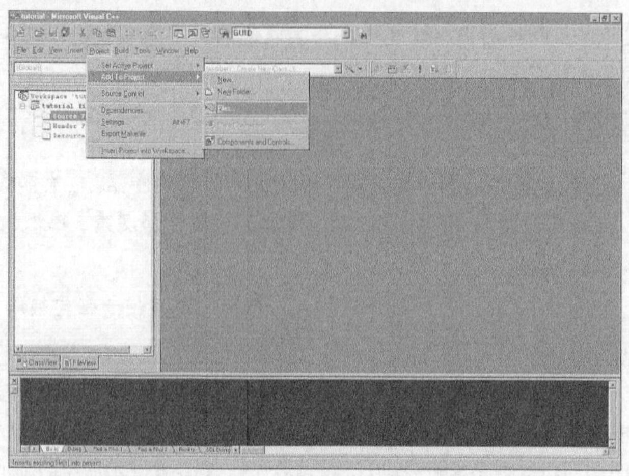

图 1.11　在 Visual C++ 6.0 中将文件加入到工程中

5. 编译任何需要 DirectX 的程序时，需要在编译器的搜索路径中包含 DirectX 头文件和 DirectX .LIB 文件的位置。为此，可以在 IDE 的主菜单中选择 Options/Directories，然后将合适的路径加入到变量 Include Files 和 Library Files 中，如图 1.12 所示。

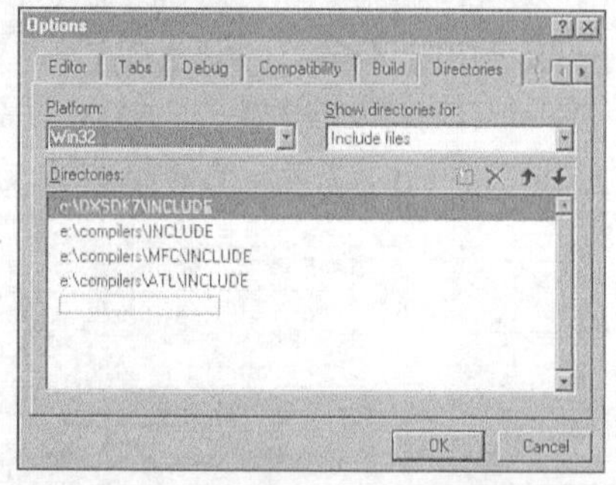

图 1.12　在 Visual C++ 6.0 中设置搜索路径

注意：确保 DirectX 搜索节点位于列表中的第一位置。编译器可能查找老版本的 DirectX，而您并不想使用它。

6. 另外，还必须在工程的链表或项目资源列表中包含 DirectX COM 接口导入库，如图 1.13 所示。

- DDRAW.LIB；
- DSOUND.LIB；
- DINPUT.LIB；
- DINPUT8.LIB；
- 特定范例所需的其他库文件。

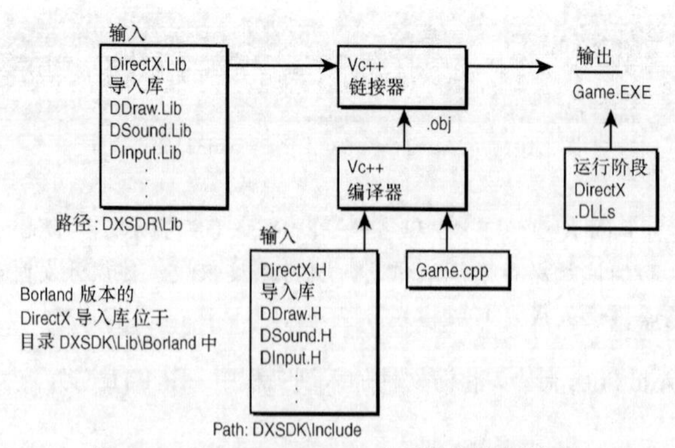

图 1.13　创建 Win32 DirectX 应用程序所需的资源

这些 DirectX .LIB 文件位于 DirectX SDK 安装目录下的 LIB\目录中。必须将这些.LIB 文件加入到工程中，而不能仅仅将目录 LIB\加入到搜索路径中——因为它只告诉编译器在哪里进行搜索，而不会让编译器/链接器实际链接这些 DirectX .LIB 文件。我收到过无数人的电子邮件，他们因为没有执行这一步而遇到了问题。可以选择菜单 Project/Settings，然后在 Link 选项卡中的 Object/Library-Modules 文本框中添加这些文件，如图 1.14 所示。

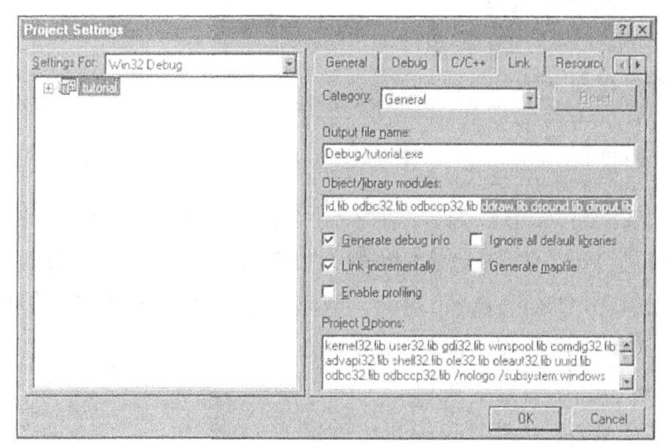

图 1.14　在 Visual C++ 6.0 中将 DirectX .LIB 文件加入到链接列表中

注意：如果您使用的是 Visual C++，可能还需将 Windows 多媒体扩展库 WINMM.LIB 加入到工程中。该文件位于 Visual C++编译器安装位置的 LIB\目录下。如果在这里找不到，可以使用菜单“开始/查找”来搜索，然后将它加入到链接列表中。

7．现在编译器已经准备好了。

注意：如果您是 Borland 用户，在 DirectX SDK 中有一个单独的 BORLAND\库目录，应加入其中的.LIB 文件，而不是 Visual C++ DirectX .LIB 文件。

如果现在您仍对此有疑问，也不要着急——本书中编译程序时，将重温这些步骤。

注意：您肯定听说过新的 Visual .NET 系统。从技术上说，它是最新的 Microsoft 编译器和开发技术，是一种崭新的技术。它只能在 Windows XP/2000 平台上运行，对我们的目的来说功能太强，因此我们仍使用 Visual C++ 6.0。但是，一切内容也都适用于.NET：Win32 就是 Win32！

1.5　一个 3D 游戏范例：*Raiders 3D*

介绍数学、3D 游戏编程和图形学之前，先介绍一个完整的 3D 太空游戏——虽然很简单，但也是游戏。这样您将可以看到真实的游戏循环、图形调用和编译过程。

问题在于，现在是第 1 章，因此不能使用后续章节将介绍的技术。同时，本章还没有介绍《Windows 游戏编程大师技巧》中的 API 引擎，因而我决定让您习惯于在游戏编程中使用“黑盒”API。该范例程序将让您习惯于使用 API（如 DirectX 的 API）和《Windows 游戏编程大师技巧》中的游戏引擎。

注意：尽管在 20 世纪的 70 年代、80 年代，甚至 90 年代早期，可以自己动手完成一切内容，但在 21 世纪，计算机中有太多的硬件和软件子系统，不太可能自己编写一切内容。作为游戏编程人员，我们只能屈服，使用一些 API，如 Win32、DirectX 等。

根据“黑盒”需求，创建一个 16 位 3D 太空游戏至少需要哪些东西呢？

我们需要 API 提供的如下功能：

- 使用 DirectX 切换到任何图形模式；
- 在屏幕上绘制彩色线条和像素；
- 获得键盘输入；
- 播放磁盘上.WAV 文件中的声音；
- 播放磁盘上.MID 文件中的 MIDI 音乐；
- 使用定时函数同步游戏循环；
- 在屏幕上绘制彩色文本字符串；
- 复制后缓存或离屏渲染页到屏幕上。

所有这些功能都位于《Windows 游戏编程大师技巧（第二版）》[1]中创建的游戏库模块 T3DLIB*中，它由 6 个文件组成：T3DLIB1.CPP|H、T3DLIB2.CPP|H、T3DLIB3.CPP|H。模块 1 包含大部分 DirectX 功能，模块 2 包含大部分 DirectInput 和 DirectSound 功能，模块 3 包含 DirectMusic 功能。

使用 T3DLIB*游戏库的最小函数集，我编写了一个叫作 *Raiders 3D* 的游戏，以演示本章介绍的概念。另外，由于该游戏是一个线框 3D 游戏，因此很多代码读者可能看不懂。尽管我将简要介绍一些 3D 数学和算法，但不是要花太多时间去试图理解一切代码；该范例只是为了提供一个整体感觉。

Raiders 3D 说明了真实 3D 游戏的主要组成部分，包括游戏循环、计分（scoring）、AI、碰撞、声音和音乐。图 1.15 是该游戏在运行时的屏幕截图。当然，它不可与 Star Wars 同日而语，但相对于几小时的工作而言已经相当不错了！

介绍游戏的源代码之前，先来看一下该工程及其各个组成部分的组织结构，如图 1.16 所示。

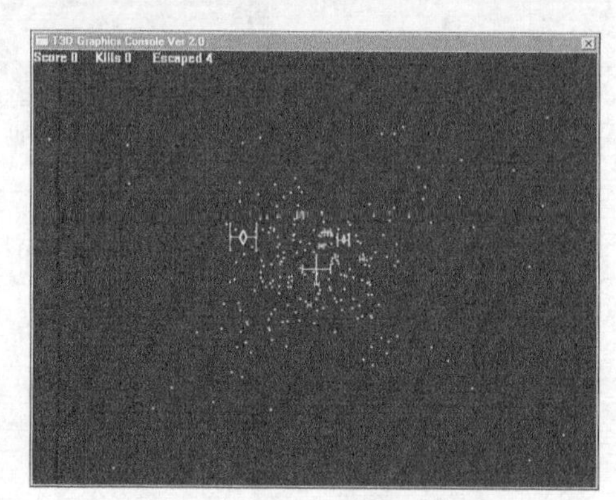

图 1.15 Raiders 3D 的屏幕截图

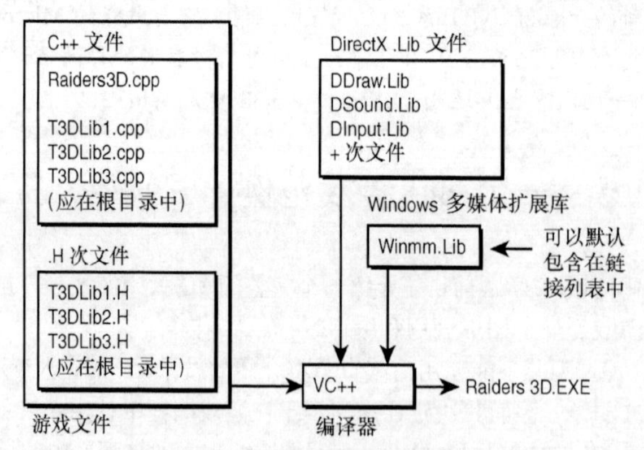

图 1.16 Raiders 3D 的代码结构

该游戏由下列文件组成。

---

1 编者注：作者的《Windows 游戏编程大师（第二版）》由人民邮电出版社于 2012 年 7 月出版。

- RAIDERS3D.CPP——主游戏循环，它使用 T3DLIB 的功能并创建一个最小的 Win32 应用程序。
- T3DLIB1.CPP、T3DLIB2.CPP、T3DLIB3.CPP——T3DLIB 游戏库源文件。
- T3DLIB1.H、T3DLIB2.H、T3DLIB3.H——游戏库的头文件。
- DDRAW.LIB——DirectDraw 是 DirectX 的 2D 图形组件。导入库 DDRAW.LIB 是建立应用程序所必需的。它没有包含实际的 DirecX 代码，而是一个中间库，您可以对它进行调用，它再加载动态链接库 DDRAW.DLL 来完成实际的工作。该文件位于 DirectX SDK 安装目录中的 LIB\目录下。
- DINPUT.LIB/DINPUT8.LIB——DirectInput 是 DirectX 的设备输入组件。导入库 DINPUT.LIB 和 DINPUT8.LIB 是建立应用程序所必需的。它们没有包含实际的 DirecX 代码，而是一个中间库，您可以调用它们，它们再加载动态链接库 DINPUT.DLL 和 DINPUT8.DLL 来完成实际的工作。这些文件位于 DirectX SDK 安装目录中的 LIB\目录下。
- DSOUND.LIB——DirectSound 是 DirectX 的数字声音组件。导入库 DSOUND.LIB 是建立应用程序所必需的。它没有包含实际的 DirecX 代码，而是一个中间库，您可以调用它，它再加载动态链接库 DSOUND.DLL 来完成实际的工作。该文件位于 DirectX SDK 安装目录中的 LIB\目录下。

注意：并不存在文件 DMUSIC.LIB，尽管 T3DLIB 也使用 DirectMusic。这是因为 DirectMusic 是一个纯粹的 COM（组件对象模型）。也就是说，不存在这样的导入库，即它封装对 DirectMusic 的各种函数调用，您需要自己完成这些工作。幸运的是，我已经帮您完成了这些工作！

下面这些文件不是编译器或链接器所需要的文件，而是 DirectX 运行阶段 DLL，游戏应用程序启动时需要加载它们。

- DINPUT.DLL/DINPUT8.DLL——运行阶段 DirectInput 库文件，包含了 DirectInput 接口函数的 COM 实现，应用程序通过 DINPUT.LIB 导入库来调用它们。您不需要关心这些动态链接库本身，只需要确认已经正确安装了 DirectX 运行阶段文件。
- DDRAW.DLL——运行阶段 DirectDraw 库文件，包含了 DirectDraw 接口函数的 COM 实现，应用程序通过 DDRAW.LIB 导入库来调用它们。您不需要关心这个动态链接库本身，只需确认已经正确安装了 DirectX 运行阶段文件。
- DSOUND.DLL——运行阶段 DirectSound 库文件，包含了 DirectSound 接口函数的 COM 实现，应用程序通过 DSOUND.LIB 导入库来调用它们。您不需要关心这个动态链接库本身，只需确认已经正确安装了 DirectX 运行阶段文件。
- DMUSIC.DLL——运行阶段 DirectMusic 库文件，包含了 DirectMusic 接口函数的 COM 实现，应用程序通过 COM 调用来直接调用它们。您不需要关心这个动态链接库本身，只需确认已经正确安装了 DirectX 运行阶段文件。

通过对库文件的几次调用，我创建了游戏 RAIDERS3D.CPP，如下面的程序清单所示。该游戏在 16 位颜色和窗口模式下运行，因此必须将桌面设置成 16 位颜色模式。

请仔细阅读该游戏的代码，尤其是主游戏循环、3D 数学运算以及对游戏处理函数的调用。

```
// RAIDERS3D.CPP--本书的第一个 3D 游戏
// 要编译该程序，请务必在工程的链接列表中包含
// DDRAW.LIB、DSOUND.LIB、DINPUT.LIB 和 WINMM.LIB
// 当然还有 C++源代码模块 T3DLIB1.CPP、T3DLIB2.CPP 和 T3DLIB3.CPP
// 另外，还需要将头文件 T3DLIB1.H、T3DLIB2.H 和 T3DLIB3.H 放在工作目录中
// 以便编译器能够找到它们

// 要运行该游戏，务必将桌面设置为 16 位颜色模式，分辨率为 640x480 或更高
```

```
// INCLUDES ///////////////////////////////////////////////////

#define INITGUID       // 确保所有的 COM 接口可用
               // 也可以不这样做，而是包含.LIB 文件 DXGUID.LIB

#define WIN32_LEAN_AND_MEAN

#include <windows.h>   // 包含重要的 Windows 头文件
#include <windowsx.h>
#include <mmsystem.h>
#include <iostream.h> // 包含重要的 C/C++头文件
#include <conio.h>
#include <stdlib.h>
#include <malloc.h>
#include <memory.h>
#include <string.h>
#include <stdarg.h>
#include <stdio.h>
#include <math.h>
#include <io.h>
#include <fcntl.h>

#include <ddraw.h>  // 包含 directX 头文件
#include <dsound.h>
#include <dmksctrl.h>
#include <dmusici.h>
#include <dmusicc.h>
#include <dmusicf.h>
#include <dinput.h>
#include "T3DLIB1.h" // 包含游戏库模块头文件
#include "T3DLIB2.h"
#include "T3DLIB3.h"

// DEFINES ////////////////////////////////////////////////////

// 用于 Windows 接口的常量
#define WINDOW_CLASS_NAME "WIN3DCLASS"  // 类名
#define WINDOW_TITLE      "T3D Graphics Console Ver 2.0"
#define WINDOW_WIDTH      640  // 窗口大小
#define WINDOW_HEIGHT     480

#define WINDOW_BPP      16   // 窗口的位深（8、16、24 等）
                        // 注意：如果使用窗口、非全屏模式
                        // 位深必须与系统位深相同
                        // 另外，如果 8 位颜色模式，将创建一个调色板
                        // 并将其与应用程序关联起来

#define WINDOWED_APP      1      // 0 表示非窗口模式；1 表示窗口模式

///////////////////////////////////////////////////////////////

#define NUM_STARS  512  // 星星数
#define NUM_TIES   32   // 飞船数

// 3D engine constants
#define NEAR_Z       10   // 近裁剪面
#define FAR_Z      2000 // 远裁剪面
#define VIEW_DISTANCE  320  // 视距
                  // 投影到宽为 640 的窗口上时，视野将为 90 度
// 与玩家相关的常量
```

```
#define CROSS_VEL    8  // 十字准星的移动速度
#define PLAYER_Z_VEL  8  // 玩家沿 z 轴的虚拟速度
                 // 用于在不移动的情况下模拟运动

// 与飞船模型相关的常量
#define NUM_TIE_VERTS    10
#define NUM_TIE_EDGES    8

// 与爆炸结构相关的常量
#define NUM_EXPLOSIONS   (NUM_TIES) // 爆炸结构总数

// 游戏状态
#define GAME_RUNNING     1
#define GAME_OVER       0

// 数据结构 ////////////////////////////////////////////////////////

// 3D 点
typedef struct POINT3D_TYP
    {
    USHORT color;    // 16 位颜色
    float x,y,z;    // 3D 坐标
    } POINT3D, *POINT3D_PTR;

// 3D 线段，由两个指向顶点列表的索引来定义线段的端点
typedef struct LINE3D_TYP
    {
    USHORT color;  // 线段的 16 位颜色
    int v1,v2;    // 定义线段端点的顶点列表索引

    } LINE3D, *LINE3D_PTR;

// TIE 飞船
typedef struct TIE_TYP
    {
    int state;     // 飞船的状态，0 表示死亡，1 表示活着
    float x, y, z; // 飞船的位置
    float xv,yv,zv; // 飞船的速度
    } TIE, *TIE_PTR;

// 用于表示速度的 3D 向量
typedef struct VEC3D_TYP
    {
    float x,y,z; // 向量的坐标
    } VEC3D, *VEC3D_PTR;

// 用于模拟爆炸的数据结构
typedef struct EXPL_TYP
    {
    int state;     // 爆炸状态
    int counter;    // 爆炸计数器
    USHORT color;   // 颜色

    // 爆炸是通过随机移动构成飞船 3D 模型的线段/边来实现的
    POINT3D p1[NUM_TIE_EDGES];  // 第 n 条边的起点
    POINT3D p2[NUM_TIE_EDGES];  // 第 n 条边的终点

    VEC3D  vel[NUM_TIE_EDGES]; // 炮弹碎片的速度

    } EXPL, *EXPL_PTR;
```

```
// 函数原型 ///////////////////////////////////////////////

// 游戏控制台函数
int Game_Init(void *parms=NULL);
int Game_Shutdown(void *parms=NULL);
int Game_Main(void *parms=NULL);

// 游戏函数
void Init_Tie(int index);

// 全局变量 ///////////////////////////////////////////////

HWND main_window_handle      = NULL; // 用于存储窗口句柄
HINSTANCE main_instance      = NULL; // 用于存储实例
char buffer[256];                    // 用于打印文本

// 飞船是由连接顶点的线段组成的
// 只有一个飞船模型，所有飞船都是根据该模型变换得到的

POINT3D tie_vlist[NUM_TIE_VERTS]; // 飞船模型的顶点列表
LINE3D  tie_shape[NUM_TIE_EDGES]; // 飞船模型的边列表
TIE     ties[NUM_TIES];        // 飞船数组

POINT3D stars[NUM_STARS];  // 星空

// 一些颜色
USHORT rgb_green,
     rgb_white,
     rgb_red,
     rgb_blue;

// 与玩家相关的变量
float cross_x = 0, // 准星的位置
   cross_y = 0;

int cross_x_screen  = WINDOW_WIDTH/2,    // 准星坐标
   cross_y_screen  = WINDOW_HEIGHT/2,
   target_x_screen = WINDOW_WIDTH/2,    // 瞄准位置
   target_y_screen = WINDOW_HEIGHT/2;

int player_z_vel = 4; // 视点的虚拟速度
int cannon_state = 0; // 激光炮的状态
int cannon_count = 0; // 激光炮计数器

EXPL explosions[NUM_EXPLOSIONS]; // 爆炸结构数组

int misses = 0; // 记录逃脱的飞船数
int hits   = 0; // 记录被击落的飞船数
int score  = 0; // 请读者猜一猜这个变量的用途

// 音乐和声音
int main_track_id = -1, // 主音轨 ID
   laser_id      = -1, // 激光脉冲的声音
   explosion_id  = -1, // 爆炸声
   flyby_id      = -1; // 飞船飞过的声音

int game_state = GAME_RUNNING; // 游戏状态

// 函数 ///////////////////////////////////////////////

LRESULT CALLBACK WindowProc(HWND hwnd,
```

```
                   UINT msg,
                 WPARAM wparam,
                 LPARAM lparam)
{
// 这是系统的主消息处理函数
PAINTSTRUCT  ps;   // 用于 WM_PAINT 中
HDC       hdc;   // 设备场境句柄

// 是什么消息?
switch(msg)
  {
  case WM_CREATE:
    {
    // 执行初始化工作
    return(0);
    } break;

  case WM_PAINT:
     {
     // 开始绘制
     hdc = BeginPaint(hwnd,&ps);

     // 结束绘制
     EndPaint(hwnd,&ps);
     return(0);
    } break;

  case WM_DESTROY:
    {
    // 删除应用程序
    PostQuitMessage(0);
    return(0);
    } break;

  default:break;

  } // end switch

// 处理其他消息
return (DefWindowProc(hwnd, msg, wparam, lparam));

} // end WinProc

// WINMAIN ////////////////////////////////////////////////////

int WINAPI WinMain( HINSTANCE hinstance,
          HINSTANCE hprevinstance,
          LPSTR lpcmdline,
          int ncmdshow)
{
// 这是 winmain 函数

WNDCLASS winclass;  // 存储创建的类
HWND    hwnd;    // 窗口句柄
MSG    msg;    // 消息
HDC    hdc;    // 设备场境句柄
PAINTSTRUCT ps;   // paintstruct

// 设置窗口类
winclass.style    = CS_DBLCLKS | CS_OWNDC |
             CS_HREDRAW | CS_VREDRAW;
```

```
winclass.lpfnWndProc  = WindowProc;
winclass.cbClsExtra  = 0;
winclass.cbWndExtra  = 0;
winclass.hInstance  = hinstance;
winclass.hIcon     = LoadIcon(NULL, IDI_APPLICATION);
winclass.hCursor   = LoadCursor(NULL, IDC_ARROW);
winclass.hbrBackground    = (HBRUSH)GetStockObject(BLACK_BRUSH);
winclass.lpszMenuName    = NULL;
winclass.lpszClassName    = WINDOW_CLASS_NAME;

// 注册窗口类
if (!RegisterClass(&winclass))
  return(0);

// 创建窗口，根据 WINDOWED_APP 是否为 true 来选择合适的窗口属性
if (!(hwnd = CreateWindow(WINDOW_CLASS_NAME, // 类
       WINDOW_TITLE,    // 标题
 (WINDOWED_APP ? (WS_OVERLAPPED | WS_SYSMENU | WS_CAPTION) : (WS_POPUP | WS_VISIBLE)),
       0,0,    // x、y 坐标
       WINDOW_WIDTH, // 宽度
       WINDOW_HEIGHT, // 高度
       NULL,    // 父窗口句柄
       NULL,    // 菜单句柄
       hinstance, // 实例
       NULL)))   // 创建参数
return(0);

// 将窗口句柄和实例赋给全局变量
main_window_handle = hwnd;
main_instance     = hinstance;

// 调整窗口大小，使客户区的大小为 width×height
if (WINDOWED_APP)
{
// 调整窗口大小，使客户区为实际请求的大小
// 因为窗口应用程序中包含大量的控件和边界
// 如果应用程序不是窗口模式，则无关紧要
RECT window_rect = {0,0,WINDOW_WIDTH-1,WINDOW_HEIGHT-1};

// 调用函数来调整 window_rect
AdjustWindowRectEx(&window_rect,
   GetWindowStyle(main_window_handle),
   GetMenu(main_window_handle) != NULL,
   GetWindowExStyle(main_window_handle));

// 将客户区偏移量赋给全局变量，以便在 DDraw_Flip()中使用
window_client_x0 = -window_rect.left;
window_client_y0 = -window_rect.top;

// 调用 MoveWindow()来调整窗口大小
MoveWindow(main_window_handle,
      CW_USEDEFAULT, // x 坐标
      CW_USEDEFAULT, // y 坐标
      window_rect.right - window_rect.left, // 宽度
      window_rect.bottom - window_rect.top, // 高度
      FALSE);

// 显示窗口
ShowWindow(main_window_handle, SW_SHOW);
} // end if windowed
```

```
// 执行游戏特有的所有初始化
Game_Init();

// 禁用 CTRL-ALT_DEL、 ALT_TAB
// 如果它导致系统崩溃，将其注释掉
SystemParametersInfo(SPI_SCREENSAVERRUNNING, TRUE, NULL, 0);

// 进入主事件循环
while(1)
  {
  if (PeekMessage(&msg,NULL,0,0,PM_REMOVE))
    {
    // 检查是否为退出消息
    if (msg.message == WM_QUIT)
      break;

    // 转换加速键
    TranslateMessage(&msg);

    // 将消息发送给 window proc
    DispatchMessage(&msg);
    } // end if

    // 主游戏处理工作
    Game_Main();

    } // end while

// 关闭游戏并释放所有的资源
Game_Shutdown();

// 启用 CTRL-ALT_DEL、ALT_TAB
// 如果这行代码导致系统崩溃，将其注释掉
SystemParametersInfo(SPI_SCREENSAVERRUNNING, FALSE, NULL, 0);

// 返回操作系统
return(msg.wParam);

} // end WinMain

// T3D II 游戏编程控制台函数////////////////

int Game_Init(void *parms)
{
// 在这里执行所有的游戏初始化工作

int index; // 循环变量

Open_Error_File("error.txt");

// 启动 DirectDraw，请根据需要替换其中的参数
DDraw_Init(WINDOW_WIDTH, WINDOW_HEIGHT, WINDOW_BPP, WINDOWED_APP);

// 初始化 directinput
DInput_Init();

// 获取键盘控制权
DInput_Init_Keyboard();

// 初始化 directsound
DSound_Init();
```

```
// 加载声音
explosion_id = DSound_Load_WAV("exp1.wav");
laser_id    = DSound_Load_WAV("shocker.wav");

// 初始化 directmusic
DMusic_Init();

// 加载并启动主音轨
main_track_id = DMusic_Load_MIDI("midifile2.mid");
DMusic_Play(main_track_id);

// 在这里调用函数来获得对其他 directinput 设备的控制权

// 隐藏鼠标
ShowCursor(FALSE);

// 随机数生成器
srand(Start_Clock());

// 这里为初始化代码

// 创建系统颜色
rgb_green = RGB16Bit(0,255,0);
rgb_white = RGB16Bit(255,255,255);
rgb_blue  = RGB16Bit(0,0,255);
rgb_red   = RGB16Bit(255,0,0);

// 创建星空
for (index=0; index < NUM_STARS; index++)
  {
  // 将星星随机地放置在一个从视点(0,0,-d)到远裁剪面（0,0,far_z）的圆柱体内
  stars[index].x = -WINDOW_WIDTH/2  + rand()%WINDOW_WIDTH;
  stars[index].y = -WINDOW_HEIGHT/2 + rand()%WINDOW_HEIGHT;
  stars[index].z = NEAR_Z + rand()%(FAR_Z - NEAR_Z);

  // 设置星星的颜色
  stars[index].color = rgb_white;
  } // end for index

// 创建飞船模型

// 飞船的顶点列表
POINT3D temp_tie_vlist[NUM_TIE_VERTS] =
// 颜色和 x、y、z 坐标
{ {rgb_white,-40,40,0},    // p0
 {rgb_white,-40,0,0},    // p1
 {rgb_white,-40,-40,0},   // p2
 {rgb_white,-10,0,0},    // p3
 {rgb_white,0,20,0},     // p4
 {rgb_white,10,0,0},     // p5
 {rgb_white,0,-20,0},    // p6
 {rgb_white,40,40,0},     // p7
 {rgb_white,40,0,0},     // p8
 {rgb_white,40,-40,0}};   // p9

// 将模型复制到全局数组中
for (index=0; index<NUM_TIE_VERTS; index++)
    tie_vlist[index] = temp_tie_vlist[index];

// 飞船的边列表
```

```
LINE3D temp_tie_shape[NUM_TIE_EDGES] =
// 颜色、顶点 1、顶点 2
{ {rgb_green,0,2     },   // l0
 {rgb_green,1,3     },   // l1
 {rgb_green,3,4     },   // l2
 {rgb_green,4,5     },   // l3
 {rgb_green,5,6     },   // l4
 {rgb_green,6,3     },   // l5
 {rgb_green,5,8     },   // l6
 {rgb_green,7,9     } }; // l7

// 将模型复制到全局数组中
for (index=0; index<NUM_TIE_EDGES; index++)
   tie_shape[index] = temp_tie_shape[index];

// 初始化每艘飞船的位置和速度
for (index=0; index<NUM_TIES; index++)
  {
  // 初始化飞船
  Init_Tie(index);

  } // end for index

// 成功返回
return(1);

} // end Game_Init

////////////////////////////////////////////////////////////

int Game_Shutdown(void *parms)
{
// 该函数关闭游戏，释放分配的所有资源

// 关闭

// 在这里释放为游戏分配的所有资源

// 关闭 directsound
DSound_Stop_All_Sounds();
DSound_Shutdown();

// 关闭 directmusic
DMusic_Delete_All_MIDI();
DMusic_Shutdown();

// 关闭 directinput
DInput_Shutdown();

// 最后关闭 directdraw
DDraw_Shutdown();

// 成功返回
return(1);
} // end Game_Shutdown

////////////////////////////////////////////////////////////

void Start_Explosion(int tie)
{
// 根据传入的飞船模拟爆炸
```

```
// 找到第一个可用的爆炸结构
for (int index=0; index < NUM_EXPLOSIONS; index++)
  {
  if (explosions[index].state==0)
    {
    // 启用爆炸状态，并根据传入的飞船设置该爆炸结构

    explosions[index].state   = 1; // 启用爆炸状态
    explosions[index].counter = 0; // 重置爆炸计数器

    // 设置爆炸颜色
    explosions[index].color = rgb_green;

    // 复制边列表，以便模拟爆炸
    for (int edge=0; edge < NUM_TIE_EDGES; edge++)
      {
      // 边的起点
      explosions[index].p1[edge].x = ties[tie].x+tie_vlist
➡[tie_shape[edge].v1].x;
      explosions[index].p1[edge].y = ties[tie].y+tie_vlist
➡[tie_shape[edge].v1].y;
      explosions[index].p1[edge].z = ties[tie].z+tie_vlist
➡[tie_shape[edge].v1].z;

      // 边的终点
      explosions[index].p2[edge].x = ties[tie].x+tie_vlist
➡[tie_shape[edge].v2].x;
      explosions[index].p2[edge].y = ties[tie].y+tie_vlist
➡[tie_shape[edge].v2].y;
      explosions[index].p2[edge].z = ties[tie].z+tie_vlist
➡[tie_shape[edge].v2].z;

      // 计算边的弹道向量
      explosions[index].vel[edge].x = ties[tie].xv - 8+rand()%16;
      explosions[index].vel[edge].y = ties[tie].yv - 8+rand()%16;
      explosions[index].vel[edge].z = -3+rand()%4;

      } // end for edge

    return;
    } // end if found

  } // end for index

} // end Start_Explosion

///////////////////////////////////////////////////////////////////

void Process_Explosions(void)
{
// 处理所有爆炸

// 遍历爆炸结构数组，渲染它们
for (int index=0; index<NUM_EXPLOSIONS; index++)
  {
  // 检查爆炸结构是否处于活动状态
  if (explosions[index].state==0)
    continue;

  for (int edge=0; edge<NUM_TIE_EDGES; edge++)
```

```
    {
    // 发生爆炸，更新边的起点坐标和终点坐标
    explosions[index].p1[edge].x+=explosions[index].vel[edge].x;
    explosions[index].p1[edge].y+=explosions[index].vel[edge].y;
    explosions[index].p1[edge].z+=explosions[index].vel[edge].z;

    explosions[index].p2[edge].x+=explosions[index].vel[edge].x;
    explosions[index].p2[edge].y+=explosions[index].vel[edge].y;
    explosions[index].p2[edge].z+=explosions[index].vel[edge].z;
    } // end for edge

  // 检查爆炸是否结束
  if (++explosions[index].counter > 100)
     explosions[index].state = explosions[index].counter = 0;

  } // end for index

} // end Process_Explosions

///////////////////////////////////////////////////////////////

void Draw_Explosions(void)
{
// 绘制所有的爆炸结构

// 遍历所有的爆炸结构，并渲染它们
for (int index=0; index<NUM_EXPLOSIONS; index++)
  {
  // 检查爆炸结构是否处于活动状态
  if (explosions[index].state==0)
    continue;

  // 渲染爆炸结构
  // 每个爆炸结构都是由一系列边组成的
  for (int edge=0; edge < NUM_TIE_EDGES; edge++)
  {
  POINT3D p1_per, p2_per; // 用于存储透视投影点

  // 检查边是否在近裁剪面的外面
  if (explosions[index].p1[edge].z < NEAR_Z &&
    explosions[index].p2[edge].z < NEAR_Z)
    continue;

  // 第 1 步：对每个端点进行透视变换
  p1_per.x = VIEW_DISTANCE*explosions[index].p1[edge].x/explosions
➡[index].p1[edge].z;
  p1_per.y = VIEW_DISTANCE*explosions[index].p1[edge].y/explosions
➡[index].p1[edge].z;
  p2_per.x = VIEW_DISTANCE*explosions[index].p2[edge].x/explosions
➡[index].p2[edge].z;
  p2_per.y = VIEW_DISTANCE*explosions[index].p2[edge].y/explosions
➡[index].p2[edge].z;

  // 第 2 步：计算屏幕坐标
  int p1_screen_x = WINDOW_WIDTH/2  + p1_per.x;
  int p1_screen_y = WINDOW_HEIGHT/2 - p1_per.y;
  int p2_screen_x = WINDOW_WIDTH/2 + p2_per.x;
  int p2_screen_y = WINDOW_HEIGHT/2 - p2_per.y;

  // 第 3 步：绘制边
  Draw_Clip_Line16(p1_screen_x, p1_screen_y, p2_screen_x, p2_screen_y,
```

```
            explosions[index].color,back_buffer, back_lpitch);

    } // end for edge

    } // end for index

} // end Draw_Explosions

//////////////////////////////////////////////////////////

void Move_Starfield(void)
{
// 移动星空

int index; // 循环变量

// 从技术上说，星星应该是静止的
// 但我们将通过移动它们来模拟视点的移动
for (index=0; index<NUM_STARS; index++)
  {
  // 移动下一颗星星
  stars[index].z-=player_z_vel;

  // 检查是否在近裁剪面的外面
  if (stars[index].z <= NEAR_Z)
    stars[index].z = FAR_Z;

  } // end for index

} // end Move_Starfield

//////////////////////////////////////////////////////////

void Draw_Starfield(void)
{
// 使用透视变换来绘制 3D 星星

int index; // 循环变量

for (index=0; index<NUM_STARS; index++)
  {
  // 绘制下一颗星星
  // 第 1 步：透视变换
  float x_per = VIEW_DISTANCE*stars[index].x/stars[index].z;
  float y_per = VIEW_DISTANCE*stars[index].y/stars[index].z;

  // 第 2 步：计算屏幕坐标
  int x_screen = WINDOW_WIDTH/2  + x_per;
  int y_screen = WINDOW_HEIGHT/2 - y_per;

  // 判断星星是否在屏幕外
  if (x_screen>=WINDOW_WIDTH || x_screen < 0 ||
    y_screen >= WINDOW_HEIGHT || y_screen < 0)
    {
    // 进入下一颗星星
    continue;
    } // end if
  else
    {
    // 渲染到缓存中
    ((USHORT *)back_buffer)[x_screen + y_screen*(back_lpitch >> 1)]
```

```
            = stars[index].color;
   } // end else

  } // end for index

} // Draw_Starfield

//////////////////////////////////////////////////////////////

void Init_Tie(int index)
{
// 该函数将飞船放置到游戏世界的最远处

// 将飞船放在视景体内
ties[index].x = -WINDOW_WIDTH  + rand()%(2*WINDOW_WIDTH);
ties[index].y = -WINDOW_HEIGHT + rand()%(2*WINDOW_HEIGHT);
ties[index].z =  4*FAR_Z;

// 初始化飞船的速度
ties[index].xv = -4+rand()%8;
ties[index].yv = -4+rand()%8;
ties[index].zv = -4-rand()%64;

// 将飞船设置为活动状态
ties[index].state = 1;
} // end Init_Tie

//////////////////////////////////////////////////////////////

void Process_Ties(void)
{
// 处理飞船并执行 AI
int index; // 循环变量

// 让每艘飞船向视点移动
for (index=0; index<NUM_TIES; index++)
  {
  // 飞船是否被击落
  if (ties[index].state==0)
    continue;

  // 进入下一艘飞船
  ties[index].z+=ties[index].zv;
  ties[index].x+=ties[index].xv;
  ties[index].y+=ties[index].yv;

  // 检查飞船是否穿过了近裁剪面
  if (ties[index].z <= NEAR_Z)
    {
    // 重新设置该飞船
    Init_Tie(index);

    // 将逃脱的飞船数加 1
    misses++;

    } // reset tie

  } // end for index

} // Process_Ties
```

```
///////////////////////////////////////////////////////////

void Draw_Ties(void)
{
// 使用透视变换以 3D 线框模式绘制飞船

int index; // 循环变量

// 用于计算飞船的包围框，以便进行碰撞检测
int bmin_x, bmin_y, bmax_x, bmax_y;

// 绘制每艘飞船
for (index=0; index < NUM_TIES; index++)
  {
  // 绘制下一艘飞船

  // 是否被击落?
  if (ties[index].state==0)
    continue;

  // 将包围框设置为不可能的值
  bmin_x =  100000;
  bmax_x = -100000;
  bmin_y =  100000;
  bmax_y = -100000;

  // 将飞船的 z 坐标除以最大的可能 z 值，得到一个 0～1 的值
  // 然后据此将 G 分量设置为 0～31 的值，使得飞船越近亮度越高
  USHORT rgb_tie_color = RGB16Bit(0,(31-31*(ties[index].z/(4*FAR_Z))),0);

  // 每艘飞船都由一系列边组成
  for (int edge=0; edge < NUM_TIE_EDGES; edge++)
  {
  POINT3D p1_per, p2_per; // 用于存储端点透视坐标

  // 第 1 步：对每个端点进行透视变换
  // 需要根据飞船相对于模型的位置相应地平移每个端点，这很重要
  p1_per.x =
       VIEW_DISTANCE*(ties[index].x+tie_vlist[tie_shape[edge].v1].x)/
       (tie_vlist[tie_shape[edge].v1].z+ties[index].z);

  p1_per.y = VIEW_DISTANCE*(ties[index].y+tie_vlist[tie_shape[edge].v1].y)/
         (tie_vlist[tie_shape[edge].v1].z+ties[index].z);

  p2_per.x = VIEW_DISTANCE*(ties[index].x+tie_vlist[tie_shape[edge].v2].x)/
         (tie_vlist[tie_shape[edge].v2].z+ties[index].z);

  p2_per.y = VIEW_DISTANCE*(ties[index].y+tie_vlist[tie_shape[edge].v2].y)/
        (tie_vlist[tie_shape[edge].v2].z+ties[index].z);

  // 第 2 步：计算屏幕坐标
  int p1_screen_x = WINDOW_WIDTH/2  + p1_per.x;
  int p1_screen_y = WINDOW_HEIGHT/2 - p1_per.y;
  int p2_screen_x = WINDOW_WIDTH/2  + p2_per.x;
  int p2_screen_y = WINDOW_HEIGHT/2 - p2_per.y;

  // 第 3 步：绘制边
  Draw_Clip_Line16(p1_screen_x, p1_screen_y, p2_screen_x, p2_screen_y,
          rgb_tie_color,back_buffer, back_lpitch);

  // 根据这条边更新包围框
```

```
    int min_x = min(p1_screen_x, p2_screen_x);
    int max_x = max(p1_screen_x, p2_screen_x);

    int min_y = min(p1_screen_y, p2_screen_y);
    int max_y = max(p1_screen_y, p2_screen_y);

    bmin_x = min(bmin_x, min_x);
    bmin_y = min(bmin_y, min_y);

    bmax_x = max(bmax_x, max_x);
    bmax_y = max(bmax_y, max_y);

    } // end for edge

    // 检查飞船是否被激光击中
    if (cannon_state==1)
      {
      // 检查激光瞄准位置是否在包围框内
      if (target_x_screen > bmin_x && target_x_screen < bmax_x &&
          target_y_screen > bmin_y && target_y_screen < bmax_y)
        {
        // 飞船被击中
        Start_Explosion(index);

        // 播放爆炸声
        DSound_Play(explosion_id );

        // 增加得分
        score+=ties[index].z;

        // 将被击落的飞船数加 1
        hits++;

        // 重新初始化该飞船
        Init_Tie(index);

        } // end if

      } // end if

    } // end for index

} // end Draw_Ties

//////////////////////////////////////////////////////////

int Game_Main(void *parms)
{
// 这是游戏的核心，将不断地被实时调用
// 就像 C 语言中的 main()函数，游戏中所有的函数调用都是在这里进行的

int        index;       // 循环变量

// 启动定时时钟
Start_Clock();

// 清空绘制表面(drawing surface)
DDraw_Fill_Surface(lpddsback, 0);

// 读取键盘和其他设备输入
DInput_Read_Keyboard();
```

```
// 游戏逻辑

if (game_state==GAME_RUNNING)
{
// 移动准星
if (keyboard_state[DIK_RIGHT])
  {
  // 将准星向右移动
  cross_x+=CROSS_VEL;

  // 检查是否超出了窗口
  if (cross_x > WINDOW_WIDTH/2)
    cross_x = -WINDOW_WIDTH/2;

  } // end if
if (keyboard_state[DIK_LEFT])
  {
  // 将准星向左移
  cross_x-=CROSS_VEL;

  // 检查是否超出了窗口
  if (cross_x < -WINDOW_WIDTH/2)
    cross_x = WINDOW_WIDTH/2;
  } // end if
if (keyboard_state[DIK_DOWN])
  {
  // 将准星向上移
  cross_y-=CROSS_VEL;

  // 检查是否超出了窗口
  if (cross_y < -WINDOW_HEIGHT/2)
    cross_y = WINDOW_HEIGHT/2;
  } // end if
if (keyboard_state[DIK_UP])
  {
  // 将准星向下移
  cross_y+=CROSS_VEL;

  // 检查是否超出了窗口
  if (cross_y > WINDOW_HEIGHT/2)
    cross_y = -WINDOW_HEIGHT/2;
  } // end if

// 控制飞船的速度
if (keyboard_state[DIK_A])
  player_z_vel++;
else
if (keyboard_state[DIK_S])
  player_z_vel--;

// 检测玩家是否开火
if (keyboard_state[DIK_SPACE] && cannon_state==0)
  {
  // 开火
  cannon_state = 1;
  cannon_count = 0;

  // 存储上一次的瞄准位置
  target_x_screen = cross_x_screen;
  target_y_screen = cross_y_screen;
```

```
  // 播放激光炮开火的声音
  DSound_Play(laser_id);

  } // end if

} // end if game running

// 处理激光炮，这是一个游戏状态机，在就绪、开火、冷却状态之间切换

// 开火阶段
if (cannon_state == 1)
  if (++cannon_count > 15)
    cannon_state = 2;

// 冷却阶段
if (cannon_state == 2)
  if (++cannon_count > 20)
    cannon_state = 0;

// 移动星星
Move_Starfield();

// 移动飞船并执行飞船 AI
Process_Ties();

// 处理爆炸
Process_Explosions();

// 锁定后缓存，并获得指针和宽度
DDraw_Lock_Back_Surface();

// 绘制星空
Draw_Starfield();

// 绘制飞船
Draw_Ties();

// 模拟爆炸
Draw_Explosions();

// 绘制准星

// 首先计算准星的屏幕坐标
// 注意 y 轴倒转过来了
cross_x_screen = WINDOW_WIDTH/2  + cross_x;
cross_y_screen = WINDOW_HEIGHT/2 - cross_y;

// 使用屏幕坐标绘制准星
Draw_Clip_Line16(cross_x_screen-16,cross_y_screen,
         cross_x_screen+16,cross_y_screen,
         rgb_red,back_buffer,back_lpitch);

Draw_Clip_Line16(cross_x_screen,cross_y_screen-16,
         cross_x_screen,cross_y_screen+16,
         rgb_red,back_buffer,back_lpitch);

Draw_Clip_Line16(cross_x_screen-16,cross_y_screen-4,
         cross_x_screen-16,cross_y_screen+4,
         rgb_red,back_buffer,back_lpitch);
```

```
Draw_Clip_Line16(cross_x_screen+16,cross_y_screen-4,
        cross_x_screen+16,cross_y_screen+4,
        rgb_red,back_buffer,back_lpitch);

// 绘制激光束
if (cannon_state == 1)
  {
  if ((rand()%2 == 1))
   {
   // 右激光束
   Draw_Clip_Line16(WINDOW_WIDTH-1, WINDOW_HEIGHT-1,
       -4+rand()%8+target_x_screen,-4+rand()%8+target_y_screen,
       RGB16Bit(0,0,rand()),back_buffer,back_lpitch);
   } // end if
  else
   {
   // 左激光束
   Draw_Clip_Line16(0, WINDOW_HEIGHT-1,
       -4+rand()%8+target_x_screen,-4+rand()%8+target_y_screen,
       RGB16Bit(0,0,rand()),back_buffer,back_lpitch);
   } // end if

  } // end if

// 渲染结束，解除对后缓存的锁定
DDraw_Unlock_Back_Surface();

// 绘制信息
sprintf(buffer, "Score %d    Kills %d     Escaped %d", score, hits, misses);
Draw_Text_GDI(buffer, 0,0,RGB(0,255,0), lpddsback);

if (game_state==GAME_OVER)
  Draw_Text_GDI("G A M E  O V E R", 320-8*10,240,RGB(255,255,255),lpddsback);

// 检查音乐是否播放完毕，如果是重新播放
if (DMusic_Status_MIDI(main_track_id)==MIDI_STOPPED)
  DMusic_Play(main_track_id);

// 交换前后缓存
DDraw_Flip();

// 同步到 30 帧/秒
Wait_Clock(30);

// 判断游戏是否结束
if (misses > 100)
  game_state = GAME_OVER;

// 检查用户是否要退出
if (KEY_DOWN(VK_ESCAPE) || keyboard_state[DIK_ESCAPE])
  {
  PostMessage(main_window_handle, WM_DESTROY,0,0);

  } // end if
// 成功返回
return(1);
} // end Game_Main

///////////////////////////////////////////////////////////////
```

对于 3D 游戏来说，这些代码是相当精简的！这是一个完整的 3D Win32/DirectX 游戏。尽管在 T3DLIB 模块中有数千行代码，但我们不需要编写它，DirectX 和其他人完成了这些代码。

开始分析代码之前，希望读者自己动手编译该程序。成功编译该程序之前，请不要阅读后面的内容！您只需遵循前面概述的步骤，设置编译器，使之创建 Win32.EXE 应用程序，为 DirectX 设置适当的搜索路径和链接列表。然后，一旦准备好工程，必须包括下面这些源文件：

- T3DLIB1.CPP；
- T3DLIB2.CPP；
- T3DLIB3.CPP；
- RAIDERS3D.CPP。

当然，还需要将下述头文件放在编译器的工作目录下：

- T3DLIB1.H；
- T3DLIB2.H；
- T3DLIB3.H。

最后，还必须将 DirectX .LIB 文件包括在工程（链接列表）中。您只需要下列 DirectX .LIB 文件：

- DDRAW.LIB；
- DSOUND.LIB；
- DINPUT.LIB；
- DINPUT8.LIB。

可以将生成的.EXE 文件命名为任何名称，如 TEST.EXE 或 RAIDERS3D_TEST.EXE，但在成功编译之前，请不要阅读后面的内容。

1.5.1　事件循环

WinMain()是所有 Windows 程序的主入口，就像 main()是所有 DOS/Unix 程序的入口一样。Raiders3D 的 WinMain()创建一个窗口，然后进入事件循环。如果 Windows 需要做某些事情，它将会执行。WinMain()首先创建一个 Windows 类，然后注册这个类。接下来创建游戏窗口，然后调用函数 Game_Init()，处理游戏的所有初始化操作。完成所有初始化操作后，进入标准的 Windows 事件循环以检测消息。收到消息后，调用 Windows 例程 WinProc 处理该消息；否则，调用主游戏编程函数 Game_Main()，其中将执行真正的游戏操作。

注意：阅读过《Windows 游戏编程大师技巧》的读者将注意到，WinMain( )的初始化代码中有一些额外的代码，用于处理窗口图形和调整窗口大小。这种新功能和 16 位颜色模式支持，是新版本游戏引擎 T3DLIB 的一部分。但是，本书的大多数 3D 将支持 8 位颜色图形，因为 16 位颜色软件 3D 的速度仍然不能令人满意。

如果愿意，可以永久性地在 Game_Main()中循环，而不返回到 WinMain()中的主事件循环。这不是一种好的做法，因为这样 Windows 将永远不会收到任何消息。我们要做的是执行一个动画帧或逻辑，然后返回到 WinMain()。这样，Windows 将继续负责处理消息。该过程如图 1.17 所示。

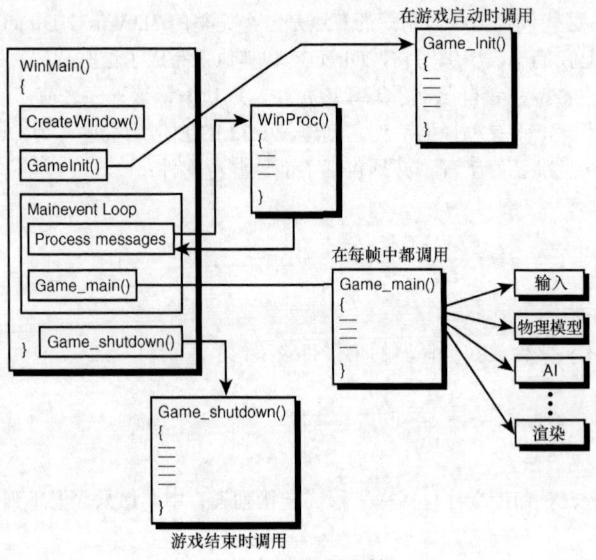

图 1.17　消息处理系统

1.5.2　核心 3D 游戏逻辑

进入 Game_Main()后，将执行 *Raiders3D* 的逻辑，在后缓存中渲染 3D 游戏图像。在循环的最后，通过调用 DDraw_Flip()，将生成的图像显示在显示器上，产生动画影像。游戏循环由“2D/3D 游戏的元素”一节中介绍的标准部分组成。这里重点介绍 3D 图形学。

敌方 AI 的游戏逻辑相当简单，在 3D 空间中视图外面的某个随机位置生成一艘敌方飞船。图 1.18 显示了 *Raiders3D* 的 3D 空间，如图中所示，相机（视点）固定在(0，0，-zd)处，其中 zd 是视距，它是视点离图像被投影到其上的虚拟窗口的距离。这个 3D 空间使用的是左手坐标系统，因为正 *z* 轴指向屏幕里面。

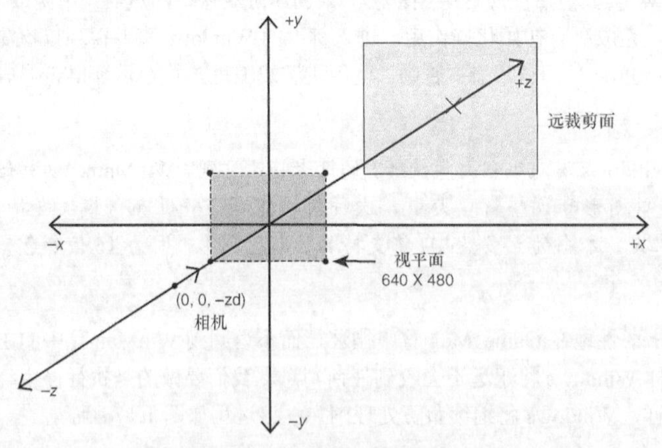

图 1.18　*Raiders3D* 的游戏世界

在敌方飞船生成之后，它将沿一条固定路径运动，该路径与玩家的观察位置相交，因而是一个碰撞过程。路径和初始位置在函数 Init_Tie()中生成。玩家的目标是对准敌方飞船并开火。

问题是 3D 图像是如何生成的呢？敌方飞船是多边形物体，它定义了 3D 物体的外形。也就是说，它们是 2D 轮廓，而不是完全的 3D 物体。3D 的关键是透视投影。图 1.19 说明了正交投影与透视投影的差别，它们是 3D 图形系统中的两种基本投影类型。

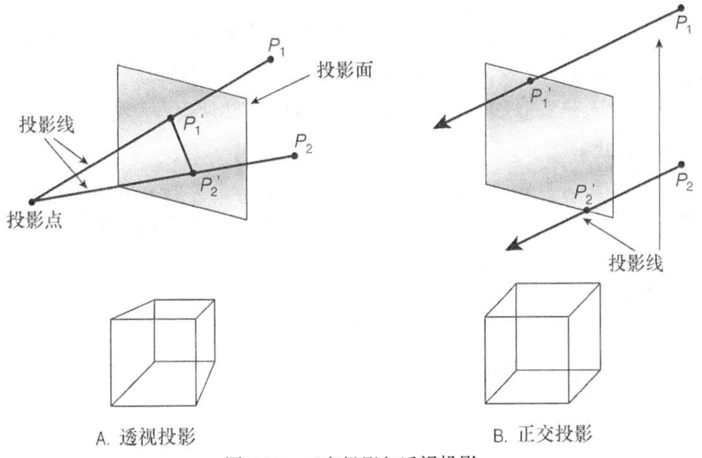

图 1.19　正交投影与透视投影

1.5.3　3D 投影

对于技术图样和图像，正交投影特别适合，而透视投影则不太适合。正交投影的数学原理相当简单，基本上是将每个点 z 坐标丢弃，如下所示。

给定 3D 空间中任一点 (x, y, z)：

$x_{ortho} = x$

$y_{ortho} = y$

透视投影有点复杂，这里不打算详细介绍其原理。一般来说，计算 2D 透视投影坐标时需要考虑 z 坐标和视距，其数学原理如图 1.20 所示，它是基于三角形相似的。如图所示，点 (x_{per}, y_{per}) 可以用下列方程计算。

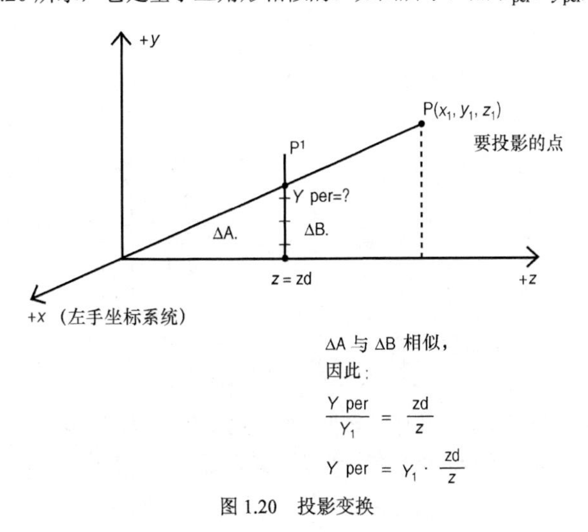

$$\frac{Y\ per}{Y_1} = \frac{zd}{z}$$

$$Y\ per = Y_1 \cdot \frac{zd}{z}$$

图 1.20　投影变换

给定 3D 空间中的(*x*，*y*，*z*)和视距 zd：

```
xper = zd*x/z

yper = zd*y/z
```

可以像移动 2D 物体那样移动 3D 多边形物体，在渲染之前使用透视投影方程对点进行变换，让物体能够在 3D 空间正确地显示和移动。当然，将坐标(x_{per}，y_{per})转换为实际屏幕坐标将涉及许多细节，但就现在而言，这些并不重要。您只需要知道 3D 物体以 3D 方式移动，并使用数学方法（考虑了透视）将 3D 物体投影到 2D 观察面（屏幕）上。

每艘敌方飞船将使用透视投影进行转换，并渲染到屏幕上。图 1.21 是 TIE 飞船的线框模型，基本上，渲染是基于这个模型完成的。每艘 TIE 飞船的实际位置存储在一个由下述结构组成的数组中：

```
//TIE 飞船
typedef struct TIE_TYP
    {
    int state;   // 飞船的状态，0 表示死亡，1 表示活着
    float x, y, z; // 飞船的位置
    float xv,yv,zv; // 飞船的速度
    } TIE, *TIE_PTR;
```

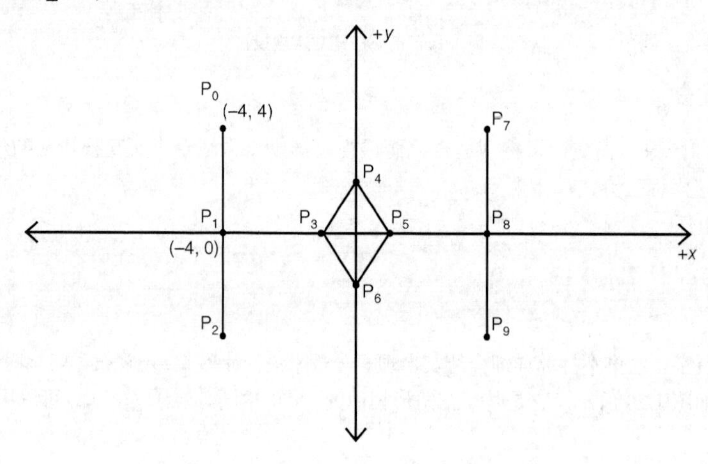

顶点列表		边列表	
P_0	(−4, 4)	边 0	P_0–P_2
P_1	(−4, 0)	边 1	P_1–P_3
P_2	(−4, −4)	边 2	P_3–P_4
P_3	(−1, 0)	边 3	P_4–P_5
P_4	(0, 2)	边 4	P_5–P_6
P_5	(1, 0)	边 5	P_6–P_3
P_6	(0, −2)	边 6	P_5–P_8
P_7	(4, 4)	边 7	P_7–P_9
P_8	(4, 0)		
P_9	(4, −4)		

图 1.21　TIE 飞船的线框模型

需要绘制敌方飞船时，使用 TIE 结构中的数据、TIE 3D 模型和透视投影。

TIE 飞船越近，亮度越高。这种效果很容易实现。实际上，程序使用 *z* 距离作为缩放因子来控制 TIE 飞船的亮度。

1.5.4　星空

星空实际上就是由空间外部一个发射源产生的点集。它们穿过玩家的视点后将被回收。这些点通过透视投影，被渲染为完全的 3D 物体，但大小为 1×1×1 像素，它们是真正的点，总是为单个像素。

1.5.5　激光炮和碰撞检测

玩家用以击落敌方飞船的激光炮实际上是从屏幕角落投影 2D 的直线，并会聚到十字准星。通过观察屏幕上所有 3D 飞船的 2D 投影，并测试激光是否在每个投影的包围框中，来完成碰撞检测，如图 1.22 所示。

由于激光是以光速前进的，所以该算法是可行的。不管目标是在 10m 以外还是在 10000km 以外，只要用激光束瞄准它，使得激光束与 3D 图像的投影相交，就会发生碰撞。

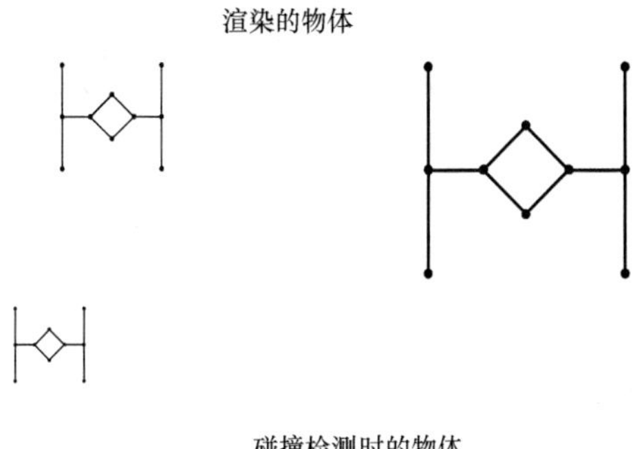

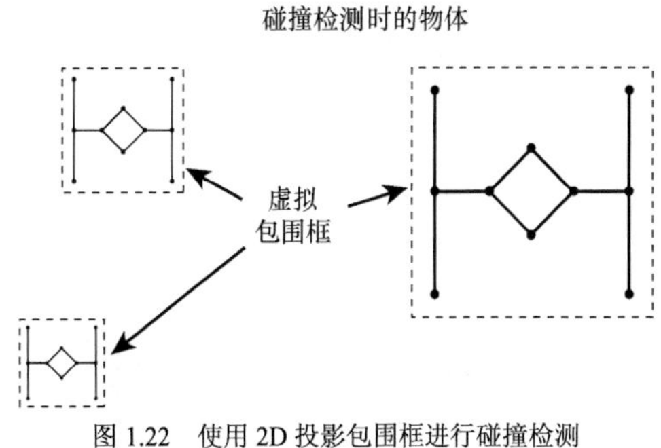

图 1.22　使用 2D 投影包围框进行碰撞检测

1.5.6　爆炸

相对于代码量而言，这个游戏的爆炸效果很不错。飞船被激光脉冲击中时，将组成飞船 3D 模型的直线复制另一个数据结构中，然后随机移动这些直线，仿佛它们是飞船的碎片。这些碎片将移动几秒钟，然后爆炸结束。爆炸效果相当真实，用于实现这种效果的代码不超过 100 行。

1.5.7　玩 *Raiders3D*

只要双击附带光盘中的 RAIDERS3D.EXE，该游戏便会立即启动。控制方法如下。

- 方向键：移动准星。
- 空格键：开火。
- Esc：退出游戏。

注意：逃脱的敌方飞船超过 100 艘时，游戏将结束！

该游戏使用了 DirectDraw、DirectInput、DirectSound 和 DirectMusic，因此需要确保在系统上正确安装了 DirectX 运行库。

注意：本书后面将使用支持光照效果、3D 模型和纹理映射的多边形引擎，重新编写 *Raiders3D*，让读者能够比较两者之间的差别！

1.6　总　　结

本章简要地介绍了 3D 游戏编程，其中最重要的内容是如何编译 DirectX 程序。但是，本章确实介绍了有关游戏编程的知识、游戏循环、通用 3D 透视变换以及如何使用编译器。另外还介绍了《Windows 游戏编程大师技巧》中的 T3DLIB 游戏引擎，我们使用它来帮助设置 DirectX 系统，使之正确运行，从而可以将重点放在 3D 游戏编程上，而无需考虑创建表面、查询接口和加载声音等细节。能够正确编译该程序后，请尝试添加更多的敌方飞船、星星等。

第 2 章 Windows 和 DirectX 简明教程

本章简要地介绍 Windows 和 DirectX 编程。本书假定您熟悉 Win32 编程和 DirectX 编程，但如果您不了解有关 Win32/DirectX 编程的知识，也可以使用我创建的 API，并将重点放在 3D 内容上。本章为那些不熟悉 Win32/DirectX 编程的读者提供这方面的简明课程，将介绍以下内容：

- Windows 编程；
- 事件循环；
- 编写一个简单的 Windows 程序；
- DirectX 基础；
- 组件对象模型。

2.1 Win32 编程模型

Windows 是一个多任务多线程操作系统，也是一个事件驱动型操作系统。与大多数 DOS 程序不同，大多数 Windows 程序都等待用户做一些事情（从而引发事件），然后 Windows 响应该事件并采取行动，如图 2.1 所示。图 2.1 显示了很多应用程序窗口，它们分别发送事件或消息给 Windows 进行处理。Windows 处理一些消息或事件，但大多数消息或事件都传回应用程序进行处理。

大多数情况下，您不需关心正在运行的其他应用程序，Windows 将处理它们。您只需关心自己的应用程序，并处理其窗口中的消息或事件。在 Windows 3.0/3.1 中，并不完全如此，这些版本的 Windows 并非真正的多任务操作系统，执行一个应用程序时不能执行其他的应用程序。在这些版本下运行的应用程序有些迟滞。如果其他应用程序过分占用了系统，您的应用程序将不能做任何事情。但是，Windows 9x/Me/2000/XP/NT 没有这样的问题，这些操作系统会在它任何合适的时候改变应用程序原有的计划——当然，由于改变速度非常快，用户根本觉察不到。

注意：至此，读者了解了所需的所有操作系统概念。幸运的是，Windows 是当今比较适合于编写游戏的操作系统，您无需关心调度等问题，而只需编写游戏代码并将机器的性能发挥到极限。

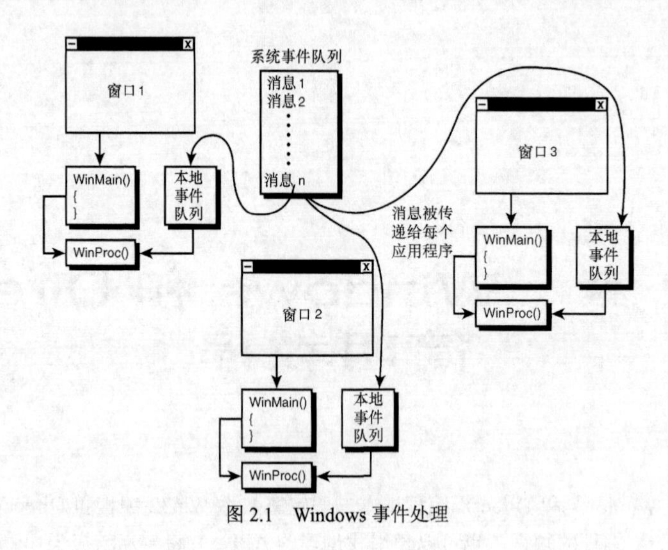

图 2.1　Windows 事件处理

2.2　Windows 程序的最小需求

现在您已经初步了解了 Windows 操作系统及其一些属性和底层设计，下面介绍我们的第一个 Windows 程序。

在任何一种新语言或操作系统中编写一个“Hello World”程序已成为惯例，我们将遵循这种惯例。下面的代码清单是一个标准的基于 DOS 的“Hello World”程序。

```
// DEMOII2_1.CPP: "hello world"程序的标准版本
#include <stdio.h>

// 所有标准 DOS/控制台程序的入口
void main(void)
{
printf("\nTHERE CAN BE ONLY ONE!!!\n");
} // end main
```

下面来看一看如何编写这样的 Windows 程序。

注意：要编译 DEMOII2_1.CPP，可以使用 Visual C++或 Borland 编译器创建一个“控制台应用程序”(console application)。它们与 DOS 应用程序类似，但是 32 位程序。它们只在文本模式下运行，非常适合用于测试算法和想法。

一切从 WinMain( )开始

所有 Windows 程序都从执行一个名为 WinMain()的函数开始，它类似于 DOS/Unix 程序中的 main()函数。在 WinMain()中做哪些事情完全取决于您，如果愿意，也可以创建一个窗口、开始处理事件、在屏蔽上绘制图像等。另一方面，也可以只调用 Win32 API 函数，这正是我们要做的。

例如，我只想通过消息框在屏幕上显示一些内容。正好有一个 Win32 API 函数可以完成这项任务：MessageBox()。下面的代码清单是一个完整的可编译的 Windows 程序，它创建并显示一个消息框，用户可以移动或关闭该消息框。

```
// DEMOII2_2.CPP--一个简单的消息框
#define WIN32_LEAN_AND_MEAN // 不使用 MFC

#include <windows.h>    // Windows 头文件
#include <windowsx.h>    // 包含大量的宏
// 所有 Windows 程序的入口
int WINAPI WinMain(HINSTANCE hinstance,
          HINSTANCE hprevinstance,
       LPSTR lpcmdline,
       int ncmdshow)
{
// 调用显示消息框的 API，并将父窗口句柄设置为 NULL
MessageBox(NULL, "THERE CAN BE ONLY ONE!!!",
         "MY FIRST WINDOWS PROGRAM",
         MB_OK | MB_ICONEXCLAMATION);

// 退出程序
return(0);

} // end WinMain
```

编译该程序的步骤如下：

1．新建一个 Win32.EXE Application Project，并包括附带光盘中 T3DIICHAP02 目录下的 DEMOII2_2.CPP 文件；

2．编译并链接该程序；

3．运行该程序（也可以运行附带光盘中已编译好的 DEEMOII2_2.EXE）。

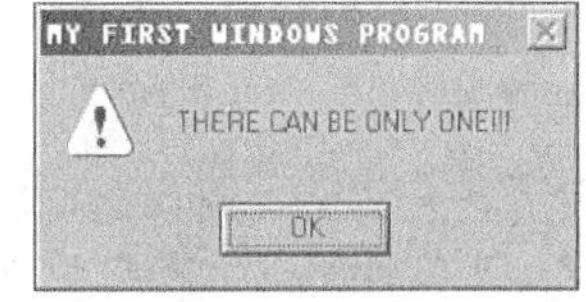

图 2.2　DEMOII2_2.EXE 运行时的屏幕截图

编译并运行该程序后，将看到如图 2.2 所示的画面。

有了完整的 Windows 程序后，下面将逐行分析该程序。

第 1 行代码如下：

```
#define WIN32_LEAN_AND_MEAN
```

有必要解释一下这行代码。可以使用两种方法来编写 Windows 程序：使用 MFC（Microsoft Foundation Classes）或 SDK（Software Development Kit）。MFC 要复杂得多，它完全基于 C++和类，就编写游戏而言，完全没必要使用 MFC。另一方面，SDK 更易于管理，可以在一两周内学会，且使用 C 语言。因此，本书将使用 SDK。

回到前面那行代码：WIN32_LEAN_AND_MEAN 指示编译器不要包含无关的 MFC 文件。

接下来的两行代码用于包含头文件：

```
#include <windows.h>
#include <windowsx.h>
```

第 1 行包含 windows.h，它实际上将包含所有的 Windows 头文件——有很多头文件，因此它更像是一个嵌套宏，可避免您不必手工包含多个头文件。

第 2 行包含 windowsx.h，它是一个宏和常量头文件，其中包含了大量的宏和常量，让 Windows 编程更加方便。

接下来是程序最重要的组成部分：Windows 应用程序的主入口——WinMain()：

```
int WINAPI WinMain(HINSTANCE hinstance,
         HINSTANCE hprevinstance,
     LPSTR lpcmdline,
     int ncmdshow);
```

首先，您将注意到奇怪的声明符号 WINAPI，它等价于函数声明符号 PASCAL，强制按从左至右的次序处理参数，而不像默认的 CDECL 那样按从右至左的次序处理参数。但是，调用规则声明符号 PASCAL 已经废弃，而使用 WINAPI。对于 WinMain()函数，必须使用 WINAPI；否则，启动代码将不能正确地将参数传递给它！

接下来详细介绍其中的每个参数。

● hinstance——该参数是 Windows 为应用程序生成的实例句柄。实例（Instance）是用于跟踪资源的指针（或数字）。在这里，hinstance 用于跟踪应用程序，就像姓名或地址。应用程序执行时，Windows 将该参数提供给应用程序。

● hprevinstance——该参数已不再使用，但在以前的 Windows 版本中，它用于跟踪应用程序的前一个实例，即启动当前应用程序的应用程序实例。不要奇怪为什么 Microsoft 要停止使用该参数，它确实令人很头痛！

● lpcmdline—一个以 NULL 结尾的字符串，类似于标准 C/C++函数 main(int argc，char ** argv)中的命令行参数，但没有单独的 argc 用于指示命令行参数数量。例如，如果您创建了一个 Windows 应用程序，将其命名为 TEST.EXE，并以如下命令行参数启动该程序：

```
TEST.EXE one two three
```

lpcmdline 将包含下列数据：

```
lpcmdline = "one two three"
```

注意，.EXE 文件的名称并不会包含在命令行参数中。

● ncmdshow——最后一个参数是启动期间传递给应用程序的一个整数，指出如何打开主应用程序窗口。因此，用户无法控制应用程序如何启动。当然，作为程序员，可以不使用该参数。表 2.1 列出了参数 ncmdshow 的几种常见值。

表 2.1 ncmdshow 的 Windows 编码

值	含义
SW_SHOWNORMAL	激活并显示一个窗口。如果该窗口被最小化或最大化，Windows 将它恢复到原来的大小和位置。应用程序在首次显示窗口时应该使用该标记
SW_SHOW	激活窗口并按当前大小和位置显示它
SW_HIDE	隐藏窗口并激活另一个窗口
SW_MAXIMIZE	最大化指定的窗口
SW_MINIMIZE	最小化指定的窗口
SW_RESTORE	激活并显示一个窗口。如果该窗口被最小化或最大化，Windows 将它恢复到原来的大小和位置。应用程序在恢复一个最小化窗口时应该使用该标记
SW_SHOWMAXIMIZED	激活一个窗口并以最大化方式显示它
SW_SHOWMINIMIZED	激活一个窗口并以最小化方式显示它
SW_SHOWMINNOACTIVE	以最小化方式显示窗口，原来活动的窗口仍保持活动状态
SW_SHOWNA	以当前状态显示一个窗口，原来活动的窗口仍保持活动状态
SW_SHOWNOACTIVATE	以上一次的大小和位置显示一个窗口，原来活动的窗口仍保持活动状态

如表 2.1 所示，对于 ncmdshow 参数有很多种设置（其中大多数在目前都没有意义）。实际上，大多数从来不会用于设置 ncmdshow 参数；您将在另一个函数 ShowWindows()中使用它们，该函数在窗口被创建后实际显示它，这将在本章后面介绍。

需要指出的是，Windows 有很多您从来不会使用的选项、标记等，但它们仍然存在。这就像 VCR 编程选项，选项越多越好，如果您不想使用，不使用就是了。Windows 就是以这种方式设计的，它必须满足每个人的需要，因此需要提供很多选项。实际上，我们在绝大多数时候只会用到 SW_SHOW、SW_SHOWNORMAL 和 SW_HIDE。

最后，来看一下 WinMain()函数中的函数调用 MessageBox()。它为我们完成了全部工作。MessageBox()是一个可以为我们做很多事情的 Win32 API 函数，这样我们就不必自己做这些事情。MessageBox()函数用于以不同的图标和按钮来显示一些消息。正如您知道的，在 Windows 应用程序中显示简单消息非常普遍，因此这个函数可以为程序员节省大量的时间。

MessageBox()的功能不多，但确实能够在屏幕上显示一个窗口、询问问题并等待用户的输入。下面是 MessageBox()的原型：

```
int MessageBox( HWND  hwnd,   // 父窗口句柄
        LPCTSTR lptext,  // 要显示在消息框中的文本
        LPCTSTR lpcaption,// 消息框的标题
        UINT  utype);  // 消息框的样式
```

- hwnd——包含消息框的窗口的句柄。到现在为止，本书还没有介绍窗口句柄，所以您只需将它理解为消息框的父窗口。在程序 DEMOII2_2.CPP 中，我们将它设置为 NULL，表示使用 Windows 桌面作为其父窗口。
- lptext——是一个以 NULL 结尾的字符串，包含要显示的文本。
- lpcaption——是一个以 NULL 结尾的字符串，包含消息框的标题。
- utype——该参数指定显示哪种类型的消息框。表 2.2 列出了多种类型的消息框（不完全）。

表 2.2　MessageBox( )选项

标记	含义
MB_OK	只包含一个按钮：OK，这是默认值
MB_OKCANCEL	包含两个按钮：OK 和 Cancel
MB_RETRYCANCEL	包含两个按钮：Retry 和 Cancel
MB_YESNO	包含两个按钮：Yes 和 No
MB_YESNOCANCEL	包含三个按钮：Yes、No 和 Cancel
MB_ABORTRETRYIGNORE	包含三个按钮：Abort、Retry 和 Ignore
MB_ICONEXCLAMATION	在消息框上显示一个惊叹号图标
MB_ICONINFORMATION	在消息框上显示一个消息图标——在一个圆圈中显示小写字母 i
MB_ICONQUESTION	在消息框上显示一个问号图标
MB_ICONSTOP	在消息框上显示一个停止符号图标
MB_DEFBUTTONn	*n* 为 1～4 的数字，表示默认情况下第 *n* 个按钮处于活动状态（按从左至右的次序编号）

还有一些其他的操作系统级标记，但我们不关心它们，详情可参阅编译器的 Win32 SDK 联机帮助。

对于表 2.2 中的值，可以使用逻辑 OR 将它们组合起来，以设置所需类型的消息框。通常情况下，只需要从每组选择该值，然后使用逻辑 OR 将它们组合起来。

像所有良好的 Win32 API 函数一样，MessageBox()也返回一个值，让您了解消息框中发生的情况。对于 Yes/No 询问型消息框，您可能想知道返回值。可能返回的值如表 2.3 所示。

表 2.3　　MessageBox( )的返回值

值	含义	值	含义
IDABORT	用户选择了 Abort 按钮	IDOK	用户选择了 OK 按钮
IDCANCEL	用户选择了 Cancel 按钮	IDRETRY	用户选择了 Retry 按钮
IDIGNORE	用户选择了 Ignore 按钮	IDYES	用户选择了 Yes 按钮
IDNO	用户选择了 No 按钮		

完成对第一个 Windows 程序代码的逐行分析后，您可以试着修改该程序，并以不同的方式编译它：尝试修改各种编译器选项，如优化选项，代码生成选项等。然后尝试通过调试器运行该程序，看能否了解程序的执行过程。

要听到声音效果，一种很简单的方法是使用 MessageBeep()函数。可以在 Win32 SDK 中查找该函数的相关信息，其用法与 MessageBox()函数一样简单。下面是这个函数：

```
BOOL MessageBeep(UINT utype); // 要播放的声音
```

可以使用如表 2.4 所示的常量来设置声音。

表 2.4　　MessageBeep( )函数的声音标识符

值	含义	值	含义
MB_ICONASTERISK	系统 Asterisk 声音	MB_ICONQUESTION	系统 Question 声音
MB_ICONEXCLAMATION	系统 Exclamation 声音	MB_OK	系统默认声音
MB_ICONHAND	系统 Hand 声音	0xFFFFFFFF	使用计算机扬声器的标准蜂鸣声

如果安装了 MS-Plus 主题方案，声音将更有趣。

现在我们了解了 Win32 API 的功能，有数百个 Win32 API 函数。当然，它们并不是运行速度最快的函数，但对于常规清理工作、I/O 和 GUI，Win32 API 是非常方便的。

现在总结一下至此介绍过的 Windows 编程知识。首先，Windows 是多任务多线程操作系统，可同时运行多个应用程序。然而，我们无需负责处理所有的事情。与我们密切相关的是，Windows 是事件驱动的。这意味着需要处理事件（到现在为止我们并不知道如何处理事件），并对事件做出响应。最后，所有 Windows 程序都从函数 WinMain()开始执行，该函数的参数比 DOS main()多几个，但在合理的范围内。

下面编写一个非常基本的 Windows 应用程序，实际上本章后面编写游戏引擎时将以此为基础。

2.3　一个基本的 Windows 应用程序

本书的目标是编写在 Windows 平台上运行的 3D 游戏，所以无需知道很多有关 Windows 编程的知识。实际上，需要的只是一个框架 Windows 程序，它打开窗口、处理消息并调用主游戏循环，仅此而已。本节的首要目标是介绍如何创建简单的 Windows 程序，但同时为如何编写类似于 32 位 DOS/Unix 机器的游戏编程“Shell”做一些铺垫。

Windows 程序的一项主要内容是打开窗口。窗口提供了用于显示文本和图形的工作空间，让用户能够同应用程序交互。创建完整 Windows 程序的步骤如下：

- 创建一个 Windows 类；
- 创建一个事件处理程序（WinProc）；
- 向 Windows 注册创建的 Windows 类；
- 使用 Windows 类创建一个窗口；
- 创建一个主事件循环，用于接收 Windows 消息并将其发送给事件处理程序。

下面详细介绍每个步骤。

2.3.1 Windows 类

Windows 是一个真正的面向对象的操作系统，因此在 Windows 中的很多概念和过程都源自 C 和 C++，Windows 类就是其中之一。在 Windows 中，窗口、控件、列表框、对话框等实质上都是窗口，它们之间的差别在于定义它们的类。每个 Windows 类都是一种 Windows 可以处理的窗口类型描述。

在 Windows 中有大量预定义的 Windows 类，如按钮、列表框、文件选择器等。但是，也可以很方便地创建自己的 Windows 类。实际上，对于每个应用程序，至少需要创建一个 Windows 类；否则，程序将相当复杂。因此可以将 Windows 类视为模板，使用它可以生成窗口，并处理消息。

有两种数据结构可用于保存 Windows 类消息：WNDCLASS 和 WNDCLASSEX。WNDCLASS 是一种较早的数据结构，可能很快会废弃不用，因此我们将使用新的扩展版本 WNDCLASSEX。这两种数据结构极其类似，如果您对它们感兴趣，可在 Win32 帮助中查找到旧版本的 WNDCLASS。下面是 Windows 头文件中定义的 WNDCLASSEX 数据结构：

```
typedef struct _WNDCLASSEX
    {
    UINT  cbSize;      // 该结构的大小
    UINT  style;       // 样式标记
    WNDPROC lpfnWndProc;  // 指向事件处理程序的函数指针
    int   cbClsExtra;   // 额外的类信息
    int   cbWndExtra;   // 额外的窗口信息
    HANDLE hInstance;    // 应用程序实例
    HICON  hIcon;      // 主图标
    HCURSOR hCursor;      // 鼠标
    HBRUSH hbrBackground; // 用于绘制窗口的背景刷
    LPCTSTR lpszMenuName; // 菜单名称
    LPCTSTR lpszClassName; // 类名
    HICON  hIconSm;     // 小图标句柄
    } WNDCLASSEX;
```

您需做的是创建一个这样的数据结构，并对其各个字段赋值。

```
WNDCLASSEX winclass; // 一个空的 windows 类
```

下面介绍如何对各个字段赋值。

第一个字段 cbSize 非常重要。它指的是结构 WNDCLASSEX 本身的大小。您可能会问，为什么数据结构需要知道自己的大小呢？因为将结构作为指针进行传递时，接收方可通过检查第一个字段（4 字节）来判断数据块的大小，然后直接跳到结构的末尾。它提供了一些帮助信息，让其他函数无需在运行时计算类的大小。因此，您需要设置该字段：

```
winclass.cbSize = sizeof(WNDCLASSEX);
```

接下来的字段是样式标记，描述窗口的常规属性。这些标记有很多，这里不打算全部介绍，您只需要知道使用这些标记可以创建任何类型的窗口。表 2.5 列出了一些最常用的标记，可以使用逻辑 OR 来将这些值组合起来，以设置所需的窗口类型。

表 2.5　　Wndows 类的样式标记

标记	含义
CS_HREDRAW	移动窗口或调整窗口宽度时重新绘制整个窗口
CS_VREDRAW	移动窗口或调整窗口高度时重新绘制整个窗口
CS_OWNDC	为类中的每个窗口分配一个唯一的设备场境
CS_DBLCLKS	当用户在窗口内双击鼠标时，发送双击消息给窗口过程
CS_PARENTDC	设置子窗口与其父窗口的重叠区域，以便在父窗口上绘制子窗口
CS_SAVEBITS	存储窗口中的客户区域图像（client image），当窗口被遮掩、移动时您不需要重绘窗口。但这样做将占用更多的内存，速度也更慢
CS_NOCLOSE	禁用 System 菜单上的 Close 命令

表 2.5 中的标记很多，很容易让人混淆。就现在而言，我们将这样设置样式标记，即让窗口被移动或调整大小时重绘，使用静态设备场境，能够处理鼠标双击事件。

设备场境（Device Context）用于将 GDI 图形渲染到窗口中。因此要处理图形，需要为窗口请求设备场境。如果使用标记 CS_OWNDC，将 Windows 类设置为自己的设备场境，可节省一些时间，这样可避免每次都请求设备场境。下面的代码说明了如何设置 style 字段，使窗口满足我们的需求：

```
winclass.style = CS_VREDRAW | CS_HREDRAW | CS_OWNDC | CS_DBLCLICKS;
```

WNDCLASSEX 结构的下一个字段 lpfnWndProc 是一个函数指针，它指向一个事件处理程序。通常，将这个字段设置类的回调函数。回调函数在 Windows 编程中很常见，其工作原理如下：发生事件时，不需要进行随机轮询，Windows 将通过调用回调函数来通知您。在回调函数内部，您可以采取任何措施。

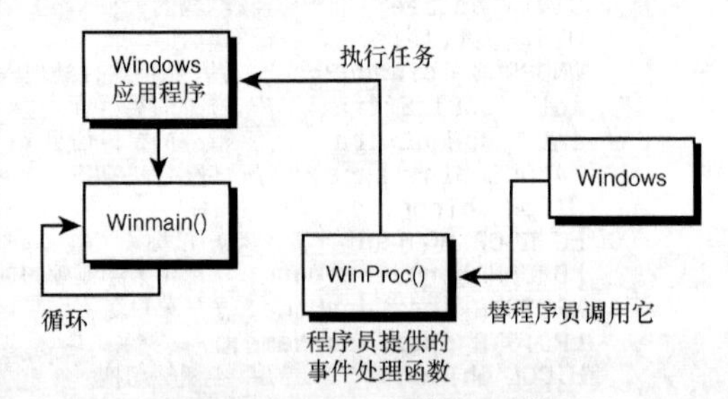

图 2.3　Windows 事件处理函数

这说明了基本的 Windows 事件循环和事件处理程序的工作原理。您给 Windows 类提供回调函数，发生事件时，Windows 将为您调用该函数，如图 2.3 所示。本章后面将更详细地介绍这一点；现在，只需将其设置为我们将编写的事件函数。

```
winclass.lpfnWndProc = WinProc; // 这是我们将编写的函数
```

注意：您可能不熟悉函数指针，它们类似于 C++中的虚函数。您可能也不熟悉虚函数，则有必要解释一下。假定有两个函数，用于对两个数字执行运算：

```
int Add(int op1, int op2) {return(op1+op2);}
int Sub(int op1, int op2) {return(op1-op2);}
```

要想用相同的调用方式调用其中任何一个函数，可以使用函数指针：

```
// 定义一个函数指针，该指针可指向这样的函数，即接受两个 int 参数并返回一个 int 值：
int (Math*)(int, int);
```

然后像下面这样给函数指针赋值：

```
Math = Add;
int result = Math(1,2); // 相当于调用 Add(1,2)
// 结果为 3

Math = Sub;
int result = Math(1,2); // 相当于调用 Sub(1,2)
// 结果为 -1
```

接下来的两个字段 cbClsExtra 和 cbWndExtra，最初设计用来指示 Windows 在 Windows 类中保留一些额外空间，以保存运行时信息。但是，现在大多数人都不使用这两个字段，而是简单地将它们设置为 0：

```
winclass.cbClsExtra = 0; // 额外的类信息空间
winclass.cbWndExtra = 0; // 额外的窗口信息空间
```

下一个字段是 hInstance。这个字段是程序启动时传递给 WinMain()函数的 hinstance，因此只需要从 WinMain()中复制它即可：

```
winclass.hInstance = hinstance; // 将其设置为应用程序实例
```

其他的字段与 Windows 类的图形方面相关，介绍它们之前，先快速回顾一下句柄。

在 Windows 程序和类型中，您将经常看到句柄：位图句柄、光标句柄等。别忘了，句柄是基于内部 Windows 类型的标识符。实际上它们是整数，但 Microsoft 可能改变这种做法，因此最好使用 MS 类型。您将看到越来越多的“空白句柄（handles to blank）”，任何以 h 为打头的类型通常都是句柄。

下一个字段用于设置代表应用程序的图标类型。您可以加载自己定制的图标，但我们现在将使用系统图标——您需要一个图标句柄。要获得一个指向通用系统图标的句柄，可使用函数 LoadIcon()：

```
winclass.hIcon = LoadIcon(NULL, IDI_APPLICATION);
```

上述代码加载标准应用程序图标；虽然单调，但很简单。如果您对 LoadIcon()函数感兴趣，可查看 Win32 API 文档——其中有大量预定义图标可供使用。

接下来的字段是 hCursor。与 hIcon 类似，它也是一个图形对象句柄；但不同的是，hCursor 是一个光标句柄，鼠标指针进入窗口的客户区域后，将显示 hCursor 指向的光标，它代表鼠标指针形状。函数 LoadCursor()用于获得到资源光标或预定义系统光标的句柄。资源将在后面介绍，它们是编译到应用程序中的数据，如位图、光标、图标、声音等，在运行时可访问它们。下面的代码将 Windows 类的光标设置为标准箭头：

```
winclass.hCursor = LoadCursor(NULL, IDC_ARROW);
```

同样，如果您对光标样式感兴趣，可以在 Win32 API 中查找相关信息。

接下来的字段是 hbrBackground。重新绘制或刷新窗口时，Windows 至少会使用预定义的颜色（在 Windows 中称为“画刷”）重新绘制窗口客户区域的背景。hbrBackground 是用于刷新窗口的画刷句柄。画刷、画笔、颜色和图形都是图形设备接口（GDI，Graphics Device Interface）的组成部分，我们不必关心 GDI，因为我们主要使用 DirectX。下面演示如何请求基本的系统画刷，将其用于绘制窗口。这是通过函数 GetStockObject()来完成的，如下列代码行所示：

```
winclass.hbrBackground = (HBRUSH)GetStockObject(WHITE_BRUSH);
```

警告：注意强制类型转换（HBRUSH）。对于 Visual C++ 6.0+编译器，它是必需的！对于其他编译器，使用该类型转换也没有坏处。

GetStockObject()函数是一个通用函数，它可用于获取 Windows“库存”的画刷、画笔、调色板或字体句柄。GetStockObject()接受一个参数，指出要加载哪种资源。表 2.6 列出了可用的画刷和画笔对象。

表 2.6　GetStockObject( )的对象标识符

值	含义	值	含义
BLACK_BRUSH	黑色画刷	HOLLOW_BRUSH	中空画刷
WHITE_BRUSH	白色画刷	NULL_BRUSH	空画刷
GRAY_BRUSH	灰色画刷	BLACK_PEN	黑色画笔
LTGRAY_BRUSH	淡灰色画刷	WHITE_PEN	白色画笔
DKGRAY_BRUSH	深灰色画刷	NULL_PEN	空画笔

大多数情况下，窗口的背景画刷都无关紧要，因为在 DirectX 接管之后，它将不起作用。

WNDCLASS 结构中接下来的字段是菜单字段 lpszMenuName。它是一个以 NULL 结尾的 ASCII 字符串，包含要加载并附加到窗口上的菜单资源的名称。因为现在我们不使用菜单，所以将它设置为 NULL：

```
winclass.lpszMenuName = NULL; // 要加入到窗口中的菜单的名称
```

如前所述，每个 Windows 类代表应用程序可以创建的一种窗口类型。类与一般意义上的模板类似；因此，Windows 需要跟踪并识别它们，字段 lpszClassName 就是用于这个目的。该字段是一个以 NULL 结尾的 ASCII 字符串，包含类的文本标识符。一般来说，我个人使用诸如 WINCLASS1、WINCLASS2 之类的标识符。使用什么样的类名称取决于您，但最好使它尽可能简单：

```
winclass.lpszClassName = "WINCLASS1"; // 类本身的名称
```

进行上述赋值后，就可以用类名称来引用新的 Windows 类，如 WINCLASS1。

最后一个字段是“小”应用程序图标。这是 Windows 类 WNDCLASSEX 新增加的一个字段，在以前的 WNDCLASS 类中没有这个字段。实际上，该句柄指向窗口的标题栏和 Windows 桌面任务栏显示的图标。通常加载一个自定义资源，但现在我们使用 LoadIcon()函数来加载一个标准 Windows 图标：

```
winclass.hIconsm = LoadIcon(NULL, IDI_APPLICATION);
```

现在来看一看整个类定义：

```
WNDCLASSEX winclass; // 要创建的窗口类

// 设置窗口类
winclass.cbSize = sizeof(WNDCLASSEX);
winclass.style    = CS_DBLCLKS | CS_OWNDC | CS_HREDRAW | CS_VREDRAW;
winclass.lpfnWndProc = WindowProc;
winclass.cbClsExtra = 0;
winclass.cbWndExtra = 0;
winclass.hInstance   = hinstance;
winclass.hIcon       = LoadIcon(NULL, IDI_APPLICATION);
winclass.hCursor   = LoadCursor(NULL, IDC_ARROW);
winclass.hbrBackground  = (HBRUSH)GetStockObject(BLACK_BRUSH);
winclass.lpszMenuName  = NULL;
```

```
winclass.lpszClassName  = "WINCLASS1";
winclass.hIconsm    = LoadIcon(NULL, IDI_APPLICATION);
```

当然，要减少输入量，可在声明窗口类的同时进行初始化，如下所示：

```
WNDCLASSEX winclass = {
        winclass.cbSize = sizeof(WNDCLASSEX),
        CS_DBLCLKS | CS_OWNDC | CS_HREDRAW | CS_VREDRAW,
        WindowProc,
        0,
        0,
        hinstance,
        LoadIcon(NULL, IDI_APPLICATION),
        LoadCursor(NULL, IDC_ARROW),
        (HBRUSH)GetStockObject(BLACK_BRUSH),
        NULL,
        "WINCLASS1",
        LoadIcon(NULL, IDI_APPLICATION)};
```

2.3.2　注册 Windows 类

定义 Windows 类并将其存储到 winclass 中后，还必须通过注册让 Windows 操作系统知道这个类。注册是通过函数 RegisterClassEx()来完成的，它只接受一个指向新类的指针作为参数：

```
RegisterClassEx(&winclass);
```

警告：这里没有使用类名（WINCLASS1）。对于 RegisterClassEx( )函数，您必须使用存储类的实际数据结构，因为调用该函数之前，Windows 系统还不知道这个类，因此不能使用类名 WINCLASS1 来引用它。

另外，还有一个老式函数 RegisterClass()，它用于注册基于数据结构 WNDCLASS 的类。

注册类后，可以使用它来创建窗口。下面介绍如何创建窗口，然后重温事件处理程序和主事件循环的细节，让读者知道为使 Windows 应用程序正常运行，需要进行哪些处理。

2.3.3　创建窗口

可以用函数 CreateWindow()或 CreateWindowEx()来创建窗口（或任何其他类似于窗口的对象，如控件）。后一个函数是最新的扩展，支持更多的样式参数，我们将使用它。创建窗口时，必须提供窗口类的文本名称，这里为 WINCLASS1。它用于标识窗口类，将其同其他窗口类和内嵌类型（如按钮、文本框等）区分开来。

下面是 CreateWindowEx()的函数原型：

```
HWND CreateWindowEx(
   DWORD dwExStyle,    // 扩展的窗口样式
   LPCTSTR lpClassName, // 类名指针
   LPCTSTR lpWindowName, // 窗口名指针
   DWORD dwStyle,     // 窗口样式
   int x,          // 窗口的水平位置
   int y,          // 窗口的垂直位置
   int nWidth,      // 窗口宽度
   int nHeight,      // 窗口高度
   HWND hWndParent,    // 父窗口句柄
   HMENU hMenu,      // 菜单句柄或子窗口标识符
   HINSTANCE hInstance, // 应用程序实例句柄
   LPVOID lpParam);    // 指向窗口创建数据的指针
```

如果该函数成功运行，将返回一个指向新建窗口的句柄；否则返回 NULL。

该函数中大多数参数的含义都是不言自明的，这里还是解释一下：

- dwExStyle——该扩展样式标记是一种高级功能，大多数情况下都被设置为 NULL。要了解该标记的各种可能值，可查看 Win32 SDK 帮助文档。我曾经使用过的唯一一个标记值是 WS_EX_TOPMOST，它确保窗口始终位于最上面。
- lpClassName——该参数指定使用哪个类来创建窗口，如 WINCLASS1。
- lpWindowName：它是一个以 NULL 结尾的字符串，包含窗口的标题，如“My First Window”。
- dwStyle——它是常规窗口标记，用于指定窗口的外观和行为，是一个非常重要的参数。表 2.7 列出了对于 DirectX 应用程序较常用的一些值。当然，可以使用逻辑 OR 将这些值组合起来，以获得所需的功能。
- *x*、*y*——以像素坐标指定窗口的左上角位置。如果您不关心窗口的位置，可使用 CW_USEDEFAULT，Windows 将自动确定窗口的位置。
- nWidth、nHeight——指定窗口的宽度和高度，单位为像素。如果您不关心窗口的大小，可使用 CW_USEDEFAULT，Windows 将自动确定窗口的大小。
- hWndParent——指向父窗口（如果存在）的句柄。如果不存在父窗口，可使用 NULL；在这种情况下，桌面将是其父窗口。
- hMenu——附加到窗口上的菜单的句柄，下一章将更详细介绍。现在只需使用 NULL 即可。
- hInstance——应用程序实例，这里使用 WinMain()函数中的 hinstance。
- lpParam——高级参数。设置为 NULL。

表 2.7　　dwStyle 的常规样式值

样式	含义
WS_POPUP	创建一个弹出式窗口
WS_OVERLAPPED	创建一个重叠窗口。重叠窗口有标题栏和边框，与 WS_TILED 样式相同
WS_OVERLAPPEDWINDOW	使用样式 WS_OVERLAPPED、WS_CAPTION、WS_SYSMENU、WS_THICKFRAME、WS_MINIMIZEBOX 和 WS_MAXIMIZEBOX 创建一个重叠窗口
WS_VISIBLE	创建一个一开始就可见的窗口

下面的代码创建一个这样的基本重叠窗口，即包含标准控件、位于(0，0)、大小为 400×400 像素的窗口：

```
HWND hwnd; // 窗口句柄

// 创建窗口
if (!(hwnd = CreateWindowEx(NULL, // 扩展样式
            "WINCLASS1",        // 窗口类
        "Your Basic Window", // 标题
        WS_OVERLAPPEDWINDOW | WS_VISIBLE,
         0,0,     // 初始位置
        400,400, // 初始宽度和高度
        NULL,   // 父窗口句柄
        NULL,   // 菜单句柄
        hinstance,// 应用程序实例
        NULL))) // 其他创建参数
return(0);
```

窗口被创建后，其状态为可见或不可见。但这里使用了样式标记 WS_VISIBLE，它使窗口自动可见；如果没有该标记，可使用下列函数调用手动显示窗口：

```
// 显示窗口
ShowWindow(hwnd, ncmdshow);
```

还记得 WinMain()函数中的参数 ncmdshow 吗？它是一个非常方便的参数。尽管可以使用 WS_VISIBLE 标记覆盖它，但通常将它作为参数传送给 ShowWindow()函数。接下来您可能想强制 Windows 更新窗口的内容并生成一个 WM_PAINT 消息。这可通过调用函数 UpdateWindow()来完成：

```
// 将一条 WM_PAINT 发送给窗口，以刷新其内容
UpdateWindow();
```

2.3.4　事件处理程序

下面来看一下主事件处理程序。前面介绍过，事件处理程序是一个回调函数，Windows 在窗口中发生需要处理的事件时，在主事件循环中调用该函数。关于回调函数的流程，可参见图 2.3。

事件处理程序是由您编写的，因此可处理任何想处理的事件；其他的事件可传递给 Windows 进行处理。当然，应用程序处理的事件和消息越多，其功能越强。

编写代码之前，先介绍一下事件处理程序的细节、其功能和工作原理。首先，对于创建的每个 Windows 类，都可以拥有独立的事件处理程序，我称它为 Windows 过程（以下简称为 WinProc）。主事件循环从用户或 Windows 那里收到消息，在将其加入到主事件队列中时，将把它发送给 WinProc。这些说起来有些复杂，所以我将以另一种方式解释。

用户和 Windows 执行某些操作时，将生成一些针对应用程序窗口的事件和消息。所有这些消息都将进入一个队列中，但针对您的应用程序窗口的事件和消息将进入到该窗口的私有队列中。然后主事件循环将获取到这些消息，并将它们发送给窗口的 WinProc 进行处理，如图 2.1 所示。

实际上，有数以百计的事件和消息，本书不会全部介绍它们，幸运的是，只需要处理很少几个消息，就可以让 Windows 应用程序正常启动和运行。

简单地说，主事件循环将事件和消息提供给 WinProc，然后 WinProc 对它们进行处理。因此，不仅我们需要关心 WinProc，主事件循环也需要考虑它，这将稍后介绍。知道 WinProc 的功能后，来看看它的函数原型：

```
LRESULT CALLBACK WindowProc(
         HWND hwnd, // 发送方的窗口句柄
         UINT msg, // 消息 id
         WPARAM wparam, // 更详细地定义消息
         LPARAM lparam); // 更详细地定义消息
```

当然，这只是回调函数的原型。您可以调用任何函数，只需将函数的地址作为函数指针赋给 winclass.lpfnWndProc 即可：

```
winclass.lpfnWndProc = WindowProc;
```

这些参数的含义是不言自明的：

- hwnd——它是窗口句柄。该参数只有当您使用同一个 Windows 类打开了多个窗口时有意义。这时只有使用 hwnd 才能分辨出消息来自哪个窗口。图 2.4 说明了这种情况。
- msg——它是 WinProc 应处理的实际消息 ID。该 ID 可以是多个主要消息之一。
- wparam 和 lparam——这两个参数用于进一步确定参数 msg 指定的消息。
- 最后，返回类型和声明符号也相当重要：LRESULT CALLBACK。这些关键字是必不可少的，不要遗漏它们！

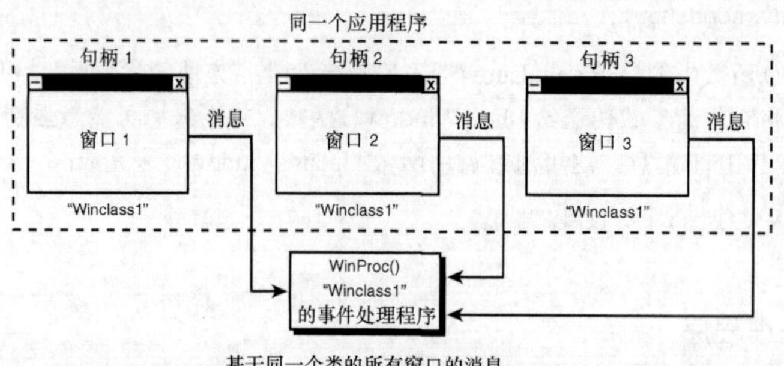

图 2.4　基于同一个类的多个窗口

大多数人的做法是，使用 switch()来判断 msg，为每种情况编写相应的代码。根据 msg 的内容，可以知道是否需要进一步查看 wparam 和 lparam 的值。表 2.8 列出了一些基本的消息 ID。

表 2.8　　部分消息 ID

值	含义	值	含义
WM_ACTIVATE	窗口被激活或获取焦点时发送该消息	WM_KEYDOWN	按下键时发送该消息
WM_CLOSE	关闭窗口时发送该消息	WM_TIMER	发生计时器事件时发送该消息
WM_CREATE	首次创建窗口时发送该消息	WM_USER	让您能够发送消息
WM_DESTROY	要销毁窗口时发送该消息	**WM_PAINT**	窗口需要重绘时发送该消息
WM_MOVE	移动窗口时发送该消息	**WM_QUIT**	Windows 应用程序终止时发送该消息
WM_MOUSERMOVE	移动鼠标时发送该消息	WM_SIZE	窗口改变大小时发送该消息
WM_KEYUP	松开键时发送该消息		

注：用粗体显示的是最常用的消息。

通常，应用程序运行时，将发送一个或多个消息给 WinProc 进行处理。消息 ID 位于 msg 中，其他信息存储在 wparam 和 lparam 中。要了解消息有哪些参数，最好参考 Win32 SDK 联机帮助。

幸运的是，我们现在只关心三种消息：

- WM_CREATE——最初创建窗口时发送该消息，它提供一个进行设置、初始化或资源分配的机会。
- WM_PAINT——窗口内容需要重绘时发送该消息。它可能由很多种原因导致：用户移动窗口或调整窗口的大小、被另一个应用程序弹出窗口遮住等。
- WM_DESTROY——窗口要被销毁时发送该消息。通常是用户单击了窗口的关闭图标或从窗口的系统菜单中选择关闭后的直接结果。这时，您需要释放所有资源，并通过发送 WM_QUIT 消息，告诉 Windows 完全终止该应用程序。

下面来看一个用于处理所有这些消息的完整 WinProc，如下列代码所示：

```
LRESULT CALLBACK WindowProc(HWND hwnd,
            UINT msg,
            WPARAM wparam,
            LPARAM lparam)

{
```

```
// 这是系统的主消息处理函数
PAINTSTRUCT  ps;  // 用于 WM_PAINT
HDC     hdc;  // 设备场境句柄

// 判断消息是什么
switch(msg)
  {
  case WM_CREATE:
    {
  // 执行初始化的代码

     // 成功返回
  return(0);
  } break;

  case WM_PAINT:
  {
  // 确认窗口是否有效
  hdc = BeginPaint(hwnd,&ps);
  // 执行绘制的代码
    EndPaint(hwnd,&ps);
    // 成功返回
  return(0);
  } break;

  case WM_DESTROY:
  {
  // 关闭应用程序，下述代码发送一条 WM_QUIT 消息
  PostQuitMessage(0);

     // 成功返回
  return(0);
  } break;

  default:break;

  } // end switch

// 处理其他消息
return (DefWindowProc(hwnd, msg, wparam, lparam));

} // end WinProc
```

首先来看一下对消息 WM_CREATE 的处理，这里只是 return(0)，它告诉 Windows 已经对该消息进行了处理，不要再采取措施。当然，也可以在处理 WM_CREATE 消息时执行各种的初始化操作。

下一个消息是 WM_PAINT，它非常重要。窗口需要重新绘制时发送该消息，这意味着大多数时候您需要执行重绘操作。对于 DirectX 游戏，这无关紧要，因为我们将以 30～60fps（帧/秒）的速度重绘屏幕，但对于普通 Windows 应用程序而言，这就很重要了。然而，对于 DirectX 应用程序，我们不希望 Windows 认为屏幕没有被重新绘制，所以需要让 Windows 知道我们已经对 WM_PAINT 消息进行处理了。

为此，必须"验证窗口的客户矩形"。有很多种方法可以完成这种处理，但最简单的方法是调用函数 BeginPaint()和 EndPaint()。这两个函数验证窗口，并用存储在 Windows 类变量 hbrBackground 中的背景画刷重新填充背景。下面是用于验证的代码：

```
   // 开始绘制
hdc = BeginPaint(hwnd,&ps);
// 完成绘制工作的代码
  EndPaint(hwnd,&ps);
```

有两点需要注意。首先，每个函数的第一个参数都是窗口句柄 hwnd。它是必不可少的，因为函数BeginPaint()/EndPaint()可能在应用程序的任何一个窗口中进行绘图；因此需要使用窗口句柄指定要在哪个窗口中进行绘图。第两个参数是 PAINTSTRUCT 结构的地址，该结构包含了要重绘的区域。也就是说，可能只有一个小型区域需要重绘，因此使用该结构来指定这个区域。下面是该结构的定义：

```
typedef struct tagPAINTSTRUCT
    {
    HDC hdc;
    BOOL fErase;
    RECT rcPaint;
    BOOL fRestore;
    BOOL fIncUpdate;
    BYTE rgbReserved[32];
    } PAINTSTRUCT;
```

讨论 GDI 之前，读者不必关心该结构中的大部分字段，但有一个最重要的字段——rcPaint，它是一个RECT 结构，包含需要重绘的最小矩形，如图 2.5 所示。

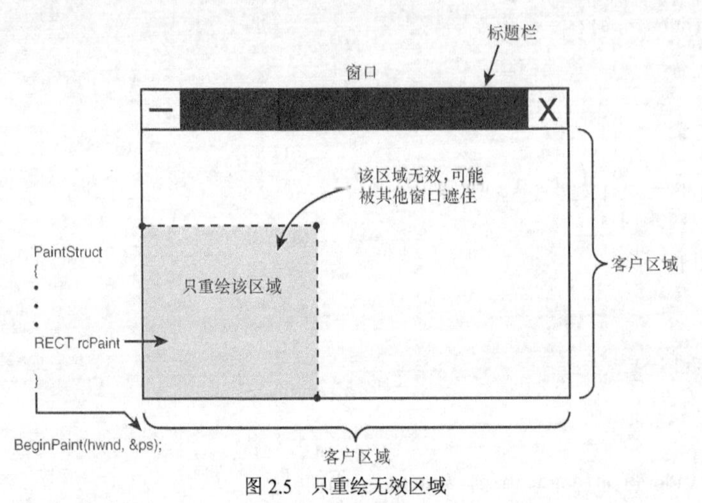

图 2.5　只重绘无效区域

Windows 试图做尽可能少的工作，因此当窗口的内容遭到破坏时，Windows 试图告诉您需要重新绘图以恢复窗口内容的最小矩形区域，如下列代码所示：

```
typedef struct tagRECT
    {
    LONG left;   // 矩形左上角的 x 坐标
    LONG top;   // 矩形左上角的 y 坐标
    LONG right; // 矩形右下角的 x 坐标
    LONG bottom; // 矩形右下角的 y 坐标
    } RECT;
```

关于函数调用 BeginPaint()，需要注意的最后一点是，它返回一个图形场境句柄：

```
HDC hdc; // 图形场境句柄
hdc = BeginPaint(hwnd,&ps);
```

图形场境（graphic context）是一种用于描述视频系统和绘图面的数据结构。要操作图形，需要获得一个图形场境。对消息 WM_PAINT，暂时就介绍这么多。

WM_DESTROY 消息实际上是需要特别注意的。用户关闭窗口时将发送这种消息。但是，它只关闭窗口，而不会关闭应用程序。应用程序将继续运行，但是没有窗口。所以，在这时您需要做一些事情。大多数情况下，用户关闭程序的主窗口时，实际上他是想终止应用程序。因此，您必须发送一条退出消息，帮助终止应用程序，该消息为 WM_QUIT。由于它是一条很常用的消息，所以有一个 PostQuitMessage() 函数专门用于发送它。

在 WM_DESTROY 处理程序中，需要执行所有的清理工作，然后调用函数 PostQuitMessage(0)，命令 Windows 终止应用程序。这将把 WM_QUIT 消息加入消息队列中，它将导致主事件循环结束。

在 WinProc 事件处理程序中，有几个细节需要注意。首先，读者可能注意到了每个处理程序体后面的 return(0) 语句。它有两个用途：退出 WinProc；告诉 Windows 已经对消息进行了处理。第二个重要的细节是，默认消息处理程序 DefaultWindowProc()。该函数是一个传递函数，将未处理的消息传递给 Windows 进行默认处理。因此，如果没有处理某条消息，应在事件处理程序函数末尾使用如下的函数调用：

```
// 传递未处理的消息
return (DefWindowProc(hwnd, msg, wparam, lparam));
```

这看似多余且得不偿失，但有了基本的 Windows 应用程序框架后，只需复制它并添加自己的代码。实际上，设置好虚拟计算机后，我们就可以使用它，而无需考虑任何与 Windows 相关的内容。下面来看一看主事件循环。

2.3.5　主事件循环

主事件循环相当简单，如下所示：

```
// 进入主事件循环
while(GetMessage(&msg,NULL,0,0))
   {
   // 转换加速键
   TranslateMessage(&msg);

   // 将消息发送给 window proc
   DispatchMessage(&msg);
   } // end while
```

主循环 while() 将一直执行，直到 GetMessage() 返回零。GetMessage() 是主事件循环的核心，它唯一的用途是从事件队列中获得下一条消息并对其进行处理。GetMessage() 函数有 4 个参数，第一个参数对于我们来说很重要，其他参数可设置为 NULL 或零。下面是它的函数原型：

```
BOOL GetMessage(
   LPMSG lpMsg,     // address of structure with message
   HWND hWnd,       // handle of window
   UINT wMsgFilterMin, // first message
   UINT wMsgFilterMax); // last message
```

参数 msg 是 Windows 用于放置文本消息的存储空间。但是，与 WinProc() 函数的 msg 参数不同，这里的 msg 是一个复杂的数据结构，而不是一个整数 ID。消息进入 WinProc 后，将被划分成多个组成部分。下面是 MSG 结构：

```
typedef struct tagMSG
    {
    HWND hwnd;   // 发生事件的窗口
    UINT message; // 消息 ID
```

```
WPARAM wParam; // 更详细的消息信息
LPARAM lParam; //更详细的消息信息
DWORD time;  // 事件发生的时间
POINT pt;   // 鼠标位置
} MSG;
```

这个数据结构包含了 WinProc()的所有参数以及其他一些参数，如事件发生时的时间和鼠标位置。

我们知道，GetMessage()从事件队列中获取下一条消息，但是之后呢？接下来将调用 TranslateMessage()函数。TranslateMessage()是一个虚拟加速键转换器。您只需调用它，而不用关心它做什么。在最后一个函数 DispatchMessage()中将执行要采取的措施。GetMessage()从队列中获取消息，并由 TranslateMessage()对其进行处理和转换后，将通过调用 DispatchMessage()函数，来调用 WinProc()。

DispatchMessage()将调用 WinProc，并根据原始数据结构 MSG 发送适当的参数。图 2.6 说明了主事件循环的整个过程。

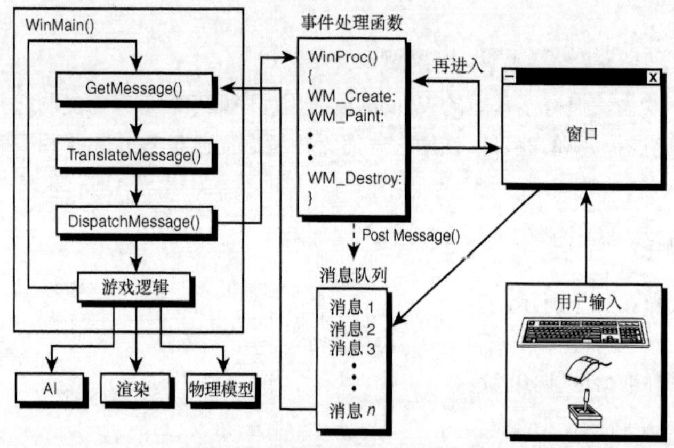

图 2.6　事件循环消息处理机制

这就是全部内容，现在您已成为一名 Windows 专家！余下的就是细节了，但如果您掌握了前面介绍的概念，并知道了事件循环、事件处理程序等的重要性，便离成功不远了。来看一下下面的代码清单，这是一个完整的 Windows 程序，它创建一个窗口，并等待用户关闭它。

```
// DEMOII2_3.CPP：一个完整的 Windows 程序

// INCLUDES ///////////////////////////////////////////////
#define WIN32_LEAN_AND_MEAN  // 不使用 MFC

#include <windows.h>   // 包含所有的 Windows 头文件
#include <windowsx.h> // 包含有用的宏
#include <stdio.h>
#include <math.h>

// 常量 ///////////////////////////////////////////////////

// 用于窗口的常量
#define WINDOW_CLASS_NAME "WINCLASS1"

// 全局变量 ///////////////////////////////////////////////


// 函数 ///////////////////////////////////////////////////
```

```
LRESULT CALLBACK WindowProc(HWND hwnd,
          UINT msg,
               WPARAM wparam,
               LPARAM lparam)
{
// 这是系统的主消息处理函数
PAINTSTRUCT  ps; // used in WM_PAINT
HDC     hdc; // 设备场境句柄

// 检测是什么消息
switch(msg)
  {
  case WM_CREATE:
    {
  // 初始化代码

     // 成功返回
  return(0);
  } break;

  case WM_PAINT:
  {
  // 验证窗口是否有效
  hdc = BeginPaint(hwnd,&ps);
  // 绘制代码
    EndPaint(hwnd,&ps);

    // return success
  return(0);
  } break;

  case WM_DESTROY:
  {
  // 关闭应用程序，这将发送一条 WM_QUIT 消息
  PostQuitMessage(0);

    // 成功返回
  return(0);
  } break;

  default:break;

  } // end switch

// 处理其他消息
return (DefWindowProc(hwnd, msg, wparam, lparam));

} // end WinProc

// WINMAIN ////////////////////////////////////////////////////
int WINAPI WinMain( HINSTANCE hinstance,
      HINSTANCE hprevinstance,
      LPSTR lpcmdline,
      int ncmdshow)
{

WNDCLASSEX winclass; // 用于存储创建的窗口类
HWND     hwnd;    // 窗口句柄
MSG     msg;      // 消息

// 设置窗口类
```

```
    winclass.cbSize  = sizeof(WNDCLASSEX);
    winclass.style     = CS_DBLCLKS | CS_OWNDC |
             CS_HREDRAW | CS_VREDRAW;
    winclass.lpfnWndProc   = WindowProc;
    winclass.cbClsExtra   = 0;
    winclass.cbWndExtra   = 0;
    winclass.hInstance    = hinstance;
    winclass.hIcon      = LoadIcon(NULL, IDI_APPLICATION);
    winclass.hCursor   = LoadCursor(NULL, IDC_ARROW);
    winclass.hbrBackground   = (HBRUSH)GetStockObject(BLACK_BRUSH);
    winclass.lpszMenuName  = NULL;
    winclass.lpszClassName   = WINDOW_CLASS_NAME;
    winclass.hIconSm    = LoadIcon(NULL, IDI_APPLICATION);

    // 注册窗口类
    if (!RegisterClassEx(&winclass))
      return(0);

    // 创建窗口
    if (!(hwnd = CreateWindowEx(NULL, // 扩展样式
                 WINDOW_CLASS_NAME,   // 窗口类
          "Your Basic Window", // 标题
          WS_OVERLAPPEDWINDOW ¦ WS_VISIBLE,
           0,0,     // 窗口的初始位置
          400,400,    // 初始宽度和高度
          NULL,      // 父窗口句柄
          NULL,      // 菜单句柄
          hinstance,// 应用程序实例
          NULL)))      // 额外的创建参数
    return(0);

    // 进入主循环
    while(GetMessage(&msg,NULL,0,0))
       {
       // 转换加速键
       TranslateMessage(&msg);

       // 将消息发送给 Windowproc
       DispatchMessage(&msg);
       } // end while

    // 返回到 Windows 操作系统
    return(msg.wParam);

    } // end WinMain

    ///////////////////////////////////////////////////////////
```

要编译 DEMOII2_3.CPP，只需创建一个 Win32 .EXE 应用程序，并将 DEMOII2_3.CPP 加入到该工程中。也可以从附带光盘中运行编译好的 DEMOII2_3.EXE。图 2.7 是该程序运行时的屏幕截图。

图 2.7 DEMOII2_3.EXE 运行时的屏幕截图

继续介绍后面的内容之前，还有两点需要说明。首先，如果您仔细查看事件循环，将发现它不是实时的：程序通过 GetMessage()函数等待消息时，主事件循环实际上被阻断。确实是这样，必须想办法解决这个问题，因为我们需要连续地执行游戏处理，并在 Windows 事件发生时及时处理它。

2.3.6　构建实时事件循环

实时非等待/非阻断事件循环是非常容易构建的。只需要一种检测消息队列中是否有消息的方法。如果有，对其进行处理；否则，继续处理其他游戏逻辑并重复循环。用于执行测试功能的函数为 PeekMessage()，其函数原型与 GetMessage()非常类似，如下所示：

```
BOOL PeekMessage(
   LPMSG lpMsg,     // 消息结构指针
   HWND hWnd,       // 窗口句柄
   UINT wMsgFilterMin, // 第一条消息
   UINT wMsgFilterMax, // 最后一条消息
   UINT wRemoveMsg);  // 删除标记
```

消息队列中有消息时，它将返回一个非零值。

差别在于最后一个参数。该参数指定如何从消息队列中获取消息。参数 wRemoveMsg 的有效标记如下：

- PM_NOREMOVE——消息被 PeekMessage()处理之后，不将其从消息队列中删除。
- PM_REMOVE——消息被 PeekMessage()处理后，将其从消息队列中删除。

考虑到这两个可能取值，可以按两种方法来处理消息：使用 PeekMessage()和 PM_NOREMOVE 标记，如果消息队列中有消息，则调用 GetMessage()函数；使用 PM_REMOVE 标记，并使用 PeekMessage()本身来获取消息。我们采用后一种方法。下面是核心逻辑代码部分，对其进行了修改，以便在主事件循环中使用刚才介绍的新技术：

```
while(TRUE)
  {
  // 检测消息队列中是否有消息，如果有，读取它
  if (PeekMessage(&msg,NULL,0,0,PM_REMOVE))
    {
    // 检测是否是退出消息
     if (msg.message == WM_QUIT)
       break;

    // 转换加速键
    TranslateMessage(&msg);

    // 将消息发送给 window proc
    DispatchMessage(&msg);
    } // end if

    // 主游戏处理逻辑
  Game_Main();
  } // end while
```

代码中最重要的部分为粗体。第一个重要部分如下：

```
if (msg.message == WM_QUIT)
  break;
```

上述代码说明了如何退出无限循环 while（TRUE）。在 WinProc 中处理消息 WM_DESTROY 时，必须需要调用 PostQuitMessage()来发送一条 WM_QUIT 消息。这样 WM_QUIT 消息将进入消息队列，进而我们可以检测到该消息并退出循环。

第二个重要部分指出了应在哪里调用主游戏循环。函数调用 Game_Main()在生成一个动画帧或执行游戏逻辑后必须返回；否则，主窗口事件循环将无法处理消息。

为演示这种新的实时结构更适合用于游戏逻辑处理，请看附带光盘中的 DEMOII2_4.CPP 和 DEMOII2_4.EXE。这种结构实际上就是本书后面将介绍的虚拟计算机使用的模型。

读者对基本的 Windows 编程有一定了解后，接下来介绍游戏中需要使用的图形、声音、和输入接口：DirectX。

2.4 DirectX 和 COM 简明教程

DirectX 是一个软件系统，它抽象化了图形、声音、输入、网络、安装等，因此不管 PC 的硬件配置如何，都可以使用相同的代码。此外，DirectX 技术与 Windows 固有的 GDI 和 MCI（Media Control Interface，媒体控制接口）相比，速度要快很多倍，且更健壮。图 2.8 说明了使用和不使用 DirectX 时如何编写 Windows 游戏。从中可知，DirectX 解决方案相当简洁优美。

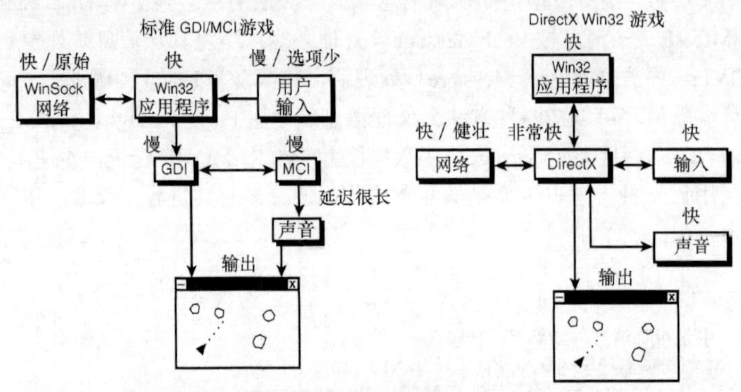

图 2.8　DirectX 与 GDI/MCI

那么 DirectX 是如何工作的呢？DirectX 几乎提供了对所有设备的硬件级控制。这是通过一种叫作 COM（Component Object Model，组件对象模型）以及微软公司和硬件供货商所编写的驱动程序集和相应库文件来实现的。微软公司提供了一套规则、函数、变量、数据结构等，硬件供货商在编写驱动程序时必须使用它们来与硬件进行对话。

只要编写驱动程序时遵循了这些规则，就无需考虑硬件细节，而只需调用 DirectX，后者将为您处理这些细节。不管使用哪种视频卡、声卡、网卡和其他硬件，只要它们支持 DirectX，程序就能够使用它们，而无需知道有关硬件的任何细节。

当前 DirectX 8.0+基本系统由很多 DirectX 组件组成，如图 2.9 所示：

- DirectDraw；
- DirectSound；
- DirectSound3D；
- DirectMusic；
- DirectInput；
- DirectPlay；
- DirectSetup；
- Direct3DRM；
- Direct3DIM。

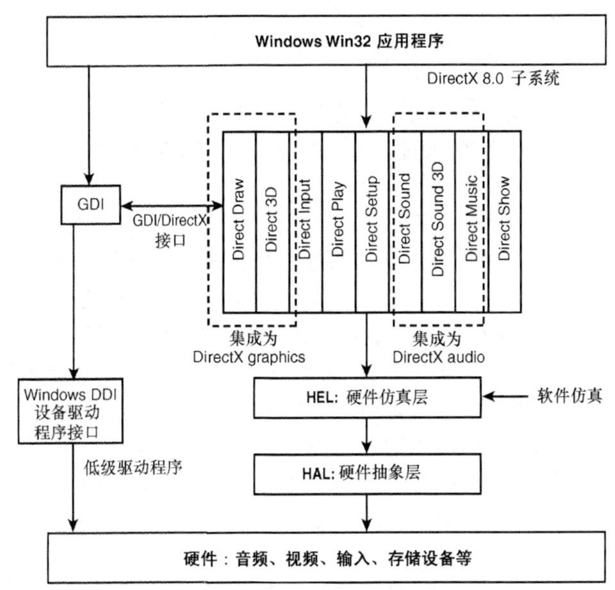

图 2.9　DirectX 8.0+的体系结构及其与 Win 32 的关系

在 DirectX 8.0 中，DirectDraw 与 Direct3D 结合为 DirectGraphics；DirectSound 与 DirectMusic 合并为 DirectAudio。因此，在 DirectX 8.0 以上版本中，不再有 DirectDraw。但是，DirectX 和 COM 的规则之一是，您总是可以请求以前版本的接口。因此，本书使用 DirectX 7.0a 中的 DirectDraw 进行图形处理，使用新的 8.0+接口进行声音和输入处理。我们将图形、声音和输入抽象到虚拟计算机中，所以甚至 DirectX 3.0 也管用！我们将使用最新版本的 DirectX（DirectDraw 除外），以保持尽可能最新。

2.4.1　HEL 和 HAL

读者可能注意到了，在图 2.9 中，DirectX 下面有两层，分别是 HEL（Hardware Emulation Layer，硬件仿真层）和 HAL（Hardware Abstraction Layer，硬件抽象层）。DirectX 是一种非常前卫的设计，它假定高级功能由硬件来实现。但是，如果硬件不支持某种功能，将发生什么事情呢？这就是双模式（HAL 和 HEL）设计的基础。

- HAL——硬件抽象层直接与硬件对话。这一层通常是来自硬件供货商的设备驱动程序，您通过常规 DirectX 调用直接与它通信。当硬件设备支持您请求的功能时，将使用 HAL，从而得到了硬件加速。
- HEL——当硬件设备不支持您请求的功能时，将使用硬件仿真层。假定您请求视频卡旋转一幅位图，如果硬件不支持旋转，将通过 HEL，使用软件算法来实现旋转。显然，使用 HEL 时的速度更慢，但它可以保持程序得以正常运行。它仍然能够工作——只是速度慢一些。此外，在 HAL 和 HEL 之间的切换对于您来说也是透明的。如果您请求 DirectX 做某项工作，并且由 HAL 直接完成，硬件将完成该工作；否则，将通过 HEL，调用软件仿真完成该工作。

您可能认为这里有很多软件层。这确实是一个问题，但是 DirectX 相当简洁，所以您使用它的唯一代价是一个或两个额外的函数调用。对于 2D/3D 图形、网络和声音加速来说，这个代价是相当小的。您可以想象去编写驱动程序来控制市场上所有的视频加速卡吗？它将可能需要花费上万年——或者只是一项不可能完成的工作。DirectX 实际上是微软公司和所有硬件供货商的一项巨大的分布式工程，为您提供了超高性能标准。

2.4.2 DirectX 基本类

现在来看一下每个 DirectX 组件及其功能：

- DirectDraw（只在 DirectX 7.0a 中可用，在 DirectX 8.0+中不可用）——它是主要渲染和 2D 位图引擎，用于控制视频显示。所有图形都必须通过显示，它可能是所有 DirectX 组件中最重要的一个。DirectDraw 对象代表系统中的视频卡。
- DirectSound——它是 DirectX 的声音组件。但是，它只支持数字声音，而不支持 MIDI。这个组件使您的工作更容易，因为您不再需要第三方声音系统授权就能完成您的声音处理。声音编程是一种巫术，在以前没有人愿意去为所有的声卡编写所有的驱动程序。因此，有几家厂商在市场上提供了声音库：Miles Sound System 和 DiamondWare Sound Toolkit。这两种系统功能都很强大，使得您可以简单地从 DOS 或 Win32 程序中直接加载并播放数字声音和 MIDI。但是，随着 DirectSound、DirectSound3D 和最新的 DirectMusic 等组件的引入，第三方声音库已经不再像过去那么有用了。
- DirectSound3D——它是 DirectSound 的 3D 声音组件。它使得您可以定位 3D 声音，并模拟 3D 声音效果。这种技术相对较新，但是迅速得以发展成熟。现在大多数声卡都支持硬件加速 3D 效果，包括多普勒变换、折射、反射等。但是，如果使用软件仿真，则不需要使用该组件。
- DirectMusic——DirectMusic 提供了对 DirectSound 不支持的 MIDI 技术的支持。DirectMusic 有一个新的 DLS 系统（Downloadable sounds，可下载声音），它使得您可以创建乐器的数字表示，并用 MIDI 控件播放它们。它非常类似于波表合成器，但是它是以软件方式实现的。而且，DirectMusic 具有一个新的人工智能 Performance Engine（性能引擎）系统，可以根据您提供的模板，实时地改变音乐。实质上，该系统可以动态地创建新的音乐。
- DirectAudio——在 DirectX 8.0+版本中，DirectSound 与 DirectMusic 被合并成一个统一的接口。当然，您仍然可以分别使用它们，也可以选择使用新的 DirectAudio 接口。
- DirectInput——该系统将处理所有输入设备，包括鼠标、键盘、游戏杆、轨迹球等。而且，DirectInput 现在支持强力反馈设备。这些设备具有电子机械激励器和力量传感器，使得您可以让用户感觉到游戏反馈的力量。
- DirectPlay——它是 DirectX 的网络组件，让您可以使用 Internet、调制解调器、直接连接或任何其他介质来建立抽象“连接”。DirectPlay 使得您可以建立这些连接而不需要知道任何关于网络的东西。您不需要编写驱动程序、使用套接字或类似的东西。另外，DirectPlay 还支持 session（正在进行中的游戏）和 lobby（玩家聚集的地方）的概念。而且，DirectPlay 不强制您使用任何多玩家网络体系结构——您想要做什么事情完全取决于您自己。DirectPlay 所做的全部事情就是为您发送和接收分组。它们所包含的内容以及它们是否可靠都由您自己决定。
- Direct3DRM（只在 DirectX 7.0a 中可用，在 DirectX 8.0+中不可用）——它是 Direct3D 保留模式（Retained Mode），是一个高级对象和基于帧的 3D 系统，您可用来创建基本的 3D 程序。它利用了 3D 加速功能，但速度不是最快。它对于简单的程序、3D 模型操作程序或极慢的演示程序是非常适用的。
- Direct3DIM——它是 Direct3D 直接模式（Immediate Mode），为 DirectX 提供了低级 3D 支持。最开始时，它很难使用，且导致了与 OpenGL 的竞争。原来的直接模式使用执行缓存（execute buffers）——用于描述场景的数据和指令数组。但是，自 DirectX 5.0 之后，直接模式可以通过 DrawPrimitive()和 DrawIndexedPrimitive()函数，支持与 OpenGL 类似的接口。它让您能够将三角形条带、扇形等发送给渲染引擎，使用函数调用而不是执行缓存来修改状态。
- DirectGraphics——在 DirectX 8.0+中，不再支持 DirectDraw，但是从哲学角度来说，这并不完全正确。微软公司所做的是将所有图形软件合并到一个统一的接口 DirectGraphics 中，它将处理一切事情。它并没有任何 DirectDraw 接口，但您可以使用 Direct3D 接口执行 2D 功能，或者是使用 DirectDraw 7 和标准 DirectDraw。

- DirectSetup/AutoPlay——它们是伪 DirectX 组件，使得您可以在光盘放入到系统中后，从自己的应用程序安装 DirectX 到用户的计算机上，并直接启动游戏。DirectSetup 是一个函数集合，它们运行阶段 DirectX 文件加载到用户的计算机中，并在注册表中对它们注册。AutoPlay 是标准光盘子系统，它在光盘的根目录下查找 AUTOPLAY.INF 文件，如果发现该文件，则执行该文件中的批处理命令函数。

最后，您可能想知道为什么有这么多版本的 DirectX——它似乎每 6 个月更新一次。这一点在很大程度上是正确的。这是我们所处行业的特征——图形和游戏技术发展速度相当快。然而，由于 DirectX 基于 COM 技术，所以即使是您为 DirectX 3.0 编写的程序，也可以在 Direct 8.0 和 9.0 版本的 DirectX 上运行。

2.5　COM 简介

COM 在很多年之前，是作为关于一种新软件范例的简单白皮书被发明的，这种新软件类似于计算机芯片或 LEGO 积木块——您可以简单地把它们堆积到一起，然后它们将能正常工作。由于计算机芯片和 LEGO 积木块都知道如何成为计算机芯片和 LEGO 积木块，所以一切都将自动进行。要用软件实现这种技术，需要一些非常通用的接口，它们可能是各种类型的函数集。这就是 COM 所做的事情。

计算机芯片最重要的一个特点是，在设计中添加更多的计算机芯片时，不需要告诉其他芯片您已经改变了一些东西。然而，对于软件编程来说，这要稍微困难一些。您至少需要重新编译才能得到一个可执行文件。解决这个问题是 COM 的另一个目标。您应该能够对一个 COM 对象添加新功能，而不会影响使用原 COM 对象的软件。此外，COM 对象可以被改变而不需要重新编译原来的程序，这一特点是非常有用的。

由于可以升级 COM 对象而不需要重新编译原来的程序，这样您就可以升级自己的软件而不需要补丁程序和新版本的程序。例如，假设您有一个程序使用了 3 个 COM 对象：一个 COM 对象实现图形，另一个实现声音，还有一个用于实现网络功能，如图 2.10 所示。现在假设您已经卖出了 10 万份使用这些 COM 对象的程序，但是您不想发送 10 万份升级程序！为了更新图形 COM 对象，您只需要为用户提供新的图形 COM 对象，然后程序将自动使用新对象。非常简单，不需要进行重新编译或链接。当然，所有这些技术在底层是相当复杂的，并且编写自己的 COM 对象可能需要花费很多精力和时间，但是使用它们则相对简单。

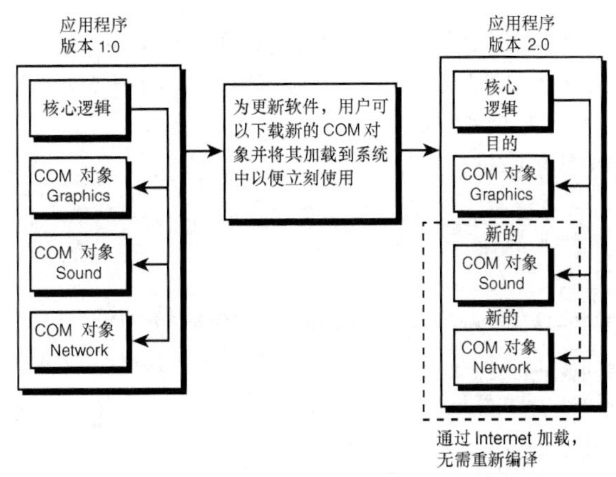

图 2.10　COM 概述

接下来的问题是如何分发 COM 对象？答案是关于这一点没有规则。但是，大多数情况下 COM 对象都是动态链接库（.DLL），可通过网络下载或随使用它们的程序一起提供。这样可以很容易地对它们进行修改和升级。唯一的问题是，使用 COM 对象的程序必须知道如何从.DLL 加载 COM 对象，后面将予以介绍。

2.5.1 什么是 COM 对象

COM 对象实际上是一个或一套 C++类，它实现了很多接口。这些接口用于与 COM 对象通信。实际上，接口就是执行某种服务的一套函数。如图 2.11 所示，我们看到了一个 COM 对象，它有 3 个接口，名称分别是 IGRAPHICS、ISOUND 和 IINPUT。

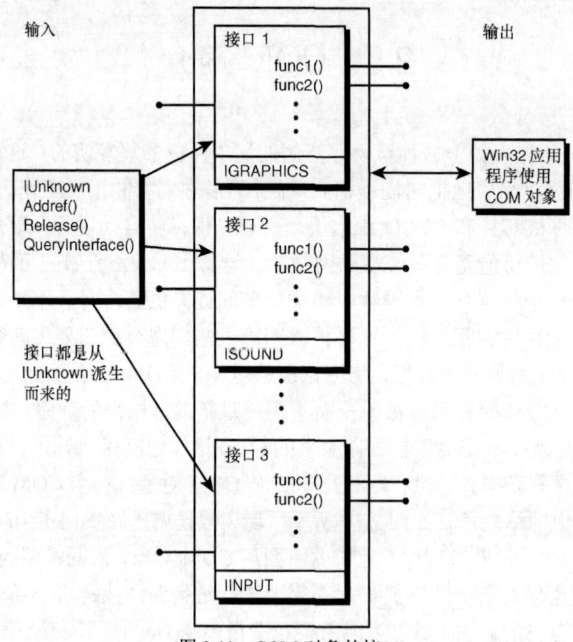

图 2.11 COM 对象的接口

每个接口都有很多函数，您可以调用这些函数来完成自己的工作。所以，一个 COM 对象可以有一个或多个接口，而您可以有一个或多个 COM 对象。COM 规范规定您创建的所有接口都必须从一个名为 IUnkown 的特殊基类接口派生得到。对于 C 程序员来说，这就意味着 IUnkown 是用于建立接口的起点。

下面来看一下 IUnkown 的类定义：

```
struct Iunknown
{

// 这个函数用于检索其他接口
virtual HRESULT __stdcall QueryInterface(const IID &iid, (void **)ip) = 0;

// 这个函数用于将接口引用数加 1
virtual ULONG __stdcall AddRef() = 0;

// 这个函数用于将接口引用数减 1
virtual ULONG __stdcall Release() = 0;

};
```

注意：所有方法都是纯粹（pure）和虚拟的。此外，这些方法使用遵循标准 C/C++调用规则的__stdcall。记住，__stdcall 按照从右至左的次序将参数放入堆栈。

即使您是一名 C++程序员，如果对虚函数不是特别熟悉，对于上面的类定义也会感到有点奇怪。不管怎样，让我们来分析一下 IUnkown。所有从 Iunkown 派生而来的接口都必须至少实现 3 种方法：QueryInterface()、AddRef()和 Release()。

QueryInterface()是 COM 的关键——它用于请求一个指向所需接口函数的指针。要执行这种请求，必须提供一个接口 ID。该接口 ID 是您分配给接口的唯一数字，长度为 128 位，因此总共可以有 2^{128} 个不同的接口 ID，这在未来相当长的时间内都足够用。本章后面将会介绍一个与 ID 有关的真实范例。另外，COM 的规则之一是，如果有一个接口，总是可以在该接口中请求相同 COM 对象中的任何其他接口。图 2.12 说明了这一点。

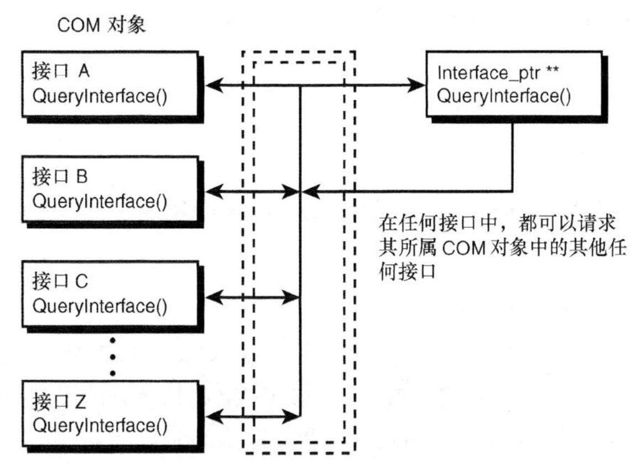

图 2.12 在 COM 对象的接口间导航

AddRef()是一个奇怪的函数。COM 对象使用一种叫作“引用计数”(reference counting) 的技术来跟踪它们的生存期。这是因为 COM 的规范之一是，它不是语言特定相关的。因此，创建一个 COM 对象并创建接口以跟踪指向该对象的引用数量时，将调用 AddRef()函数。如果 COM 对象使用 malloc()或 new[ ]函数，它将成为 C/C++语言特定相关的。当引用计数降为 0 时，则内部销毁该对象。

提示：通常您不需要自己对接口或 COM 对象调用 AddRef( )函数；它将由 QueryInterface( )函数内部完成。但是，有时您可能想要增加引用计数，让 COM 对象以为有比实际值更多的引用数量，在这种情况下需要自己调用该函数。

这提出了一个问题：如果 COM 对象是 C++类，如何使用 Visual Basic、Java、Active X 等来创建并使用 COM 对象呢？COM 的设计者使用 Visual C++类来实现 COM 对象，但是在使用或创建 COM 对象时并不一定需要使用 C++语言。只要您创建与 Microsoft C++编译器相同的二进制镜像，该 COM 对象就是 COM 兼容的。当然，大多数编译器都附带有额外的工具，用于帮助创建 COM 对象，因此这并不是一个很大的问题。您可以用 C++、Visual Basic 或 Delphi 来编写 COM 对象，然后用任何语言来访问该对象！内存中的二进制镜像仅仅是内存中的二进制镜像。

Release()函数用于将 COM 对象或接口的引用计数减 1。在大多数情况下，当您完成对一个接口的操作后，需要手工调用该函数。但是，有时候您创建一个对象，然后从该对象创建另一个对象，则对父对象调用 Release()函数将导致对子对象或派生对象调用 Release()函数。但是不管怎样，最好按相反的次序来调用 Release()函数。

2.5.2 创建和使用 DirectX COM 接口

我们知道 COM 对象是一些接口的集合，这些接口是一些函数指针，具体地说是 VTABLE。因此，对于 DirectX COM 对象，您所需要做的全部工作就是创建它，获取一个接口指针，然后使用适当的语法调用该接口。当然，这只是为了便于您理解，我们将使用 API 来完成这些工作。我想您可能根本不会用到 COM 调用，但最好还是知道这些。我将以主 DirectDraw 接口为例来演示如何完成这些工作。

首先，要实验使用 DirectDraw，需要完成 3 项工作：

- 必须被加载并注册 DirectDraw 运行阶段 COM 对象和.DLL。这项工作是由 DirectX 安装程序完成的。
- 必须在 Win32 程序中包含 DDRAW.LIB 导入库，以便将调用的包装函数链接到程序中。
- 需要在程序中包含 DDRAW.H 文件，让编译器能够“看到”DirectDraw 的头信息、函数原型和数据类型。

下面是 DirectDraw 1.0 接口指针的数据类型：

```
LPDIRECTDRAW lpdd = NULL;
```

要创建一个 DirectDraw 1.0 COM 对象并获取一个指向 DirectDraw 对象（它代表视频卡）的接口指针，只需使用包装函数 DirectDrawCreate()：

```
DirectDrawCreate(NULL, &lpdd, NULL);
```

不必关心其中的参数。如果您有兴趣，可以查看 DirectX SDK，但是 99%的时候该函数的样子将与上面相同。也就是说，它只使用一个参数：将用 DirectDraw COM 接口填充的接口指针地址。就现在而言，您只需知道该调用创建一个 DirectDraw 对象，并将接口指针赋给 lpdd 即可。

注意：当然，该函数实际上执行了很多操作。它打开一个.DLL，执行函数调用并完成很多其他工作，但您不用关心其具体细节。

现在一切准备就绪，可以调用 DirectDraw 了。但是稍等一下！我们不知道有哪些方法和函数可用——这也是您为什么阅读本书的原因。下面的代码将视频模式设置为 8 位（256）彩色、640×480 模式：

```
lpdd->SetVideoMode(640, 480, 8);
```

是不是很简单？唯一额外的工作是对 DirectDraw 接口指针 lpdd 解除引用。当然，实际上需要查询虚拟接口表，但我们不用关心这些。

实质上，任何对 DirectX 的调用都采用如下形式：

```
interface_pointer->method_name(parameter list);
```

另外，对于要使用的任何其他接口（如 Direct3D），需要在原始的 DirectDraw 接口中使用 QueryInterface()函数来获得。由于 DirectX 的版本有很多，所以微软公司不再编写用于获取最新接口的包装函数。这意味着您必须使用 QueryInterface()函数来手工获取最新的 DirectX 接口。下面介绍这方面的内容。

2.5.3 查询接口

关于 DirectX 最奇怪的事情是所有版本号的不同步。有时候这将成为问题，并可能引起混乱。第一个版本的 DirectX 出现时，DirectDraw 接口的命名方式与下面类似：

```
IDIRECTDRAW
```

然后当 DirectX 2.0 出现后，DirectDraw 也升级到版本 2.0，因此有了：

```
IDIRECTDRAW

IDIRECTDRAW2
```

到版本 7.0a 时，有了：

```
IDIRECTDRAW

IDIRECTDRAW2

IDIRECTDRAW4

IDIRECTDRAW7
```

在版本 8.0 和版本 9.0 中，不再有 IDIRECTDRAW 升级，因为它被合并到 Direct3D 中，但其他接口仍然可用：

```
IDIRECTDRAW

IDIRECTDRAW2

IDIRECTDRAW4

IDIRECTDRAW7
```

我将 8.0 和 9.0 版本相提并论，是因为这两个版本之间没有什么大的区别。唯一的区别是，9.0 版本提供了更高级的 3D 支持、更多的 DirectPlay 软件和其他一些改进。重要的修改发生在 7.0 版本到 8.0 版本的升级中。读者可能会问，接口 3 和 5 之间有什么区别呢？我不知道，这也正是问题所在。即使您使用的是 DirectX 8.0+，但并不意味着所有接口都升级到了该版本；另外，它们可能是不同步的。在 DirectX 6.0 中，DirectDraw 接口的最高版本是 IDIRECTDRAW4，但 DirectSound 的最高版本为 1.0（被称为 IDIRECTSOUND）。正如您看到的，这些是多么混乱！介绍这些内容旨在说明一个原则，无论何时使用 DirectX 接口，务必使用最新版本的接口。如果您不能肯定，应使用通用“Create”函数来获得最新的版本。下面是一个范例。

DirectDrawCreate()返回修改版 1.0 接口指针，但 DirectDraw 的最高版本为 IDIRECTDRAW7，我们该应该如何利用这项新功能呢？

有两种方法可以根据 DirectDraw 1.0 接口实现该目标：使用低级 COM 函数或使用 QueryInterface()函数；我们采用后一种方法，步骤如下：

1．调用函数 DirectDrawCreate()来创建 DirectDraw COM 接口，它将返回一个 IDIRECTDRAW 接口指针。

2．使用步骤 1 获得的指针，用 IDIRECTDRAW7 的接口 ID（GUID）作为参数来调用 QueryInterface()函数，这样便可获得新接口。

下面是一个查询 DirectDraw7 接口的范例：

```
LPDIRECTDRAW lpdd;  // 1.0 版
LPDIRECTDRAW7 lpdd7; // 7.0 版

// 创建 1.0 版 DirectDraw 对象接口
```

```
DirectDrawCreate(NULL, &lpdd, NULL);

// 在头文件 DDRAW.H 中查找 IDIRECTDRAW7 接口的 ID
// 然后使用它来查询该接口
lpdd->QueryInterface(IID_IDirectDraw7, &lpdd7);
```

这时候，您有了两个接口指针，但您不再需要指向 IDIRECTDRAW 的指针，因此应释放该指针：

```
// 释放指针，引用计数减 1
lpdd->Release();

// 出于安全考虑，将其设置为 NULL
lpdd = NULL;
```

别忘了，使用完任何接口后都应将其释放，因此程序结束时，需要释放 IDRECTDRAW7 接口：

```
// 释放接口，引用计数减 1
lpdd7->Release();

// 出于安全考虑，将其设置为 NULL
lpdd7 = NULL;
```

您可能会问，是否有用于获取 DirectDraw 7.0 接口的辅助函数呢？的确有这样的函数，但为了演示 QueryInterface()函数，我直到现在才指出这一点，请读者不要责怪。下面是更容易的 DirectDraw 7.0 接口获取方法：

```
LPDIRECTDRAW7 lpdd7; // 7.0 版接口

// 请求接口
DirectDrawCreateEx(NULL, (void **)&lpdd, IID_IDirectDraw7, NULL);
```

该函数与 DirectDraw 1.0 版几乎相同，但参数稍有不同，如下所示：

```
HRESULT WINAPI DirectDrawCreateEx(
 GUID FAR *lpGUID, // 驱动程序的 GUID，对于活动显示器（active display）为 NULL
 LPVOID *lplpDD,  // 接口的接收方
 REFIID iid,     // 请求的接口的 ID
 IUnknown FAR *pUnkOuter // 高级 COM，NULL
 );
```

有关如何使用 DirectX 和 COM 就介绍到这里。当然，这里并没有介绍 DirectX 组件的所有函数（有数百个）和所有接口。

2.6 总　　结

至此，您掌握了一些基本的 Windows 编程知识、什么是 DirectX 及其与 Windows 的关系。读者无需知道太多有关 DirectX 或 Windows 的知识，就能理解本书的大部分内容，因为下一章将建立一个虚拟计算机，用于运行我们编写的 3D 实验程序。这样，读者将无需了解 Wind32/DirectX 的底层机制，从而可以将主要精力放在 3D 图形学上。有关 Win32/DirectX 的知识很有用，要更深入地了解这方面的信息，请参阅《Windows 游戏编程大师技巧》或其他优秀的 Windows 编程图书。

第 3 章　使用虚拟计算机进行 3D 游戏编程

本章将建立一个基于软件接口的虚拟计算机系统，它将支持线性 8 位/16 位帧缓存（双缓存）、输入设备以及声音和音乐处理功能。有了这个接口，本书剩余部分便可以将重点放在 3D 数学、图形和游戏编程上。本章包括以下内容：

- 设计一个虚拟计算机图形接口；
- 建立一个 Windows 游戏控制台；
- 《Windows 游戏编程大师技巧》中增强 T3DLIB 库的 API 清单；
- 使用 T3DLIB 实现虚拟计算机；
- 最终的游戏控制台；
- 使用 T3DLIB 游戏库。

3.1　虚拟计算机接口简介

本书的目标是介绍 3D 图形学和游戏编程，但作者面临的困境是，如何将重点放在上述主题上，而不过多地介绍有关 Win32 编程、DirectX 等的低级细节。尽管阅读前一章后，您对 Win32 编程和 DirectX 有了一定的了解，但那只是入门介绍。我的解决方案是以《Windows 游戏编程大师技巧》中开发的引擎为基础，创建一台“虚拟计算机”，您可以将它作为黑盒使用，这样便可以将主要精力放在 3D 图形和游戏编程上。然而，由于该引擎非常大，因此仍有很多内容需要讨论。

注意：这基本上也是 OpenGL 采用的方法。您使用 GL 库和附件来处理低级设备特定接口和清理工作，包括打开窗口和获得输入。

基于众多的原因，这个引擎是很有意义的。只要能够与一个支持输入、声音和音乐的双缓存、线性寻址图形系统通信，谁会在乎它的工作原理呢？我们的兴趣在于 3D 图形编程，而不是低级设置。由于我们 99%的工作都与光栅化、纹理映射、光照、隐藏面消除等相关，所以这种方法是可行的。因此，我们需要的是一个黑屏，与游戏杆、键盘和鼠标交互的能力，有时候还需要播放一些声音效果和音乐。

因此，本章不试图去解释 Win32、DirectX 基础等细节，而是《Windows 游戏编程大师技巧》中编写的 API，来创建一台通用虚拟计算机，再在其上进行 3D 图形试验和编写游戏。

有了这个间接层，大多数 3D 代码的都足够通用，可以很容易地移植到 Mac 或 Linux 平台上。您需要做的是模拟低级接口，如双缓存图形系统、声音、音乐和输入设备。对于所有 3D 代码，算法仍然是相同的。

使用《Windows 游戏编程大师技巧》中引擎的唯一缺点是，有些数据结构和设计本身都是以 DirectX 为基础的。出于性能方面的考虑，我希望尽量少用 DirectX。因此，本可以在这一层上编写另一个完全与机器无关的软件层，但我认为这样做不值得。我的最低底线是，要移植 3D 内容，只要能够创建双缓存显示，一切都将正常工作。您可以完全不管声音、音乐和输入，因为引擎中的函数只是调用了 DirectX 函数。

然而请牢记，只要理解了我提供的 API，将不需要了解有关 Win32 和 DirectX 的任何知识，因为我们对 3D 图形所做的任何处理都是由这些 API、帧缓存和 C/C++代码组成的。

本书最大的一个特点是，只关注 3D 图形和游戏编程。我们不用考虑所有关于设置 DirectX、获得输入和生成声音等的细节，而只是调用 API 函数。为此，我们将制定虚拟（抽象）图形计算机规范，然后使用《Windows 游戏编程大师技巧》中的 API 函数实现它。虚拟计算机的主旨在于帮助我们将精力集中在 3D 而不是设置细节上。下面是在世界上任何一台计算机上编写 3D 游戏所需的功能：

- 能够使用所需的位深在显示器上创建窗口，窗口是一个可线性寻址的 2D 像素阵列。另外，还需要支持离屏页（双缓存），以便能够离屏渲染图像，然后将其复制到主显示器中，以生成流畅的动画。
- 能够从系统输入设备（如键盘、鼠标、游戏杆等）获得输入。这些输入应该是原始输入，且采用简单格式。
- （可选）能够加载并播放常见格式（如.WAV 和.MID）的音乐。

图 3.1 是我们要用软件设计的虚拟计算机的系统级示意图。我过去常说，“只要能够绘制像素和读取键盘输入，就能够编写 Doom。”的确是这样，您只需能够访问帧缓存，其他一切都很简单。由于本书主要介绍软件 3D 编程和光栅化，因此所有算法都没有使用任何形式的 3D 加速。我们将绘制多边形、进行光照计算、对帧缓存中的每个像素进行其他处理。

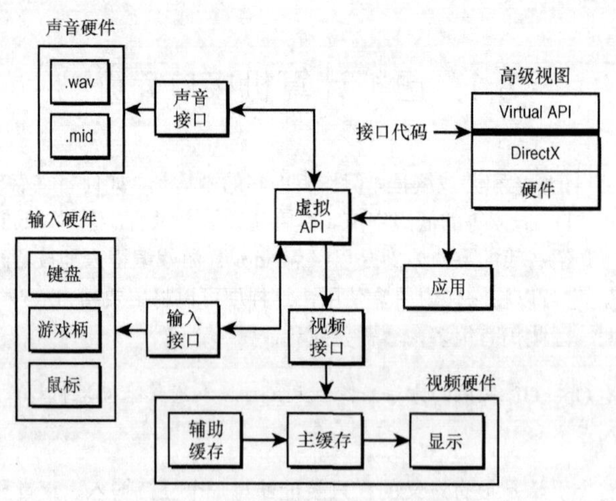

图 3.1 虚拟计算机的系统级示意图

注意：您可能会说，在可以使用硬件的情况下，为什么使用软件呢？原因有 3 个：首先，要成为优秀的图形编程人员，必须知道如何自动动手来完成各项任务；其次，了解工作原理有助于理解硬件加速；最后，谁来编写硬件代码呢？

3.2　建立虚拟计算机接口

有了能够实现前一节要求的功能的函数库后，建立虚拟计算机接口将相当容易。当然，我们有这样的函数库，就是《Windows 游戏编程大师技巧》中创建的函数库。介绍具体细节之前，先来设计虚拟计算机接口所需的函数和数据结构“模型”。当然，这只是一个范例，是非常高级的。另外，我将在这个过程中给出函数名称，以方便引用。虚拟计算机的最终版本将与此不同，因为在实现它时必须考虑细节。然而，下面的练习将让您对虚拟计算机有大致的了解。

3.2.1　帧缓存和视频系统

开始之前，假设有一个方法可以初始化视频系统，并以某种分辨率和位深打开窗口。我们称之为 Create_Window()，其原型如下：

```
Create_Window(int width, int height, int bit_depth);
```

要以 8 位颜色模式创建一个 640×480 的窗口，可以这样调用上述函数：

```
Create_Window(640, 480, 8);
```

要以 16 位颜色模式创建一个 800×600 的窗口，可以这样调用它：

```
Create_Window(800, 600, 16);
```

这只是一个学术模型，实际创建窗口和初始化系统的代码可能是一组函数。实际上，“窗口”可能是 Windows 窗口，也可能是全屏，所以创建窗口不会这么简单。现在假设已经有了一个窗口。

正如前面指出的，我们将设计一个这样的系统，即基于一个可见的主显示缓存和一个不可见的离屏辅显示缓存。这两个缓存都应该是可线性寻址的，其中每个字（word）代表一个像素，根据位深的不同，字可能是 BYTE、WORD 或 QUAD。图 3.2 描述了帧缓存系统。

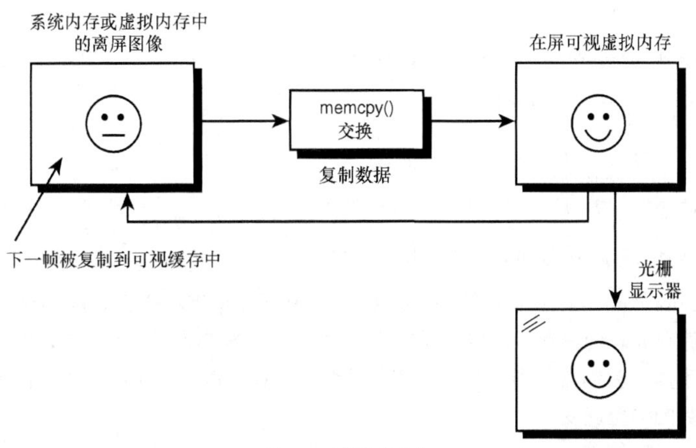

图 3.2　帧缓存系统

在主显示缓存和辅显示缓存各自的帧缓存内存中，都有一个“内存填充”(memory padding）区域。这是因为在有些视频系统中，每行的像素是连续存储的，但行与行之间不是连续的，图 3.3 清晰地说明了这一点。在该范例中，视频系统被设置为 640×480×8，因此每个像素应为 1 字节，每个视频行应为 640 字节，但实际上并非如此，每个视频行为 1024 字节。这是视频卡内存寻址的一种特征，很多视频卡都这样做。因此，需要使用一种通常被称为内存跨距（memory pitch）的机制来处理这种不一致性。

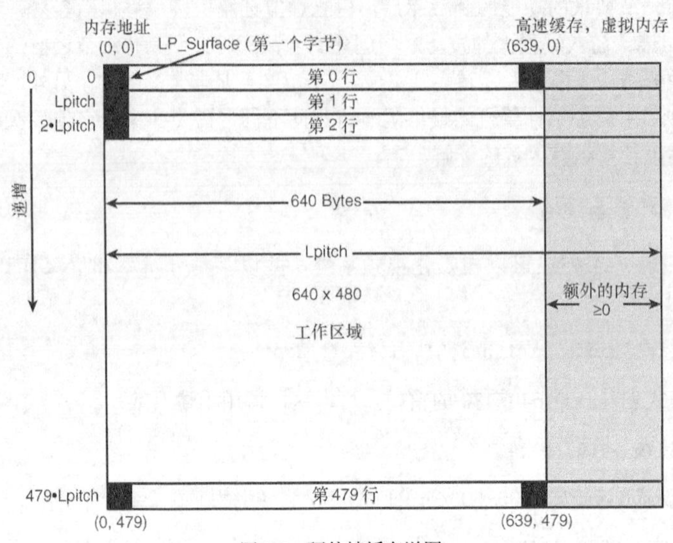

图 3.3　硬件帧缓存详图

内存跨距反映了视频卡可能由于高速缓存或硬件寻址的原因，每行有额外内存的事实。只要不假定内存跨距等于视频跨距（video pitch，这里为 640 字节），就不会导致问题。在每像素 8 位的视频系统中，要确定像素的地址，可以使用下述代码：

```
UCHAR *video_buffer; // 指向视频缓存的指针
int x,y;        // 像素的坐标
int memory_pitch; // 每行多少字节

video_buffer[x + y*memory_pitch] = pixel;
```

在 16 位系统中，使用稍微不同的代码：

```
USHORT *video_buffer; // 指向视频缓存的指针
int x,y;         // 像素的坐标
int memory_pitch;   // 每行多少字节

video_buffer[x + y*(memory_pitch >> 1)] = pixel;
```

当然，如果 memory_pitch 就是每行的 USHORT 数，则无需使用移位运算符>>将其除以 2。

下面来创建主缓存和辅助缓存的模型。别忘了，这只是一个模型，使用 T3DLIB 游戏引擎实现该模型时，细节将会有所不同。我们需要指向主缓存和辅助缓存的指针以及用于存储内存跨距的变量。例如，下面是一些用于上述目的的全局变量：

```
UCHAR *primary_buffer; // 主缓存
int  primary_pitch;  // 内存跨距，单位为字节
```

```
UCHAR *secondary_buffer; // 辅助缓存
int  seconday_pitch;   // 内存跨距，单位为字节
```

这两个指针都是 UCHAR*类型，且内存跨距以字节为单位。使用 8 位颜色模式时，这很好，但如果使用 16 位颜色模式呢？在这种模式下，每个像素 2 字节，字为 USHORT。这样做的原因在于，我想保持数据类型尽可能简单、一致。如果使用的是 16 位模式，只需将指针强制转换为 USHORT*。将指针设置为 UCHAR*更为清晰，且我们知道内存跨距总是以字节为单位。这样，我们编写的所有函数都有相同类型的指针/跨距参数。

锁定内存

还需要另一项功能——锁定内存。很多视频卡都有特殊内存，可能是多端口（multi-ported）内存、高速缓存等。这意味着当您访问这些内存和读写帧缓存时，需要让系统知道您正在访问这些内存，这样系统在此期间将不会修改这些内存。完成读写后，需要解除对这些内存的锁定，以便系统可以处理其他业务。

提示：如果您是 20 世纪 80 年代或 90 年代初的 Windows 编程大师，对内存锁定应当非常熟悉，因为在早期的 Windows 版本（1.0、2.0 和 3.0）中，必须锁定内存。

对于程序员来说，这意味着指针 primary_buffer 和 secondary_buffer 只在锁定期间有效。另外，您不能认为在下一次锁定时，地址仍然是相同的。也就是说，可能在第一次锁定-解锁期间，主缓存位于 0x0FFF**E**FF**C**00000000，而在下次锁定期间则位于 0x0FFF**F**FF**D**00000000。

这是硬件的一种特征。它可能会移动帧缓存，因此一定要小心！内存锁定步骤如下：

1．锁定感兴趣的缓存（主缓存或辅助缓存），并获取起始内存地址和内存跨距。

2．操作视频内存。

3．解除对缓存的锁定。

当然，在 99%的情况下，您将对辅助缓存而不是主缓存执行锁定-读写-解锁操作，因为您不想用户“看到”您正在修改主显示缓存。

下面来创建几个执行锁定和解锁操作的函数：

```
Lock_Primary(UCHAR **primary_buffer, int *primary_pitch);
Unlock_Primary(UCHAR *primary_buffer);

Lock_Secondary(UCHAR **secondary_buffer, int *secondary_pitch);
Unlock_Secondary(UCHAR *secondary buffer);
```

为锁定缓存，您使用相应帧缓存的地址和内存跨距作为参数调用上述函数。该函数将锁定缓存，并修改（写）传入的变量。然后就可以随便使用它们。完成操作后，需要使用一个指向锁定缓存的指针作为参数，调用 Unlock_*()函数，以解除对缓存的锁定。

现在来看看在 8 位模式和 16 位模式下，如何将一个像素写入到分辨率为 800×600 的屏幕的辅助缓存中。下面是一个 8 位模式范例：

```
UCHAR *primary_buffer; // 主缓存
int  primary_pitch; // 内存跨距，单位为字节

UCHAR *secondary_buffer; // 辅助缓存
int  seconday_pitch;   // 内存跨距，单位为字节

UCHAR pixel; // 要写入的像素
int x,y;   // 像素的坐标
```

```
// 第 0 步：创建窗口
Create_Window(800, 600, 8);

// 第 1 步：锁定辅助缓存
Lock_Secondary(&secondary_buffer, &secondary_pitch);

// 将像素写入到坐标指定的位置
secondary_buffer[x + y*secondary_pitch] = pixel;

// 完成写入操作后，解除对辅助缓存的锁定
Unlock_Secondary(secondary_buffer);
```

这很容易！下面系统是处于 16 位颜色模式下（每个像素 2 字节）的范例：

```
UCHAR *primary_buffer; // 主缓存
int  primary_pitch;  // 内存跨距，单位为字节

UCHAR *secondary_buffer; // 辅助缓存
int  seconday_pitch;   // 内存跨距，单位为字节

USHORT pixel; // 要写入的 16 位像素
int x,y;    // 像素的坐标

// 第 0 步：创建窗口
Create_Window(800, 600, 16);

// 第 1 步：锁定辅助缓存
Lock_Secondary(&secondary_buffer, &secondary_pitch);

// 由于被锁定的指针为 UCHAR *，而不是 USHORT *
// 因此需要进行强制类型转换

USHORT *video_buffer = (USHORT *)secondary_buffer;

// 根据像素的坐标，将像素写入到屏幕中相应的位置
video_buffer[x + y*(secondary_pitch >> 1)] = pixel;

// 执行完写入操作后，解除对辅助缓存的锁定
Unlock_Secondary(secondary_buffer);
```

由于内存跨距是以字节为单位的，为正确地使用内嵌的指针算术运算，需要将其除以 2(使用运算符>>)，将内存跨距转换为每行的 USHORT 数。

最后，还有一个细节没有介绍，这就是 8 位和 16 位像素数据格式。

3.2.2 使用颜色

出于速度方面的考虑，我们将在 3D 游戏编程中主要使用 8 位调色板视频模式和 16 位 RGB 模式。在 8 位颜色模式下，每个像素为 1 字节；在 16 位颜色模式下，每个像素为 2 字节。然而，它们的编码方法是完全不同的。

1. 8 位颜色模式

8 位颜色模式使用标准的 256 项颜色查找表（color lookup table，CLUT），如图 3.4 所示；而 16 位颜色模式使用标准的 RGB 编码方案。使用 8 位颜色模式时，必须用 RGB 值填充颜色查找表中的 256 个颜色项。我们假设有一个用于访问这个表和读取/修改每个颜色项的函数，因此现在暂时不去考虑其细节。

8 位颜色模式没有什么特别的，它是标准的每像素 1 字节系统，每个像素的值都是一个颜色查找表索引，而每个表项都代表一种颜色，该颜色由 3 个 8 位的颜色分量（红、绿、蓝）组成。

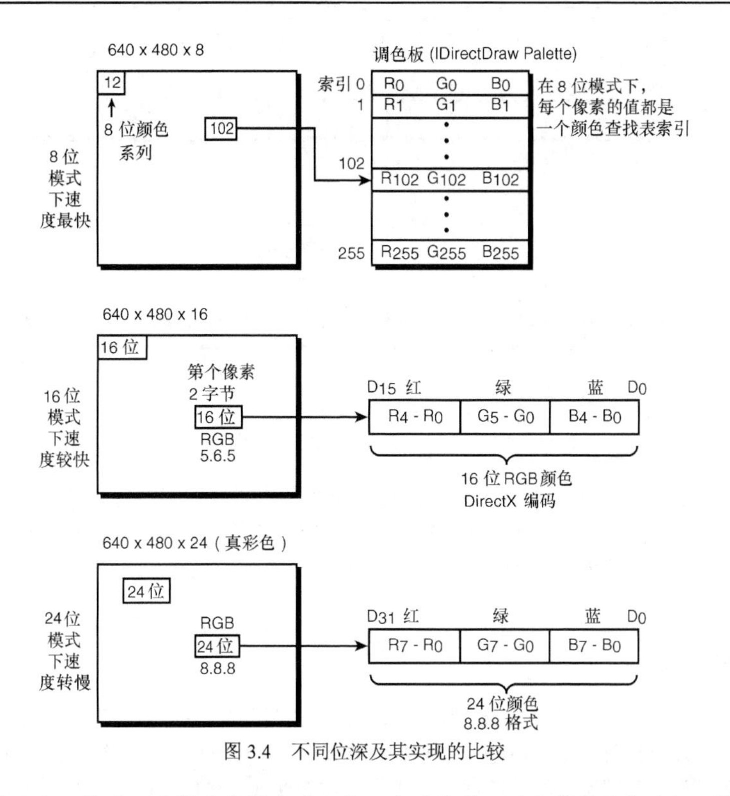

图 3.4　不同位深及其实现的比较

提示：有些显示卡只使用 8 位颜色分量中的 6 位，也就是说，对于每种原色（红、绿、蓝）只有 2^6 = 64 种着色度（shade），而不是标准的 2^8 = 256 种着色度。

2．16 位颜色模式

使用 16 位颜色要比使用 8 位颜色简单些。在 16 位颜色模式下，不需要颜色查找表。实际上，每个像素是由一系列位组成的 RGB 字。在这种模式下，像素为 5.5.5（RGB）或 5.6.5（RGB）格式；也就是说，5 位红色、5 位绿色、5 位蓝色，或者是 5 位红色、6 位绿色、5 位蓝色，如图 3.5 所示。这种 RGB 像素格式有时会令人困惑，我就收到了很多提出这方面问题的电子邮件。常见的问题是如何生成像素？我认为问题在于，每个人都把它想得比实际情况复杂，它实际上只是一些位操作。

在 5.5.5 RGB 模式下，每个分量为 5 位，即每个颜色分量有 2^5=32 种着色度。因此，R、G、B 的取值范围为 0～31，最多有 32*32*32=32 768 种颜色。因此，您需要做的就是编写一些代码，处理这 3 个值。假设有 3 个变量 r、g、b，取值范围都是 0～31（31 为最大颜色亮度），可以使用位运算符来生成像素。例如，对于 5.5.5 模式，可以使用下面的宏：

```
// 生成一个 5.5.5 格式的 16 位颜色值(alpha 占 1 位)
#define _RGB16BIT555(r,g,b) ((b & 31) + ((g & 31) << 5) + ((r & 31) << 10))
```

同样，在 5.6.5 模式下，绿色分量为 6 位，因此取值范围如下：红色为 0～31，绿色为 0～63，蓝色为 0～31。这可以提供 32*64*32=65 536 种颜色。同样，可以使用下面的宏根据 r、g、b 值生成一个像素：

```
// 生成 5.6.5 格式的 16 位颜色值（绿色分量为 6 位）
#define _RGB16BIT565(r,g,b) ((b & 31) + ((g & 63) << 5) + ((r & 31) << 11))
```

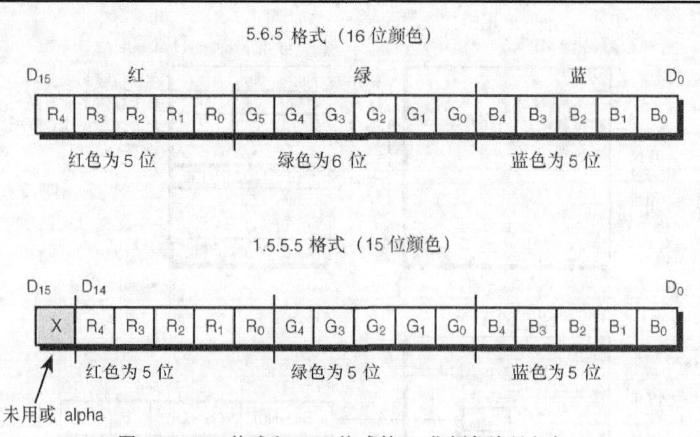

图 3.5　5.5.5 格式和 5.6.5 格式的 16 位颜色编码方案

这个问题在过去给人们带来了很多麻烦，我们将在系统中采取一些方法来处理它。图形系统在被选择进入 16 位模式时，将自动确定像素格式（5.5.5 模式或 5.6.5 模式）并设置标记和函数指针，这样您可以使用相同的宏来生成 16 位颜色的像素。这项功能将出现在后面建立的“真实”库中。下面介绍缓存交换。

3.2.3　缓存交换

需要实现的最后一项功能是缓存交换，即将辅助缓存复制到主缓存中，如图 3.6 所示。当然，可以同时锁定两个缓存，然后逐行进行复制。但是，很多显卡都有特殊的硬件，用于以很快的速度进行交换和复制，我们将支持后一种方法，使用黑盒方法通过 API 来实现缓存交换。我们将该函数命名为 Flip_Display()，它不接受参数，将辅助缓存复制到主缓存（使用软件方法还是硬件方法，我们并不知道）。

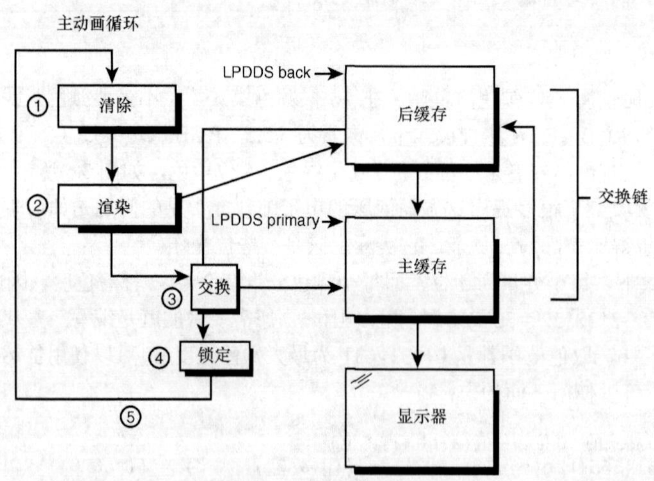

图 3.6　页面交换动画系统

警告：您可能会问，为何要逐行复制辅助缓存，而不使用 memcpy()函数。这是因为辅助缓存的行与行之间可能是连续的，也可能是不连续的，而 memcpy()函数没有办法知道这一点。所以，必须根据内存跨距逐行复制缓存，然后处理每一行。

然而，我们将遵循一条规则：调用 Flip_Display()函数时，必须确保主缓存和辅助缓存都没有被锁定；否则，将不会执行交换，且会引发错误，甚至可能导致计算机死机。因此，调用 Flip_Display()函数前，应确保两个缓存都没有被锁定，系统能够访问它们。

另外，生成动画时，有两个非常方便的辅助函数：用于清除缓存的函数。同样，也可以锁定缓存，然后使用 memset()或其他函数来逐行清除缓存，但很多显示卡有用于清除缓存的硬件填充功能。我们假设显卡支持硬件填充时将使用它，否则使用软件来填充内存。不管是哪种情况，我们都不必关心，因为我们将编写 API 函数，用于清除辅助缓存和主缓存：

```
Fill_Primary(int color);
Fill_Secondary(int color);
```

上述函数假设缓存未被锁定，参数 color 为 8 位或 16 位（这取决于使用的颜色模式）。在大多数情况下，使用黑色来清除缓存，因此将 color 参数设置为 0。这是因为大多数调色板都使用索引 0 表示黑色，同时 USHORT 值 0 相当于 RGB(0，0，0)，也是黑色。

使用清除函数相当简单。在动画循环最开始，调用它来清屏。然而，由于在动画循环末尾将把辅助缓存复制到主缓存中，因此没有必要清除主缓存，而只需清除辅助缓存即可。

下面的范例演示了如何以 800×600×8 模式、30 帧/秒的速度，以动画方式在屏幕上随机地绘制像素：

```
UCHAR *primary_buffer; // 主缓存
int  primary_pitch; // 内存跨距，单位为字节

UCHAR *secondary_buffer; // 辅助缓存
int  seconday_pitch;  // 内存跨距，单位为字节

UCHAR pixel; // 要写入的 8 位像素
int x,y;   // 像素的坐标

// 第 0 步：创建窗口
Create_Window(800, 600, 8);

// 进入无限循环
while(1)
{
// 清除辅助缓存
Fill_Secondary(0);

// 第 1 步：锁定辅助缓存
Lock_Secondary(&secondary_buffer, &secondary_pitch);

for (int num_dots=0; num_dots < 1000; num_dots++)
  {
  // 随机生成 x、y、pixel 的值
  x = rand( )%800;
  y = rand( )%600;
  pixel = rand( )%256;

  // 将像素写入到屏幕中相应的位置
  video_buffer[x + y*secondary_pitch)] = pixel;
  } // end for num_dots

// 执行写入操作后，解除对辅助缓存的锁定
Unlock_Secondary(secondary_buffer);

// 交换缓存
Flip_Display( );
```

```
// 等待一会儿
Sleep(33);

} // end while
```

当然，这个循环是无限循环，在实际的 Windows 应用程序中，不能这样贪婪，应该在绘制每帧后将控制权交给主事件循环。

3.2.4 完整的虚拟图形系统

至此，我们有足够的功能来实现虚拟图形系统，这里总结一下我们有的功能：

- 我们假设可以调用函数，来设置图形系统以及以所需的大小和位深打开窗口（也可以是全屏）。然而，在大多数时候，我们只使用 8 位模式和 16 位模式，以提高速度。
- 系统包含主缓存和辅助离屏缓存。缓存是可线性寻址的，但是有相关联的内存跨距。另外，访问缓存的实际内存时，必须锁定缓存；完成操作后，必须解除对缓存的锁定。
- 为产生动画显示以及交换页面，我们假设有一个函数，可以利用硬件块图像传递加速来完成这项工作。然而，调用该函数前，必须确保主缓存和辅助缓存都没有被锁定。另外，还有缓存清除函数，它们尽可能地使用硬件加速。

如果能够实现这个虚拟软件系统，则编程的 3D 图形方面将是余下的唯一问题。只需与帧缓存交互，并调用几个 API 函数，就可以在屏幕上绘制图像。

3.2.5 I/O、声音和音乐

本书的主要目标是制作可玩的 3D 游戏，因此需要能够读取玩家的输入以及播放声音和音乐。

这些都是 DirectX 的功能，我编写了一些封装函数，使得它们使用起来尽可能简单。这里我要说的是，即使将本书的代码移植到不支持 DirectX 的系统中，也不需要做太多的工作。《Windows 游戏编程大师技巧》中创建的引擎只有如下基本功能：

1．初始化并检测所有输入设备：键盘、鼠标和游戏杆。

2．读取数据或所有输入设备的状态，并将数据存储到简单数据结构中。

3．初始化声音和音乐系统。

4．从磁盘上加载并播放.WAV 格式的声音文件（播放一次或循环播放）；从磁盘上加载并播放 MIDI 歌曲（播放一次或循环播放）；播放时检测声音和音乐的状态。

5．关闭一切东西。

这些就是我们要实现的功能。然而，如果需要，可以删除任何演示程序中的 I/O 和声音代码，只移植图形接口。当然，您需要某种形式的输入，哪怕是 getch()函数！

最终的 API 与下面类似：

```
// 初始化所有的输入设备
Init_Input_Devs( );

// 关闭输入系统
Shutdown_Input_Devs( );

// 读取键盘，数据是存储键盘状态的某种结构，可能是数组
Read_Keyboard(&data);

// 读取鼠标，数据是存储鼠标状态（可能是位置和按钮）的某种结构
```

```
Read_Mouse(&data);

// 读取游戏杆，数据是存储游戏杆状态（可能是位置和按钮）的某种结构
Read_Joystick(&data);

// 初始化声音和音乐系统
Init_Sound_Music( );

// 关闭声音和音乐系统
Shutdown_Sound_Music( );

// 加载一个.WAV 文件并返回一个 ID
int id = Load_WAV(char *filename);

// 播放 ID 指定的.WAV 文件
Play_WAV(int id);

// 加载一个.MID 文件并返回一个 ID
int id = Load_MID(char *filename);

// 播放 ID 指定的.MID 文件
Play_MID(int id);
```

如果能够实现这些函数，则有关 I/O 和声音接口的工作便全部完成了。

有关虚拟计算机接口的抽象设计就介绍到这里。别忘了，这只是一个软件设计练习而已。现在需要实现其细节，即所有函数的实际实现。

提示：这是一个非常有用的设计练习。基本上，我们设计了一个可移植的图形系统。采用这些思想，将能够设计出这样的游戏引擎，即通过实现少数几个函数的“内部细节”，就能够将它移植到其他平台。

3.3　T3DLIB 游戏控制台

现在我又面临另一个困境。我想列出通用的 Windows 游戏控制台，后面将用它构建游戏；然而，其内部全部是 API 调用。是现在介绍这些库函数 API 还是等到以后介绍呢？由于读者是中高级游戏程序员，因此可以等待。如果有什么内容不能理解，可以查看库 API 清单和描述。

3.3.1　T3DLIB 系统概述

根据前面对虚拟计算机设计的讨论，我们的目标是将 Win32/DirectX 模型抽象成一个非常简单的双缓存图形系统，我们可以访问该系统，并支持用户输入和声音。基于这个目标，我创建了 T3D 游戏控制台。该游戏控制台是创建虚拟计算机接口的第一步。处理 DirectX、输入和声音之前，首先需要从方程中消除 Windows。我将创建一个模板（游戏控制台），它使得从我们的角度看，Windows 应用程序与标准 DOS/Unix 应用程序没有什么差别。

我们将逐层地建立游戏控制台，直到实现虚拟计算机。首先我们将从方程中消除 Windows。

3.3.2　基本游戏控制台

第一个版本的游戏控制台应执行下列任务：

1．打开窗口。

2．调用用户定义的初始化函数：Game_Init()。

3．进入到主 Windows 事件循环、处理消息，然后返回。

4．调用用户定义的主工作函数 Game_Main()，它执行一次游戏逻辑循环，然后返回。

5．回到第 3 步，直到用户关闭应用程序。

6．调用用户定义的关闭函数 Game_Shutdown()，它执行清除工作。

图 3.7 是游戏控制台的流程图。读者可能注意到了，初始化函数、主工作函数和关闭函数分别被命名为 Game_Init()、Game_Main()和 Game_Shutdown()。

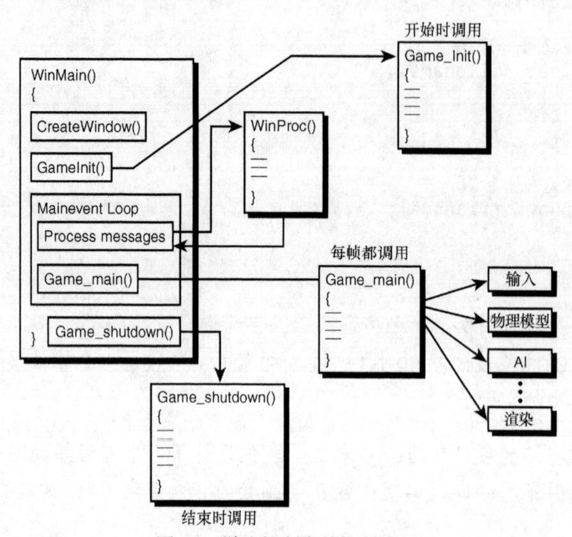

图 3.7　游戏控制台的控制流程

如果能够实现一个执行步骤 1～6 中功能的外壳程序，则完全不用考虑 Windows，从而将精力集中在函数 Game_Init()、Game_Main()和 Game_Shutdown()上。首先，来看这 3 个函数的原型（它们的接口相同）：

```
// 游戏控制台
int Game_Init(void *parms=NULL);
int Game_Shutdown(void *parms=NULL);
int Game_Main(void *parms=NULL);
```

实际上，我已经编写了这些函数，您可以发送一个结构到这些函数，但我从来没有使用过这种功能。我们需要编写一个 Windows 外壳程序，它完成如下任务：

1．创建并注册 Windows 类。

2．创建窗口。

3．有一个事件循环和一个 WinProc()，用于处理基本消息 WM_CREATE、WM_PAINT 和 WM_DESTROY。

4．调用事件循环之前，先调用 Game_Init()，以便能够在其中进行初始化。

5．在事件循环期间，每次循环将调用 Game_Main()，让游戏能够运行。

6．窗口被关闭时，调用 Game_Shutdown()，执行清除工作。

下面是附带光盘中 T3DCONSOLEALPHA1.CPP 的代码，它是一个执行上述所有步骤的完整的 Windows 程序，其中对工作函数的调用代码为粗体：

```
// T3DCONSOLEALPHA1.CPP：第一个版本的游戏控制台

// 包含文件 ///////////////////////////////////////////////////

#define WIN32_LEAN_AND_MEAN

#include <windows.h>   // 包含重要的 Windows 头文件
#include <windowsx.h>
#include <mmsystem.h>
#include <iostream.h> // 包含重要的 C/C++头文件
#include <conio.h>
#include <stdlib.h>
#include <malloc.h>
#include <memory.h>
#include <string.h>
#include <stdarg.h>
#include <stdio.h>
#include <math.h>
#include <io.h>
#include <fcntl.h>

// 常量 ///////////////////////////////////////////////////

// 用于 Windows 接口的常量
#define WINDOW_CLASS_NAME "WIN3DCLASS"  // Windows 类的名称
#define WINDOW_TITLE      "T3D Graphics Console Alpha 1.0"
#define WINDOW_WIDTH    320  // size of window
#define WINDOW_HEIGHT    240

// 用于以异步方式读取键盘输入
#define KEY_DOWN(vk_code) ((GetAsyncKeyState(vk_code) & 0x8000) ? 1 : 0)
#define KEY_UP(vk_code)   ((GetAsyncKeyState(vk_code) & 0x8000) ? 0 : 1)

// 函数原型 ///////////////////////////////////////////////

// 游戏控制台
int Game_Init(void *parms=NULL);
int Game_Shutdown(void *parms=NULL);
int Game_Main(void *parms=NULL);

// 全局变量 ///////////////////////////////////////////////////

HWND main_window_handle  = NULL; // 用于存储窗口句柄
HINSTANCE main_instance  = NULL; // 用于存储实例
char buffer[256];          // 用于打印文本


// 函数 ///////////////////////////////////////////////////

LRESULT CALLBACK WindowProc(HWND hwnd,
          UINT msg,
               WPARAM wparam,
               LPARAM lparam)
{
// 这是系统的主消息处理程序
PAINTSTRUCT   ps;     // 用于 WM_PAINT
HDC     hdc;     // 设备场境句柄

// 判断是什么消息
switch(msg)
  {
```

```
case WM_CREATE:
  {
// 初始化代码
return(0);
} break;

  case WM_PAINT:
  {
  // 开始绘制
  hdc = BeginPaint(hwnd,&ps);

  // 结束绘制
  EndPaint(hwnd,&ps);
  return(0);
  } break;

case WM_DESTROY:
  {
// 关闭应用程序
PostQuitMessage(0);
return(0);
} break;

default:break;

  } // end switch

// 处理其他消息
return (DefWindowProc(hwnd, msg, wparam, lparam));

} // end WinProc

// WINMAIN ////////////////////////////////////////////////

int WINAPI WinMain( HINSTANCE hinstance,
      HINSTANCE hprevinstance,
      LPSTR lpcmdline,
      int ncmdshow)
{
// 这是 winmain 函数

WNDCLASS winclass;  // 用于存储将创建的 Windows 类
HWND    hwnd;     // 窗口句柄
MSG    msg;   // 消息
HDC    hdc;  // 设备场境
PAINTSTRUCT ps;  // paintstruct

// 设置窗口类
winclass.style     = CS_DBLCLKS | CS_OWNDC |
             CS_HREDRAW | CS_VREDRAW;
winclass.lpfnWndProc   = WindowProc;
winclass.cbClsExtra    = 0;
winclass.cbWndExtra    = 0;
winclass.hInstance    = hinstance;
winclass.hIcon       = LoadIcon(NULL, IDI_APPLICATION);
winclass.hCursor      = LoadCursor(NULL, IDC_ARROW);
winclass.hbrBackground    = (HBRUSH)GetStockObject(BLACK_BRUSH);
winclass.lpszMenuName    = NULL;
winclass.lpszClassName   = WINDOW_CLASS_NAME;

// 注册窗口类
```

```
if (!RegisterClass(&winclass))
  return(0);

// 创建窗口，根据 WINDOWED_APP 是否为 true 选择合适的窗口标记
if (!(hwnd = CreateWindow(WINDOW_CLASS_NAME, // 窗口类
       WINDOW_TITLE,    // 标题
           WS_OVERLAPPED | WS_SYSMENU | WS_CAPTION,
        0,0,    // 位置
       WINDOW_WIDTH, // 宽度
            WINDOW_HEIGHT, // 高度
       NULL,     // 父窗口句柄
       NULL,     // 菜单句柄
       hinstance,// 实例
       NULL)))  // 创建参数
return(0);

// 将窗口句柄和实例存储到全局变量中
main_window_handle = hwnd;
main_instance      = hinstance;

// 显示窗口
ShowWindow(main_window_handle, SW_SHOW);

// 执行游戏控制台特有的初始化
Game_Init( );

// 进入主事件循环
while(1)
  {
  if (PeekMessage(&msg,NULL,0,0,PM_REMOVE))
    {
    // 检查是否是退出消息
     if (msg.message == WM_QUIT)
       break;

    // 转换加速键
    TranslateMessage(&msg);

    // 将消息发送给 window proc
    DispatchMessage(&msg);
     } // end if

  // 主游戏处理函数
  Game_Main( );
  } // end while

// 关闭游戏并释放所有的资源
Game_Shutdown( );

// 返回到 Windows 操作系统
return(msg.wParam);

} // end WinMain

// T3DII 游戏编程控制台函数 ////////////////

int Game_Init(void *parms)
{
// 所有的游戏初始化工作都在这个函数中执行

// 成功返回
```

```
return(1);

} // end Game_Init

/////////////////////////////////////////////////////////////

int Game_Shutdown(void *parms)
{
// 在这个函数中关闭游戏并释放为游戏分配的所有资源

// 成功返回
return(1);
} // end Game_Shutdown

/////////////////////////////////////////////////////////////

int Game_Main(void *parms)
{
// 这是游戏的核心，将不断地被实时调用
// 它类似于 C 语言中的 main( )，所有游戏调用都是在这里进行的

// 游戏逻辑

// 检查用户是否要退出
if (KEY_DOWN(VK_ESCAPE))
  {
  PostMessage(main_window_handle, WM_DESTROY,0,0);
  } // end if

// 成功返回
return(1);

} // end Game_Main
```

在附带光盘中，上述源代码文件名为 T3DCONSOLEALPHA1.CPP，可执行文件名为 T3DCONSOLEALPHA1.EXE。运行这个可执行文件时，将看到如图 3.8 所示的图像：一个小窗口，其中没有任何东西。然而，在幕后实际上执行了很多操作：创建一个窗口、调用 Game_Init() 函数，在每次事件循环中调用 Game_Main() 函数。最后，用户关闭该窗口时，将调用 Game_Shutdown() 函数。

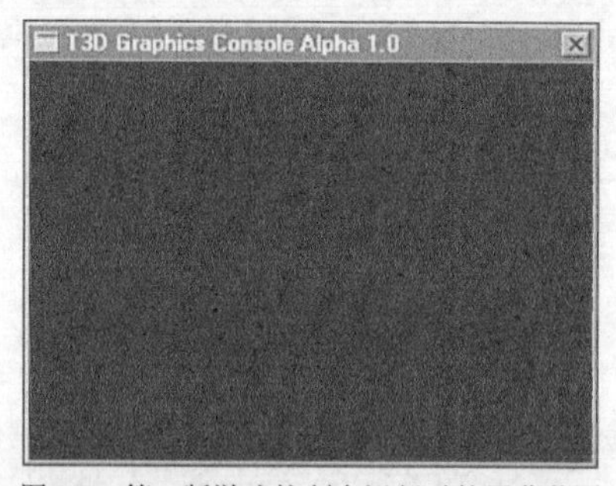

图 3.8 第 1 版游戏控制台运行时的屏幕截图

您只需将全部游戏功能加入到这 3 个函数中，仅此而已——我们已经将一个 Windows 应用程序抽象成 3 个函数调用，其他工作都已经完成。

这个第一版的游戏控制台提供了所需的全部 Windows 功能。现在需要 DirectX 接口来模拟虚拟计算机，并提供基本的双缓存图形系统以及声音和输入功能。现在，可以直接列出最终版本的游戏控制台代码，它具备上述功能，但更好的方法是先来看一下用来创建最终游戏控制台的 API 函数。您无需完全理解这些 API 函数，只需了解这些 API 及其相关解释和范例。

查看用于创建最终游戏控制台的工具后，我们将以 T3DCONSOLEALPHA1.CPP 文件为基础，在其中添加各种功能，使其成为我们需要的虚拟计算机接口。本书所有的演示程序和游戏都以这个模板为起点。另外，本章最后将通过一些范例，演示如何使用 T3DLIB 的图形、声音和输入功能。下面介绍《Windows 游戏编程大师技巧》中创建的 T3DLIB 游戏引擎的 3 个子系统。

3.4 T3DLIB1 库

来看一下 T3DLIB 游戏库的图形模块（T3DLIB1.CPP）中的#define、宏、数据结构和函数。

注意：如果您阅读过《Windows 游戏编程大师技巧》，将发现该引擎除 16 位支持和窗口支持外，几乎与前一个引擎完全相同。其代码仍然是兼容的，可以用新版本的 T3DLIB1.CPP 来编译《Windows 游戏编程大师技巧》中的演示程序，它们仍可以正常工作！当然，所有内容都将用 DirectX 8.0 或 9.0+编译。

该模块由两个文件组成：T3DLIB1.CPP|H。因此，只需将这两个文件链接到程序中，便可以使用这些 API 函数。

3.4.1 DirectX 图形引擎体系结构

如图 3.9 所示，T3DLIB1 是一个相当简单的 2D 引擎。实质上，它是一个 2D、8/16 位颜色、双缓存的 DirectX 引擎，支持任何分辨率和裁剪。该引擎还支持窗口模式和全屏模式，并负责所有设置工作。因此，不管是在窗口模式下还是在全屏模式下，都可以将像素写入辅助缓存，程序逻辑负责将辅助缓存复制到主缓存的处理细节。

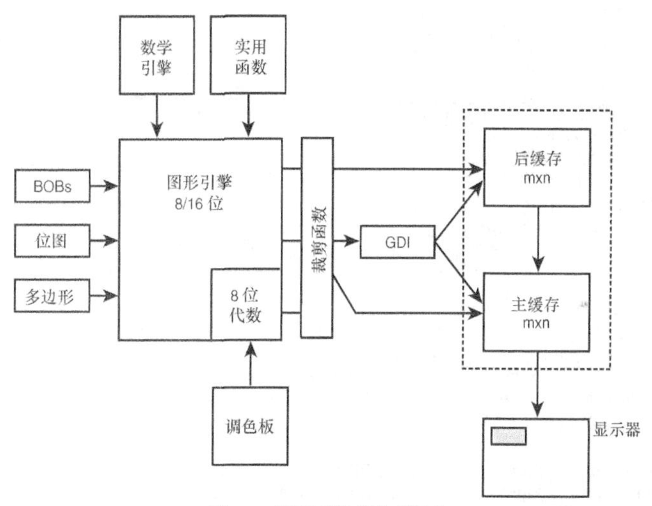

图 3.9 图形引擎的体系结构

要使用这个库来创建应用程序，需要在程序中包含 T3DLIB1.CPP|H、DDRAW.LIB（DirectDraw 库）和 WINMM.LIB（Win32 多媒体库）。

注意：仅当使用的是 Visual C++时，才需要包含 WINMM.LIB。

3.4.2 基本常量

该引擎有一个头文件 T3DLIB1.H，其中定义了很多引擎要使用的常量。下面列出了这些常量，供读者参考：

```
// 避免重复包含
#ifndef T3DLIB1
#define T3DLIB1

// 常量 ////////////////////////////////////////////////

// 默认屏幕设置，调用函数 DDraw_Init( )，这些值将被覆盖
// 这里定义它们，旨在用于给全局常量赋值
#define SCREEN_WIDTH     640  // 屏幕的大小
#define SCREEN_HEIGHT     480
#define SCREEN_BPP      8   // 每个像素占多少位
#define MAX_COLORS_PALETTE  256


#define DEFAULT_PALETTE_FILE "PALDATA2.PAL"
// 用于选择窗口/全屏模式
#define SCREEN_FULLSCREEN   0
#define SCREEN_WINDOWED    1

// 与位图相关的常量
#define BITMAP_ID        0x4D42 // 位图的全局 ID
#define BITMAP_STATE_DEAD   0
#define BITMAP_STATE_ALIVE  1
#define BITMAP_STATE_DYING  2
#define BITMAP_ATTR_LOADED  128

#define BITMAP_EXTRACT_MODE_CELL  0
#define BITMAP_EXTRACT_MODE_ABS   1

// directdraw 像素格式常量
// 用于帮助位图加载函数将数据设置为正确的格式
#define DD_PIXEL_FORMAT8      8
#define DD_PIXEL_FORMAT555    15
#define DD_PIXEL_FORMAT565    16
#define DD_PIXEL_FORMAT888    24
#define DD_PIXEL_FORMATALPHA888 32

// 针对 BOB 的常量
#define BOB_STATE_DEAD        0  // 已死
#define BOB_STATE_ALIVE       1  // 活着
#define BOB_STATE_DYING       2  // 要死了
#define BOB_STATE_ANIM_DONE  1    // 动画结束状态
#define MAX_BOB_FRAMES       64    // 最大 BOB 帧数
#define MAX_BOB_ANIMATIONS    16    // 最大动作数

#define BOB_ATTR_SINGLE_FRAME   1   // BOB 为单帧
#define BOB_ATTR_MULTI_FRAME   2   // BOB 包含多帧
#define BOB_ATTR_MULTI_ANIM    4   // BOB 包含多个动作
#define BOB_ATTR_ANIM_ONE_SHOT 8   // BOB 将执行动作一次
#define BOB_ATTR_VISIBLE     16  // BOB 可见
#define BOB_ATTR_BOUNCE      32  // BOB 反弹
#define BOB_ATTR_WRAPAROUND    64  // BOB 紧贴彼边
#define BOB_ATTR_LOADED      128 // BOB 已加载
#define BOB_ATTR_CLONE      256 // BOB 是副本

// 屏幕渐变命令（只适用于 256 颜色模式）
#define SCREEN_DARKNESS 0     // 渐变为黑色
#define SCREEN_WHITENESS 1     // 渐变为白色
#define SCREEN_SWIPE_X   2     // 水平扫描
#define SCREEN_SWIPE_Y   3     // 垂直扫描
```

```
#define SCREEN_DISOLVE   4     // 像素淡出
#define SCREEN_SCRUNCH   5     // 方块压缩
#define SCREEN_BLUENESS 6     // 渐变为蓝色
#define SCREEN_REDNESS   7     // 渐变为红色
#define SCREEN_GREENNESS 8     // 渐变为绿色

// 用于Blink_Colors的常量
#define BLINKER_ADD       0   // 将光源加入到数据库中
#define BLINKER_DELETE     1   // 从数据库中删除光源
#define BLINKER_UPDATE     2   // 更新光源
#define BLINKER_RUN       3   // 正常运行

// 圆周率常量
#define PI       ((float)3.141592654f)
#define PI2      ((float)6.283185307f)
#define PI_DIV_2   ((float)1.570796327f)
#define PI_DIV_4   ((float)0.785398163f)
#define PI_INV    ((float)0.318309886f)

// 定点数学常量
#define FIXP16_SHIFT    16
#define FIXP16_MAG      65536
#define FIXP16_DP_MASK  0x0000ffff
#define FIXP16_WP_MASK  0xffff0000
#define FIXP16_ROUND_UP 0x00008000
```

3.4.3　工作宏

接下来是我们已经编写的全部宏：

```
// 以异步方式读取键盘输入
#define KEY_DOWN(vk_code) ((GetAsyncKeyState(vk_code) & 0x8000) ? 1 : 0)
#define KEY_UP(vk_code)   ((GetAsyncKeyState(vk_code) & 0x8000) ? 0 : 1)

// 生成5.5.5格式的16位颜色值
#define _RGB16BIT555(r,g,b) ((b & 31) + ((g & 31) << 5) + ((r & 31) << 10))

//生成5.6.5格式的16位颜色值
#define _RGB16BIT565(r,g,b) ((b & 31) + ((g & 63) << 5) + ((r & 31) << 11))

// 生成8.8.8格式的24位颜色值
#define _RGB24BIT(a,r,g,b) ((b) + ((g) << 8) + ((r) << 16) )

// 生成A.8.8.8格式的32位颜色值
#define _RGB32BIT(a,r,g,b) ((b) + ((g) << 8) + ((r) << 16) + ((a) << 24))

// 位运算宏
#define SET_BIT(word,bit_flag)   ((word)=((word) | (bit_flag)))
#define RESET_BIT(word,bit_flag) ((word)=((word) & (~bit_flag)))

// 初始化一个direct draw结构，基本上清空其内容并设置字段dwSize
#define DDRAW_INIT_STRUCT(ddstruct) {
memset(&ddstruct,0,sizeof(ddstruct)); ddstruct.dwSize=sizeof(ddstruct); }

// 用于计算两个表达式中较大和较小的一个
#define MIN(a, b)  (((a) < (b)) ? (a) : (b))
#define MAX(a, b)  (((a) > (b)) ? (a) : (b))

// 用于交换两个变量的值
#define SWAP(a,b,t) {t=a; a=b; b=t;}
```

```
// 一些数学宏
#define DEG_TO_RAD(ang) ((ang)*PI/180.0)
#define RAD_TO_DEG(rads) ((rads)*180.0/PI)

#define RAND_RANGE(x,y) ( (x) + (rand( )%((y)-(x)+1)))
```

3.4.4 数据类型和结构

接下来是引擎需要使用的数据类型和数据结构。其中很多对于本书意义不大，因为它们用于《Windows 游戏编程大师技巧》的 2D 方面，但查看全部数据类型和数据结构也没有什么坏处。

```
// 基本无符号类型
typedef unsigned short USHORT;
typedef unsigned short WORD;
typedef unsigned char UCHAR;
typedef unsigned char BYTE;
typedef unsigned int  QUAD;
typedef unsigned int  UINT;

// .BMP 文件位图的容器结构
typedef struct BITMAP_FILE_TAG
{
BITMAPFILEHEADER bitmapfileheader; // 包含位图文件头
BITMAPINFOHEADER bitmapinfoheader; // 包括调色板在内的所有信息
PALETTEENTRY   palette[256];   // 存储调色板
UCHAR        *buffer;      // 指向数据的指针

    } BITMAP_FILE, *BITMAP_FILE_PTR;

// BOB
typedef struct BOB_TYP
    {
    int state;     // 状态
    int anim_state;    // 动作状态变量
    int attr;      // 属性
    float x,y;     // 位置
    float xv,yv;    // 速度
    int width, height;  // 宽度和高度
    int width_fill;     // 用于强制表面的宽度为 8 的倍数
    int bpp;        // 每个像素占用的位数
    int counter_1;      // 计数器
    int counter_2;
    int max_count_1;     // 阈值
    int max_count_2;
    int varsI[16];     // 深度为 16 的整数栈
    float varsF[16];    // 深度为 16 的浮点数栈
    int curr_frame;     // 当前动画帧
    int num_frames;     // 总动画帧数
    int curr_animation; // 当前动作索引
    int anim_counter;   // 用于给动作切换定时
    int anim_index;     // 动作元素索引
    int anim_count_max; // 几帧后再切换动作
    int *animations[MAX_BOB_ANIMATIONS]; // 动作

    LPDIRECTDRAWSURFACE7 images[MAX_BOB_FRAMES]; // 位图图像 DD 表面
    } BOB, *BOB_PTR;

// 简单位图图像
typedef struct BITMAP_IMAGE_TYP
```

```
    {
    int state;        // 状态
    int attr;         // 属性
    int x,y;          // 位置
    int width, height;  // 尺寸
    int num_bytes;    // 总字节数
    int bpp;        // 每个像素占用多少位
    UCHAR *buffer;    // 位图中的像素数

    } BITMAP_IMAGE, *BITMAP_IMAGE_PTR;

// 闪光灯结构
typedef struct BLINKER_TYP
    {
    // 由用户设置
    int color_index;      // 不考虑的颜色索引
    PALETTEENTRY on_color;   // 开时颜色的 RGB 值
    PALETTEENTRY off_color;  // 关时颜色的 RGB 值
    int on_time;          // 持续开多少帧
    int off_time;        // 持续关多少帧

    // 内部成员
    int counter;          // 状态切换计数器
    int state;          // 光源状态, 1 表示开, -1 表示关, 0 表示无效
    } BLINKER, *BLINKER_PTR;

// 2D 顶点
typedef struct VERTEX2DI_TYP
    {
    int x,y; // 顶点坐标
    } VERTEX2DI, *VERTEX2DI_PTR;

// 2D 顶点
typedef struct VERTEX2DF_TYP
    {
    float x,y; // 顶点坐标
    } VERTEX2DF, *VERTEX2DF_PTR;

// 2D 多边形
typedef struct POLYGON2D_TYP
    {
    int state;       // 状态
    int num_verts;  // 顶点数
    int x0,y0;       // 多边形中心的位置
    int xv,yv;       // 初始速度
    DWORD color;     // 索引或 PALETTENTRY
    VERTEX2DF *vlist; // 指向顶点列表的指针

    } POLYGON2D, *POLYGON2D_PTR;



// 矩阵定义
typedef struct MATRIX3X3_TYP
    {
    union
    {
    float M[3][3]; // 以数组方式存储

    // 按先行后列的顺序以单独变量方式存储
    struct
```

```
        {
        float M00, M01, M02;
        float M10, M11, M12;
        float M20, M21, M22;
        }; // end explicit names

    }; // end union
    } MATRIX3X3, *MATRIX3X3_PTR;

typedef struct MATRIX1X3_TYP
    {
    union
    {
    float M[3]; // 以数组方式存储

    // 按先行后列的顺序以单独变量方式存储
    struct
        {
        float M00, M01, M02;

        }; // end explicit names
    }; // end union
    } MATRIX1X3, *MATRIX1X3_PTR;

typedef struct MATRIX3X2_TYP
    {
    union
    {
    float M[3][2]; // 以数组方式存储

    // 按先行后列的顺序以单独变量方式存储
    struct
        {
        float M00, M01;
        float M10, M11;
        float M20, M21;
        }; // end explicit names

    }; // end union
    } MATRIX3X2, *MATRIX3X2_PTR;

typedef struct MATRIX1X2_TYP
    {
    union
    {
    float M[2]; // 以数组方式存储

    // 按先行后列的顺序以单独变量方式存储
    struct
        {
        float M00, M01;

        }; // end explicit names
    }; // end union
    } MATRIX1X2, *MATRIX1X2_PTR;
```

最后是一些数学结构，它们是《Windows 游戏编程大师技巧》中的 2D 多边形变换支持。创建新的 3D 数学库时我们将重新编写这部分内容。

3.4.5　函数原型

接下来看一下完整的函数原型列表，在后面的几节中将不会介绍函数 API 中的所有函数，因为很多函数都只是另一个函数的不同版本。

```
// DirectDraw 函数
int DDraw_Init(int width, int height, int bpp, int windowed=0);
int DDraw_Shutdown(void);
LPDIRECTDRAWCLIPPER DDraw_Attach_Clipper(LPDIRECTDRAWSURFACE7 lpdds,
                     int num_rects, LPRECT clip_list);

LPDIRECTDRAWSURFACE7 DDraw_Create_Surface(int width, int height,
                 int mem_flags=0, USHORT color_key_value=0);

int DDraw_Flip(void);
int DDraw_Wait_For_Vsync(void);

int DDraw_Fill_Surface(LPDIRECTDRAWSURFACE7 lpdds, USHORT color,
            RECT *client=NULL);

UCHAR *DDraw_Lock_Surface(LPDIRECTDRAWSURFACE7 lpdds,int *lpitch);
int DDraw_Unlock_Surface(LPDIRECTDRAWSURFACE7 lpdds);
UCHAR *DDraw_Lock_Primary_Surface(void);
int DDraw_Unlock_Primary_Surface(void);
UCHAR *DDraw_Lock_Back_Surface(void);
int DDraw_Unlock_Back_Surface(void);

// BOB 函数
int Create_BOB(BOB_PTR bob,int x, int y,int width, int height,
        int num_frames,int attr,
        int mem_flags=0, USHORT color_key_value=0, int bpp=8);

int Clone_BOB(BOB_PTR source, BOB_PTR dest);
int Destroy_BOB(BOB_PTR bob);
int Draw_BOB(BOB_PTR bob, LPDIRECTDRAWSURFACE7 dest);

int Draw_Scaled_BOB(BOB_PTR bob, int swidth, int sheight,
         LPDIRECTDRAWSURFACE7 dest);

int Draw_BOB16(BOB_PTR bob, LPDIRECTDRAWSURFACE7 dest);

int Draw_Scaled_BOB16(BOB_PTR bob, int swidth, int sheight,
          LPDIRECTDRAWSURFACE7 dest);

int Load_Frame_BOB(BOB_PTR bob, BITMAP_FILE_PTR bitmap,
         int frame, int cx,int cy,int mode);

int Load_Frame_BOB16(BOB_PTR bob, BITMAP_FILE_PTR bitmap, int frame,
          int cx,int cy,int mode);

int Animate_BOB(BOB_PTR bob);
int Move_BOB(BOB_PTR bob);

int Load_Animation_BOB(BOB_PTR bob, int anim_index,
           int num_frames, int *sequence);

int Set_Pos_BOB(BOB_PTR bob, int x, int y);
int Set_Vel_BOB(BOB_PTR bob,int xv, int yv);
int Set_Anim_Speed_BOB(BOB_PTR bob,int speed);
```

```
int Set_Animation_BOB(BOB_PTR bob, int anim_index);
int Hide_BOB(BOB_PTR bob);
int Show_BOB(BOB_PTR bob);
int Collision_BOBS(BOB_PTR bob1, BOB_PTR bob2);

// 实用函数
DWORD Get_Clock(void);
DWORD Start_Clock(void);
DWORD Wait_Clock(DWORD count);

int Collision_Test(int x1, int y1, int w1, int h1,
          int x2, int y2, int w2, int h2);

int Color_Scan(int x1, int y1, int x2, int y2,
        UCHAR scan_start, UCHAR scan_end,
        UCHAR *scan_buffer, int scan_lpitch);

int Color_Scan16(int x1, int y1, int x2, int y2,
         USHORT scan_start, USHORT scan_end,
         UCHAR *scan_buffer, int scan_lpitch);

// 图形函数
int Draw_Clip_Line(int x0,int y0, int x1, int y1, int color,
         UCHAR *dest_buffer, int lpitch);

int Draw_Clip_Line16(int x0,int y0, int x1, int y1, int color,
           UCHAR *dest_buffer, int lpitch);

int Clip_Line(int &x1,int &y1,int &x2, int &y2);

int Draw_Line(int xo, int yo, int x1,int y1, int color,
      UCHAR *vb_start,int lpitch);

int Draw_Line16(int xo, int yo, int x1,int y1, int color,
        UCHAR *vb_start,int lpitch);

int Draw_Pixel(int x, int y,int color,
        UCHAR *video_buffer, int lpitch);

int Draw_Rectangle(int x1, int y1, int x2, int y2,
        int color,LPDIRECTDRAWSURFACE7 lpdds);

void HLine(int x1,int x2,int y,int color, UCHAR *vbuffer, int lpitch);
void VLine(int y1,int y2,int x,int color, UCHAR *vbuffer, int lpitch);
void HLine16(int x1,int x2,int y,int color, UCHAR *vbuffer, int lpitch);
void VLine16(int y1,int y2,int x,int color, UCHAR *vbuffer, int lpitch);
void Screen_Transitions(int effect, UCHAR *vbuffer, int lpitch);
int Draw_Pixel(int x, int y,int color,UCHAR *video_buffer, int lpitch);
int Draw_Pixel16(int x, int y,int color,UCHAR *video_buffer, int lpitch);

// 调色板函数
int Set_Palette_Entry(int color_index, LPPALETTEENTRY color);
int Get_Palette_Entry(int color_index, LPPALETTEENTRY color);
int Load_Palette_From_File(char *filename, LPPALETTEENTRY palette);
int Save_Palette_To_File(char *filename, LPPALETTEENTRY palette);
int Save_Palette(LPPALETTEENTRY sav_palette);
int Set_Palette(LPPALETTEENTRY set_palette);
int Rotate_Colors(int start_index, int end_index);
int Blink_Colors(int command, BLINKER_PTR new_light, int id);

// 简单位图图像函数
```

```
int Create_Bitmap(BITMAP_IMAGE_PTR image, int x, int y,
         int width, int height, int bpp=8);

int Destroy_Bitmap(BITMAP_IMAGE_PTR image);

int Draw_Bitmap(BITMAP_IMAGE_PTR source_bitmap,UCHAR *dest_buffer,
        int lpitch, int transparent);

int Draw_Bitmap16(BITMAP_IMAGE_PTR source_bitmap,UCHAR *dest_buffer,
         int lpitch, int transparent);

int Load_Image_Bitmap(BITMAP_IMAGE_PTR image,BITMAP_FILE_PTR bitmap,
           int cx,int cy,int mode);

int Load_Image_Bitmap16(BITMAP_IMAGE_PTR image,BITMAP_FILE_PTR bitmap,
            int cx,int cy,int mode);

int Scroll_Bitmap(BITMAP_IMAGE_PTR image, int dx, int dy=0);

int Copy_Bitmap(BITMAP_IMAGE_PTR dest_bitmap, int dest_x, int dest_y,
        BITMAP_IMAGE_PTR source_bitmap, int source_x, int source_y,
        int width, int height);

int Flip_Bitmap(UCHAR *image, int bytes_per_line, int height);

// 位图文件函数
int Load_Bitmap_File(BITMAP_FILE_PTR bitmap, char *filename);
int Unload_Bitmap_File(BITMAP_FILE_PTR bitmap);

// GDI 函数
int Draw_Text_GDI(char *text, int x,int y,
         COLORREF color, LPDIRECTDRAWSURFACE7 lpdds);

int Draw_Text_GDI(char *text, int x,int y,
         int color, LPDIRECTDRAWSURFACE7 lpdds);

// 错误函数
int Open_Error_File(char *filename, FILE *fp_override=NULL);
int Close_Error_File(void);
int Write_Error(char *string, ...);

// 2d、8/16 位三角形渲染函数
void Draw_Top_Tri(int x1,int y1,int x2,int y2, int x3,int y3,
         int color,UCHAR *dest_buffer, int mempitch);

void Draw_Bottom_Tri(int x1,int y1, int x2,int y2, int x3,int y3,
          int color,UCHAR *dest_buffer, int mempitch);

void Draw_Top_Tri16(int x1,int y1,int x2,int y2, int x3,int y3,
         int color,UCHAR *dest_buffer, int mempitch);

void Draw_Bottom_Tri16(int x1,int y1, int x2,int y2, int x3,int y3,
           int color,UCHAR *dest_buffer, int mempitch);

void Draw_Top_TriFP(int x1,int y1,int x2,int y2, int x3,int y3,
         int color,UCHAR *dest_buffer, int mempitch);

void Draw_Bottom_TriFP(int x1,int y1, int x2,int y2, int x3,int y3,
           int color,UCHAR *dest_buffer, int mempitch);

void Draw_Triangle_2D(int x1,int y1,int x2,int y2,int x3,int y3,
```

```
              int color,UCHAR *dest_buffer, int mempitch);

void Draw_Triangle_2D16(int x1,int y1,int x2,int y2,int x3,int y3,
            int color,UCHAR *dest_buffer, int mempitch);

void Draw_TriangleFP_2D(int x1,int y1,int x2,int y2,int x3,int y3,
            int color,UCHAR *dest_buffer, int mempitch);

inline void Draw_QuadFP_2D(int x0,int y0,int x1,int y1,
              int x2,int y2,int x3, int y3,
              int color,UCHAR *dest_buffer, int mempitch);


// 通用 2D、8/16 位多边形渲染和变换函数
void Draw_Filled_Polygon2D(POLYGON2D_PTR poly, UCHAR *vbuffer, int mempitch);
void Draw_Filled_Polygon2D16(POLYGON2D_PTR poly, UCHAR *vbuffer, int mempitch);
int Translate_Polygon2D(POLYGON2D_PTR poly, int dx, int dy);
int Rotate_Polygon2D(POLYGON2D_PTR poly, int theta);
int Scale_Polygon2D(POLYGON2D_PTR poly, float sx, float sy);
void Build_Sin_Cos_Tables(void);
int Translate_Polygon2D_Mat(POLYGON2D_PTR poly, int dx, int dy);
int Rotate_Polygon2D_Mat(POLYGON2D_PTR poly, int theta);
int Scale_Polygon2D_Mat(POLYGON2D_PTR poly, float sx, float sy);
int Draw_Polygon2D(POLYGON2D_PTR poly, UCHAR *vbuffer, int lpitch);
int Draw_Polygon2D16(POLYGON2D_PTR poly, UCHAR *vbuffer, int lpitch);

// 数学函数
int Fast_Distance_2D(int x, int y);
float Fast_Distance_3D(float x, float y, float z);

// collision detection functions
int Find_Bounding_Box_Poly2D(POLYGON2D_PTR poly,
              float &min_x, float &max_x,
              float &min_y, float &max_y);

int Mat_Mul_1X2_3X2(MATRIX1X2_PTR ma,
          MATRIX3X2_PTR mb,
          MATRIX1X2_PTR mprod);

int Mat_Mul_1X3_3X3(MATRIX1X3_PTR ma,
          MATRIX3X3_PTR mb,
          MATRIX1X3_PTR mprod);

int Mat_Mul_3X3(MATRIX3X3_PTR ma,
         MATRIX3X3_PTR mb,
         MATRIX3X3_PTR mprod);

inline int Mat_Init_3X2(MATRIX3X2_PTR ma,
           float m00, float m01,
           float m10, float m11,
           float m20, float m21);


// 内存操作函数
inline void Mem_Set_WORD(void *dest, USHORT data, int count);
inline void Mem_Set_QUAD(void *dest, UINT   data, int count);
```

从上面可知，所有光栅化函数都接受一个 UCHAR*参数，它是指向帧缓存的指针。另外，所有内存跨距参数总以字节为单位。这是我们所做的规定。另外，90%的库函数都支持 16 位图形，但有些只支持 8 位颜色。最后，有很多 2D 多边形函数，这些函数都来自《Windows 游戏编程大师技巧》，虽然在本书中也可

以使用它们，但我们将重新编写，因为它们是 3D 图形光栅化处理中的一部分，我将考虑使用新的名称。

3.4.6　全局变量

我喜欢全局变量，因为它们的速度非常快。另外，它们也适合于系统级变量（任何游戏引擎都有很多系统级变量），所以这里将介绍该引擎的全局变量，对这些变量进行了注释以帮助理解。

```
FILE *fp_error;               // 通用错误文件
char error_filename[80];      // 错误文件名

// 使用的很多接口是 7.0 版的
LPDIRECTDRAW7     lpdd;      // dd 对象
LPDIRECTDRAWSURFACE7 lpddsprimary;  // dd 主缓存
LPDIRECTDRAWSURFACE7 lpddsback;   // dd 后缓存
LPDIRECTDRAWPALETTE lpddpal;     // 指向 dd 调色板的指针
LPDIRECTDRAWCLIPPER lpddclipper;   // 用于后缓存的 dd 裁剪程序
LPDIRECTDRAWCLIPPER lpddclipperwin; // 用于窗口的 dd 裁剪程序
PALETTEENTRY     palette[256];  // 调色板
PALETTEENTRY     save_palette[256]; // 用于保存调色板
DDSURFACEDESC2    ddsd;   // dd 面描述结构
DDBLTFX        ddbltfx; // 用于填充
DDSCAPS2        ddscaps; // dd 面功能结构
HRESULT       ddrval;  // dd 调用返回的结果
UCHAR        *primary_buffer; // 主视频缓存
UCHAR        *back_buffer;  // 辅助缓存
int          primary_lpitch; // 内存行跨距
int          back_lpitch;   // 内存行跨距
BITMAP_FILE    bitmap8bit;   // 8 位的位图文件
BITMAP_FILE    bitmap16bit;   // 16 位的位图文件
BITMAP_FILE    bitmap24bit;   // 24 位的位图文件

DWORD start_clock_count; // 用于计时
int  windowed_mode;     // 记录 dd 是否处于窗口模式

// 这些变量定义了软件裁剪时使用的裁剪矩形
int min_clip_x, // 裁剪矩形
  max_clip_x,
  min_clip_y,
  max_clip_y;

// 调用 DD_Init( )时将覆盖这些变量的值
int screen_width,  // 屏幕宽度
  screen_height,  // 屏幕高度
  screen_bpp,   // 每个像素占用多少位
  screen_windowed; // 是窗口模式应用程序吗？

int dd_pixel_format; // 默认像素格式

int window_client_x0; // 用于存储 dd 窗口模式，客户区域的左上角的位置
int window_client_y0;

// 用于存储查找表
float cos_look[360];
float sin_look[360];

// 指向 RGB16 颜色生成函数的指针，这两个函数分别生成 5.5.5 和 5.6.5 格式的颜色值
USHORT (*RGB16Bit)(int r, int g, int b);
```

请注意 DirectX 接口的全局名称以及定义裁剪矩形和屏幕大小的全局变量。

3.4.7 DirectDraw 接口

介绍所有的数据支持后，下面来看一看所有的 DirectDraw 支持函数。《Windows 游戏编程大师技巧》中的 DirectDraw 系统有下列功能：

- 双缓存（主缓存和辅助缓存）；
- 采用调色板的 8 位颜色模式；
- 采用自动像素格式检测的 16 位颜色模式；
- 8 位和 16 位颜色模式下的窗口支持；
- 2D 多边形和光栅位图裁剪；
- 访问主缓存和辅助缓存；
- 用于窗口显示的页面交换和缓存复制。

注意：请注意最后一项功能。DirectX 不允许窗口应用程序使用双缓存（在 DirectX 中称为复合面[complex surface]）。因此，请求窗口显示时，程序不会创建标准的全屏复合面（使用主缓存和后备缓存），而是创建一个主缓存（它为整个屏幕）和一个离屏缓存（其大小与窗口客户区域相同）。然后请求执行换页时，程序将把离屏后缓存复制到窗口的客户区域。当然，所有这些对于您来说都是透明的。

下面介绍每个函数并列举范例。

函数原型：

```
int DDraw_Init(int width, // 显示区域的宽度
        int  height, // 显示区域的高度
        int  bpp,  // 每个像素占用多少位
        int  windowed=0); // 0 表示全屏幕，1 表示窗口模式
```

用途：

DDraw_Init()用于设置和初始化 DirectDraw。您可以使用任何分辨率和色深。如果要使用窗口显示，将最后一个参数设置为 1；默认为全屏显示。如果成功执行，返回 TRUE。

范例：

```
// 将系统设置为全屏模式、800x600、256 色
DDraw_Init(800,600,8);
// 将系统设置为窗口模式、400x400、16 位颜色模式
// 在这种情况下，桌面必须为 16 位颜色模式
DDraw_Init(400,400,16,1);
```

函数原型：

```
int DDraw_Shutdown(void);
```

用途：

DDraw_Shutdown()关闭 DirectDraw 并释放所有接口。

范例：

```
// 在程序中，关闭代码可能如下
DDraw_Shutdown( );
```

函数原型：

```
LPDIRECTDRAWCLIPPER
 DDraw_Attach_Clipper(
```

```
  LPDIRECTDRAWSURFACE7 lpdds, // 要关联到哪个表面（即缓存——译者注）
  int num_rects,     // 矩形数
  LPRECT clip_list); // 指向矩形的指针
```

用途：

DDraw_Attach_Clipper()将一个裁剪区域与指定表面（通常为后缓存）关联起来。另外，还必须指定裁剪矩形列表及其包含的矩形数量。如果成功执行，则返回 TRUE。

范例：

```
// 创建一个大小与屏幕相同的裁剪区域
RECT clip_zone = {0,0,SCREEN_WIDTH-1, SCREEN_HEIGHT-1};
DDraw_Attach_Clipper(lpddsback, 1, &clip_zone);
```

函数原型：

```
LPDIRECTDRAWSURFACE7
  DDraw_Create_Surface(int width, // 表面宽度
       int height,      // 表面高度
       int mem_flags=0,    // 控制标记
       USHORT color_key_value=0); // 颜色键值
```

用途：

DDraw_Create_Surface()用于在系统内存、VRAM 或 AGP 内存中创建一个常规离屏 DirectDraw 表面。默认为 DDSCAPS_OFFSCREENPLAIN。可以使用逻辑 OR 将任何控制标与默认值组合起来。它们是标准的 DirectDraw DDSCAP*标记，例如，DDSCAPS_SYSTEMMEMORY 和 DDSCAPS_VIDEOMEMORY 分别代表系统内存和 VRAM。该函数使用其内部逻辑，根据前面设置的图形模式，创建 8 位或 16 位颜色表面。最后一个参数用于指定颜色键值，默认为（int）0。在 8 位颜色模式下，它相当于索引 0；在 16 位颜色模式下，它相当于 RGB(0，0，0)。要将其他值用作透明颜色键值，可相应地设置该参数，以覆盖默认值。如果该函数成功执行，将返回指向新表面的指针；否则返回 NULL。

范例：

```
// 在 VRAM 中创建一个 64×64 的表面
LPDIRECTDRAWSURFACE7 image = DDraw_Create_Surface(64,64, DDSCAPS_VIDEOMEMORY);

// 在离屏内存中创建一个 28×128 的表面，并将颜色键值设置为 16
// 这里假设颜色模式为 8 位
LPDIRECTDRAWSURFACE7 image =
       DDraw_Create_Surface(128,128, DDSCAPS_OFFSCREENPLAIN ,16);
```

函数原型：

```
int DDraw_Flip(void);
```

用途：

在全屏模式下，DDraw_Flip()将辅助表面复制到主表面；在窗口模式下，它将虚拟辅助缓存复制到窗口的客户区域。该函数将一直等待，直到可以执行复制，因此它可能不会立即返回。如果成功执行，则返回 TRUE。

范例：

```
DDraw_Flip( );
```

函数原型：

```
int DDraw_Wait_For_Vsync(void);
```

用途：

DDraw_Wait_For_Vsync（void）将等待，直到下一个垂直空白间隔开始（光栅到达屏幕底部）。如果成功执行，则返回 TRUE，否则返回 FALSE。

范例：
```
// 等待 1/70 秒
DDraw_Wait_For_Vsync( );
```

函数原型：
```
int DDraw_Fill_Surface(LPDIRECTDRAWSURFACE7 lpdds, // 要填充的表面
            int color, // 用于填充的颜色
                // 8 位索引或 16 位 RGB 值
            RECT *client); // 客户区域，NULL 表示整个表面
```

用途：

DDraw_Fill_Surface()使用一种颜色来填充表面。该颜色的格式必须与指定表面的色深格式相同，例如，在 256 色模式下为 1 字节，在高颜色模式下为 RGB 描述符。如果要填充表面的一个子区域，可设置 RECT* 参数，以指定该区域；否则将填充整个表面。如果成功执行，则返回 TRUE。

范例：
```
// 使用颜色值 0 填充主表面
DDraw_Fill_Surface(lpddsprimary,0);
```

函数原型：
```
UCHAR *DDraw_Lock_Surface(LPDIRECTDRAWSURFACE7 lpdds,int *lpitch);
```

用途：

DDraw_Lock_Surface()锁定指定表面（如果可能），并返回指向该表面的指针，同时用该表面的内存跨距更新指定的 lpitch 变量。表面处于锁定状态时，可对它执行操作，将像素写入到其中，但是交换操作将被阻止，因此应该尽可能快地解锁表面。解锁表面后，内存指针和内存跨距很可能无效，所以不应再使用它们。如果成功执行，则返回表面内存的非 NULL 地址，否则返回 NULL 值。

范例：
```
// 用于存储内存跨距
int lpitch = 0;

// 锁定前面创建的 64×64 表面 image
UCHAR *memory = DDraw_Lock_Surface(image, &lpitch);
```

函数原型：
```
int DDraw_Unlock_Surface(LPDIRECTDRAWSURFACE7 lpdds);
```

用途：

DDraw_Unlock_Surface()将解除对表面的锁定，您只需提供表面的指针。如果成功执行，则返回 TRUE。

范例：
```
// 解除对表面 image 的锁定
DDraw_Unlock_Surface(image);
```

函数原型：
```
UCHAR *DDraw_Lock_Back_Surface(void);
UCHAR *DDraw_Lock_Primary_Surface(void);
```

用途：

这两个函数用于锁定主渲染表面和辅助渲染表面。在多数情况下您只会锁定辅助表面，因为这是一个双缓存系统，但是提供锁定主渲染表的功能。如果调用 DDraw_Lock_Primary_Surface()，则下列全局变量将成为有效变量：

```
extern UCHAR *primary_buffer;   // 指向主视频缓存的指针
extern int   primary_lpitch;    // 内存行跨距
```

然后可以根据需求操作表面内存；但是，在锁定期间将阻止交换，且所有硬件加速功能都被禁止。同样，调用 DDraw_Lock_Back_Surface() 函数将锁定辅助缓存表面，并使下列变量成为有效变量：

```
extern UCHAR *back_buffer;    // 指向后缓存的指针
extern int   back_lpitch;    // 内存行跨距
```

注意：不要去修改这些全局变量——它们用于跟踪锁定函数中的状态变化。手工修改这些全局变量可能导致引擎崩溃。

范例：

```
// 锁定主缓存表面，并将一个像素写入到左上角
// 这里假设使用的是 8 位颜色模式
DDraw_Lock_Primary( );

primary_buffer[0] = 100;
```

函数原型：

```
int DDraw_Unlock_Primary_Surface(void);
int DDraw_Unlock_Back_Surface(void);
```

用途：

这些函数用于解除对主缓存和辅助缓存表面的锁定。试图解锁一个未被锁定的表面，将不会有任何效果。如果成功执行，则返回 TRUE。

范例：

```
// 解除对辅助缓存的锁定
DDraw_Unlock_Back_Surface( );
```

3.4.8　2D 多边形函数

下面的函数集组成了 2D 多边形系统。它们并不是高级、快速或一流的函数，但是非常适合用于创建演示程序。这些函数管用并能够完成其任务，但还有更好的方法来执行这些任务。

函数原型：

```
void Draw_Triangle_2D(int x1,int y1, // 三角形的顶点
         int x2,int y2,
         int x3,int y3,
         int color, // 8 位颜色索引
         UCHAR *dest_buffer, // 目标缓存
         int mempitch); // 内存跨距

// 定点高速版本，精度稍微低些
void Draw_TriangleFP_2D(int x1,int y1,
            int x2,int y2,
            int x3,int y3,
            int color,
```

```
            UCHAR *dest_buffer,
            int mempitch);

// 16 位版本
void Draw_Triangle_2D16(int x1,int y1, // 三角形的顶点
         int x2,int y2,
         int x3,int y3,
         int color, // 16 位 RGB 颜色
         UCHAR *dest_buffer, // 目标缓存
         int mempitch); // 内存跨距
```

用途：

Draw_Triangle_2D*()使用指定颜色在指定内存缓存中绘制一个填充三角形。这个三角形将根据全局变量指定的当前裁剪区域被裁剪，而不是使用 DirectDraw 裁剪区域进行裁剪，因为该函数使用软件（而不是使用硬件）来绘制直线。Draw_TriangleFP_2D()执行相同的操作，但在内部使用定点数学运算，速度快些，但精度差些。这些函数都没有返回值。

范例：

```
// 在后缓存中使用颜色索引 50 对应的颜色绘制下述顶点构成的三角形：
// (100,10)、(150,50)和(50,60)
Draw_Triangle_2D(100,10,150,50,50,60,
         50, // 颜色索引
         back_buffer,
         back_lpitch);

// 使用 16 位版本的函数完成相同的工作
// RGB 颜色为红色
Draw_Triangle_2D16(100,10,150,50,50,60,
         RGB16BIT565(31,0,0), // 假设格式为 5.6.5
         back_buffer,
         back_lpitch);
```

函数原型：

```
inline void Draw_QuadFP_2D(int x0,int y0, // 顶点
      int x1,int y1,
      int x2,int y2,
      int x3,int y3,
      int color, // 8 位颜色索引
      UCHAR *dest_buffer, // 目标视频缓存
      int mempitch); // 缓存的内存跨距
```

用途：

Draw_QuadFP_2D()以两个三角形的方式绘制指定的四边形，只适用于 8 位颜色模式，没有 16 位颜色版本。该函数没有返回值。

范例：

```
// 绘制一个四边形，顶点必须按顺时针或逆时针方向排列
Draw_QuadFP_2D(0,0, 10,0, 15,20, 5,25,
        100,
        back_buffer, back_lpitch);
```

函数原型：

```
void Draw_Filled_Polygon2D(
     POLYGON2D_PTR poly, // 要渲染的多边形
     UCHAR *vbuffer, // 视频缓存
     int mempitch); // 内存跨距
```

```
// 16 位版本
void Draw_Filled_Polygon2D16(
     POLYGON2D_PTR poly, // 要渲染的多边形
     UCHAR *vbuffer, // 视频缓存
     int mempitch); // 内存跨距
```

用途：

Draw_Filled_Polygon2D*()在 8 位颜色模式或 16 位颜色模式下，绘制一个 *n* 边填充多边形。该函数接受要渲染的多边形、指向视频缓存指针和内存跨距作为其参数。注意该函数相对于多边形的(*x*0，*y*0)进行渲染，因此一定要先对它们进行初始化。该函数没有返回值。

范例：

```
// 在 8 位模式下，在主缓存中绘制一个多边形
Draw_Filled_Polygon2D(&poly,
          primary_buffer,
          primary_lpitch);

// 在 16 位模式下，在主缓存中绘制一个多边形
Draw_Filled_Polygon2D16(&poly,
          primary_buffer,
          primary_lpitch);
```

函数原型：

```
int Translate_Polygon2D(
      POLYGON2D_PTR poly, // 要平移的多边形
      int dx, int dy); // 平移因子
```

用途：

Translate_Polygon2D()平移指定多边形的原点(*x*0，*y*0)。注意该函数不会平移或修改多边形的顶点。如果成功执行，将返回 TRUE。

范例：

```
// translate polygon 10,-5
Translate_Polygon2D(&poly, 10, -5);
```

函数原型：

```
int Rotate_Polygon2D(
        POLYGON2D_PTR poly, // poly to rotate
        int theta); // angle 0-359
```

用途：

Rotate_Polygon2D()以顺时针方向绕其原点旋转给定多边形。其中旋转角度必须为一个位于 0～365 之间的整数。如果成功执行，将返回 TRUE。

范例：

```
// rotate polygon 10 degrees
Rotate_Polygon2D(&poly, 10);
```

函数原型：

```
int Scale_Polygon2D(POLYGON2D_PTR poly, // poly to scale
         float sx, float sy); // scale factors
```

用途：

Scale_Polygon2D()函数分别在 x 轴和 y 轴方向，按比例系统 sx 和 sy 缩放给定多边形。该函数没有返回值。

范例：

```
// scale the poly equally 2x
Scale_Polygon2D(&poly, 2,2);
```

2D 图元处理函数

这套函数包括各种图元处理函数。您应该从来没有看到过这些函数，至少我这么认为。而且，它们也支持 16 位颜色模式。

函数原型：

```
int Draw_Clip_Line(int x0,int y0, // 起点
          int x1, int y1, // 终点
          int color,    // 8 位颜色
          UCHAR *dest_buffer, // 视频缓存
          int lpitch); // 内存跨距

// 16 位版本
int Draw_Clip_Line16(int x0,int y0, // 起点
          int x1, int y1, // 终点
          int color,   // 16 位 RGB 颜色
          UCHAR *dest_buffer, // 视频缓存
          int lpitch); // 内存跨距
```

用途：

Draw_Clip_Line*()根据当前裁剪矩形对指定直线进行裁剪，然后在指定缓存中绘制裁剪后的直线（8 位或 16 位）。如果成功执行，则返回 TRUE。

范例：

```
// 在后缓存中绘制一条从(10,10)到(100,200)的直线
// 假设使用 8 位颜色模式
Draw_Clip_Line(10,10,100,200,
        5, // 颜色索引
        back_buffer,
        back_lpitch);

// 在后缓存中绘制一条从(10,10)到(100,200)的直线
// 假设使用 16 位颜色模式
Draw_Clip_Line16(10,10,100,200,
        RGB16BIT565(0,31,0), // 绿色
        back_buffer,
        back_lpitch);
```

函数原型：

```
int Clip_Line(int &x1,int &y1,  // 起点
       int &x2, int &y2); // 终点
```

用途：

Clip_Line()函数大多数时候供内部调用，但您也可以通过调用它来根据当前裁剪矩形对指定的直线进行裁剪。该函数将修改指定的端点参数，如果您不想要这种效果，应保存这些参数。另外，该函数不绘制任何内容，它只是以数学方式对端点进行裁剪，因此位深无关紧要。如果成功执行，则返回 TRUE。

```
// 对(x1,y1)到(x2,y2)的直线进行裁剪
Clip_Line(x1,y1,x2,y2);
```

函数原型：

```
int Draw_Line(int xo, int yo, // 起点
        int x1,int y1,  // 终点
        int color,    // 8 位颜色索引
        UCHAR *vb_start, // 视频缓存
        int lpitch);   // 内存跨距

// 16 位版本
int Draw_Line16(int xo, int yo, // 起点
        int x1,int y1,  // 终点
        int color,     // 16 位 RGB 颜色
        UCHAR *vb_start, // 视频缓存
        int lpitch);   // 内存跨距
```

用途：

DrawLine*()函数绘制一条直线，不做任何裁剪，因此需要确保端点位于显示表面的有效坐标范围内。该函数执行裁剪操作的版本快些，因为它不执行裁剪操作。如果成功执行，则返回 TRUE。

范例：

```
// 在后缓存中绘制一条从(10,10)到(100,200)的直线
// 8 位颜色模式
Draw_Line(10,10,100,200,
     5, // 颜色索引为 5
     back_buffer,
     back_lpitch);

// 在后缓存中绘制一条从(10,10)到(100,200)的直线
// 16 位颜色模式
Draw_Line16(10,10,100,200,
      RGB16BIT(31,31,31), // 白色
      back_buffer,
      back_lpitch);
```

函数原型：

```
inline int Draw_Pixel(int x, int y, // 像素的位置
           int color, // 8 位颜色
           UCHAR *video_buffer, // 表面
           int lpitch); // 内存跨距

// 16 位版本
inline int Draw_Pixel16(int x, int y, // 像素位置
            int color, // 16 位 RGB 颜色
            UCHAR *video_buffer, // 表面
            int lpitch); // 内存跨距
```

用途：

Draw_Pixel*()在指定显示表面的内存缓存中绘制一个像素。在大多数情况下，您不会基于像素来创建物体，因为多次调用该函数将花费大量的时间。如果不考虑速度，该函数也可以完成相应的工作——至少它是内联的。如果成功执行，则返回 TRUE。

范例：

```
// 使用颜色索引 100 在大小为 640×480×8 的屏幕中央绘制一个像素
Draw_Pixel(320,240, 100, back_buffer, back_lpitch);
```

```
// 在大小为 640×480×16 的屏幕中央绘制一个蓝色像素
Draw_Pixel16(320,240, RGB16BIT(0,0,31), back_buffer, back_lpitch);
```

函数原型：

```
int Draw_Rectangle(int x1, int y1, // 左上角
      int x2, int y2, // 右下角
      int color, // 8 位颜色索引或 16 位 RGB 字
      LPDIRECTDRAWSURFACE7 lpdds); // dd 表面
```

用途：

Draw_Rectangle()在指定 DirectDraw 表面上绘制一个矩形。该表面必须未被锁定，调用该函数才能正常工作。该函数使用硬件加速，因此速度非常快，它可以在 8 位或 16 位颜色模式下工作。如果成功执行，则返回 TRUE。

范例：

```
// 使用黑色填充屏幕
Draw_Rectangle(0,0,639,479,0,lpddsback);
```

函数原型：

```
void HLine(int x1,int x2, // 起点和终点的 x 坐标
    int y,      // 在哪一行绘制
    int color,    // 8 位颜色索引
    UCHAR *vbuffer, // 视频缓存
    int lpitch); // 内存跨距

void HLine16(int x1,int x2, // 起点和终点的 x 坐标
    int y,      // 在哪一行绘制
    int color,    // 16 位 RGB 颜色
    UCHAR *vbuffer, // 视频缓存
    int lpitch); // 内存跨距
```

用途：

HLine*()以非常快的速度绘制一条水平直线。该函数没有返回值。

范例：

```
// 在 8 位模式下，使用颜色索引 20 绘制一条从(10,100)到(100,100) 的直线
HLine(10,100,100,
   20, back_buffer, back_lpitch);

// 在 16 位模式下，绘制一条从(10,100)到(100,100)的蓝色直线
HLine(10,100,100,
   RGB16Bit(0,0,255), back_buffer, back_lpitch);
```

函数原型：

```
void VLine(int y1,int y2, // 起始行和终止行
    int x,      // 在哪列中绘制
    int color,    // 8 位颜色
    UCHAR *vbuffer,// 视频缓存
    int lpitch);  // 内存跨距

void VLine16(int y1,int y2, // 起始行和终止行
    int x,      // 在哪一列绘制
    int color,    // 16 位 RGB 颜色
    UCHAR *vbuffer,// 视频缓存
    int lpitch);  // 内存跨距
```

用途：

VLine()以非常快的速度绘制一条垂直直线。它没有 HLine()函数那么快，但比 Draw_Line()函数快，如果已知一条直线所有情况下都是垂直的，可使用该函数。该函数没有返回值。

范例：

```
// 在 8 位颜色模式下使用颜色索引 54 绘制一条从(320,0)到(320,479)的直线
VLine(0,479,320,54,
   primary_buffer,
   primary_lpitch);

// 在 16 位颜色模式下使用绿色绘制一条从(320,0)到(320,479)的直线
VLine(0,479,320,RGB16Bit(0,255,0),
   primary_buffer,
   primary_lpitch);
```

函数原型：

```
void Screen_Transitions(int effect,  // 渐变方式
            UCHAR *vbuffer,// 视频缓存
            int lpitch);  // 内存跨距

// 屏幕渐变命令
#define SCREEN_DARKNESS 0      // 渐变为黑色
#define SCREEN_WHITENESS 1      // 渐变为白色
#define SCREEN_SWIPE_X  2      // 水平扫描
#define SCREEN_SWIPE_Y  3      // 垂直扫描
#define SCREEN_DISOLVE  4      // 像素淡出
#define SCREEN_SCRUNCH  5      // 方块压缩
#define SCREEN_BLUENESS 6      // 渐变为蓝色
#define SCREEN_REDNESS  7      // 渐变为红色
#define SCREEN_GREENNESS 8      // 渐变为绿色
```

用途：

Screen_Transition()函数执行上述头信息中列出的各种内存中屏幕渐变。这些变换是破坏性的，如果变换后需要它们，应保存图像和调色板。该函数只能在 8 位颜色模式下运行。该函数没有返回值。

范例：

```
// 将主显示屏幕渐变为黑色
Screen_Transition(SCREEN_DARKNESS, NULL, 0);
```

函数原型：

```
int Draw_Text_GDI(char *text, // 以 NULL 结尾的字符串
      int x,int y, // 位置
      COLORREF color, // RGB 颜色
      LPDIRECTDRAWSURFACE7 lpdds); // dd 表面

int Draw_Text_GDI(char *text, // 以 NULL 结尾的字符串
         int x,int y, // 位置
         int color, // 8 位颜色索引
         LPDIRECTDRAWSURFACE7 lpdds); // dd 表面
```

用途：

Draw_Text_GDI()将在 8 位或 16 位颜色模式下，使用指定颜色在指定表面的指定位置绘制 GDI 文本。该函数被重载，因此可以接受 RGB()宏形式的 COLORREF 参数或 8 位颜色索引。注意，仅当目标表面未被锁定时该函数才管用，因为它将暂时锁定该表面，以执行 GDI 文本操作。如果成功执行，则返回 TRUE。

范例：

```
// 使用RGB颜色(100,100,0)绘制文本
Draw_Text_GDI("This is a test",100,50,
       RGB16Bit(100,100,0),lpddsprimary);
```

3.4.9 数学函数和错误函数

我们将在很大程度上重新编写数学库，但是这里还是介绍它们，因为前面的演示程序可能使用过它们。另外，引擎还提供了错误支持，您可以使用它们在引擎运行时输出错误和诊断文本。这是很有帮助的，因为调试 DirectX 应用程序是非常困难的。

函数原型：

```
int Fast_Distance_2D(int x, int y);
```

用途：

Fast_Distance()使用一种快速近似方法计算从(0，0)到(x，y)的距离。返回距离的误差在 3.5%之内，并被截取为整数。它使用泰勒（Taylor）级数执行近似运算。

范例：

```
int x1=100,y1=200; // 物体1
int x2=400,y2=150; // 物体2

// 计算这两个物体之间的距离
int dist = Fast_Distance_2D(x1-x2, y1-y2);
```

函数原型：

```
float Fast_Distance_3D(float x, float y, float z);
```

用途：

Fast_Distance_3D()使用一种快速近似方法计算从(0，0，0)到(x，y，z)的距离。该函数返回距离的误差在 11%之内。

范例：

```
// 计算(0,0,0)和(100,200,300)之间的距离
float dist = Fast_Distance_3D(100,200,300);
```

函数原型：

```
int Find_Bounding_Box_Poly2D(
        POLYGON2D_PTR poly, // 多边形
        float &min_x, float &max_x, // 包围框
        float &min_y, float &max_y);
```

用途：

Find_Bounding_Box_Poly2D()函数用于计算能够包围 poly 指定的多边形的最小矩形。如果成功执行，则返回 TRUE。该函数的参数为引用参数。

范例：

```
POLYGON2D poly; // 假设该变量已经被初始化
int min_x, max_x, min_y, max_y; // 用于存储结果

// 找出包围框
Find_Bounding_Box_Poly2D(&poly,min_x,max_x,min_y,max_y);
```

函数原型：
```
int Open_Error_File(char *filename);
```

用途：

Open_Error_File()打开一个磁盘文件，用于接收通过 Write_Error()函数发送的错误信息。如果成功执行，则返回 TRUE。

范例：
```
// 打开一个错误日志
Open_Error_File("errors.log");
```

函数原型：
```
int Close_Error_File(void);
```

用途：

Close_Error_File()关闭前面打开的错误文件。实际上，它将关闭文件流。如果没有错误文件打开，调用该函数时将不会发生任何事情。如果成功执行，则返回 TRUE。

范例：
```
// 关闭错误系统，它不接受任何参数
Close_Error_File( );
```

函数原型：
```
int Write_Error(char *string, ...); // 错误格式字符串
```

用途：

Write_Error()将一条错误信息写入到前面打开的错误文件中。如果没有打开错误文件，该函数返回 FALSE，且不会发生任何其他事情。注意该函数使用变量参数指示符(...)，因此可以像使用 printf()那样使用该函数。如果成功执行，则返回 TRUE。

范例：
```
// 发送一些错误消息
Write_Error("\nSystem Starting...");
Write_Error("\nx-vel = %d", y-vel = %d", xvel, yvel);
```

3.4.10　位图函数

下列函数集组成了 BITMAP_IMAGE 和 BITMAP_FILE 操作例程。有加载 8 位、16 位、24 位、32 位位图的函数，也有从位图中提取图像并创建简单的 BITMAP_IMAGE 对象（它们不是 DirectDraw 表面）的函数。另外，还有在 8 位和 16 位颜色模式下绘制这些图像的函数，但没有提供裁剪支持。如果需要裁剪支持，可自己修改源代码，或使用 BOB（Blitter Object，将在本节末尾介绍）。在进行 3D 渲染时，我们可能使用这些函数来帮助加载纹理图和光照图，下面详细介绍它们。

函数原型：
```
int Load_Bitmap_File(BITMAP_FILE_PTR bitmap, // 位图文件指针
          char *filename); // 要从磁盘加载的.BMP 文件
```

用途：

Load_Bitmap_File()从磁盘加载一个.BMP 格式的位图文件到指定的 BITMAP_FILE 结构中，以便能够对其进行处理。该函数加载 8 位、16 位和 24 位的位图以及 8 位.BMP 文件的调色板信息。如果成功执行，

则返回 TRUE。

范例：

```
// 从磁盘加载文件 andre.bmp
BITMAP_FILE bitmap_file;

Load_Bitmap_File(&bitmap_file, "andré.bmp");
```

函数原型：

```
int Unload_Bitmap_File(BITMAP_FILE_PTR bitmap); // bitmap to close and unload
```

用途：

Unload_Bitmap_File()函数释放为 BITMAP_FILE 分配的内存。复制图像或完成对位图的操作后，应调用该函数。可以重用该结构，但必须先释放其占用的内存。如果成功执行，则返回 TRUE。

范例：

```
// 关闭前面打开的文件
Unload_Bitmap_File(&bitmap_file);
```

函数原型：

```
int Create_Bitmap(BITMAP_IMAGE_PTR image, // 位图图像
        int x, int y, // 起始位置
        int width, int height, // 位图大小
        int bpp=8); // 位图的位深
```

用途：

Create_Bitmap()在指定位置按指定大小，创建一个 8 位或 16 位的系统内存位图。该位图最初为空，存储在 BITMAP_IMAGE 图像中。该位图不是 DirectDraw 表面，因此不能提供硬件加速功能或裁剪功能。除非将参数 bpp 设置为 16 以创建 16 位位图，否则该函数默认创建 8 位位图，如果成功执行，则返回 TRUE。

注意：BITMAP_FILE 与 BITMAP_IMAGE 之间有很大的差别。BITMAP_FILE 是一个磁盘.BMP 文件，而 BITMAP_IMAGE 是一个系统内存对象，可以移动它或执行其他操作。

范例：

```
// 创建一个 64×64 的 8 位位图图像
BITMAP_IMAGE ship;
Create_Bitmap(&ship, 0,0, 64,64);

// 在(100,100)处创建一个 16 位的 32×32 图像
BITMAP_IMAGE ship2;

// 将参数 bpp 设置为 16 时将创建 16 位的位图图像，否则该函数默认创建 8 位深度
Create_Bitmap(&ship, 0,0, 32,32,16);
```

函数原型：

```
int Destroy_Bitmap(BITMAP_IMAGE_PTR image); // 要删除的位图图像
```

用途：

Destroy_Bitmap()释放创建（8 位或 16 位）BITMAP_IMAGE 对象时分配的内存。使用完对象后，应对其调用该函数——通常在游戏关闭期间或经过一场血战后对象被打死。如果成功执行，则返回 TRUE。

范例：

```
// 删除前面创建的 BITMAP_IMAGE
```

```
Destroy_Bitmap(&ship);
```

函数原型：

```
int Load_Image_Bitmap(
 BITMAP_IMAGE_PTR image, // 用于存储图像的位图
 BITMAP_FILE_PTR bitmap, // 要加载的位图文件对象
 int cx,int cy, // 从哪里开始扫描
 int mode); // 图像扫描模式：基于单元格还是绝对坐标

// 16 为版本
int Load_Image_Bitmap16(
 BITMAP_IMAGE_PTR image, // 用于存储图像的位图
 BITMAP_FILE_PTR bitmap, // 要加载的位图文件对象
 int cx,int cy, // 从哪里开始扫描
 int mode); // 图像扫描模式：基于单元格还是绝对坐标


#define BITMAP_EXTRACT_MODE_CELL 0
#define BITMAP_EXTRACT_MODE_ABS  1
```

用途：

Load_Image_Bitmap*()从 BITMAP_FILE 对象中扫描一幅图像到指定的 BITMAP_IMAGE 存储区域中。当然，位图文件和位图对象必须具相同的位深（8 位或 16 位），且必须使用合适版本的函数。

要使用该函数，首先必须加载一个 BITMAP_FILE，并创建一个 BITMAP_IMAGE 对象。然后调用该函数，从存储在 BITMAP_FILE 中的位图数据中扫描出一幅图像。该函数有两种工作模式：单元格模式和绝对模式。

在单元模式下（BITMAP_EXTRACT_MODE_CELL），扫描图像时假设所有图像都存储在给定大小的模板.BMP 文件中，单个格之间有宽度为 1 像素的边界，单元的大小通常为 8×8、16×16、32×32、64×64 等。在附带光盘上本章对应目录中，包含大量的模板——TEMPLATE*.BMP。单元格按着从左到右、从上到下的顺序编号，并从(0，0)开始。

第二种模式是绝对坐标模式（BITMAP_EXTRACT_MODE_ABS）。在这种模式下，将根据参数 cx 和 cy 指定的坐标来扫描图像。要从相同.BMP 文件中加载不同大小的图像时，可以使用这种模式。因此，您不能对它们进行模板化。

范例：

```
// 8 位范例
// 假设源.BMP 位图文件是 640×480×8，且是一个 8×8 的单个格阵列
// 每个单元格的大小为 32x32
// 要加载第 2 行中从左边数起的第 3 个单元格，可以像下面这样做

// 将.BMP 文件加载到内存中
BITMAP_FILE bitmap_file;
Load_Bitmap_File(&bitmap_file,"images.bmp");


// 初始化位图
BITMAP_IMAGE ship;
Create_Bitmap(&ship, 0,0, 32,32);

// 扫描数据
Load_Image_Bitmap(&ship, &bitmap_file, 2,1,
         BITMAP_EXTRACT_MODE_CELL);

// 16 位范例
// 假设源.BMP 位图文件是 640×480×16，且是一个 8×8 的单个格阵列
```

```
// 每个单元格的大小为 32x32
// 要加载第 2 行中从左边数起的第 3 个单元格，可以像下面这样做

// 将.BMP 文件加载到内存中
BITMAP_FILE bitmap_file;
Load_Bitmap_File(&bitmap_file,"images.bmp");

// 初始化位图
BITMAP_IMAGE ship2;
Create_Bitmap(&ship2, 0,0, 32,32,16);

// 扫描数据
Load_Image_Bitmap16(&ship2, &bitmap_file, 2,1,
          BITMAP_EXTRACT_MODE_CELL);
```

要使用绝对模式加载相同的图像（假设它仍在模板中），必须计算坐标——别忘了图像的周围有宽度为1像素的边框。

```
// 8 位范例
Load_Image_Bitmap(&ship, &bitmap_file,
         2*(32+1)+1,1*(32+1)+1,
         BITMAP_EXTRACT_MODE_ABS);
```

函数原型：

```
int Draw_Bitmap(BITMAP_IMAGE_PTR source_bitmap, // 要绘制的位图
        UCHAR *dest_buffer, // 视频缓存
        int lpitch, // 内存跨距
        int transparent); // 是否透明?

// 16 位版本
int Draw_Bitmap16(BITMAP_IMAGE_PTR source_bitmap, // 要绘制的位图
        UCHAR *dest_buffer, // 视频缓存
        int lpitch, // 内存跨距
        int transparent); // 是否透明?
```

用途：

Draw_Bitmap*()在 8 位或 16 位颜色模式下，以透明或不透明方式将指定位图绘制到目标内存表面上。如果参数 transparent 为 1，则启用透明方式，不复制颜色索引为 0 或 RGB 为 0.0.0 的像素。如果成功执行，则返回 TRUE。

范例：

```
// 在后缓存中绘制前面的位图 ship
// 8 位模式下
Draw_Bitmap( &ship, back_buffer, back_lpitch, 1);

// 16 位模式下
Draw_Bitmap16( &ship2, back_buffer, back_lpitch, 1);
```

函数原型：

```
int Flip_Bitmap(UCHAR *image, // 要垂直翻转的图像位
        int bytes_per_line, // 每行多少字节
        int height); // 总行数（高度）
```

用途：

Flip_Bitmap()通常被内部调用，用于在加载期间将.BMP 文件上下倒置，但您有时也可能想使用它来倒置图像（8 位或 16 位）。该函数在内存中执行操作，逐行反转位图，所以原始数据将被反转，使用时一定要注意！如果成功执行，则返回 TRUE。

范例：

```
// 翻转前面的小型图像 ship
// 假设为 8 位模式，每个像素 1 字节
Flip_Bitmap(ship->buffer, ship->width, ship->height);

// 在 16 位模式下，调用的函数相同
// 但必须将宽度乘以 2，因为每个像素 2 字节
Flip_Bitmap(ship2->buffer, 2*ship2->width, ship2->height);
```

函数原型：

```
int Copy_Bitmap(BITMAP_IMAGE_PTR dest_bitmap,
        int dest_x, int dest_y,
        BITMAP_IMAGE_PTR source_bitmap,
        int source_x, int source_y,
        int width, int height);
```

用途：

Copy_Bitmap()函数从一个位图复制一个矩形区域到另一个位图中。源位图和目标位图可以相同；但源区域和目标区域不能重叠，否则结果将不确定。如果成功执行，则返回 TRUE。

范例：

```
// 将.BMP 文件加载到内存中
BITMAP_FILE bitmap_file;
Load_Bitmap_File(&bitmap_file,"playfield.bmp");


// 初始化一个位图，用于存储 playfield
BITMAP_IMAGE playfield;
Create_Bitmap(&playfield, 0,0, 400,400,16);
// 扫描数据
Load_Image_Bitmap16(&playfield, &bitmap_file, 0,0,
         BITMAP_EXTRACT_MODE_ABSOLUTE);


// 将位图的上半部分复制到下半部分
Copy_Bitmap(&playfield, 0,200,
      &playfield, 0,0,
      200,200);
```

函数原型：

```
int Scroll_Bitmap(BITMAP_IMAGE_PTR image, int dx, int dy=0);
```

用途：

Scroll_Bitmap()将指定位图水平滚动 dx 和垂直滚动 dy。参数为正时将向右/下滚动，参数为负时向左/上滚动。如果成功执行，则返回 TRUE。

范例：

```
// 将 playfield 向右滚动 2 个像素
Scroll_Bitmap(&playfield, 2,0);
```

3.4.11 8 位调色板函数

下列函数组成了 8 位调色板接口。仅当显示模式为 8 位时这些函数才有用。在窗口显示模式中，前 10 种颜色和后 10 种颜色供 Windows 使用，您不能修改它们；当然，在全屏模式下可以修改它们。

另外，用于存储颜色的基本数据结构是 Win32 结构 PALETTEENTRY：

```
typedef struct tagPALETTEENTRY {
  BYTE peRed;  // 红色分量（8 位）
  BYTE peGreen; // 绿色分量（8 位）
  BYTE peBlue;   // 蓝色分量（8 位）
  BYTE peFlags; // 标记，Windows 颜色为 PC_EXPLICIT，其他颜色为 PC_NOCOLLAPSE
} PALETTEENTRY;
```

下面来看一下各个调色板函数。

函数原型：

```
int Set_Palette_Entry(
        int color_index, // 要修改其颜色的索引
        LPPALETTEENTRY color); // 颜色
```

用途：

Set_Palette_Entry()函数修改调色板中的一种颜色。您只需提供一个 0～255 的颜色索引和一个包含颜色的 PALETTEENTRY 指针，在下一帧中更新将生效。另外，该函数还将更新阴影调色板。该函数的运行速度很慢，如果要更新整个调色板，应使用 Set_Palette()函数。如果成功执行，则返回 TRUE；否则返回 FALSE。

范例：

```
// 将索引 0 对应的颜色设置为黑色
PALETTEENTRY black = {0,0,0,PC_NOCOLLAPSE};
Set_Palette_Entry(0,&black);
```

函数原型：

```
int Get_Palette_Entry(
       int color_index, // 要检索的颜色索引
       LPPALETTEENTRY color); // 用于存储颜色
```

用途：

Get_Palette_Entry()从当前调色板中取回一个调色板项，速度非常快，因为它从基于 RAM 的阴影调色板中获取数据。因此，可以尽情地调用该函数，而不会影响硬件的性能。然而，如果使用函数 Set_Palette_Entry()或 Set_Paltte()来修改系统调色板，阴影调色板将不会相应地更新，从中获取的数据可能是无效数据。如果成功执行，返回 TRUE；否则返回 FALSE。

范例：

```
// 读取调色板项 100
PALETTEENTRY color;
Get_Palette_Entry(100,&color);
```

函数原型：

```
int Save_Palette_To_File(
        char *filename, // 要将调色板保存其中的文件的名称
        LPPALETTEENTRY palette); // 要保存的调色板
```

用途：

Save_Palette_To_File()函数将指定调色板数据保存到磁盘上的 ASCII 文件中，供以后检索或处理。如果动态地生成了一个调色板并想将它保存到磁盘上，该函数将非常方便。然而，该函数假设调色板中的指针指向一个 256 项的调色板，使用时一定要小心。如果成功执行，返回 TRUE；否则返回 FALSE。

范例：

```
PALETTEENTRY my_palette[256]; // 假设该调色板已经创建好

// 保存上述调色板
// 文件名无关紧要，但作者喜欢使用*.pal
Save_Palette_To_File("/palettes/custom1.pal",&my_palette);
```

函数原型：

```
int Load_Palette_From_File(
     char *filename, // 要从中加载数据的文件
     LPPALETTEENTRY palette); // 调色板
```

用途：

Load_Palette_From_File()函数从磁盘加载以前通过 Save_Palette_To_File()函数保存的 256 色调色板。您只需提供文件名和用于存储调色板的数据结构，该函数将把调色板从磁盘加载到数据结构中。然而，该函数不会将调色板项加载到硬件调色板中，您必须自己通过 Set_Palette()函数手工完成这种加载。如果成功执行，返回 TRUE；否则返回 FALSE。

范例：

```
// 加载前面保存的调色板
Load_Palette_From_File("/palettes/custom1.pal",&my_palette);
```

注意：通过调用 DDRWA_INI( )函数将显示模式设置为 256 色时，该函数将加载一个标准调色板，它覆盖了最优的颜色空间。该调色板文件名为 PALDATA2.DAT。它是一个包含 256 行的 ASCII 文件，每行都由 0～255 的 R、G、B 值组成。

函数原型：

```
int Set_Palette(LPPALETTEENTRY set_palette); // 要加载到硬件中的调色板
```

用途：

Set_Palette()函数将指定调色板数据加载到硬件调色板中，同时更新阴影调色板。如果成功执行，返回 TRUE；否则返回 FALSE。

范例：

```
// 将调色板加载到硬件中
Set_Palette(&my_palette);
```

函数原型：

```
int Save_Palette(LPPALETTEENTRY sav_palette); // 调色板变量
```

用途：

Save_Palette()扫描硬件调色板，将其保存到 sav_palette 中，以便能够将它保存到磁盘中或对其进行处理。save_palette 必须有足够的存储空间来存储 256 种颜色。

范例：

```
// 读取当前的 DirectDraw 硬件调色板
PALETTEENTRY hardware_palette[256];
Save_Palette(&hardware_palette);
```

函数原型：

```
int Rotate_Colors(int start_index, // 起始索引（0～255）
        int end_index); // 终止索引（0～255）
```

用途：

Rotate_Colors()以循环方式旋转颜色项。它直接操纵硬件调色板。如果成功执行，返回 TRUE；否则返回 FALSE。

范例：

```
// 旋转整个调色板
Rotate_Colors(0,255);
```

函数原型：

```
int Blink_Colors(int command, // 闪光灯引擎命令
          BLINKER_PTR new_light, // 闪光灯数据
          int id); // 闪光灯 ID
```

用途：

Blink_Colors()函数用于创建异步调色板动画。该函数所涉及的内容很多，这里无法详细介绍。

3.4.12 实用函数

函数原型：

```
DWORD Get_Clock(void);
```

用途：

Get_Clock()函数返回 Windows 启动后过去的时间，单位为毫秒。

范例：

```
// 读取 Windows 启动后过去的时间
DWORD start_time = Get_Clock( );
```

函数原型：

```
DWORD Start_Clock(void);
```

用途：

Start_Clock()函数调用 Get_Clock()函数，并将时间存储在一个全局变量中。然后您可以调用 Wait_Clock()，它在您调用 Start_Clock()后等待指定的毫秒数。该函数返回调用时的时钟值。

范例：

```
// 开始计时并设置全局变量
Start_Clock( );
```

函数原型：

```
DWORD Wait_Clock(DWORD count); // 等待多长时间，单位为毫秒
```

用途：

Wait_Clock()函数在调用 Start_Clock()后等待指定的毫秒数。该函数返回调用时的时钟计数。然而，在指定时间到达之前，该函数不会返回。

范例：

```
// 等待 30 毫秒
Start_Clock( );

// 其他代码

Wait_Clock(30);
```

注意：本书后面将使用 Windows 支持的性能更高的计时器，以提高时间精度。

函数原型：

```
int Collision_Test(int x1, int y1, // 物体 1 的左上角坐标
          int w1, int h1, // 物体 1 的宽度和高度
          int x2, int y2, // 物体 2 的左上角坐标
          int w2, int h2); // 物体 2 的宽度和高度
```

用途：

Collisioin_Test()函数检测指定的两个矩形是否重叠。您必须提供每个矩形的左上角坐标以及宽度和高度。如果成功执行，返回 TRUE；否则返回 FALSE。

范例：

```
// 检测两个 BITMAP_IMAGE 是否重叠
if (Collision_Test(ship1->x,ship1->y,ship1->width,ship1->height,
          ship2->x,ship2->y,ship2->width,ship2->height))
  { // hit

  } // end if
```

函数原型：

```
int Color_Scan(int x1, int y1, // 矩形的左上角坐标
        int x2, int y2, // 矩形的右下角坐标
        UCHAR scan_start, // 起始扫描颜色
        UCHAR scan_end, // 终止扫描颜色
        UCHAR *scan_buffer, // 要扫描的内存
        int scan_lpitch); // 内存跨距
```

用途：

Color_Scan()函数是另一种碰撞检测算法，它扫描一个矩形，以检测一个 8 位值或某个范围内的一系列值。可以使用它来判断某个颜色索引是否出现在某个区域中。当然，它只适用于 8 位图像，但其源代码很容易扩展到 16 位或更高的颜色模式。如果发现指定颜色，则返回 TRUE。

范例：

```
// 扫描范围[122, 124]中的颜色索引
Color_Scan(10,10, 50, 50, 122,124, back_buffer, back_lpitch);
```

3.4.13　BOB（Blitter 对象）引擎

虽然通过少量编程，可以用 BITMAP_IMAGE 类型做您想要的任何事情，但它不是最好的方式——它没有使用 DirectDraw 表面，所以不支持硬件加速。因此，我创建了一种叫作 BOB（Blitter 对象）的类型，它非常类似于子画面。子画面（sprite）是一个可以在屏幕上移动而不会影响屏幕背景的对象。在我们这里，情况并不是这样，所以我将动画对象称为 BOB，而不是子画面。

本书很少使用 BOB 引擎，但是我仍想介绍它，因为它是使用 DirectDraw 表面和 2D 加速的典范。下面简要介绍一下 BOB，首先是 BOB 的数据结构：

```
// BOB
typedef struct BOB_TYP
    {
    int state;       // 状态
    int anim_state;   // 动作状态变量
    int attr;        // 属性
    float x,y;        // 位置
    float xv,yv;       // 速度
    int width, height;  // 宽度和高度
    int width_fill;    // 用于强制表面的宽度为 8 的倍数
    int bpp;         // 每个像素占用的位数
```

```
int counter_1;    // 计数器
int counter_2;
int max_count_1;  // 阈值
int max_count_2;
int varsI[16];    // 深度为 16 的整数栈
float varsF[16];   // 深度为 16 的浮点数栈
int curr_frame;    // 当前动画帧
int num_frames;    // 总动画帧数
int curr_animation; // 当前动作索引
int anim_counter;   // 用于给动作切换定时
int anim_index;    // 动作元素索引
int anim_count_max; // 几帧后再切换动作
int *animations[MAX_BOB_ANIMATIONS]; // 动作
// 位图图像 DD 表面
LPDIRECTDRAWSURFACE7 images[MAX_BOB_FRAMES];
} BOB, *BOB_PTR;
```

BOB 是由一个或多个 DirectDraw 表面（当前最多 64 个）表示的图形对象。可以移动 BOB、绘制 BOB、使用 BOB 制作动画、使之处于运动状态。BOB 考虑当前 DirectDraw 裁剪矩形，因此将被裁剪和加速。图 3.10 说明了 BOB 及其与其动画帧的关系。

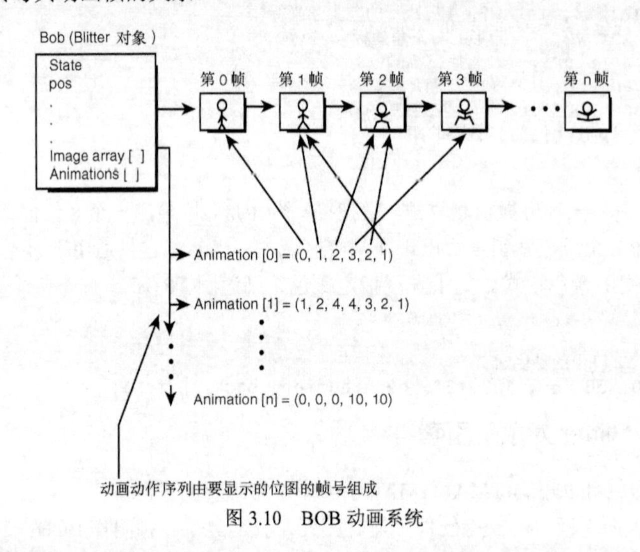

图 3.10 BOB 动画系统

BOB 引擎支持 8 位或 16 位图像和动画序列，您可以加载一组帧和一个动画序列，然后该序列将可以播放帧中的内容。这是一种非常棒的功能。另外，BOB 能够在 8 位和 16 位颜色模式下工作，大多数函数有其内部逻辑，能够检测到系统当前的位深，因此您不用考虑这些问题。唯一需要显式地为 16 位颜色模式调用不同版本的函数是 Load_Frame_BOB*()（加载 BOB）和 Draw_BOB*()（绘制 BOB），本章最后将介绍它们，并提供一些 8/16 位演示范例。

最后，所有 BOB 函数在成功执行时都返回 TRUE，否则返回 FALSE。下面逐一介绍这些函数。

函数原型：

```
int Create_BOB(BOB_PTR bob, // 指向要创建的 BOB 的指针
  int x, int y,      // BOB 的初始位置
  int width, int height, // BOB 的大小
  int num_frames, // 总帧数
  int attr,    // 属性
  int mem_flags=0, // 表面内存标记，0 表示 VRAM
```

```
USHORT color_key_value=0, // 颜色键值
             // 根据 bbp 的设置被解释为 8 位索引或 16 位 RGB 值
int bpp=8); // bits per pixel, default is 8
```

用途：

Create_BOB()创建一个 BOB 对象，并对它进行设置。该函数分配所有内部变量，并为每帧创建一个单独的 DirectDraw 表面。大多数变量的含义都是不言自明的，唯一需要解释的一个参数是属性变量 attr。关于每个属性的详细说明，参见表 3.1，可以使用逻辑 OR 将这些属性组合起来，用于设置参数 attr。

表 3.1　　有效的 BOB 属性

值	含义
BOB_ATTR_SINGLE_FRAME	创建只有一帧的 BOB
BOB_ATTR_MULTI_FRAME	创建一个有多帧的 BOB，但 BOB 动画是一个由第 0～n 帧组成的线性序列
BOB_ATTR_MULTI_ANIM	创建一个支持动画序列的多帧 BOB
BOB_ATTR_ANIM_ONE_SHOT	如果设置了该标记，则播放动画序列时只播放一次，然后停止。这时，内部变量 anim_state 将被设置。要再次播放动画序列，需要重置该变量
BOB_ATTR_BOUNCE	该标记使 BOB 像球一样，在屏幕边界弹回，仅当使用 Move_BOB( )时才有效
BOB_ATTR_WRAPAROUND	该标记使 BOB 移动到屏幕边界时回绕到屏幕的另一侧，仅当使用 Move_BOB( )时才有效

范例：

下面是一些创建 BOB 的范例。首先，在(50，100)处创建一个大小为 96×64 的 8 位单帧 BOB：

```
BOB car;

// 创建 BOB
if (!Create_BOB(&car, 50,100, // BOB 的地址和初始位置
        96,64,     // BOB 的大小
        1,       // 帧数
        BOB_ATTR_SINGLE_FRAME, // 属性
        0, // 内存标记
        0, // 颜色键值，在 8 位模式下为颜色索引
        8)) // 每个像素的位数， 在 256 色模式下为 8 位
  { /* 错误处理代码 */ }
```

下面的代码创建一个大小为 32 像素×32 像素，包含 8 帧的 16 位 BOB：

```
BOB ship;

// 创建 BOB
if (!Create_BOB(&ship, 0,0, // BOB 的地址和初始位置
        32,32, // BOB 的大小
        8,  // 帧数
        BOB_ATTR_MULTI_FRAME, //属性
        0, // 内存标记
        0, // 颜色键值，在 16 位模式下为 RGB 字
        16)) // 每个像素的位数，在 16 位模式下为 16
  { /* 错误处理代码 */ }
```

最后，创建一个支持动画序列的 8 位多帧 BOB：

```
BOB greeny;

// 创建 BOB
```

```
if (!Create_BOB(&greeny, 0,0,
 32,32,32,BOB_ATTR_MULTI_ANIM,0,0,8))
 { /* 错误处理代码 */ }
```

提示：Create_BOB( )函数的最后 3 个参数都有默认值。因此，如果不想覆盖它们，可不必提供这些参数。

函数原型：

```
int Destroy_BOB(BOB_PTR bob); // 指向要删除的 BOB 的指针
```

用途：

Destroy_BOB()将删除以前创建的 BOB。BOB 是 8 位还是 16 位无关紧要。

范例：

```
// 删除前面创建的 BOB
Destroy_BOB(&greeny);
```

函数原型：

```
int Draw_BOB(BOB_PTR bob, // 指向要绘制的 BOB 的指针
 LPDIRECTDRAWSURFACE7 dest); // 目标表面

// 16 位版本
int Draw_BOB16(BOB_PTR bob, // 指向要绘制的 BOB 的指针
 LPDIRECTDRAWSURFACE7 dest); // 目标表面
```

用途：

Draw_BOB*()是一个功能非常强大的函数，它在指定的 DirectDraw 表面上绘制指定的 BOB。将在当前位置绘制 BOB 中的当前帧（动画参数指定）。另外，应该根据 BOB 是 8 位还是 16 位的，选择适当版本的函数；否则，有可能只得到半个 BOB！

警告：要让该函数能正常工作，目标表面必须未被锁定。

范例：

```
// 将一个多帧 BOB 放到后缓存(50,50)处，然后绘制该 BOB 的第 1 帧
BOB ship;

// 创建 BOB，默认为 8 位
if (!Create_BOB(&ship, 0,0,
        32,32,8,BOB_ATTR_MULTI_FRAME,0))

// 加载 BOB 图像，稍后再介绍
// 设置位置和当前帧
ship.x = 50;
ship.y = 50;
ship.curr_frame = 0; // 要绘制的帧

// 绘制 BOB
Draw_BOB(&ship, lpddsback);
```

函数原型：

```
int Draw_Scaled_BOB(BOB_PTR bob, // 指向要绘制的 BOB 的指针
 int swidth, int sheight, // 新的 BOB 宽度和高度
 LPDIRECTDRAWSURFACE7 dest); // 目标表面

// 16 位版本
int Draw_Scaled_BOB16(BOB_PTR bob, // 指向要绘制的 BOB 的指针
 int swidth, int sheight, // 新的 BOB 宽度和高度
```

```
 LPDIRECTDRAWSURFACE7 dest); // 目标表面
```

用途：

Draw_Scaled_BOB*()函数与 Draw_BOB()函数非常类似，但可以指定绘制出的 BOB 的宽度和高度，这样 BOB 将相应地被缩放。这种功能非常有用，如果有硬件加速功能，这将是一种缩放 BOB 以获得 3D 效果的有效方法。实际上，我们将使用一种类似的技术为 3D 应用程序创建广告牌。

注意：广告牌是以 3D 方式绘制的 2D 图像，但总是与观察方向垂直。例如，在 DOOM 中，所有生物都是广告牌子画面，而游戏世界是基于多边形的。

范例：

```
// 以大小为 128×128 的方式绘制 BOB ship
// 虽然其原来的大小为 32 像素×32 像素
// 8 位版本
Draw_Scaled_BOB(&ship, 128,128,lpddsback);
```

函数原型：

```
int Load_Frame_BOB(
 BOB_PTR bob, // 指向要将帧加载到其中的 BOB 的指针
 BITMAP_FILE_PTR bitmap,// 指向要从中扫描数据的位图的指针
 int frame,  // 将图像加载到哪一帧中
 int cx,int cy, // 用单元格或坐标表示的扫描位置
 int mode);   // 扫描模式，与 Load_Frame_Bitmap( )中相同

// 16 位版本
int Load_Frame_BOB16(
 BOB_PTR bob, // 指向要将帧加载到其中的 BOB 的指针
 BITMAP_FILE_PTR bitmap, // 指向要从中扫描数据的位图的指针
 int frame,  // 将图像加载到哪一帧中
 int cx,int cy, // 用单元格或坐标表示的扫描位置
 int mode);   // 扫描模式，与 Load_Frame_Bitmap( )中相同
```

用途：

Load_Frame_BOB*()函数的功能与 Load_Frame_Bitmap()完全相同，有关细节请参阅该函数。唯一的区别是，新增了指定将图像加载到哪一帧中的功能。如果您创建了一个有 4 帧的 BOB，将一帧一帧地加载它们。另外，必须根据数据和屏幕的位深，使用正确版本的函数（8 位或 16 位）。

范例：

```
// 这是一个以单元格模式从一个位图文件中加载 4 帧到一个 16 位 BOB 中的例子

BOB ship; // BOB
// 将位图文件 bitmap16bit 中的单元格(0,0)、(1,0)、(2,0)和 3,0)
// 加载到 BOB 的第 0、1、2、3 帧中

for (int index=0; index<4; index++)
   Load_Frame_BOB16(&ship,&bitmap16bit,
            index, index,0,
            BITMAP_EXTRACT_MODE_CELL );
```

注意：下面的 BOB 操作函数集对 BOB 的数据结构元素进行操作，因此对于 8 位和 16 位的 BOB，它们的功能完全相同。

函数原型：

```
int Load_Animation_BOB(
```

```
BOB_PTR bob,  // bob to load animation into
int anim_index, // which animation to load 0..15
int num_frames, // number of frames of animation
int *sequence); // 指向存储动画序列的数组的指针
```

用途：

Load_Animation()函数有必要解释一下。该函数用于设置 BOB 内部的 16 个数组之一，这些数组包含了动画序列，如图 3.10 所示。

范例：

假设有一个 BOB，它包含 8 帧，编号分别是 0、1、…7，且定义了如下 4 个动作：

```
int anim_walk[] = {0,1,2,1,0};
int anim_fire[] = {5,6,0};
int anim_die[]  = {3,4};
int anim_sleep[] = {0,0,7,0,0};
```

要设置 BOB 的这些动作，可以这样做：

```
// 创建一个多动作 BOB
if (!Create_BOB(&alien, 0,0, 32,32,8,BOB_ATTR_MULTI_ANIM,0))
  { /* 错误处理代码 */ }

// 加载 BOB 帧的代码...
// 使用数组 anim_walk 来设置动作 0
Load_Animation_BOB(&alien, 0,5,anim_walk);

// 使用数组 anim_fire 来设置动作 1
Load_Animation_BOB(&alien, 1,3,anim_fire);

// 使用数组 anim_die 来设置动作 2
Load_Animation_BOB(&alien, 2,2,anim_die);

// 使用数组 anim_sleep 来设置动作 3
Load_Animation_BOB(&alien, 3,5,anim_sleep);
```

设置动作后，可以指定活动动作，并使用后面的函数来播放它。

函数原型：

```
int Set_Pos_BOB(BOB_PTR bob, // 指向要设置其位置的 BOB 的指针
       int x, int y); // 新位置
```

用途：

Set_Pos_BOB()函数是一种设置 BOB 位置的简单方法。它除了对内部变量(*x*，*y*)赋值外没做任何其他事情。

范例：

```
// 设置 BOB alien 的位置
Set_Pos_BOB(&alien, player_x, player_y);
```

函数原型：

```
int Set_Vel_BOB(BOB_PTR bob, // 指向要设置其速度的 BOB 的指针
     int xv, int yv); // 新速度
```

用途：

每个 BOB 都一个由(*xv*，*yv*)指定的速度。Set_Vel_BOB()函数根据传入的参数修改这两个值。仅当您使用函数 Move_BOB()移动 BOB 时，BOB 中的速度值才有意义。然而，也可以使用变量 xv 和 yv 来跟踪 BOB 的速度。

范例：

```
// 让 BOB 沿一条水平线移动
Set_Vel_BOB(&alien, 10,0);
```

函数原型：

```
int Set_Anim_Speed_BOB(BOB_PTR bob, // BOB 指针
         int speed); // 动画速度
```

用途：

Set_Anim_Speed()将 BOB 的内部动画速度设置为 anim_count_max。这个数值越大，动画速度越慢；这个数值越小（最小为 0），动画速度越快。然而，仅当您使用内部 BOB 函数 Animate_BOB()时才有意义。当然，您必须创建了一个包含多帧的 BOB。

范例：

```
// 将动画速度设置为每帧连续播放 30 次
Set_Anim_Speed_BOB(&alien, 30);
```

函数原型：

```
int Set_Animation_BOB(
     BOB_PTR bob, // 指向要设置其当前动作的 BOB 的指针
     int anim_index); // 动作索引
```

用途：

Set_Animation_BOB()函数设置 BOB 将播放的动作。在前面的 Load_Animation_BOB()范例中，我们创建了 4 个动作。

范例：

```
// 将编号为 2 的动作设置为活动状态
Set_Animation_BOB(&alien, 2);
```

注意：该函数还会将当前帧设置为当前动作中的第 1 帧。

函数原型：

```
int Animate_BOB(BOB_PTR bob); // 执行 BOB 的指针
```

用途：

Animate_BOB()函数使用 BOB 来生成动画。通常，您将在每帧中调用该函数一次，以更新 BOB 动画。

范例：

```
Animate_BOB(&alien);
```

函数原型：

```
int Move_BOB(BOB_PTR bob); // 指向要移动的 BOB 的指针
```

用途：

Move_BOB()函数根据 Set_Vel_BOB()函数设置的(xv，yv)来移动 BOB，根据属性，BOB 可能从屏幕边界反弹回来、环回到屏幕另一侧或仅仅向前移动。与 Animate_BOB()函数类似，您可以在主循环中调用 Animate_BOB()函数之后（或之前）调用该函数一次。

范例：

```
// 播放 BOB 中的下一帧
Animate_BOB(&alien);
```

```
// 移动 BOB
Move_BOB(&alien);
```

函数原型：

```
int Hide_BOB(BOB_PTR bob); // 指向要隐藏的 BOB 的指针
```

用途：

Hide_BOB()函数将 BOB 的内部可见性标记设置为 0，之后 Draw_BOB()将不再显示该 BOB。

范例：

```
// 隐藏 BOB
Hide_BOB(&alien);
```

函数原型：

```
int Show_BOB(BOB_PTR bob); // 指向要显示的 BOB 的指针
```

用途：

Show_BOB()函数将 BOB 的可见性标记设置为 1，使之被绘制出来（相当于撤销 Hide_BOB()函数调用）。下面是一个先隐藏，然后显示 BOB 的范例，因为您要显示一个 GDI 对象或其他东西，不想被 BOB 挡住。

范例：

```
// Hide_BOB(&alien);
// 调用 Draw_BOB 和 GDI 函数等
Show_BOB(&alien);
```

函数原型：

```
int Collision_BOBS(BOB_PTR bob1, // 指向第一个 BOB 的指针
          BOB_PTR bob2); // 指向第二个 BOB 的指针
```

用途：

Collision_BOBS()函数检测两个 BOB 的包围矩形是否重叠，可用于在游戏中进行碰撞检测，以判断玩家 BOB 是否被导弹 BOB 或其他东西击中。

范例：

```
// 检测导弹 BOB 是否击中了玩家 BOB
if (Collision_BOBS(&missile, &player))
  { /* 播放爆炸声 */ }
```

有关 T3DLIB 游戏库的图形模块（T3DLIB1.CPP|H）就介绍到这里，下面介绍 T3DLIB 的输入模块。

3.5 T3DLIB2 DirectX 输入系统

编写一套封装 DirectInput 的简单封装很容易，只需创建一个 API，它包含一个非常简单的接口和几个参数。该接口至少应该支持下列功能：

- 初始化 DirectInput 系统；
- 设置并读取键盘、鼠标和游戏杆；
- 从任何输入设备读取数据；
- 关闭和释放所有资源。

我创建了一个这样的 API，您可以从附带光盘上的 T3DLIB2.CPP|H 中找到。该 API 执行初始化 DirectInput 和读取任何设备所需的一切操作。介绍这些函数之前，先来看一下图 3.11，它描述了每种设备和数据流之间的关系。

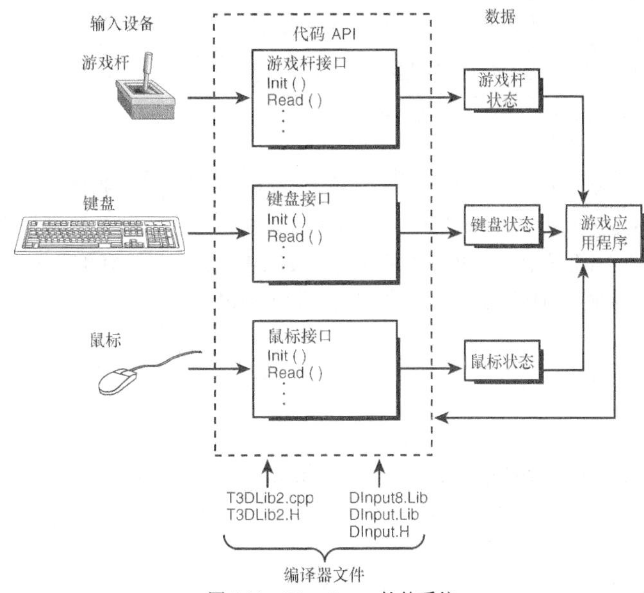

图 3.11　DirectInput 软件系统

下面是这个库中的全局变量：

```
LPDIRECTINPUT8     lpdi;     // dinput 对象
LPDIRECTINPUTDEVICE8 lpdikey;  // dinput 键盘
LPDIRECTINPUTDEVICE8 lpdimouse; // dinput 鼠标
LPDIRECTINPUTDEVICE8 lpdijoy;  // dinput 游戏杆
GUID  joystickGUID; // 主游戏杆的 guid
char  joyname[80]; // 游戏杆的名称

// 所有输入都存储在这些记录中
UCHAR keyboard_state[256]; // 键盘状态表
DIMOUSESTATE mouse_state; // 鼠标状态
DIJOYSTATE joy_state;   // 游戏杆状态
int joystick_found;    // 指出游戏杆是否插入
```

来自键盘的输入存储在 keyboard_state[ ]中，鼠标数据存放到 mouse_state 中，游戏杆数据存储在 joy_state 中。这些记录的结构都是标准 DirectInput 设备状态结构（键盘数据除外，它使用一个布尔型 BYTES 数组），如下所示：

```
// 鼠标数据
typedef struct DIMOUSESTATE {
  LONG lX; // x 坐标
  LONG lY; // y 坐标
  LONG lZ; // z 坐标
  BYTE rgbButtons[4]; // 鼠标按钮的状态
} DIMOUSESTATE, *LPDIMOUSESTATE;

// 游戏杆数据
```

```
typedef struct DIJOYSTATE {
  LONG  lX; // x坐标
  LONG  lY; // y坐标
  LONG  lZ; // z坐标
  LONG  lRx; // 绕 x 轴旋转角度
  LONG  lRy; // 绕 y 轴旋转角度
  LONG  lRz; // 绕 z 轴旋转角度
  LONG  rglSlider[2]; // u、v 滑块（slider）的位置
  DWORD  rgdwPOV[4];  // 视点状态
  BYTE  rgbButtons[32]; // 按钮 0～31 的状态
} DIJOYSTATE, *LPDIJOYSTATE;
```

一般而言，鼠标和游戏杆的(*x*，*y*)位置的含义相同；也就是说，您将通过字段 lX 和 lY 来访问它们，而按钮状态是存储在 rgbButtons[ ]中的布尔值。下面介绍函数。变量 joystick_found 是一个布尔值，在您请求访问游戏杆时被设置。如果发现游戏杆，将被设置为 TRUE，否则为 FALSE。使用这个变量，可以条件性地决定是否执行使用游戏杆的代码块。下面介绍这个新的 API：

函数原型：

```
int DInput_Init(void);
```

用途：

Dinput_Init()函数初始化 DirectInput 输入系统。它创建主 COM 对象，如果成功则返回 TRUE，否则返回 FALSE。同时，全局变量 lpdi 将成为有效变量。但是，该函数不创建任何设备。下面是一个初始化输入系统的范例：

范例：

```
if (!DInput_Init( ))
  { /* 错误处理代码 */ }
```

函数原型：

```
void DInput_Shutdown(void);
```

用途：

Dinput_Shutdown()函数释放所有 COM 对象以及调用 DInput_Init()函数期间分配的所有资源。通常，应该在释放所有输入设备后调用 Dinput_Shutdown()函数。下面是一个关于输入系统的范例：

范例：

```
DInput_Shutdown( );
```

函数原型：

```
DInput_Init_Keyboard(void);
```

用途：

DInput_Init_Keyboard()函数初始化键盘并开始获取键盘输入。它应该总是能够正常工作并返回 TRUE，除非另一个 DirectX 应用程序以不合作方式接管了键盘。下面是一个范例：

范例：

```
if (!DInput_Init_Keyboard( ))
  { /*错误处理代码 */ }
```

函数原型：

```
int DInput_Init_Mouse(void);
```

用途：

DInput_Init_Mouse()函数初始化鼠标并开始获取鼠标输入。该函数不带参数，如果成功则返回 TRUE，否则返回 FALSE。它应该总是能够正常工作，除非没有插入鼠标或另一个 DirectX 应用程序完全接管了鼠标。如果一切正常，lpdimouse 将成为有效的接口指针。下面是一个范例：

范例：

```
if (!DInput_Init_Mouse( )) { /* 错误处理代码 */ }
```

函数原型：

```
int DInput_Init_Joystick(int min_x=-256, // 最小 x 值
        int max_x=256, // 最大 x 值
        int min_y=-256, // 最小 y 值
        int max_y=256, // 最大 y 值
        int dead_zone=10); // 死区（dead zone）比例
```

用途：

DInput_Init_Joystick()初始化游戏杆设备。该函数接受 5 个参数，分别定义了从游戏杆发送回来的 x、y 范围以及死区比例。如果要使用默认值-256 到 256 以及 10%的死区，可以不提供参数，因为它们有默认值。如果该函数返回 TRUE，表示已经发现游戏杆并对其进行了设置和初始化。调用该函数后，接口指针 lpdijoy 将有效。此外，字符串 joyname[ ]将包含游戏杆设备的“友好”名称，如“Microsoft Sidewinder Pro”等。

下面是一个范例，它初始化游戏杆并设置其 *x*、*y* 范围为-1024 到 1024，死区为 5%。

范例：

```
if (!DInput_Init_Joystick(-1024, 1024, -1024, 1024, 5))
  { /* 错误处理代码 */ }
```

函数原型：

```
void DInput_Release_Joystick(void);
void DInput_Release_Mouse(void);
void DInput_Release_Keyboard(void);
```

用途：

DInput_Release_Joystick()、DInput_Release_Mouse()和 DInput_Release_Keyboard()分别释放相应的输入设备。即使没有初始化这些设备，也可以调用这些函数，所以您尽可以在应用程序结束时调用它们。下面是一个完整的范例，它首先初始化 DirectInput 系统，初始化所有设备，然后释放输入设备并关闭输入系统：

范例：

```
// 初始化 DirectInput 系统
DInput_Init( );

// 初始化所有输入设备并接管它们
DInput_Init_Joystick( );
DInput_Init_Mouse( );
DInput_Init_Keyboard( );

// 输入循环代码...

// 首先释放所有设备，顺序无关紧要
DInput_Release_Joystick( );
DInput_Release_Mouse( );
DInput_Release_Keyboard( );
```

```
// 关闭DirectInput
DInput_Shutdown( );
```

函数原型：

```
int DInput_Read_Keyboard(void);
```

用途：

DInput_Read_Keyboard()扫描键盘状态，并将数据存储到数组 keyboard_state[ ]中，后者是一个包含 256 个元素的 BYTE 数组。这是标准 DirectInput 键盘状态数组，要使它的意义很明确，必须使用 DirectInput 键盘常量 DIK_*。键被按下时，相应元素的值为 0x80。下面是一个范例，它使用 DirectInput 键盘常量（有关这些常量，可查询 SDK 或表 3.2）来判断左箭头键和右箭头键是否被按下。

范例：

```
// 读取键盘
if (!DInput_Read_Keyboard( ))
  /* 错误处理代码 */ }

// 检测状态数据
if (keyboard_state[DIK_RIGHT])
  { /* 将飞船右移 */ }
else
if (keyboard_state[DIK_LEFT])
  { /* 将飞船左移 */ }
```

表 3.2　　DirectInput 键盘状态常量

符号	含义	符号	含义
DIK_ESCAPE	Esc 键	DIK_NUMPAD0-9	数字键盘上的 0～9
DIK_0-9	主键盘上的 0～9	DIK_ADD	数字键盘上的加号
DIK_MINUS	减号键	DIK_NUMPADENTER	数字键盘上的回车键
DIK_EQUALS	等号键	DIK_RCONTROL	右 Ctrl 键
DIK_BACK	退格键	DIK_RMENU	右 Alt 键
DIK_TAB	制表键	DIK_HOME	方向键盘上的 Home 键
DIK_A-Z	字母 A～Z	DIK_UP	方向键盘上的向上箭头键
DIK_LBRACKET	左括号	DIK_PRIOR	方向键盘上的 PgUp
DIK_RBRACKET	右括号	DIK_LEFT	方向键盘上的向左箭头键
DIK_RETURN	主键盘上的回车键	DIK_RIGHT	方向键盘上的向右箭头键
DIK_LCONTROL	左 Ctrl 键	DIK_END	方向键盘上的 End 键
DIK_LSHIFT	左 Shift 键	DIK_DOWN	方向键盘上的向下箭头键
DIK_RSHIFT	右 Shift 键	DIK_NEXT	方向键盘上的 PgDn 键
DIK_LMENU	左 Alt 键	DIK_INSERT	方向键盘上的 Insert 键
DIK_SPACE	空格键	DIK_DELETE	方向键盘上的 Delete 键
DIK_F1-15	功能键 F1～F15		

函数原型：

```
int DInput_Read_Mouse(void);
```

用途：

DInput_Read_Mouse()读取相对鼠标状态并将结果存储在 mouse_state 中，后者是一个 DIMOUSESTATE

结构。数据是相对 delta 模式。大多数情况下，只需查看 mouse_state.1X、mouse_state.1Y 和 rgbButtons[0..2]（针对 3 个鼠标按钮的布尔值）。下面的范例读取鼠标状态并据此移动光标和绘制图像。

范例：

```
// 读取鼠标
if (!DInput_Read_Mouse( ))
  { /* 错误处理代码 */ }
// 移动光标
cx+=mouse_state.lX;
cy+=mouse_state.lY;

// 检测左按钮是否被按下
if (mouse_state.rgbButtons[0])
  Draw_Pixel(cx,cy,col,buffer,pitch);
```

函数原型：

```
int DInput_Read_Joystick(void);
```

用途：

DInput_Read_Joystick()轮询游戏杆，然后将数据读取到 joy_state 中，后者是一个 DIJOYSTATE 结构。当然，如果没有游戏杆，该函数将返回 FALSE 且 joy_state 无效。如果成功，joy_state 将包含游戏杆的状态信息。返回的数据将位于前面设置的范围内，而按钮值是存储在 rgbButtons[ ]中的布尔值。下面的范例演示了如何使用游戏杆向左或向右移动飞船，并按下第一个按钮来开火。

范例：

```
// 读取游戏杆数据
if (!DInput_Read_Joystick( ))
  { /* 错误处理代码 */ }

// 移动飞船
ship_x+=joy_state.lX;
ship_y+=joy_state.lY;

// 检测是否开火
if (joy_state.rgbButtons[0])
  { // 开火 // }
```

当然，游戏杆可能有很多按钮和多个轴。在这种情况下，可以使用 joy_state 的其他字段，这是在 DIJOYSTATE DirectInput 结构中定义的。

注意：虽然我们使用了接口 IDIRECTINPUTDEVICE8，但不需要使用 DJOYSTATE2 结构。它只适用于力反馈（force feedback）设备。

接下来介绍大多数游戏程序员最不喜欢处理的一个子系统——声音和音乐！然而，在 DirectX 下，并使用我编写的封装函数，产生声音效果和播放音乐就像玩一样简单。

3.6 T3DLIB3 声音和音乐库

我使用了《Windows 游戏编程大师技巧》中介绍的所有声音和音乐技术来创建游戏引擎的最后一个组件——T3DLIB3。它由两个主要的源代码文件组成：

- T3DLIB3.CPP——C/C++源代码；
- T3DLIB3.H——头文件。

然而，还需包括 DirectSound 导入库 DSOUND.LIB 以进行链接。DirectMusic 没有导入库，它是一个纯粹的 COM 对象，所以没有 DMUSIC.LIB。另一方面，仍需要将 DirectSound 和 DirectMusic 的.H 文件的位置告诉编译器，以便编译期间能够找到它们。这些头文件是：

- DSOUND.H——标准 DirectSound 头文件。
- DMKSCTRL.H、DMUSICI.H、DMUSICC.H、DMUSICF.H——这些都是用于 DirectMusic 的。

下面来看一看 T3DLIB3.H 头文件的主要元素。

注意：在 DirectX 8.0+中，微软公司将 DirectSound 和 DirectMusic 集成到一起，并称之为 DirectAudio。我没有看出这样做有何意义，本书将分别使用这两个组件。

3.6.1 头文件

头文件 T3DLIB3.H 包含了 T3DLIB3.CPP 使用的类型、宏和外部变量。下面是这个头文件中的#define 语句：

```
#define DM_NUM_SEGMENTS 64 // 可存储到内存中 midi 节（segment）数

// midi 对象状态常量
#define MIDI_NULL     0  // 未加载
#define MIDI_LOADED   1  // 已加载
#define MIDI_PLAYING  2  // 已加载且正在播放
#define MIDI_STOPPED  3  // 已加载，但没有播放

#define MAX_SOUNDS   256 // 系统可同时加载的最大声音数

// 数字声音对象状态常量
#define SOUND_NULL    0 // " "
#define SOUND_LOADED  1
#define SOUND_PLAYING 2
#define SOUND_STOPPED 3
```

该文件中的宏不多，有一个用于将 0～100 转换为微软分贝数，还有一个用于将多字节字符转换为宽字符。

```
#define DSVOLUME_TO_DB(volume) ((DWORD)(-30*(100 - volume)))

// 从多字节格式转换为 Unicode
#define MULTI_TO_WIDE( x,y )
    MultiByteToWideChar( CP_ACP,MB_PRECOMPOSED, y,-1,x,_MAX_PATH)
```

警告：在本书中打印时，宏代码可能被分成两行；在实际程序中，宏必须位于同一行中。

下面介绍用于声音引擎的类型，首先是 DirectSound 对象。

3.6.2 类型

声音引擎只有两种类型：一种用于存储数字样本，另一个用于存储 MIDI 节：

```
// 用于存储单个声音
typedef struct pcm_sound_typ
  {
  LPDIRECTSOUNDBUFFER dsbuffer; // directsound 缓冲区
                  // 包含声音
  nt state;  // 状态
```

```
 int rate;  // 播放速度
 int size;  // 大小
 int id;   // id 号
 } pcm_sound, *pcm_sound_ptr;
```

下面是 DirectMusic 节类型：

```
// directmusic MIDI 节
typedef struct DMUSIC_MIDI_TYP
{
IDirectMusicSegment      *dm_segment; // directmusic 节
IDirectMusicSegmentState  *dm_segstate; // 状态
int               id;       // ID
int               state;    // MIDI 歌曲的状态

} DMUSIC_MIDI, *DMUSIC_MIDI_PTR;
```

声音和 MIDI 节由引擎分别存储到上述两种结构中。下面介绍全局变量。

3.6.3 全局变量

T3DLIB3 中包含很多全局变量。首先介绍 DirectSound 系统的全局变量：

```
LPDIRECTSOUND  lpds;  // directsound 接口指针
DSBUFFERDESC  dsbd;  // directsound 描述
DSCAPS     dscaps; // directsound caps
HRESULT     dsresult // directsound 结果
DSBCAPS     dsbcaps; // directsound 缓冲区 caps

pcm_sound  sound_fx[MAX_SOUNDS]; // 声音缓冲区数组
WAVEFORMATEX  pcmwf; // 通用波形格式结构
```

下面是 DirectMusic 的全局变量：

```
// directmusic 全局变量
IDirectMusicPerformance *dm_perf ;  // directmusic 性能管理器
IDirectMusicLoader     *dm_loader; // directmusic 加载函数

// 用于存储所有的 directmusic midi 对象
DMUSIC_MIDI     dm_midi[DM_NUM_SEGMENTS];
int dm_active_id;  //当前处于活动状态的 midi 节
```

注意：其中以粗体显示的是用于存储声音和 MIDI 节的数组。

对于这些全局变量，您没有必要了解，除非要直接访问接口。一般而言，API 将为您处理一切事情。这个库分为两部分：DirectSound 和 DirectMusic。我们先来看一下 DirectSound。

3.6.4 DirectSound API 封装函数

DirectSound 可能很复杂，也可能很简单，这取决于您如何使用它。如果想要一个“全能”API，可能需要使用大多数的 DirectSound 函数；但如果您想要一个比较简单的 API，它能够初始化 DirectSound、加载并播放特定格式的声音，则只需要封装几个函数，相对来说容易得多。

我做的工作是，将设置 DirectSound 的工作组织成一套函数。另外，我对声音系统进行了一个抽象，让您使用一个在加载过程中提供的 ID 来引用声音（对于 DirectMusic 也是这样），然后使用该 ID 来播放声音、检查其状态或结束播放。这样，您将无需关心任何复杂的接口指针。这个新的 API 支持下列功能：

- 调用函数来初始化和关闭 DirectSound；

- 加载 11KHz、8 位单声道格式的.WAV 文件；
- 播放已加载的声音文件；
- 停止播放；
- 检测声音的播放状态；
- 改变音量、播放速度或立体声左右声道的相对强度（stereo panning）；
- 从内存中删除声音。

下面逐一介绍这些函数。

注意：除非特别声明，所有函数在执行成功后都返回 TRUE（1），否则返回 FALSE（0）。

函数原型：

```
int DSound_Init(void);
```

用途：

Dsound_Init()函数用于初始化整个 DirectSound 系统。它创建 DirectSound COM 对象，设置优先级别等。要使用声音，应该在应用程序开始时调用该函数。下面是一个范例：

范例：

```
if (!DSound_Init(void))
  { /* 错误处理代码 */ }
```

函数原型：

```
int DSound_Shutdown(void);
```

用途：

Dsound_Shutdown()函数用于关闭 DirectSound 系统并释放在调用 Dsound_Init()函数期间创建的所有 COM 接口。然而，Dsound_Shutdown()不会释放分配给声音的内存，您必须自己手动调用另一个函数来完成该任务。下面是一个用于关闭 DirectSound 系统的范例：

范例：

```
if (!DSound_Shutdown( ))
  { /* 错误处理代码 */ }
```

函数原型：

```
int DSound_Load_WAV(char *filename);
```

用途：

Dsound_Load_WAV()函数将创建一个 DirectSound 缓冲区，加载声音数据文件到内存中，并为播放该声音做准备。该函数接受要加载文件的完整路径和文件名（包括扩展名.WAV）作为其参数，并从磁盘中加载该文件。如果执行成功，返回一个非负 ID 号。您必须保存该数字，因为它将被用作引用该声音的句柄；如果找不到指定的声音文件，或加载了太多的声音，将返回-1。下面的范例加载一个名为 FIRE.WAV 的声音文件。

范例：

```
int fire_id = DSound_Load_WAV("FIRE.WAV");

// test for error
if (fire_id==-1)
  { /* 错误处理代码 */}
```

当然，如何保存该 ID 由您决定，可考虑使用一个数组或其他数据结构。

最后，您可能想知道声音数据存放在哪里以及如何处理它。如果您真正需要，可以访问 pcm_sound 数组 sound_fx[ ]内的数据，并使用从加载函数获得的 ID 作为索引。例如，下面的范例使用 ID sound_id 访问声音的 DirectSound 缓冲区。

范例：

```
sound_fx[sound_id].dsbuffer
```

函数原型：

```
int DSound_Replicate_Sound(int source_id); // 要复制的声音的 ID
```

用途：

Dsound_Replicate_Sound()函数复制一个声音，而不复制用于存储声音的内存。例如，假设有一个开枪射击的声音，并要连续开枪射击三次；完成这项任务的唯一方法是复制三份射击声音拷贝到三个不同的 DirectSound 内存缓冲区中，但这种方法将浪费一些内存。

这里有一种解决方案，除实际声音数据外，可以创建一份声音缓冲区的副本。但是不是复制声音数据，而是使用一个指针指向该声音，DirectSound 将自动识别声音数据源。如果要播放枪击声音 8 次，应加载该声音一次，生成 7 份副本，并获得 8 个唯一的 ID。复制的声音与正常声音一样，但您不是使用 Dsound_Load_WAV()函数来加载并创建声音，而是使用 Dsound_Replicate_Sound()函数复制声音。下面的范例创建 8 次枪击声音。

范例：

```
int gunshot_ids[8]; // 用于存储声音 ID

// 加在主声音
gunshot_ids[0] = Load_WAV("GUNSHOT.WAV");

// 制作副本
for (int index=1; index<8; index++)
  gunshot_ids[index] = DSound_Replicate_Sound(gunshot_ids[0]);

// 随意使用 gunshot_ids[0..7]
```

函数原型：

```
int DSound_Play_Sound(int id,    // 要播放的声音的 ID
           int flags=0, // 0 或 DSBPLAY_LOOPING
           int volume=0, // 未用
           int rate=0,  // 未用
           int pan=0);  // 未用
```

用途：

Dsound_Play_Sound()函数播放以前加载的声音。您只需提供声音的 ID 和播放标记（0 表示播放一次，DSBPLAY_LOOPING 表示循环播放），然后声音将开始播放。如果声音正在播放，它将从头开始播放。下面的范例加载并播放声音。

范例：

```
int fire_id = DSound_Load_WAV("FIRE.WAV");
DSound_Play_Sound(fire_id,0);
```

可以省略标记 0，因为该参数的默认为 0：

```
int fire_id = DSound_Load_WAV("FIRE.WAV");
DSound_Play_Sound(fire_id);
```

不管采用哪种方式，FIRE.WAV 声音都将播放一次，然后停止。要循环播放，应将标记参数设置为 DSBPLAY_LOOPING。

函数原型：

```
int DSound_Stop_Sound(int id);
int DSound_Stop_All_Sounds(void);
```

用途：

Dsound_Stop_Sound()函数停止正在播放的声音。您只需提供声音的 ID。Dsound_Stop_All_Sounds()函数停止当前所有正在播放的声音。下面的范例停止播放声音 fire_id。

范例：

```
DSound_Stop_Sound(fire_id);
```

在程序结束时，应在退出前停止播放所有声音。可以对每个声音分别调用 Dsound_Stop_Sound()函数，也可以调用 Dsound_Stop_All_Sounds()函数停止播放所有声音。

```
//系统关闭代码...
DSound_Stop_All_Sounds( );
```

函数原型：

```
int DSound_Delete_Sound(int id); // 要删除的声音的 ID
int DSound_Delete_All_Sounds(void);
```

用途：

Dsound_Delete_Sound()函数从内存中删除一个声音，并释放与它相关的 DirectSound 缓冲区。如果该声音正在播放，则先停止它。Dsound_Delete_All_Sounds()函数删除所有以前加载的声音。下面的范例删除声音 fire_id。

范例：

```
DSound_Delete_Sound(fire_id);
```

函数原型：

```
int DSound_Status_Sound(int id);
```

用途：

DSound_Status_Sound()函数根据 ID 检测一个已加载声音的状态。您只需将声音的 ID 号提供给该函数，它将返回下列值之一：

- DSBSTATUS_LOOPING——声音当前正在播放且处于循环模式。
- DSBSTATUS_PLAYING——声音当前正在播放且处于单次播放模式。

如果 Dsound_Status_Sound()函数返回的值不是上述值之一，表明声音没有处于播放状态。下面是一个完整的范例，它等待一个声音播放完毕后删除它。

范例：

```
// 初始化 DirectSound
DSound_DSound_Init( );

// 加载声音
int fire_id = DSound_Load_WAV("FIRE.WAV");
```

```
// 以单次模式播放声音
DSound_Play_Sound(fire_id);

// 等待声音播放完毕
while(DSound_Sound_Status(fire_id) &
      (DSBSTATUS_LOOPING | DSBSTATUS_PLAYING));

// 删除声音
DSound_Delete_Sound(fire_id);
// 关闭 DirectSound
DSound_DSound_Shutdown( );
```

函数原型：

```
int DSound_Set_Sound_Volume(int id,  // 声音的 ID
            int vol); // 音量的取值范围为 0～100
```

用途：

Dsound_Set_Sound_Volume()函数实时地修改声音的音量。您只需提供声音的 ID 和一个 0～100 的值，然后音量将立即改变。下面的范例将一个声音的音量变为加载时的 50%。

范例：

```
DSound_Set_Sound_Volume(fire_id, 50);
```

可以使用下面的语句将音量调整为 100%：

```
DSound_Set_Sound_Volume(fire_id, 100);
```

函数原型：

```
int DSound_Set_Sound_Freq(
        int id,  // 声音 ID
        int freq); // 新的播放速度，取值范围为 0-100000
```

用途：

Dsound_Set_Sound_Freq()函数修改声音的播放速度。由于所有的声音都必须以 11KHz 单声道加载，因此下面的范例将声音的播放速度加快一倍。

范例：

```
DSound_Set_Sound_Freq(fire_id, 22050);
```

要使声音像 Darth Vader，可使用下面的语句：

```
DSound_Set_Sound_Freq(fire_id, 6000);
```

函数原型：

```
int DSound_Set_Sound_Pan(
  int id,  // 声音 ID
  int pan); // 相对强度，取值范围为-10000 到 10000
```

用途：

Dsound_Set_Sound_Pan()函数设置声音在左右两个扬声器的相对强度。–10000 表示纯粹在左边，10000 表示声音纯粹在右边。要让两边的强度相同，可将 pan 参数设置为 0。下面的范例将声音设置为右声道。

范例：

```
DSound_Set_Sound_Pan(fire_id, 10000);
```

3.6.5 DirectMusic API 封装函数

DirectMusic API 比 DirectSound API 要简单些。我已经创建了一些函数，用于初始化 DirectMusic、创建所有 COM 对象，让您可以将注意力集中在如何加载和播放 MIDI 文件上。下面是其基本功能列表：

- 调用函数来初始化和关闭 DirectMusic；
- 从磁盘加载 MIDI 文件；
- 播放 MIDI 文件；
- 停止正在播放的 MIDI；
- 检测 MIDI 节的播放状态；
- 如果 DirectSound 已被初始化，则自动连接到 DirectSound；
- 从内存中删除 MIDI 节。

下面逐个介绍这些函数。

注意：除非特别声明，所有函数在执行成功时都返回 TRUE（1），否则返回 FALSE（0）。

函数原型：

```
int DMusic_Init(void);
```

用途：

DMusic_Init()函数初始化 DirectMusic，并创建所有必要的 COM 对象。应在调用其他任何 DirectMusic 库函数之前调用该函数。此外，要使用 DirectSound，应在调用 DMusic_Init()函数前初始化 DirectSound。下面是一个使用该函数的范例.

范例：

```
if (!DMusic_Init( ))
  { /* 错误处理代码 */ }
```

函数原型：

```
int DMusic_Shutdown(void);
```

用途：

DMusic_Shutdown()函数关闭整个 DirectMusic 引擎。它释放所有 COM 对象，卸载所有已加载的 MIDI 节。应该在应用程序结束时调用该函数，如果使用了 DirectSound，该调用还应位于关闭 DirectSound 的调用之前。下面是一个范例。

范例：

```
if (!DMusic_Shutdown( ))
  { /* 错误处理代码 */ }

// 现在关闭DirectSound
```

函数原型：

```
int DMusic_Load_MIDI(char *filename);
```

用途：

DMusic_Load_MIDI()函数加载一个 MIDI 节到内存中，并分配 midi_ids[ ]数组中的一条记录。该函数返回被加载的 MIDI 节的 ID，如果执行不成功则返回-1。返回的 ID 将用作对 MIDI 节的引用，供其他函数使用。下面的范例加载两个 MIDI 文件。

范例：

```
// 加载文件
int explode_id = DMusic_Load_MIDI("explosion.mid");
int weapon_id = DMusic_Load_MIDI("laser.mid");

// 检测文件
if (explode_id == -1 || weapon_id == -1)
  { /* 出现了问题*/ }
```

函数原型：

```
int DMusic_Delete_MIDI(int id);
```

用途：

DMusic_Delete_MIDI()函数从系统中删除以前加载的 MIDI 节。您只需提供要删除的 MIDI 节的 ID。下面的范例从内存中删除前一个范例中加载的 MIDI 文件。

范例：

```
if (!DMusic_Delete_MIDI(explode_id) ||
  !DMusic_Delete_MIDI(weapon_id) )
{ /* 错误处理代码 */ }
```

函数原型：

```
int DMusic_Delete_All_MIDI(void);
```

用途：

DMusic_Delete_All_MIDI()函数从系统中删除所有 MIDI 节。下面是一个范例。

范例：

```
// 删除前面加载的两个 MIDI 节
if (!DMusic_Delete_All_MIDI( ))
  { /* 错误处理代码 */ }
```

函数原型：

```
int DMusic_Play(int id);
```

用途：

DMusic_Play()从头开始播放 MIDI 节。您只需提供播放的 MIDI 节的 ID。下面是一个范例。

范例：

```
// 加载文件
int explode_id = DMusic_Load_MIDI(“explosion.mid”);

// 播放
if (!DMusic_Play(explode_id))
  { /* 错误处理代码 */ }
```

函数原型：

```
int DMusic_Stop(int id);
```

用途：

DMusic_Stop()函数停止当前正在播放的 MIDI 节。如果该 MIDI 节已停止，该函数不会有任何效果。下面是一个范例。

范例：

```
// 停止播放激光冲击波声音
if (!DMusic_Stop(weapon_id))
  { /* 错误处理代码 */ }
```

函数原型：

```
int DMusic_Status_MIDI(int id);
```

用途：

DMusic_Status()函数根据 ID 检测 MIDI 节的状态。状态编码如下：

```
#define MIDI_NULL    0  // 未加载
#define MIDI_LOADED  1  // 已加载
#define MIDI_PLAYING 2  // 已加载且正在播放
#define MIDI_STOPPED 3  // 已加载但没有播放
```

下面的范例根据一个 MIDI 节是否播放完毕来修改游戏的状态。

范例：

```
// 主游戏循环
while(1)
   {
   if (DMusic_Status(explode_id) == MIDI_STOPPED)
    game_state = GAME_MUSIC_OVER;

   } // end while
```

有关 DirectSound 和 DirectMusic API 就介绍到这里。本章后面将提供一个使用 DirectSound 和 DirectMusic API 的演示程序，现在我们继续构建最终的 T3D 游戏控制台和虚拟计算机接口。

T3DLIB 库一瞥

至此，我们有了组成 T3D 库的 3 个主要.CPP¦H 模块：

- T3DLIB1.CPP¦H——DirectDraw 和图形算法；
- T3DLIB2.CPP¦H——DirectInput；
- T3DLIB3.CPP¦H——DirectSound 和 DirectMusic。

编译演示程序时，应查看其包含的.H 文件，如果其中包括上述任何一个.H 文件，则还应包含相应的.CPP 文件。

编译任何程序时，都应确保已经包括了所有的库源文件和头文件以及 DirectX .LIB 文件，同时将编译器设置为输出 Win32 .EXE 目标文件。

3.7 建立最终的 T3D 游戏控制台

至此，我们有足够的功能来实现虚拟图形接口，包括声音支持和输入支持。另外，虚拟接口模型可以利用《Windows 游戏编程大师技巧》开发的 T3DLIB 库模块中的数据结构、全局变量和函数来实现。我们的目标是实现一个双缓存图形系统，它支持 8/16 位窗口模式和全屏模式，且提供了虚拟计算机接口功能。

接下来需要以本章前面的 alpha 版本为基础，创建一个真正的游戏控制台“模板”。但在此之前，先来看一看虚拟图形接口的功能以及到真实图形接口的映射。声音和音乐方面的内容很容易理解，因此这里不介绍它们的映射。本章后面几节中的演示程序使用了很多声音、音乐和输入，您可以在真实程序中看到这些功能。下面来看一看图形部分。

3.7.1 映射真实图形到虚拟接口的非真实图形

本章前面设计了一个最通用的图形接口，可以将它视为在任何计算机上实现基于软件的 3D 图形学的最低需求。现在，有一些库作为工具后，来看一看从虚拟到现实的最终映射。

1. 启动系统

我们假设在虚拟计算机的图形接口中，有一个名为 Create_Window()的函数，其原型如下：

```
Create_Window(int width, int height, int bit_depth);
```

它将负责处理图形系统准备就绪的所有细节，并根据指定的大小和位深打开一个窗口。在我们的真实实现中，这项功能由两个函数调用完成，因为我们想将 Windows 与 DirectX 分开。第一个函数调用是标准的 Windows 调用，它创建一个标准的 Windows 窗口。

请注意，要创建全屏应用程序，应使用窗口标记 WM_POPUP；要创建窗口应用程序，应使用其他窗口标记，如 WM_OVERLAPPEDWINDOW。因此，将图形系统准备就绪是一个由两步组成的过程：

第 1 步，使用适当的参数调用 Win32 API 函数，创建一个全屏窗口或窗口应用程序。对于全屏窗口，通常不需要任何控件。

第 2 步，使用窗口句柄（它是一个全局变量）和适当的参数，调用 DirectX 封装函数完成准备工作。

所有操作实际上都是在第 2 步完成的。在这一步骤中，将初始化 DirectDraw、创建帧缓存、为 8 位颜色模式生成调色板，并将裁剪矩形同图形窗口和后缓存关联起来。

由于我们将使用游戏控制台模板，因此先在 WinMain()函数中打开窗口，然后在 Game_Init()函数中调用 DDraw_Init()，完成初始化工作。读者可能还记的，该函数的原型如下：

```
int DDraw_Init(int width, int height, int bpp, int windowed=0);
```

2. 全局映射

我们在虚拟图形接口中设计的第一项内容是两个帧缓存：一个可见缓存，一个离屏缓存。我们将它们称为主缓存和辅助（后）缓存，如图 3.12 所示。

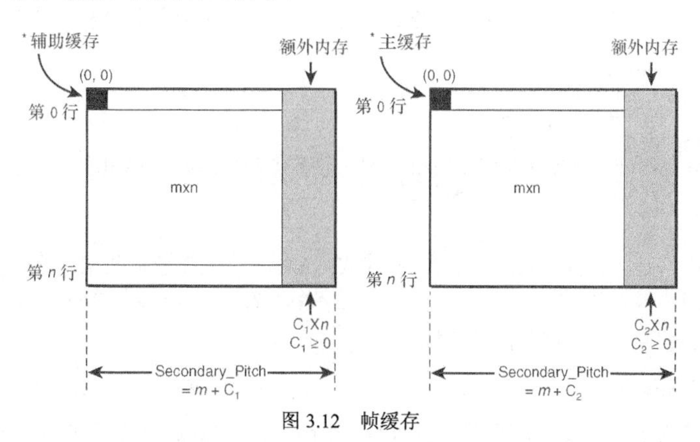

图 3.12 帧缓存

另外，对于任何给定的分辨率和位深，这些缓存都是可线性寻址的，但有一个限制，即行与行之间的内存跨距可能与像素跨距不同，因此需要使用变量来记录它。虚拟帧缓存指针和内存跨距变量的名称如下：

```
UCHAR *primary_buffer; // 主缓存
int  primary_pitch; // 内存跨距，单位为字节

UCHAR *secondary_buffer; // 辅助缓存
int  seconday_pitch;  // 内存跨距，单位为字节
```

在实际图形库 T3DLIB1.CPP 中，用于上述目的的变量如下：

```
LPDIRECTDRAWSURFACE7 lpddsprimary;    // dd 主表面
LPDIRECTDRAWSURFACE7 lpddsback;     // dd 后表面

UCHAR        *primary_buffer; // 主视频缓存
UCHAR        *back_buffer;    // 辅助缓存
int         primary_lpitch;  // 内存行跨距
int         back_lpitch;   // 内存行跨距
```

您可能注意到了，还有两个面向 DirectX 的变量：lpddsprimary 和 lpddsback。它们分别是指向主表面和辅助表面的 DirectDraw 表面指针。有些调用需要它们，您应该了解它们。另外，主缓存和辅助缓存的宽度和高度总是相同的。虽然主缓存的客户区域可能只是一个窗口（而不是整个桌面），但辅助缓存的大小总是与客户区域相同。即可见的主帧缓存和不可见的辅助帧缓存的大小和位深总是相同。

3. 256 色模式

虽然在 T3DLIB1.CPP|H 的图形 API 清单中，您已经见过了 256 色调色板操作函数，但这里还想重复一下，让您能够操纵调色板的函数如下：

```
int Set_Palette_Entry(int color_index, LPPALETTEENTRY color);
int Get_Palette_Entry(int color_index, LPPALETTEENTRY color);
int Load_Palette_From_File(char *filename, LPPALETTEENTRY palette);
int Save_Palette_To_File(char *filename, LPPALETTEENTRY palette);
int Save_Palette(LPPALETTEENTRY sav_palette);
int Set_Palette(LPPALETTEENTRY set_palette);
```

其中以粗体显示的函数最重要，它们用于修改单个调色板项或一次性修改整个调色板。在大多数情况下，每次修改一个调色板项的效率很低，最好一次性修改整个调色板。您传递的数据结构为指向 PALETTENTRY 的指针或是指向 PALETTENTRY 数组的指针。下面是数据结构 PALETTENTRY 的定义：

```
typedef struct tagPALETTEENTRY {
  BYTE peRed;  // 红色分量（8 位）
  BYTE peGreen; // 绿色分量（8 位）
  BYTE peBlue;  // 蓝色分量（8 位）
  BYTE peFlags; // 标记在窗口模式下，开始 10 种和最后 10 种颜色为 PC_EXPLICIT
          // 在全屏模式下，全部为 PC_NOCOLLAPSE
} PALETTEENTRY;
```

最后，如果使用的是 256 色模式，将加载 PALDATA2.PAL 中的调色板数据。我喜欢使用这个调色板，它有很好的颜色空间覆盖。您可以打开 PALDATA2.BMP 来查看这个调色板。当然，也可以从磁盘加载自己的 256 色调色板或加载某个位图附带的调色板。

4. 锁定/解锁功能映射

现在看一下用于锁定/解锁主表面和辅助表面的 4 个函数。在虚拟计算机接口中，它们类似于这样：

```
Lock_Primary(UCHAR **primary_buffer, int *primary_pitch);
Unlock_Primary(UCHAR *primary_buffer);

Lock_Secondary(UCHAR **secondary _buffer, int *secondary _pitch);
Unlock_Secondary(UCHAR *secondary _buffer);
```

在实际的图形库中，实现这种功能的函数如下：

```
UCHAR *DDraw_Lock_Primary_Surface(void);
int DDraw_Unlock_Primary_Surface(void);

UCHAR *DDraw_Lock_Back_Surface(void);
int DDraw_Unlock_Back_Surface(void);
```

实际函数唯一不同的地方是，它们直接修改下面的全局变量：

```
UCHAR *primary_buffer;   // 主视频缓存
UCHAR *back_buffer;     // 辅助缓存
int  primary_lpitch;    // 内存行跨距
int  back_lpitch;     // 内存行跨距
```

因此不需要任何参数。

5. 动画功能映射

对于映射，我想提到的最后一个函数是用于从辅助缓存复制到主缓存的动画函数。读者可能还记得，我们在虚拟计算机软件接口模型中，将它称为 Flip_Display()。该函数使得流畅的动画成为可能。在实际库中，执行这项任务的函数是：

```
int DDraw_Flip(void);
```

只是名称不同而已。该函数实现了虚拟模型所需要的功能。DDraw_Flip()函数对于全屏应用程序和窗口应用程序都适用。

有关虚拟计算机模型到真实函数的映射就介绍到这里。我只想让您明白我们的目标：创建一个通用图形系统，有一个 API 用于抽象图形渲染，让您只需要考虑两个帧缓存和几个函数。

3.7.2　最终的 T3DLIB 游戏控制台

下面列出完整的游戏控制台，我们将使用它来创建所有演示程序和游戏程序。这个升级后的游戏控制台名为 T3DCONSOLE2.CPP，其源代码如下。

```
// T3DCONSOLE2.CPP：本书使用的模板
// 编写应用程序时，可以将它用作模板
// 您可能想修改应用程序（如果是窗口模式）的分辨率，接管的 Directinput 设备等
// 该应用程序创建一个 640×480×16 窗口
// 因此运行该应用程序之前，必须将桌面设置为 16 位颜色模式
// 要使用全屏模式，只需在下面的#defines 中将 WINDOWED_APP 的值改为 FALSE(0)即可
// 同样，要修改位深，只需在函数 Game_Init()中相应地修改函数调用 DDraw_Init()即可


// 要编译该应用程序，务必在工程的链接列表中包括 DDRAW.LIB、DSOUND.LIB、
// DINPUT.LIB 和 WINMM.LIB
// 当然，还应将 C++源代码模块 T3DLIB1.CPP、T3DLIB2.CPP 和 T3DLIB3.CPP
// 以及头文件 T3DLIB1.H、T3DLIB2.H 和 T3DLIB3.H 存储在编译器的工作目录中

// 包含文件 ///////////////////////////////////////////////////
```

```
#define INITGUID       // 确保所有的 COM 接口可用
          // 也可以不这样做，而是包含.LIB 文件 DXGUID.LIB

#define WIN32_LEAN_AND_MEAN

#include <windows.h>   // 包含重要的 Windows 头文件
#include <windowsx.h>
#include <mmsystem.h>
#include <iostream.h> // 包含重要的 C/C++ 头文件
#include <conio.h>
#include <stdlib.h>
#include <malloc.h>
#include <memory.h>
#include <string.h>
#include <stdarg.h>
#include <stdio.h>
#include <math.h>
#include <io.h>
#include <fcntl.h>

#include <ddraw.h>  // 包含 DirectX 头文件
#include <dsound.h>
#include <dmksctrl.h>
#include <dmusici.h>
#include <dmusicc.h>
#include <dmusicf.h>
#include <dinput.h>
#include "T3DLIB1.h" // 包含游戏库头文件
#include "T3DLIB2.h"
#include "T3DLIB3.h"

// 常量 ////////////////////////////////////////////////

// 用于 Windows 接口的常量
#define WINDOW_CLASS_NAME "WIN3DCLASS"  // 类名
#define WINDOW_TITLE     "T3D Graphics Console Ver 2.0"
#define WINDOW_WIDTH     640   // 窗口的大小
#define WINDOW_HEIGHT    480

#define WINDOW_BPP     16    // 窗口的位深(8、16、24 等)
                // 如果采用窗口模式，但不是全屏
                // 位深必须与系统位深相同
                // 另外，如果位深为 8 位
                // 将创建一个调色板，并将其与应用程序关联起来

#define WINDOWED_APP       1     // 0 表示非窗口模式，1 表示窗口模式

// 函数原型 ////////////////////////////////////////////////

// 游戏控制台
int Game_Init(void *parms=NULL);
int Game_Shutdown(void *parms=NULL);
int Game_Main(void *parms=NULL);

// 全局变量 ////////////////////////////////////////////////

HWND main_window_handle         = NULL; // 用于存储窗口句柄
HINSTANCE main_instance         = NULL; // 用于存储实例
char buffer[256];                       // 用于打印文本
```

```
// 函数 ////////////////////////////////////////////////////

LRESULT CALLBACK WindowProc(HWND hwnd,
               UINT msg,
               WPARAM wparam,
               LPARAM lparam)
{
// 这是系统的主消息处理程序
PAINTSTRUCT   ps;     // 用于 WM_PAINT 中
HDC     hdc;      // 设备场境句柄

// 判断是什么消息
switch(msg)
  {
  case WM_CREATE:
    {
  // 在这里添加初始化代码
  return(0);
  } break;

  case WM_PAINT:
    {
    // 开始绘制
    hdc = BeginPaint(hwnd,&ps);

    // 结束绘制
    EndPaint(hwnd,&ps);
    return(0);
   } break;

  case WM_DESTROY:
    {
    // 关闭应用程序
    PostQuitMessage(0);
    return(0);
    } break;

  default:break;

  } // end switch

// 处理其他消息
return (DefWindowProc(hwnd, msg, wparam, lparam));

} // end WinProc

// WINMAIN ////////////////////////////////////////////////////

int WINAPI WinMain( HINSTANCE hinstance,
      HINSTANCE hprevinstance,
      LPSTR lpcmdline,
      int ncmdshow)
{
// 这是 winmain 函数

WNDCLASS winclass;  // 用于存储将创建的 Windows 类
HWND    hwnd;       // 窗口句柄
MSG    msg;       // 消息
HDC    hdc;    // 设备常境
PAINTSTRUCT ps;    // paintstruct
```

```
// 设置窗口类结构
winclass.style  = CS_DBLCLKS | CS_OWNDC | CS_HREDRAW | CS_VREDRAW;
winclass.lpfnWndProc   = WindowProc;
winclass.cbClsExtra   = 0;
winclass.cbWndExtra   = 0;
winclass.hInstance   = hinstance;
winclass.hIcon     = LoadIcon(NULL, IDI_APPLICATION);
winclass.hCursor  = LoadCursor(NULL, IDC_ARROW);
winclass.hbrBackground  = (HBRUSH)GetStockObject(BLACK_BRUSH);
winclass.lpszMenuName  = NULL;
winclass.lpszClassName  = WINDOW_CLASS_NAME;

// 注册窗口类
if (!RegisterClass(&winclass))
  return(0);

// 创建窗口，根据 WINDOWED_APP 的值选择合适的窗口标记
if (!(hwnd = CreateWindow(WINDOW_CLASS_NAME,  // 窗口类
        WINDOW_TITLE,    // 标题
        (WINDOWED_APP ? (WS_OVERLAPPED | WS_SYSMENU | WS_CAPTION) :
              (WS_POPUP | WS_VISIBLE)),
         0,0,    // 初始位置
         WINDOW_WIDTH,
              WINDOW_HEIGHT,  // 初始宽度和高度
         NULL,    // 父窗口句柄
        NULL,    // 菜单句柄
        hinstance,// 实例
        NULL)))   // 额外的创建参数
return(0);

// 将窗口句柄和实例存储到全局变量中
main_window_handle = hwnd;
main_instance    = hinstance;

// 调整窗口大小，使客户区域的大小为 width × height
if (WINDOWED_APP)
{
// 调整窗口的大小，使客户区域的大小等于请求的大小
// 如果应用程序为窗口模式时，将由边框和控件调整
// 应用程序不是窗口模式时，无需调整
RECT window_rect = {0,0,WINDOW_WIDTH-1,WINDOW_HEIGHT-1};

// 调用函数来调整 window_rect
AdjustWindowRectEx(&window_rect,
   GetWindowStyle(main_window_handle),
   GetMenu(main_window_handle) != NULL,
   GetWindowExStyle(main_window_handle));

// 将客户区域偏移量保存到全局变量中，因为 DDraw_Flip()需要使用它们
window_client_x0 = -window_rect.left;
window_client_y0 = -window_rect.top;

// 调用 MoveWindow()来移动窗口
MoveWindow(main_window_handle,
      0, // 水平位置
      0, // 垂直位置
      window_rect.right - window_rect.left, // 宽度
      window_rect.bottom - window_rect.top, // 高度
      FALSE);
```

```
// 显示窗口
ShowWindow(main_window_handle, SW_SHOW);
} // end if windowed

// 执行游戏控制台特有的初始化
Game_Init();

// disable CTRL-ALT_DEL,ALT_TAB ,comment this line out
// if it causes your system to crash
SystemParametersInfo(SPI_SCREENSAVERRUNNING, TRUE, NULL, 0);

// 进入主事件循环
while(1)
   {
   if (PeekMessage(&msg,NULL,0,0,PM_REMOVE))
    {
  // 检查是否是退出消息
    if (msg.message == WM_QUIT)
      break;

  // 转换加速键
  TranslateMessage(&msg);

  // 将消息发送给 window proc
  DispatchMessage(&msg);
  } // end if

    // 主游戏处理函数
    Game_Main();

  } // end while

// 关闭游戏并释放所有的资源
Game_Shutdown();

//禁用 CTRL-ALT_DEL 和 ALT_TAB
// 如果该行代码导致系统崩溃,将其注释掉
SystemParameters Info(SPI_SCREENSAVER RUNNING,TRUE,NULL,0);

// 返回到 Windows 操作系统
return(msg.wParam);

} // end WinMain

// T3DII 游戏编程控制台函数 ////////////////

int Game_Init(void *parms)
{
// 所有的游戏初始化工作都在这个函数中执行

// 启动 DirectDraw
DDraw_Init(WINDOW_WIDTH, WINDOW_HEIGHT, WINDOW_BPP, WINDOWED_APP);

// 初始化 directinput
DInput_Init();

// 接管键盘
DInput_Init_Keyboard();

// 在这里加入接管其他 directinput 设备的函数调用...
```

```
// 初始化 directsound 和 directmusic
DSound_Init();
DMusic_Init();

// 隐藏鼠标
ShowCursor(FALSE);

// 随机数生成器
srand(Start_Clock());

// 在这里加入初始化代码...


// 成功返回
return(1);

} // end Game_Init

//////////////////////////////////////////////////////////

int Game_Shutdown(void *parms)
{
// 在这个函数中关闭游戏并释放为游戏分配的所有资源

// 关闭一切

// 在这里加入释放为游戏分配的资源的代码....


// 关闭 directsound
DSound_Stop_All_Sounds();
DSound_Delete_All_Sounds();
DSound_Shutdown();

// 关闭 directmusic
DMusic_Delete_All_MIDI();
DMusic_Shutdown();

// 释放所有输出设备
DInput_Release_Keyboard();

//关闭 directinput
DInput_Shutdown();

// 最后关闭 directdraw
DDraw_Shutdown();

// 成功返回
return(1);
} // end Game_Shutdown

//////////////////////////////////////////////////////////

int Game_Main(void *parms)
{
// 这是游戏的核心，将不断地被实时调用
// 它类似于 C 语言中的 main( )，所有游戏调用都是在这里进行的

int index; // 循环变量
```

```
// 启动定时时钟
Start_Clock();

// 清空缓存
DDraw_Fill_Surface(lpddsback, 0);

// 读去键盘和其他设备输入
DInput_Read_Keyboard();

// 在这里加入游戏逻辑代码...



// 交换缓存
DDraw_Flip();

// 同步到30帧/秒
Wait_Clock(30);

// 检查用户是否要退出
if (KEY_DOWN(VK_ESCAPE) || keyboard_state[DIK_ESCAPE])
  {
  PostMessage(main_window_handle, WM_DESTROY,0,0);

  } // end if

// 成功返回
return(1);

} // end Game_Main
```

下面来看一看游戏控制台的关键部分，然后开始使用它。首先，您可能注意到了，有些代码使用粗体显示，以指出它们很重要。下面来分析一下这些代码的功能。

1. 打开游戏控制台窗口

第一个以粗体显示的代码段位于#defines 部分：

```
#define WINDOW_WIDTH   640  // 窗口大小
#define WINDOW_HEIGHT   480

#define WINDOW_BPP    16  //  窗口的位深(8、16、24等)
                   // 如果采用窗口模式，但不是全屏
                   // 位深必须与系统位深相同
                   // 另外，如果位深为8位
                   // 将创建一个调色板，并将其与应用程序关联起来

#define WINDOWED_APP   1   // 0表示非窗口模式，1表示窗口模式
```

这些代码非常重要，因为它们控制窗口的大小（或全屏大小）、位深以及采用窗口显示还是全屏显示。当前，窗口大小被设置为 640×480、每个像素 16 位、使用窗口显示。代码的很多地方都使用了这些参数，其中两个最重要的地方是，在 WinMain()函数中创建窗口时和在 Game_Main()函数中调用 DDraw_Init()时。先来看一下 WinMain()中的调用。

如果您看一下 WinMain()中的 Create_Window()函数调用（如下所示），您将发现其中有一个三元条件运算符，它用于检测应用程序是否使用窗口模式。

```
// 创建窗口，根据WINDOWED_APP的值选择合适的窗口标记
if (!(hwnd = CreateWindow(WINDOW_CLASS_NAME, // class
```

```
        WINDOW_TITLE,   // title
        (WINDOWED_APP ? (WS_OVERLAPPED | WS_SYSMENU | WS_CAPTION) :
             (WS_POPUP | WS_VISIBLE)),
         0,0,    // 位置
         WINDOW_WIDTH, // 宽度
             WINDOW_HEIGHT, // 高度
         NULL,    // 父窗口句柄
        NULL,    // 菜单句柄
        hinstance,// 实例
        NULL)))  // 创建参数
return(0);
```

然后使用适当的 Windows 标记来创建窗口。如果要使用窗口显示，且希望看到窗口边框和控制（如"关闭"框），应使用 Windows 标记（WM_OVERLAPPED ¦ WM_SYSMENU ¦ WS_CAPTION）。

另一方面，如果在代码中选择使用全屏模式，将使用与 DirectDraw 表面相同的大小来创建窗口，且窗口中没有控件；因此使用窗口样式 WM_POPUP。另外，窗口被创建后，下一段代码极其棘手。实质上，它调整窗口尺寸，使窗口客户区域与请求的尺寸相同，而不是请求的尺寸减去边框和控件的尺寸。

在 Windows 编程中，当您创建一个尺寸为 WINDOW_WIDTH × WINDOW_HEIGHT 的窗口时，并不意味着窗口的客户区域尺寸为 WINDOW_WIDTH × WINDOW_HEIGHT。它意味着整个窗口的尺寸为 WINDOW_WIDTH × WINDOW_HEIGHT。因此，如果没有边框和控件，客户区域的尺寸将为 WINDOW_WIDTH × WINDOW_HEIGHT，但如果窗口有控件，客户区域将会小一些，如图 3.13 所示。

为解决这种问题，需要动态地调整窗口的大小，使窗口的客户区域尺寸正好为请求的窗口尺寸。下面是完成该项任务的代码：

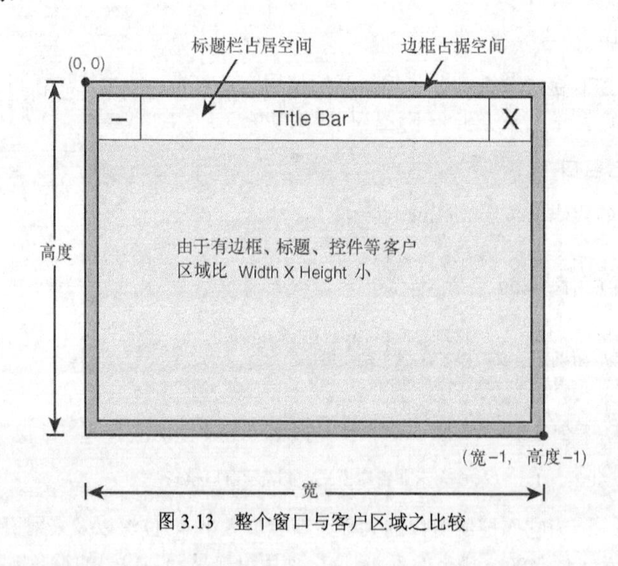

图 3.13　整个窗口与客户区域之比较

```
// 调整窗口大小，使客户区域的大小为 width × height
if (WINDOWED_APP)
{
// 调整窗口的大小，使客户区域的大小等于请求的大小
// 这是由于应用程序为窗口模式时，将由边框和控件调整
// 应用程序不是窗口模式时，无需调整
RECT window_rect = {0,0,WINDOW_WIDTH-1,WINDOW_HEIGHT-1};

// 调用函数来调整 window_rect
```

```
AdjustWindowRectEx(&window_rect,
   GetWindowStyle(main_window_handle),
   GetMenu(main_window_handle) != NULL,
   GetWindowExStyle(main_window_handle));

// 将客户区域偏移量保存到全局变量中，因为 DDraw_Flip()需要使用它们
window_client_x0 = -window_rect.left;
window_client_y0 = -window_rect.top;

// 调用 MoveWindow()来移动窗口
MoveWindow(main_window_handle,
      0, // 水平位置
      0, // 垂直位置
      window_rect.right - window_rect.left, // 宽度
      window_rect.bottom - window_rect.top, // 高度
      FALSE);

// 显示窗口
ShowWindow(main_window_handle, SW_SHOW);
} // end if windowed
```

还有其他两种方法可用于完成这种任务目标，但是我通常使用前面介绍的方法。另一种方法是，了解窗口有哪些控件，然后向 Windows 查询这种控件的尺寸，再计算窗口应有的总尺寸。不管采用哪种方法，都应确保选择窗口模式时，窗口的客户区域为 WINDOW_WIDTH × WINDOW_HEIGHT。

注意：如果将 WINDOWED_APP 设置为 0，将不会执行上述逻辑，因为 WM_POPUP 窗口不包含任何控件，因此无需调整窗口的大小。

创建窗口并根据需要调整其大小后，将调用函数 Game_Init()。创建自己的应用程序时，您将在该函数中加入自己的初始化代码；但当前它完成的工作很少，只是调用函数 DDraw_Init()。

```
// 启动 DirectDraw
DDraw_Init(WINDOW_WIDTH, WINDOW_HEIGHT, WINDOW_BPP, WINDOWED_APP);
```

注意：您可能已经注意到，在主事件循环附近的 SystemParametersInfo( )函数调用。这些调用使 Windows 认为屏幕保护程序正在运行，从而忽略按键 Alt+Tab。如果您没有正确地处理 Alt+Tab，DirectX 应用程序可能会崩溃，调用该函数后您不需要再考虑这些问题。如果有兴趣，可以查看 DirectX SDK。一般而言，当应用程序失去焦点时，将需要恢复所有丢失的表面，并重新接管所有输入设备，这是令人痛苦的！

2．使用和编译游戏控制台

T3DCONSOLE2.CPP 只是一个“外壳”或模板，您将使用它来创建应用程序。您可以使用它来处理所有与 Windows 相关的问题，这样，只需在游戏函数 Game_Init()、Game_Main()和 Game_Shutdown()中添加所需的代码即可。然而，要编译这个游戏控制台，需要包括下列文件：

- T3DLIB1.CPP|H——DirectDraw 模块；
- T3DLIB2.CPP|H——DirectInput 模块；
- T3DLIB3.CPP|H——DirectSound 和 DirectMusic 模块。

下列文件必须位于您的根目录中：

- PALDATA1|2.PAL——256 色模式的默认调色板。

此外，还必须链接下列库文件：

- DDRAW.LIB；
- DSOUND.LIB；
- DINPUT.LIB；
- DINPUT8.LIB。

请将编译器设置为生成 Win32 .EXE 目标程序。别忘了在链接列表中添加 Direct .LIB 文件，并设置编译器的搜索路径，使它能够找到所有头文件。

我在没有添加任何内容的情况下，编译了该游戏控制台，创建文件 T3DCONSOLE2.EXE。该应用程序创建一个 640×480×16 的窗口。要运行该程序，必须将桌面设置为 16 位颜色模式。

警告：基于游戏控制台的窗口应用程序不会修改桌面的位深。如果您愿意，也可以修改桌面的位深，但可能产生灾难性后果。原因是：如果运行了其他应用程序，然后启动一个 DirectDraw 应用程序，它修改屏幕的位深，但创建一个非全屏的窗口，其他正在运行的应用程序将不能正常工作，并可能导致系统崩溃。对于全屏应用程序，您可以使用自己想要的任何分辨率和位深；但对于窗口应用程序，应该测试当前位深，看它是否满足您的需求，然后再启动您的应用程序，并让用户能够切换桌面。

只需修改一条#define 语句，就可以将应用程序改成全屏的 640×480×16 应用程序：

```
#define WINDOWED_APP   0   // 0表示非窗口模式，1表示窗口模式
```

然而，窗口应用程序更有趣，也更容易调试，因此本书主要使用窗口应用程序。尽管如此，游戏程序能够正常运行后，建议您还是将其更改为全屏模式。

3.8 范例 T3LIB 应用程序

下面介绍几个范例应用程序，它们是在游戏控制台 T3DCONSOLE2.CPP 的基础上编写而成的，演示了如何处理图形、声音、音乐和输入。这些演示程序都有些实际性内容，它们都来自《Windows 游戏编程大师技巧》，但进行了更新。这样，您看到的将是使用控制台模板的真实范例。然而，对声音和音乐的演示则没有原来那么优美。

最后，本书将逐步完善 T3DLIB 引擎，添加模块 T3DLIB4、5、6 等。

3.8.1 窗口应用程序

T3DCONSOLE2.CPP 本身就是一个真正的 16 位窗口应用程序，但为创建演示程序，我将在其中添加一些内容。

我将《Windows 游戏编程大师技巧》中的人工智能演示程序（模式系统演示程序）转换为一个 16 位窗口程序。在附带光盘中，该程序名为 DEMOII3_1.CPP|EXE，图 3.14 是该程序运行时的屏幕截图。要运行该程序，桌面必须是 16 位颜色模式下。另外，要编译它，必须包括所有的库模块。

该程序不仅演示了 16 位窗口模式，还演示了如何加载位图、使用 BOB 库、播放声音以及 16 位图形模式下的其他操作。通过研究其源代码，读者将可以学习很多知识。

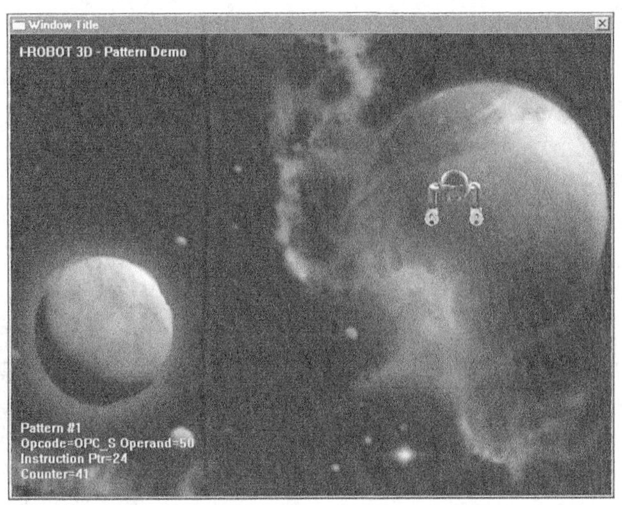

图 3.14　一个 AI 窗口演示程序的屏幕截图

3.8.2　全屏应用程序

使用我们的库模块编写全屏应用程序没有什么不同；实际上更容易，因为发生资源共享问题的可能性更小。在 256 色模式下，您可以完全控制整个调色板，而不像在 256 色窗口模式下那样，不能修改调色板的前 10 种和后 10 种颜色。另外，在全屏模式下，可以切换到任何位深和分辨率，而不用考虑桌面的位深。

为编写全屏应用程序，我将《Windows 游戏编程大师技巧》中一个 256 色物理学演示程序的代码集成到我们的游戏控制台模板中。该程序名为 DEMOII3_2.CPP|EXE，图 3.15 是它运行时的屏幕截图。该程序再次演示了如何使用位图、BOB 和 256 色调色板模式。

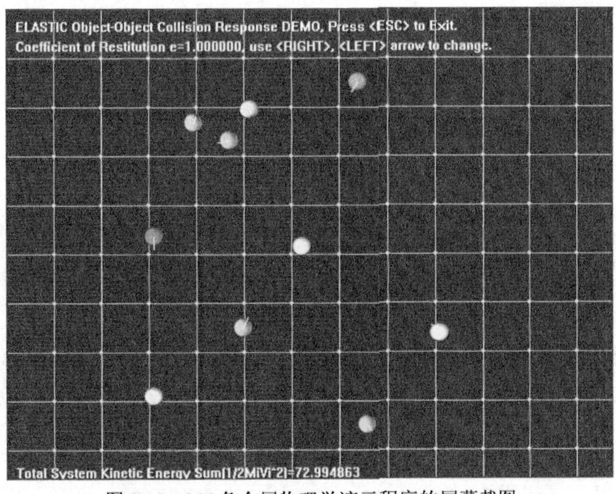

图 3.15　256 色全屏物理学演示程序的屏幕截图

3.8.3 声音和音乐

在 DirectSound 和 DirectMusic 下，使用声音和音乐并不难，但也并不容易。这些系统非常复杂，有很多功能。然而，我们只是想从磁盘加载声音和音乐，然后播放它们！T3DLIB2.CPP|H 模块以非常简洁的方式处理这些任务。

声音和音乐演示程序在图形方面非常简单，这样您可以将重点放在使声音和音乐能够正常运行的函数调用上。我采用《Windows 游戏编程大师技巧》中一个同时使用 DirectSound 和 DirectMusic 的演示程序，它是一个包含菜单的简单 Windows 程序，用户通过菜单选择要播放的 MIDI 歌曲，同时可以触发各种声音效果。另外，该演示程序是在精简的游戏控制台的基础上编写的，旨在最大限度地删除无关的东西。

该演示程序名为 DEMOII3_3.CPP|EXE，图 3.16 是它运行时的屏幕截图。这个程序使用了两三种资源，如菜单和光标，您需要将相应的文件加入到工程中：

- DEMOII3_3.RC——Windows 菜单资源文件；
- DEMOII3_3_RES.H——包含资源标识符的头文件；
- T3DX.ICO——该程序使用的光标图标。

图 3.16 声音和音乐演示程序的屏幕截图

同样，它也是一个 DirectX 应用程序，因此您需要在工程中包括 DirectX .LIB 文件。从技术上说，该程序并不需要 DDRAW.LIB，但为安全起见，应该总是在链接文件列表中包括所有的 DirectX 库文件。该程序没有调用 T3DLIB1.CPP 和 T3DLIB2.CPP 中的任何图形或输入函数，因此在工程中不要包括这两个.CPP 文件，否则将出现链接错误！

3.8.4 处理输入

最后一个范例是输入演示程序。您知道，游戏使用的主要输入设备有 3 种：

- 键盘；
- 鼠标；
- 游戏杆。

当前，游戏杆可以指很多设备，但通常将除键盘和鼠标之外的所有输入设备都称为游戏杆。

使用输入库相当简单，它包含在文件 T3DLIB2.CPP|H 中，支持键盘、鼠标和游戏杆设备。只要几个函数调用，就可以初始化 DirectInput、接管输入设备，然后在主事件循环中从输入设备中读取数据。这里将为每种输入设备提供一个演示程序：键盘、鼠标和游戏杆。当然，也可以同时使用所有的输入设备，但演示程序将分开进行，让您能够更好地理解如何使用输入库。

1. 键盘演示程序

同样，该演示程序也将以《Windows 游戏编程大师技巧》中的代码为基础。键盘演示程序名为 DEMOII3_4.CPP|EXE，图 3.17 是它运行时的屏幕截图。该程序让用户能够使用键盘在屏幕上移动 BOB。如果您查看读取键盘输入的代码，将发现返回的数据结构是一个 256 字节的布尔型数组，每个元素代表一个键。这个数组如下所示：

```
UCHAR keyboard_state[256]; // 键盘状态数组
```

图 3.17　键盘演示程序的屏幕截图

要访问这个数组，需要使用 DirectInput 键盘常量，它们的格式为 DK_*。前面的表 3.2 列出了一些最常用的键盘常量。您只需检测哪个键被按下，调用函数 DInput_Read_Keyboard()取回键盘数据后，就可以使用如下测试：

```
if (keyboard_state[DIK_UP])
  {
  // 上箭头键被按下是执行的代码
  } // end if
```

要编译这个演示程序，需要所有的 DirectX .LIB 文件、T3DLIB1.CPP|H、T3DLIB2.CPP|H 和 T3DLIB3.CPP|H。

2. 鼠标演示程序

鼠标演示程序也是以《Windows 游戏编程大师技巧》中的代码为基础的。它是一个很小的绘图程序，如图 3.18 所示。该程序名为 DEMOII3_5.CPP|EXE，它演示有关 GUI 编程的很多知识，如对象拾取、鼠标跟踪等。除鼠标跟踪代码外，绘图代码也值得学习。

图 3.18　基于鼠标的绘图程序的屏幕截图

鼠标输入设备可以以两种模式运行：绝对模式和相对模式。我更喜欢使用相对模式，因为总是可以计算出鼠标在什么位置，因此 API 封装函数将鼠标系统设置为相对模式。每次读取鼠标数据时，都将获得相对于上一次的偏移量。每次调用 DInput_Read_Mouse()函数时，都将读取鼠标数据，并将其存储到下面的全局鼠标记录中：

```
DIMOUSESTATE mouse_state; // 鼠标状态
该 DIMOUSESTATE 对象的结构如下：
typedef struct DIMOUSESTATE {
  LONG lX; // x 坐标
  LONG lY; // y 坐标
  LONG lZ; // z 坐标
  BYTE rgbButtons[4]; // 鼠标按钮的状态
} DIMOUSESTATE, *LPDIMOUSESTATE;
```

要编译这个演示程序，需要所有的 DirectX .LIB 文件、T3DLIB1.CPP|H、T3DLIB2.CPP|H 和 T3DLIB3.CPP|H。

3. 游戏杆演示程序

在当今的计算机上，“游戏杆”设备各种各样——从游戏键盘到方向盘（paddle），但是任何游戏杆类的设备无非是两种输入设备的集合：

- 模拟轴；
- 按钮。

图 3.19 显示了 4 种不同的游戏杆类设备：典型的游戏杆、高级游戏杆、游戏键盘（game pad）和方向盘。您可能不认为它们都是游戏杆，但确实都是。游戏杆有两个轴：x 轴和 y 轴，还有两个按钮；游戏键盘全部由按钮组成；而方向盘有一个旋转轴和两三个按钮。

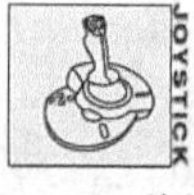

图 3.19　4 种基本的游戏杆设备

当然，在 DirectInput 中，有很多常量用于定义一些最流行的游戏杆类型，如普通游戏杆、飞行杆（flight stick）、方向盘、游戏键盘等，但它们的使用方式通常相同：从模拟滑块获取连续变化的数据或大量表示按钮 on/off 的数字信号。DInput_Read_Joystick()函数返回的数据存储在下面的全局变量中：

```
DIJOYSTATE joy_state;   // 游戏杆状态
```

其结构如下：

```
typedef struct DIJOYSTATE {
  LONG  lX; // x 坐标
  LONG  lY; // y 坐标
  LONG  lZ; // z 坐标
  LONG  lRx; // 绕 x 轴旋转角度
  LONG  lRy; // 绕 y 轴旋转角度
  LONG  lRz; // 绕 z 轴旋转角度
  LONG  rglSlider[2]; // u、v 滑块（slider）的位置
  DWORD  rgdwPOV[4];  // 视点状态
  BYTE  rgbButtons[32]; // 按钮 0～31 的状态
} DIJOYSTATE, *LPDIJOYSTATE;
```

用于演示游戏杆设备的程序也取自《Windows 游戏编程大师技巧》，它是一个类似于 Centipede 的小型游戏（虽然不太像游戏）。在附带光盘中，该程序名为 DEMOII3_6.CPP|EXE，其屏幕截图如图 3.20 所示。同样，要编译这个演示程序，需要所有的 DirectX .LIB 文件以及 T3DLIB1.CPP|H、T3DLIB2.CPP|H 和

T3DLIB3.CPP|H。

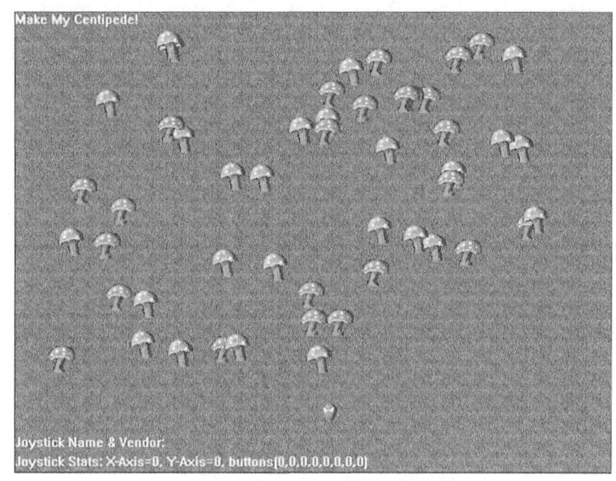

图 3.20　游戏杆演示程序的屏幕截图

注意：学习这些演示程序时，请注意与游戏编程相关的其他内容，如基本游戏逻辑、碰撞检测和武器系统等。

3.9 总　　结

本章在《Windows 游戏编程大师技巧》和本书之间搭建了一座桥梁。您应该知道，3D 图形学研究的不是 DirectX 和 Windows，而是数学、数学还是数学。为进行 3D 图形学编程，只需要一个包含一些函数和两个帧缓存的平台。即使您没有阅读过《Windows 游戏编程大师技巧》，也很容易地理解本书将使用的 API。您应充满信心，因为我们只使用几个函数来实现虚拟图形计算机，供本书其他章节使用。对于那些已经阅读过《Windows 游戏编程大师技巧》的读者，我相信您们会非常高兴 T3DLIB 现在支持 16 位窗口模式了！我也一样。

第二部分

3D 数学和变换

第 4 章　三角学、向量、矩阵和四元数

以前编写计算机游戏时，只需要很少的三角学和代数方面的知识；但现在完全不同了。还记得几年前，我联系 *Game Developer Magazine* 的编辑，想发表一篇关于向量的文章，得到的答复是数学太高深了；而现在阅读这份杂志时，发现其中充斥着高深的向量和微积分方面的内容！本章复习学习 3D 计算机图形学时所需的基本数学知识。不可能在一章中介绍大学四年的全部数学知识，而只能蜻蜓点水地复习一下，如果您要了解更详细的内容，可参考相应的数学书籍。当然，如果您已经是数学专家，可跳过本章，直接进入创建数学库的下一章。本章介绍下列内容：

- 数学表示法；
- 坐标系；
- 三角学；
- 向量；
- 矩阵和线性代数；
- 基本几何实体；
- 使用参数化方程；
- 四元数简介；
- 微积分基础。

4.1　数学表示法

数学像语言一样，由一组表示数学概念、公式、方程和运算的符号组成。高等数学存在的问题是，很多符号都是希腊字母。开始介绍数学知识之前，先列出一些常用的符号，说明探讨纯数学问题时本书采用的约定。虽然有些概念现在没有什么意义，但至少您可以提前了解一些定义。表 4.1 列出了我们将使用的基本数学类型。

表 4.1　　　　　　　　　　　　　　　　数学类型

类型	表示法	示例	类型	表示法	示例
标量	小写字母	a、b、x、y	向量的分量	<分量>	<ux，uy，uz>
无穷大	∞	+∞，−∞	行向量	[分量]	[ux，uy，uz]
角度	小写希腊字母	θ，ϕ，α，β	点	粗体小写字母	$\mathbf{a}$，$\mathbf{p}_1$，$\mathbf{p}_2$
向量	粗体小写字母	$\mathbf{u}$，$\mathbf{v}$，$\mathbf{a}_x$，$\mathbf{a}_y$	矩阵	粗体小写字母	$\mathbf{A}$，$\mathbf{B}$，$\mathbf{M}_2$
四元数	粗体小写字母	$\mathbf{p}$，$\mathbf{q}$，$\mathbf{r}_x$，$\mathbf{s}_y$	三角形	Δ加顶点	$\Delta\mathbf{P}_0\mathbf{P}_1\mathbf{P}_2$，$\Delta\mathbf{abc}$

注：所有类型都可以带下标或上标。

简要地介绍基本类型后，接下来介绍一些标准数学运算符，如表 4.2 所示。

表 4.2　　　　　　　　　　　　　　　　数学运算符

运算	表示法	示例	运算	表示法	示例
标量乘法	×、*	3×5，a*b	长度	$\lvert\text{expr}\rvert$	$\lvert\mathbf{u}\rvert$
矩阵乘法	×	**A×B**	行列式	det（expr）	det(**M**)
点积	.	**u . v**	转置	上标 T	$\mathbf{v}^T$
总和	∑expr		积分	∫ expr	
绝对值	$\lvert\text{expr}\rvert$	$\lvert-35\rvert$	微分	'	x'，x"

注：“expr”表示表达式。

当然，后面可能介绍更多的表示法，但表 4.1 和表 4.2 是大多数数学书采用的表示规则。

警告：通常，大多数数学书用|M|来表示矩阵 M 的行列式，用||v||表示向量 v 的长度或范数。但这种双竖线符号不太好排版，所以本书使用 det（M）来表示矩阵的行列式，使用|v|表示向量的长度或范数。

4.2　2D 坐标系

规定一些数学表示法后，还必须确保作者和读者对几何学的认识一致。下面首先介绍常规 2D 坐标系，然后介绍更复杂的 3D 坐标系。

4.2.1　2D 笛卡尔坐标

笛卡尔坐标（Cartesian Coordinates）系是最常见的 2D 坐标系，每个人都使用过。笛卡尔坐标系基于两条相互垂直的坐标轴：x 轴和 y 轴，如图 4.1 所示。正 x 轴向右，负 x 轴向左；正 y 轴向上，负 y 轴向下。x 和 y 都为 0 点叫作原点。用工程术语说，y 轴也叫纵轴（ordinate），x 轴也叫横轴（abscissa）。

2D x-y 坐标系中有 4 个象限，分别被标记为 QI、QII、QIII 和 QIV。这些象限通过 x、y 坐标的符号相区分。表 4.3 说明了每个象限中 x、y 坐标的符号。

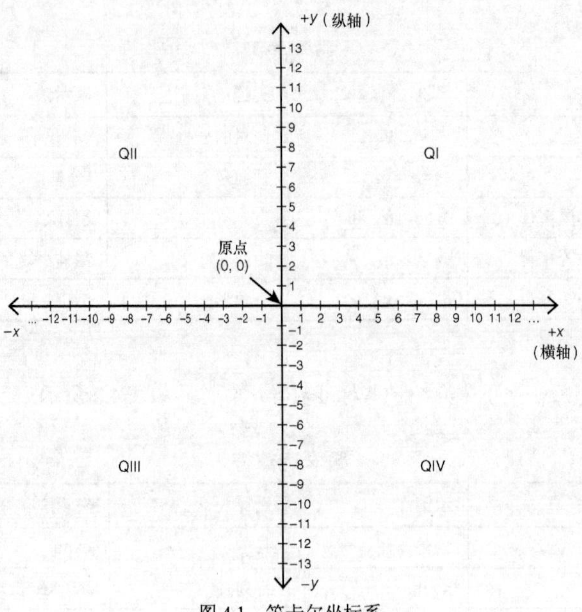

图 4.1　笛卡尔坐标系

表 4.3　　每个象限中的坐标符号

象限	x 坐标的符号	y 坐标的符号	象限	x 坐标的符号	y 坐标的符号
I	+	+	III	-	-
II	-	+	IV	+	-

提示：很多图形算法都以这样的方式进行优化：首先在 QI 中解决问题，然后根据对称性将解决方案反射到其他象限（在 3D 坐标系中为卦限）。

最后，要在 2D 笛卡尔坐标系中定义一个点，需要指定其 x 坐标和 y 坐标。例如，点 p(5，3)意味着 $x = 5$，$y = 3$，如图 4.2 所示。

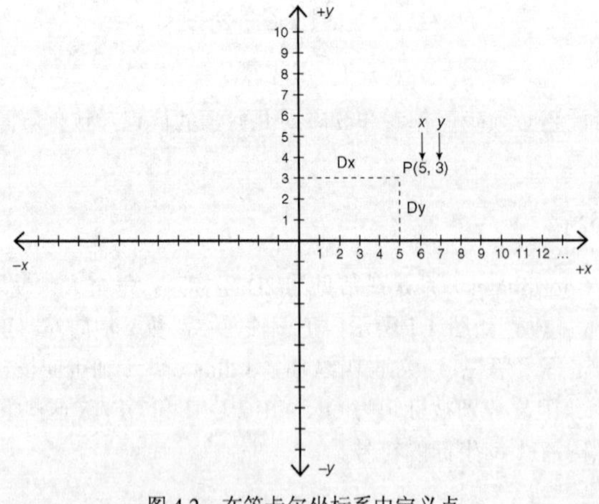

图 4.2　在笛卡尔坐标系中定义点

4.2.2　2D 极坐标

另一种支持两个自由度的坐标系是极坐标（polar coordinates）系。极坐标是游戏 Wolfenstein 和光线投射技术的基础。极坐标使用方向（heading）和距离来定义 2D 空间中的点，而不是使用(x，y)坐标。图 4.3 描述了标准的 2D 极坐标系，从中可知，使用两个变量来定义一个点：到原点（极点）的距离 r，方向（角度）θ 。因此，$\mathbf{p}(r，\theta)$表示点 $\mathbf{p}$ 位于这样的射线上：相对于参考线（通常为 x 轴）的反时针角度为θ ，且离原点的距离为 r。图 4.4 显示了点 $\mathbf{p}_1(10，30)$和 $\mathbf{p}_2(6，150)$，并以 x-y 坐标系为参考。

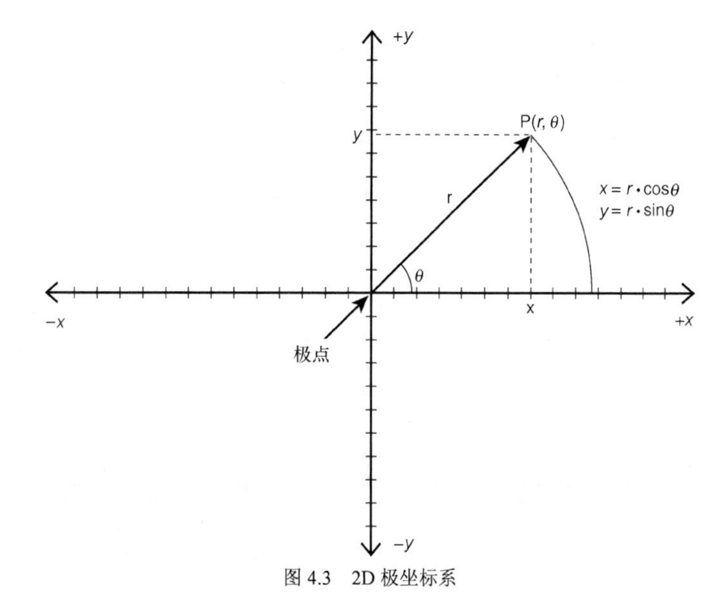

图 4.3　2D 极坐标系

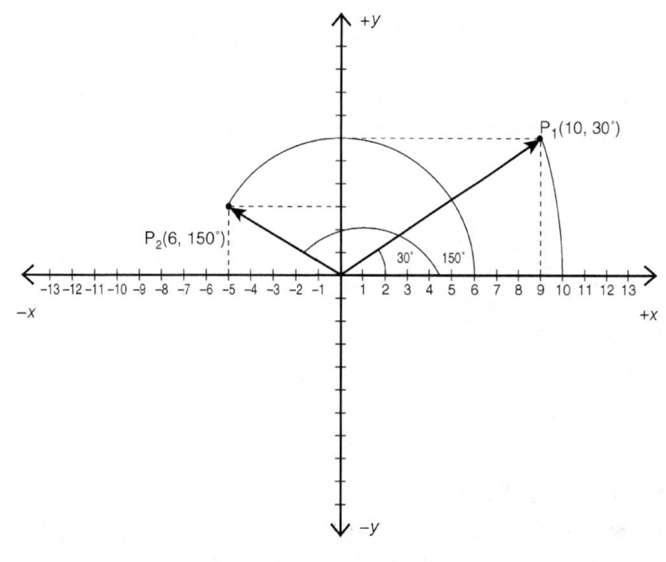

图 4.4　在 2D 极坐标系中定义点

在 2D 极坐标和笛卡尔坐标之间进行转换

虽然极坐标很好且很好看，但是有时候将极坐标转换为笛卡尔坐标也很有用。那么如何进行转换呢？在笛卡尔坐标和极坐标之间进行转换很容易，只需使用少量有关几何学和直角三角形的知识。图 4.5 显示了一个位于 2D 笛卡尔坐标系象限 I 中的标准直角三角形。对于直角三角形斜边的端点 P，可以使用下面的公式进行极坐标到笛卡尔坐标的转换。

```
x = r*cos(θ)
y = r*sin(θ)
```

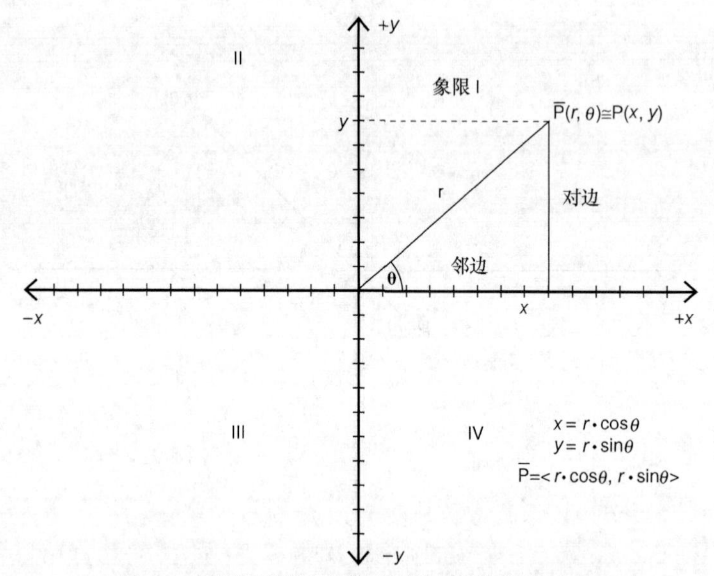

图 4.5　在极坐标和笛卡尔坐标之间进行转换的几何解释

提示：如果您不熟悉三角学，本章稍后将介绍它，现在只需使用该方程即可。

将笛卡尔坐标转换为极坐标稍微复杂些。问题在于，需要计算点 **p**(x, y) 与 x 轴形成的三角形斜边的角度及其长度。同样，可以使用三角学解决这个问题。可以使用正切函数来计算角度 θ，使用勾股定理来计算距离 r。计算公式如下：

```
r = sqrt(x² + y²)
θ = tan⁻¹(y/x)
```

下面来将位于 QI 中的点(3，4)转换为极坐标，如图 4.6 所示。

将 $x = 3$ 和 $y = 4$ 代入前面的公式，结果如下：

```
r = sqrt(3² + 4²) = 5
θ = tan⁻¹(4/3) = 53.1°
```

请参见图 4.6 的右边。

提示：您可能注意到了，上述公式存在一个问题：当 $x = 0$ 时，y 将变成无穷大！也就是说，当角度 $\theta = 90°$ 或 $\theta = 270°$ 时，其正切未定义（实际上是无穷大）。因此使用上述公式时，应首先检测 x 是否等于零。$x = 0$ 时，角度为 90 度。

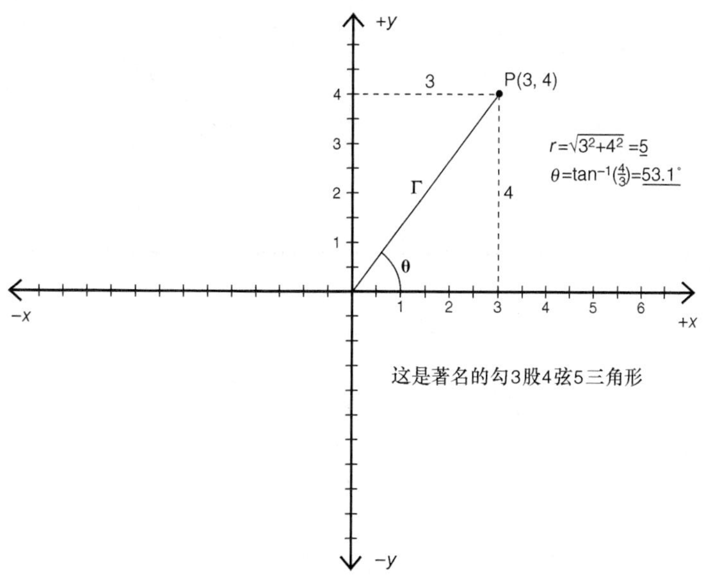

图 4.6　一个将笛卡尔坐标转换为极坐标的范例

总之，极坐标很有用，理解极坐标以及如何进行坐标变换对于解决很多有关弹道、瞄准和导航的问题非常重要。

4.3　3D 坐标系

读者掌握了 2D 坐标后，接下来介绍 3D 坐标。如果您从事过游戏编程，可能熟悉 3D 坐标系。但这里还是要介绍一下柱面坐标系和球面坐标系，因为它们对实现纹理映射和其他特殊效果很有帮助。先来介绍标准的笛卡尔 3D 坐标系，为介绍柱面坐标系和球面坐标系打好基础。

4.3.1　3D 笛卡尔坐标

3D 笛卡尔坐标系与 2D 笛卡尔坐标系相同，但增加了一条 z 轴。这三条轴互相垂直，坐标系有三个自由度。要定义 3D 空间中的一个点 **p**，需要三个坐标：*x*、*y*、*z*，或简写为 **p**(*x*，*y*，*z*)。另外，这三条轴构成了三个平面：x-y 平面、x-z 平面和 y-z 平面，如图 4.7 所示。这三个平面非常重要，其中每个平面都将空间分成两个区域（半空间）。半空间的概念很重要，后面介绍很多算法时都将用到它。这三个平面将整个空间分成 8 个子空间，因此在 3D 坐标系中，共有 8 个卦限（octans），如图 4.8 所示。

新增的 *z* 轴带来了一个小问题：必须决定在两个不同的方向中，哪个代表 *z* 轴的正半空间，哪个代表 *z* 轴的负半空间。因此，有两种不同的 3D 笛卡尔坐标系：左手坐标系和右手坐标系。

提示：将它们命名为左手坐标系和右手坐标系，是因为用左手和右手握住 *z* 轴时，如果其他手指从 *x* 轴环绕到 *y* 轴，则大拇指将指向 *z* 轴的正方向。

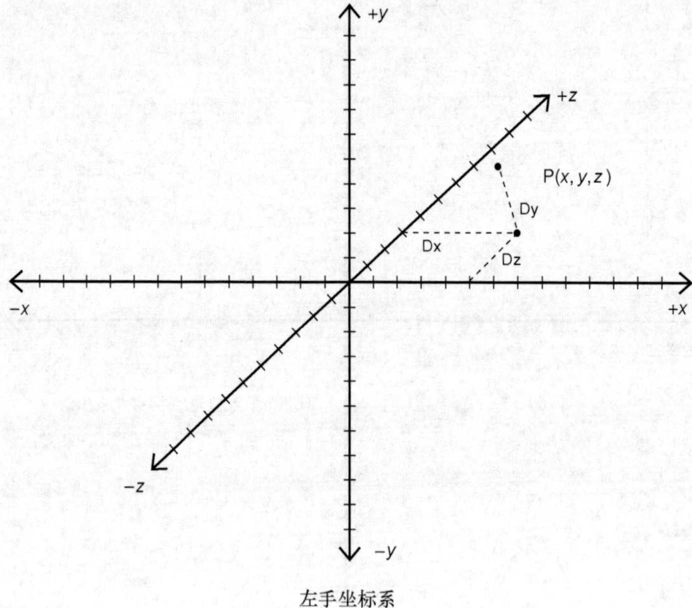

左手坐标系

图 4.7　3D 笛卡尔坐标系

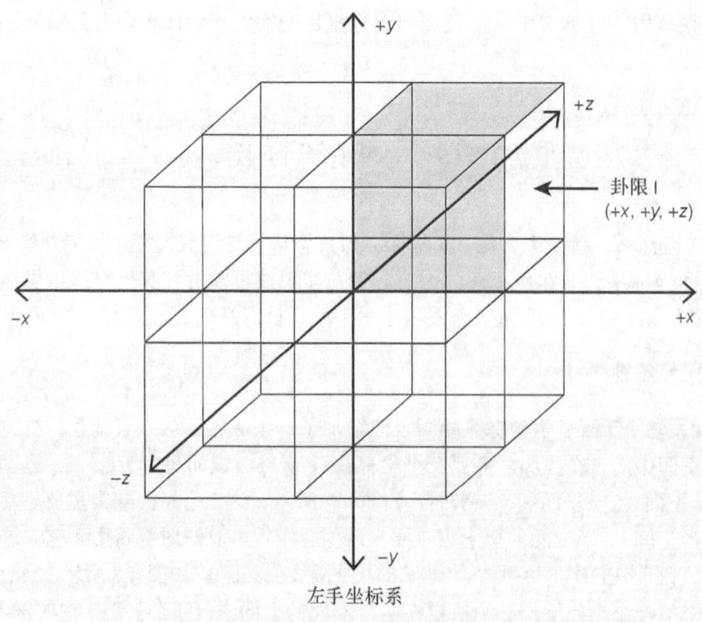

左手坐标系

图 4.8　3D 坐标系的卦限

1. 左手坐标系

左手坐标系（LHS）如图 4.9 所示。在 LHS 中，如果将 *x-y* 视为纸张上或屏幕上的水平轴和垂直轴，则正 *z* 轴将指向纸内或屏幕内。

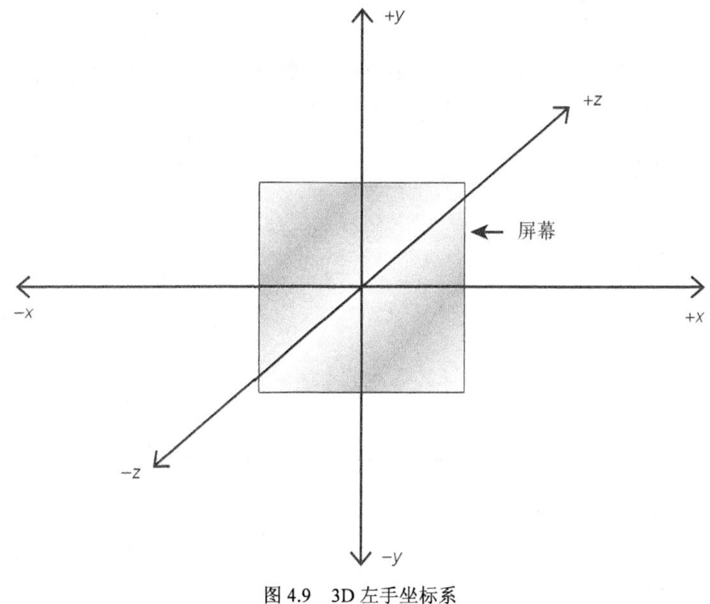

图 4.9　3D 左手坐标系

2. 右手坐标系

右手坐标系（RHS）如图 4.10 所示。在 RHS 中，如果将 *x-y* 平面视为纸面，则正 *z* 轴指向纸外，负 *z* 轴将指向纸内；如果将 *x-y* 视为屏幕，则负 *z* 轴将指向屏幕内，正 *z* 轴将指向屏幕外。

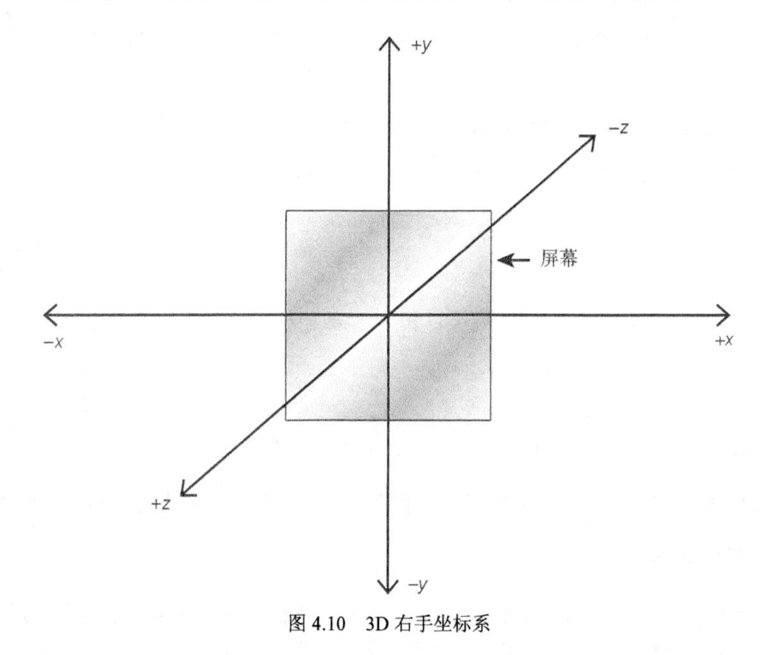

图 4.10　3D 右手坐标系

注意：这两种坐标系之间并没有实质上的区别，但本书的 3D 引擎主要使用 LHS。不过，有时也可能使用 RHS，使 3D 图形更易于理解。

本书使用 3D 笛卡尔坐标系，但在解决某些问题时，根据角度和方向来考虑更容易一些，如处理 3D 相机时。因此，了解另外两种常见的 3D 坐标系是一个不错的主意。

4.3.2 3D 柱面坐标

有趣的是，在 2D 空间中有极坐标系，但在 3D 空间中有柱面坐标系和球面坐标系，这是因为 3D 空间多了一个自由度。当然，它们之间是可以相互映射的，但每种坐标系都有其用途。3D 柱面坐标系（cylindrical coordinate systm）最接近于 2D 极坐标系，因为它只是在 2D 极坐标系的基础上增加了一条 z 轴，如图 4.11 所示。

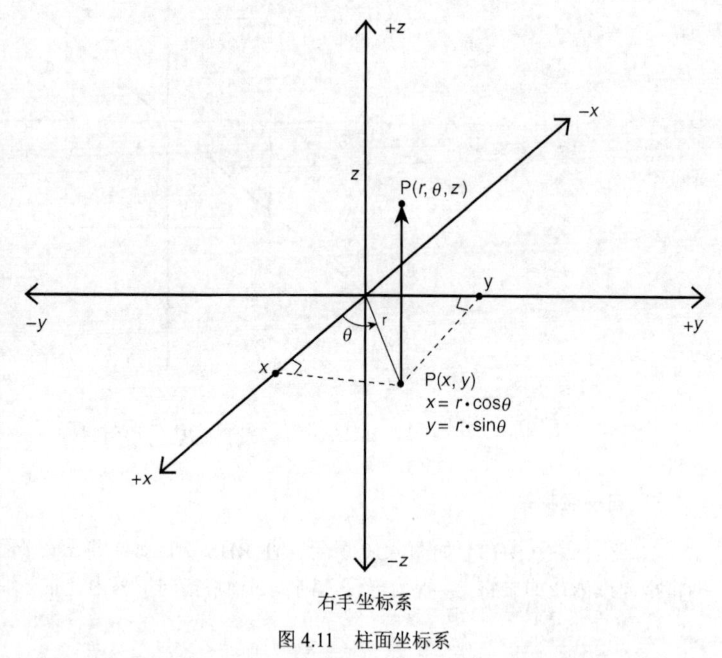

图 4.11 柱面坐标系

图 4.11 说明了标准的柱面坐标系。$z = 0$ 的 x-y 平面是一个标准 2D 极坐标系，在柱面坐标系中定义 3D 点时，首先在 $z = 0$ 的 x-y 平面上定义一个 2D 点 $\mathbf{p}(r, \theta)$，然后使用 z 坐标定义该点应平行于 z 轴“爬”多远。为便于说明，图中使用的是右手坐标系。

在 3D 笛卡尔坐标和极坐标之间进行转换

在 3D 笛卡尔坐标和柱面坐标之间进行转换很容易，只需使用 2D 转换公式，并保留 z 不变即可：

```
x = r*cos(θ)
y = r*sin(θ)
z = z
```

将笛卡尔坐标转换为柱面坐标时，也使用 2D 笛卡尔-极坐标转换公式，并保留 z 坐标不变：

```
r = sqrt(x² + y²)
θ = tan⁻¹(y/x)
z = z
```

警告：当 $\theta = 90$ 和 $\theta = 270$ 时，也存在反正切为无穷大的问题。

对于很多问题，使用柱面坐标是非常方便的，如在第一人称射击游戏中控制相机、环境映射等。

4.3.3 3D 球面坐标

3D 球面坐标系比其他所有坐标系都复杂些。在 3D 球面坐标系中，使用两个角度和到原点的距离来定义点。图 4.12 是一个球面坐标系。要在球面坐标系中定义一个点，需要两个角度和到原点的距离，通常表示为 $\mathbf{p}(\rho, \phi, \theta)$，其中：

- ρ是点 **p** 到原点的距离。
- ϕ是原点(**o**)到点 **p** 的线段与正 z 轴（这里使用的是右手坐标系）之间的夹角。
- θ是原点 **o** 到点 **p** 的线段在 *x-y* 平面上的投影与正 *x* 轴之间的夹角，它正好是标准 2D 极角θ。另外，$0 <= \theta <= 2\pi$。

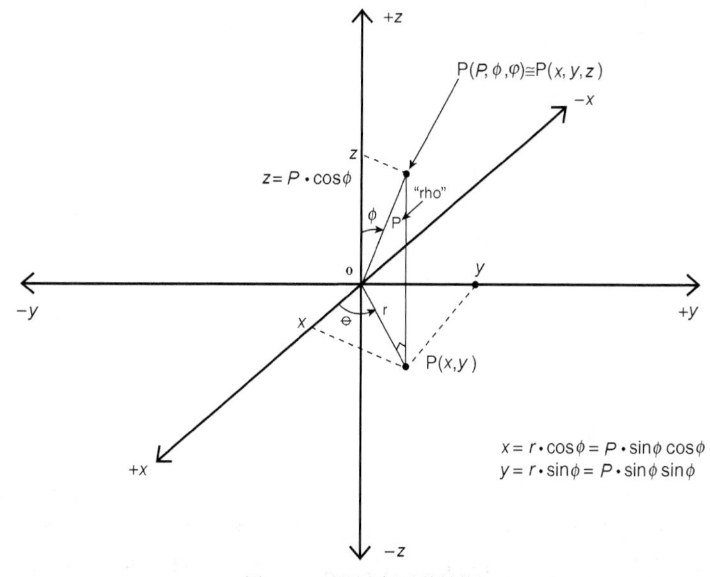

图 4.12　球面坐标及其转换

因此，同样可以使用 2D 极坐标的知识，来推导出球面坐标。下面介绍如何在 3D 笛卡尔坐标与球面坐标之间进行转换。

首先，由于使用文字来解释这种转换比较困难，因此请仔细看一下图 4.12。要将球面坐标转换为 3D 笛卡尔坐标(x，y，z)，可以分两步来完成。首先，将线段 **o->p** 投影到 *x-y* 平面上，以消除 *z* 坐标。这样，问题就变成 2D 的，而对于这种问题，我们已经有解决方案。然后，再回过头来，根据(ρ，ϕ，θ)计算出 *z* 值。具体步骤如下：

从线段 **o->p** 到 *x-y* 平面的投影可知：

```
r = ρ*sin(ϕ)
z = ρ*cos(ϕ)
```

在 *x-y* 平面上：

```
x = r*cos(θ)
y = r*sin(θ)
```

将 *r* 代入到上面计算 *x*、*y* 的公式中，结果如下：

```
x = ρ*sin(ϕ)*cos(θ)
y = ρ*sin(ϕ)*sin(θ)
z = ρ*cos(ϕ)
```

下面介绍如何将 3D 迪卡尔坐标转换为球面坐标。

由于 $x^2 + y^2 = \rho^2$，同时 $x^2 + y^2 = r^2$，因此：

```
r = sqrt(x² + y²)
ρ = sqrt(x² + y² + z²)
θ = tan⁻¹(y/x)
```

可以根据下述 r 和ρ之间的关系：

```
r = ρ*sin(ϕ)
```

来求解ϕ:

```
ϕ = sin⁻¹(r/ρ)
```

也可以根据下述关系：

```
z = p*cos(ϕ)
```

来求解ϕ:

```
ϕ = cos⁻¹(z/ρ)
```

4.4 三 角 学

三角学是一门研究角度、形状及其关系的科学。大多数三角学都以对直角三角形的分析为基础，如图 4.13 所示。直角三角形有三个内角和三条边。与直角相对的角通常用作参考点，有时也叫作底角（base angle）。根据它可以对三角形进行标记：与底角相邻的边叫作邻边，与底角相对的边叫作对边，连接它们的边叫作斜边。不要低估了三角形和相似三角形的作用，我很少见到有哪种图形算法不使用三角形或相似三角形的。虽然有关三角形的知识很容易，但熟练它们对图形编程来说至关重要。

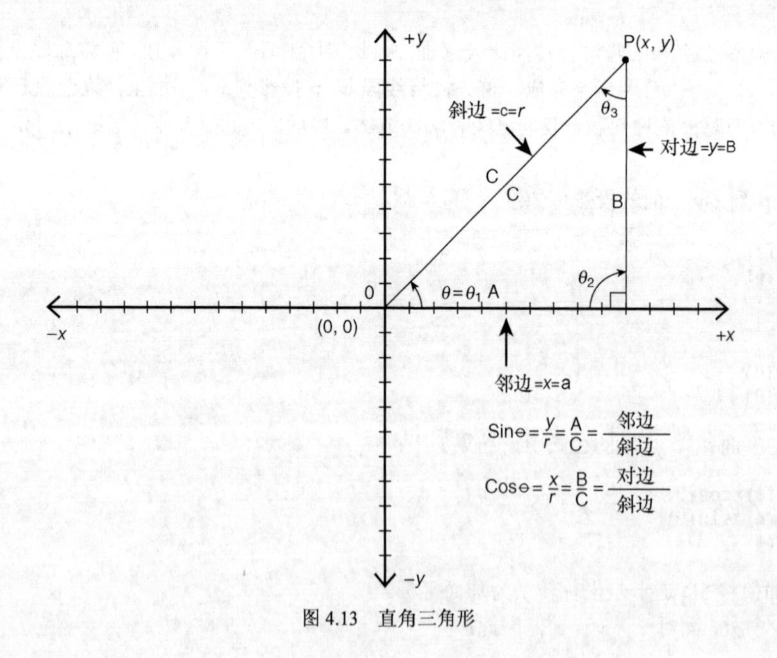

图 4.13 直角三角形

4.4.1　直角三角形

下面来复习一下有关三角形的一些事实。

注意：本书将交替使用 PI 和符号π，但，*PI* 通常是头文件 MATH.H 中的计算机常量，而π则意味着 3.14159……

事实 1　整个圆周为 360 度（2π弧度），因此 180 度等于π弧度。计算机函数 sin()和 cos()的参数以弧度为单位，而不是以度为单位！表 4.4 列出了这些值。

表 4.4　弧度与度之间的关系

以度为单位的角度	以弧度为单位的角度	以度为单位的角度	以弧度为单位的角度
360 度	2*PI 弧度（大约 6.28 弧度）	57.296 度	1 弧度
180 度	PI 弧度（大约 3.14159 弧度）	1.0 度	0.0175 弧度

事实 2　三角形的三个内角之和为 180 度（PI 弧度）。

事实 3　参见图 4.13 中的直角三角形，与角θ_1相对的边叫作对边，它下面的边叫作邻边，而那条长边叫作斜边。

事实 4　直角三角形的对边和邻边的平方和等于斜边的平方，这被称为勾股定理。因此，知道直角三角形中两条边的长度后，便可以计算出第三条边的长度。

事实 5　数学家喜欢使用的三个主要的三角函数正弦、余弦和正切。它们的定义如下：

$$\cos(\theta)=\frac{邻边}{斜边}=\frac{x}{r}$$

其中定义域为：0 <= θ <= 2*PI，值域为–1 到 1。

$$\sin(\theta)=\frac{对边}{斜边}=\frac{y}{r}$$

其中定义域为：0 <= θ <= 2*PI；值域为–1 到 1。

$$\tan(\theta)=\frac{\sin(\theta)}{\cos(\theta)}=\frac{对边/斜边}{邻边/斜边}=\frac{对边}{邻边}=\frac{y}{x}=斜率=M$$

其中定义域为：-PI/2 <= θ <= PI/2，值域为负无穷大到正无穷大。

图 4.14 是这些三角函数的图形。这些函数都是周期函数，其中正弦函数和余弦函数的周期都是 *2**PI，而正切函数的周期为 PI。当θ除以 PI 的余数为 PI/*2* 时，*tan*(θ)将为负无穷大或正无穷大。

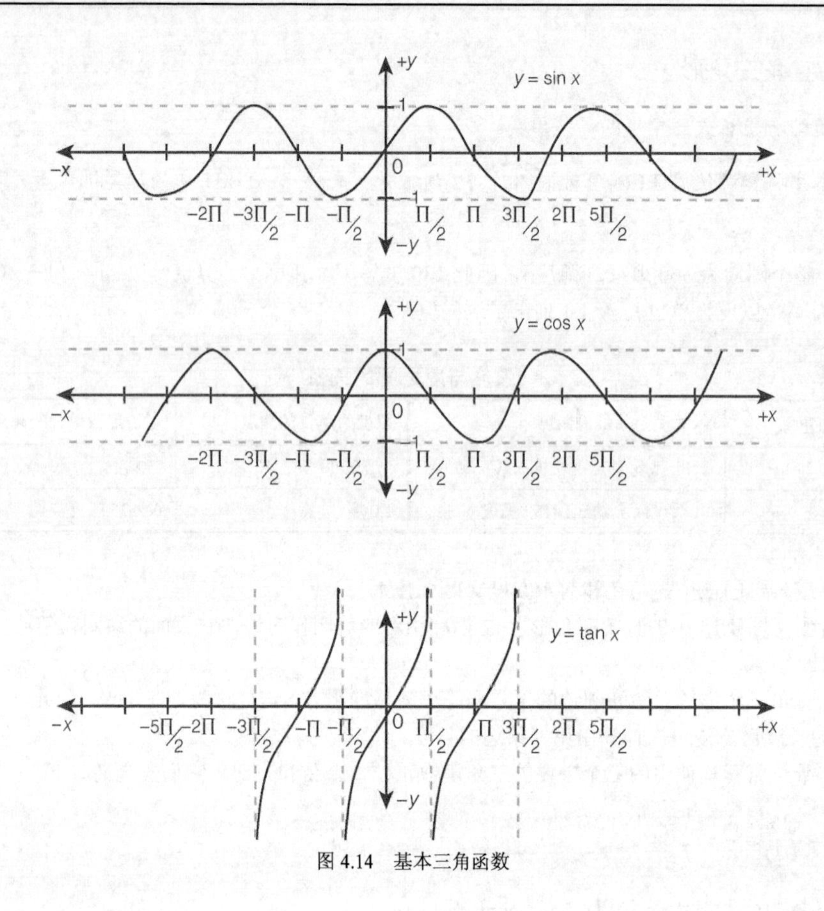

图 4.14　基本三角函数

4.4.2　反三角函数

很多时候当您使用三角函数，如正弦、余弦和正切函数时，需要根据几何学知识创建一个公式，使用函数值反算出角度。也就是说，根据正弦、余弦或正切值反算出对应的角度。这种函数叫反函数，使用上标“-1”表示：

```
θ = cos⁻¹(x)，其中 0<= θ <=2*PI，-1 <= x <= 1
θ = sin⁻¹(x)，其中 0<= θ <=2*PI，-1 <= x<= 1
θ = tan⁻¹(x)，其中 -PI/2 <= θ <= PI/2，-∞ < x < +∞
```

注意：在计算机上，无法表示无穷大，但在这种环境下，无穷大指的是这样的数字，即它们足够大，比我们考虑的数字空间中的任何数还要大很多倍。例如，如果游戏空间为 1000×1000 的网格，则可以认为 100 000 000 接近于无穷大。

使用上述反函数相当容易：用一个数值代替 x，就可以计算出角度 θ（这种工作将由计算机完成）。然而，我们面临的困境是，计算正弦、余弦和正切函数的速度很慢（即使是在计算机上），而计算反函数的速度还要慢 10 倍以上！因此，应确认是否确实需要知道角度。很多时候，只需在算法中使用 x 值即可。当然，如果确实需要角度，可以使用一些技巧，如查找表和插值。

4.4.3　三角恒等式

三角恒等式和技巧数不胜数，要全部证明它们，需要整本书的篇幅，这里只列出游戏程序员应该知道的一些恒等式：

倒数函数：

```
正割：csc(θ) = 1/sin(θ)
余割：sec(θ) = 1/cos(θ)
余切：cot(θ) = 1/tan(θ)
```

勾股定理的三角函数表示：

```
sin(θ)²+cos(θ)² = 1
```

转换恒等式：

```
sin(θ) = cos(θ-PI/2)
```

反射恒等式：

```
sin(-θ) = -sin(θ)
cos(-θ) = cos(θ)
```

角度相加恒等式：

```
sin(θ1 + θ2)= sin(θ1)*cos(θ2)+cos(θ1)*sin(θ2)
cos(θ1 + θ2)= cos(θ1)*cos(θ2)-sin(θ1)*sin(θ2)
sin(θ1 - θ2)= sin(θ1)*cos(θ2)-cos(θ1)*sin(θ2)
cos(θ1 - θ2)= cos(θ1)*cos(θ2)+sin(θ1)*sin(θ2)
```

当然，可以根据它们推导出很多其他三角恒等式。一般来说，三角恒等式可帮助简化复杂的三角公式，避免执行数学运算。因此，得到基于正弦、余弦或正切的公式后，务必参考三角学方面的书籍，看能否对公式进行化简，进而减少计算量。请切记，速度是游戏的关键！

技巧：后面讨论矩阵变换时，可能将多种操作（如平移、旋转、缩放等）组合起来。旋转操作本身可能是多个用正弦和余弦表示的旋转变换的组合。因此，计算矩阵乘法时，可以使用三角恒等式来简化矩阵，编写一个具体的函数来执行变换操作，而不是盲目地使用通用的矩阵乘法。

4.5　向　　量

向量是所有 3D 算法的基础，因此对于游戏程序员来说非常重要。向量由多个分量组成，2D/3D 向量表示一条有向线段。向量是用起点和终点定义的，如图 4.15 所示，其中向量 **u** 是用两个点 **p1**（起点）和 **p2**（终点）定义的。向量 **u** = $<u_x, u_y>$从 **p1**(x1，y1)指向 **p2**($x2$，$y2$)。要计算向量 **u**，只需将终点和起点相减：

```
U = p2 - p1 = (x2-x1, y2-y1) = <ux, uy>
```

我们通常使用粗体字母来表示向量，如 **u**，并将分量用尖括号括起，如$<u_x, u_y>$。

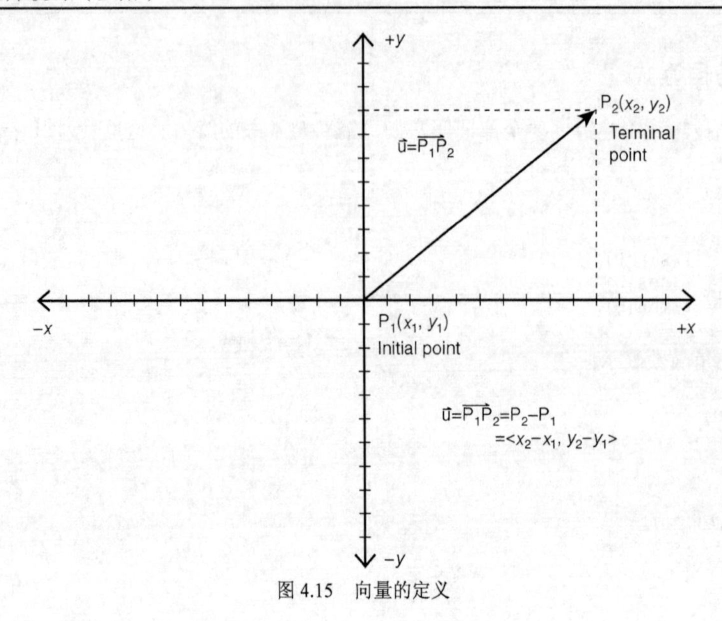

图 4.15　向量的定义

向量是从一个点到另一点的有向线段，但该线段可以表示很多概念，如速度、加速度等。需要注意的是，向量被定义后，总是相对于原点的。这意味着当您创建了一个从点 **p1** 到点 **p2** 的向量后，该向量的起点总是(0，0)（在 3D 空间中为（0，0，0））。2D 向量由两个数组成，而 3D 向量由三个数组成，因此只定义了 2D 或 3D 空间中的终点，起点总是为原点。这并不意味着不能平移向量并使用它们来执行各种几何操作；而只意味着您必须记住向量实际上是什么。

向量优点在于可以对它们执行的操作。向量实际上是一个有序数集，可以通过分别对每个分量执行数学运算，来对向量执行标准的数学运算。

注意：向量可以由任意个分量组成。在计算机图形学中，处理的是 2D 和 3D 向量；即向量的形式为 $a = <x, y>$和 $b = <x, y, z>$。n 维向量的形式为：

```
c = <c1, c2, c3,..., cn>
```

n 维向量用于代表变量集而不是几何空间，因为超过 3 维后便是超空间，正常空间只有三维。

4.5.1　向量长度

使用向量时，经常遇到的一个问题是如何计算其长度。向量的长度被称为范数（norm），本书通过在向量两边分别添加竖线来表示，如|**u**|表示向量 **u** 的长度。向量长度是从原点到向量表示的终点的距离，具体地说是各个分量平方和的平方根。因此，可以使用勾股定理来计算 2D 和 3D 向量的长度。在 2D 和 3D 空间中，计算|**u**|的公式如下

$$|\mathbf{u}| = \text{sqrt}(u_x^2 + u_y^2)$$

$$|\mathbf{u}| = \text{sqrt}(u_x^2 + u_y^2 + u_z^2)$$

4.5.2　归一化

知道向量的长度后，就可以对其进行归一化（normalize），即进行缩放，使其长度为 1.0，同时方向保持不变。像标量 1.0 一样，单位向量也有很多不错的性质。例如，有时候，我们可能执行很多运算，且只关

心结果向量的方向，而不关心其长度，也就是说只需要一个与结果向量的方向相同，长度为 1.0 的向量。归一化可以提供这种向量。给定向量 $n = <nx, ny>$，通常这样表示其归一化版本：

$$\hat{\mathbf{n}}$$

但为便于排版，我们将使用斜体小写字母（或加上一个撇号）来表示：*n* 或 *n'*。

计算向量 *n* 的归一化版本的公式如下：

```
n' = n/|n|
```

非常简单。归一化版本为向量除以其长度。

4.5.3　向量和标量的乘法

一种向量运算是缩放。例如，假设有一个表示速度的向量，要提高或降低速度，可以使用缩放运算。缩放是通过将每个分量乘以一个标量来完成的，例如：

令 $\mathbf{u} = <u_x, u_y>$，k 为实数常量，则：

$$k*\mathbf{u} = k*<u_x,u_y> = <k*u_x,k*u_y>$$

图 4.16 图示缩放运算。要反转向量的方向，可以将其乘以–1，如图 4.17 所示。用数学语言说，情况如下：

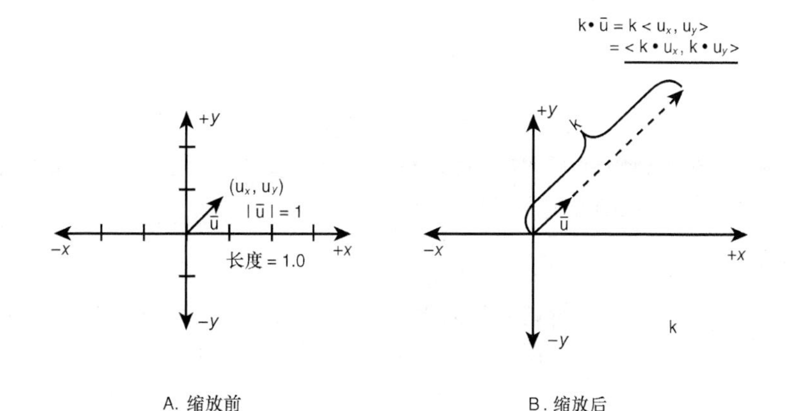

图 4.16　向量缩放

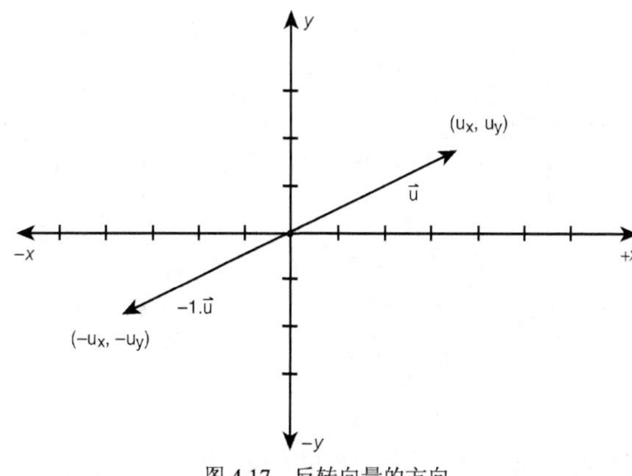

图 4.17　反转向量的方向

假设 **u** = <u_x, u_y>，则方向与 **u** 相反的向量为

$-1*\mathbf{u} = -1* <u_x, u_y> = <-u_x, -u_y>$

4.5.4 向量加法

要将多个向量相加，只需将各个分量分别相加即可。图 4.18 图示了 2D 向量的加法运算：将向量 u 和 v 相加，结果为向量 r。请注意向量加法的几何意义：平行移动向量 v，使其起点与向量 u 的终点重合，然后画出三角形的另一条边。从几何学上说，这种操作相当于下面的数学运算：

$\mathbf{u} + \mathbf{v} = <u_x, u_y> + <v_x, v_y> = <u_x + v_x, u_y + v_y>$

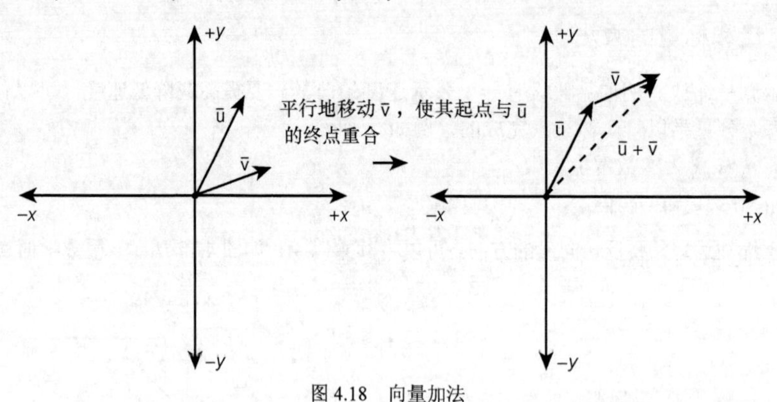

图 4.18 向量加法

因此，要在图纸上将任意多个向量相加，可以将这些向量“首尾相连”，从第一个向量的起点到最后一个向量的终点的线段，就是这些向量的和。

4.5.5 向量减法

向量减法实际上是加上一个方向相反的向量；然而，有时候以图形方式来表示向量减法更直观。图 4.19 显示了 $u-v$。$u-v$ 是从 v 到 u 的向量，而 $v-u$ 是 u（起点）到 v（终点）的向量。用数学语言说，情况如下：

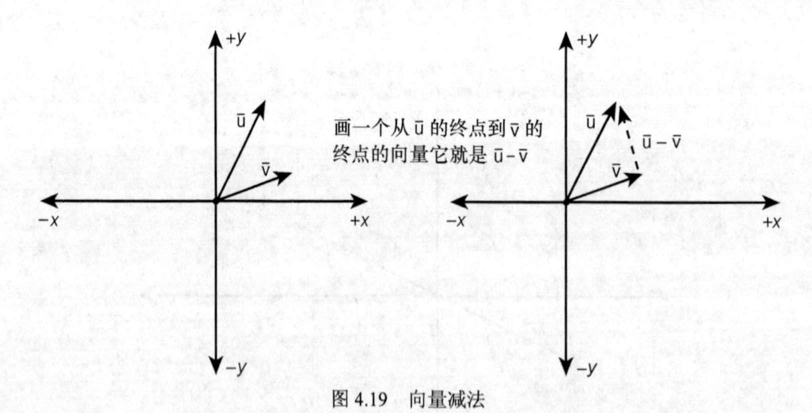

图 4.19 向量减法

$\mathbf{u} - \mathbf{v} = <u_x, u_y> - <v_x, v_y> = <u_x - v_x, u_y - v_y>$

这可能更容易记住，但有时候在图纸上进行计算更好些，因为可以直观地看到计算结果。知道如何在

图纸上执行向量加法和减法，对于编写渲染算法很有帮助。

4.5.6　点积

读者可能会问，“可以将两个向量相乘吗？”答案是肯定的，但直接将向量的各个分量相乘并不是很有用：

$$\mathbf{u} \otimes \mathbf{v} = \langle u_x * v_x,\ u_y * v_y \rangle$$

另一种被称为点积的乘法非常有用，其定义如下：

$$\mathbf{u} . \mathbf{v} = u_x * v_x + u_y * v_y$$

点积通常用点(.)表示，它将各个分量分别相乘后相加，得到一个标量，而不是将各个分量相乘，并保留向量形式。读者可能会问，点积有什么用呢？其结果不再是向量了！但点积相当于下列表达式：

$$\mathbf{u} . \mathbf{v} = |u| * |v| * \cos(\theta)$$

该表达式指出，u 和 v 的点积等于向量 u 的长度乘以向量 v 的长度，再乘以它们的夹角的余弦。组合上述两个表达式可得到如下结果：

$$\mathbf{u} . \mathbf{v} = u_x * v_x + u_y * v_y$$
$$\mathbf{u} . \mathbf{v} = |\mathbf{u}| * |\mathbf{v}| * \cos(\theta)$$
$$u_x * v_x + u_y * v_y = |\mathbf{u}| * |\mathbf{v}| * \cos \theta$$

这是一个很有趣的公式，它提供了一种计算两个向量之间夹角的方法，如图 4.20 所示，因此点积是一种很有用的运算。如果读者还不明白，可以对上述公式两边求反余弦，结果如下：

$$\theta = \cos^{-1} (u_x * v_x + u_y * v_y / |\mathbf{u}| * |\mathbf{v}|)$$

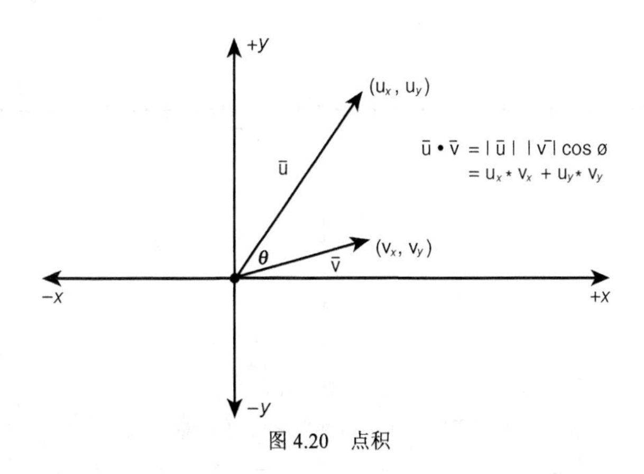

图 4.20　点积

将 $u.v = (ux*vx + uy*vy)$ 代入上述公式，结果如下：

$$\theta = \cos^{-1}(u.v / |u| * |v|)$$

这是一个功能非常强大的工具，也是很多 3D 图形学算法的基础。如果 u 和 v 都是单元向量，即 u 和 v 的长度都是 1.0，则$|u| * |v| = 1.0$，上述公式可进一步简化为：

$$\theta = \cos^{-1} (\mathbf{u.v}),\ \text{for}\ |\mathbf{u}| = |\mathbf{v}| = 1.0$$

下面是一些关于点积的有用事实：

事实 1 如果向量 u 和 v 之间的夹角为 90 度（互相垂直），则 $u.v=0$。

事实 2 如果向量 u 和 v 之间的夹角小于 90 度（锐角），则 $u.v > 0$。

事实 3 如果向量 u 和 v 之间的夹角大于 90 度（钝角），则 $u.v < 0$。

事实 4 如果向量 u 和 v 相等，则 $u.v = |u|^2 = |v|^2$。

图 4.21 图示了这些事实。

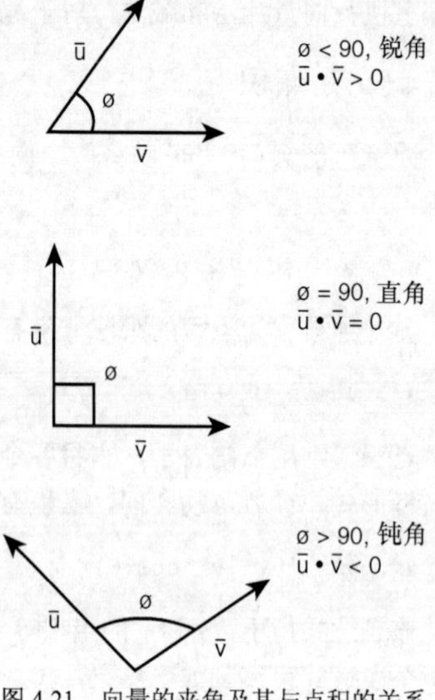

图 4.21 向量的夹角及其与点积的关系

另外，点积还可用于很多其他计算。在计算机图形学和游戏编程中，点积的重要用途之一是计算向量在给定方向上的分量（投影），如图 4.22 所示。例如，假设有一个向量 v，它代表游戏某个角色的运动轨道；还有一个向量 u，它表示游戏中另一个角色的运动轨道。很多情况下，需要知道 u 在 v 方向的分量，即向量 u 在向量 v 上的投影（$Proj_v u$）。可以使用点积来完成这种计算。

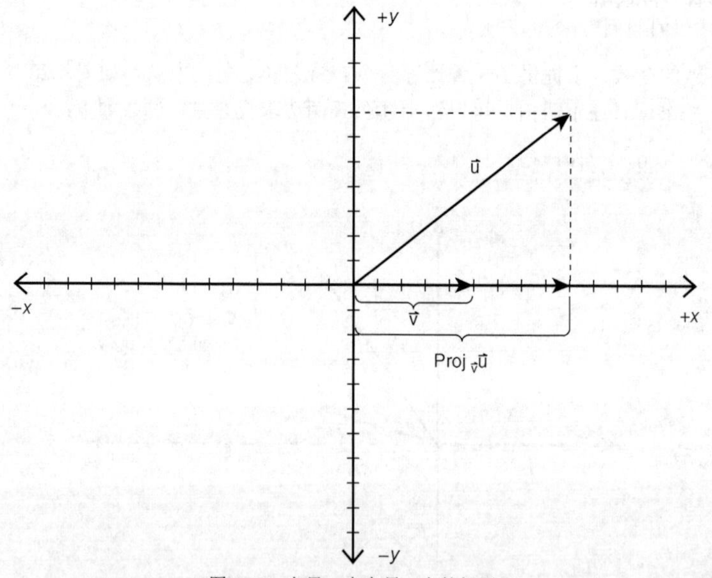

图 4.22 向量 u 在向量 v 上的投影

如图 4.22 所示，我们有向量 u 和 v，需要计算向量 u 在 v 上的投影的长度。如果需要向量，可以用投影长度乘以方向与向量 v 相同的单位向量。要计算投影长度，可使用点积 $u.v$，但 v 的长度必须为 1.0；也就是说，向量 v 必须被归一化。因此，计算 u 在 v 上投影向量的公式如下：

$$\text{Proj}_v\ \mathbf{u} = \frac{(\mathbf{u}\ .\ \mathbf{v}) * \mathbf{v}}{|\mathbf{v}| * |\mathbf{v}|}$$

下面解释一下这个公式。分子中 *u.v* 的含义如下：

```
u . v = |u|*|v|* cos(θ)
```

也就是说，*u.v* 等于向量 *u* 的长度乘以向量 *v* 的长度，再乘以它们之间夹角的余弦。在这里，我们需要计算 *u* 在 *v* 上的投影长度，但必须将向量 *v* 转换为单位向量——这正是分母中|*v*|之一的作用。因此，公式中计算投影长度的部分 *u.v*/|*v*|可简化为：

```
u . v = |u|*1*cos(θ) = |u|*cos(θ)
```

它表明，当角度θ为 0（即向量 *u* 与 *v* 平行）时，|*u*|*cos(*θ*)变成|*u*|，这是正确的。现在，还有最后一个问题需要解决：我们需要的是投影向量，而不是投影向量的长度。这很容易，只需将投影向量的长度乘以方向与 *v* 相同的单位向量即可，结果如下：

$$\text{Proj}_{\mathbf{v}}\ \mathbf{u} = \frac{(\mathbf{u}\ .\ \mathbf{v}) * \mathbf{v}}{|\mathbf{v}| * |\mathbf{v}|}$$

这里旨在演示如何用点积解决投影问题。基本上，要计算一个向量在另一个向量上的投影，都可以使用点积；但必须将测试向量（这里为 *v*）转换为单位向量。

点积满足的乘法定律

标量乘法满足结合律、分配律和交换律；向量乘法可能并不满足这些定律，下面列出点积满足的乘法定律：

给定向量 *u*、*v* 和 *w* 以及标量 k：

```
(a)u.v = v.u
(b)u.(v + w)=(u.v + u.w)
(c)k*(u.v)=(k*u).v = (u.(k*v))
```

注意：点积的优先级高于加法。

4.5.7 叉积

另一种向量乘法是叉积。然而，仅当向量包含 3 个或更多分量时，叉积才有意义。因此，这里将以 3D 向量为例进行讨论。给定 $u = <u_x, u_y, u_z>$和 $v = <v_x, v_y, v_z>$，叉积 $u \times v$ 的定义如下：

```
u × v = |u|*|v|*sin(θ) * n
```

下面逐项分析这个公式。|*u*|为向量 *u* 的长度，|*v*|为向量 *v* 的长度，sin(θ)是两个向量之间夹角的正弦。因此，|*u*|*|*v*|*sin(*θ*)是一个标量，即是一个数值。然后，我们将它与 *n* 相乘，但 *n* 是什么呢？*n* 是一个单位法线向量，即它与向量 *u* 和 *v* 都垂直，且长度为 1.0。图 4.23 图示了这种乘法。

因此，根据叉积可以知道向量 *u* 和 *v* 之间的夹角以及 *u* 和 *v* 的法线向量。然而，如果没有另一个公式，将无法得到任何信息。问题是，如何计算 *u* 和 *v* 的法线向量呢？答案是使用叉积的另一种定义。

叉积还定义为一种非常特殊的向量积。然而，如果不使用矩阵，将难以描述这种定义。要计算 *u* 和 *v* 的叉积（*u*×*v*），可以建立一个这样的矩阵：

$$\begin{vmatrix} \mathbf{i} & \mathbf{j} & \mathbf{k} \\ u_x & u_y & u_z \\ v_x & v_y & v_z \end{vmatrix}$$

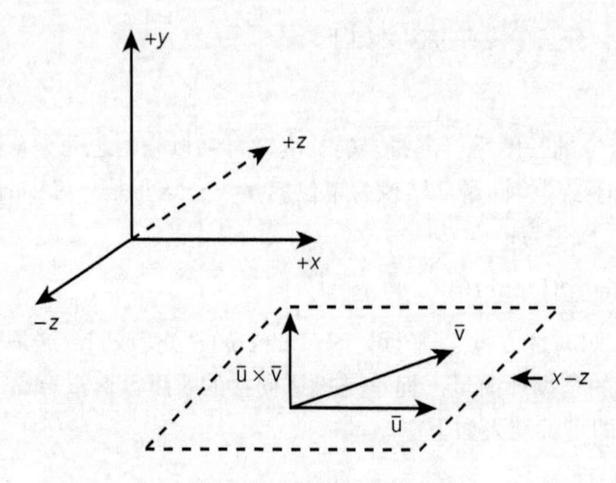

ū × v̄ 与 ū 和 v̄ 都垂直，如果 ū 和 v̄
都在 x−z 平面内，则 ū × v̄ 与 y 轴平行

图 4.23　叉积

其中 *i*、*j*、*k* 分别是与 *x* 轴、*y* 轴、*z* 轴平行的单位向量。

要计算 *u* 和 *v* 的叉积，执行下面的乘法：

$$\mathbf{n} = (u_y*v_z-v_y*u_z)*\mathbf{i} - (u_x*v_z-v_x*u_z)*\mathbf{j} + (u_x*v_y-v_x*u_y)*\mathbf{k}$$

n 是三个标量分别乘以三个相互垂直（即分别与 *x* 轴、*y* 轴和 *z* 轴平行）的单位向量的线性组合。因此，可以省略 *i*、*j*、*k*，将上述公式表示为：

$$\mathbf{n} = <u_y*u_z-v_y*u_z,\ -u_x*v_z+v_x*u_z,\ u_x*v_y-v_x*u_y>$$

n 是向量 *u* 和 *v* 的法线向量，但不一定是单位向量（如果 *u* 和 *v* 都是单位向量，*n* 也将是单位向量），因此必须归一化以得到 *n*。完成这一步后，就可以其代入到前面的叉积方程中，执行所需的计算。

然而，在实际应用中，很少有人使用公式 $u \times v=|u|*|v|*\sin(\theta)*n$，而只是使用矩阵形式来计算法线向量，因为θ通常是未知的。这里再次表明了对向量进行归一化在 3D 图形学中的重要性，您将使用归一化向量来进行光照计算、定义平面、比较多边形朝向、进行碰撞检测等。

叉积的乘法定律

下面列出叉积满足的乘法定律。

给定向量 *u*、*v* 和 *w* 以及标量 k：

(a) $\mathbf{u}\times\mathbf{v} = -(\mathbf{v} \times \mathbf{u})$（非常重要）
(b) $\mathbf{u}\times(\mathbf{v} + \mathbf{w})=(\mathbf{u}\times\mathbf{v})+(\mathbf{u}\times\mathbf{w})$
(c) $(\mathbf{u}+\mathbf{v})\times\mathbf{w}=(\mathbf{u}\times\mathbf{w})+(\mathbf{v}\times\mathbf{w})$
(d) $k*(\mathbf{u}\times\mathbf{v})=(k*\mathbf{u})\times\mathbf{v}=\mathbf{u}\times(k*\mathbf{v})$

4.5.8　零向量

虽然您不会经常使用零向量，但它的确存在。零向量的长度为零，没有方向，仅仅是一个点。因此，2D 零向量为<0，0>，3D 零向量为<0，0，0>，在维数更多的空间中，零向量与此类似。

4.5.9　位置和位移向量

接下来介绍位置和位移向量，跟踪几何实体，如直线、线段、曲线等时，它们很有用。图 4.24 所示描述了一个可用于表示线段的位置向量。该线段从 **p1** 到 **p2**，$\mathbf{v_d}$是从 **p1** 到 **p2** 的位移向量，v 是方向与从 **p1** 到 **p2** 向量相同的单位向量。可以创建向量 **p** 来跟踪该线段。从数学上说，向量 **p** 如下：

```
p = p1 + t*v
```

其中 t 是一个取值范围为 0 到$|v_d|$的参数。如果 $t=0$，则：

```
p = p1 + 0*v = <p1> = <p1x, p1y>
```

因此 $t=0$ 时，**p** 指向线段的起点。另一方面，如果 $t=v_d$，则：

```
p = p1 + |vd|*v = p1 + vd = <p1+ vd>
        = <p1x+vx, p1y+vy>
        = p2 = <p2x, p2y>
```

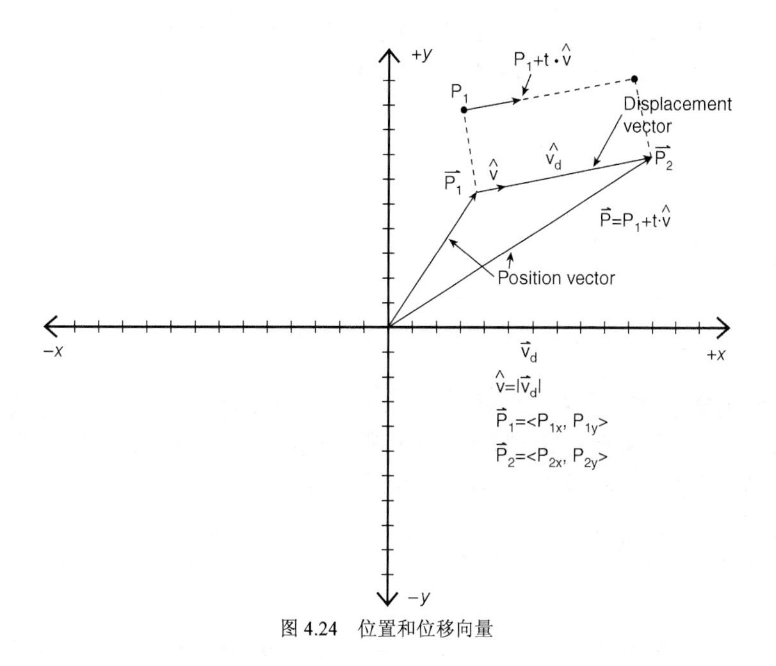

图 4.24　位置和位移向量

4.5.10　用线性组合表示的向量

正如您在向量叉积中见到的，向量还可以这样表示：

```
U = ux*i + uy*j + uz*k
```

其中，i、j、k 分别为与 x、y、z 轴平行的单位向量。这没什么特别的，它只是您可能需要知道的另一种向量表示法。所有运算的工作原理仍然相同。例如：

假设 $u = 3i + 2j + 3k$，$v = -3i - 5j + 12k$，则：

```
u + v = 3i + 2j + 3k - 3i - 5j + 12k
      = 0i - 3j + 15k = <0, -3, 15>
```

4.6 矩阵和线性代数

3D 图形学涉及对多组数值进行数学运算，使用矩阵可简化数据的表示和变换处理。

矩阵是一个矩形阵列，有指定行和列。通常说矩阵为 *m*×*n*，表示它有 *m* 行和 *n* 列。*m*×*n* 也叫矩阵的维数。例如，下面的矩阵 **A** 为 2×2 维：

$$\mathbf{A} = \begin{vmatrix} 1 & 4 \\ 9 & -1 \end{vmatrix}$$

本书使用粗体大写字母来表示矩阵。通常，大多数人都使用粗体大写字母来表示矩阵，但也有人用斜体大写字母来表示矩阵。在上面的范例中，第 1 行为<1 4>，第二行位<9 –1>。下面是一个 3×2 的矩阵：

$$\mathbf{B} = \begin{vmatrix} 5 & 6 \\ 2 & 3 \\ 100 & -7 \end{vmatrix}$$

下面是一个 2×3 的矩阵：

$$\mathbf{C} = \begin{vmatrix} 3 & 5 & 0 \\ -8 & 12 & 4 \end{vmatrix}$$

要定位矩阵中的第<*i*, *j*>个元素，只需找到第 i 行第 j 列的值即可。然而，在大多数数学书中，对矩阵元素从 1 开始计数，而不像在计算机程序中那样从 0 开始计数。本书从 0 开始计数，这样使用 C/C++矩阵时将更自然。例如，在下面的 3×3 矩阵中，元素名中包含下标：

$$\mathbf{A} = \begin{vmatrix} a_{00} & a_{01} & a_{02} \\ a_{10} & a_{11} & a_{12} \\ a_{20} & a_{21} & a_{22} \end{vmatrix}$$

有关矩阵本身及元素的标记规则就这些。您可能会问，“矩阵从哪里来？”矩阵是用于表示方程组的数学工具。如果有一个下面这样的方程组：

```
3*x + 2*y = 1
4*x - 9*y = 9
```

书写变量很麻烦。既然知道方程是关于 x 和 y 的，为什么还要书写这些变量呢？为什么不使用一种更加紧凑的各种，其中只包含方程系数呢？这就是矩阵的作用。对于上面的范例，可以使用三个矩阵来表示三套不同的值，然后同时或分别使用它们。

1．系数矩阵：

```
3*x + 2*y = 1
4*x - 9*y = 9
```

$$\mathbf{A} = \begin{vmatrix} 3 & 2 \\ 4 & -9 \end{vmatrix}$$

2．变量矩阵：

```
3*x + 2*y = 1
4*x - 9*y = 9
X = |x|
    |y|
```

3．常量矩阵：

```
3*x + 2*y = 1
4*x - 9*y = 9

B = |1|
    |9|
```

有了上面这些矩阵后，便可以将重点放在系数矩阵 **A** 上，而不考虑其他内容。另外，还可以使用矩阵格式书写方程组：

```
A*X = B
```

执行数学运算（乘法）后，结果如下：

```
3*x + 2*y = 1
4*x - 9*y = 9
```

然而，如何执行数学运算呢？我们知道，向量乘法并不直观，那么矩阵运算呢？首先来看一下在矩阵语境中“1”的含义。

4.6.1　单位矩阵

在任何一个数学系统中，首先需要定义的是 1 和 0。在矩阵数学中，也有类似于这样的值，与 1 对应的是单位矩阵（identity matrix）**I**，其定义是：主对角线上所有元素都为 1，其他元素为 0。单位矩阵具有如下性质：

```
A*I = I*A = A
```

注意：矩阵 **I** 和 **A** 必须具有相同的维数。

由于矩阵可以为任意维数，显然有无数的单位矩阵，但有一个限制：所有单位矩阵都必须是方形的，即维数为 $m \times m$，其中 $m >= 1$。下面分别是 2×2 和 3×3 的单位矩阵：

$$I_2 = \begin{vmatrix} 1 & 0 \\ 0 & 1 \end{vmatrix}$$

$$I_3 = \begin{vmatrix} 1 & 0 & 0 \\ 0 & 1 & 0 \\ 0 & 0 & 1 \end{vmatrix}$$

从技术上说，单位矩阵并不相当于 1，但在矩阵乘法中相当于 1。

第二种基本矩阵是零矩阵（zero matrix）**Z**，在加法运算和乘法运算中，它相当于 0。它是一个 $m \times n$ 矩阵，所有元素都为 0。

$$Z_{3\times3} = \begin{vmatrix} 0 & 0 & 0 \\ 0 & 0 & 0 \\ 0 & 0 & 0 \end{vmatrix}$$

$$Z_{1\times 2} = |0\ 0|$$

关于零矩阵唯一有意义的事情是，在矩阵加法和乘法中，它有标量 0 的属性。除此之外，它没有其他用途。

4.6.2 矩阵加法

矩阵加法和减法将两个矩阵的每个元素相加或相减，得到结果矩阵中对应的元素。关于矩阵加法和减法的唯一规则是，两个矩阵必须有相同的维数。下面是两个范例：

假设：

$$\mathbf{A} = \begin{vmatrix} 1 & 5 \\ -2 & 0 \end{vmatrix} \qquad \mathbf{B} = \begin{vmatrix} 13 & 7 \\ 5 & -10 \end{vmatrix}$$

则：

$$\mathbf{A} + \mathbf{B} = \begin{vmatrix} 1 & 5 \\ -2 & 0 \end{vmatrix} + \begin{vmatrix} 13 & 7 \\ 5 & -10 \end{vmatrix} = \begin{vmatrix} (1+13) & (5+7) \\ (-2+5) & (0-10) \end{vmatrix} = \begin{vmatrix} 14 & 12 \\ 3 & -10 \end{vmatrix}$$

$$\mathbf{A} - \mathbf{B} = \begin{vmatrix} 1 & 5 \\ -2 & 0 \end{vmatrix} + \begin{vmatrix} 13 & 7 \\ 5 & -10 \end{vmatrix} = \begin{vmatrix} (1-13) & (5-7) \\ (-2-5) & (0-(-10)) \end{vmatrix} = \begin{vmatrix} -12 & -2 \\ -7 & 10 \end{vmatrix}$$

4.6.3 矩阵的转置

有时候，将矩阵的行转为列，可方便地表示另一个矩阵。例如，对于 1×3 矩阵 $M = [x\ y\ z]$，其转置矩阵 $\mathbf{M}^t$ 是一个 3×1 矩阵：

$$\mathbf{M}^t = \begin{vmatrix} x \\ y \\ z \end{vmatrix}$$

对于 $m \times n$ 矩阵，通过交换行和列可以得到其转置矩阵。例如，对于如下所示的 3×2 矩阵 **A**：

$$\mathbf{A} = \begin{vmatrix} 5 & 6 \\ 2 & 3 \\ 100 & -7 \end{vmatrix}$$

其转置矩阵为 2×3 矩阵：

$$\mathbf{A}^t = \begin{vmatrix} 5 & 2 & 100 \\ 6 & 3 & -7 \end{vmatrix}$$

有关转置矩阵就介绍到这里。计算逆矩阵和矩阵乘法时，有时候需要用到转置矩阵。

4.6.4 矩阵乘法

矩阵乘法有两种：标量-矩阵乘法；矩阵-矩阵乘法。标量-矩阵乘法是用标量来乘以矩阵，只需将矩阵的每个元素乘以该标量即可，矩阵可以为任何维数。下面是 3×3 矩阵与标量相乘的情况：

假设 k 是一个任意实数。

如果：

$$\text{Let } \mathbf{A} = \begin{vmatrix} a_{00} & a_{01} & a_{02} \\ a_{10} & a_{11} & a_{12} \\ a_{20} & a_{21} & a_{22} \end{vmatrix}$$

则：

$$\text{Then } k*\mathbf{A} = k*\begin{vmatrix} a_{00} & a_{01} & a_{02} \\ a_{10} & a_{11} & a_{12} \\ a_{20} & a_{21} & a_{22} \end{vmatrix} = \begin{vmatrix} k*a_{00} & k*a_{01} & k*a_{02} \\ k*a_{10} & k*a_{11} & k*a_{12} \\ k*a_{20} & k*a_{21} & k*a_{22} \end{vmatrix}$$

下面是一个范例：

$$3*\begin{vmatrix} 1 & 4 \\ -2 & 6 \end{vmatrix} = \begin{vmatrix} (3*1) & (3*4) \\ (3*(-2)) & (3*6) \end{vmatrix} = \begin{vmatrix} 3 & 12 \\ -6 & 18 \end{vmatrix}$$

数学知识：将矩阵方程两边同时乘以一个标量后，该方程仍然成立。因为在方程组两边同时乘以一个常量系数后，方程仍然成立。

第二种形式是真正的矩阵乘法，其数学原理要稍微复杂些，但可以将一个矩阵视为对另一个矩阵执行运算的“运算符”。

要将矩阵 **A** 和 **B** 相乘，它们的内维数（inner dimension）必须相等，换句话说，如果 **A** 为 $m \times n$ 矩阵，则 **B** 必须为 $n \times r$ 矩阵。

其中 m 和 r 可以相等，也可以不相等。例如，可以执行下列矩阵的乘法：2×2 乘以 2×2、3×2 乘以 2×3、4×4 乘以 4×5，但不能将 3×3 矩阵乘以 2×4 矩阵，因为它们内维数 3 和 2 不相等。矩阵相乘得到的结果矩阵的大小为两个矩阵的外维数。例如，将 2×3 矩阵乘以 3×4 矩阵时，将得到一个 2×4 矩阵。

矩阵乘法难以用语言来描述，请参考图 4.25，其中给出了矩阵乘法的技术描述。

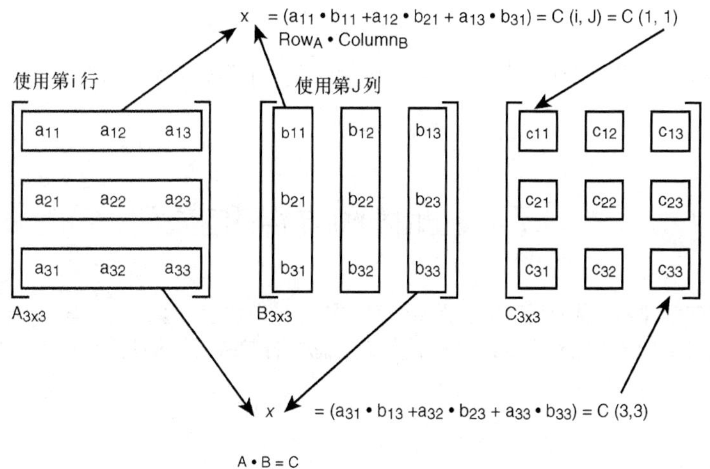

图 4.25 矩阵乘法的工作原理

给定矩阵 **A** 和 **B**，要将它们相乘得到结果矩阵 **C**（**A**×**B**=**C**），需要用矩阵 **A** 的一行乘以矩阵 **B** 中的一列，然后将每对元素的积相加（即点积）。下面是一个 2×2 矩阵乘以 2×3 矩阵的例子。

假设

```
A = |1 2|    B = |1 3 5|
    |3 4|        |6 0 4|

C = A × B = |(1*1+2*6) (1*3 + 2*0) (1*5+2*4)|
            |(3*1+4*6) (3*3 + 4*0) (3*5+4*4)|

  = |13 3 13|
    |27 9 31|
```

提示：请注意其中以粗体显示的（1*1 + 2*6）。它和矩阵 **C** 的其他所有元素，都是矩阵 **A** 中一个行向量与矩阵 **B** 中一个列向量的点积。因此，$\mathbf{C}_{ij}$ 是矩阵 **A** 中第 i 行与矩阵 **B** 中第 j 列的点积。

4.6.5 矩阵运算满足的定律

向量满足一些与加法和乘法相关的结合律、交换律、分配律等，矩阵也满足某些定律，它们是：

（a）**A** + **B** = **B** + **A**（加法交换律）

（b）**A** + (**B** + **C**) = (**A** + **B**) + **C**（加法结合律）

（c）**A***(**B*****C**) = (**A*****B**)***C**（乘法结合律）

（d）**A***(**B** + **C**) = **A*****B** + **A*****C**（分配律）

（e）k*(**A** + **B**) = k***A** + k***B**（分配律）

（f）(**A** + **B**)***C** = **A*****C** + **B*****C**（分配律）

（g）**A*****I** = **I*****A** = **A**（单位矩阵的乘法属性）

注意：上面所有的“+”都可以替换为“−”。

然而，下面的等式通常不成立：

(A*B)≠(B*A)

也就是说，矩阵乘法不满足交换律，因此在矩阵乘法中，矩阵的顺序相当重要。

注意：一种(A*B) = (B*A)的情况是，A 或 B 为单位矩阵。

4.7 逆矩阵和方程组求解

现在您知道如何创建和操作矩阵，但还需要学习计算另一个数学对象：逆矩阵。换句话说，对于标量 x，如果存在另一个标量 x^{-1}，使得 $x*x^{-1}=1$，则 x^{-1} 为 x 的倒数。计算标量的倒数很容易，给定不为 0 的实数 x，x^{-1} 的计算公式如下：

$$x^{-1} = 1/x$$

然而，计算逆矩阵复杂得多。例如，对于下面的矩阵方程，我们需要求解 **X**：

```
A*X = B
```

如果已知矩阵 **A** 的逆矩阵（$\mathbf{A}^{-1}$），可以用它来乘以方程两边：

```
(A^-1*A)*X = A^-1*B
```

我们知道，任何矩阵乘以其逆矩阵的结果为单位矩阵，因此：

```
(I)*X = A^-1*B
```

而任何矩阵乘以单位矩阵的结果仍为该矩阵，因此 **X** 的解如下：

```
X = A^-1*B
```

在很多 3D 游戏编程领域，如图形学、物理学和动画中，以这种方式求解方程组非常重要。这里没有时间详细讨论如何计算通用矩阵 **A** 的逆矩阵，只介绍 2×2 矩阵的情况。

给定矩阵：

```
A= |a b|
   |c d|
```

如果该矩阵的行列式（即 Det（**A**））不等于零，则其逆矩阵存在，且对应的方程组有唯一的解。矩阵 **A**（或任何 2×2 矩阵）的行列式的公式计算如下：

```
Det(A) = (a*d - b*c)
```

如果结果不为零，矩阵 **A** 的逆矩阵 $\mathbf{A}^{-1}$ 存在，其计算公式如下：

```
A^-1 =   1     *  | d -b|
       ------     |-c  a|
       det(A)
```

将行列式代入其中，结果如下：

```
        | d/(a*d - b*c) -b/(a*d - b*c)|
A^-1 =  |-c/(a*d - b*c)  a/(a*d - b*c)|
```

下面用一个方程组来验证。假设有如下两个线性方程：

```
 3*x+5*y = 6
-2*x+2*y = 4
```

要使用矩阵技术来求解 x 和 y，首先提取系数矩阵 **A**、变量矩阵 **X** 和常量矩阵 **B**：

```
A= | 3 5| = |a b|
   |-2 2|   |c d|

X= |x|
   |y|

B= |6|
   |4|
```

因此，需要在下列方程中求解 X：

```
A*X = B, X = A-1*B
```

计算矩阵 **A** 的逆矩阵，如下所示：

```
A =     | 3 5|  = |a b|
        |-2 2|    |c d|

(a*d - b*c) = (3*2-(-2)*5) = (6+10) = 16

        | d/(a*d-b*c) -b/(a*d-b*c)|
A-1 =   |-c/(a*d-b*c)  a/(a*d-b*c)|

        |2/16 -5/16|
A-1 =   |2/16  3/16|
```

将它代入矩阵方程中：

```
X = A-1*B

X = |2/16 -5/16|  *  |6|  =  |(2/16)*6+(4)*(-5)/16|
    |2/16  3/16|     |4|     |(2/16)*6+(4)*3/16   |

  = |12/16  -20/16|
    |12/16  +12/16|

  = |-8/16|  =  |-0.5|
    |24/16|     | 1.5|
```

因此，$x = -0.5$，而 $y = 1.5$。将它们的值代入到第一个方程中，结果如下：

```
   3*x    +   5*y      = 6
3*(-0.5)+    5*(1.5)  = 6
  -1.5    +   7.5      = 6
```

这表明 x 和 y 的解是正确。为进一步确认，将它们代入第二个方程：

```
-2*x        + 2*y      = 4
-2*(-0.5)  + 2*(1.5)  = 4
    1.0     +       3  = 4
```

完全正确！

4.7.1 克莱姆法则

使用克莱姆法则求解包含三个或更多变量的大型方程组的问题在于，计算系数矩阵的逆矩阵涉及很大的计算量。它可能相当复杂，通常需要使用诸如高斯消元法等技术来重复处理方程组。

注意：高斯消元法对系数矩阵进行处理，将其转换为从中可以直接读取方程组解的形式。这种处理基于如下事实：可以对矩阵的任何行乘以一个系数，或将某一行的倍数加入到其他行。使用这些基本定律，可以逐步地将系数矩阵转换为这样：其中某一行只有一个非零系数，从而可以求解一个变量。然后继续该过程，或将已求解变量代入，来求解其他变量。

然而，对于三变量方程组，有一种基于克莱姆法则的封闭式（closed form）解决方案，您可能听说过它。三变量方程组的克莱姆法则如下：

给定方程组：

$$a_{00}*x + a_{01}*y + a_{02}*z = b_0$$
$$a_{10}*x + a_{11}*y + a_{12}*z = b_1$$
$$a_{20}*x + a_{21}*y + a_{22}*z = b_2$$

可以将其转换为如下矩阵形式：

$$\boldsymbol{A} = \begin{vmatrix} a_{00} & a_{01} & a_{02} \\ a_{10} & a_{11} & a_{12} \\ a_{20} & a_{21} & a_{22} \end{vmatrix}$$

$$\boldsymbol{X} = \begin{vmatrix} x \\ y \\ z \end{vmatrix}$$

$$\boldsymbol{B} = \begin{vmatrix} b_0 \\ b_1 \\ b_2 \end{vmatrix}$$

现在需要计算矩阵 $\boldsymbol{A}$ 的行列式 Det（A），对于下列 3×3 矩阵：

$$\boldsymbol{A} = \begin{vmatrix} a_{00} & a_{01} & a_{02} \\ a_{10} & a_{11} & a_{12} \\ a_{20} & a_{21} & a_{22} \end{vmatrix}$$

其行列式计算公式如下：

$$\mathrm{Det}(\boldsymbol{A}) = a_{00}*a_{11}*a_{22} + a_{01}*a_{12}*a_{20} + a_{02}*a_{10}*a_{21} - a_{02}*a_{11}*a_{20} - a_{01}*a_{10}*a_{22} - a_{00}*a_{12}*a_{21}$$

这包含 12 次乘法和 5 次加法。

还有一种基于余因子扩展（cofactor expansion）计算矩阵行列式的方法，它相当复杂，这里只给出结果：

$$\mathrm{Det}(\boldsymbol{A}) = a_{00}*(a_{11}*a_{22} - a_{21}*a_{12}) - a_{01}*(a_{10}*a_{22} - a_{20}*a_{12}) + a_{02}*(a_{10}*a_{21} - a_{20}*a_{11})$$

这包含 9 次乘法和 5 次加法。

有了 3×3 矩阵的 Det（$\boldsymbol{A}$）后，克莱姆法则可以表示为一组求解 x、y、z 的商。对于每个变量（x、y、z），都有一个用于求解它的商，其中分子分别是用列向量 **B** 替换矩阵 **A** 的第一列、第二列和第三列得到的矩阵的行列式，分母都为 Det（$\boldsymbol{A}$）。具体情况如下：

$$\mathbf{x} = \frac{\mathrm{Det}\left(\begin{vmatrix} b_0 & a_{01} & a_{02} \\ b_1 & a_{11} & a_{12} \\ b_2 & a_{21} & a_{22} \end{vmatrix}\right)}{\mathrm{Det}(\boldsymbol{A})}$$

$$y = \frac{\text{Det}\left(\begin{vmatrix} a_{00} & b_0 & a_{02} \\ a_{10} & b_1 & a_{12} \\ a_{20} & b_2 & a_{22} \end{vmatrix}\right)}{\text{Det}(A)}$$

$$z = \frac{\text{Det}\left(\begin{vmatrix} a_{00} & a_{01} & b_0 \\ a_{10} & a_{11} & b_1 \\ a_{20} & a_{21} & b_2 \end{vmatrix}\right)}{\text{Det}(A)}$$

本书后面将编写软件来计算矩阵的行列式和求解包含两个和三个变量的方程组。

4.7.2 使用矩阵进行变换

学习有关矩阵的知识旨在使用它们执行 2D/3D 变换。我们将把要变换的点 **p** 乘以所需的变换矩阵。数学表示为：

$p' = p*M$

其中 **p'**是变换后的点，**p** 是原始点，**M** 是变换矩阵。另外，还可以将多个变换矩阵相乘，来执行多次变换。也就是说，可以先将多个矩阵相乘，如下所示：

$M = M_1*M_2*M_3*\ldots M_n$

下面的变换是等价的：

$p' = p*M = p*M_1*M_2*M_3*\ldots M_n$

不管将 **p** 乘以 M 还是 $M_1*M_2*M_3*\ldots M_n$，结果都是相同的。例如，假设有三个变换 M_1、M_2 和 M_3，需要将它们应用于点 **p**，以得到 **p'**；这些变换可以是平移、旋转或投影。可以以每次一个的方式执行这一系列变换：

$p1 = p*M_1$

$p2 = p1*M_2$

$p' = p2*M_3$

注意，**p1** 和 **p2** 只是临时变量。

进行一系列变换是完全可以接受的。然而，如果有数千甚至数百万个点需要变换，这些中间步骤将浪费时间！可以通过替换，将这些变换组合起来，如下所示：

$p1 = p*M_1$

$p2 = p*M_1*M_2$

$p' = p*(M_1*M_2*M_3)$

因此，对 **p** 的变换可以表示为 $p*(M)$，其中 $M = (M_1*M_2*M_3)$。可以一次性计算 $M = (M_1*M_2*M_3)$，然后使用它来进行变换，这样对于每个点都可以节省两次矩阵乘法！

当然，必须计算 M，但只需要计算一次，然后可以对多个点执行这种变换。将矩阵组合起来在 3D 流水线中非常有用，尤其是需要将物体空间中的 3D 顶点变换为屏幕空间中的点时。

注意：由于矩阵乘法通常不满足交换律，因此顺序非常重要，即 $\mathbf{M}_1*\mathbf{M}_2*\mathbf{M}_3 \neq \mathbf{M}_3*\mathbf{M}_2*\mathbf{M}_1$。

4.7.3　齐次坐标

接下来要介绍的主题是齐次坐标。在大多数情况下，我们将用顶点列表来表示 3D 物体，每个顶点有三个分量：**p**（*x*，*y*，*z*），或表示为向量<*x*，*y*，*z*>或表示为行矩阵[*x y z*]，它们是等价的，只是表示方法不同而已。将 3D 点与矩阵相乘时，我将使用最后一种表示法。为充分利用矩阵变换的功能，我们将使用齐次坐标来表示 2D 和 3D 空间中的点，以便能够使用矩阵来执行各种变换。要将 2D 或 3D 点转换为齐次坐标，需要加上 *w* 分量，如下所示：

3D 点[*x y z*]的齐次坐标为：

```
[x y z w]
```

2D 点[x y]的齐次坐标为：

```
[x y w]
```

其中 *w* 用于齐次化坐标，但它不是虚假的。要将齐次坐标转换为常规坐标，必须除以 *w*。例如，3D 空间的情况如下：

给定齐次坐标：

```
[x y z w]
```

其常规坐标为：

```
[x/w y/w z/w]
```

如果 $w=1$，这种变换将不会改变 *x*、*y*、*z*。那么增加 *w* 有何用途呢？*w* 让我们能够表示无穷大的概念。例如，当 *w* 趋近于 0 时，*x/w* 将趋近于∞。换句话说，任何分数的分母趋近于 0 时，商将趋近于无穷大。另外，齐次坐标来源于齐次方程。例如，请看如下线性方程：

```
a*x + b*y + c = 0
```

这是一个一次线性方程，其中两个变量项的次数都为 1，但常量项的次数为 0。如果希望所有项的次数都相同（齐次化），该如何办呢？可以用 *x/w* 代替 *x*，用 *y/w* 代替 *y*，将这个多项式转换为齐次多项式：

```
a*x/w + b*y/w + c = 0
```

为消除分母中的 *w*，将两边乘以 *w*，结果如下：

```
a*x + b*y + c*w = 0
```

现在每一项都是一次的，因此多项式是齐次的。如果使用齐次坐标表示几何对象，可确保能够执行所有的变换，包括投影变换和平移。这里不再赘述，但需要指出的是，在很多情况下，我们将使用哑变量 $w = 1$，以便能够使用矩阵表示所有的变换。实际上，我们可能不会在数据结构中存储 *w*，因为大多数情况下，都将 $w=1$；当 $w=1$ 时，齐次坐标[*x y z w*]将就是[*x y z*]。这里只想让您知道这种数学技巧的来源。

下一章将更详细地全面介绍 3D 变换，这里只是简要地描述一些最基本的 3D 变换（平移、缩放和旋转）以及为支持这三种变换为何需要使用齐次坐标。

4.7.4 应用矩阵变换

下面演示我们将对 2D 和 3D 数据执行的一些基本矩阵变换。这些实例都是 3D 的，但在大多数情况下，只需丢掉 z 分量，就可以推导出 2D 版本。注意，在所有的范例中，w 都为 1。

1. 平移

要在 3D 空间中执行平移，需要将点 **p**(x, y, z) 平移到新的位置 **p'**$(x+dx, y+dy, z+dz)$。图 4.26 说明了 *x-y* 平面中的简化情况。下面的 4×4 矩阵用于执行平移变换：

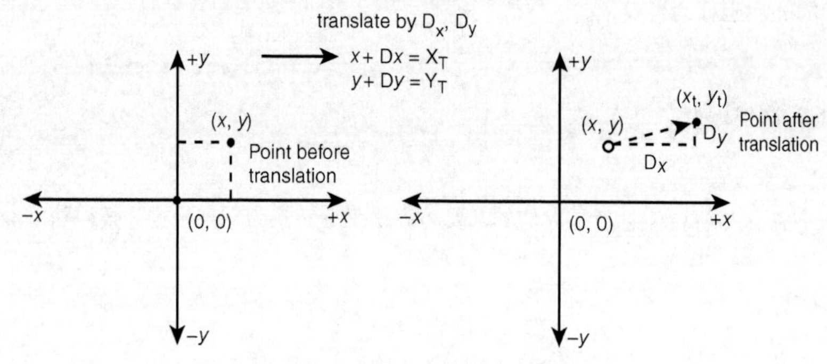

图 4.26　2D 空间平移的几何描述

$$\mathbf{M}_t = \begin{vmatrix} 1 & 0 & 0 & 0 \\ 0 & 1 & 0 & 0 \\ 0 & 0 & 1 & 0 \\ dx & dy & dz & 1 \end{vmatrix}$$

给定 $\mathbf{p} = [x\ y\ z\ 1]$，执行如下平移变换：

$$p' = \mathbf{p}*\mathbf{M}_t = [x \quad y \quad z \quad 1]*\begin{vmatrix} 1 & 0 & 0 & 0 \\ 0 & 1 & 0 & 0 \\ 0 & 0 & 1 & 0 \\ dx & dy & dz & 1 \end{vmatrix}$$

$$= [(x+1*dx)\ \ (y+1*dy)\ \ (z+1*dz)\ \ (1*1)]$$

$$= [(x+dx)\ \ (y+dy)\ \ (z+dz)\ \ 1]$$

然后用 w 分量（1.0）除以其他三个分量，结果如下：

$$= [(x+dx)/1\ \ (y+dy)/1\ \ (z+dz)/1]$$

$$= \mathbf{p}'((x+dx),\ (y+dy),\ (z+dz))$$

注意：实际上，编写数学库时，我们不想浪费空间，也不想每次都除以 1.0，因此将使用 4×3 矩阵进行大多数变换，并假设 $w = 1$。

如果取出前三个分量，结果如下：

```
x' = x+dx
y' = y+dy
z' = z+dz
```

这正是我们想要的结果。

2．平移变换矩阵的逆矩阵

只需要将矩阵 $\mathbf{M_t}$ 中 d*x*、d*y*、d*z* 的符号反转，便可以得到 $\mathbf{M_t}$ 的逆矩阵：

$$M_t^{-1} = \begin{vmatrix} 1 & 0 & 0 & 0 \\ 0 & 1 & 0 & 0 \\ 0 & 0 & 1 & 0 \\ -dx & -dy & -dz & 1 \end{vmatrix}$$

为验证这一点，下面来计算 $\mathbf{M_t}*\mathbf{M_t}^{-1}$，结果应该为 $\mathbf{I_{4\times4}}$：

$$M_t*M_t^{-1}=$$

$$= \begin{vmatrix} 1 & 0 & 0 & 0 \\ 0 & 1 & 0 & 0 \\ 0 & 0 & 1 & 0 \\ dx & dy & dz & 1 \end{vmatrix} * \begin{vmatrix} 1 & 0 & 0 & 0 \\ 0 & 1 & 0 & 0 \\ 0 & 0 & 1 & 0 \\ -dx & -dy & -dz & 1 \end{vmatrix}$$

$$= \begin{vmatrix} 1 & 0 & 0 & 0 \\ 0 & 1 & 0 & 0 \\ 0 & 0 & 1 & 0 \\ 0 & 0 & 0 & 1 \end{vmatrix} = I_{4\times4}.$$

注意：对于常用变换矩阵，以一种高效率的方式计算出其逆矩阵，在 3D 图形中是非常重要的，尤其是对于相机变换。

3．缩放

要相对于原点缩放某个点，只需要将点 $\mathbf{p}(x, y, z)$ 的各个分量分别乘以 x 轴、y 轴、z 轴的缩放因子 sx、sy、sz。如图 4.27 说明了点位于 x-y 平面中的简化情况。在进行缩放操作时，不想进行平移。下面是用于缩放变换的矩阵：

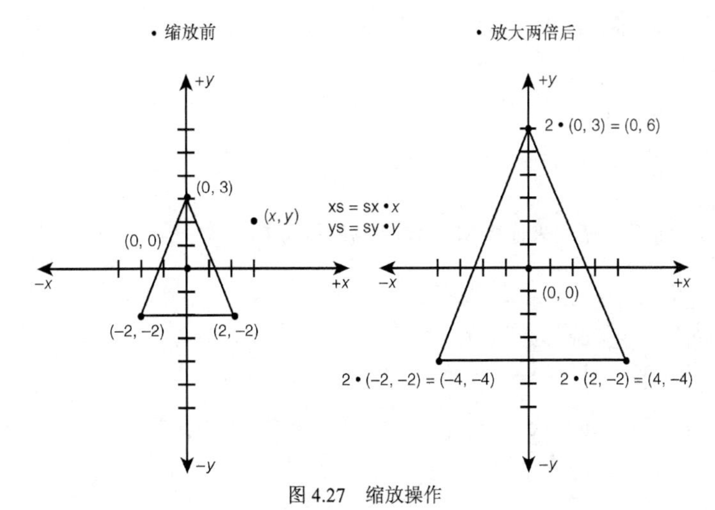

图 4.27　缩放操作

$$M_s = \begin{vmatrix} sx & 0 & 0 & 0 \\ 0 & sy & 0 & 0 \\ 0 & 0 & sz & 0 \\ 0 & 0 & 0 & 1 \end{vmatrix}$$

给定 $\mathbf{p} = [x\ y\ z\ 1]$，执行如下变换：

$$\mathbf{p}' = \mathbf{p}*\mathbf{M}_s = [x \quad y \quad z \quad 1]* \begin{vmatrix} sx & 0 & 0 & 0 \\ 0 & sy & 0 & 0 \\ 0 & 0 & sz & 0 \\ 0 & 0 & 0 & 1 \end{vmatrix}$$

=[(x*sx) (y*sy) (z*sz) (1*1)]

=[(x*sx) (y*sy) (z*sz) 1]

然后用分量 w 除以前三个分量，结果如下：

= [(x*sx)/1 (y*sy)/1 (z*sz)/1]

= **p**'((x*sx), (y*sy), (z*sz))

同样，这也正是我们想要的缩放结果；即：

```
x' = sx*x
y' = sy*y
z' = sz*z
```

数学知识：注意变换矩阵右下角的 1。从技术上说，它并不是必需的，因为就缩放而言，并不需要使用第 4 列的结果，因此将浪费一些 CPU 周期。同样，如平移变换范例中所述，使用第 4 个分量来实现 3D 空间点的齐次坐标时，必须使用 4×4 矩阵，以确保在数学上是正确的。后面我们将丢掉任何不需要的内容。

4．缩放变换矩阵的逆矩阵

虽然不如平移变换矩阵的逆矩阵那样常用，但计算缩放变换矩阵的逆矩阵也是非常方便的。要计算缩放矩阵 $\mathbf{M}_s$ 的逆矩阵，只需将矩阵 $\mathbf{M}_s$ 中的缩放系数 sx、sy、sz 替换为各自的倒数即可：

$$M_s^{-1} = \begin{vmatrix} 1/sx & 0 & 0 & 0 \\ 0 & 1/sy & 0 & 0 \\ 0 & 0 & 1/sz & 0 \\ 0 & 0 & 0 & 1 \end{vmatrix}$$

为检查逆矩阵是否正确，下面来计算 $\mathbf{M}_s*\mathbf{M}_s^{-1}$，它应该为 $\mathbf{I}_{4\times4}$：

$$M_s*M_s^{-1}=$$

$$= \underbrace{\begin{vmatrix} sx & 0 & 0 & 0 \\ 0 & sy & 0 & 0 \\ 0 & 0 & sz & 0 \\ 0 & 0 & 0 & 1 \end{vmatrix}}_{M_s} * \underbrace{\begin{vmatrix} 1/sx & 0 & 0 & 0 \\ 0 & 1/sy & 0 & 0 \\ 0 & 0 & 1/sz & 0 \\ 0 & 0 & 0 & 1 \end{vmatrix}}_{M_s^{-1}}$$

$$= \begin{vmatrix} 1 & 0 & 0 & 0 \\ 0 & 1 & 0 & 0 \\ 0 & 0 & 1 & 0 \\ 0 & 0 & 0 & 1 \end{vmatrix} = \mathbf{I}_{4\times4}.$$

注意：使用高斯消元法或其他方法来计算逆矩阵非常复杂和繁琐，这里从几何属性的角度来考虑问题，进行计算逆矩阵。一般而言，变换为 2D 或 3D 空间中的几何变换时，计算其逆变换都非常简单，通常只需将几何变换反转即可。请记住这一点，看看您能否想出计算旋转矩阵的逆矩阵的方法。

5．旋转

旋转矩阵是所有变换矩阵中最复杂的，因为它充斥了三角函数。基本上，我们将使用旋转方程来对点进行旋转。为此，必须看一下旋转方程，提取其中的运算符，然后将它们放到矩阵中。另外，我们不想同时进行平移，因此最后一行的前三个元素总是为 0。

还有一个技术细节：在 3D 坐标系中，可以绕三个轴进行旋转：*x* 轴、*y* 轴、*z* 轴，如图 4.28 所示。我们将先考虑绕 *z* 轴旋转的情况，然后将其他作为模型来创建绕 *x* 轴和 *y* 轴旋转的变换矩阵。重要的是，绕任何轴的旋转时，该轴对应的分量保持不变。

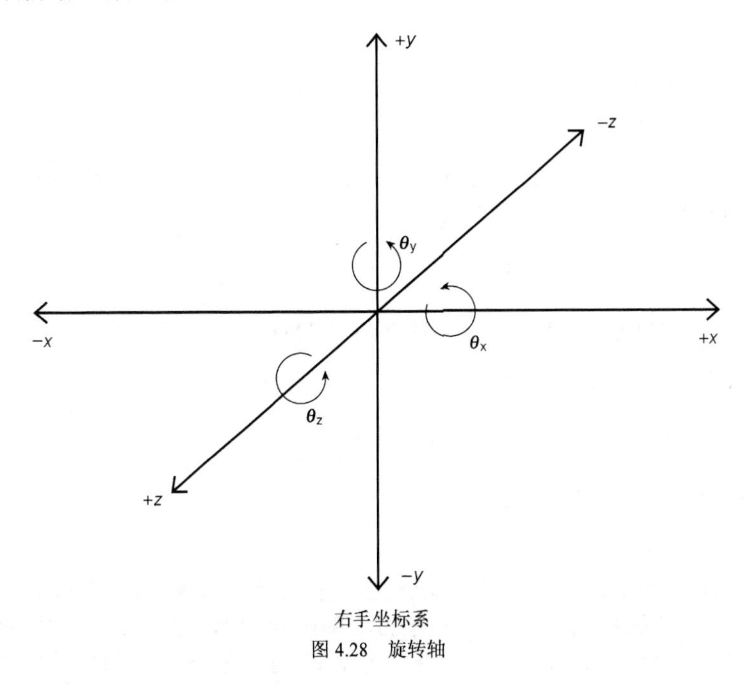

右手坐标系

图 4.28　旋转轴

警告：θ为正时，对应的旋转方向取决于坐标系类型。如果使用的是右手坐标系，对应的旋转方向为逆时针；如果使用的是左手坐标系，对应的旋转方向为顺时针。

下面分别是绕 *x* 轴、*y* 轴、*z* 轴旋转对应的旋转方程：

绕 z 轴旋转：

$$
M_z = \begin{vmatrix} \cos\theta & \sin\theta & 0 & 0 \\ -\sin\theta & \cos\theta & 0 & 0 \\ 0 & 0 & 1 & 0 \\ 0 & 0 & 0 & 1 \end{vmatrix}
$$

注意：如果删除矩阵的最后一行和最后一列，将得到在平面中的 2D 旋转矩阵。

绕 x 轴旋转：

$$
M_x = \begin{vmatrix} 1 & 0 & 0 & 0 \\ 0 & \cos\theta & \sin\theta & 0 \\ 0 & -\sin\theta & \cos\theta & 0 \\ 0 & 0 & 0 & 1 \end{vmatrix}
$$

绕 y 轴旋转：

$$
M_y = \begin{vmatrix} \cos\theta & 0 & -\sin\theta & 0 \\ 0 & 1 & 0 & 0 \\ \sin\theta & 0 & \cos\theta & 0 \\ 0 & 0 & 0 & 1 \end{vmatrix}
$$

下面来看一个绕 z 轴旋转的范例，以检查变换矩阵是否正确。

给定点 $\mathbf{p} = [x\ y\ z\ 1]$，绕 z 轴旋转角度θ：

$$
\mathbf{p}' = \mathbf{p} * \mathbf{M}_z = [x\ \ y\ \ z\ \ 1] * \begin{vmatrix} \cos\theta & \sin\theta & 0 & 0 \\ -\sin\theta & \cos\theta & 0 & 0 \\ 0 & 0 & 1 & 0 \\ 0 & 0 & 0 & 1 \end{vmatrix}
$$

$$
p' = [(x*\cos\theta - y*\sin\theta)\ \ (x*\sin\theta + y*\cos\theta)\ \ z\ \ (1*1)]
$$

将前三个分量分别除以分量 w，结果如下：

$$
\mathbf{p}' = ((x*\cos\theta - y*\sin\theta),\ (x*\sin\theta + y*\cos\theta),\ z)
$$

注意，z 将保持不变，与期望的相同。

6．旋转矩阵的逆矩阵

$\mathbf{M}_x$、$\mathbf{M}_y$ 和 $\mathbf{M}_z$ 的逆矩阵的计算方法相同，因此这里只介绍如何计算 $\mathbf{M}_z$ 的逆矩阵。要计算 $\mathbf{M}_z$ 的逆矩阵，可以使用两种方法：一种方法基于几何学，另一种方法基于线性代数。首先使用几何方法来计算逆矩阵。将物体绕 z 轴旋转角度θ后，要将它恢复到原来的位置，只需将它旋转角度$-\theta$ 即可。因此要计算旋转矩阵的逆矩阵，只需将旋转矩阵中的θ替换为$-\theta$ 。因此，逆矩阵 $\mathbf{M}_z^{-1}$ 如下：

$$
M_z^{-1} = \begin{vmatrix} \cos-\theta & \sin-\theta & 0 & 0 \\ -\sin-\theta & \cos-\theta & 0 & 0 \\ 0 & 0 & 1 & 0 \\ 0 & 0 & 0 & 1 \end{vmatrix}
$$

下面进一步简化，以消除$-\theta$ 。根据 4.4.3 一节中列出的反射恒等式可知：

```
sin (-θ) = -sin(θ)
cos (-θ) = cos(θ)
```

根据这些公式，可以用θ 表示 $\mathbf{M}_z^{-1}$，结果如下：

```
         |cos θ -sin θ 0 0|
M_z^-1 = |sin θ  cos θ 0 0|
         |0      0     1 0|
         |0      0     0 1|
```

下面来计算 $\mathbf{M}_z*\mathbf{M}_z^{-1}$，看能否得到单位矩阵 $\mathbf{I}_{4\times4}$：

```
M_z*M_z^-1 =
  | cos θ sin θ 0 0|   |cos θ -sin θ 0 0|
= |-sin θ cos θ 0 0| * |sin θ  cos θ 0 0|
  | 0     0     1 0|   |0      0     1 0|
  | 0     0     0 1|   |0      0     0 1|
         M_z                M_z^-1
=
 |(cos² θ+sin² θ )               (-sin θ*cos θ+cos θ*sin θ) (0) (0)|
 |(-sin θ*cos θ+cos θ*sin θ)     (sin² θ+cos² θ )           (0) (0)|
 |(0)                            (0)                        (1) (0)|
 |(0)                            (0)                        (0) (1)|
```

根据恒等式 $\cos^2\theta+\sin^2\theta=1$，可将上述矩阵简化为：

```
  |1 0 0 0|
= |0 1 0 0| = I4x4.
  |0 0 1 0|
  |0 0 0 1|
```

现在知道了根据几何解释，来计算几何变换矩阵的逆矩阵的威力了吧。下面介绍一些数学知识。旋转矩阵是一种特殊的矩阵，实际上，它是一种非常独特的矩阵：正交矩阵。

7. 正交矩阵

正交（Orthonormal）矩阵指的是，在给定的基（basis）的情况下，矩阵的每一行（列）都与前一行（列）垂直。基是一组向量，可用于表示空间中的任何向量。在这里，标准 2D 空间的基是$<i+j>$，标准 3D 空间的基是$<i+j+k>$。在 3D 空间中，所有向量都可以表示为 i、j、k 的线性组合：

$$\mathbf{u} = u_x*\mathbf{i} + u_y*\mathbf{j} + u_z*\mathbf{k}$$

其中 $i=<1，0，0>$，$j=<0，1，0>$，$k=<0，0，1>$，因此，i、j、k 相互垂直。

如果矩阵包含的各行（列）是一组正交向量，则该矩阵为正交矩阵。下面再来看一下矩阵 $\mathbf{M}_z$：

```
      | cos θ sin θ 0 0|
M_z = |-sin θ cos θ 0 0|
      | 0     0     1 0|
      | 0     0     0 1|
```

如果假设该矩阵的各行表示的是 3D 向量，则：

```
U1 = <cos θ, sin θ, 0, 0>
U2 = <-sin θ, cos θ, 0, 0>
U3 = <0, 0, 1, 0>
U4 = <0, 0, 0, 1>
```

从技术上说，我们现在位于 4D 空间中，因为这些变换都基于齐次坐标的。现在暂时不要考虑这一点，看一看这些向量是否相互垂直。

- **u1** 与 **u4** 相互垂直，因为(**u1** . **u4**) = 0。
- 可以很容易看出，**u3** 和 **u4** 与 **u1** 和 **u2** 相互垂直，因为 **u1** 和 **u2** 的最后两个分量都为 0，因此与 u3 或 u4 的积总是为 0，点积同样也为 0。

剩下的问题是，**u1** 与 **u2** 是否相互垂直。来检查一下：

```
u1=<cos θ, sin θ, 0, 0>
u2=<-sin θ, cos θ, 0, 0>

u1 . u2 = (cos θ)*(-sin θ) + (sin θ)*(cos θ) + 0 + 0
   = 0.
```

它们的确相互垂直。我们介绍了正交矩阵的定义以及如何判断，但这些对计算逆矩阵有何帮助呢？如果矩阵为正交矩阵，则其转置矩阵和逆矩阵相同。因此，只需计算 $\mathbf{M}_z{}^t$，便可得到 $\mathbf{M}_z$ 的逆矩阵（$\mathbf{M}_z{}^{-1}$）。

给定：

$$\mathbf{M}_z = \begin{vmatrix} \cos\theta & \sin\theta & 0 & 0 \\ -\sin\theta & \cos\theta & 0 & 0 \\ 0 & 0 & 1 & 0 \\ 0 & 0 & 0 & 1 \end{vmatrix}$$

通过交换行和列，可以得到其转置矩阵：

$$\mathbf{M}_z{}^t = \begin{vmatrix} \cos\theta & -\sin\theta & 0 & 0 \\ \sin\theta & \cos\theta & 0 & 0 \\ 0 & 0 & 1 & 0 \\ 0 & 0 & 0 & 1 \end{vmatrix}$$

它的确是 $\mathbf{M}_z{}^{-1}$！

4.8 基本几何实体

接下来要介绍的主题是基本几何实体，如点、线、平面和曲面，但重点是 3D 图形学领域涉及的各种数学表示和数学运算。例如，所有的多边形都是有边界的平面，因此熟悉平面操作和平面方程将很有帮助。

4.8.1 点

关于点没有太多要说的。图 4.29 显示了 2D 空间中的点 **p1**(x, y)和 3D 空间中的点 **p2**(x, y, z)。当然，点 **p1** 和 **p2** 的齐次坐标分别为$[x\ y\ w]$和$[x\ y\ z\ w]$。

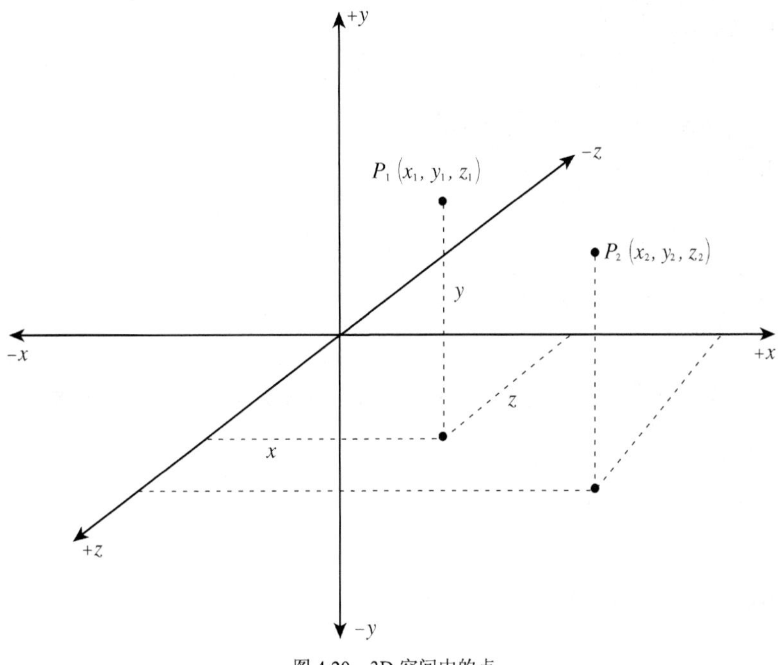

图 4.29　3D 空间中的点

4.8.2　直线

直线更有趣些，且在 3D 空间中表示起来要复杂些。首先来看一下 2D 空间中从点 **p1**(*x*1，*y*1) 到 **p2**(*x*2，*y*2) 的直线，如图 4.30 所示。这条直线没什么特殊的。表示直线的方法有很多，如点-斜率形式、斜率-截距形式和通用形式。

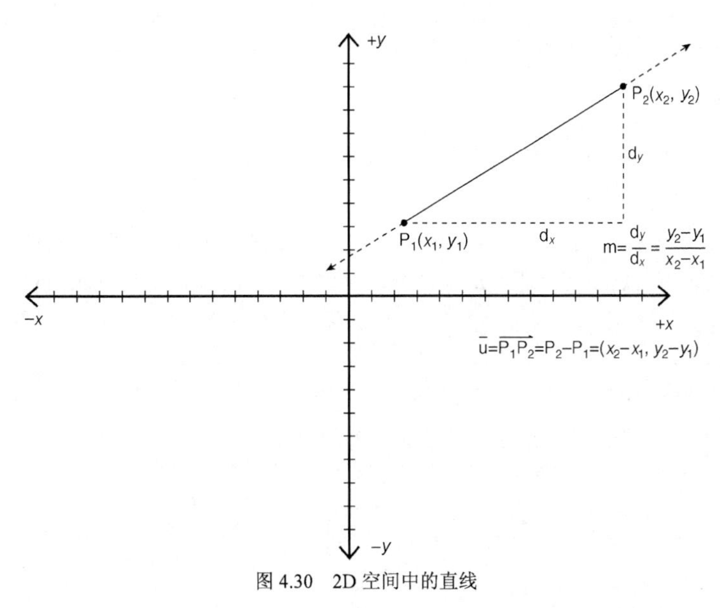

图 4.30　2D 空间中的直线

斜率-截距形式如下：

```
y=m*x + b
```

其中 m 为直线的斜率（dy/dx），b 为 y 轴截距。

点-斜率形式如下：

```
(x-x0) = m*(y-y0)
```

其中 m 为直线的斜率，$(x0, y0)$ 为直线上的一个点。

通用形式如下：

```
a*x + b*y + c = 0
```

当然，通用形式是最基本的。下面介绍如何将其他形式转换为通用形式。转换斜率-截距形式很容易：

```
y = m*x + b
```

重新整理后，结果如下：

```
m*x - 1*y + b = 0
```

对照下述通用形式，可以知道系数 a、b、c 的值：

```
a*x + b*y + c = 0
```

因此，$a = m$，$b = -1$，$c = b$（截距）。但如果不知道截距该如何办呢？如果只有两点的坐标 $(x0, y0)$ 和 $(x1, y1)$，如何计算系数 a、b、c 呢？来看一下点-斜率形式是否有帮助。首先从点-斜率方程开始：

```
(y - y0) = m*(x - x0)
```

两边乘以 m 后得到：

```
y - y0 = m*x - m*x0
```

将 x 和 y 放到等式的左边，其他项放到右边：

```
-m*x + y = y0 - m*x0
```

将常量项从等式右边移动到左边，得到：

```
(-m)*x + (1)*y + (-1)*y0 + (m)*x0 = 0
```

从中可知，$a = -m$，$b = 1$，$c = (m*x0-y0)$。一般而言，上述任何一种形式都适用于任何用途。然而，如果要计算两条直线的交点，使用通用形式最合适，因为这样可以将系数放入到矩阵中，然后求解方程组：

```
a1*x + b1*y = c1
a2*x + b2*y = c2
A =     |a1 b1|
        |a2 b2|

X =     |x|
        |y|
```

```
B =     |c1|
        |c2|
```

我们需要求解 **A*X = B**。为此，可以将方程两边分别乘以 **A** 的逆矩阵 $\mathbf{A}^{-1}$，得到：

```
X = A-1*B
```

这在前面已经介绍过，因此将这项任务留给读者去完成。

3D 空间中的直线要复杂些。实际上，很多情况下我们都将使用直线的参数化表示，但后面将把参数化表示作为一个整体进行介绍。现在，来看一下能否找到一种表示 3D 直线的方法。图 4.31 描述了 3D 空间中的一条直线，图中有一条通过点 **p0**(*x*0，*y*0，*z*0)和 **p1**(*x*0，*y*0，*z*0)的直线以及从 p0 到 p1 的向量 *v*' = <*x*1-*x*0，*y*1-*y*0，*z*1-*z*0> = <*a*，*b*，*c*>。因此我们知道直线上的两个点以及向量 *v*'，后者类似于 2D 空间中直线的斜率。

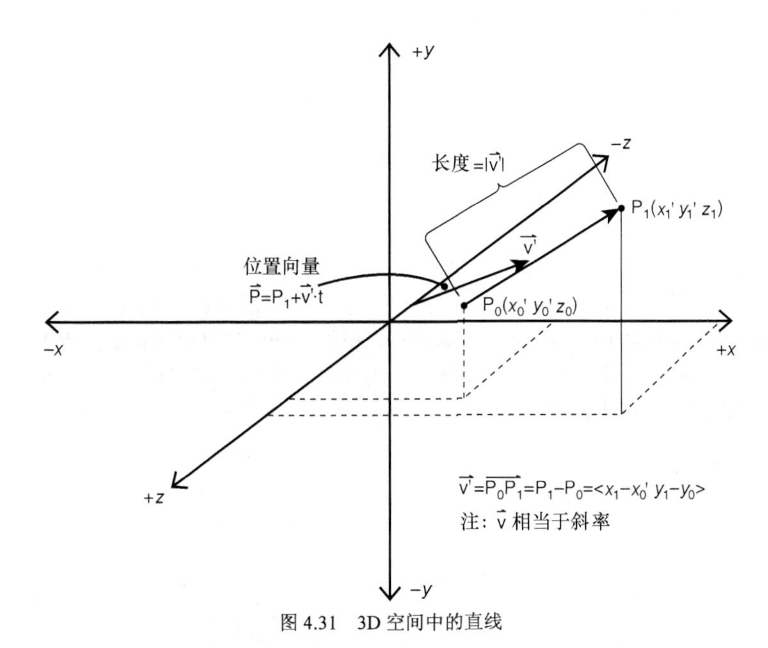

图 4.31　3D 空间中的直线

下面是用向量表示的参数化直线方程：

```
p(x,y,z) = p0 + v'*t
```

当 *t* 从 0 变化到|**v**|时，**p** 将从 **p0** 移 **p1**。您应该熟悉这些，因为前几节讨论位置和 2D 位移向量时介绍过。3D 直线的显式形式如下：

$$\frac{(x-x0)}{a}=\frac{(y-y0)}{b}=\frac{(z-z0)}{c}$$

这包含三个方程，但您只需要两个，因为它们是耦合的。a、b、c 是单位向量 **v**'的(*x*，*y*，*z*)分量。这种形式的问题在于有些笨拙。下面来计算从 **p0**(1，2，3)到 **p1**(5，6，7)的 3D 直线的这种形式。

给定：

```
p0(1,2,3)
p1(5,6,7)
v = <p1-p0> = <5-1, 6-2, 7-3> = <4,4,4>
v' = v/|v|  = <4,4,4>/|sqrt(4²+4²+4²)|
            = <.57, .57,.57>
            = <a,  b,  c>
```

将 *a*、*b*、*c* 代入上述方程，结果如下：

$$\frac{(x-1)}{.57}=\frac{(y-2)}{.57}=\frac{(z-3)}{.57}$$

乘以 0.57，以消除分母，并分离等式，结果如下：

```
(x-1) = (y-2)
(y-2) = (z-3)
```

简化后得到：

```
x - y = -1
y - z = -1
```

在 3D 空间中，显式形式的直线难以理解；参数化形式要清楚得多。

4.8.3 平面

平面是 3D 图形学的关键部分。从技术上说，平面将延伸到无穷远处，如图 4.32 所示。然而，在处理 3D 图形时，我们经常需要用到多边形的概念，它是位于平面内的封闭对象，由很多边（直线）组成，如图 4.33 所示。由于每个多边形通常位于一个平面中，因此可以根据该平面信息得到很多关于多边形的信息；反过来，也可以根据多边形推演出其所在平面的信息，并将其用于数学运算。因此，理解平面是非常重要的。我们首先介绍平面的两个通用概念属性：

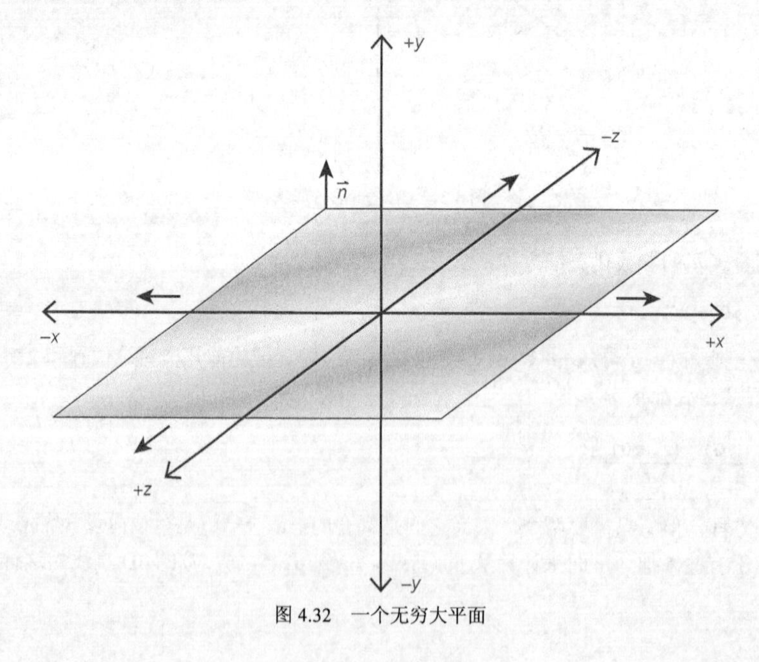

图 4.32　一个无穷大平面

- 所有 3D 平面都延伸到无穷远。
- 所有平面都将整个空间分成两个半空间（这对于各种空间划分算法和碰撞检测非常重要）。

有很多方法可用来生成平面方程，下面从几何学的角度分析这个问题，看能否推导出平面方程。这是一个非常重要的练习——您可以自己推导出一些东西，以后将对您有很大帮助。图 4.33 描述了一个平面，该平面的法线向量 $n = <a, b, c>$，点 **p0**(*x*0，*y*0，*z*0)和 **p**(*x*，*y*，*z*)位于该平面上。

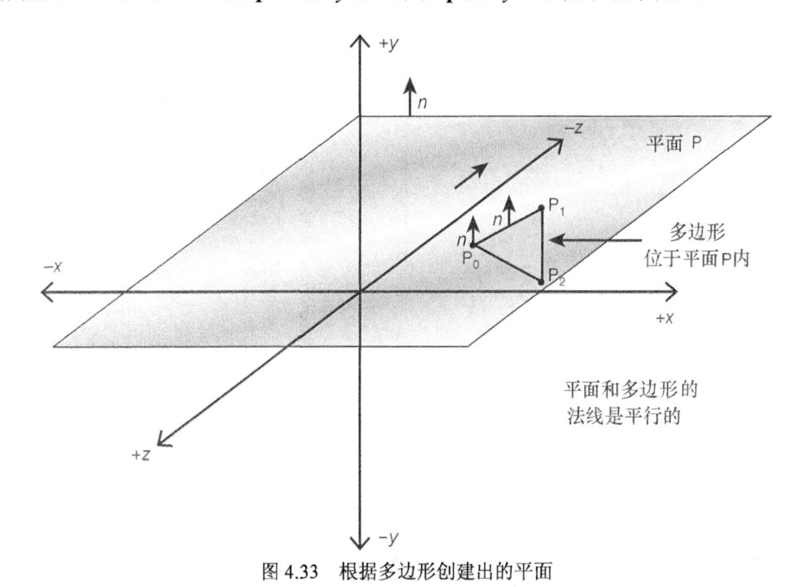

图 4.33　根据多边形创建出的平面

我们看到了要定义的平面，但其平面方程是什么呢？向量 **p0->p** 位于该平面中，因此与 *n* 垂直。现在我们有了一个约束条件：对于该平面上的任何一个点 **p**(*x*，*y*，*z*)，向量 **p0->p** 与 **n** 的点积都等于零，因为两个垂直的向量的点积为零。所以：

```
n . (p0->p) = 0
```

这就是平面的方程！现在执行乘法，得到如下结果：

```
<a,b,c> . <x-x0, y-y0, z-z0) = 0

a*(x-x0) + b*(y-y0) + c*(z-z0) = 0
```

这是平面方程的点-法线形式，(*x*0，*y*0，*z*0)是平面上的一个点，而<*a*，*b*，*c*>是平面的法线。现在，将各项相乘，并整理常量，得到平面方程的通用形式：

给定

```
a*(x-x0) + b*(y-y0) + c*(z-z0) = 0
a*x + b*y + c*z + (-a*x0 - b*y0 - c*z0) = 0
```

令 d = (-a*x0 – b*y0 – c*z0)，结果如下：

```
a*x + b*y + c*z + d = 0
```

计算两个平面的交线时，使用通用形式非常方便。在这种情况下，将有一个方程组，它由两个或更多关于 *x*、*y*、*z* 的方程组成，您只需求解该方程组即可。

1. 判断点位于哪个半空间中

有一项您将经常使用的、与平面相关的非常重要的操作：判断点位于平面的哪一个半空间中。例如，您可能想知道炮弹是否穿过了平面等。平面方程可以告诉您这一点。在图 4.34 中，有一个平面和一个点，我们要判断这个点位于平面的正半空间还是负半空间中。正半空间是法线指向的空间，而负半空间是另一个半空间。

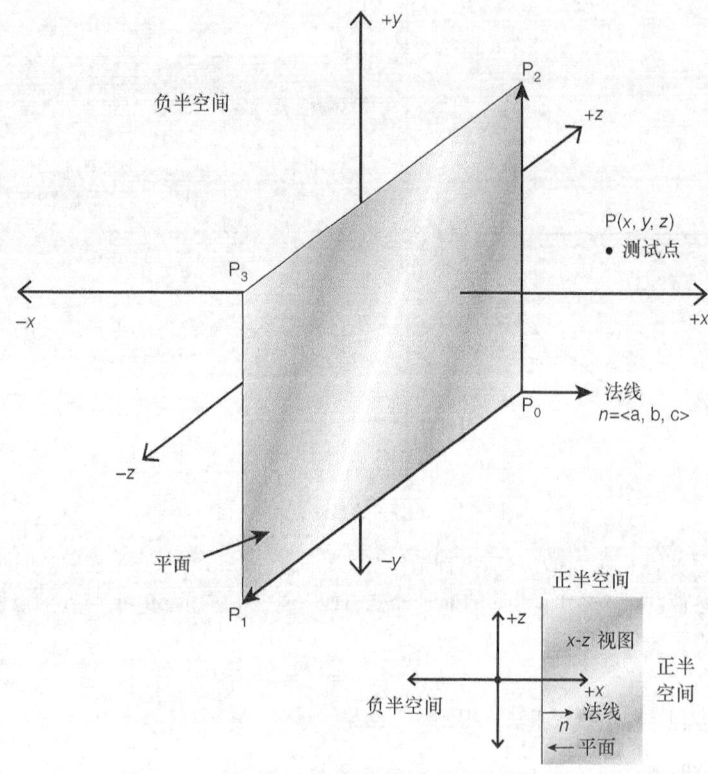

图 4.34　平面及其半空间

为判断这一点，假设有如下形式的平面方程：

```
hs = a*(x-x0) + b*(y-y0) + c*(z-z0)
```

只需将点(x, y, z)代入到方程中，并测试结果：

- 如果 hs = 0，该点位于平面上。
- 如果（hs > 0），该点位于平面的正半空间中。
- 如果（hs < 0），该点位于平面的负半空间中。

这是检测点位于多边形哪一边的方法之一。下面来看一个例子，其中测试平面为 x-z 平面。法线向量为 <0, 1, 0>，平面上的一个点为(0，0，0)，因此平面方程如下：

```
hs = 0*(x-0) + 1*(y-0) + 0*(z-0) = (y-0)
```

首先 x、z 坐标是无关的，因为测试平面为 *x-z* 平面；因此只需要考虑点的 *y* 坐标。对于点 **p**(10，10，10)，它显然位于正半空间中；因为 $(y-y0)=(10-0)=10>0$，因此该点位于正半空间中。在这种情况下，问题简化为对单个坐标的测试。

2．使用显式方程计算 3D 空间中平面与直线的交点

下面介绍如何计算 3D 空间中直线与平面的交点。这种计算在 3D 游戏中非常有用，其原因有很多：碰撞检测、裁剪等。我们将使用图 4.35 所示的平面和直线。为简化起见，我选择 x-z 平面，点 **p0**(0，0，0)位于该平面上，平面的法线向量为 *n* = <0，1，0>；直线通过点 **p1**(4，4，4)和 **p2**(5，-5，-4)。现在，来看能否计算出图 4.35 中直线与平面的交点 $\mathbf{p_i}$(*x*，*y*，*z*)。

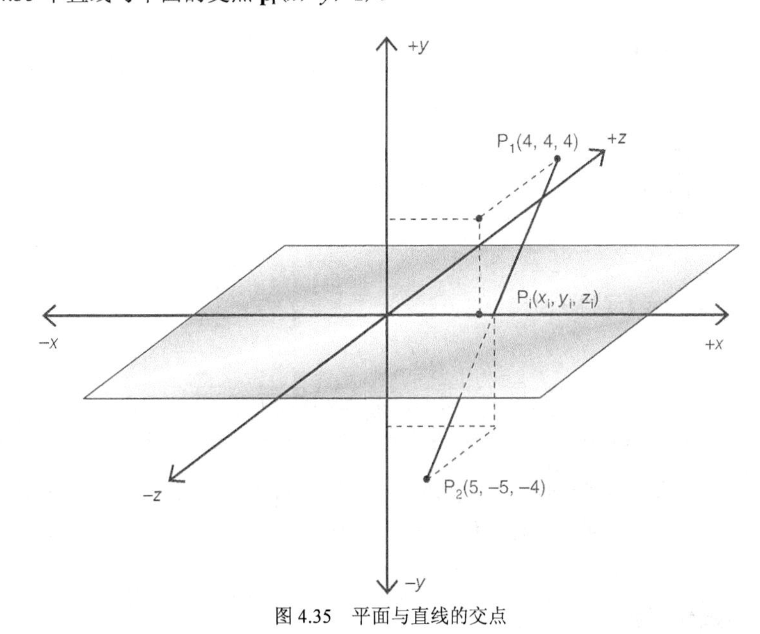

图 4.35　平面与直线的交点

平面的点-法线方程如下：

```
a*(x-x0) + b*(y-y0) + c*(z-z0) = 0
```

用法线向量代替<*a*，*b*，*c*>，并将点 **p0**(*x*0，*y*0，*z*0)代入方程，得到如下平面方程：

```
0*(x-0)+1*(y-0)+0*(z-0) = 0
                      y = 0
```

3D 直线方程的通用形式如下：

$$\frac{(x-x0)}{a}=\frac{(y-y0)}{b}=\frac{(z-z0)}{c}$$

其中<a，b，c>是方向与 **p1->p2** 相同的单位向量，可以这样计算得到：

```
v = p2-p1 =  (5,-5,-4) - (4,4,4)= <1, -9, -8>
v'= v/|v| = <1,-9,-8>/<sqrt((1)²+(-9)²+(-8)²)
          = <0.08, -0.74, -0.66>
```

用点 **p1** 替换(*x*0，*y*0，*z*0)，并用 **v** 替换(*a*，*b*，*c*)，结果如下：

$$\frac{(x-4)}{0.08}=\frac{(y-4)}{-0.74}=\frac{(z-4)}{-0.66}$$

整理直线方程和平面方程，结果如下：

(*x*-4)/.08 = -(*y*-4)/.74 = -(*z*-4)/.66（直线方程）

y = 0（平面方程）

现在可以求解该方程组了。将 *y* = 0 代入如下直线方程：

```
 (x-4)/.08 = -(y-4)/.74
-(y-4)/.74 = -(z-4)/.66
```

结果如下：

```
 (x-4)/.08 = -(0-4)/.74
-(0-4)/.74 = -(z-4)/.66
x = 4+(.08)*4/.74 = 4.43
z = 4 -(0.66)*4/.74 = .43
```

因此，直线与平面的交点为 $\mathbf{p_i}$(4.43，0，0.43)。这个范例有些繁琐，但是很重要。后面将根据几何知识，推导出一种更快地计算直线与平面交点的方法。

4.9 使用参数化方程

参数化方程在计算机图形学中很有用，因为通过使用参数化方程，可以用单变量（而不是 2 或 3 个变量）函数来表示直线或曲线。另外，在计算机游戏中，它是一种更自然的表示运动和轨迹的方法。下面详细介绍它。

4.9.1 2D 参数化直线

在图 4.36 中，有两个位于 x-y 平面中的点：**p0**(*x*0，*y*0)和 **p1**(*x*1，*y*1)。我们知道，向量 **v** = <*vx*，*vy*> = **p0**->**p1** = <*x*1-*x*0，*y*1-*y*0>。如果将 **v** 与 **p0** 相加，结果将为 **p1**。现在的问题是，如何以参数形式表示点，使得参数 t 在闭区间[a, b]中变化时，点将沿方向 **v** 从 **p0** 移到 **p1**。当然，在有关位置向量的讨论中，介绍过这方面的内容。可以这样描述从 **p0** 到 **p1** 的点集：

```
p = p0 + v*t
```

其中 **v** = <*vx*，*vy*> = **p0**->**p1** = (*x*1-*x*0，*y*1-*y*0)；参数 *t* 的取值范围为[*a*，*b*]

这个公式存在的问题是，*t* 的取值区间并不是已知的。如果愿意，可以计算它。这里有一个非常微妙的地方，上述公式是通用的参数化直线方程，直线从-∞到+∞。然而，很多时候，我们需要的是参数化线段，而不是参数化直线。参数化线段与参数化直线的方程相同，但参数 t 的取值范围更小。有两种常见的调整 **v** 长度的方法，下面分别介绍它们。

1. 用标准方向向量表示的参数化线段

在前面的讨论中，**v** = <*vx*，*vy*> = **p0**->**p1** = <*x*1-*x*0，*y*1-*y*0>。因此，向量 **v** 的长度为点 **p0** 到 **p1** 的距离，如图 4.36 所示。因此对于从 **p0** 到 **p1** 的线段，参数 t 的变化区间为[0，1]。

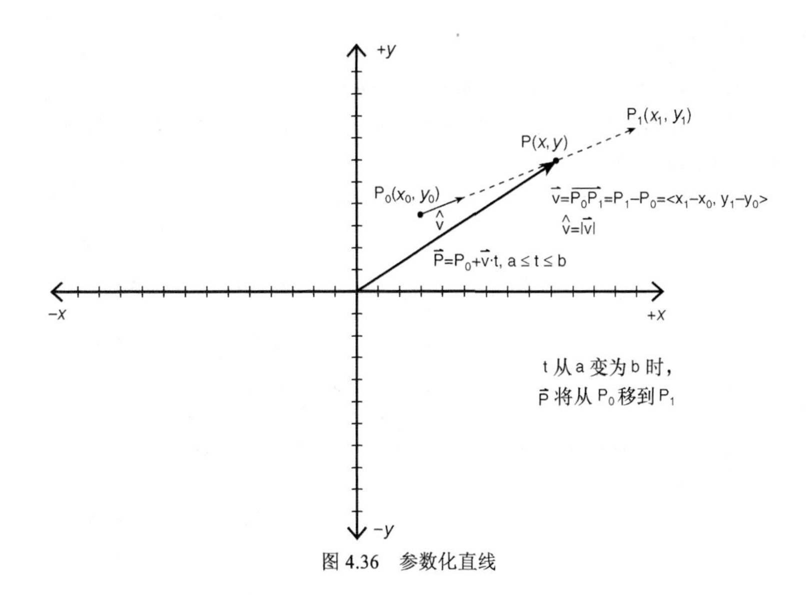

图 4.36　参数化直线

注意："[" 和 "]" 表示闭区间，"(" 和 ")" 表示开区间。因此，[0, 1]指的是 0～1 的所有实数，且包括 0 和 1；(0, 1)指的也是 0～1 的所有实数，且包括 1，但不包括 0。

因此参数化线段的方程如下：

```
p = p0 + v*t
```

其中 **v** = <*vx*，*vy*> = **p0**->**p1** = (*x*1-*x*0，*y*1-*y*0)，t 的取值范围为[0，1]。

t = 0 时，结果如下：

```
p = p0 + v*t = p0
```

这是正确的。

t=1 时，结果如下：

```
p = p0+v*1 = p0+v = p0+<vx, vy> = p1
```

这也是正确的。

因此，参数 *t* 的取值区间[0，1]定义了从 **p0** 到 **p1** 的线段。另外，*t* 的取值也可以在该区间外，但对应的点不在线段上。对于求解参数化方程组来说，这是一个非常重要的属性；如果线段的参数 *t* 的取值区间为[0，1]，但计算得到的 *t* 值不在该区间内，则表明对应的点不在线段上——这是一个非常重要的细节。

另外，使用标准方向向量 v 和区间[0，1]很不错，因为 0 和 1 都是非常特殊的数！下面介绍使用归一化方向向量表示的参数化线段的方法。

2．使用单位方向向量表示参数化线段

这种参数化直线表示法与前一种方法相同，方向向量被归一化（变成 **v'**）。用归一化向量 **v'**代替 **v** 后，方程变为：

p = **p0** + **v'***t

其中 **v** = <*vx*，*vy*> = **p0->p1** = <*x*1-*x*0，*y*1-*y*0>，**v'** = **v**/|**v**|。

现在的问题是，什么样的区间定义了从 **p0** 到 **p1** 的线段，如图 4.37 所示？如果您仍然清醒，将很容易看出应该是[0，|**v**|]!下面来验证这一点。

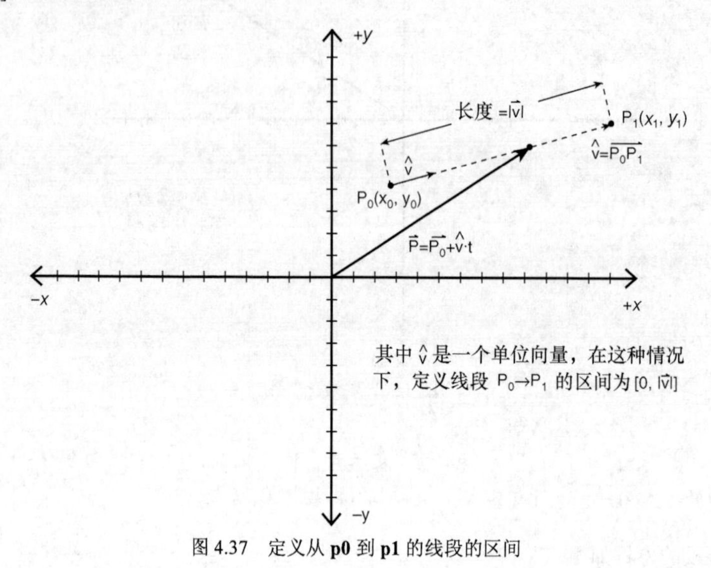

图 4.37　定义从 **p0** 到 **p1** 的线段的区间

t = 0 时：

p = p0 + v'*0 = p0

它是正确的。

t = |v|时：

p = p0 + v'*|v|

$$= p0 + \frac{v}{|\mathbf{v}|} * |\mathbf{v}|$$

= p0 + v

= p0 + <vx, vy> = p1

这也是正确的。

归根结底，这两种表示方法之间并没有区别，但参数 t 的取值区间不同，前者为[0，1]，后者为[0，|**v**|]。还可以创建这样的参数化方程，它表示从 **p0** 到 **p1** 的线段，t 的取值区间为[-1, 1]；这项工作留给读者去完成。

4.9.2　3D 参数化直线

3D 参数化直线与 2D 参数化直线相同：点 **p0**(*x*0，*y*0，*z*0)和 **p1**(*x*1，*y*1，*z*1)都有 3 个分量；当然 **v** 也一样，**v** = <*vx*，*vy*，*vz*> = **p0->p1** = <*x*1-*x*0，*y*1-*y*0，*z*1-*z*0>。向量方程相同：

```
p = p0 + v*t
```

其中

```
v = <vx, vy, vz> = p0->p1 = (x1-x0, y1-y0, z1-z0)
```

除增加一个分量外，其他一切相同；从 2D 变成 3D 非常简单。还记得用 *x*、*y*、*z* 表示的 3D 直线是多么复杂吗？但 3D 参数化直线非常简单。这也是为什么我们在 3D 引擎中要使用参数形式来表示直线的原因，因为显式 3D 直线很难表示，对它执行计算更困难。

1．计算参数化直线的交点

假设有两艘飞船位于 2D 轨道上，如图 4.38 所示。从中可知：

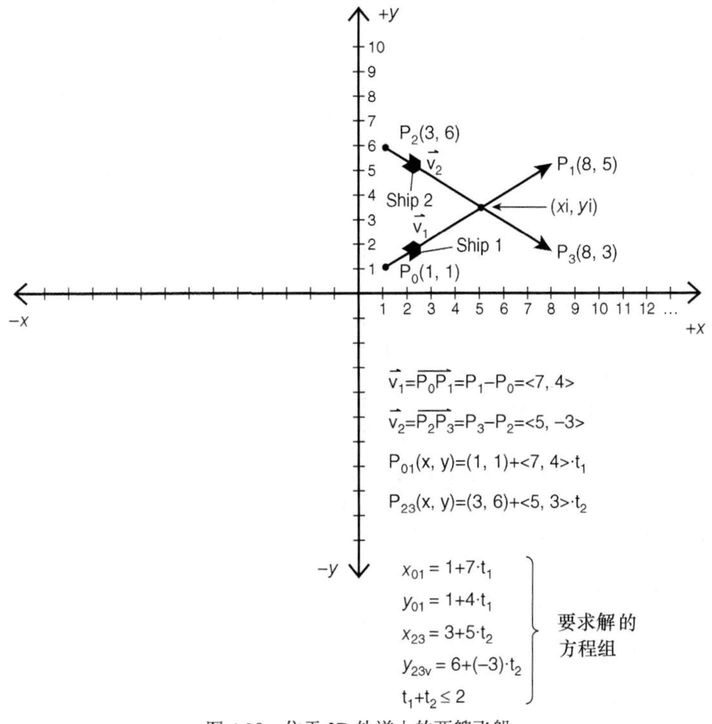

图 4.38　位于 2D 轨道上的两艘飞船

- 飞船 1 从 **p0**(*x*0，*y*0)移到 **p1**(*x*1，*y*1)。
- 飞船 2 从 **p2**(*x*2，*y*2)移到 **p3**(*x*3，*y*3)。

我们要确定它们的轨道是否相交。您可能首先想为这两条轨道创建两条显式直线，然后检查这两条直线是否相交；但问题是，您不知道交点是否在线段 **p0**->p1 和 **p2**->**p3** 上。这也是为什么参数化直线如此有用的原因。我们可以执行计算，得到相交点的 t 值。如果 t 不在定义线段的区间中，则表明两条线段并不相交，如图 4.39 所示。

首先来创建两条参数化直线，*t* 的区间[0，1]，使计算更容易。如果两条直线的 *t* 区间不同，将相当于从数学上对苹果和桔子进行比较。下面是这两条参数化直线的定义：

已知：

- 飞船 1 从 **p0**（1,1）移动到 **p1**（8,5）。
- 飞船 2 从 **p2**（3,6）移动到 **p3**（8,3）。

计算这两条直线的方向向量：

```
v1 = p0->p1 = <x1-x0, y1-y0> = <8-1, 5-1> = <7,4>
v2 = p2->p3 = <x3-x2, y3-y2> = <8-3, 3-6> = <5,-3>
```

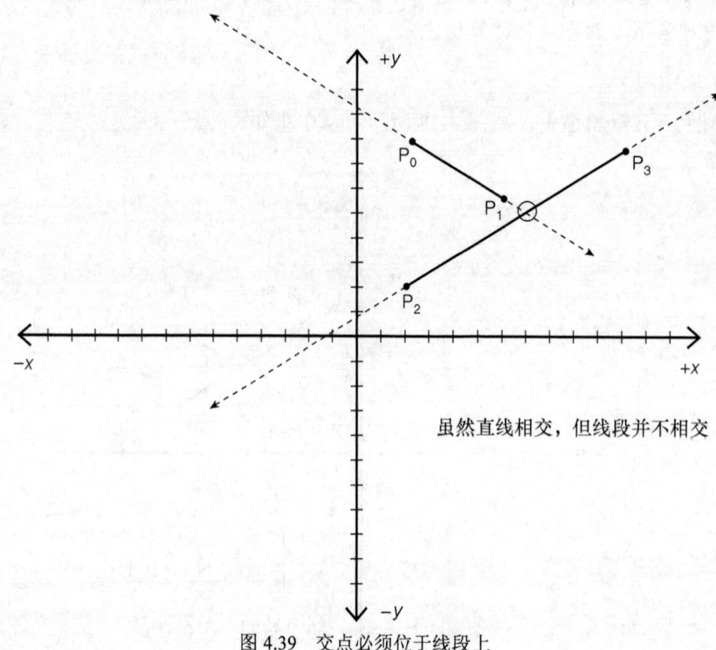

图 4.39　交点必须位于线段上

参数化直线方程如下：

```
p01 = p0 + v1*t1, t1 ∈ [0,1]
p23 = p2 + v2*t2, t2 ∈ [0,1]
```

将实际值代入方程，结果如下：

```
p01(x,y) = (1,1) + <7,4>*t1
p23(x,y) = (3,6) + <5,-3>*t2
```

注意，这两条直线的参数变量不同，我们使用了 $t1$ 和 $t2$，而不是 t，因为这两个参数是不同的。这两个参数都在区间[0，1]内变化，但在交点处两个 t 值可能不同。因此，必须使用不同的参数来跟踪它们——这非常重要，否则将可能导致很多数学问题。

下面写出所有用分量表示的方程：

```
x = 1 + 7*t1
y = 1 + 4*t1

x = 3 + 5*t2
y = 6 - 3*t2
```

我们根据在交点处分量 x 和 y 分别相等，来求解出 $t1$ 和 $t2$，然后检查 $t1$ 和 $t2$ 是否都位于区间[0，1]中。

如果是，则两条线段相交，否则没有交点。根据分量相等，可得到如下方程：

```
1 + 7*t1 = 3 + 5*t2
1 + 4*t1 = 6 – 3*t2
```

重新整理后，可得到如下方程：

```
7*t1 – 5*t2 = 2
4*t1 + 3*t2 = 5
```

有两个方程和两个未知数，可以使用任何技术来求解：高斯消元法、克来姆法则、代入法等。结果如下：

```
t1 = .756
t2 = .658
```

两条线段相交，因为 $t1$ 和 $t2$ 都位于区间[0, 1]中。要计算交点，可将 $t1$ 或 $t2$ 代入到原来的直线方程中。下面将 $t1$ 和 $t2$ 都代入到直线方程中，以验证得到的交点坐标（x,y）是否相同。

对于直线 1：

```
x = 1 + 7*t1 = 1 + 7*(.756) = 6.29
y = 1 + 4*t1 = 1 + 4*(.756) = 4.02
```

对于直线 2：

```
x = 3 + 5*t2 = 3 + 5*(.658) = 6.29
y = 6 – 3*t2 = 6 - 3*(.658) = 4.02
```

谢天谢地，完全相同！这些应该足以使您相信直线的参数化表示是最好的，且使用起来非常简单。另外，3D 中的相同问题是绝对相同。没有怪异的公式，只是多了一个坐标分量。在 3D 空间中，将得到类似如下的参数化直线方程：

```
p01(x,y,z) = (x0,y0,z0) + <vx1,vy1,vz1>*t1
p23(x,y,z) = (x2,y2,z2) + <vx2,vy2,vz2>*t2
```

然后将它们分解成三个方程，以求解 $t1$ 和 $t2$：

对于直线 1：

```
x = x0 + vx1*t1
y = y0 + vy1*t1
z = z0 + vz1*t1
```

对于直线 2：

```
x = x2 + vx2*t2
y = y2 + vy2*t2
z = z2 + vz2*t2
```

唯一的差别是，有三个方程和两个未知数，您可以从中选择任何两个方程来求解 $t1$ 和 $t2$。求解方程组后，将 $t1$ 和 $t2$ 代入没有使用的那个方程，以验证结果是否正确。然而，在大多数情况下，并不需要检测一条 3D 线段是否与另一条 3D 线段相交，因为发生这种情况的概率极低。大多数时候，需要检测 3D 参数化直线是否与平面相交。下面介绍这个问题。

2．计算 3D 参数化直线与 3D 平面的交点

根据平面的不同，计算 3D 直线与平面的交点可能相当简单，也可能非常复杂。如果平面是 x-y、x-z、

y-z 或与它们平行的，问题将非常简单。然而，对于通用的直线平面相交问题，需要做更多的工作。

首先写出参数化直线与平面的方程，然后先对最简单的情况求解。下面是 3D 空间中参数化直线的方程：

```
p = p0 + v*t, t ∈ [0,1]

p(x,y,z) = p0(x0,y0,z0) + v<vx, vy, vz>*t
```

下面是 3D 平面方程：

```
n . (p - p0) = 0
nx*(x-x0) + ny*(y-y0) + nz*(z-z0) = 0
```

如图 4.40 所示，我们可以看到三种简单情况下的直线平面相交：

情形 1 直线与 *x-y* 平面相交（*z*＝0）。

情形 2 直线与 *x-z* 平面相交（*y*＝0）。

情形 3 直线与 *y-z* 平面相交（*x*＝0）。

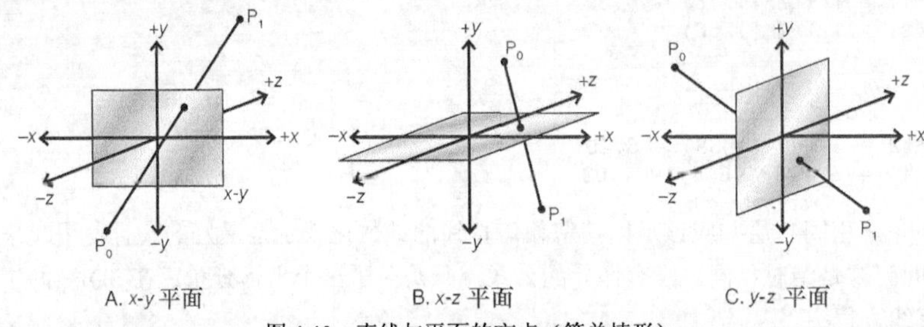

图 4.40 直线与平面的交点（简单情形）

对这三种情形进行求解很简单。我们以 *x-y* 平面与直线相交为例。在这种情形下，*z* 坐标 0，将它代入到参数化直线方程中，结果如下：

```
z = z0 + vz*t = 0
t = -z0/vz
```

如果 *t* 在区间[0，1]内，则表明两者相交，并可将 *t* 代入分量 *x* 和 *y* 的参数化直线方程中，得到交点的 *x* 和 *y* 坐标：

```
x = x0 + vx*(-z0/vz)
y = y0 + vy*(-z0/vz)
```

在 3D 空间中，直线与任何标准平面或与之平行的平面相交的问题，是相当简单的。问题是如何求得 3D 直线与任意平面的交点。再来看一下参数化直线方程：

```
p(x,y,z) = p0(x0,y0,z0) + v<vx, vy, vz>*t
```

其分量形式为：

```
x = x0 + vx*t
y = y0 + vy*t
z = z0 + vz*t
```

下面是任意平面的方程：

```
                   n . (p - p0) = 0
       nx*(x-x0) + ny*(y-y0) + nz*(z-z0) = 0

nx*x + ny*y + nz*z + (-nx*x0-ny*y0-nz*z0) = 0
```

写成通用形式为：

```
a*x + b*y +c*z + d = 0
```

其中 a = nx，b = ny，c = nz，d =（-nx*x0 – ny*y0 –nz*z0）。

警告：不要混淆了平面的 x0、y0、z0 与直线的 x0、y0、z0，它们是不相同的！这也是为什么我要使用一个符号 d 来进行简化的原因。

将参数化直线方程右边的 x、y、z 值代入到通用平面方程中，可以求解出 t。如下所示：

```
a*(x0+vx*t) + b*(y0+vy*t) + c*(z0+vz*t) + d = 0
```

求解 t，结果如下：

```
t = -(a*x0 + b*y0 + c*z0 + d)/(a*vx + b*vy + c*vz)
```

其中 $x0$、$y0$、$z0$、vx、vy、vz 来自参数化直线，a、b、c、d 来自平面方程。

将 t 代入参数化直线方程，可得到交点的 x、y、z 坐标：

```
x = x0 + vx*t
y = y0 + vy*t
z = z0 + vz*t
```

有 t 后，只需检测它是否位于区间[0，1]中，便可知道线段与平面相交。

至此，您已经具备了处理 3D 碰撞检测、墙面跟踪、裁剪、武器弹道等所需的数学知识。本书后面将使用这些知识，因此您务必理解它们。

4.10　四元数简介

在 20 世纪 80 年代初，作者与另一位游戏程序员聊到 Atar 的 Space Duel 速度为什么这么快。其处理 3D 速度令人难以置信。这位朋友了解内情，Atari 使用的是矩阵乘法。我对此印象非常深刻，因为在 8 位处理器上执行数学运算需要很高的技巧。现在，我们可以使用 BSP 树、入口、A-缓存等，但如果您不了解四元数将寸步难行。

四元数是由数学家 William Rowan Hamilton 于 19 世纪发明的（如果您学习过图论，应熟悉 Hamiltonian 路径）。四元数显然不是专门为 3D 图形学设计的，但在 3D 图形学的很多方面非常适合使用它：

- 3D 相机控制；
- 压缩存储；
- 平滑 3D 插值。

四元数是基于复数的，理解起来有一点抽象。当然，四元数并不代表现实世界中的任何东西，只在数学意义上存在。然而，复数是一种可用来表示实数无法表达的数学思想的工具。这里首先简要介绍基本的复数理论，再介绍四元数及其数学性质，然后讨论如何将其用于计算机图形学和游戏中。

4.10.1　复数理论

实数集 $\boldsymbol{R}$ 由区间[-∞,+∞]中的所有数组成。来看一些方程：

```
x = sqrt(4) = 2
x = sqrt(1) = 1
x = sqrt(-1) = ???
```

第三个方程是个问题：在实数集中没有-1 的平方根，因为没有哪个实数的平方等于-1。我们需要一个新的数，虚数 i。我们将制定如下规则：

令 i = sqrt（-1）

则 i*i = -1

现在可以计算 sqrt（-4）了：

```
sqrt(-4) = 2*i
```

因为：

```
(2*i)*(2*i) = 4*i² = 4*-1 = -4
```

可以将虚数 i 视为变量或系数，即常规的代数法则仍适用。只需将 *i* 当成一个与 *x* 类似的变量，并对其执行任何运算。例如，请看下面的加法：

```
3 + 5*i + 3*i² - 10 + 6*i
```

整理后结果如下：

```
= 3*i² + 5*i + 6*i + 3 - 10
 = 3*i²+ 11*i - 7
 = 3*(-1) + 11*i - 7
 = -3 + 11*i - 7
 = -10 + 11*i
```

没什么特别之处。然而，虚数本身非常单调，因此数学家提出了复数的概念，它是一个实数与一个虚数的和。在数学上，复数像这样：

z = (a + b*i)

其中 *a* 是实部，*b* 是虚部。由于实部和虚部不能合并，因此可以将复数视为复平面中的点，如图 4.41 所示。

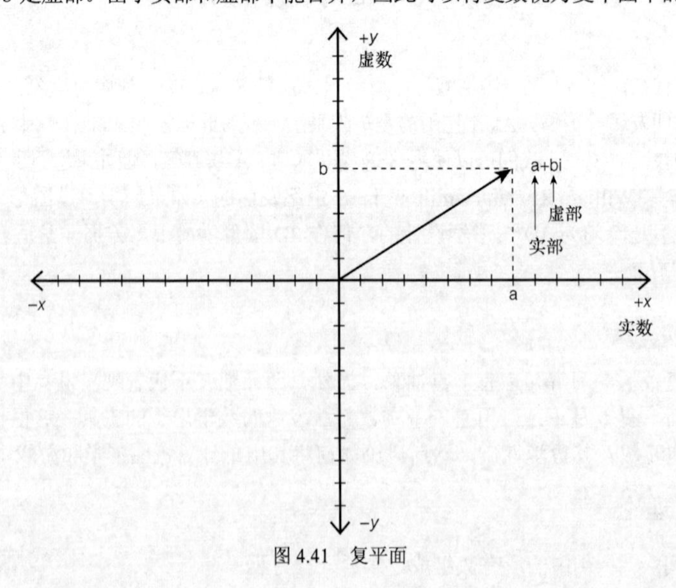

图 4.41 复平面

作为一种约定，大多数人将 x 轴称为实部，将 y 轴称为虚部。因此，可以以向量为基础，得到一种复数的几何表示：

```
z = a*(1,0) + b*(0,i)
```

有关这种概念稍后再介绍，现在读者只需记住它即可。下面来看一下复数运算，如何执行加法、减法、乘法、除法等。

1. 复数与标量相乘/相除

将标量与复数相乘只需对复数的各个分量执行相应的运算即可：

给定：

```
z1  =(a+b*i)
k*z1=k*(a+b*i) = (k*a+(k*b)*i)
```

范例：

```
3*(2+5*i) = (6+15*i)
```

也就是说，将标量分别乘以复数的各个分量。除法与此类似，因为可以将除法视为乘以标量的倒数。

2. 复数加法和减法

要将复数相加或相减，只需将实部和虚部分别相加或相减：

给定：

```
     z1 = (a+b*i)
     z2 = (c+d*i)
z1 + z2 = (a+b*i) + (c+d*i) = ((a+c) + (b+d)*i)
```

范例：

```
(3 + 5*i) + (12 – 2*i) = (15 + 3*i)
```

3. 复数加法恒等元

加法恒等元（additive identity，将其与任何复数相加时，结果为仍为该复数）是（0 + 0*I），因为：

```
(0+0*i) + (a+b*i) = (0+a + (0+b)*i) = (a+b*i)
```

4. 复数加法逆元素

复数加法逆元素（complex additive reverse，任何复数与其加法逆元素相加时，结果为复数恒等元（0 + 0*i））是 z^* = (-a – b*i)，因为：

```
(a + b*i) + (-a - b*i) = (a-a) + (b-b)*i) = (0 + 0*i)
```

5. 复数乘法

复数乘法很容易，下面来执行复数乘法：

```
z1 = (a+b*i)
z2 = (c+d*i)

z1*z2 = (a+b*i) * (c+d*i)
      = (a*c + a*d*i + b*c*i + b*d*i^2)

= (a*c + (a*d+b*c)*i + b*d*(-1))
```

```
= ((a*c-b*d) + (a*d+b*c)*i)
```

因此，实部为(a*c－b*d)，虚部为(a*d＋b*c)。下面是一个范例：

```
(1+2*i) * (-3 + 3*i) = ((-3-6) + (-6+3)*i) = (-9 - 3*i)
```

6．复数除法

复数除法可以通过直接执行除法来完成。例如，可以按如下方法来计算两个复数的商：

$$z_1 = (a+b*i)$$
$$z_2 = (c+d*i)$$

$$z_1/z_2 = \frac{(a+b*i)}{(c+d*i)}$$

如果 c＝0 或 d＝0，则除法比较简单；但如果 c 和 d 都不等于 0，问题将有些复杂。问题是如何执行除法运算，以得到形式为(a＋b*i)的结果。其技巧在于先将分母转化为标量，这样可以用它分别去除分子的实部和虚部，从而消除分母。要将分母转化为标量，必须乘以其共轭复数（complex conjugate），通常用星号上标（*）表示。

复数 **z**＝（a＋b*i）的共轭复数是 $\mathbf{z}^*$＝(a－b*i)。将复数乘以其共轭复数时，结果总是一个实数。

给定：

$$z = (a+b*i)$$

则：

$$z * z^* =$$
$$(a+b*i) * (a-b*i) = (a^2 + a*b*i - a*b*i - b^2*i^2)$$
$$= (a^2 + b^2)$$

使用这种技巧，可以将商问题转换为更好的形式。

给定两个复数的商：

$$\frac{(a+b*i)}{(c+b*i)}$$

总是可以乘以 1，而不会改变其结果，因此对分子分母同时乘以分母的共轭复数：

$$\frac{(a+b*i)}{(c+d*i)} * \frac{(c-d*i)}{(c-d*i)}$$

经过很多步运算后，结果如下：

$$= \frac{(a*c+b*d)}{(a^2+b^2)} + \frac{((b*c-a*d)*i)}{(a^2+b^2)}$$

虽然很难看，但确实为(a＋b*i)形式。

7．倒数

最后一个数学属性（复数必须是封闭集）是倒数。它是这样一个复数，与另一个复数相乘时，结果为“1”：复数中的“1”指的是(1＋0*i)。可以使用共轭复数来计算倒数。

复数 z＝(a＋b*i)的倒数如下：

$$\mathbf{1/z} = \frac{1}{(a+b*i)}$$

但问题是，这不是（实部 + 虚部*i）形式，需要对其进行整理，使之变成(a + b*I)形式。为此可以乘以共轭复数，结果如下：

$$\frac{1}{(a+b*i)}\ \frac{(a-b*i)}{(a-b*i)} = \frac{a}{(a^2+b^2)} + \frac{b}{(a^2+b^2)}*i$$

8. 复数的向量表示

现在再来看一下复数的表示，介绍另一种看待复数的方式。可以将复数视为 2D 平面中的向量。图 4.41 用 2D 迪卡尔平面来表示复数，其中实部被用作 x 坐标，虚部被用作 y 坐标。因此，没有理由不能将复数视为向量：

```
z = a*(1,0) + b*(0,i)
```

这可简化为：

```
z = <a,b>
```

其中 a 为实部，b 为虚部。图 4.42 说明了这种以向量形式表示复数的方法。

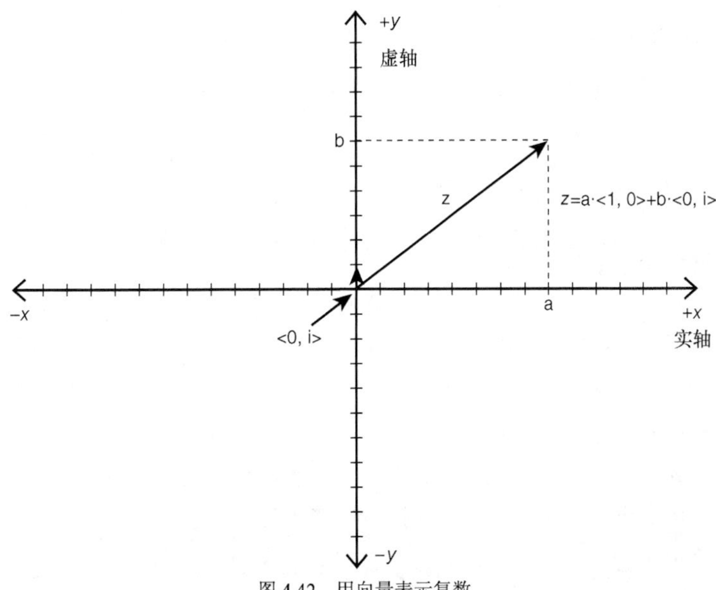

图 4.42　用向量表示复数

将复数表示为向量的优点是，这样可以像向量一样对它们进行变换。另外，将复数表示为向量还让我们能够直观地了解复数，并“看到”采用数学形式无法看到的关系。

9. 复数的范数

很多时候，需要知道复数的长度。当然，从数学角度看，这没有意义，然而将复数视为空间中的向量后，这就很自然，也很容易理解。计算复数范数（norm）的方法如下。

给定：

```
z = a+b*i
```

则：

```
|z| = sqrt(a²+b²)
```

下面来看一下复数与其共轭复数的积。

给定：

```
z = a+b*i, z* = a-b*i
```

则：

```
z * z* = a² + b*i - b*i + b² = a²+b²
```

因此，范数也等于：

```
|z| = sqrt(z * z*)
```

4.10.2 超复数

四元数就是超复数（hyper-complex number）。从数学上说，术语超复数可以指任何东西，但通常指有多个虚部的复数。在本书中，超复数是指有一个实部和三个虚部的复数，也叫四元数。

可以用很多种方法来表示四元数，但通常用下述方式来表示：

$$q = q_0 + q_1*i + q_2*j + q_3*k$$

或

$$q = q_0 + q_v\text{，其中 } q_v = q_1*i + q_2*j + q_3*k$$

i = <1，0，0>，j = <0，1，0>，k = <0，0，1>，且 q_0、q_1、q_2、q_3 都是实数。i、j、k 都是虚数，它们组成四元数 q 的向量基（basis）。

虚数基<i，j，k>具有一些有趣的性质。可以将它们视为虚拟坐标系中三个相互垂直的单位向量，用于定义<i，j，k>空间中的点，如图 4.43 所示。然而，关于<i，j，k>最有趣的属性是下面的关系：

$$i^2 = j^2 = k^2 = -1 = i*j*k$$

注意：在这里用粗体来显示 i、j、k；可以认为它们是向量，它们也确实是向量，但也可以将它们视为变量。它们有双重性质，有时候适合将它们视为向量，有时候适合将它们视为变量。我可能来回使用其不同的性质，尤其是单独使用 i、j、k 或指出它们之间的关系时。

其中“$=i*j*k$”部分需要花些时间适应，但确实是正确的。当然，可以对上述关系进行变换，如下所示。

给定：

$$i^2 = j^2 = k^2 = -1 = i*j*k$$

因此：

```
i = j*k = -k*j
j = k*i = -i*k
k = i*j = -j*i
```

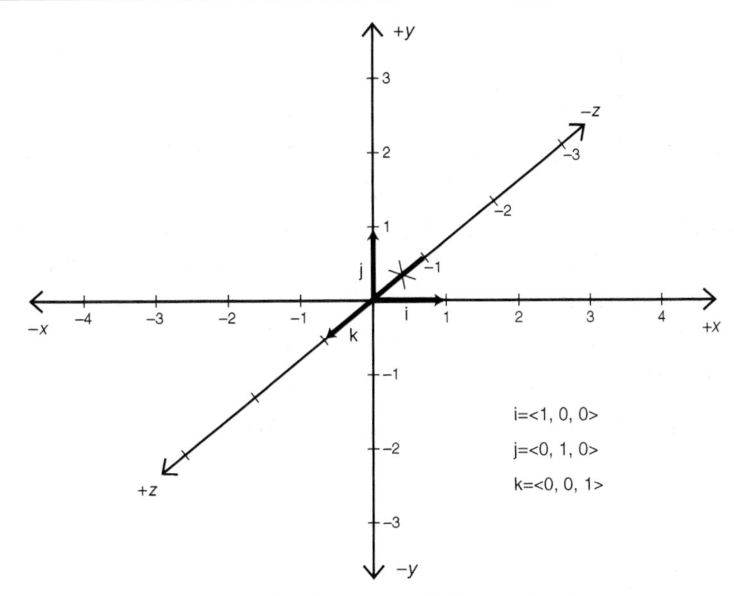

图 4.43　将超复数基（basis）解释为 3D 坐标系

可以很直观地看出这些公式的正确性，因为任何两个相互垂直的向量的叉积应该与这两个向量本身相垂直。如果交换乘法的顺序，将得到相反的结果（加上负号）。

现在，制定一些四元数书写规则，否则将无法统一四元数表示法。很多人使用小写字母来表示四元数，但也将四元数分成实部和虚部，并将虚部表示为如下形式的向量：

$\mathbf{q} = q_0 + \mathbf{q_v}$

其中：

$\mathbf{q_v} = q_1*\mathbf{i} + q_2*\mathbf{j} + q_3*\mathbf{k}$

因此，$\mathbf{q_0}$是实部，$\mathbf{q_v}$是虚部，后者是向量<q_1，q_2，q_3>。我们将使用这样一种表示法：用粗体小写字母来表示四元数，向量部分也用粗体小写字母表示。下面是一个范例：

$\mathbf{a} = -1 + 3*i + 4*j + 5*k$

纯向量形式为：

$\mathbf{a} = <-1, 3, 4, 5>$

实部-向量形式为：

$\mathbf{a} = q_0 + \mathbf{q_v}$

其中 $q_0 = -1$，并且 $\mathbf{q_v} = <3,4,5> = 3*i + 4*j + 5*k$。

在实际应用中，我们将使用数组来表示四元数，其中第一个数为实部，其他三个数分别为<i，j，k>的虚系数。从现在开始，我将使用下面这种格式来表示四元数：

$\mathbf{q} = q_0 + x*\mathbf{i} + y*\mathbf{j} + z*\mathbf{k}$

或用另一种方式：

$$\mathbf{q} = q_0 + \langle x,y,z\rangle . \langle \mathbf{i},\mathbf{j},\mathbf{k}\rangle$$

注意：这里利用了$\langle i, j, k\rangle$的向量性质。

也就是说，将实部表示为 q_0，将虚部表示为 $\mathbf{q_v} = \langle x，y，z\rangle$，这样可以更容易地将四元数与 3D 空间关联起来。然而，根据需要完成的工作，可能采用其他的形式。

四元数（或任何超复数系统）最重要的性质是，加法、乘法、倒数等运算都与复数理论相同，只是元素更多而已。因此，我们实际上已经知道如何执行这些运算，但需要考虑的是，现在有三个虚数分量，而在基本复数中，只有一个虚数分量。

下面介绍需要对四元数执行的一些基本运算，我将以较快的速度介绍，因为这些运算都是显而易见的。

1．四元数加法和减法

与常规复数一样，四元数的加法和减法可分别将实部和虚部相加或相减来完成。

范例：

$$\mathbf{q} = q_0 + \mathbf{q}_v$$
$$\mathbf{p} = p_0 + \mathbf{p}_v$$

$$\mathbf{q} + \mathbf{p} = (q_0+p_0) + (\mathbf{q}_v+\mathbf{p}_v)$$

范例：

$$\mathbf{q} = 3 + 4*\mathbf{i} + 5*\mathbf{j} + 6*\mathbf{k} = \langle 3,4,5,6\rangle \text{ in vector form.}$$
$$\mathbf{p} = -5 + 2*\mathbf{i} + 2*\mathbf{j} - 3*\mathbf{k} = \langle -5,2,2,-3\rangle \text{ in vector form.}$$

$$\mathbf{q} + \mathbf{p} = (3+ -5) + ((4+2)*\mathbf{i} + (5+2)*\mathbf{j} + (6+ -3)*\mathbf{k})$$
$$=-2 + 6*\mathbf{i} + 7+\mathbf{j} + 3*\mathbf{k}$$

正如您看到的，书写虚数系数很繁琐，可以将它们简写为：

$$\langle 3,4,5,6\rangle + \langle -5,2,2,-3\rangle = \langle -2,6,7, 3\rangle.$$

然而，必须特别小心，因为虽然它对于加法和减法是非常合适的，但执行乘法时，必须记住后三个分量是复数。为避免过渡简化，需要这样一种表示四元数的形式：至少将实部与虚部分开。

2．加法逆元素和加法恒等元

四元数 **q** 的加法逆元素是这样一个数：将它与 **q** 相加时，结果为零；它就是-q：

给定：

$$\mathbf{q} = q_0 + \mathbf{q}_v$$

加法逆元素为：

$$-\mathbf{q} = -q_0 - \mathbf{q}_v$$

因为：

$$\mathbf{q}-\mathbf{q} = (q_0-q_0)+ (\mathbf{q}_v-\mathbf{q}_v) = 0 + 0*i + 0*j + 0*j$$

加法恒等元（或四元数数学中的“0”）为：

$$\mathbf{q} = 0 + 0*\mathbf{i} + 0*\mathbf{j} + 0*\mathbf{k} = \langle 0,0,0,0\rangle$$

3．四元数乘法

加法和减法总是很容易，但乘法总是很复杂！对于四元数也不例外。由于四元数是基于实数和虚数系数的超复数，我们应该总是可以将它们相乘，在乘积中考虑虚数系数，并跟踪它们。下面来执行四元数的乘法。

给定：

$$\mathbf{p} = p_0 + p_1*\mathbf{i} + p_2*\mathbf{j} + p_3*\mathbf{k} = p_0 + \mathbf{p}_v$$
$$\mathbf{q} = q_0 + q_1*\mathbf{i} + q_2*\mathbf{j} + q_3*\mathbf{k} = q_0 + \mathbf{q}_v$$

则：

$$\begin{aligned}\mathbf{p}*\mathbf{q} &= (p_0 + p_1*\mathbf{i} + p_2*\mathbf{j} + p_3*\mathbf{k}) * (q_0 + q_1*\mathbf{i} + q_2*\mathbf{j} + q_3*\mathbf{k})\\ &= p_0*q_0 +\\ &\quad p_0*q_1*\mathbf{i} + p_1*q_2*\mathbf{j} + p_2*q_3*\mathbf{k} +\\ &\quad p_1*\mathbf{i}*q_0 + p_1*\mathbf{i}*q_1*\mathbf{i} + p_1*\mathbf{i}*q_2*\mathbf{j} + p_1*\mathbf{i}*q_3*\mathbf{k} +\\ &\quad p_2*\mathbf{j}*q_0 + p_2*\mathbf{j}*q_1*\mathbf{i} + p_2*\mathbf{j}*q_2*\mathbf{j} + p_2*\mathbf{j}*q_3*\mathbf{k} +\\ &\quad p_3*\mathbf{k}*q_0 + p_3*\mathbf{k}*q_1*\mathbf{i} + p_3*\mathbf{k}*q_2*\mathbf{j} + p_3*\mathbf{k}*q_3*\mathbf{k}\end{aligned}$$

如果您仔细观察，将会看到这个乘积中的一些结构——有些是叉积，有些是点积。整理系数，并使用前面的恒等式将虚部简化为：

$$\begin{aligned}&= p_0*q_0 +\\ &\quad p_0*q_1*\mathbf{i} + p_1*q_2*\mathbf{j} + p_2*q_3*\mathbf{k} +\\ &\quad p_1*q_0*\mathbf{i} + p_1*q_1*\mathbf{i}^2 + p_1*\mathbf{i}*q_2*\mathbf{j} + p_1*\mathbf{i}*q_3*\mathbf{k} +\\ &\quad p_2*\mathbf{j}*q_0 + p_2*q_1*\mathbf{j}*\mathbf{i} + p_2*q_2*\mathbf{j}^2 + p_2*q_3*\mathbf{j}*\mathbf{k} +\\ &\quad p_3*q_0*\mathbf{k} + p_3*q_1*\mathbf{k}*\mathbf{i} + p_3*q_2*\mathbf{k}*\mathbf{j} + p_3*q_3*\mathbf{k}^2\end{aligned}$$

现在，有很多方法可以对这些乘积进行格式化，但我将停止简化，并介绍下面的公式。

给定：

$$\mathbf{p} = p_0 + p_1*\mathbf{i} + p_2*\mathbf{j} + p_3*\mathbf{k} = p_0 + \mathbf{p}_v$$
$$\mathbf{q} = q_0 + q_1*\mathbf{i} + q_2*\mathbf{j} + q_3*\mathbf{k} = q_0 + \mathbf{q}_v$$

则：

$$\begin{aligned}\mathbf{r} = \mathbf{p}*\mathbf{q} &= (p_0*q_0 - (\mathbf{p}_v.\mathbf{q}_v)) + (p_0*\mathbf{q}_v + q_0*\mathbf{p}_v + \mathbf{p}_v\times\mathbf{q}_v)\\ &= r_0 + r_v\end{aligned}$$

注意：运算符×表示标准向量叉积，它对四元数的虚部向量进行计算，并将虚部视为标准 3D 向量。

由于点积总是标量，而叉积总是向量，因此第一项（$p_0*q_0-(\mathbf{p}_v.\mathbf{q}_v)$）为实部，而（$p_0*\mathbf{q}_v + q_0*\mathbf{p}_v + \mathbf{p}_v\times\mathbf{q}_v$）是向量（虚部）$\mathbf{r}_v$。必须承认，四元数乘法在数学上非常难看！

另外，乘法恒等元（四元数数学中的“1”）为：

$$\mathbf{q}_1 = 1 + 0*\mathbf{i} + 0*\mathbf{j} + 0*\mathbf{k}$$

这是正确的，因为 $\mathbf{q} * \mathbf{q}_1 = \mathbf{q} = \mathbf{q}_1 * \mathbf{q}$。

4．共轭四元数

对于四元数 $\mathbf{q}$，计算其共轭 $\mathbf{q}^*$的方法与复数相同：只需要将虚数分量 $\mathbf{q}_v$ 的符号反过来即可。

给定：

$$\mathbf{q} = q_0 + q_1*\mathbf{i} + q_2*\mathbf{j} + q_3*\mathbf{k} = q_0 + \mathbf{q}_v$$

可以通过将虚部的符号反转，来计算四元数的共轭：

$\mathbf{q^*} = q_0 - q_1*\mathbf{i} - q_2*\mathbf{j} - q_3*\mathbf{k} = q_0 - \mathbf{q_v}$

来看一下 **q** 与 **q***的积，这相当有意思：

$$\begin{aligned}\mathbf{q} * \mathbf{q}^* &= (q_0 + \mathbf{q_v}) * (q_0 + (-\mathbf{q_v}))\\ &= q_0*q_0 - (\mathbf{q_v}.(-\mathbf{q_v})) + q_0*\mathbf{q_v} + q_0*(-\mathbf{q_v}) + (\mathbf{q_v}\times(-\mathbf{q_v}))\\ &= q_0^2 + q_1^2 + q_2^2 + q_3^2 + (q_0*\mathbf{q_v} - q_0*\mathbf{q_v}) + (\mathbf{0})\\ &= q_0^2 + q_1^2 + q_2^2 + q_3^2\end{aligned}$$

它是各个分量系数的平方和。计算四元数的范数和倒数时，这种性质很有用。

5．四元数的范数

四元数的范数可以按照与复数范数相同的方法来计算.

给定：

$\mathbf{q} = q_0 + q_1*\mathbf{i} + q_2*\mathbf{j} + q_3*\mathbf{k} = q_0 + \mathbf{q_v}$

则：

$|\mathbf{q}| = \text{sqrt}(q_0^2+q_1^2+q_2^2+q_3^2) = \text{sqrt}(\mathbf{q} * \mathbf{q}^*)$

当然：

$|\mathbf{q}|^2 = (q_0^2 + q_1^2 + q_2^2 + q_3^2) = (\mathbf{q}* \mathbf{q}^*)$

数学知识：$(\mathbf{q} * \mathbf{q}^*) = (\mathbf{q}^* * \mathbf{q})$。四元数与其共轭的积与次序无关，但一般来说，$\mathbf{q*p} \neq \mathbf{p*q}$。另外，$\mathbf{q} + \mathbf{q}^* = 2*q_0$。

6．倒数

四元数的倒数对我们来说特别重要，因为它可以简化四元数旋转。实际上，之前介绍的所有内容都是为了使用四元数来旋转向量，而倒数又是这种操作所必不可少的。下面来介绍倒数。

给定四元数 **q**，我们要找到另一个四元数 $\mathbf{q}^{-1}$，使得下列等式成立：

$\mathbf{q}*\mathbf{q}^{-1} = 1 = \mathbf{q}^{-1}*\mathbf{q}$

将等式两边同时乘以共轭四元数 **q***：

$(\mathbf{q}*\mathbf{q}^{-1})*\mathbf{q}^* = 1 = (\mathbf{q}^{-1}*\mathbf{q})*\mathbf{q}^*=\mathbf{q}^*$

由于括号中的积为 1，而 1 乘以共轭和共轭乘以 1 的结果都是共轭，所以没有改变任何东西，也没有创建一个不成立的等式。下面通过这个等式来计算倒数，单独看一下等式的右边：

$(\mathbf{q}^{-1} * \mathbf{q}) * \mathbf{q}^* = \mathbf{q}^*$

或

$\mathbf{q}^{-1}* (\mathbf{q} * \mathbf{q}^*) = \mathbf{q}^*$

由于：

$(\mathbf{q} * \mathbf{q}^*) = |\mathbf{q}|^2$

因此倒数为：

$\mathbf{q}^{-1} = \mathbf{q}^* / |\mathbf{q}|^2$

如果 $\mathbf{q}$ 是一个单位四元数，则$|\mathbf{q}|^2 = 1$，可以进一步将倒数简化为：

$\mathbf{q}^{-1} = \mathbf{q}^*$

上面的公式是使用四元数执行旋转成为可能的全部原因。因此，大多数时候，我们都假设所有四元数是单位四元数，这样便可以使用上面的公式，而不会出现任何问题。

4.10.3　四元数的应用

学习四元数的知识后，读者可能认为它们是一些没有什么实际用途的数学对象。然而，四元数对于 3D 图形学中的几种功能是非常有用的：旋转和旋转插值，如图 4.44 所示。图有中两个相机方向：camera$_1$ =(α_1，ϕ_1，θ_1)和 camera$_2$ =(α_2，ϕ_2，θ_2)，它们分别是由一组相对于 x、y、z 轴旋转角度定义的。如何将相机指向这些方向并不重要，重要的是，如何从 camera$_1$ 平滑过渡到 camera$_2$ 方向呢？当然，可以根据角度进行线性插值，但这样做将出现很多问题，如抖动或当相机正好与坐标轴平行时减少自由度。

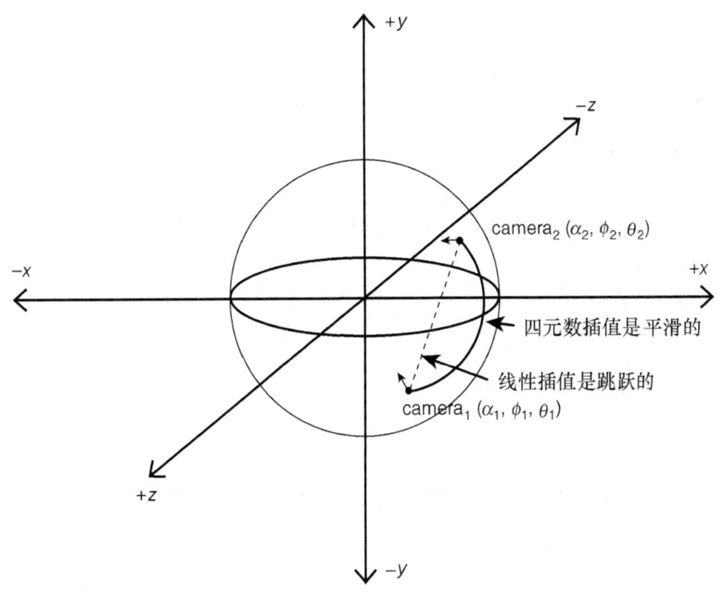

图 4.44　在两个朝向之间进行插值

四元数由于其 4D 属性，在处理这些问题方面，比标准角度和旋转矩阵更好；速度可能慢些，但值得使用。我们不会使用四元数执行标准 3D 旋转和操作，但将使用它们进行高级相机操作，这比使用角度操作相机要直观得多。下面将介绍如何使用四元数执行向量旋转；以后讨论相机时，将介绍如何使用四元数进行相机方向插值等。

四元数旋转

您可能会问，四元数变换表示什么运算呢？换句话说，它们有用途吗？答案是肯定的。其中最有用的操作之一是旋转向量。我很乐意介绍所有的数学过程，最后得到结果，但是由于时间和篇幅的限制，只能简略地介绍数学内容，以使您不会错过任何内容。最终结果是，给定向量 $\mathbf{v} = <x, y, z>$，其四元数形式 $\mathbf{v}_q = <0,$

x，*y*，*z*>（这里使用一个虚构的 0 = q0，以便将 **v** 表示为四元数），以及一个单位四元数 **q**，旋转 $\mathbf{v}_q$ 的运算如下：

右手坐标系：

a.$\mathbf{v}'_q = \mathbf{q}^* * \mathbf{v}_q * \mathbf{q}$，顺时针旋转

b.$\mathbf{v}'_q = \mathbf{q} * \mathbf{v}_q * \mathbf{q}^*$，逆时针旋转

左手坐标系：

c.$\mathbf{v}'_q = \mathbf{q} * \mathbf{v}_q * \mathbf{q}^*$，顺时针旋转

d.$\mathbf{v}'_q = \mathbf{q}^* * \mathbf{v}_q * \mathbf{q}$，逆时针旋转

数学知识：在上述运算中，只有单位四元数才能使用 **q***；如果不是单位四元数，应该使用 **q** 的倒数。

$\mathbf{v}_q$ 是一个用 $q_0 = 0$ 的四元数表示的向量，**q** 为一个四元数，但 **q** 到底代表什么呢？它与 *x*、*y*、*z* 轴以及 $\mathbf{v}_q$ 的关系是什么呢？**q** 定义了旋转轴和要绕该轴旋转的角度。当然，$\mathbf{v}_q'$在数学上是一个 4D 向量或四元数。然而，其第一个分量 q_0 总是为零，因此可以去掉该分量，仅考虑后三个元素，将它们视为 3D 空间中的向量，代表向量 **v** 旋转后得到的向量。

如果您曾经绕任意轴旋转过 3D 物体，则将知道那并不容易，但现在变得非常容易。四元数 **q** 定义的旋转轴和旋转角度并不明显，但也不是太糟。从图 4.45 可知，对于给定单位四元数 $\mathbf{q} = q_0 + \mathbf{q}_v$，旋转轴是向量部分 $\mathbf{q}_v$ 定义的直线，而旋转角度可以根据 q_0，使用如下变换得到：

$$\mathbf{q} = \cos(\theta/2) + \sin(\theta/2)*\mathbf{v}_q$$

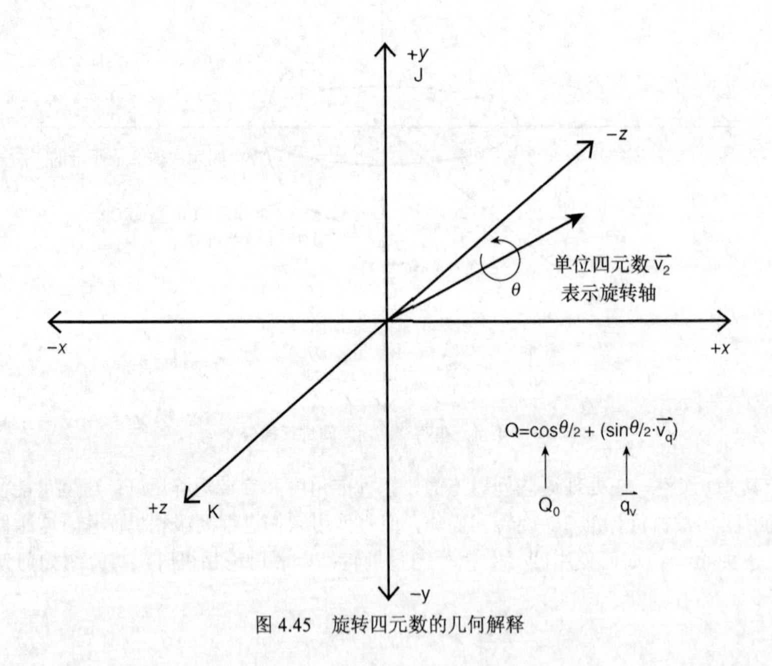

图 4.45　旋转四元数的几何解释

因此：

$$q_0 = \cos(\theta/2) \text{ and } \mathbf{q}_v = \sin(\theta/2)*\mathbf{v}_q$$

注意：当然，$\mathbf{q}_v$ 必须为单位向量，这样 **q** 将为单位四元数。

如果不知道要绕其旋转的向量，而只知道标准欧拉旋转角，该如何办呢？可以根据角度计算下述任何一个乘积，来生成一个四元数：

$$
\begin{aligned}
\mathbf{q}_{final} &= \mathbf{q}_{x\theta} * \mathbf{q}_{y\theta} * \mathbf{q}_{z\theta} \\
&= \mathbf{q}_{x\theta} * \mathbf{q}_{z\theta} * \mathbf{q}_{y\theta} \\
&= \mathbf{q}_{y\theta} * \mathbf{q}_{x\theta} * \mathbf{q}_{z\theta} \\
&= \mathbf{q}_{y\theta} * \mathbf{q}_{z\theta} * \mathbf{q}_{x\theta} \\
&= \mathbf{q}_{z\theta} * \mathbf{q}_{x\theta} * \mathbf{q}_{y\theta} \\
&= \mathbf{q}_{z\theta} * \mathbf{q}_{y\theta} * \mathbf{q}_{x\theta} \quad \text{<- 最常见的交换}
\end{aligned}
$$

其中，x_θ是绕 x 轴旋转的角度（倾角），y_θ是绕 y 轴旋转的角度（偏航角），z_θ是绕 z 轴旋转的角度（倾侧角），如图 4.46 所示。大多数人通常在 3D 引擎中使用最后一种转换顺序，但所有变换顺序都是可行的。确定变换顺序后，便可以使用下列公式来计算四元数 $\mathbf{q}_{x\theta}$、$\mathbf{q}_{y\theta}$、$\mathbf{q}_{z\theta}$，然后执行乘法来得到 $\mathbf{q}_{final}$。

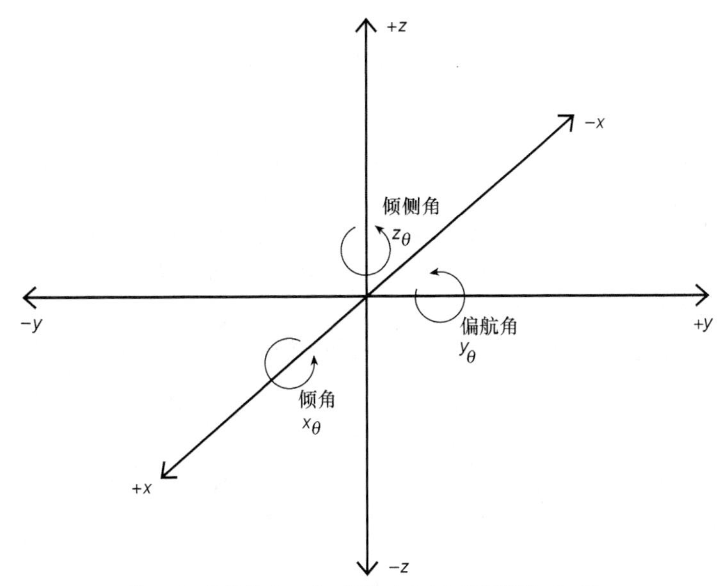

图 4.46　偏航角（yaw）、倾角（pitch）和倾侧角（Roll）

$$
\begin{aligned}
\mathbf{q}_{x\theta} &= \cos(x_\theta/2) + \sin(x_\theta/2)*\mathbf{i} + 0*\mathbf{j} + 0*\mathbf{k} \\
\mathbf{q}_\theta &= \cos(x_\theta/2),\ \mathbf{q}_v = \langle \sin(x_\theta/2),\ 0,\ 0 \rangle
\end{aligned}
$$

$$
\begin{aligned}
\mathbf{q}_{y\theta} &= \cos(y_\theta/2) + 0*\mathbf{i} + \sin(y_\theta/2)*\mathbf{j} + 0*\mathbf{k} \\
q_\theta &= \cos(y_\theta/2),\ \mathbf{q}_v = \langle 0, \sin(y_\theta/2),\ 0 \rangle
\end{aligned}
$$

$$
\begin{aligned}
\mathbf{q}_{z\theta} &= \cos(z_\theta/2) + 0*\mathbf{i} + 0*\mathbf{j} + \sin(z_\theta/2)*\mathbf{k} \\
q_\theta &= \cos(z_\theta/2),\ \mathbf{q}_v = \langle 0, 0, \sin(z_\theta/2) \rangle
\end{aligned}
$$

因此，使用欧拉角度来旋转向量 **v** 时，将执行下列旋转变换：

$$\mathbf{v}_q'(0,x',y',z') = (\mathbf{q}_{z\theta}*\mathbf{q}_{y\theta}*\mathbf{q}_{x\theta}) * \mathbf{v}_q * (\mathbf{q}_{z\theta}*\mathbf{q}_{y\theta}*\mathbf{q}_{x\theta})^*$$

其中，$\mathbf{v}_q = \langle 0, x, y, z \rangle$，即要使用四元数方式对其进行旋转的向量或点。

当然，只需要对括号中的乘积计算一次。由于每个系数 $\mathbf{q}_{x\theta}$、$\mathbf{q}_{y\theta}$、$\mathbf{q}_{z\theta}$都有如下形式：

$$\mathbf{q}_{(i,j,k)} = \cos(\theta/2) + \sin(\theta/2)*(\mathbf{i},\mathbf{j},\mathbf{k})$$

因此乘积中的很多项会被消除，最终乘积 $\mathbf{q}_{x\theta}*\mathbf{q}_{y\theta}*\mathbf{q}_{z\theta}$可能像这样：

```
q0 = cos(zθ/2)*cos(yθ/2)*cos(xθ/2) + sin(zθ/2)*sin(yθ/2)*sin(xθ/2)
q1 = cos(zθ/2)*cos(yθ/2)*sin(xθ/2) - sin(zθ/2)*sin(yθ/2)*cos(xθ/2)
q2 = cos(zθ/2)*sin(yθ/2)*cos(xθ/2) + sin(zθ/2)*cos(yθ/2)*sin(xθ/2)
q3 = sin(zθ/2)*cos(yθ/2)*cos(xθ/2) - cos(zθ/2)*sin(yθ/2)*sin(xθ/2)
```

注意：乘积中的每个四元数都可视为一次单独的旋转操作，但是四元数乘法的计算量比矩阵乘法少得多。因此，如果您发现自己在循环中执行了很多次矩阵乘法，可考虑将它转换为四元数进行优化——以四元数的形式执行所有矩阵运算，然后将结果转换为矩阵形式。

矩阵到四元数的转换以及四元数到矩阵的转换都非常复杂，这里没有时间进行推导。后面讨论相机时将介绍它们，以便您在合适的时候使用它们。另外，后面讨论相机运动时，将介绍四元数插值。

4.11 总　结

本章介绍了很多数学知识：向量、矩阵、参数化方程、复数、四元数等；这只是当今编写视频游戏所需数学知识的冰山一角。

强烈建议您参考线性代数、微积分和物理学的书籍，它们会很有帮助。毫无疑问，在 3～5 年内，计算机游戏将运行真实的物理模型，所有这些都意味着数学、数学、数学！从现在开始，将不再详细介绍数学原理，而假设您已经掌握了相关的数学知识。

第 5 章　建立数学引擎

我本打算将介绍数学引擎的本章和前一章合并为一章，但由于需要介绍的内容太多，篇幅过长，所以将数学引擎单列一章。基本上，第 4 章介绍的一切内容都将在本章以某种方式在代码中实现：向量、矩阵、四元数等。本章的大部分内容都是代码，因为数学原理已经在前一章介绍过。本章不打算介绍所有函数的细节，而只选择一部分有代表性的函数。在大多数情况下，数学函数只是前一章介绍的数学知识的实现，将它们转换为了 C/C++代码。本章介绍下列内容：

- 数学引擎概述；
- 数学常量；
- 数据结构；
- 宏和内联函数；
- 函数原型；
- 全局变量；
- 坐标系支持；
- 向量支持；
- 矩阵支持；
- 2D 和 3D 参数化直线支持；
- 3D 平面支持；
- 四元数支持；
- 定点数支持；
- 浮点数支持。

5.1　数学引擎概述

如前面所述，我本打算将数学知识和实现代码安排到一章中，但由于这些内容太复杂，我又不想过度删减，因此本章继续前一章的内容，在一个数学引擎中实现前一章介绍的所有数学理论。我们的 3D 引擎将以该数学引擎为基础，根据需要添加功能，对其进行修改或改进。它不是最高效的数学库，因为没有在底层做过多的优化。

当然，在可能的情况下，我将在高层对算法进行优化。例如，计算矩阵的行列式时，我将使用共用因子扩展法（co-factor expansion），而不是直接根据公式进行计算，这样可以减少乘法运算。然而，在真正的

3D 引擎中，如果知道引擎在运行阶段需要做什么，将可以采用很多快捷方法来减少计算量。关键之处在于，我们现在有一些工具可用，可以在以后再考虑优化问题。最后，现在 1GHz 以上的 CPU 非常普遍，所以也不用太担心速度的问题。

5.1.1 数学引擎的文件结构

就文件数量而言，这个数学引擎还算比较简单。它只有两个新文件：

- T3DLIB4.CPP——C++源代码文件；
- T3DLIB4.H——头文件。

图 5.1 描述了数学引擎与游戏系统中其他文件的关系。数学库 T3DLIB4.CPP 依赖于 T3DLIB1.CPP 中的某些数据结构，因此总是需要链接 T3DLIB1.CPP|H。而 T3DLIB1.CPP|H 又依赖于 DDRAW.H，因此必须在 T3DLIB4.CPP 中包含 DDRAW.H。这意味着要在其他地方独立使用该数学库模块，需要将 T3DLIB1.CPP 中的几个函数和 T3DLIB1.H 中的#defines 语句分别复制到 T3DLIB4.CPP 和 T3DLIB4.H 中。

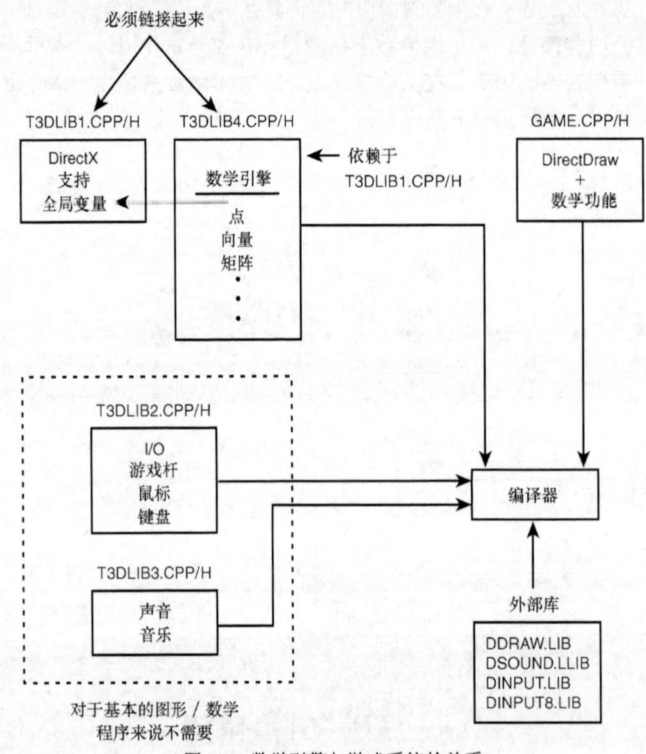

图 5.1 数学引擎与游戏系统的关系

数学引擎本身由很多函数组成（对它们进行测试并不容易），它们用于处理点、向量、直线、矩阵、四元数等。当然，该数学引擎不可能面面俱到，但对本书而言足够了。

5.1.2 命名规则

与《Windows 游戏编程大师技巧》相同，本书对函数进行升级时，如果函数只是以另一种方式（更好的方式）执行相同的操作，将在函数名称中加上一个数字后缀。例如，函数 Multiply()在本书后面可能升级为 Multiply2()。命名规则对于每个人来说都是问题，因为您希望函数有合理的名称，但又不想输入太多的字符。在大多数情况下，我使用类/结构名作为函数名称的一部分，加上函数功能的英文描述，并使用下划线来连接。例如，将向量与矩阵相乘的函数可能这样：

```
void Mat_Mul_VECTOR3D_3X3(VECTOR3D_PTR va,
                          MATRIX3X3_PTR mb,
                          VECTOR3D_PTR vprod);
```

上述函数声明非常明确的说明了函数的功能。OpenGL 采用类似的命名规则。上述函数名称比下面的函数名称好得多：

```
MMV3D33(...)
```

虽然在实际的引擎中，您可能使用更简单的函数命名规则，但对于本书而言，多输入几个字符将使得事情更加清楚。

注意：另外，类名和结构名全部大写，宏名也如此。但有些内联宏（快捷函数）采用大小写混合，与标准函数类似。

5.1.3　错误处理

错误处理非常简单——根本就没有！本书是为中级/高级程序员编写的；如果您想进行错误处理和引发异常，可自行添加。大多数情况下，每个函数都将检查一些明显的错误，如被零除，但大部分函数都没有返回值，即使有，也通常是 1（TRUE，表示成功）或者 0（FALSE，表示出现了问题）。

5.1.4　关于 C++的最后说明

基于多年来开发游戏和编写游戏书籍的经验，我得出的结论是，在教学方面 C++是一种极其糟糕的语言！这种语言在生产中功能强大，我也使用它来编写游戏，但在教学方面是非常糟糕的。这里不详细说明原因，但事实确是如此。例如，在很多有关编程和数据结构的大学课程中，使用的是 Pascal、Modula II 和 Ada，为什么呢？因为它们都是结构化程度非常高的语言，学生清楚地知道每行代码的功能。在不知道类定义的情况下，很难理解 C++代码。学习算法时，何必让类、构造函数和重载运算符将问题复杂化呢？

当我兴奋地使用复杂的 C++编写一个库后，最后却发现它处于 C+状态（C 加上函数重载和一点点 C++）。之所以不使用 C++，是因为 C 语言版本与 C++版本的速度一样快，甚至更快，但更易于理解。另一方面，您可以将数学库或其他内容转换为 C++ ——如果您认为这样做有帮助的话。

我个人认为，使用重载运算符来执行矩阵和向量运算再好不过了，但从教学角度看，它很难理解。另外，每当需要更新基于 C++类的数学库时，必须编写一个新类，并派生和重载前面的类——工作量太大了。我更愿意在有函数 Multiply() 的情况下，将新函数命名为 Multiply2()。

5.2　数据结构和类型

下面介绍数学引擎使用的数据结构和类型。在很多程度上说，90%的类型和数据结构都是全新的，但也使用了 T3DLIB1.CPP|H 中的一些类型和数据结构，用于执行简单的矩阵运算，

该数学引擎支持很多数据类型，包括点、向量、矩阵、四元数、参数化直线、3D 平面、极坐标、柱面坐标、球面坐标和定点数等。下面依次介绍这些数据结构。

5.2.1 向量和点

数学引擎支持 2D、3D、4D 点和向量，其中 4D 表示格式为(x, y, z, w)的齐次坐标。然而，大多数情况下，我们不会使用 w（它总是为 1）。由于点和向量实际上是同一回事（至少，从数据上说是如此），因此使用相同的数据结构来存储它们。

另外，我决定在结构中使用共用体，以支持多种命名规则。例如，有时候使用 p.x、p.y、p.z 来表示 3D 点 p 比较合适，但有时候需要使用以数组方式（p.M[0]、p.M[1]、p.M[2]）访问 x、y、z 的算法。编写所有数据结构时，都遵循了这种方法。这样做旨在支持更多的数据访问方法，以便能够编写清晰的算法。下面是一些用于表示向量和点的数据类型：

```
// 不包含 w 分量 2D 向量和点/////////////////////////
typedef struct VECTOR2D_TYP
{
union
  {
  float M[2]; // 数组存储方式

  // 独立变量存储方式
  struct
      {
      float x,y;
      }; // end struct

  }; // end union

} VECTOR2D, POINT2D, *VECTOR2D_PTR, *POINT2D_PTR;

// 不包含 w 分量的 3D 向量和点/////////////////////////
typedef struct VECTOR3D_TYP
{
union
  {
  float M[3]; // 数组存储方式

  // 独立变量存储方式
  struct
      {
      float x,y,z;
      }; // end struct

  }; // end union

} VECTOR3D, POINT3D, *VECTOR3D_PTR, *POINT3D_PTR;

// 包含 W 分量的 4D 齐次向量和点////////////////////
typedef struct VECTOR4D_TYP
{
union
  {
  float M[4]; // 数组存储方式

  // 独立变量存储方式
  struct
      {
      float x,y,z,w;
      }; // end struct
```

```
  }; // end union

} VECTOR4D, POINT4D, *VECTOR4D_PTR, *POINT4D_PTR;
```

下面是 T3DLIB1.H 中定义的顶点数据结构：

```
// 2D 顶点
typedef struct VERTEX2DI_TYP
    {
    int x,y; // 顶点坐标
    } VERTEX2DI, *VERTEX2DI_PTR;

// 2D 顶点
typedef struct VERTEX2DF_TYP
    {
    float x,y; // the vertex
    } VERTEX2DF, *VERTEX2DF_PTR;
```

下一章处理表示 3D 物体的数据结构时，将创建表示 3D 顶点的数据结构。

5.2.2　参数化直线

大多数情况下，使用直线的参数化表示的算法通常根据描述问题的点和变量，动态地创建参数化直线，但我认为也需要一套处理显式参数化直线的函数。因此，这个数学库提供了对 2D 和 3D 参数化直线的支持。下面是 2D 参数化直线的数据结构：

```
// 2D 参数化直线 /////////////////////////////////////////////
typedef struct PARMLINE2D_TYP
{
POINT2D p0; // 参数化直线的起点
POINT2D p1; // 参数化直线的终点
VECTOR2D v; // 线段的方向向量
        // |v|=|p0->p1|
} PARMLINE2D, *PARMLINE2D_PTR;
```

如图 5.2 所示，**p0** 代表起点，**p1** 代表直线的终点，而 **v** 为向量 **p0->p1**。3D 参数化直线的表示也非常容易：

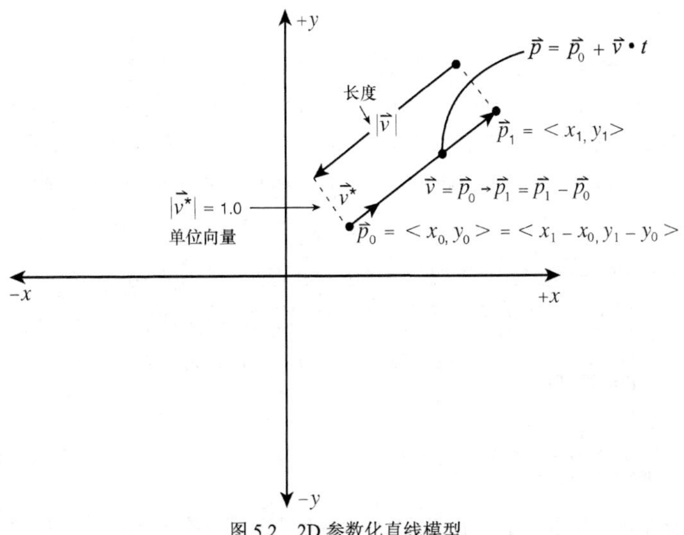

图 5.2　2D 参数化直线模型

```
// 3D 参数化直线////////////////////////////////////////////
typedef struct PARMLINE3D_TYP
{
POINT3D p0; // 参数化直线的起点
POINT3D p1; // 参数化直线的终点
VECTOR3D v; // 线段的方向向量
         // |v|=|p0->p1|
} PARMLINE3D, *PARMLINE3D_PTR;
```

图 5.3 是一条 3D 参数化直线。**p0**、**p1** 和 **v** 的含义与 2D 参数化直线中相同。然而，图中使用的是左手坐标系。这有关系吗？没有！直线就是直线，而不管在哪种坐标系中。只有在相同的坐标系中定义和使用直线，就不会有问题。

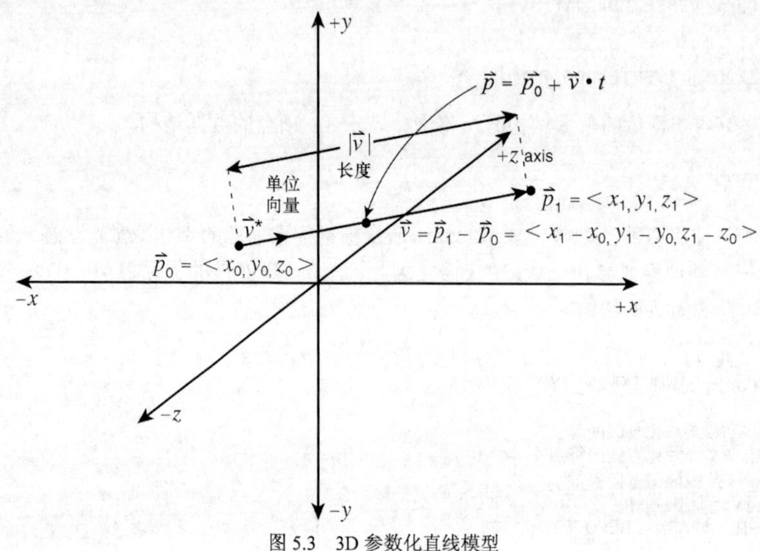

图 5.3　3D 参数化直线模型

5.2.3　3D 平面

虽然在大多数时候，需要考虑 3D 平面，但通常是在多边形语境下考虑。由于以下几种原因，创建一个 3D 平面类型是个不错的主意：以便能够执行空间算法，简化裁剪算法的编写，有助于编写 3D 直线和 3D 平面间的碰撞检测算法。表示 3D 平面的方法有很多，但归根结底它们表示的都是相同的东西。我将使用“点-法线”形式（而不是显式形式）来表示 3D 平面。然而，这并不意味着不能以下述形式存储平面：

```
a*x+b*y+c*z+d = 0
```

而只是意味着需要编写一个函数，将它转换为点-法线形式，以便存储。另外，对于很多计算来说，点-法线形式更适合，不需要进行形式转换。下面是我们将使用的数据结构：

```
// 3D 平面 ///////////////////////////////////////////////////
typedef struct PLANE3D_TYP
{
POINT3D p0; // 平面上的点
VECTOR3D n; // 平面的法线（不必是单位向量）
} PLANE3D, *PLANE3D_PTR;
```

图 5.4 是一个 3D 平面（使用的是左手坐标系中），**p0** 是平面上的一个点，向量 n 与平面垂直的。注意，

向量 n 不必是单位向量。

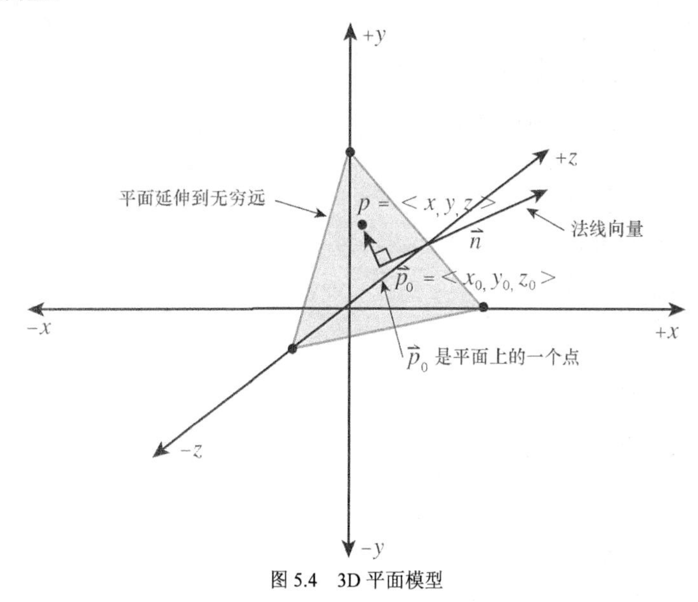

图 5.4　3D 平面模型

5.2.4　矩阵

在数学引擎中，最大的一组数据结构是矩阵。它支持 1×2、2×2、1×3、3×2、3×3、1×4、4×4 和 4×3 矩阵。1×n 矩阵实质上是一个包含 n 个分量的向量。例如，1×3 矩阵的数据结构与 VERTOR3D 相同，我们可以通过强制数据类型转换，使得为一种数据类型编写的函数可用于另一种数据类型。下面列出所有的矩阵类型。注意，很多 2×2 和 3×3 矩阵都是在 T3DLIB1.H 中定义的，所有矩阵都以先行后列的形式表示，即 [0…n][0…n] = [行_索引][列_索引]。

```
// 矩阵数据结构

// 4x4 矩阵 ///////////////////////////////////////////////
typedef struct MATRIX4X4_TYP
{
union
  {
  float M[4][4]; // 数组存储方式

  // 按先行后列的顺序以独立变量的方式存储
  struct
     {
     float M00, M01, M02, M03;
     float M10, M11, M12, M13;
     float M20, M21, M22, M23;
     float M30, M31, M32, M33;
     }; // end explicit names

  }; // end union

} MATRIX4X4, *MATRIX4X4_PTR;

// 4x3 矩阵 ///////////////////////////////////////////////
```

```
typedef struct MATRIX4X3_TYP
{
union
  {
  float M[4][3]; // 以数组方式存储

  // 按先行后列的顺序以独立变量的方式存储
  struct
     {
     float M00, M01, M02;
     float M10, M11, M12;
     float M20, M21, M22;
     float M30, M31, M32;
     }; // end explicit names

  }; // end union

} MATRIX4X3, *MATRIX4X3_PTR;

// 1x4 矩阵 /////////////////////////////////////////////
typedef struct MATRIX1X4_TYP
{
union
  {
  float M[4]; // 以数组方式存储

  //按先行后列的顺序以独立变量的方式存储
  struct
     {
     float M00, M01, M02, M03;
     }; // end explicit names

   }; // end union
} MATRIX1X4, *MATRIX1X4_PTR;


// 3x3 矩阵 /////////////////////////////////////////////
// 来自 T3DLIB1.H
typedef struct MATRIX3X3_TYP
    {
    union
    {
    float M[3][3]; // 以数组方式存储

    // 按先行后列的顺序以独立变量的方式存储
    struct
      {
      float M00, M01, M02;
      float M10, M11, M12;
      float M20, M21, M22;
      }; // end explicit names
    }; // end union
    } MATRIX3X3, *MATRIX3X3_PTR;

// 1x3 矩阵 /////////////////////////////////////////////
// 来自 T3DLIB1.H
typedef struct MATRIX1X3_TYP
    {
    union
    {
    float M[3]; // 以数组方式存储
```

```
    // 按先行后列的顺序以独立变量的方式存储
    struct
      {
      float M00, M01, M02;

      }; // end explicit names
    }; // end union
    } MATRIX1X3, *MATRIX1X3_PTR;

// 3x2 矩阵 ///////////////////////////////////////////////
// 来自 T3DLIB1.H
typedef struct MATRIX3X2_TYP
    {
    union
    {
    float M[3][2]; // 以数组方式存储

    // 按先行后列的顺序以独立变量的方式存储
    struct
      {
      float M00, M01;
      float M10, M11;
      float M20, M21;
      }; // end explicit names

    }; // end union
    } MATRIX3X2, *MATRIX3X2_PTR;


// 2x2 矩阵 ///////////////////////////////////////////////
typedef struct MATRIX2X2_TYP
{
union
  {
  float M[2][2]; // 以数组方式存储

  //按先行后列的顺序以独立变量的方式存储
  struct
     {
     float M00, M01;
     float M10, M11;
     }; // end explicit names

   }; // end union
} MATRIX2X2, *MATRIX2X2_PTR;

// 1x2 矩阵 ///////////////////////////////////////////////
// 来自 T3DLIB1.H
typedef struct MATRIX1X2_TYP
    {
    union
    {
    float M[2]; // 以数组方式存储

    // 按先行后列的顺序以独立变量的方式存储
    struct
      {
      float M00, M01;

      }; // end explicit names
```

```
    }; // end union
    } MATRIX1X2, *MATRIX1X2_PTR;
```

请注意所有矩阵的命名规则。例如，假设定义了一个这样的 3×3 矩阵：

```
MATRIX3X3 m = {0,1,2, 3,4,5, 6,7,8 };
```

该矩阵在内存中将如下：

$$\begin{bmatrix} 0 & 1 & 2 \\ 3 & 4 & 5 \\ 6 & 7 & 8 \end{bmatrix}$$

它采用先行后列的顺序排列。要访问右下角的元素，并将其设置为 100.0，下面两条语句等效（由于是共用体）：

```
m.M22 = 100;

m.M[2][2] = 100;
```

5.2.5 四元数

下一种数据类型是四元数。读者可能还记得，四元数的形式如下：

q = q0 + q1*i + q2*j + q3*k

或

q = q0 + <q1, q2, q3>

或

q = q0 + **qv**

四元数由 4 个分量组成，实部为 q0，向量部分为虚部。另外，由于我们将在旋转和相机语境下使用四元数，所有用实数 q0（或 w）和向量部分<*x*, *y*, *z*>来表示四元数有很多优点。这样可以使用其他 VECTOR3D 函数来对四元数执行操作——可能由于它们的数据结构类似。下面来看一看四元数的数据结构：

```
// 4d 四元数 ////////////////////////////////////////////////
// 通过使用共用体，提供了多种处理四元数分量的方式
typedef struct QUAT_TYP
{
union
  {
  float M[4]; // 按 w、x、y、z 的顺序以数组方式存储

  // 以向量部分和实部的格式存储
  struct
     {
     float  q0; // 实部
     VECTOR3D qv; // 虚部（xi+yj+zk）
     };
  struct
     {
     float w,x,y,z;
     };
  }; // end union
```

```
} QUAT, *QUAT_PTR;
```

该共用体支持以三种不同的方式访问四元数：以数组方式；浮点数和向量；显式名称 w、x、y 和 z，采用哪种方式更好取决于对四元数进行处理的算法。例如，下面定义了一个四元数，然后修改其实部：

```
QUAT q = {1, 1,2,3 };

q.w  = 5; // 使用显式名称来访问
q.q0  = 5; // 使用实部名称来访问
q.M[0] = 5; // 以数组方式来访问
```

注意：有些人可能想以<x, y, z, w>的形式来表示四元数，使其数据结构与 VECTOR4D 匹配。然而，为保持一致性，我还是采用与书写格式相同的形式。

5.2.6　角坐标系支持

虽然本书大多数时候都使用笛卡尔坐标系，但有些时候需要一种更自然地表示问题的方法。例如，构建炮塔模型（如图 5.5 所示）时，使用极坐标系将最合适，因为需要相对于坐标轴的角度方向。因此，数学引擎支持所有的 2D 和 3D 角坐标系以及这些坐标系之间的变换。支持的坐标系包括 2D 极坐标系、3D 柱面坐标系和 3D 球面坐标系。所有角度都以弧度为单位，所有转换都是针对右手坐标系的，如果您使用左手坐标系，一定要小心——如果不考虑坐标系的右手性，得到的结果可能是正确结果求负。

警告：所有角度函数都假设角度以弧度为单位，而不是以度为单位！

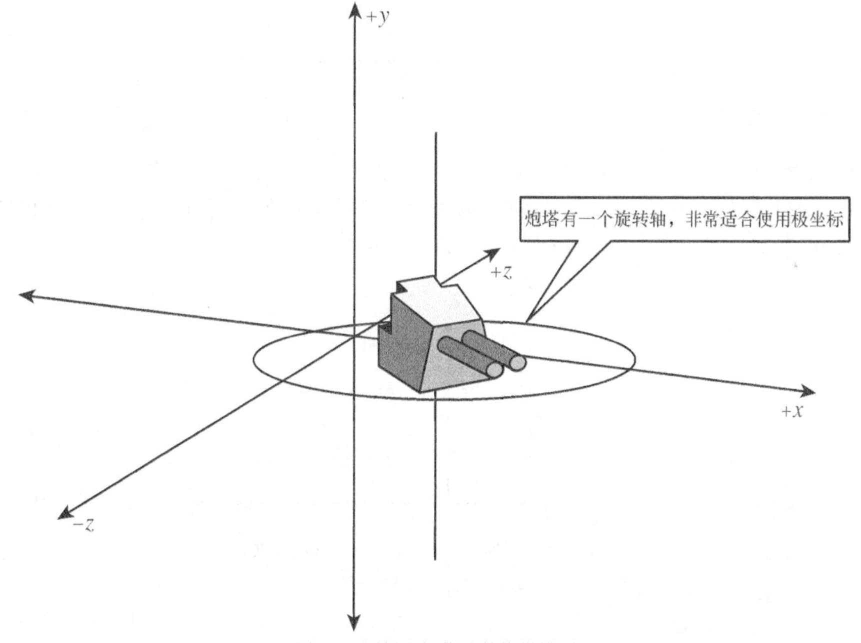

图 5.5　用极坐标描述的炮塔模型

5.2.7　2D 极坐标

2D 极坐标系如图 5.6 所示。坐标系中的点用距离（离原点或极点的距离）和方向（角度）θ表示。因此，

点 **p** 位于这样的射线上：相对于参考线（通常为 x 轴）的反时针角度为θ，且离原点的距离为 r。该数据类型转换为 C++后如下：

```
// 2D 极坐标 ////////////////////////////////////////
typedef struct POLAR2D_TYP
{
float r;   // 半径
float theta; // 角度
} POLAR2D, *POLAR2D_PTR;
```

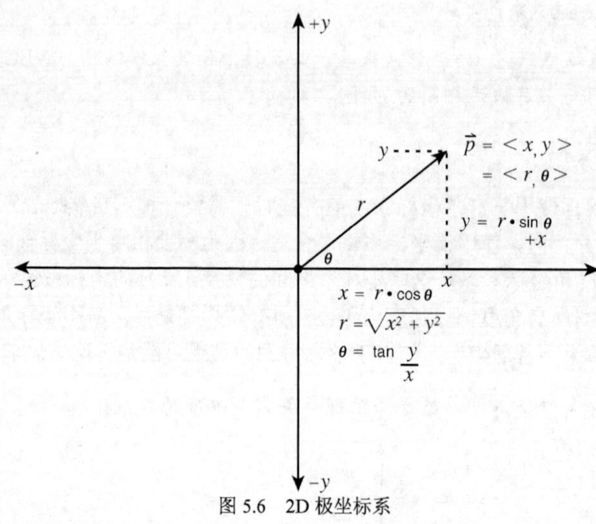

图 5.6　2D 极坐标系

5.2.8　3D 柱面坐标

3D 柱面坐标类似于 2D 极坐标系，但增加了一个 z 轴变量，如图 5.7 所示。点被定义为 $\mathbf{p}(r,\ \theta,\ z)$，表示点 **p** 离 x-y 平面的距离为 z；它在 x-y 平面上的投影位于这样的射线上：相对于参考线（通常为 x 轴）的反时针角度为θ，且离原点的距离为 r。下面是包含这些信息的数据类型：

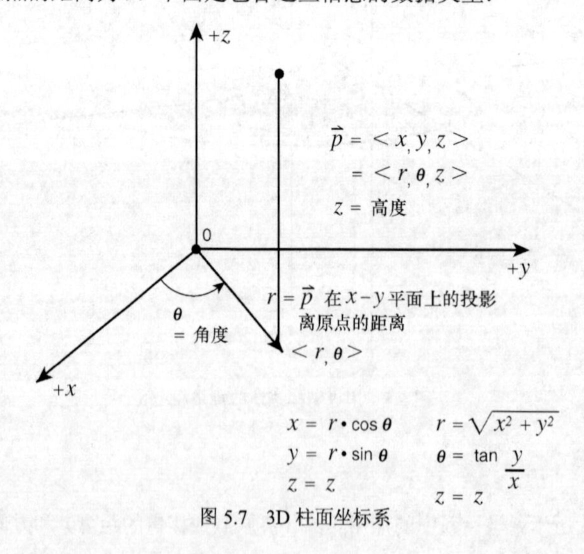

图 5.7　3D 柱面坐标系

```
// 3D cylindrical coordinates ////////////////////////////////
typedef struct CYLINDRICAL3D_TYP
{
float r;    // 半径
float theta; // 与 z 轴的夹角
float z;     // z 坐标
} CYLINDRICAL3D, *CYLINDRICAL3D_PTR;
```

5.2.9　3D 球面坐标

3D 球面坐标系是所有角坐标系中最复杂的。点 **p**(ρ，ϕ，θ) 由一个距离和两个角度定义，如图 5.8 所示，其中

- ρ是点 **p** 到原点 **o** 的距离。
- ϕ是原点到点 **p** 的线段与正 z 轴（这里使用的是右手坐标系）之间的夹角。
- θ 是原点 **o** 到点 **p** 的线段在 x-y 平面上的投影与正 x 轴之间的夹角，它正好是标准 2D 极角 θ。另外，$0 <= \theta <= 2\pi$。

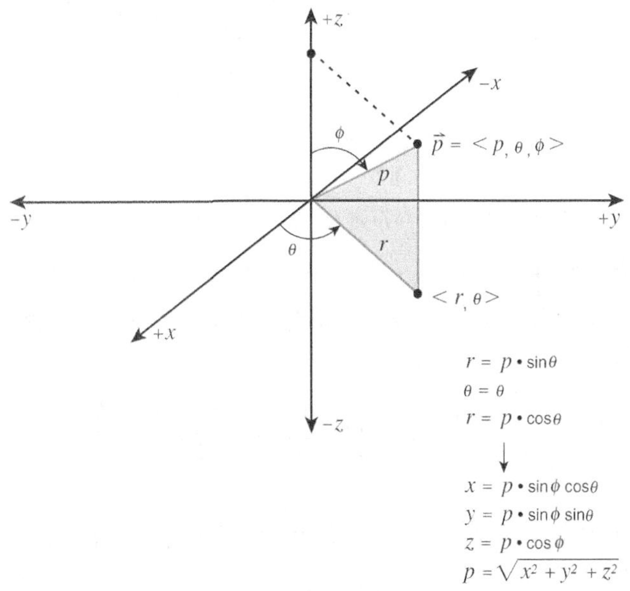

图 5.8　3D 球面坐标系

当然，这些在前一章介绍过。其数据结构为：

```
// 3D 球面坐标 //////////////////////////////////////
typedef struct SPHERICAL3D_TYP
{
float p;    // 到原点的距离
float theta; // 线段 o->p 和正 z 轴之间的夹角
float phi;  // 线段 o->p 在 x-y 平面上的投影与正 x 轴之间的夹角
} SPHERICAL3D, *SPHERICAL3D_PTR;
```

5.2.10　定点数

最后一种类型比较难，但的确需要它。定点数是用于以有限的精度表示浮点数的整数，以避免进行浮点处理。现在对它们的需求已不再像以前那么强烈，因为奔腾和 I64 处理器可以像定点数一样迅速地执行

浮点数运算。然而，有时候仍需要使用定点数，例如无法使用的浮点的内部循环、在您只想使用整数时或在小型手持设备上时。本书的大多数数学处理都将使用 16.16 格式，如图 5.9 所示；即其中使用 16 位表示整数部分，余下 16 位表示小数部分。下面是定点数的数据类型：

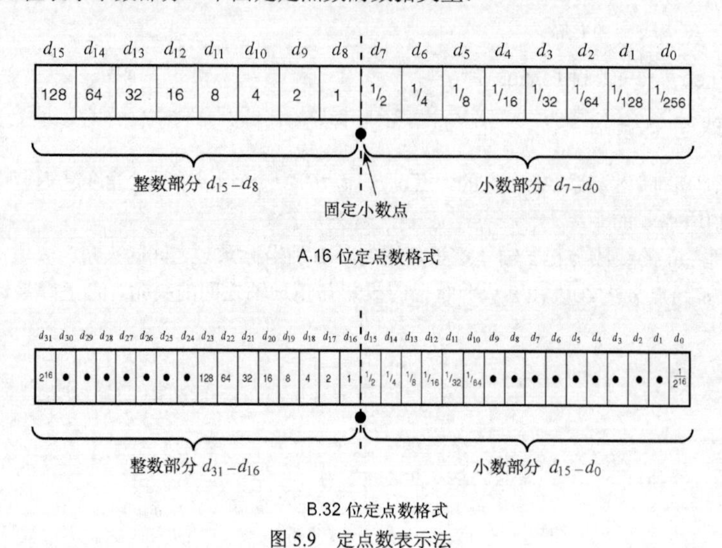

图 5.9 定点数表示法

```
// 定点数类型 ////////////////////////////////////////////////
typedef int FIXP16;
typedef int *FIXP16_PTR;
```

接下来介绍引擎使用的常量。通常，应最先介绍它们，但由于之前引用了一些数据结构，因此先介绍数据结构，后介绍它们。

5.3 数学常量

数学引擎是基于一些常量的。这些常量是在 T3DLIB4.H 中定义的，但有些来自 T3DLIB1.H。下面是在 T3DLIB1.H 中定义的数学常量：

```
// T3DLIB1.H 中定义的数学常量

// 与 Pi 相关的常量
#define PI      ((float)3.141592654f)
#define PI2     ((float)6.283185307f)
#define PI_DIV_2  ((float)1.570796327f)
#define PI_DIV_4  ((float)0.785398163f)
#define PI_INV    ((float)0.318309886f)

// 与定点数运算相关的常量
#define FIXP16_SHIFT    16
#define FIXP16_MAG      65536
#define FIXP16_DP_MASK  0x0000ffff
#define FIXP16_WP_MASK  0xffff0000
#define FIXP16_ROUND_UP 0x00008000
```

注意与 PI 和定点数运算相关的常量。我们将使用定点数格式 16.16，后面介绍定点数函数时将更详细地讨论它们。下面是 T3DLIB4.H 中定义的数学常量，将它们分成了几组以便于解释：

```
// 针对于非常小的数的常量
#define EPSILON_E4 (float)(1E-4)
#define EPSILON_E5 (float)(1E-5)
#define EPSILON_E6 (float)(1E-6)
```

Epsilon 常量有助于对很小的浮点数进行数学比较。例如，执行浮点数运算时，经常需要检测一个浮点数是否等于 0.0。然而，经过几次浮点数运算后，精度将降低，很少会出现 0.0 的情况，因此一种常用策略是检测是否接近于 0.0，如下所示：

```
if (fabs(x) < 0.00001)
  {
  // 足够接近于零
  } // end if
```

下面的常量用于参数化直线函数及其返回值（后面介绍这些函数时将详细讨论）：

```
// 用于参数化直线交点的常量
#define PARM_LINE_NO_INTERSECT     0
#define PARM_LINE_INTERSECT_IN_SEGMENT 1
#define PARM_LINE_INTERSECT_OUT_SEGMENT 2
#define PARM_LINE_INTERSECT_EVERYWHERE 3
```

下面是一些单位矩阵，用于简化矩阵的初始化：

```
// 单位矩阵

// 4x4 单位矩阵
const MATRIX4X4 IMAT_4X4 = {1,0,0,0,
                0,1,0,0,
                0,0,1,0,
                0,0,0,1};

// 4x3 单位矩阵（从数学上说，这是不正确的）
// 本书后面将使用这种矩阵，并假设最后一列为[0 0 0 1]t
const MATRIX4X3 IMAT_4X3 = {1,0,0,
                0,1,0,
                0,0,1,
                0,0,0,};

// 3x3 单位矩阵
const MATRIX3X3 IMAT_3X3 = {1,0,0,
                0,1,0,
                0,0,1};

// 2x2 单位矩阵
const MATRIX2X2 IMAT_2X2 = {1,0,
                0,1};
```

注意：虽然只有 n×n 矩阵（即 2×2、3×3、4×4 等）才有单位矩阵，但在上面的定义中提供了一个 4×3 单位矩阵。它从数学上来说是不正确的，但在很多数学运算中，我们使用 4×3 矩阵，并假设最后一列为$[0\ 0\ 0\ 1]^t$。因此，可以定义一个 4×3 单位矩阵，但在执行数学运算时需要记住它有一个额外的列。

这些就是引擎使用的全部常量。

5.4 宏和内联函数

编写数学引擎时需要考虑的一个问题是，通过函数调用对数学对象执行操作时，函数调用花费的时间可能与实际数学运算花费时间相当！因此，绝对有必要使用宏和内联函数。然而，使用大型内联函数的问题是，内联函数必须在编译时（而不是链接时）可用。也就是说，当您编译一个程序并在另一个模块中调用一个名为 func()的函数时，编译器不需要函数 func()的代码，而只需要其原型：

```
int func(int x, int y);
```

有了函数原型，编译器便可以在编译代码中创建函数调用，然后链接器将可以找到函数 func()，将调用解释为地址。内联函数的问题在于，其实际代码必须在编译时可用。因此，实现大型内联函数的唯一方法是，使用一个头文件和一个名为*.inc 的伪 C/C++模块，并在前者中定义内联函数，手工将后者包含在要包含的模块中。这样，编译器就可以访问内联函数的实际代码。图 5.10 说明了这种设置。

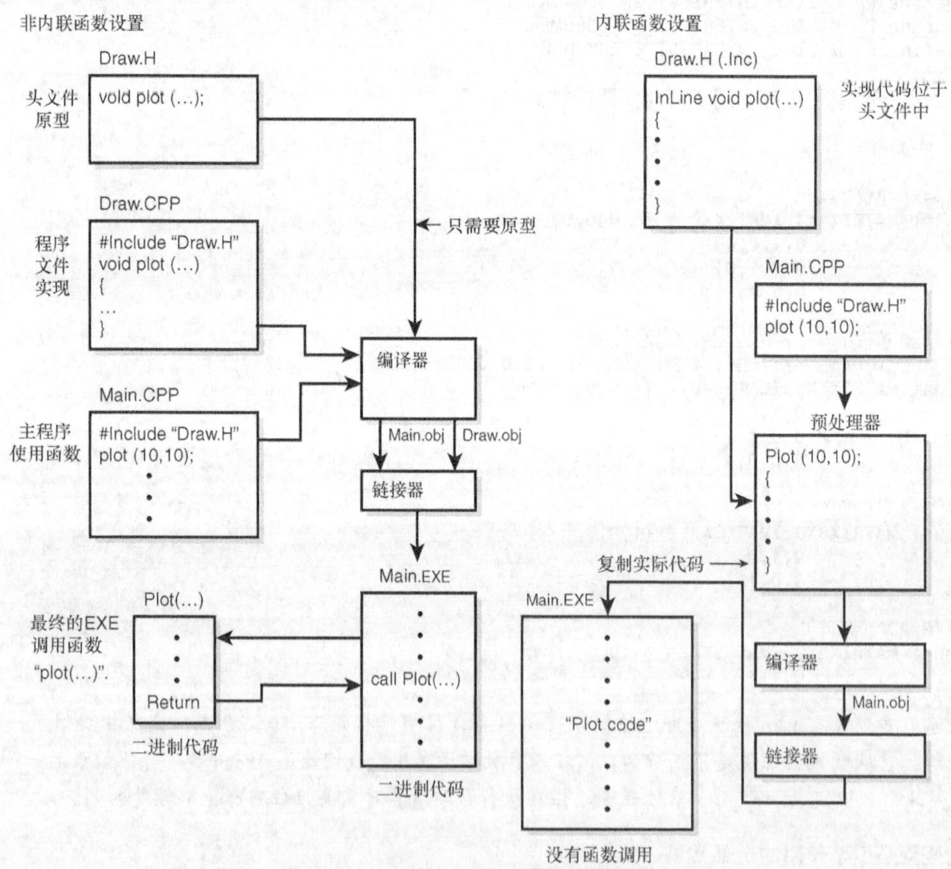

图 5.10　与编译器和链接器相关的内联过程

我想说的是，编写数学引擎时，所有函数都应该是内联的；对于只有几行代码的函数，运行代码花费的时间往往与设置堆栈结构、执行调用并返回结果花费的时间差不多。例如，在内部循环中调用下述函数的后果将非常严重：

```
void Plot_Pixel(UCHAR *video_buffer, int mempitch, int x, int y, int color)
{
// 绘制一个像素
video_buffer[x+y*mempitch] = color;
} // end Plot_Pixel
```

如果在程序中调用它，将生成一个函数调用。例如，请看下述代码：

```
void main()
{
UCHAR *video_buffer = (UCHAR *)malloc(SCREEN_WIDTH*SCREEN_HEIGHT);
for (int y=0; y < SCREEN_HEIGHT; y++)
     for (int x=0; x < SCREEN_WIDTH; x++)
        Plot_Pixel(video_buffer, SCREEN_WIDTH, x,y,5); // 速度缓慢的调用

} // end main
```

虽然这个函数看起来没什么问题，来看一下 Visual C++ 6.0 编译器生成的代码：

```
_main PROC NEAR

; 52  : {

    push  ebp
    mov  ebp, esp
    sub  esp, 12                 ; 0000000cH

; 53  : UCHAR *video_buffer = (UCHAR *)malloc(SCREEN_WIDTH*SCREEN_HEIGHT);

    push  307200                 ; 0004b000H
    call  _malloc
    add  esp, 4
    mov  DWORD PTR _video_buffer$[ebp], eax

; 54  :
; 55  : for (int y=0; y < SCREEN_HEIGHT; y++)

    mov  DWORD PTR _y$[ebp], 0
    jmp  SHORT $L43914
$L43915:
    mov  eax, DWORD PTR _y$[ebp]
    add  eax, 1
    mov  DWORD PTR _y$[ebp], eax
$L43914:
    cmp  DWORD PTR _y$[ebp], 480        ; 000001e0H
    jge  SHORT $L43916

; 56  :    for (int x=0; x < SCREEN_WIDTH; x++)

    mov  DWORD PTR _x$43917[ebp], 0
    jmp  SHORT $L43918
$L43919:
    mov  ecx, DWORD PTR _x$43917[ebp]
    add  ecx, 1
    mov  DWORD PTR _x$43917[ebp], ecx
$L43918:
```

```
    cmp  DWORD PTR _x$43917[ebp], 640    ; 00000280H
    jge  SHORT $L43920

; 57  :         Plot_Pixel(video_buffer, SCREEN_WIDTH, x,y,5);

    push  5
    mov   edx, DWORD PTR _y$[ebp]
    push  edx
    mov   eax, DWORD PTR _x$43917[ebp]
    push  eax
    push  640                    ; 00000280H
    mov   ecx, DWORD PTR _video_buffer$[ebp]
    push  ecx
    call  ?Plot_Pixel@@YAXPAEHHHH@Z      ; Plot_Pixel
    add   esp, 20                ; 00000014H
    jmp   SHORT $L43919
$L43920:
    jmp   SHORT $L43915
$L43916:

; 58  :
; 59  : } // end main

    mov   esp, ebp
    pop   ebp
    ret   0
_main  ENDP
```

其中以粗体显示的是调用函数 Plot_Pixel()时设置堆栈结构、调用、然后返回需要的代码。而函数 Plot_Pixel()本身的代码如下：

```
?Plot_Pixel@@YAXPAEHHHH@Z PROC NEAR       ; Plot_Pixel

; 45  : {

    push  ebp
    mov  ebp, esp

; 46  : // plots a pixel
; 47  : video_buffer[x+y*mempitch] = color;
    mov  eax, DWORD PTR _y$[ebp]
    imul  eax, DWORD PTR _mempitch$[ebp]
    mov  ecx, DWORD PTR _x$[ebp]
    add  ecx, eax
    mov  edx, DWORD PTR _video_buffer$[ebp]
    mov  al, BYTE PTR _color$[ebp]
    mov  BYTE PTR [edx+ecx], al

; 48  : } // end Plot_Pixel

    pop  ebp
    ret  0
?Plot_Pixel@@YAXPAEHHHH@Z ENDP           ; Plot_Pixel
```

通过比较可以知道，调用函数 Plot_Pixel()所需完成的工作与该函数本身完成的工作几乎差不多！如果使用内联函数，便可以省去函数调用的开销。下面是相同的范例，但这次我命令编译器将函数作为内联的：

```
_main  PROC NEAR

; 52  : {
```

```
    push  ebp
    mov  ebp, esp
    sub  esp, 16                ; 00000010H

; 53  : UCHAR *video_buffer = (UCHAR *)malloc(SCREEN_WIDTH*SCREEN_HEIGHT);

    push  307200                ; 0004b000H
    call  _malloc
    add  esp, 4
    mov  DWORD PTR _video_buffer$[ebp], eax

; 54  :
; 55  : for (int y=0; y < SCREEN_HEIGHT; y++)

    mov  DWORD PTR _y$[ebp], 0
    jmp  SHORT $L43914
$L43915:
    mov  eax, DWORD PTR _y$[ebp]
    add  eax, 1
    mov  DWORD PTR _y$[ebp], eax
$L43914:
    cmp  DWORD PTR _y$[ebp], 480        ; 000001e0H
    jge  SHORT $L43916

; 56  :    for (int x=0; x < SCREEN_WIDTH; x++)

    mov  DWORD PTR _x$43917[ebp], 0
    jmp  SHORT $L43918
$L43919:
    mov  ecx, DWORD PTR _x$43917[ebp]
    add  ecx, 1
    mov  DWORD PTR _x$43917[ebp], ecx
$L43918:
    cmp  DWORD PTR _x$43917[ebp], 640    ; 00000280H
    jge  SHORT $L43920

; 57  :       Plot_Pixel(video_buffer, SCREEN_WIDTH, x,y,5);

    mov  DWORD PTR $T43941[ebp], 5
    mov  edx, DWORD PTR _y$[ebp]
    imul  edx, 640                ; 00000280H
    mov  eax, DWORD PTR _x$43917[ebp]
    add  eax, edx
    mov  ecx, DWORD PTR _video_buffer$[ebp]
    mov  dl, BYTE PTR $T43941[ebp]
    mov  BYTE PTR [ecx+eax], dl
    jmp  SHORT $L43919
$L43920:
    jmp  SHORT $L43915
$L43916:

; 58  :
; 59  : } // end main
```

其中以粗体显示的是调用内联函数 Plot_Pixel()的代码，它要好得多！虽然代码更多了，但速度至少提高了 200%。

当函数体很小时，应将函数声明为内联的，但实现起来很麻烦，因为没有管理这些文件的好方法。我喜欢.H 和.CPP 文件，但不喜欢将所有内联函数代码都放到.H 文件中，而新增一个.INC 文件无疑是自找麻烦。我的解决方法是：尽可能地使用#define 宏，只要您认为在多次调用宏参数时不会导致问题。

另外，如果内联函数不大，将它们放到头文件中也是可以的，因为大多数程序员不会到.H 文件中查找源代码，而只到.CPP 文件中查找源代码。另外，.H 文件中包含较多的代码时，将导致头文件的编译时间加长（当然，使用预编译头文件可以解决这种问题）。请牢记，当编写好引擎后，您可能想将很多代码较少的函数转换为内联函数。这样做的问题在于，.CPP 文件中的所有代码都将被移到.H 文件中，这可能导致源代码的难以管理。

对于这种问题，我试图找到一个平衡点：只将简单函数转换为内联宏，并将它们放到.H 文件中；而所有真正函数仍放在.CPP 文件中。然而，有时我可能将一真正的际函数转换为内联函数，而将一些内联函数转换为非内联函数并将其放到.CPP 文件中，但我想读者应该明白了我的意思。数学引擎的速度必须非常快，因此应尽可能地使用内联函数。

下面介绍数学引擎使用的全部宏。同样，根据用途将它们分成了不同的组：向量、矩阵、直线、平面、四元数等。最后，宏和内联函数还有注释，描述每组函数的功能（毕竟您很难根据 5 行代码就判断出其功能）。

5.4.1 通用宏

通用宏都是在 T3DLIB.H 中定义的，如下所示：

```
// 计算两个表达式中较大和较小的一个
#define MIN(a, b) (((a) < (b)) ? (a) : (b))
#define MAX(a, b) (((a) > (b)) ? (b) : (a))

// 交换变量的值
#define SWAP(a,b,t) {t=a; a=b; b=t;}

// 数学宏
#define DEG_TO_RAD(ang) ((ang)*PI/180.0)
#define RAD_TO_DEG(rads) ((rads)*180.0/PI)

#define RAND_RANGE(x,y) ( (x) + (rand()%((y)-(x)+1)))
```

这些宏都非常简单。我发现其中的 RAND_RANGE()、MIN()和 MAX()都很有用。

5.4.2 点和向量宏

如本章前面指出的，在 2D、3D 和 4D 空间中，点和向量的数据格式相同。因此，我将所有与点和向量相关的宏分成一组。

另外，有些宏是以内联函数的方式编写的，以帮助类型检查。还有很多函数都太长，无法编写成#defined 宏。

```
// 向量宏，4D 向量的 w 被设置为 1
// 向量归零宏
inline void VECTOR2D_ZERO(VECTOR2D_PTR v)
{(v)->x = (v)->y = 0.0;}

inline void VECTOR3D_ZERO(VECTOR3D_PTR v)
{(v)->x = (v)->y = (v)->z = 0.0;}

inline void VECTOR4D_ZERO(VECTOR4D_PTR v)
{(v)->x = (v)->y = (v)->z = 0.0; (v)->w = 1.0;}

// 使用分量初始化向量的宏
inline void VECTOR2D_INITXY(VECTOR2D_PTR v, float x, float y)
```

```
{(v)->x = (x); (v)->y = (y);}

inline void VECTOR3D_INITXYZ(VECTOR3D_PTR v, float x, float y, float z)
{(v)->x = (x); (v)->y = (y); (v)->z = (z);}

inline void VECTOR4D_INITXYZ(VECTOR4D_PTR v, float x,float y,float z)
{(v)->x = (x); (v)->y = (y); (v)->z = (z); (v)->w = 1.0;}


// 使用另一个向量来初始化向量的宏
inline void VECTOR2D_INIT(VECTOR2D_PTR vdst, VECTOR2D_PTR vsrc)
{(vdst)->x = (vsrc)->x; (vdst)->y = (vsrc)->y; }

inline void VECTOR3D_INIT(VECTOR3D_PTR vdst, VECTOR3D_PTR vsrc)
{(vdst)->x = (vsrc)->x; (vdst)->y = (vsrc)->y; (vdst)->z = (vsrc)->z; }

inline void VECTOR4D_INIT(VECTOR4D_PTR vdst, VECTOR4D_PTR vsrc)
{(vdst)->x = (vsrc)->x; (vdst)->y = (vsrc)->y;
(vdst)->z = (vsrc)->z; (vdst)->w = (vsrc)->w; }


// 复制向量的宏
inline void VECTOR2D_COPY(VECTOR2D_PTR vdst, VECTOR2D_PTR vsrc)
{(vdst)->x = (vsrc)->x; (vdst)->y = (vsrc)->y; }

inline void VECTOR3D_COPY(VECTOR3D_PTR vdst, VECTOR3D_PTR vsrc)
{(vdst)->x = (vsrc)->x; (vdst)->y = (vsrc)->y; (vdst)->z = (vsrc)->z; }
inline void VECTOR4D_COPY(VECTOR4D_PTR vdst, VECTOR4D_PTR vsrc)
{(vdst)->x = (vsrc)->x; (vdst)->y = (vsrc)->y;
(vdst)->z = (vsrc)->z; (vdst)->w = (vsrc)->w; }


// 初始化点的宏
inline void POINT2D_INIT(POINT2D_PTR vdst, POINT2D_PTR vsrc)
{(vdst)->x = (vsrc)->x; (vdst)->y = (vsrc)->y; }

inline void POINT3D_INIT(POINT3D_PTR vdst, POINT3D_PTR vsrc)
{(vdst)->x = (vsrc)->x; (vdst)->y = (vsrc)->y; (vdst)->z = (vsrc)->z; }

inline void POINT4D_INIT(POINT4D_PTR vdst, POINT4D_PTR vsrc)
{(vdst)->x = (vsrc)->x; (vdst)->y = (vsrc)->y;
(vdst)->z = (vsrc)->z; (vdst)->w = (vsrc)->w; }

// 复制点的宏
inline void POINT2D_COPY(POINT2D_PTR vdst, POINT2D_PTR vsrc)
{(vdst)->x = (vsrc)->x; (vdst)->y = (vsrc)->y; }

inline void POINT3D_COPY(POINT3D_PTR vdst, POINT3D_PTR vsrc)
{(vdst)->x = (vsrc)->x; (vdst)->y = (vsrc)->y; (vdst)->z = (vsrc)->z; }

inline void POINT4D_COPY(POINT4D_PTR vdst, POINT4D_PTR vsrc)
{(vdst)->x = (vsrc)->x; (vdst)->y = (vsrc)->y;
(vdst)->z = (vsrc)->z; (vdst)->w = (vsrc)->w; }
```

正如您看到的，几乎有完成任何操作的宏：归零、使用各种数据类型初始化以及复制。有很多是重复的，但谁在乎呢？

5.4.3　矩阵宏

下面是矩阵宏。注意，有些是#define 宏，而另外一些是较短的内联函数。

```
// 矩阵宏

// 清空矩阵的宏
#define MAT_ZERO_2x2(m) {memset((void *)(m), 0, sizeof(MATRIX2x2));}
#define MAT_ZERO_3x3(m) {memset((void *)(m), 0, sizeof(MATRIX3x3));}
#define MAT_ZERO_4x4(m) {memset((void *)(m), 0, sizeof(MATRIX4x4));}
#define MAT_ZERO_4x3(m) {memset((void *)(m), 0, sizeof(MATRIX4x3));}
```

注意：很多编译器在调用函数 memset( )时使用逐字节填充。可以通过对矩阵使用 4 字节清零来获得更快的速度。另外，一般来说，整数与相应浮点数的表示并不相同；例如，（float）5.0 完全不同于（int）5。然而，32 位浮点数 0.0 与 32 位整数 0 的表示是相同的，因此可以利用这种巧合，使用内存函数快速地清除浮点数组。

```
// 设置单位矩阵的宏
#define MAT_IDENTITY_2x2(m) {memcpy((void *)(m), /
    (void *)&IMAT_2x2, sizeof(MATRIX2x2));}

#define MAT_IDENTITY_3x3(m) {memcpy((void *)(m), /
    (void *)&IMAT_3x3, sizeof(MATRIX3x3));}

#define MAT_IDENTITY_4x4(m) {memcpy((void *)(m), /
    (void *)&IMAT_4x4, sizeof(MATRIX4x4));}

#define MAT_IDENTITY_4x3(m) {memcpy((void *)(m), /
    (void *)&IMAT_4x3, sizeof(MATRIX4X3));}

// 复制矩阵的宏
#define MAT_COPY_2x2(src_mat, dest_mat) {memcpy((void *)(dest_mat), /
          (void *)(src_mat), sizeof(MATRIX2x2) ); }
#define MAT_COPY_3x3(src_mat, dest_mat) {memcpy((void *)(dest_mat), /
          (void *)(src_mat), sizeof(MATRIX3x3) ); }
#define MAT_COPY_4x4(src_mat, dest_mat) {memcpy((void *)(dest_mat), /
          (void *)(src_mat), sizeof(MATRIX4x4) ); }
#define MAT_COPY_4x3(src_mat, dest_mat) {memcpy((void *)(dest_mat), /
          (void *)(src_mat), sizeof(MATRIX4x3) ); }

// 对矩阵进行转置的宏
inline void MAT_TRANSPOSE_3X3(MATRIX3X3_PTR m)
{ MATRIX3X3 mt;
mt.M00 = m->M00; mt.M01 = m->M10; mt.M02 = m->M20;
mt.M10 = m->M01; mt.M11 = m->M11; mt.M12 = m->M21;
mt.M20 = m->M02; mt.M21 = m->M12; mt.M22 = m->M22;
memcpy((void *)m,(void *)&mt, sizeof(MATRIX3X3)); }

inline void MAT_TRANSPOSE_4X4(MATRIX4X4_PTR m)
{ MATRIX4X4 mt;
mt.M00 = m->M00; mt.M01 = m->M10; mt.M02 = m->M20; mt.M03 = m->M30;
mt.M10 = m->M01; mt.M11 = m->M11; mt.M12 = m->M21; mt.M13 = m->M31;
mt.M20 = m->M02; mt.M21 = m->M12; mt.M22 = m->M22; mt.M23 = m->M32;
mt.M30 = m->M03; mt.M31 = m->M13; mt.M32 = m->M22; mt.M33 = m->M33;
memcpy((void *)m,(void *)&mt, sizeof(MATRIX4X4)); }

inline void MAT_TRANSPOSE_3X3(MATRIX3X3_PTR m, MATRIX3X3_PTR mt)
{ mt->M00 = m->M00; mt->M01 = m->M10; mt->M02 = m->M20;
 mt->M10 = m->M01; mt->M11 = m->M11; mt->M12 = m->M21;
 mt->M20 = m->M02; mt->M21 = m->M12; mt->M22 = m->M22; }

inline void MAT_TRANSPOSE_4X4(MATRIX4X4_PTR m, MATRIX4X4_PTR mt)
{ mt->M00 = m->M00; mt->M01 = m->M10; mt->M02 = m->M20; mt->M03 = m->M30;
 mt->M10 = m->M01; mt->M11 = m->M11; mt->M12 = m->M21; mt->M13 = m->M31;
 mt->M20 = m->M02; mt->M21 = m->M12; mt->M22 = m->M22; mt->M23 = m->M32;
```

```
 mt->M30 = m->M03; mt->M31 = m->M13; mt->M32 = m->M22; mt->M33 = m->M33;}

// 小型内联函数，可以将其转换为宏

// 矩阵和向量列互换宏
inline void MAT_COLUMN_SWAP_2X2(MATRIX2X2_PTR m, int c, MATRIX1X2_PTR v)
{ m->M[0][c]=v->M[0]; m->M[1][c]=v->M[1]; }

inline void MAT_COLUMN_SWAP_3X3(MATRIX3X3_PTR m, int c, MATRIX1X3_PTR v)
{ m->M[0][c]=v->M[0]; m->M[1][c]=v->M[1]; m->M[2][c]=v->M[2]; }

inline void MAT_COLUMN_SWAP_4X4(MATRIX4X4_PTR m, int c, MATRIX1X4_PTR v)
{m->M[0][c]=v->M[0]; m->M[1][c]=v->M[1];
 m->M[2][c]=v->M[2]; m->M[3][c]=v->M[3]; }

inline void MAT_COLUMN_SWAP_4X3(MATRIX4X3_PTR m, int c, MATRIX1X4_PTR v)
{m->M[0][c]=v->M[0]; m->M[1][c]=v->M[1];
 m->M[2][c]=v->M[2]; m->M[3][c]=v->M[3]; }
```

注意所有矩阵函数都使用指针。在数学库的大多数函数中都采用这一方案。有些时候使用真正的对象是适当的，但是很多时候执行栈操作和复制会消耗太多的系统资源。

5.4.4　四元数

接下来我们要介绍的是关于四元数的宏。所有四元数函数（包括 T3DLIB4.CPP 中的四元数函数）都应该是内联宏；它们将使得代码更加复杂，但是需要记住。下面是关于四元数的宏：

```
// 四元数宏
inline void QUAT_ZERO(QUAT_PTR q)
{(q)->x = (q)->y = (q)->z = (q)->w = 0.0;}

inline void QUAT_INITWXYZ(QUAT_PTR q, float w, float x,float y,float z)
{ (q)->w = (w); (q)->x = (x); (q)->y = (y); (q)->z = (z); }

inline void QUAT_INIT_VECTOR3D(QUAT_PTR q, VECTOR3D_PTR v)
{ (q)->w = 0; (q)->x = (v->x); (q)->y = (v->y); (q)->z = (v->z); }

inline void QUAT_INIT(QUAT_PTR qdst, QUAT_PTR qsrc)
{(qdst)->w = (qsrc)->w; (qdst)->x = (qsrc)->x;
 (qdst)->y = (qsrc)->y; (qdst)->z = (qsrc)->z; }

inline void QUAT_COPY(QUAT_PTR qdst, QUAT_PTR qsrc)
{(qdst)->x = (qsrc)->x; (qdst)->y = (qsrc)->y;
(qdst)->z = (qsrc)->z; (qdst)->w = (qsrc)->w; }
```

它们大多都是根据所需的格式初始化四元数的宏。

5.4.5　定点数宏

最后介绍定点数宏，用于对定点数进行转换和提取。其他定点数函数都将编写为真正的函数。它们本来也应该编写为内联函数，但乘法和除法函数需要很多内联汇编语言，我不想将它们都放到头文件中。

```
// 从 16.16 格式的定点数中提取整数部分和小数部分
#define FIXP16_WP(fp) ((fp) >> FIXP16_SHIFT)
#define FIXP16_DP(fp) ((fp) && FIXP16_DP_MASK)

// 将整数和浮点数转换为 16.16 格式的定点数
#define INT_TO_FIXP16(i) ((i) << FIXP16_SHIFT)
```

```
#define FLOAT_TO_FIXP16(f) (((float)(f) * (float)FIXP16_MAG+0.5))

// 将定点数转换为浮点数
#define FIXP16_TO_FLOAT(fp) ( ((float)fp)/FIXP16_MAG)
```

5.5 函 数 原 型

介绍所有的函数原型。当然，您现在还不知道它们的功能，但将有大致的了解；后面介绍函数清单时，一切都将真相大白。另外，我会标出 T3DLIB1.CPP|H 中的数学函数，以方便您查找。同样，所有函数原型都按向量、矩阵等分组列出。下面是这些函数：

```
// 通用三角函数
float Fast_Sin(float theta);
float Fast_Cos(float theta);

// 距离函数(来自 T3DLIB1.CPP|H)
int Fast_Distance_2D(int x, int y);
float Fast_Distance_3D(float x, float y, float z);

// 极坐标、柱面坐标和球面坐标函数
void POLAR2D_To_POINT2D(POLAR2D_PTR polar, POINT2D_PTR rect);
void POLAR2D_To_RectXY(POLAR2D_PTR polar, float *x, float *y);
void POINT2D_To_POLAR2D(POINT2D_PTR rect, POLAR2D_PTR polar);
void POINT2D_To_PolarRTh(POINT2D_PTR rect, float *r, float *theta);
void CYLINDRICAL3D_To_POINT3D(CYLINDRICAL3D_PTR cyl, POINT3D_PTR rect);
void CYLINDRICAL3D_To_RectXYZ(CYLINDRICAL3D_PTR cyl,
              float *x, float *y, float *z);
void POINT3D_To_CYLINDRICAL3D(POINT3D_PTR rect, CYLINDRICAL3D_PTR cyl);
void POINT3D_To_CylindricalRThZ(POINT3D_PTR rect,
              float *r, float *theta, float *z);
void SPHERICAL3D_To_POINT3D(SPHERICAL3D_PTR sph, POINT3D_PTR rect);
void SPHERICAL3D_To_RectXYZ(SPHERICAL3D_PTR sph, float *x,
              float *y, float *z);
void POINT3D_To_SPHERICAL3D(POINT3D_PTR rect, SPHERICAL3D_PTR sph);
void POINT3D_To_SphericalPThPh(POINT3D_PTR rect,
              float *p, float *theta, float *phi);

// 2D 向量函数
void VECTOR2D_Add(VECTOR2D_PTR va, VECTOR2D_PTR vb, VECTOR2D_PTR vsum);
VECTOR2D VECTOR2D_Add(VECTOR2D_PTR va, VECTOR2D_PTR vb);
void VECTOR2D_Sub(VECTOR2D_PTR va, VECTOR2D_PTR vb, VECTOR2D_PTR vdiff);
VECTOR2D VECTOR2D_Sub(VECTOR2D_PTR va, VECTOR2D_PTR vb);
void VECTOR2D_Scale(float k, VECTOR2D_PTR va);
void VECTOR2D_Scale(float k, VECTOR2D_PTR va, VECTOR2D_PTR vscaled);
float VECTOR2D_Dot(VECTOR2D_PTR va, VECTOR2D_PTR vb);
float VECTOR2D_Length(VECTOR2D_PTR va);
float VECTOR2D_Length_Fast(VECTOR2D_PTR va);
void VECTOR2D_Normalize(VECTOR2D_PTR va);
void VECTOR2D_Normalize(VECTOR2D_PTR va, VECTOR2D_PTR vn);
void VECTOR2D_Build(VECTOR2D_PTR init, VECTOR2D_PTR term,
              VECTOR2D_PTR result);
float VECTOR2D_CosTh(VECTOR2D_PTR va, VECTOR2D_PTR vb);
void VECTOR2D_Print(VECTOR2D_PTR va, char *name);

// 3D 向量函数
void VECTOR3D_Add(VECTOR3D_PTR va, VECTOR3D_PTR vb, VECTOR3D_PTR vsum);
VECTOR3D VECTOR3D_Add(VECTOR3D_PTR va, VECTOR3D_PTR vb);
```

```
void VECTOR3D_Sub(VECTOR3D_PTR va, VECTOR3D_PTR vb, VECTOR3D_PTR vdiff);
VECTOR3D VECTOR3D_Sub(VECTOR3D_PTR va, VECTOR3D_PTR vb);
void VECTOR3D_Scale(float k, VECTOR3D_PTR va);
void VECTOR3D_Scale(float k, VECTOR3D_PTR va, VECTOR3D_PTR vscaled);
float VECTOR3D_Dot(VECTOR3D_PTR va, VECTOR3D_PTR vb);
void VECTOR3D_Cross(VECTOR3D_PTR va,VECTOR3D_PTR vb,VECTOR3D_PTR vn);
VECTOR3D VECTOR3D_Cross(VECTOR3D_PTR va, VECTOR3D_PTR vb);
float VECTOR3D_Length(VECTOR3D_PTR va);
float VECTOR3D_Length_Fast(VECTOR3D_PTR va);
void VECTOR3D_Normalize(VECTOR3D_PTR va);
void VECTOR3D_Normalize(VECTOR3D_PTR va, VECTOR3D_PTR vn);
void VECTOR3D_Build(VECTOR3D_PTR init, VECTOR3D_PTR term,
                    VECTOR3D_PTR result);
float VECTOR3D_CosTh(VECTOR3D_PTR va, VECTOR3D_PTR vb);
void VECTOR3D_Print(VECTOR3D_PTR va, char *name);

// 4D 向量函数
void VECTOR4D_Add(VECTOR4D_PTR va, VECTOR4D_PTR vb, VECTOR4D_PTR vsum);
VECTOR4D VECTOR4D_Add(VECTOR4D_PTR va, VECTOR4D_PTR vb);
void VECTOR4D_Sub(VECTOR4D_PTR va, VECTOR4D_PTR vb, VECTOR4D_PTR vdiff);
VECTOR4D VECTOR4D_Sub(VECTOR4D_PTR va, VECTOR4D_PTR vb);
void VECTOR4D_Scale(float k, VECTOR4D_PTR va);
void VECTOR4D_Scale(float k, VECTOR4D_PTR va, VECTOR4D_PTR vscaled);
float VECTOR4D_Dot(VECTOR4D_PTR va, VECTOR4D_PTR vb);
void VECTOR4D_Cross(VECTOR4D_PTR va,VECTOR4D_PTR vb,VECTOR4D_PTR vn);
VECTOR4D VECTOR4D_Cross(VECTOR4D_PTR va, VECTOR4D_PTR vb);
float VECTOR4D_Length(VECTOR4D_PTR va);
float VECTOR4D_Length_Fast(VECTOR4D_PTR va);
void VECTOR4D_Normalize(VECTOR4D_PTR va);
void VECTOR4D_Normalize(VECTOR4D_PTR va, VECTOR4D_PTR vn);
void VECTOR4D_Build(VECTOR4D_PTR init, VECTOR4D_PTR term,
          VECTOR4D_PTR result);
float VECTOR4D_CosTh(VECTOR4D_PTR va, VECTOR4D_PTR vb);
void VECTOR4D_Print(VECTOR4D_PTR va, char *name);

// 2×2 矩阵函数
void Mat_Init_2×2(MATRIX2X2_PTR ma,
         float m00, float m01, float m10, float m11);
void Print_Mat_2×2(MATRIX2X2_PTR ma, char *name);
float Mat_Det_2×2(MATRIX2X2_PTR m);
void Mat_Add_2×2(MATRIX2X2_PTR ma, MATRIX2×2_PTR mb, MATRIX2×2_PTR msum);
void Mat_Mul_2×2(MATRIX2X2_PTR ma, MATRIX2X2_PTR mb, MATRIX2×2_PTR mprod);
int Mat_Inverse_2X2(MATRIX2×2_PTR m, MATRIX2X2_PTR mi);
int Solve_2X2_System(MATRIX2×2_PTR A, MATRIX1×2_PTR X, MATRIX1×2_PTR B);

// 3×3 矩阵函数

// 来自 T3DLIB1.CPP|H
int Mat_Mul_1×2_3×2(MATRIX1X2_PTR ma,
          MATRIX3X2_PTR mb,
          MATRIX1X2_PTR mprod);

// 来自 T3DLIB1.CPP|H
int Mat_Mul_1×3_3×3(MATRIX1X3_PTR ma,
          MATRIX3×3_PTR mb,
          MATRIX1×3_PTR mprod);

// 来自 T3DLIB1.CPP|H
int Mat_Mul_3×3(MATRIX3X3_PTR ma,
        MATRIX3×3_PTR mb,
        MATRIX3×3_PTR mprod);
```

```
// 来自 T3DLIB1.CPP|H
inline int Mat_Init_3×2(MATRIX3X2_PTR ma,
            float m00, float m01,
            float m10, float m11,
            float m20, float m21);

void Mat_Add_3×3(MATRIX3X3_PTR ma, MATRIX3×3_PTR mb, MATRIX3×3_PTR msum);
void Mat_Mul_VECTOR3D_3X3(VECTOR3D_PTR va, MATRIX3X3_PTR mb,
             VECTOR3D_PTR vprod);
int Mat_Inverse_3X3(MATRIX3X3_PTR m, MATRIX3X3_PTR mi);
void Mat_Init_3X3(MATRIX3X3_PTR ma,
            float m00, float m01, float m02,
            float m10, float m11, float m12,
            float m20, float m21, float m22);
void Print_Mat_3×3(MATRIX3×3_PTR ma, char *name);
float Mat_Det_3×3(MATRIX3×3_PTR m);
int Solve_3×3_System(MATRIX3×3_PTR A, MATRIX1×3_PTR X, MATRIX1×3_PTR B);

// 4×4 矩阵函数
void Mat_Add_4×4(MATRIX4×4_PTR ma, MATRIX4X4_PTR mb, MATRIX4×4_PTR msum);
void Mat_Mul_4×4(MATRIX4×4_PTR ma, MATRIX4X4_PTR mb, MATRIX4×4_PTR mprod);
void Mat_Mul_1×4_4X4(MATRIX1×4_PTR ma, MATRIX4×4_PTR mb,
           MATRIX1×4_PTR mprod);
void Mat_Mul_VECTOR3D_4X4(VECTOR3D_PTR va, MATRIX4×4_PTR mb,
             VECTOR3D_PTR vprod);
void Mat_Mul_VECTOR3D_4×3(VECTOR3D_PTR va, MATRIX4×3_PTR mb,
             VECTOR3D_PTR vprod);
void Mat_Mul_VECTOR4D_4×4(VECTOR4D_PTR va, MATRIX4×4_PTR mb,
             VECTOR4D_PTR vprod);
void Mat_Mul_VECTOR4D_4×3(VECTOR4D_PTR va, MATRIX4×4_PTR mb,
             VECTOR4D_PTR vprod);
int Mat_Inverse_4×4(MATRIX4X4_PTR m, MATRIX4×4_PTR mi);
void Mat_Init_4×4(MATRIX4X4_PTR ma,
            float m00, float m01, float m02, float m03,
            float m10, float m11, float m12, float m13,
            float m20, float m21, float m22, float m23,
            float m30, float m31, float m32, float m33);
void Print_Mat_4X4(MATRIX4X4_PTR ma, char *name);

// 四元数函数
void QUAT_Add(QUAT_PTR q1, QUAT_PTR q2, QUAT_PTR qsum);
void QUAT_Sub(QUAT_PTR q1, QUAT_PTR q2, QUAT_PTR qdiff);
void QUAT_Conjugate(QUAT_PTR q, QUAT_PTR qconj);
void QUAT_Scale(QUAT_PTR q, float scale, QUAT_PTR qs);
void QUAT_Scale(QUAT_PTR q, float scale);
float QUAT_Norm(QUAT_PTR q);
float QUAT_Norm2(QUAT_PTR q);
void QUAT_Normalize(QUAT_PTR q, QUAT_PTR qn);
void QUAT_Normalize(QUAT_PTR q);
void QUAT_Unit_Inverse(QUAT_PTR q, QUAT_PTR qi);
void QUAT_Unit_Inverse(QUAT_PTR q);
void QUAT_Inverse(QUAT_PTR q, QUAT_PTR qi);
void QUAT_Inverse(QUAT_PTR q);
void QUAT_Mul(QUAT_PTR q1, QUAT_PTR q2, QUAT_PTR qprod);
void QUAT_Triple_Product(QUAT_PTR q1, QUAT_PTR q2, QUAT_PTR q3,
             QUAT_PTR qprod);
void VECTOR3D_Theta_To_QUAT(QUAT_PTR q, VECTOR3D_PTR v, float theta);
void VECTOR4D_Theta_To_QUAT(QUAT_PTR q, VECTOR4D_PTR v, float theta);
void EulerZYX_To_QUAT(QUAT_PTR q, float theta_z, float theta_y,
           float theta_x);
```

```
void QUAT_To_VECTOR3D_Theta(QUAT_PTR q, VECTOR3D_PTR v, float *theta);
void QUAT_Print(QUAT_PTR q, char *name);

// 2D 参数化直线函数
void Init_Parm_Line2D(POINT2D_PTR p_init, POINT2D_PTR p_term,
            PARMLINE2D_PTR p);
void Compute_Parm_Line2D(PARMLINE2D_PTR p, float t, POINT2D_PTR pt);
int Intersect_Parm_Lines2D(PARMLINE2D_PTR p1, PARMLINE2D_PTR p2,
              float *t1, float *t2);
int Intersect_Parm_Lines2D(PARMLINE2D_PTR p1, PARMLINE2D_PTR p2,
              POINT2D_PTR pt);

// 3D 参数化直线函数
void Init_Parm_Line3D(POINT3D_PTR p_init, POINT3D_PTR p_term,
            PARMLINE3D_PTR p);
void Compute_Parm_Line3D(PARMLINE3D_PTR p, float t, POINT3D_PTR pt);

// 3D 平面函数
void PLANE3D_Init(PLANE3D_PTR plane, POINT3D_PTR p0,
          VECTOR3D_PTR normal, int normalize);
float Compute_Point_In_Plane3D(POINT3D_PTR pt, PLANE3D_PTR plane);
int Intersect_Parm_Line3D_Plane3D(PARMLINE3D_PTR pline, PLANE3D_PTR plane,
                float *t, POINT3D_PTR pt);

// 定点数函数
FIXP16 FIXP16_MUL(FIXP16 fp1, FIXP16 fp2);
FIXP16 FIXP16_DIV(FIXP16 fp1, FIXP16 fp2);
void FIXP16_Print(FIXP16 fp);
```

函数是不是很多？如前面所述，这个数学引擎支持编写 3D 游戏所需的全部功能。必要时我们将对其进行优化，但就现在而言，这是一套非常好的数学函数。我迫不及待地想介绍它们是如何工作的。

5.6 全局变量

数学引擎中的全局变量不多，实际上，仅有的几个全局变量都来自 T3DLIB1.CPP|H 中最基本的数学支持。这些全局变量是正弦和余弦查找表，如下所示：

```
// 用于存储查找表，来自 T3DLIB1.CPP|H
extern float cos_look[361]; // 以便能够存储 0-360 度的值
extern float sin_look[361]; // 以便能够存储 0-360 度的值
```

注意，这些表以度（而不是弧度）为单位，包含 361 个元素，分别代表[0…360]度。您可能会说，360 度与 0 度是一回事，确实如此，但添加这个元素可简化某些算法的编写工作，且节省了一次比较操作。要初始化这些表，只需在应用程序开头调用函数 Build_Sin_Cos_Tables()。

注意：在更健壮的数学引擎中，可能有很多全局状态变量（它们记录数学引擎的状态）和更复杂的数据结构，如矩阵栈（如 D3D 和 OpenGL 的 API 使用的矩阵栈）。

5.7 数学引擎 API 清单

下面介绍整个数学引擎 API（它位于 T3DLIB4.CPP|H 文件中）。对于每个函数，将介绍其功能并提供一

个简单的调用范例；对于有些比较复杂的数学 API 函数，还将提供演示程序。另外，对于很多代表性的函数，将列出其代码，让读者知道是如何编写的。最后，对于位于 T3DLIB1.CPP|H 而不是 T3DLIB4.CPP|H 中的函数，读者可在第 3 章找到它们的描述。

5.7.1 三角函数

函数原型：

```
float Fast_Sin(float theta);

float Fast_Cos(float theta);
```

函数代码：

```
float Fast_Sin(float theta)
{
// 这个函数使用查找表 sin_look[]
// 但能够通过插值计算负角度和小数角度的正弦
// 因此与查找相比，精度更高，但速度可能低些

// 将角度转换为 0-359 的值
theta = fmodf(theta,360);
// 将角度转换为正值
if (theta < 0) theta+=360.0;

// 提取角度的整数部分和小数部分，以便进行插值计算
int theta_int  = (int)theta;
float theta_frac = theta - theta_int;

// 使用查找表并根据小数部分进行插值来计算正弦
// 如果 theta_int 为 359，则加 1 后将为 360
// 但这没有关系，因为查找表中包含 360 度的正弦值
return(sin_look[theta_int] +
    theta_frac*(sin_look[theta_int+1] - sin_look[theta_int]));

} // end Fast_Sin
```

用途：

这两个函数分别使用查找表 sin_look[ ]和 cos_look[ ]并通过线性插值来计算参数的正弦值和余弦值。与仅使用查找表相比，它们的精度更高；同时与使用 C/C++内部数学库函数 sin() 和 cos()相比，速度更快。参数 theta 必须以度为单位。图 5.11 说明了该函数如何使用查找表进行插值。

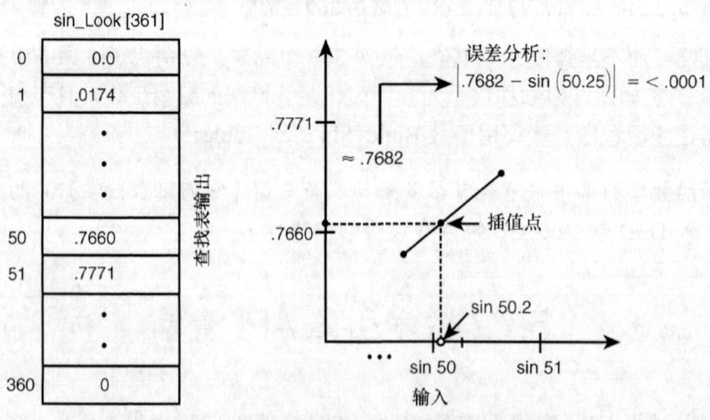

图 5.11 通过插值提高三角函数查找表的精度

范例：

下面的代码演示了如何计算 50.2 度的正弦和余弦。

```
// 首先创建查找表
Build_Sin_Cos_Tables();

float answer1 = Fast_Sin(50.2)
float answer2 = Fast_Cos(50.2)
```

5.7.2　坐标系支持函数

这部分 API 函数处理笛卡尔坐标与极坐标、柱面坐标和球面坐标之间的转换。每个函数都是按照第 4 章介绍的数学理论来实现的，因此没有必要列出其代码，除非您想了解如何将类似下面的公式：

```
x=r*sin(theta)
```

转换为 C/C++语句：

```
x=r*sin(theta);
```

另外，这些函数的返回类型都是 void。下面列出这些函数。

函数原型：

```
void POLAR2D_To_POINT2D(POLAR2D_PTR polar, POINT2D_PTR rect);
```

用途：

void POLAR2D_To_POINT2D()将一个用 r 和 theta 表示的 2D 极坐标点转换为一个(x, y)点，并将它存储在一个 POINT2D 结构中。

范例：

```
POLAR2D pp = {5, PI2};
POINT2D pr = {0,0};

// 将极坐标转换为迪卡尔坐标
POLAR2D_To_POINT2D(&pp, &pr);
```

函数原型：

```
void POLAR2D_To_RectXY(POLAR2D_PTR polar, float *x, float *y);
```

用途：

void POLAR2D_To_RectXY()将一个 2D 极坐标点转换为 x、y 坐标。

范例：

```
POLAR2D pp = {5, PI2};
float x=0, y=0;

// 将极坐标转换为 x、y 坐标
POLAR2D_To_RectXY(&pp, &x, &y)
```

函数原型：

```
void POINT2D_To_POLAR2D(POINT2D_PTR rect, POLAR2D_PTR polar);
```

用途：

void POINT2D_To_POLAR2D()将一个用直角坐标表示的点转换为 2D 极坐标格式。

范例：

```
POLAR2D pp = {0, 0};
POINT2D pr = {10,20};

// 将直角坐标转换为极坐标
POINT2D_To_POLAR2D(&pr, &pp);
```

函数原型：

```
void POINT2D_To_PolarRTh(POINT2D_PTR rect, float *r, float *theta);
```

用途：

void POINT2D_To_PolarRTh()将一个 2D 极坐标点转换为 *r* 和 theta。

范例：

```
POLAR2D pp = {3, PI};
float r =0, theta = 0;

// 转换为 r 和 theta
POINT2D_To_PolarRTh(&pp, &r, &theta);
```

函数原型：

```
void CYLINDRICAL3D_To_POINT3D(CYLINDRICAL3D_PTR cyl, POINT3D_PTR rect);
```

用途：

void CYLINDRICAL3D_To_POINT3D()将一个 3D 柱面坐标点转换为一个 3D 直角坐标点。

范例：

```
CYLINDRICAL3D pc = {10, PI/5, 20}; // r、theta、z
POINT3D pr = {0,0,0};

// 将柱面坐标转换为直角坐标
CYLINDRICAL3D_To_POINT3D(&pc, &pr);
```

函数原型：

```
void CYLINDRICAL3D_To_RectXYZ(CYLINDRICAL3D_PTR cyl, float *x, float *y, float *z);
```

用途：

void CYLINDRICAL3D_To_RectXYZ()将一个 3D 柱面坐标点转换为 *x*、*y*、*z* 坐标。

范例：

```
CYLINDRICAL3D pc = {10, PI/5, 20}; // r、theta、z
float x=0, y=0, z=0;

// 将柱面坐标点转换为 x、y、z 坐标值
CYLINDRICAL3D_To_RectXYZ(&pc, &x, &y, &z);
```

函数原型：

```
void POINT3D_To_CYLINDRICAL3D(POINT3D_PTR rect, CYLINDRICAL3D_PTR cyl);
```

用途：

void POINT3D_To_CYLINDRICAL3D()将 3D 直角坐标点转换为 3D 柱面坐标点。

范例：

```
CYLINDRICAL3D pc = {0,0,0}; // r、theta、z
POINT3D pr = {1,2,3};
```

```
// 将直角坐标点转换为柱面坐标点
POINT3D_To_CYLINDRICAL3D(&pr, &pc);
```

函数原型：

```
void POINT3D_To_CylindricalRThZ(POINT3D_PTR rect, float *r,
                float *theta, float *z);
```

用途：

void POINT3D_To_CylindricalRThZ()将 3D 点转换为柱面坐标 *r*、theta、*z*。

范例：

```
POINT3D pr = {1,2,3};
float r=0, theta=0, z=0;

// 将 3D 点转换为柱面坐标值
POINT3D_To_CylindricalRThZ(&pr, &r, &theta, &z);
```

函数原型：

```
void SPHERICAL3D_To_POINT3D(SPHERICAL3D_PTR sph, POINT3D_PTR rect);
```

用途：

void SPHERICAL3D_To_POINT3D()将一个 3D 球面坐标点转换为一个 3D 直角坐标点。

范例：

```
SPHERICAL3D ps = {1, PI/4, PI/2}; // p、theta、phi
POINT3D pr = {0,0,0};

// 将球面坐标点转换为直角坐标点
SPHERICAL3D_To_POINT3D(&ps, &pr);
```

函数原型：

```
void SPHERICAL3D_To_RectXYZ(SPHERICAL3D_PTR sph,
              float *x, float *y, float *z);
```

用途：

void SPHERICAL3D_ToRectXYZ()将一个 3D 球面坐标点转换为 *x*、*y*、*z* 坐标。

范例：

```
SPHERICAL3D ps = {1, PI/4, PI/2}; // p、theta、phi
float x=0, y=0, z=0;

// 将球面坐标点转换为直角坐标值
SPHERICAL3D_To_RectXYZ(&ps, &x, &y, &z);
```

函数原型：

```
void POINT3D_To_SPHERICAL3D(POINT3D_PTR rect, SPHERICAL3D_PTR sph);
```

用途：

void POIND3D_To_SPHERICAL3D()将一个 3D 点转换为球面坐标点。

范例：

```
SPHERICAL3D ps = {1, PI/4, PI/2}; // p、theta、phi
POINT3D pr = {0,0,0};
```

```
// 将 3D 点转换为球面坐标点
POINT3D_To_SPHERICAL3D(&pr, &ps);
```

函数原型：

```
void POINT3D_To_SphericalPThPh(POINT3D_PTR rect, float *p,
                float *theta, float *phi);
```

用途：

void POINT_To_SphericalPThPh()将一个 3D 点转换为球面坐标 rho、theta 和 phi。

范例：

```
POINT3D pr = {10,20,30};
float p=0, theta=0, phi=0;

// 将 3D 点转换为球面坐标值
POINT3D_To_SphericalPThPh(&pr, &p, &theta, &phi);
```

5.7.3 向量支持函数

数学引擎提供了对三种向量的支持：2D、3D 和 4D。2D 和 3D 向量支持很容易理解，但 4D 向量需要稍微说明一下。还记得齐次坐标吗？如 **p** = <*x*，*y*，*z*，*w*>，要将 **p** 转换为实际的 3D 坐标 **p'**，可执行如下转换：

```
p' = p/w = <x/w, y/w, z/w, w/w>
```

然后丢弃最后一个分量：

```
p' = <x/w, y/w, z/w>
```

数学知识：很多 4D 向量运算都不考虑第 4 个分量 w，只对前面的<x，y，z>分量执行运算。

对 4D 向量就复习到这里。对于 2D、3D 和 4D 向量的各种运算，都提供了相应的向量函数。当然，有些操作并非在每种维数下都有意义，例如，2D 向量的叉积就没有定义。然而，在很大程度上说，所有向量函数都有 2D、3D 和 4D 版本，这里只列举一个版本的实例。另外，对于只在特定维数下才有意义的向量函数，将单独介绍，同时将类似的向量函数作为一组。另外，很多函数的返回值为浮点数或相应的向量类型；例如，将 2D、3D 和 4D 向量相加的函数分别返回一个 2D、3D 和 4D 向量。还有，将使用“*D”来表示 2D、3D 和 4D。

注意：点和向量的数据类型相同。因此，在任何使用 VECTOR3D 的位置，也可以使用 POINT3D。当然，对点执行某些向量运算可能没有意义，如计算两点的叉积。然而，创建向量时，可以使用两个点、两个向量、一个点或一个向量。

函数原型：

```
void VECTOR2D_Add(VECTOR2D_PTR va, VECTOR2D_PTR vb, VECTOR2D_PTR vsum);

void VECTOR3D_Add(VECTOR3D_PTR va, VECTOR3D_PTR vb, VECTOR3D_PTR vsum);

void VECTOR4D_Add(VECTOR4D_PTR va, VECTOR4D_PTR vb, VECTOR4D_PTR vsum);
```

用途：

void VECTOR*D_Add()将指定向量 va 和 vb 相加，如图 5.12 所示；然后将结果存储在 vsum 中。

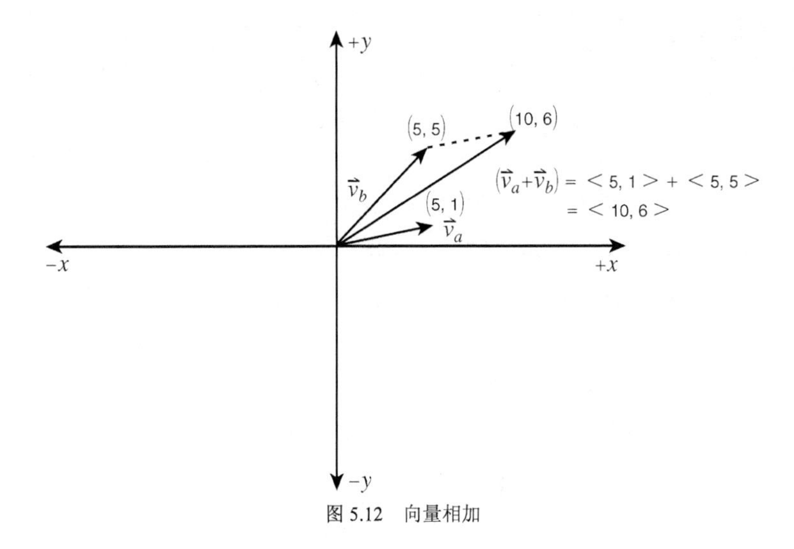

图 5.12　向量相加

范例：

```
VECTOR3D v1 = {1,2,3};
VECTOR3D v2 = {5,6,7};
VECTOR3D vsum; // 用于存储结果

// 将两个向量相加
VECTOR3D_Add(&v1, &v2, &vsum);
```

函数原型：

```
VECTOR2D VECTOR2D_Add(VECTOR2D_PTR va, VECTOR2D_PTR vb);

VECTOR3D VECTOR3D_Add(VECTOR3D_PTR va, VECTOR3D_PTR vb);

VECTOR4D VECTOR3D_Add(VECTOR4D_PTR va, VECTOR4D_PTR vb);
```

用途：

VECTOR*D VECTOR*D_Add() 向量相加函数的堆栈版本，将结果返回到堆栈中。

范例：

```
VECTOR2D v1 = {1,2};
VECTOR2D v2 = {5,6};

// 相加并存储结果
VECTOR2D vsum = VECTOR2D_Add(&v1, &v2);
```

函数原型：

```
void VECTOR2D_Sub(VECTOR2D_PTR va, VECTOR2D_PTR vb, VECTOR2D_PTR vdiff);

void VECTOR3D_Sub(VECTOR3D_PTR va, VECTOR3D_PTR vb, VECTOR3D_PTR vdiff);

void VECTOR4D_Sub(VECTOR4D_PTR va, VECTOR4D_PTR vb, VECTOR4D_PTR vdiff);
```

用途：

void VECTOR*D_Sub() 将两个向量相减：(vb –va)，如图 5.13 所示；并将结果存储到 vdiff 中。

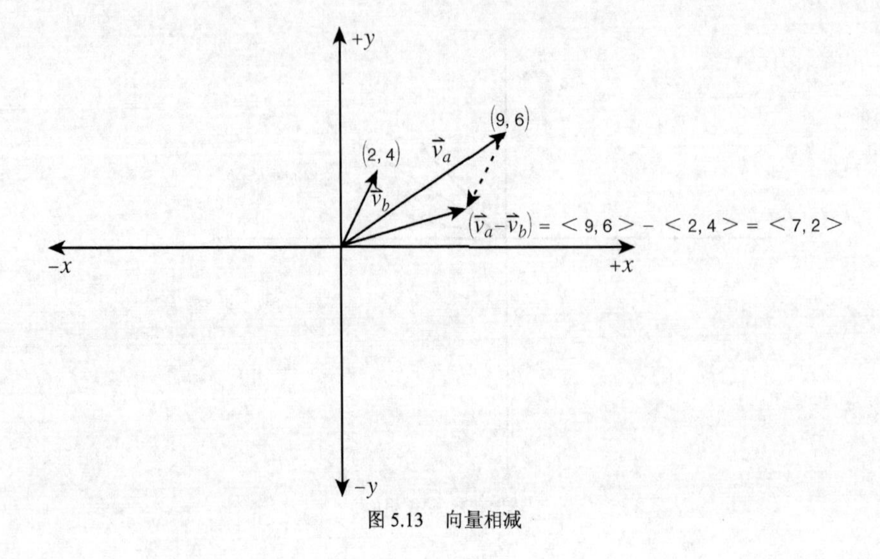

图 5.13　向量相减

范例：

```
VECTOR3D v1 = {1,2,3};
VECTOR3D v2 = {5,6,7};
VECTOR3D vdiff; // 用于存储结果

// 将向量相减
VECTOR3D_Sub(&v1, &v2, &vdiff);
```

函数原型：

```
VECTOR2D VECTOR2D_Sub(VECTOR2D_PTR va, VECTOR2D_PTR vb);

VECTOR3D VECTOR3D_Sub(VECTOR3D_PTR va, VECTOR3D_PTR vb);

VECTOR4D VECTOR3D_Sub(VECTOR4D_PTR va, VECTOR4D_PTR vb);
```

用途：

VECTOR*D VECTOR*D_Sub()是向量相减函数的堆栈版本，将结果返回到堆栈。

范例：

```
VECTOR2D v1 = {1,2};
VECTOR2D v2 = {5,6};

// 相减并存储结果
VECTOR2D vdiff = VECTOR2D_Sub(&v1, &v2);
```

函数原型：

```
void VECTOR2D_Scale(float k, VECTOR2D_PTR va, VECTOR2D_PTR vscaled);

void VECTOR3D_Scale(float k, VECTOR3D_PTR va, VECTOR3D_PTR vscaled);

void VECTOR4D_Scale(float k, VECTOR4D_PTR va, VECTOR4D_PTR vscaled);
```

用途：

void VECTOR*D_Scale()使用缩放因子 k 对向量 va 进行缩放，如图 5.14 所示；然后将结果（k*va）存储在 vscaled 中。

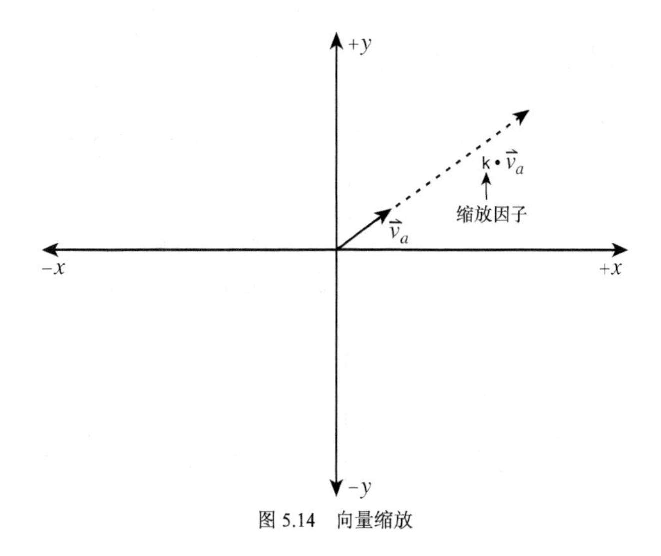

图 5.14　向量缩放

范例：

```
VECTOR3D v1 = {1,1,1};
VECTOR3D vs;

// 将 v1 放大 50 倍
VECTOR3D_Scale(50, &v1, &vs);

// 反转向量 v1 的方向
VECTOR3D_Scale(-1, &v1, &vs);
```

函数原型：

```
float VECTOR2D_Dot(VECTOR2D_PTR va, VECTOR2D_PTR vb);

float VECTOR3D_Dot(VECTOR3D_PTR va, VECTOR3D_PTR vb);

float VECTOR4D_Dot(VECTOR4D_PTR va, VECTOR4D_PTR vb);
```

用途：

float VECTOR*D_Dot()计算点积 va.vb，并返回标量结果。注意，VECTOR4D 版本忽略 *w* 分量。

范例：

```
VECTOR4D v1={1,0,0,1}; // 与 x 轴平行的单位向量
VECTOR4D v2={0,1,0,1}; // 与 y 轴平行的单位向量

// 计算它们的点积，结果应为 0
float dp=VECTOR4D_Dot(&v1, &v2);
```

函数原型：

```
void VECTOR3D_Cross(VECTOR3D_PTR va,VECTOR3D_PTR vb,VECTOR3D_PTR vn);

void VECTOR4D_Cross(VECTOR4D_PTR va,VECTOR4D_PTR vb,VECTOR4D_PTR vn);
```

用途：

void VECTOR*D_Cross()计算向量叉积 va×vb，如图 5.15 所示；即计算与向量 va 和 vb 都垂直的向量，并将结果存储在 v*n* 中。VECTOR4D 版本忽略 *w* 分量。

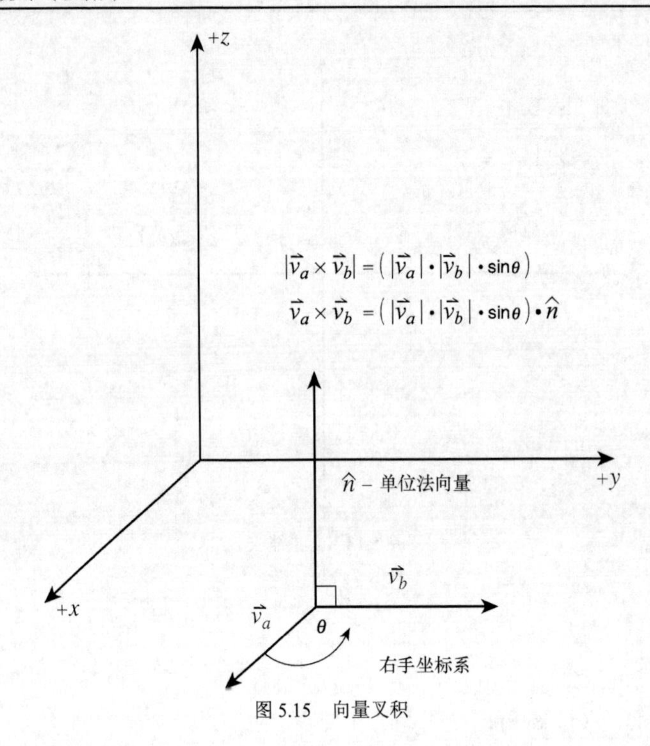

图 5.15　向量叉积

范例：

```
VECTOR3D vx = {1,0,0};
VECTOR3D vy = {0,1,0};
VECTOR3D vcross;

// 计算分别与 x 轴和 y 轴平行的单位向量的叉积，结果应为与 z 轴平行的单位向量
VECTOR3D_Cross(&vx, &vy, &vcross);
```

函数原型：

```
VECTOR3D VECTOR3D_Cross(VECTOR3D_PTR va, VECTOR3D_PTR vb);

VECTOR4D VECTOR4D_Cross(VECTOR4D_PTR va, VECTOR4D_PTR vb);
```

用途：

VECTOR*D VECTOR*D_Cross()计算向量叉积 va×vb，即与向量 va 和 vb 都垂直的向量，并将结果返回到堆栈中。VECTOR4D 版本忽略 *w* 分量。

范例：

```
VECTOR3D vx = {1,0,0};
VECTOR3D vy = {0,1,0};

// 计算分别与 x 轴和 y 轴平行的单位向量的叉积，结果应为与 z 轴平行的单位向量
VECTOR3D vcross = VECTOR3D_Cross(&vx, &vy);
```

函数原型：

```
float VECTOR2D_Length(VECTOR2D_PTR va);
float VECTOR3D_Length(VECTOR3D_PTR va);
float VECTOR4D_Length(VECTOR4D_PTR va);
```

用途：

float VECTOR*D_Length()使用标准的“平方和的平方根”算法计算指定向量的长度。

范例：

```
VECTOR2D v1={3,4};

// 计算长度，结果应为 5
float length = VECTOR3D_Length(&v1);
```

函数原型：

```
float VECTOR2D_Length_Fast(VECTOR2D_PTR va);

float VECTOR3D_Length_Fast(VECTOR3D_PTR va);

float VECTOR4D_Length_Fast(VECTOR4D_PTR va);
```

用途：

float VECTOR*D_Length_Fast()使用泰勒级数近似计算指定向量的长度。它的误差最多只有几个百分点，但速度比 VECTOR*D_Length()函数快 10 倍以上。

范例：

```
VECTOR2D v1={3,4};

// 计算长度，结果应为 5
float length = VECTOR3D_Length_Fast(&v1);
```

函数原型：

```
void VECTOR2D_Normalize(VECTOR2D_PTR va);

void VECTOR3D_Normalize(VECTOR3D_PTR va);

void VECTOR4D_Normalize(VECTOR4D_PTR va);
```

用途：

void VECTOR*D_Normalize()将向量 va 归一化；即将向量 va 的各个分量除以其长度，使之成为一个单位向量。注意，va 的值将被修改。

范例：

```
VECTOR2D v={5,6};

// 将 v 归一化：v = v/|v|
VECTOR2D_Normalize(&v);
```

函数原型：

```
void VECTOR2D_Normalize(VECTOR2D_PTR va, VECTOR2D_PTR vn);

void VECTOR3D_Normalize(VECTOR3D_PTR va, VECTOR3D_PTR vn);

void VECTOR4D_Normalize(VECTOR4D_PTR va, VECTOR4D_PTR vn);
```

用途：

void VECTOR2D_Normalize()将向量 va 归一化，并将结果存储在 v*n* 中。

范例：

```
VECTOR3D v={1,2,3};
VECTOR3D vn;

// vn = v/|vn|
VECTOR3D_Normalize(&v, &vn);
```

函数原型：

```
void VECTOR2D_Build(VECTOR2D_PTR init, VECTOR2D_PTR term, VECTOR2D_PTR result);

void VECTOR3D_Build(VECTOR3D_PTR init, VECTOR3D_PTR term, VECTOR3D_PTR result);

void VECTOR4D_Build(VECTOR4D_PTR init, VECTOR4D_PTR term, VECTOR4D_PTR result);
```

用途：

void VECTOR*D_Build()创建一个从 init 到 term 的向量，并将它存储到 result 中。这些函数的参数类型也可以是 POINT*D，因为大多数情况下您都想根据两个点来创建一个向量。

范例：

```
POINT3D p1={1,2,3}, p2={4,5,6};
VECTOR3D v12; // use to store the result

// 创建一个从 p1 到 p2 的向量
VECTOR3D_Build(&p1, &p2, &v);
```

注意，不需要执行强制类型转换，因为维数相同的点和向量的数据类型相同。然而，也可以使用两个向量来创建一个向量。

函数原型：

```
float VECTOR2D_CosTh(VECTOR2D_PTR va, VECTOR2D_PTR vb);

float VECTOR3D_CosTh(VECTOR3D_PTR va, VECTOR3D_PTR vb);

float VECTOR4D_CosTh(VECTOR4D_PTR va, VECTOR4D_PTR vb);
```

用途：

float VECTOR*D_CosTh()计算两个向量 va 和 vb 之间的夹角的余弦，如图 5.16 所示。

在很多 3D 算法中，使用下述点积公式来计算角度θ（向量 **u** 和 **v** 之间的夹角）：

$$\mathbf{u}.\mathbf{v} = |\mathbf{u}|*|\mathbf{v}| * \cos(\theta)$$

将上述公式变换后，结果如下：

$$\theta = \cos^{-1}[(\mathbf{u} \cdot \mathbf{v})/(|\mathbf{u}|*|\mathbf{v}|)]$$

然而，很多时候并不需要知道真正的角度，只要其余弦就足够了：

$$\cos(\theta) = [(\mathbf{u} \cdot \mathbf{v})/(|\mathbf{u}|*|\mathbf{v}|)]$$

这就是关于该函数的全部说明。

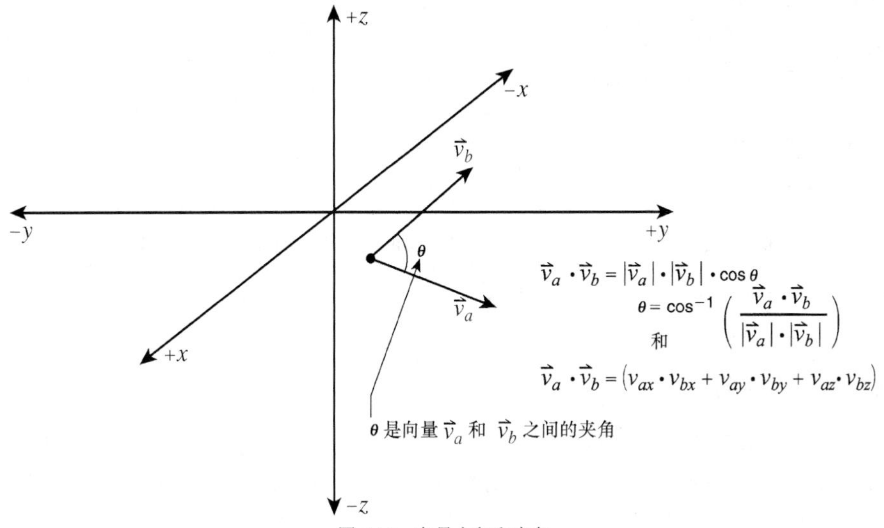

图 5.16　向量点积和夹角

提示：在游戏编程中，很多时候都可以利用数学理论来提高速度，如前例所示。另一个这样的例子是：假设有很多物体，当这些物体离黑洞的距离小于 100 个单位时，将被吸入黑洞中。在这种情况下，您可能盲目地使用距离函数和 sqrt( )函数来计算距离，如果稍微考虑一下，就会意识到没有必要使用实际的距离——为什么不使用距离的平方呢？即使用 $d^2 = (x^2 + y^2 + z^2)$，同时使用（100*100）而不是使用 100 作为判断变量。这样，就不需要使用 sqrt( )函数。其数学原理是：如果$|x| < |y|$，则$|x^2| < |y^2|$。但是注意不要溢出。

范例：

```
VECTOR3D u = {0,1,0}; // 与 y 轴平行的向量
VECTOR3D v = {1,1,0}; // 斜率为 45 的向量

// 计算 u 和 v 之间的夹角
VECTOR3D_CosTh(&u, &v);
```

注意：该函数对于隐藏面消除很有用。执行隐藏面消除时，需要判断观察方向与面法线之间的夹角为锐角还是钝角。

函数原型：

```
void VECTOR2D_Print(VECTOR2D_PTR va, char *name);

void VECTOR3D_Print(VECTOR3D_PTR va, char *name);

void VECTOR4D_Print(VECTOR4D_PTR va, char *name);
```

用途：

void VECTOR*D_Print()使用指定字符名以一种整齐的方式打印出向量。它通常作为一种调试功能，输出将写入到用 Open_Error_File()函数调用打开的错误文件中。

范例：

```
// 打开错误文件
Open_Error_File("error.txt");
```

```
VECTOR3D v={1,2,3};

// 打印向量
VECTOR3D_Print(&v, "Velocity");

// 关闭错误文件
Close_Error_File();
```

ERROR.TXT 文件的内容为：

```
Opening Error Output File (error.txt) on Sat Jan 29 22:36:00.520, 2000

Velocity=[1.000000, 2.000000, 3.000000, ]

Closing Error Output File.
```

5.7.4 矩阵支持函数

这套函数用于处理矩阵数学运算和矩阵变换。一般而言，3D 引擎将根据不同的需要使用 3×3 或 4×4 矩阵，但有时候也使用 4×3 矩阵，并对最后一列做出假设。我们有 3D 点和 4D 点数据结构，虽然有时候需要对矩阵数学进行很多优化，但在早期尽量一般化没什么坏处。另外，虽然我尽可能地考虑了可能需要的各种矩阵乘法和矩阵变换，但肯定会有遗漏——但以后可以添加它们。最后，虽然数学引擎支持 2×2、3×3 和 4×4 矩阵，但一些较老的 2×2 矩阵支持位于 T3DLIB1.CPP|H 模块中。

注意：矩阵库与向量库非常类似，它们都支持不同维数的数据类型，都使用类似的函数名，但它们也有非常大的差别，例如有些用于高维空间的函数的工作方式不同，因此本章分别介绍它们。这里将依次介绍用于 2×2、3×3 和 4×4 矩阵的函数。

函数原型：

```
void Mat_Init_2X2(MATRIX2X2_PTR ma, float m00, float m01, float m10, float m11);
```

用途：

void Mat_Init_2×2()使用指定的浮点数按先行后列的顺序初始化矩阵 ma。

范例：

```
MATRIX2X2 ma;

// 将矩阵初始化为单位矩阵
Mat_Init_2×2(&ma, 1, 0, 0, 1);
```

函数原型：

```
void Mat_Add_2×2(MATRIX2X2_PTR ma, MATRIX2X2_PTR mb, MATRIX2X2_PTR msum);
```

用途：

void Mat_Add_2×2()将两个矩阵相加（ma + mb），并将结果存储到 msum 中。

范例：

```
MATRIX2X2 m1 = {1,2, 3,4};
MATRIX2X2 m2 = {4,9, 5,6};
MATRIX2X2 msum;

// 将矩阵相加
Mat_Add_2×2(&m1, &m2, &msum);
```

函数原型：

```
void Mat_Mul_2X2(MATRIX2X2_PTR ma, MATRIX2X2_PTR mb, MATRIX2X2_PTR mprod);
```

函数代码：

```
void Mat_Mul_2X2(MATRIX2X2_PTR ma, MATRIX2X2_PTR mb, MATRIX2X2_PTR mprod)
{
// 这个函数将两个 2×2 矩阵相乘，并将结果存储到 mprod 中
mprod->M00 = ma->M00*mb->M00 + ma->M01*mb->M10;
mprod->M01 = ma->M00*mb->M01 + ma->M01*mb->M11;

mprod->M10 = ma->M10*mb->M00 + ma->M11*mb->M10;
mprod->M11 = ma->M10*mb->M01 + ma->M11*mb->M11;

} // end Mat_Mul_2×2
```

用途：

void Mat_Mul_2×2()将两个矩阵相乘（ma * mb），并将结果存储到 mprod 中。请参考前面的代码，这里将矩阵显式地相乘，而不使用循环操作。这种方法更优化。

范例：

```
MATRIX2X2 m1 = {1,2, 3,4};
MATRIX2X2 m2 = {1,0, 0,1};
MATRIX2X2 mprod;


// 将它们相乘，由于 m2 为单位矩阵，因此 m1*m2 = m1
Mat_Mul_2X2(&m1, &m2, &mprod);
```

函数原型：

```
int Mat_Mul_1X2_3X2(MATRIX1X2_PTR ma,
           MATRIX3X2_PTR mb,
           MATRIX1X2_PTR mprod);
```

函数代码：

```
int Mat_Mul_1X2_3X2(MATRIX1X2_PTR ma,
           MATRIX3X2_PTR mb,
           MATRIX1X2_PTR mprod)
{
// 这个函数将一个 1×2 矩阵与一个 3×2 矩阵相乘，并存储结果
// 这里假设 1×2 矩阵的第三个元素为 1，使这种矩阵乘法合法，即变成 1×3 X 3×2

  for (int col=0; col<2; col++)
    {
    // 计算 ma 中的行与 mb 中的列之间的点积

    float sum = 0; // 用于存储结果

    for (int index=0; index<2; index++)
       {
       // 累积下一对元素的乘积
       sum+=(ma->M[index]*mb->M[index][col]);
       } // end for index
     // 累积最后一个元素与 1 的乘积
     sum+= mb->M[index][col];

     // 将结果存储到第 col 个元素中
     mprod->M[col] = sum;
```

```
    } // end for col

return(1);

} // end Mat_Mul_1X2_3X2
```

用途：

int Mat_Mul_1×2_3×2()是一个专用函数，将一个 1×2 矩阵（实质上是 2D 点）与一个 3×3 矩阵（表示旋转或平移）相乘。这种运算在数学上是未定义的，因为它们的内维不相同。然而，如果假设 1×2 实际是一个 1×3 矩阵，其最后一个元素为 1，将可以执行这种乘法。图 5.17 说明了执行该乘法的过程。另外，请阅读代码清单。对 2D 点进行变换时该函数很有用，您可能想节省空间，但同时支持平移和齐次坐标。

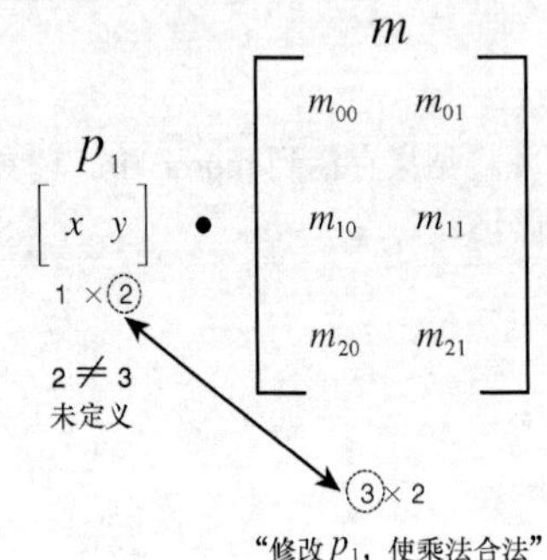

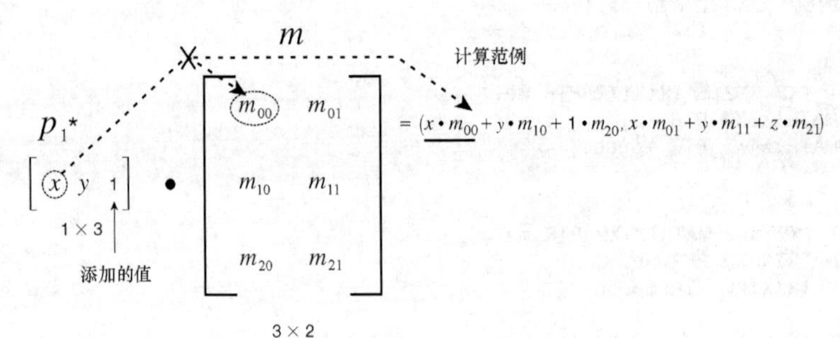

图 5.17　未定义的向量-矩阵相乘(1×2)*(3×2)

范例：

```
MATRI×1×2 p1={5,5}, p2; // 点

// 变换矩阵：旋转加平移
MATRI×3×2 m = {cos(th), sin(th),
      -sin(th), cos(th),
      dx,  dy};

// 执行矩阵乘法
Mat_Mul_1×2_3×2(&p1, &m, &p2);
```

提示：这个函数本身的速度非常慢。可以通过消除循环来提高加速，但是现在这样更清晰，读者可以看出其循环本质。必要时才进行优化，对代码优化之前应先对算法进行优化。有了最优化的算法和代码后，如果确实需要，可以使用内联汇编语言。

函数原型：

```
float Mat_Det_2×2(MATRIX2×2_PTR m);
```

用途：

float Mat_Det_2×2 () 用于计算矩阵 m 的行列式，并将结果返回到堆栈。

范例：

```
MATRI×2×2 m = {1,2,4,8}; // 这个矩阵是奇异的

// 计算行列式
float det = Mat_Det_2×2(&m);
```

函数原型：

```
int Mat_Inverse_2×2(MATRI×2×2_PTR m, MATRI×2×2_PTR mi);
```

用途：

int Mat_Inverse_2×2 () 用于计算矩阵 *m* 的逆矩阵（如果有的话），并将结果存储到 mi 中。如果逆矩阵存在，该函数返回 1；否则返回 0，且 mi 未定义。

范例：

```
MATRIX2X2 mA = {1,2, 4, -3};
MATRIX2X2 mI;

// 计算 mA 的逆矩阵
if (Mat_Inverse_2X2(&mA, &mI))
  {
  // 存在逆矩阵...
  } // end if
else
  {
  // 逆矩阵不存在
  } // end else
```

函数原型：

```
void Print_Mat_2×2(MATRIX2X2_PTR ma, char *name);
```

用途：

void Print_Mat_2×2 () 使用 name 指定的字符串作为标识符，以整齐的格式打印矩阵。当然，所有输出都将进入用 Open_Error_File () 函数打开的错误文件中。

范例：

```
MATRIX2X2 m = {1,2,3,4};

// 打开错误文件，输出到屏幕
Open_Error_File(" ", stdout);

Print_Mat_2X2(&m,"Matrix m");

// 关闭错误文件
Close_Error_File();
```

函数原型：

```
void Mat_Init_3X3(MATRIX3X3_PTR ma,
         float m00, float m01, float m02,
         float m10, float m11, float m12,
```

```
        float m20, float m21, float m22);
```

用途：

void Mat_Init_3×3()使用传入的浮点数值以先行后列的顺序初始化矩阵 ma。

范例：

```
MATRIX3X3 ma;

// 将矩阵初始化为单位矩阵
Mat_Init_3X3(&ma, 1,0,0, 0,1,0, 0,0,1);
```

函数原型：

```
inline int Mat_Init_3X2(MATRIX3X2_PTR ma,
           float m00, float m01,
           float m10, float m11,
           float m20, float m21);
```

用途：

void Mat_Init_3×2()使用传入的浮点数值以先行后列的顺序初始化矩阵 ma。

范例：

```
MATRIX3X2 ma;

// 将左上角的 2×2 子矩阵初始化为单位矩阵
// matrix to identity matrix
Mat_Init_3X2(&ma, 1,0, 0,1, 0,0);
```

函数原型：

```
void Mat_Add_3X3(MATRIX3X3_PTR ma, MATRIX3X3_PTR mb, MATRIX3X3_PTR msum);
```

用途：

void Mat_Add_3×3()将两个矩阵相加（ma + mb），并将结果存储到 msum 中。

范例：

```
MATRIX3X3 m1 = {1,2,3,4,5,6,7,8,9};
MATRIX3X3 m2 = {4,9,7, -1,5,6, 2,3,4};
MATRIX3X3 msum;

// 将它们相加
Mat_Add_3X3(&m1, &m2, &msum);
```

函数原型：

```
void Mat_Mul_VECTOR3D_3X3(VECTOR3D_PTR va, MATRIX3X3_PTR mb, VECTOR3D_PTR vprod);
```

用途：

void Mat_Mul_VECTOR3D_3×3()将 1×3 的行向量 va 与 3×3 矩阵 mb 相乘，并将结果存储到 1×3 的行向量 vprod 中，如图 5.18 所示。实质上，该函数执行点或向量与矩阵的乘法。

范例：

```
VECTOR3D v={x,y,1}, vt;
MATRIX3X3 m = {1,0,0, 0,1,0,xt,yt,1};

// v*m
Mat_Mul_VECTOR3D_3X3(&v, &m, &vt);
```

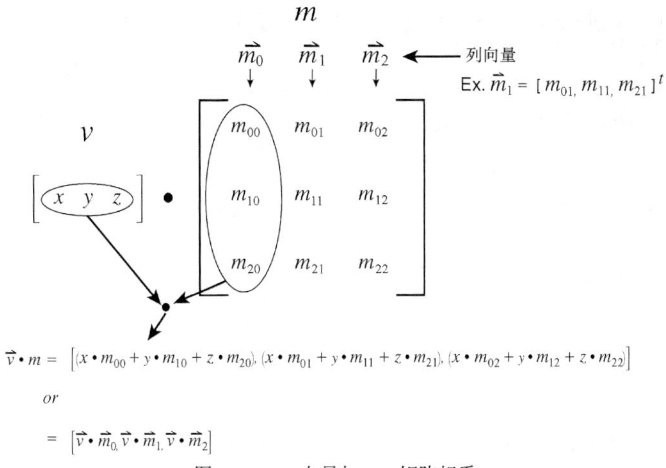

图 5.18　3D 向量与 3×3 矩阵相乘

读者知道这种变换的功能吗？如果假设 VECTOR3D 实际上是一个 2D 齐次点，则该变换执行如下平移：

```
vt.x = v.x+xt;
vt.y = v.y+yt;
vt.z = 1;
```

函数原型：

```
int (MATRIX1X3_PTR ma,
         MATRIX3X3_PTR mb,
         MATRIX1X3_PTR mprod);
```

用途：

int Mat_Mul_1×3_3×3()将一个 1×3 矩阵（实质上是一个行向量）与一个 3×3 矩阵相乘。该函数等价于函数 Mat_Mul_VECTOR3D_3×3()，只是类型不同。

范例：

```
MATRIX1X3 v={x,y,1}, vt;
MATRIX3X3 m = {1,0,0, 0,1,0,xt,yt,1};

// v*m
Mat_Mul_1X3_3X3(&v, &m, &vt);
```

函数原型：

```
int Mat_Mul_3X3(MATRIX3X3_PTR ma,
        MATRIX3X3_PTR mb,
        MATRIX3X3_PTR mprod);
```

用途：

void Mat_Mul_3×3()将两个矩阵相乘（ma * mb），并将结果存储到 mprod 中。

范例：

```
MATRIX3X3 m1 = {1,2,3, 4,5,6, 7,8,9};
MATRIX3X3 m2 = {1,0,0, 0,1,0, 0,0,1};
MATRIX3X3 mprod;
```

```
// 将它们相乘，由于m2为单位矩阵，因此m1*m2 = m1
Mat_Mul_3X3(&m1, &m2, &mprod);
```

函数原型：

```
float Mat_Det_3X3(MATRIX3X3_PTR m);
```

用途：

float Mat_Det_3×3()计算矩阵 m 的行列式，并将结果返回到堆栈。

范例：

```
MATRIX3x3 m = {1,2,0, 4,8,9, 2,5,7};

// 计算行列式
float det = Mat_Det_3X3(&m);
```

函数原型：

```
int Mat_Inverse_3X3(MATRIX3X3_PTR m, MATRIX3X3_PTR mi);
```

用途：

int Mat_Inverse_3×3()用于计算矩阵 *m* 的逆矩阵（如果存在的话），并将结果存储到 mi 中。如果逆矩阵存在，该函数返回 1；否则返回 0，且 mi 未定义。

范例：

```
MATRIX3X3 mA = {1,2,9, 4,-3,6, 1,0,5};
MATRIX3X3 mI;

// 计算mA的逆矩阵
if (Mat_Inverse_3X3(&mA, &mI))
  {
  // 逆矩阵存在
  } // end if
else
  {
  // 逆矩阵不存在
  } // end else
```

函数原型：

```
void Print_Mat_3X3(MATRIX3X3_PTR ma, char *name);
```

用途：

void Print_Mat_3×3()使用 name 指定的字符串作为标识符，以整齐的格式打印矩阵。当然，所有输出都将进入用 Open_Error_File()函数打开的错误文件中。

范例：

```
MATRIX3X3 m = {1,2,3, 4,5,6, 7,8,9};

// 打开错误文件，并写入到该文件中
Open_Error_File("error.txt");
Print_Mat_3X3(&m, "Matrix m");

// 关闭错误文件
Close_Error_File();
```

函数原型：

```
void Mat_Init_4X4(MATRIX4X4_PTR ma,
      float m00, float m01, float m02, float m03,
      float m10, float m11, float m12, float m13,
      float m20, float m21, float m22, float m23,
      float m30, float m31, float m32, float m33);
```

用途：

void Mat_Init_4×4 () 使用传入的浮点数值以先行后列的顺序初始化矩阵 ma。

范例：

```
MATRIX4X4 ma;

// 将矩阵初始化为单位矩阵
Mat_Init_4X4(&ma, 1,0,0,0, 0,1,0,0, 0,0,1,0, 0,0,0,1);
```

函数原型：

```
void Mat_Add_4X4(MATRIX4X4_PTR ma, MATRIX4X4_PTR mb, MATRIX4X4_PTR msum);
```

用途：

void Mat_Add_4×4 () 将两个矩阵相加（ma + mb），并将结果存储到 msum 中。

范例：

```
MATRIX4X4 m1 = {1,2,3,4, 5,6,7,8, 9,10,11,12, 13,14,15,16};
MATRIX4X4 m2 = {4,9,7,3, -1,5,6,7, 2,3,4,5, 2,0,5,3};
MATRIX4X4 msum;

// 将它们相加
Mat_Add_4X4(&m1, &m2, &msum);
```

函数原型：

```
void Mat_Mul_4X4(MATRIX4X4_PTR ma, MATRIX4X4_PTR mb, MATRIX4X4_PTR mprod);
```

用途：

void Mat_Mul_4×4 () 将两个矩阵相乘（ma * mb），并将结果存储到 mprod 中。

范例：

```
MATRIX4X4 m1 = {1,2,3,4, 4,5,6,7, 7,8,9,10, 11,12,13,14};
MATRIX4X4 m2 = {1,0,0,0, 0,1,0,0, 0,0,1,0, 0,0,0,1};
MATRIX4X4 mprod;

// 将它们相乘，由于 m2 为单位矩阵，因此 m1*m2 = m1
Mat_Mul_4X4(&m1, &m2, &mprod);
```

函数原型：

```
void Mat_Mul_1X4_4X4(MATRIX1X4_PTR ma, MATRIX4X4_PTR mb, MATRIX1X4_PTR mprod);
```

函数代码：

```
void Mat_Mul_1X4_4X4(MATRIX1X4_PTR ma,
           MATRIX4X4_PTR mb,
           MATRIX1X4_PTR mprod)
{
// 这个函数将一个 1×4 矩阵与一个 4×4 矩阵相乘，并存储结果
// 这里没有做任何假设，而是直接相乘

  for (int col=0; col<4; col++)
    {
```

```
    // 计算ma中的行向量与mb中列向量的点积
    float sum = 0; // 用于存储结果

    for (int row=0; row<4; row++)
       {
       // 累积下一对元素的乘积
       sum+=(ma->M[row] * mb->M[row][col]);
       } // end for index

    // 将结果存储到第col个元素中
    mprod->M[col] = sum;

    } // end for col

} // end Mat_Mul_1X4_4X4
```

用途：

void Mat_Mul_1×4_4×4()将一个1×4的行向量与一个4×4矩阵相乘，并将结果存储到mprod中。该函数不做齐次坐标之类的假设，而是直接相乘，如代码清单所示。另外，通过显式地执行数学运算而不使用循环，可提高该函数的速度。

范例：

```
MATRIX1X4 v={x,y,z,1}, vt;
MATRIX4X4 m = {1,0,0,0 0,1,0,0, 0,0,1,0, xt,yt,zt,1};

// v*m，相当于将3D点平移x、y、z
Mat_Mul_1X4_4X4(&v, &m, &vt);
```

函数原型：

```
void Mat_Mul_VECTOR3D_4X4(VECTOR3D_PTR va, MATRIX4X4_PTR mb, VECTOR3D_PTR vprod);
```

用途：

void Mat_Mul_VECTOR3D_4×4将一个3D向量与一个4×4矩阵相乘。然而，为执行这种乘法，该函数假设在向量va中存在虚拟的第4个元素，它等于1.0。乘法执行后，结果是一个3D向量（而不是4D向量）。该函数用一个包含平移值的4×4矩阵对一个3D点进行变换，并假设3D点为齐次坐标。由于3D点只有三个元素[*x y z*]，没有空间存储齐次分量*w*，所以假设它为1.0。图5.19说明了这种乘法。

范例：

```
VECTOR3D v={10,10,10}, vrt;

// 绕x轴旋转并平移(tx,ty,tz)
MATRIX4X4 m = {1, 0, 0, 0,
        0, cos(th), sin(th),0,
        0,-sin(th), cos(th),0,
        tx, ty, tz, 1};

// 执行变换
Mat_Mul_VECTOR3D_4X4(&v, &m, &vrt);
```

可以将向量定义为点，并调用上述调用，因为VECTOR3D和POINT3D是相同的数据类型：

```
POINT3D p1={10,10,10}, p2;

// 绕x轴旋转并平移(tx,ty,tz)
MATRIX4X4 m = {1, 0, 0, 0,
        0, cos(th), sin(th),0,
```

```
        0,-sin(th), cos(th),0,
        tx, ty, tz, 1};

// 执行变换
Mat_Mul_VECTOR3D_4X4(&p1, &m, &p2);
```

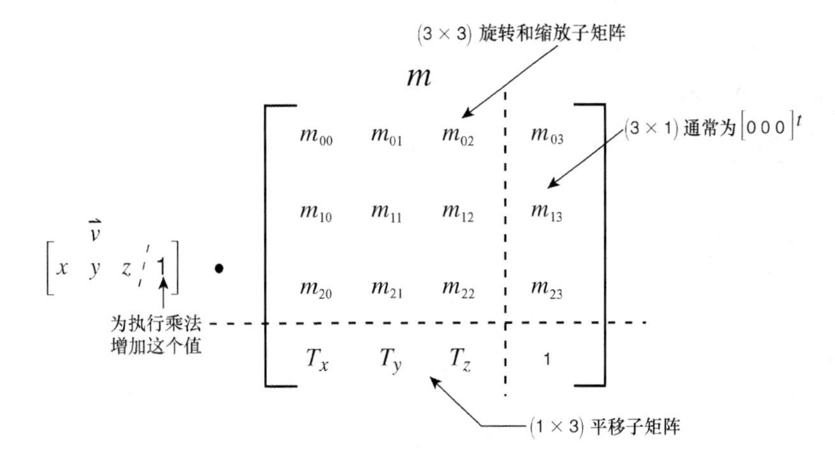

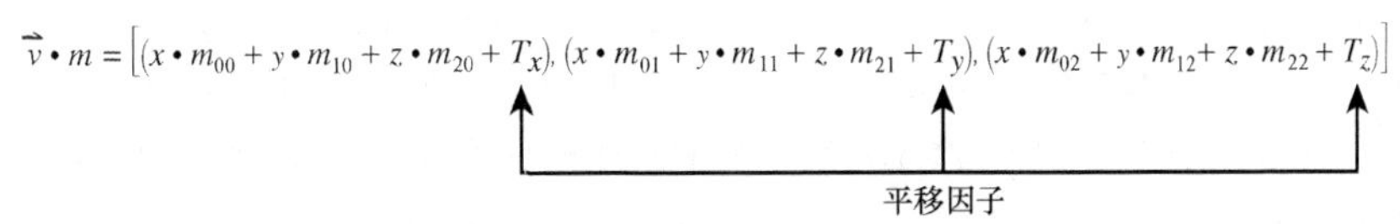

图 5.19　3D 向量与 4×4 矩阵相乘

函数原型：

```
void Mat_Mul_VECTOR3D_4X3(VECTOR3D_PTR va, MATRIX4X3_PTR mb,  VECTOR3D_PTR vprod);
```

用途：

void Mat_Mul_VECTOR3D_4x3 () 与函数 Mat_Mul_VECTOR3D_4x4 非常类似，但它是将一个 3D 向量与一个 4x3 矩阵（而不是 4x4 矩阵）相乘。它假设在向量 va 中存在第 4 个元素，且等于 1.0，以便执行乘法运算。由于在 4x3 矩阵中只有三列，所以结果自然为 3D 向量。

范例：

```
POINT3D p1={10,10,10}, p2;

// 绕 x 轴旋转并平移(tx,ty,tz)
// 这里不需要第 4 列，它总是[0 0 0 1]^t
MATRIX4X3 m = {1, 0, 0,
        0, cos(th), sin(th),
        0,-sin(th), cos(th),
        tx, ty, tz};

// 执行变换
Mat_Mul_VECTOR3D_4X3(&p1, &m, &p2);
```

函数原型：

```
void Mat_Mul_VECTOR4D_4X4(VECTOR4D_PTR va, MATRIX4X4_PTR mb, VECTOR4D_PTR vprod);
```

用途：

void Mat_Mul_VECTOR_4×4()将 1×4 行向量 va 与 4×4 矩阵 mb 相乘，并将结果存储到 1×4 行向量 vprod 中。该函数不做任何假设，只是执行 1×4 矩阵和 4×4 矩阵乘法。

范例：

```
VECTOR4D v={10,10,10,1}, vrt;

// 绕 x 轴旋转并平移(tx,ty,tz)
MATRIX4X4 m = {1, 0, 0, 0,
         0, cos(th), sin(th),0,
         0,-sin(th), cos(th),0,
         tx, ty, tz, 1};

// do the transform
Mat_Mul_VECTOR4D_4X4(&v, &m, &vrt);
```

注意，结果为 **vrt** = <*x*'，*y*'，*z*'，1>。也就是说，齐次分量 *w* 等于 1.0。

函数原型：

```
void Mat_Mul_VECTOR4D_4X3(VECTOR4D_PTR va, MATRIX4X4_PTR mb, VECTOR4D_PTR vprod);
```

用途：

void Mat_Mul_VECTOR4D_4×3()与函数 Mat_Mul_VECTOR3D_4×3 非常类似，但它将一个 4D 向量（而不是 3D 向量）与一个 4×3 矩阵相乘。由于 4×3 矩阵只有三列，所以结果为一个 3D 向量，与 Mat_Mul_VECTOR3D_4×4 函数相同。最后，将 *w* 分量从向量 va 复制到 vprod 中；即假设 4×3 矩阵的最后一列为$[0\ 0\ 0\ 1]^t$。

范例：

```
POINT4D p1={10,10,10,1}, p2;

// 绕 x 轴旋转并平移(tx,ty,tz)
// 这里不需要第 4 列，它总是[0 0 0 1]t
MATRIX4X3 m = {1, 0, 0,
         0, cos(th), sin(th),
         0,-sin(th), cos(th),
         tx, ty, tz};

// 执行变换
Mat_Mul_VECTOR4D_4X3(&p1, &m, &p2);
```

函数原型：

```
int Mat_Inverse_4X4(MATRIX4X4_PTR m, MATRIX4X4_PTR mi);
```

用途：

int Mat_Inverse_4×4()用于计算矩阵 m 的逆矩阵（如果存在的话），并将结果存储到 mi 中。如果逆矩阵存在，该函数返回 1；否则返回 0，且 mi 未定义。该函数只适用于最后一列为$[0\ 0\ 0\ 1]^t$的矩阵。

范例：

```
// 最后一列为[0 0 0 1]t
MATRIX4X4 mA = {1, 2,9,0,
          4,-3,6,0,
          1, 0,5,0,
          2, 3,4,1};
```

```
MATRIX4X4 mI;

// 计算矩阵 mA 的逆矩阵
if (Mat_Inverse_4X4(&mA, &mI))
  {
  // 逆矩阵存在
  } // end if
else
  {
  // 逆矩阵不存在
  } // end else
```

函数原型：

```
void Print_Mat_4X4(MATRIX4X4_PTR ma, char *name);
```

用途：

void Print_Mat_4×4()使用 name 指定的字符串作为标识符，以整齐的格式打印矩阵。当然，所有输出都将进入用 Open_Error_File()函数打开的错误文件中。

范例：

```
MATRIX4X4 m = {1,2,3,4,
         5,6,7,8,
         9,10,11,12,
         13,14,15,16};

// 打开错误文件并写入到该文件
Open_Error_File("error.txt");

Print_Mat_4X4(&m,"Matrix m");

// 关闭错误文件
Close_Error_File();
```

5.7.5　2D 和 3D 参数化直线支持函数

我开始编写数学引擎时，根本没想到会在引擎中添加参数化直线支持。为什么呢？因为大多数时候，需要时可以在代码中使用一个向量和一个参数 t 手工编写参数化直线的代码。然而，既然大多数时候都将使用一个向量和一个参数 t，为什么不将它们封装到一个结构（或没有方法的类）中，然后以此为基础创建常用函数，如计算交点的函数呢？因此，数学引擎提供了对 2D 和 3D 参数化直线的支持以及一整套相关的函数。

为帮助回顾，下面再次给出 2D 参数化直线的结构：

```
typedef struct PARMLINE2D_TYP
{
POINT2D p0; // 参数化直线的起点
POINT2D p1; // 终点
VECTOR2D v; // 线段的方向向量
        // |v|=|p0->p1|
} PARMLINE2D, *PARMLINE2D_PTR;
```

这些值之间的关系如图 5.2 所示。注意，向量从 **p0** 到 **p1**，即没有归一化。下面是 3D 参数化直线的结构：

```
typedef struct PARMLINE3D_TYP
{
POINT3D p0; // 参数化直线的起点
POINT3D p1; // 终点
```

```
VECTOR3D v; // 线段的方向向量
        // |v|=|p0->p1|
} PARMLINE3D, *PARMLINE3D_PTR;
```

2D 版本和 3D 版本之间唯一的差别是 z 坐标；除此之外，它们以相同的格式存储相同的信息。下面分别介绍这些函数。

函数原型：

```
void Init_Parm_Line2D(POINT2D_PTR p_init, POINT2D_PTR p_term, PARMLINE2D_PTR p);
```

用途：

void Init_Parm_Line2D()根据指定的点计算它们之间的向量，并初始化一条 2D 参数化直线。注意，该向量是在函数内部生成的。

范例：

```
POINT2D p1 = {1,2}, p2 = {10,20};
PARMLINE2D p;

// 创建一条从 p1 到 p2 的参数化直线
Init_Parm_Line2D(&p1, &p2, &p);
```

函数原型：

```
void Compute_Parm_Line2D(PARMLINE2D_PTR p, float t, POINT2D_PTR pt);
```

用途：

void Compute_Parm_Line2D()计算 2D 参数化直线在参数 t 处的值，并将其返回到指定的点中。参数 $t=0$ 时，结果为起点 p1；参数 $t=1$ 时，结果为终点 p2。也就是说，当 t 从 0 变化到 1 时，将从 **p1** 移到 **p2**。

范例：

```
POINT2D p1 = {1,2}, p2 = {10,20}, pt;
PARMLINE2D p;

// 创建一条从 p1 到 p2 的参数化直线
Init_Parm_Line2D(&p1, &p2, &p);

// 计算 t=.5 对应的参数化直线上的点，并将其存储到 pt 中
Compute_Parm_Line2D(&p, 0.5, &pt);
```

函数原型：

```
int Intersect_Parm_Lines2D(PARMLINE2D_PTR p1, PARMLINE2D_PTR p2,
              float *t1, float *t2);
```

函数代码：

```
int Intersect_Parm_Lines2D(PARMLINE2D_PTR p1, PARMLINE2D_PTR p2,
              float *t1, float *t2)
{
// 这个函数计算两条参数化线段的交点
// 并将 t1 和 t2 分别设置交点在 p1 和 p2 上对应的 t 值
// 然而，t 值可能不在范围[0,1]内
// 这意味着线段本身没有相交，但它们对应的直线是相交的
// 函数的返回值为 0,表示没有相交，1 表示交点在线段上，
//2 表示相交，但交点不一定在线段上，3 表示两条线段位于同一条直线上

// 我们知道两条线段的参数化方程，需要计算交点（如果有的话）对应的 t1 和 t2
```

```
// 第 1 步：检测它们是否平行
// 如果一个方向向量是另一个向量与一个标量的乘积，则说明两条线段平行
// 除非它们重叠，否则不可能相交
float det_p1p2 = (p1->v.x*p2->v.y - p1->v.y*p2->v.x);
if (fabs(det_p1p2) <= EPSILON_E5)
  {
  // 这表明两条线段要么根本不相交，要么位于同一条直线上
  // 在后一种情况下，可能有一个或多个交点
  // 现在暂时假设它们不相交，以后需要时再重新编写该函数，以考虑重叠的情况
  return(PARM_LINE_NO_INTERSECT);

  } // end if

// 第 2 步：计算 t1 和 t2 的值
// 我们有两条以下述方式表示的线段
// p  = p0  + v*t
// p1  = p10  + v1*t1

// p1.x = p10.x + v1.x*t1
// p1.y = p10.y + v1.y*t1

// p2 = p20 + v2*t2

// p2.x = p20.x + v2.x*t2
// p2.y = p20.y + v2.y*t2
// 第 4 章介绍过如何计算交点
*t1 = (p2->v.x*(p1->p0.y - p2->p0.y) - p2->v.y*(p1->p0.x - p2->p0.x))
   /det_p1p2;

*t2 = (p1->v.x*(p1->p0.y - p2->p0.y) - p1->v.y*(p1->p0.x - p2->p0.x))
   /det_p1p2;

// 检查交点是否在线段上
if ((*t1>=0) && (*t1<=1) && (*t2>=0) && (*t2<=1))
  return(PARM_LINE_INTERSECT_IN_SEGMENT);
else
  return(PARM_LINE_INTERSECT_OUT_SEGMENT);

} // end Intersect_Parm_Lines2D
```

用途：

int Intersect_Parm_Lines2D()计算两条参数化直线 pl 和 p2 的交点，并将交点对应的参数值 t1 和 t2 分别存储到相应的变量中。根据两条直线是否相交以及交点是否在线段上，该函数有下列返回值。

```
#define PARM_LINE_NO_INTERSECT     0
#define PARM_LINE_INTERSECT_IN_SEGMENT 1
#define PARM_LINE_INTERSECT_OUT_SEGMENT 2
```

该函数不检测两条直线是否共线，因为这将极大地降低速度，同时有太多的情况（部分重叠、包含、只有一点重叠等）需要检测。因此，调用该函数前需要检查这些条件，或者在该函数中添加这些功能。请记住，这些参数化直线实际上是线段，同时非平行线总会在某一点相交，因此该函数将计算出交点。如果交点的 t 参数不在范围 0 <= t <= 1 内，则表明交点在线段 p1->p2 上。请参考附带光盘中的 DEMOII5_1.CPP|EXE；它允许用户定义参数化直线，并测试它们是否相交。

范例：

```
POINT2D p1 = {1,1}, p2 = {9,8};
POINT2D p3 = {2,8}, p4 = {7,1};
```

```
PARMLINE2D pl1, pl2;

// 创建一条从 p1 到 p2 的参数化直线
Init_Parm_Line2D(&p1, &p2, &pl1);

// 创建一条从 p3 到 p4 的参数化直线
Init_Parm_Line2D(&p3, &p4, &pl2);

float t1=0, t2=0; // 用于存储参数 t

// 计算交点
int intersection_type = Intersect_Parm_Lines2D(&pl1, &pl2, &t1, &t2);
```

函数原型：

```
int Intersect_Parm_Lines2D(PARMLINE2D_PTR p1, PARMLINE2D_PTR p2, POINT2D_PTR pt);
```

用途：

int Intersect_Parm_Lines2D()计算参数化直线的交点，但不返回交点对应的参数 t1 和 t2 的值，而是返回交点。当然，与前一个函数一样，您需要查看返回值来确认两条直线是否相交。

范例：

```
POINT2D p1 = {1,1}, p2 = {9,8};
POINT2D p3 = {2,8}, p4 = {7,1};

POINT2D pl; // 用于存储交点

PARMLINE2D pl1, pl2;

// 创建一条从 p1 到 p2 的参数化直线
Init_Parm_Line2D(&p1, &p2, &pl1);

// 创建一条从 p3 到 p4 的参数化直线
Init_Parm_Line2D(&p3, &p4, &pl2);

// 计算交点
int intersection_type = int Intersect_Parm_Lines2D(&pl1, &pl2, &pt);
```

C++: C 程序员可能会奇怪，为什么两个函数的名称相同。这是一项 C++功能。实质上，每个函数的参数类型是不同的；因此，在编译器看来而言，这两个函数是不同的。这种功能叫作函数重载，它根据参数列表来区分名称相同的函数。附录 D 将介绍 C++的这种功能。

下面介绍 3D 参数化直线函数。这里的函数更少，因为我将有些函数归类到了 3D 平面函数中。

函数原型：

```
void Init_Parm_Line3D(POINT3D_PTR p_init, POINT3D_PTR p_term, PARMLINE3D_PTR p);
```

用途：

void Init_Parm_Line3D()根据指定的点以及它们之间的向量，初始化一个 3D 参数化直线结构。注意，该向量是在函数内部生成的。

范例：

```
POINT3D p1 = {1,2,3}, p2 = {10,20,30};
PARMLINE3D p;
```

```
// 创建一条从 p1 到 p2 的参数化直线
Init_Parm_Line3D(&p1, &p2, &p);
```

函数原型：

```
void Compute_Parm_Line3D(PARMLINE3D_PTR p, float t, POINT3D_PTR pt);
```

用途：

void Compute_Parm_Line3D()计算一条参数化直线在参数 t 处的值，并将其返回存储到指定的点中。注意，参数 $t=0$ 时，结果为起点 p1；参数 $t=1$ 时，结果为终点 **p2**。也就是说，当 t 从 0 变化到 1 时，将从 **p1** 移到 **p2**。

范例：

```
POINT3D p1 = {1,2,3}, p2 = {10,20,30}, pt;
PARMLINE3D p;

// 创建一条从 p1 到 p2 的参数化直线
Init_Parm_Line3D(&p1, &p2, &p);

// 计算 t=.5 对应的参数化直线上的点
// 并将其存储到 pt 中
Compute_Parm_Line3D(&p, 0.5, &pt);
```

5.7.6　3D 平面支持函数

虽然有点太早，但我还是决定在数学引擎中添加对 3D 平面抽象实体的支持。实际上，在 99%以上的时间，我们处理的都是封闭多边形（位于同一个平面中），因此后面可能需要对这些函数进行改进。

现在，我们只要知道如何定义平面，然后使用平面执行操作即可。

我决定使用点-法线方式来表示平面，如图 5.20 所示。

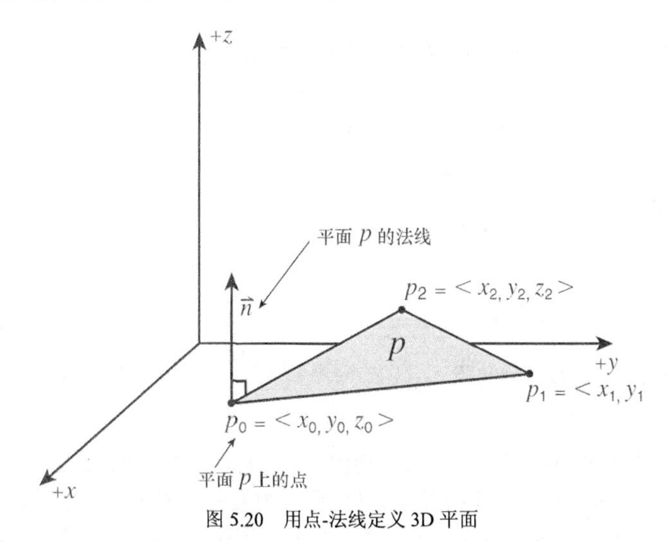

图 5.20　用点-法线定义 3D 平面

nx*(x-x0) + ny*(y-y0) + nz*(z-z0) = 0

其中 **n** = <nx，ny，nz>，**p0** = <x0，y0，z0>。

使用这种格式时，我们将平面存储为平面的法线和平面上的一个点。法线不必是单位向量。下面是 3D 平面的结构：

```
typedef struct PLANE3D_TYP
{
POINT3D p0; // 平面上的一个点
VECTOR3D n; // 平面的法线（不必是单位向量）
} PLANE3D, *PLANE3D_PTR;
```

同样，数学库中的很多函数旨在简化一些经常需要执行的重复性计算，或者简化数学对象或几何对象的表示。

函数原型：

```
void PLANE3D_Init(PLANE3D_PTR plane, POINT3D_PTR p0,
             VECTOR3D_PTR normal, int normalize);
```

用途：

void PLANE3D_Init()函数使用指定的点和法线来初始化一个 3D 平面。另外，该函数可以对指定的法线进行归一化，使其长度为 1.0。要进行归一化，需要将 normalize 参数设置为 TRUE；否则，将它设置为 FALSE。在很多光照和背面消除计算中，知道多边形或平面的法线长度为 1.0 会很有帮助。

范例：

```
VECTOR3D n={1,1,1};
POINT3D p={0,0,0};
PLANE3D plane;

// 创建平面
PLANE3D_Init(&plane, &p, &n, TRUE);
```

函数原型：

```
float Compute_Point_In_Plane3D(POINT3D_PTR pt, PLANE3D_PTR plane);
```

函数代码：

```
float Compute_Point_In_Plane3D(POINT3D_PTR pt, PLANE3D_PTR plane)
{
// 检测点是在平面上、正半空间还是负半空间中
float hs = plane->n.x*(pt->x - plane->p0.x) +
       plane->n.y*(pt->y - plane->p0.y) +
       plane->n.z*(pt->z - plane->p0.z);

// 返回检测结果
return(hs);

} // end Compute_Point_In_Plane3D
```

用途：

float Compute_Point_In_Plane3D()是一个很有用的函数。它判断指定点位于哪个半空间中。很多时候，需要判断某样东西位于平面的哪一边，该函数正好提供了这种功能。图 5.21 说明了该函数的逻辑。如果指定的点位于平面上，该函数返回 0.0；如果位于正半空间中，返回一个正数；如果位于负半空间中，返回一个负数。请参考附带光盘中的 DEMOII5_2.CPP|EXE，它允许用户定义一个平面，然后判断指定的点位于平面的哪个半空间中。

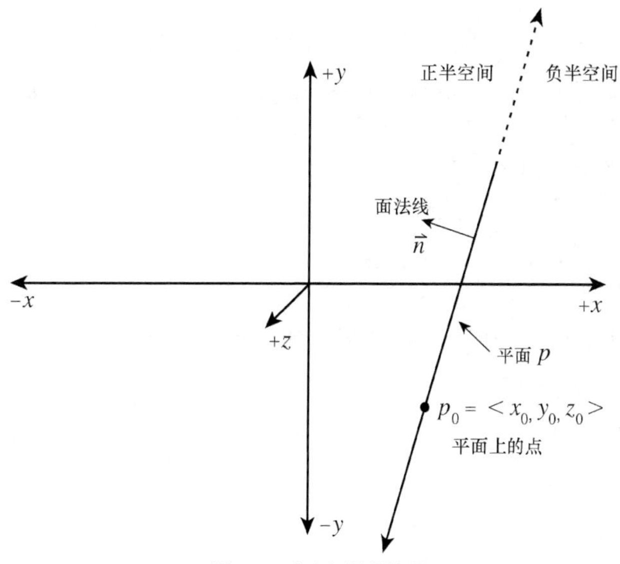

图 5.21　半空间逻辑编码

范例：

```
VECTOR3D n={1,1,1};
POINT3D p={0,0,0};
PLANE3D plane;

// 创建平面
PLANE3D_Init(&plane, &p, &n, TRUE);

// 该点应该在正半空间中
POINT3D p_test = {50,50,50};

// 进行检测
float hs = Compute_Point_In_Plane3D(&p_test, &plane);
```

函数原型：

```
int Intersect_Parm_Line3D_Plane3D(PARMLINE3D_PTR pline, PLANE3D_PTR plane,
                     float *t, POINT3D_PTR pt);
```

函数代码：

```
int Intersect_Parm_Line3D_Plane3D(PARMLINE3D_PTR pline,
                     PLANE3D_PTR plane,
                     float *t, POINT3D_PTR pt)
{
// 这个函数计算参数化直线与平面的交点
// 计算交点时，该函数将参数化直线视为无穷长
// 如果交点在线段 pline 上，则参数 t 的值将位于范围[0,1]内
// 另外，如果不相交，该函数返回 0，如果交点在线段上，返回 1
// 如果交点不在线段上，2 返回，如果线段位于平面上，则返回 3

// 首先判断线段和平面是否平行
// 如果是，则它们不可能相交，除非线段位于平面上

float plane_dot_line = VECTOR3D_Dot(&pline->v, &plane->n);

if (fabs(plane_dot_line) <= EPSILON_E5)
```

```
  {
  // 线段与平面平行
  // 它是否在平面上?
  if (fabs(Compute_Point_In_Plane3D(&pline->p0, plane)) <= EPSILON_E5)
   return(PARM_LINE_INTERSECT_EVERYWHERE);
  else
   return(PARM_LINE_NO_INTERSECT);
  } // end if

// 第 4 章介绍过，可以按下述方式计算交点对应的 t 值
// a*(x0+vx*t) + b*(y0+vy*t) + c*(z0+vz*t) + d =0
// t = -(a*x0 + b*y0 + c*z0 + d)/(a*vx + b*vy + c*vz)
// x0、y0、z0、vx、vy、vz 定义了线段
// d = (-a*xp0 - b*yp0 - c*zp0)， xp0、yp0、zp0 定义了平面上的一个点

*t = -(plane->n.x*pline->p0.x +
    plane->n.y*pline->p0.y +
    plane->n.z*pline->p0.z -
    plane->n.x*plane->p0.x -
    plane->n.y*plane->p0.y -
    plane->n.z*plane->p0.z) / (plane_dot_line);
// 将 t 代入参数化直线方程，以计算 x、y、z
pt->x = pline->p0.x + pline->v.x*(*t);
pt->y = pline->p0.y + pline->v.y*(*t);
pt->z = pline->p0.z + pline->v.z*(*t);

// 检测 t 是否在范围[0, 1]内
if (*t>=0.0 && *t<=1.0)
  return(PARM_LINE_INTERSECT_IN_SEGMENT );
 else
  return(PARM_LINE_INTERSECT_OUT_SEGMENT);

 } // end Intersect_Parm_Line3D_Plane3D
```

用途：

int Intersec_Parm_Line3D_Plane3D()函数计算一条 3D 参数化直线与一个 3D 平面的交点，将交点处的参数值存储到 *t* 中，并将交点存储到 *pt* 中。然而，在使用这些数据之前，需要测试 Intersec_Parm_Line3D_Plane3D()函数的返回值，以确定是否存在交点。返回值与计算 2D 交点的函数相同，但增加了一个标记，用于指出点位于平面上。下面列出了这些标记：

```
#define PARM_LINE_NO_INTERSECT     0
#define PARM_LINE_INTERSECT_IN_SEGMENT 1
#define PARM_LINE_INTERSECT_OUT_SEGMENT 2
#define PARM_LINE_INTERSECT_EVERYWHERE 3
```

请参考附带光盘中的 DEMOII5_3.CPP|EXE，它允许用户义一个 3D 平面和一条参数化直线，然后计算它们的交点。

范例：

```
POINT3D p1 = {5,5,-5}, p2 = {5,5,5},pt;
PARMLINE3D pl;
float t;

// 创建一条从 p1 到 p2 的参数化直线
// 这条直线与 z 轴平行
Init_Parm_Line3D(&p1, &p2, &pl);

VECTOR3D n={0,0,1};
POINT3D p={0,0,0};
```

```
PLANE3D plane;

// 创建平面
// 该平面与 x-y 平面平行
PLANE3D_Init(&plane, &p, &n, TRUE);

// 计算交点
// 应为(5,5,0)
int intersection_type =
  Intersect_Parm_Line3D_Plane3D(&pl, &plane, &t, &pt);
```

5.7.7 四元数支持函数

必须指出的是，编写四元数函数并不容易！问题在于必须确保它们能正常工作。需要在草稿纸上进行双重检查，因为四元数没有太多的物理意义，无法以图形方式进行检查。然而，最终它们都能正常工作。我只省略了几个矩阵-四元数转换函数和球面线性插值函数。需要时我们将添加，很可能是在介绍相机和动画时。尽管如此，我非常喜欢四元数，因为它使得很多操作都变得非常简单。例如，对于绕任意直线旋转的问题，如果使用四元数来求解将非常容易，而使用欧拉方程则非常复杂。前面介绍过，四元数就是一个超复数，它有 4 个分量，其中一个为实部（通常称为 q0 或 w），另外 3 个为虚部（通常称为 q1、q2、q3）。另外，四元数通常书写为如下形式之一：

$\mathbf{q} = q_0 + q_1*\mathbf{i} + q_2*\mathbf{j} + q_3*\mathbf{k}$

或

$\mathbf{q} = q_0 + \mathbf{q}_v$，其中 $\mathbf{q}_v = q_1*\mathbf{i} + q_2*\mathbf{j} + q_3*\mathbf{k}$

因此，我们基本上需要跟踪 4 个浮点数，且应该能够以多种方式访问它们。下面的数据结构 QUAT 使用几个共用体实现了这种功能：

```
typedef struct QUAT_TYP
{
union
  {
  float M[4]; // 按顺序 w、x、y、z 以数组方式存储

  // "向量部分 + 实部"格式
  struct
     {
     float  q0; // 实部
     VECTOR3D qv; // 虚部（xi+yj+zk）
     };
  struct
     {
     float w,x,y,z;
     };
  }; // end union

} QUAT, *QUAT_PTR;
```

使用这个数据结构，可以按数组、实数和向量或 4 个唯一标识符来访问四元数。这使得编写各种算法更简单！下面介绍四元数函数。

函数原型：

```
void VECTOR3D_Theta_To_QUAT(QUAT_PTR q, VECTOR3D_PTR v, float theta);

void VECTOR4D_Theta_To_QUAT(QUAT_PTR q, VECTOR4D_PTR v, float theta);
```

函数代码：

```
void VECTOR3D_Theta_To_QUAT(QUAT_PTR q, VECTOR3D_PTR v, float theta)
{
// 使用一个 3D 方向向量和一个角度来初始化一个四元数
// 方向向量必须是单位向量，角度的单位为弧度

float theta_div_2 = (0.5)*theta; // 计算 theta/2

// 计算四元数，这在第 4 章介绍过
// 预先计算以节省时间
float sinf_theta = sinf(theta_div_2);

q->x = sinf_theta * v->x;
q->y = sinf_theta * v->y;
q->z = sinf_theta * v->z;
q->w = cosf( theta_div_2 );

} // end VECTOR3D_Theta_To_QUAT
```

用途：

void VECTOR*D_Theta_To_QUAT()根据方向向量 v 和角度 theta 创建一个旋转四元数。图 5.22 说明了其中的关系。这个函数主要用于创建对点进行旋转的四元数。注意，方向向量 v 必须为单位向量。另外，4D 向量版本将丢弃 *w* 分量。

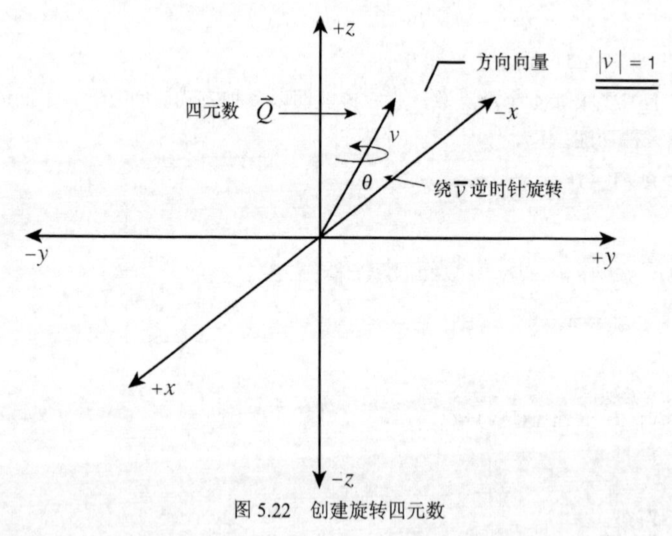

图 5.22　创建旋转四元数

范例：

```
// 创建要绕其旋转的向量
// 这里为卦限 1 对应的立方体的对角线
VECTOR3D v={1,1,1};
QUAT qr;

// 对向量 v 进行归一化
VECTOR3D_Normalize(&v);

float theta = DEG_TO_RAD(100); // 100 度

// 创建一个绕向量 v 旋转 100 度的四元数
```

```
VECTOR3D_Theta_To_QUAT(&q, &v,theta);
```

函数原型：

```
void EulerZYX_To_QUAT(QUAT_PTR q, float theta_z, float
theta_y, float theta_x);
```

函数代码：

```
void EulerZYX_To_QUAT(QUAT_PTR q, float theta_z, float theta_y, float theta_x)
{
// 这个函数根据绕 x、y、z 旋转的角度，创建一个的 zyx 顺序进行旋转对应的四元数
// 注意，还有 11 个根据旋转角度创建四元数的函数
// 本书后面可能编写该函数的通用版本

// 预先计算一些值
float cos_z_2 = 0.5*cosf(theta_z);
float cos_y_2 = 0.5*cosf(theta_y);
float cos_x_2 = 0.5*cosf(theta_x);

float sin_z_2 = 0.5*sinf(theta_z);
float sin_y_2 = 0.5*sinf(theta_y);
float sin_x_2 = 0.5*sinf(theta_x);

// 计算四元数
q->w = cos_z_2*cos_y_2*cos_x_2 + sin_z_2*sin_y_2*sin_x_2;
q->x = cos_z_2*cos_y_2*sin_x_2 - sin_z_2*sin_y_2*cos_x_2;
q->y = cos_z_2*sin_y_2*cos_x_2 + sin_z_2*cos_y_2*sin_x_2;
q->z = sin_z_2*cos_y_2*cos_x_2 - cos_z_2*sin_y_2*sin_x_2;

} // EulerZYX_To_QUAT
```

用途：

void EulerZYX_To_QUAT()根据绕 z、y、x 旋转的欧拉角创建一个旋转四元数。它是一种基本的相机转换。当然，旋转顺序共有 6 种（3 的阶乘），但这种顺序是最常见的。使用这个函数可将欧拉旋转角转换为四元数。

范例：

```
QUAT qzyx;

// 创建旋转角度
float theta_x = DEG_TO_RAD(20);
float theta_y = DEG_TO_RAd(30);
float theta_z = DEG_TO_RAD(45);

// 创建旋转四元数
EulerZYX_To_QUAT(&qzyx,theta_z,theta_y,theta_x);
```

函数原型：

```
void QUAT_To_VECTOR3D_Theta(QUAT_PTR q, VECTOR3D_PTR v, float *theta);
```

函数代码：

```
void QUAT_To_VECTOR3D_Theta(QUAT_PTR q, VECTOR3D_PTR v, float *theta)
{
// 这个函数将一个单位四元数转换为一个单位方向向量和一个绕该向量旋转的角度

// 提取角度
*theta = acosf(q->w);
```

```
// 预先计算以节省时间
float sinf_theta_inv = 1.0/sinf(*theta);

// 计算向量
v->x  = q->x*sinf_theta_inv;
v->y  = q->y*sinf_theta_inv;
v->z  = q->z*sinf_theta_inv;

// 将角度乘以 2
*theta*=2;

} // end QUAT_To_VECTOR3D_Theta
```

用途：

void QUAT_ToVECTOR3D_Theta()函数将一个单位旋转四元数转换为一个单位 3D 向量和与一个绕该向量旋转的角度 theta。这个函数是 VECTOR*D_Theta_To_QUAT()函数的反函数。

范例：

```
QUAT q;
// 假设 q 是一个单位四元数

// 用于存储向量和角度的变量
float theta;
VECTOR3D v;

// 将四元数转换为向量和角度
QUAT_To_VECTOR3D_Theta(&q, &v, &theta);
```

函数原型：

```
void QUAT_Add(QUAT_PTR q1, QUAT_PTR q2, QUAT_PTR qsum);
```

用途：

void QUAT_Add()函数将两个四元数 q1 和 q2 相加，并将结果存储到 qsum 中。

范例：

```
QUAT q1 = {1,2,3,4}, q2 = {5,6,7,8}, qsum;

// 将它们相加
QUAT_Add(&q1, &q2, &qsum);
```

函数原型：

```
void QUAT_Sub(QUAT_PTR q1, QUAT_PTR q2, QUAT_PTR qdiff);
```

用途：

void QUAT_Sub()函数将两个四元数 q1 和 q2 相减，并将结果存储到 qdiff。

范例：

```
QUAT q1 = {1,2,3,4}, q2 = {5,6,7,8}, qdiff;

// 将它们相减
QUAT_Sub(&q1, &q2, &qdiff);
```

函数原型：

```
void QUAT_Conjugate(QUAT_PTR q, QUAT_PTR qconj);
```

用途：

void QUAT_Conjugate()函数计算四元数 q 的共轭，并将结果存储到 qconj 中。

范例：
```
QUAT q = {1,2,3,4}, qconj;

// 计算共轭
QUAT_Conjugate(&q, &qconj);
```

函数原型：
```
void QUAT_Scale(QUAT_PTR q, float scale, QUAT_PTR qs);
```

用途：

void QUAT_Scale()函数根据缩放因子 scale 对四元数 q 进行缩放，并将结果存储到 qs 中。

范例：
```
QUAT q = {1,2,3,4}, qs;

// 将 q 放大 2 倍
QUAT_Scale(&q, 2, &qs);
```

函数原型：
```
void QUAT_Scale(QUAT_PTR q, float scale);
```

用途：

void QUAT_Scale()函数根据缩放因子 scale 直接缩放四元数 q，即修改 q。

范例：
```
QUAT q = {1,2,3,4};

// 将 q 放大 2 倍
QUAT_Scale(&q, 2);
```

函数原型：
```
float QUAT_Norm(QUAT_PTR q);
```

用途：

float QUAT_Norm（QUAT_PTR q）函数返回四元数 q 的范数，即长度。

范例：
```
QUAT q = {1,2,3,4};

// 计算 q 的长度
float qnorm = QUAT_Norm(&q);
```

函数原型：
```
float QUAT_Norm2(QUAT_PTR q);
```

用途：

float QUAT_Norm2（QUAT_PTR q）函数返回四元数 q 的范数平方，即长度平方。该函数很有用，因为很多时候我们都需要计算四元数的范数平方。与调用 QUAT_Norm()，然后计算返回值的平方相比，调用 QUAT_Norm2()可节省一次 sqrt()函数调用和一次乘法。

范例：
```
QUAT q = {1,2,3,4};

// 计算范数平方
float qnorm2 = QUAT_Norm2(&q);
```

函数原型：
```
void QUAT_Normalize(QUAT_PTR q, QUAT_PTR qn);
```

用途：

void QUAT_Normalize()函数将四元数 q 归一化，并将结果存储到 qn 中。

提示：别忘了，所有旋转四元数都必须为单位四元数。

范例：
```
QUAT q = {1,2,3,4}, qn;

// 对 q 进行归一化
QUAT_Normalize(&q, &qn);
```

函数原型：
```
void QUAT_Normalize(QUAT_PTR q);
```

用途：

void QUAT_Normalize()直接对四元数 q 进行归一化，即修改 q 的值。

范例：
```
QUAT q = {1,2,3,4};

// 就地对 q 进行归一化
QUAT_Normalize(&q);
```

函数原型：
```
void QUAT_Unit_Inverse(QUAT_PTR q, QUAT_PTR qi);
```

用途：

void QUAT_Unit_Inverse()函数计算四元数 q 的逆，并将结果存储到到 qi 中。然而，q 必须为单位四元数，因为该函数基于单位四元数的逆就是其共轭这一原理来求逆。

范例：
```
QUAT q = {1,2,3,4}, qi;

// 首先归一化 q
QUAT_Normalize(&q);

// 现在计算其逆
QUAT_Unit_Inverse(&q, &qi);
```

函数原型：
```
void QUAT_Unit_Inverse(QUAT_PTR q);
```

用途：

void QUAT_Unit_Inverse()函数计算四元数 q 的逆，并直接修改 q。然而，q 必须为单位四元数，因为该函数根据单位四元数的逆就是其共轭这一原理来求逆。

范例：

```
QUAT q = {1,2,3,4};

// 首先归一化 q
QUAT_Normalize(&q);

// 现在计算其逆
QUAT_Unit_Inverse(&q);
```

函数原型：

```
void QUAT_Inverse(QUAT_PTR q, QUAT_PTR qi);
```

用途：

void QUAT_Inverse()函数计算非单位四元数 q 的逆，并将结果存储到 qi 中。

范例：

```
QUAT q = {1,2,3,4}, qi;

// 计算逆
QUAT_Inverse(&q, &qi);
```

函数原型：

```
void QUAT_Inverse(QUAT_PTR q);
```

用途：

void QUAT_Inverse()函数直接计算非单位四元数 q 的逆，即修改 q 的值。

范例：

```
QUAT q = {1,2,3,4};

// 计算逆
QUAT_Inverse(&q);
```

函数原型：

```
void QUAT_Mul(QUAT_PTR q1, QUAT_PTR q2, QUAT_PTR qprod);
```

函数代码：

```
void QUAT_Mul(QUAT_PTR q1, QUAT_PTR q2, QUAT_PTR qprod)
{
// 这个函数将两个四元数相乘

// 这是一种蛮干方法
//qprod->w = q1->w*q2->w - q1->x*q2->x - q1->y*q2->y - q1->z*q2->z;
//qprod->x = q1->w*q2->x + q1->x*q2->w + q1->y*q2->z - q1->z*q2->y;
//qprod->y = q1->w*q2->y - q1->x*q2->z + q1->y*q2->w - q1->z*q2->x;
//qprod->z = q1->w*q2->z + q1->x*q2->y - q1->y*q2->x + q1->z*q2->w;

// 下述方法先计算共用因子，以减少乘法运算次数

float prd_0 = (q1->z - q1->y) * (q2->y - q2->z);
float prd_1 = (q1->w + q1->x) * (q2->w + q2->x);
float prd_2 = (q1->w - q1->x) * (q2->y + q2->z);
float prd_3 = (q1->y + q1->z) * (q2->w - q2->x);
float prd_4 = (q1->z - q1->x) * (q2->x - q2->y);
float prd_5 = (q1->z + q1->x) * (q2->x + q2->y);
```

```
float prd_6 = (q1->w + q1->y) * (q2->w - q2->z);
float prd_7 = (q1->w - q1->y) * (q2->w + q2->z);

float prd_8 = prd_5 + prd_6 + prd_7;
float prd_9 = 0.5 * (prd_4 + prd_8);

// 现在使用临时乘积计算最后结果
qprod->w = prd_0 + prd_9 - prd_5;
qprod->x = prd_1 + prd_9 - prd_8;
qprod->y = prd_2 + prd_9 - prd_7;
qprod->z = prd_3 + prd_9 - prd_6;

} // end QUAT_Mul
```

最开始我使用直接方法，根据乘法定义将四元数相乘（共 16 次乘法，12 次加法）；然后使用一些代数公式，将计算简化为 9 次乘法和 27 次加法。通常，您可能认为后一种方法更好，但在浮点处理器上可能并非如此。

用途：

void QUAT_Mul()函数用于将四元数相乘，并将结果存储到 qprod 中。

范例：

```
QUAT q1={1,2,3,4}, q2={5,6,7,8}, qprod;

// multiply q1*q2
QUAT_Mul(&q1, &q2, qprod);
```

警告：乘积 q1*q2 并不等于 q2*q1，除非 q1 或 q2 为乘法单位数。因此，一般来说，四元数乘法不满足交换律。

函数原型：

```
void QUAT_Triple_Product(QUAT_PTR q1, QUAT_PTR q2, QUAT_PTR q3, QUAT_PTR qprod);
```

用途：

void QUAT_Triple_Product()函数将 3 个四元数相乘，并将结果存储到 qprod 中。该函数对点旋转很有用，因为变换（**q***）*（**v**）*（**q**）和（**q**）*（**v**）*（**q***）是用于旋转向量或点的三重乘积。

范例：

```
// 将点(5,0,0)绕 z 轴旋转 45 度

// 第 1 步：创建旋转四元数
VECTOR3D vz = {0,0,1};

QUAT qr, // 用于存储旋转四元数
   qrc; // 用于存储其共轭

// 创建旋转四元数
VECTOR3D_Theta_To_QUAT(&qr, &vz, DEG_TO_RAD(45));

// 计算其共轭
QUAT_Conjugate(&qr, &qrc);

// 现在创建一个表示点的四元数，将 q0 设置为 0
// 将 x、y、z 设置与前述点相应的坐标
QUAT qp={0,5,0,0};
```

```
// 现在执行旋转，将点 p 绕 z 轴旋转 45 度
// 当然，旋转轴可以是任何轴
QUAT_Triple_Product(&qr, &qp, &qrc, &qprod);

// 结果中 q0 仍然为 0
// 我们只需从四元数中提取 x、y 和 z，便可得到旋转后的点
```

函数原型：

```
void QUAT_Print(QUAT_PTR q, char *name);
```

用途：

void QUAT_Print()函数使用指定名称将一个四元数输出到错误文件中。

范例：

```
// 将错误文件设置为屏幕
Open_Error_File(" ", stdout);

QUAT q={1,2,3,4};

QUAT_Print(&q);

// 关闭错误文件
Close_Error_File();
```

附带光盘中的 DEMOII5_4.CPP|EXE 演示了一些四元数函数。它让用户能够输入两个四元数和 3D 空间中的一个点，然后对它们执行各种运算并查看结果。

5.7.8　定点数支持函数

虽然前一章没有介绍定点数，但我认在数学引擎中添加一些操作定点数的函数是值得的。有关这个主题的详细介绍，请参阅《Windows 游戏编程大师技巧》。另外，在奔腾以上的处理器上，浮点数单元的速度与整数单元一样快，甚至更快，因此不再需要使用定点数来执行 3D 数学运算。然而，很多时候，同时使用浮点数单元和整数单元可以编写出真正优化的算法，因此了解如何表示和操作定点数仍是件好事。

一般来说，定点数是一种较早的技巧，用于在较慢的处理器使用整数来执行乘法和除法，但有小数精度。其技巧是将一个“固定小数点”放在某个数的二进制表示中，从而将该数划分为整数部分和小数部分。在数学引擎中，我将使用《Windows 游戏编程大师技巧》中采用的 16.16 格式，即使用 16 位表示整数部分，使用 16 位表示小数部分。这意味着它可以表示的数值为+/-32768，小数精度为 $1/2^{16}$。

现在的问题是，如何表示定点数？答案是使用标准的 int 或 long 数据类型(如果需要 64 位，应使用 long)。因此，T3DLIB4.H 中定义了如下类型：

```
typedef int FIXP16;
typedef int *FIXP16_PTR;
```

在 T3DLIB1.H 中还定义了下述常量：

```
// 与定点数运算相关的常量
#define FIXP16_SHIFT   16
#define FIXP16_MAG     65536
#define FIXP16_DP_MASK 0x0000ffff
#define FIXP16_WP_MASK 0xffff0000
#define FIXP16_ROUND_UP 0x00008000
```

这些常量用于简化定点数运算。

1．使用整数创建定点数

要使用整数创建定点数，只需将该整数左移 FIXP16_SHIFT 位，将其放到定点数的整数部分中。但记住不要让定点数溢出。下面是一个范例：

```
FIXP16 fp1 = (100 << FIXP16);
```

当然，头文件中有一个名为 INT_TO_FIXP16()的宏用于执行这种操作。

2．使用浮点数创建定点数

使用浮点数来创建定点数要稍微复杂些，因为整数的二进制表示与浮点数的二进制表示有很大的不同。因此，需要对浮点数进行缩放，缩放比例与对整数进行移位的程度相同。将 int 左移 16 位，将其转换为定点数时，相当于将其乘以 $2^{16}=65536$。因此，如果将要转换的浮点数乘以 65536.0，然后将它转换为 int，将可以解决这个问题。下面是一个范例：

```
FIXP16 fp1 = (int)(100.5*65536.0);
```

注意，这里没有执行移位操作，因为乘法的效果与移位相同。当然，在头文件中也有一个名为 FLOAT_TO_FIXP16()的宏，用于执行这种功能。然而，您可能想对该数进行取整，因为将它转换为 int 时将截去小数部分。因此，在执行转换之前，将它加上 0.5，以免丢失数据，最终的宏将执行该操作，它与下面类似：

```
FIXP16 fp1 = (int)(100.5*65536.0+0.5);
```

3．转换回浮点数

要将定点数转换回浮点数，首先需要提取定点数的整数部分，这并不困难，因为它就是定点数的前 16 位，且按正常的整数格式存储。然而，获得小数部分需要一些技巧。需要将小数部分除以原来缩放的幅度 65536。然而，如果不想分别提取整数部分和小数部分，可以使用下列变换将定点数转换为浮点数：

```
float ((float)fp)/65536.0;
```

上述代码位于宏 FIXP16_TO_FLOAT()中。

下面介绍如何对两个定点数执行基本运算。

（1）加法/减法

要将两个用定点数格式表示的数相加或相减，只需要按正常方法执行加法或减法。例如：

```
FIXP16 fp1 = FLOAT_TO_FIX(10.5);
FIXP16 fp2 = FLOAT_TO_FIX(20.7);

FIXP16 fpsum = fp1 + fp2;
FIXP16 fpdiff = fp1 - fp2;
```

为更清晰地说明这一点，再来看一个范例：

```
int x=50, y=23;

// 将 x、y 转换为 16.16 格式的定点数
FIXP16 fpx = x*65536;
FIXP16 fpy = y*65536;
FIXP16 fsum;

// 现在将它们相加
fsum = fpx + fpy;
```

上述代码可简化为：

```
fsum = x*65536 + y*65536 = (x+y)*65536;
```

结果表明，的确执行了加法（x+y），且缩放了正确的比例——65536。减法的证明过程类似。

（2）乘法

定点数的乘法有些棘手，其原因是每个数都被乘以了一个因子。使用 16.16 格式时，每个定点数都被乘以了 65536。因此，如果将两个定点数相乘，需要确保结果的缩放倍数为 65536，而不是 65536^2！下面的范例说明了这种问题：

```
// 要转换为定点数的数字
int x=50, y=23;

// 将 x、y 转换为 16.16 格式的定点数
FIXP16 fpx = x*65536;
FIXP16 fpy = y*65536;
```

现在，当我们计算（fpx*fpy）时，问题出现了。如果查看数值结果，将看到如下内容：

```
fpx*fpy = (x*65536) * (y*65536) = (x*y)*(65536*65536);
```

发现问题了吗？结果的缩放倍数为 65536^2，而不是 65536。其解决方法是将结果缩放正确的倍数。然而，真正的问题在于，将两个定点数相乘（然后再缩放到正确的倍数）会导致 32 位数溢出。因此，要么使用 64 位数（稍后介绍），要么先缩小乘数，然后再执行乘法，使结果的缩放倍数为 65536。下面是一种完成这项任务的方法：

```
= (fpx/256)*(fpy/256)
```

替换为 x、y，结果如下：

```
= ((x*65536)/256) * ((y*65536)/256)
= (x*256)*(y*256) = (x*y)*65536
```

这是正确的，但这种方法的问题在于，在缩小期间，乘数和被乘数的精度都降低了 8 位，这是不能接受的，因为定点数的主旨就是要保留小数点精度不变。然而，可以使用汇编语言用 64 位数来处理这种问题。

（3）除法

除法与乘法有相同的问题，但正好相反。它的问题是，将一个定点数除以另一个定点数时，小数部分将丢失，即结果的缩放倍数为 1.0，而不是 65536。下面的范例演示了这一点：

```
// 要将其转换为定点数的数字
int x=50, y=23;

// 将 x 和 y 转换为 16.16 格式的定点数
FIXP16 fpx = x*65536;
FIXP16 fpy = y*65536;
```

现在执行除法运算：

```
fpx/fpy = (x*65536) / (y*65536) = (x/y);
```

这显然很糟糕。同样，有两种方法可以解决这种问题。可以在汇编语言中使用 64 位除法，也可以预先缩放分子和分母，使除法运算的结果被缩放 65536 倍。然而，如果使用类型 int，同样会受到 32 位数的限制。放大分子意味着降低整数部分的精度，而缩小分母意味着降低小数部分的精度，但我们别无选择。因

此，放大分子 256 倍（8 位），并缩小分母 256 倍（8 位），除法结果的缩放倍数将为正确的 65536。然而，在缩放转换期间，分子从 16.16 格式变成了 8.16 格式，而分母从 16.16 格式变成了 16.8 格式，这意味着如果要处理带符号的数值，则分子不能大于 255，分母不能小于 $1/2^8 \approx 0.0039$。

下面是修正后的范例：

```
// 要转换为定点数的数字
int x=50, y=23;

// 将x、y转换为16.16格式的定点数
FIXP16 fpx = x*65536;
FIXP16 fpy = y*65536;
```

现在来除以缩放因子，看看发生的情况：

```
= (x*256*65536) / (y*65536/256)
= (x*256*256/y)*65536/65536
= (x/y)*(256*256) = (x/y)*65536
```

提示：这些范例表明，并没有规定所有定点数都必须采用 16.16 格式；有些数可以为 16.16 格式，有些可以为 24.8，也有些可以为 0.32 格式。关键在于在执行运算期间要尽可能保持精度，并防止溢出。

下面介绍具体的函数及其内部的汇编语言代码。

函数原型：

```
FIXP16 FIXP16_MUL(FIXP16 fp1, FIXP16 fp2);
```

函数代码：

```
FIXP16 FIXP16_MUL(FIXP16 fp1, FIXP16 fp2)
{
// 这个函数计算fp1*fp2
// 它使用64位数，因此不会降低精度

FIXP16 fp_prod; // 用于存储结果

_asm {
    mov eax, fp1   // 将fp1移到eax中
    imul fp2      // 计算fp1*fp2
    shrd eax, edx, 16 // 结果为32.32格式
                // 位于edx:eax中
                // 将其移位到eax中，变成16.16格式
    // 结果位于eax中
    } // end asm

} // end FIXP16_MUL
```

这些汇编语言非常直观；唯一需要特别注意的是 Intel 公司的 32 位处理器能够支持 64 位运算！

用途：

FIXP16 FIX16_MUL()函数使用 64 位数将两个定点数相乘，并返回结果。由于它使用了 64 位数，所以不会降低精度。

范例：

```
FIXP16 fp1 = FLOAT_TO_FIX(10.5);
FIXP16 fp2 = FLOAT_TO_FIX(20.7);
```

```
// 执行乘法运算
FIXP16 fpprod = FIXP16_Mul(fp1,fp2);
```

函数原型：

```
FIXP16 FIXP16_DIV(FIXP16 fp1, FIXP16 fp2);
```

函数代码：

```
FIXP16 FIXP16_DIV(FIXP16 fp1, FIXP16 fp2)
{
// 这个函数使用 64 位数计算 fp1/fp2，以免降低精度

_asm {
   mov eax, fp1   // 将被除数移到 eax 中
   cdq          // 带符号扩展到 edx:eax 中
   shld edx, eax, 16 // 对 edx 进行移位
   sal eax, 16    // 对 eax 进行移位
   idiv fp2     // 执行除法运算
   // 结果位于 eax 中
   } // end asm

} // end FIXP16_DIV
```

除法算法有点复杂。首先被除数必须带符号扩展为 64 位，且 64 位数的位移操作有点复杂，因为 64 位双位移指令不会对源寄存器 eax 执行位移——它保持不变。因此，在最初的 64 位移位后，需要一个额外的移位。关于这些 64 位移位指令只完成了一半工作的更多信息，请参考 Intel 公司的汇编语言手册。

用途：

FIXP16 FIXP16_DIV()函数执行除法 fp1/fp2，并返回结果。注意，由于它使用了 64 位数，所以不会降低精度。

范例：

```
FIXP16 fp1 = FLOAT_TO_FIX(10.5);
FIXP16 fp2 = FLOAT_TO_FIX(20.7);

// 执行除法
FIXP16 fpdiv = FIXP16_Mul(fp1,fp2);
```

注意：虽然定点数用于解决浮点数的效率问题，但正如我们看到的，定点数乘法和除法操作都涉及到大量的指令。定点数加法和减法的速度通常与浮点数相同；而浮点数乘法和除法，通常与定点数的速度一样快，甚至更快。

函数原型：

```
void FIXP16_Print(FIXP16 fp);
```

用途：

void FIXP16_Print()函数以浮点数格式打印定点数。

范例：

```
FIXP16 fp1 = FLOAT_TO_FIX(10.5);
FIXP16_Print(fp1);
```

最后，请参考附带光盘中的 DEMOII5_5.CPP|EXE，它让用户能够输入两个浮点数，将它们转换为定点数，对它们执行各种运算，然后打印出结果，让您能够看到精度。

5.7.9 方程求解支持函数

接下来要介绍的两个函数很有用，它们让您能够求解 A*X=B 形式的方程组。您只需要提供系数矩阵 A 和常量矩阵 B，如果方程组有解，函数将计算正确的解。例如，给定一个 3×3 的方程组：

```
3*x + 2*y - 5*z = 6
  x  - 3*y + 7*z = -4
5*x + 9*y - 2*z = 5
```

我们得到：

$$\mathbf{A} = \begin{bmatrix} 3 & 2 & -5 \\ 1 & -3 & 7 \\ 5 & 9 & -2 \end{bmatrix}$$

$\mathbf{X} = [x\ y\ z]^t$

$\mathbf{B} = [6\ -\ 4\ 6]^t$

然后可以使用变换 $X=A^{-1}*B$，这就是方程求解函数所做的。

函数原型：

```
int Solve_2X2_System(MATRIX2X2_PTR A, MATRIX1X2_PTR X, MATRIX1X2_PTR B);
```

函数代码：

```
int Solve_2X2_System(MATRIX2X2_PTR A, MATRIX1X2_PTR X, MATRIX1X2_PTR B)
{
// 求解方程组 AX=B
// 使用克莱姆法则和行列式计算 X=A(-1)*B

// 第 1 步：计算 A 的行列式值
float det_A = Mat_Det_2X2(A);

// 检测 det_A 是否为零，如果是，则方程组无解
if (fabs(det_A) < EPSILON_E5)
  return(0);

// 第 2 步：分别将矩阵 A 中的 X、Y 列替换为矩阵 B，得到分子矩阵
// 以计算 x 和 y 的解
MATRIX2X2 work_mat; // 工作矩阵

// 求解 x /////////////////

// 将 A 复制到工作矩阵中
MAT_COPY_2X2(A, &work_mat);

// 替换 X 列
MAT_COLUMN_SWAP_2X2(&work_mat, 0, B);

// 计算替换后的行列式值
float det_ABx = Mat_Det_2X2(&work_mat);
// 计算 X 的解
X->M00 = det_ABx/det_A;

// 求解 Y /////////////////

// 将 A 复制到工作矩阵中
```

```
MAT_COPY_2X2(A, &work_mat);

// 替换 Y 列
MAT_COLUMN_SWAP_2X2(&work_mat, 1, B);

// 计算替换后的行列式值
float det_ABy = Mat_Det_2X2(&work_mat);

// 计算 Y 的解
X->M01 = det_ABy/det_A;

// 成功返回
return(1);

} // end Solve_2X2_System
```

用途：

int Solve_2x2_System () 函数用于求解方程组 A*X＝B，其中 A 为 2×2，X 为 1×2，B 为 1×2 矩阵。如果有解，将其存储在 B 中，且函数返回 1；否则函数返回 0，且 B 未定义。另外，请参考函数代码，查看函数的内部结构。该函数使用克莱姆法则来解方程组。Solve_2x2_System () 是诸多矩阵函数中的典范，请请仔细分析该函数。此外，请参考附带光盘中的 DEMOII5_6.CPP|EXE，它让用户能够输入一个方程组，然后求解该方程组。

范例：

DEMOII5_6.CPP 让用户输入系数矩阵 A 和常量矩阵 B，然后使用克莱姆法则求解方程组 A*X＝B。下面是 main () 函数的代码：

```
void main()
{
MATRIX2X2 mA;
MATRIX1X2 mB;
MATRIX1X2 mX;

// 打开错误系统，以便用户能够看到输出
// 最后一个参数为"stdout"，这告诉错误系统，不将错误信息写入文本文件
// 而是直接输出到屏幕上
Open_Error_File(" ", stdout);

// 读取矩阵 A
printf("\nEnter the values for the matrix A (2x2)");
printf("\nin row major form m00, m01, m10, m11?");
scanf("%f, %f, %f, %f", &mA.M00, &mA.M01, &mA.M10, &mA.M11);

printf("\nEnter the values for matrix B (2x1)");
printf("\nin column major form m00, m10?");
scanf("%f, %f", &mB.M00, &mB.M01);

// 现在求解方程组
if (Solve_2X2_System(&mA, &mX, &mB))
   {
   // 打印结果
   VECTOR2D_Print((VECTOR2D_PTR)&mX, "Solution matrix mX");
   } // end if
else
   printf("\nNo Solution!");

// 关闭错误系统
Close_Error_File();
```

```
} // end main
```

函数原型：

```
int Solve_3X3_System(MATRIX3X3_PTR A, MATRIX1X3_PTR X, MATRIX1X3_PTR B);
```

用途：

int Solve_3×3_System()函数用于求解方程组 A*X＝B，其中 A 为 3×3，X 为 1×3，B 为 1×3 矩阵。如果方程组有解，将求得的解存储到 B 中，且返回 1；否则返回 0，且 B 未定义。

范例：

```
MATRIX3X3 mA = {1,2,9, 4,-3,6, 1,0,5};
MATRIX1X3 mB = {1,2,3};
MATRIX1X3 mX;

// 求解方程组
if(Solve_3X3_System(&mA, &mX, &mB))
  {
  // 打印结果
  VECTOR3D_Print((VECTOR3D_PTR)&mX, "Solution matrix mX");
  } // end if
else
  printf("\nNo Solution!");
```

5.8 浮点单元运算初步

80387 和奔腾的内部协处理器（FPU）可能是 PC 处理套件中最为神秘的部件。说实话，除 Intel 指令集文档和两三本难以找到的图书外，几乎没有其他关于 FPU 编程的优秀参考资料。然而，现在情况发生了变化。

注意：当前，新一代奔腾处理器可能有多个 FPU，所以我将浮点数编程和浮点数协处理器统称为 FPU。

这里对 FPU 的介绍至少将达到这样的程度，让读者理解其原理以及如何使用其指令集对其进行编程。当然，您编译使用浮点数运算的代码时，C/C++编译器将生成 FPU 指令。然而，在很多情况下，这些代码可以使用汇编语言和 64 位指令进行优化，就像前面使用整数单元执行 64 位定点数乘法和除法运算那样。

然而，在支持 MMX 的奔腾处理器上，FPU 寄存器同时被用作 MMX 寄存器，这意味着要混合使用 MMX 代码和 FPU 代码，必须执行大量的状态切换。这里不打算介绍 MMX 编程，因为它是一个附加指令集，用于执行 SIMD（single instruction multiple data，单指令多数据）处理，且本身就是一个主题，更适合在关于优化的书籍中介绍。如果读者对它感兴趣，可从 Intel 网站的开发人员部分中获得一本很好的图书：MMX *Programming Guide*。

那么，FPU 是如何工作的呢？首先，从编程的角度来说，不管 FPU 有一个还是多个，是内部的还是外部的（高性能 FPU），指令集都几乎是相同的；至少对于我们要学习的最常用运算来说是这样的。

警告：FPU 编程必须使用汇编语言来进行。但我们将使用内联汇编器，因此即使读者不是汇编语言专家，学习 FPU 编程也非常容易，因为它像一台有堆栈的计算机。

5.8.1　FPU 体系结构

FPU 是一台基于堆栈的机器，它只有一个用途：帮助 CPU 核心执行浮点数计算。图 5.23 是 FPU 与 CPU 核心关系的抽象模型。基本上，CPU 将所有的 FPU 指令发送给 FPU，在那里执行计算；因此，FPU 指令不会直接影响 CPU 或其内部寄存器。在很多时候，CPU 的整数单元和 FPU 不能同时工作；但在大多数情况下，CPU 和 FPU 可以并行工作，尤其是像奔腾那样采用 U-V 管道（pipe）体系结构的处理器。在奔腾以上的处理器上，事情变得稍微复杂些，所以您可能要了解关于奔腾 I、II、III、Pro 和所有其他型号的规则，因为这里不打算介绍这些规则！

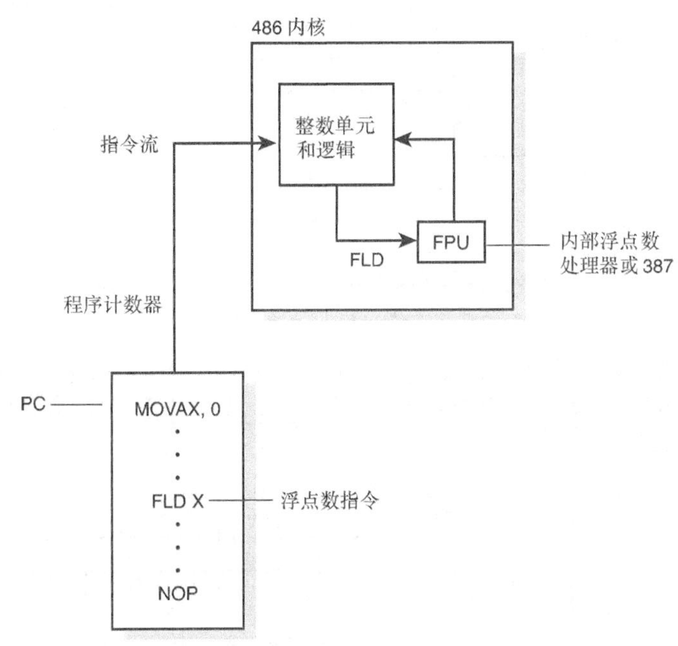

图 5.23　浮点数处理器执行所有浮点数运算

FPU 能够执行很多常见的数学运算，例加法、减法、乘法和除法；还能够处理对数、超越数、数值转换等。另外，FPU 执行很多运算时，速度比整数单元更快，精度更高。虽然执行纯整数运算时，FPU 的速度比整数单元慢，但由于精度更高，因此有时候使用 FPU 也是值得的，尤其是在 3D 图形学计算中。

FPU 编程实际上非常简单。它有自己的指令集，稍后将介绍。基本上，要执行 FPU 指令，只需将其与其他汇编语言指令一起放到代码中即可。这提出了一个小问题，即大多数 FPU 编程都必须使用汇编语言（外部汇编函数或内联汇编函数，作者更喜欢使用后者）来完成。然而，当我编写直接使用 FPU 的函数时，通常全部使用内联汇编语言。当然我只是对于极少数函数这样做，这些函数是必须以非常快的速度运行，且代码不超过 500 行的高级函数。

注意：将编译器设置成进行高度优化和使用内联 FPU 指令时，它将生成已经优化得很好的 FPU 代码。

5.8.2 FPU 堆栈

下面介绍 FPU 的内部堆栈，因为它是一切运算的基础。基本上，FPU 中有 8 个栈元素和一个状态字，如图 5.24 所示。每个栈元素宽 80 位，其中 64 位用于小数部分（decimal part），15 位用于指数，1 位用作符号位。

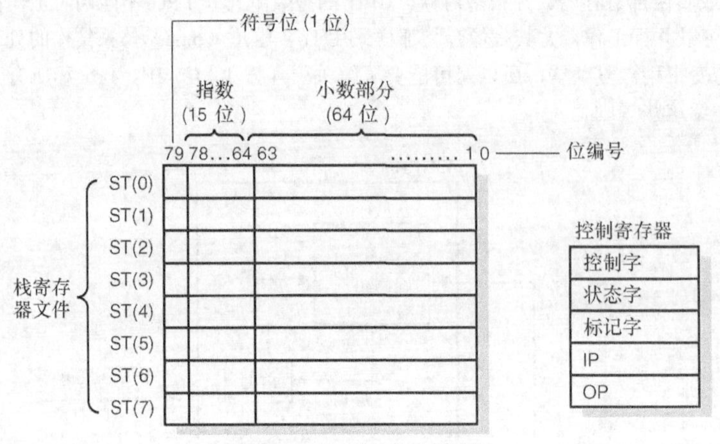

图 5.24　FPU 核心的体系结构

然而，每个栈元素可以存储不同的数据类型，如图 5.25 所示，其中有短实数、长实数和 10 字节实数。栈元素用于存储输入值和返回输出值；因此，从某种意义上说，它们是 FPU 的工作寄存器。可以将它们视为一个寄存器文件或堆栈。

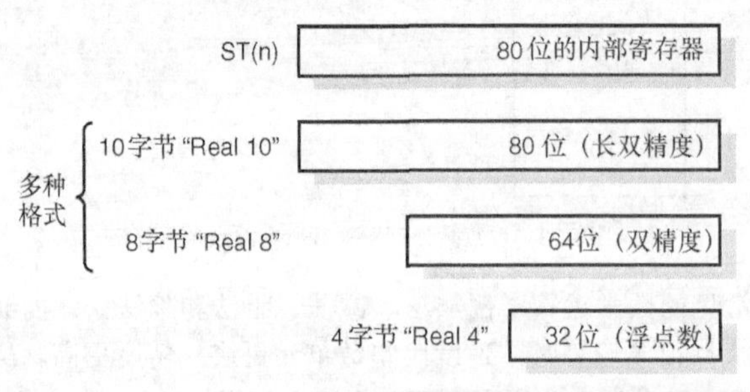

图 5.25　FPU 数据格式

我们将使用句法 ST(*n*)来引用堆栈，其中 *n* 为栈元素编号，如图 5.26 所示。

下面是一些范例：

- ST 表示栈顶（TOS）。
- ST(0) 也表示栈顶。
- ST(1) 表示堆栈中的第二个元素。
- ST(7) 表示堆栈中的最后一个元素（第 8 个元素）。

进行 FPU 编程时，很多指令都接收 0、1 或 2 个操作数。这意味着有时候操作数是隐含的。另外，操作数可以为常量、内存变量或栈元素，所以在指定要对其进行运算的数据时有一定的灵活性。还有，很多指令都将结果存储在栈顶——ST(0)。如果希望某些数据在执行运算后仍然有效，最好了解这一点。

现在读者对 FPU 的功能和工作原理有一定的了解，下面介绍 FPU 的指令集及如何使用它。

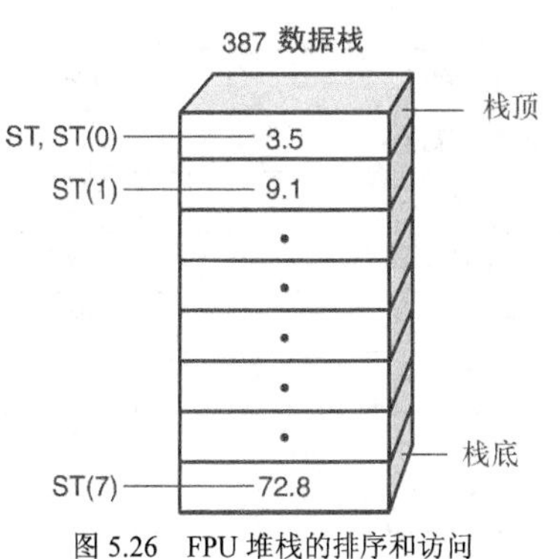

图 5.26　FPU 堆栈的排序和访问

注意：因为不时地有新型号的奔腾处理器出现，所以 FPU 的指令列表也在不断增加。表 5.1 中列出大多数最常用的指令，但是您将要使用指令也不会超过其中的 10%。

5.8.3　FPU 指令集

FPU 是一个完整的处理器，有一个很大的指令集。这些指令分为以下几类：

- 数据转移指令——在 CPU 和 FPU 之间移动数据。
- 算术指令——执行标准的算术运算。
- 超越指令——执行非线性运算，如正弦、余弦等。
- 常量指令——加载常用的常量，如 1、pi 等。
- 比较指令——对浮点数进行比较。
- 控制指令——用于控制和设置 FPU 的状态。

表 5.1 列出了所有的 FPU 指令，并对每个指令的功能做了简要的描述。

表 5.1　FPU 协处理器指令集

指令名称	描述
数据转移指令	
FBLD	加载一个 BCD 数
FBSTP	存储和弹出一个 BCD 数
FILD	加载一个整数
FIST	存储一个整数
FISTP	存储一个整数并对堆栈执行弹出操作
FLD	加载一个实数
FSTP	存储一个实数并对堆栈执行弹出操作
FXCH	交换两个栈元素
算术运算指令	
FABS	计算绝对值
FADD	实数相加
FIADD	整数相加
FADDP	实数相加并对堆栈执行弹出操作
FCHS	改变数的符号
FDIV	实数相除
FIDIV	整数相除
FDIVP	实数相除并对堆栈执行弹出操作
FDIVR	实数相除，但是交换除数和被除数

续表

指令名称	描述
算术运算指令	
FIDIVR	整数相除，但是交换除数和被除数
FDIVRP	实数相除并对堆栈执行弹出操作，但是交换除数和被除数
FMUL	实数相乘
FIMUL	整数相乘
FMULP	实数相乘并对堆栈执行弹出操作
FPREM	计算部分余数
FPREM1	使用 IEEE 格式计算部分余数
FRNDINT	将操作数取整
FSCALE	缩放 2 的幂
FSUB	实数相减
FISUB	整数相减
FSUBP	实数相减并对堆栈执行弹出操作
FSUBR	实数相减，但是交换减数与被减数
FISUBR	整数相减，但是交换减数与被减数
FSUBRP	实数相减并对堆栈执行弹出操作，但是交换减数与被减数
FSQRT	计算平方根
FXTRACT	从实数中提取指数和符号
超越数指令（角度必须以弧度为单位）	
F2XM1	计算值(2*× – 1)
FCOS	计算余弦
FPATAN	计算部分反正切
FPTAN	计算部分正切
FSIN	计算正弦
FSINCOS	计算正弦和余弦
FYL2X	计算表达式 $y*\log_2 x$
FYL2XP1	计算表达式 $y*\log_2(x+1)$
常量	
FLD1	加载值 1.0
FLDL2E	加载 $\log_2 e$
FLDL2T	加载 $\log_2 10$
FLDLG2	加载 $\log_{10} 2$
FLDPI	加载 pi
FLDZ	加载零

续表

指令名称	描述
比较运算符	
FCOM	比较实数
FCOMP	比较实数并堆栈执行弹出操作
FCOMPP	比较实数并对堆栈执行弹出操作两次
FICOM	比较整数
FICOMP	比较整数并对堆栈执行弹出操作
FIST	比较栈顶和零
FUCOM	执行无序比较（unordered compare）
FUCOMP	执行无序比较并对堆栈执行弹出操作
FUCOMPP	执行无序比较并对堆栈执行弹出操作两次
FXAM	检查 st(0) 并将结果存储到条件寄存器中
控制指令	
FCLEX	清除所有未屏蔽浮点异常
FNCLEX	清除所有异常
FDECSTP	堆栈指针递减
FFREE	清除一个栈元素，使其看起来好像被弹出
FINCSTP	堆栈指针递增
FINIT	初始化 FPU 并检查异常
FNINIT	初始化 FPU 且不检查异常
FLDCW	加载控制字
FLDENV	加载 FPU 环境
FNOP	相当于 NOP
FRSTOR	用指定内存区域恢复 FPU 的状态
FSAVE	将 FPU 的状态保存到一个内存区域中，且检查异常
FNSAVE	将 FPU 的状态保存到一个内存区域中，且不检查异常
FSTCW	保存控制字并检查异常
FNSTCW	保存控制字且不检查异常
FSTENV	保存环境并检查异常
FNSTENV	保存环境且不检查异常
FSTSW	保存状态字并检查异常
FNSTSW	保存状态字且不检查异常
FSTSW AX	保存状态字到 AX 中并检查异常
FNSTSW AX	保存状态字到 AX 中且不检查异常
WAIT	挂起 CPU，直到 FPU 完成其运算

指令有很多，无法给出每条指令的使用范例，表 5.2 给出了大多数指令的通用格式，根据这个表格，读者将能够判断出每个的指令需要什么类型的操作数。

表 5.2　　FPU 的操作数格式

指令格式类型	句法和操作数	隐含	指令格式类型	句法和操作数	隐含
经典	Finstruction	ST, ST(1)	寄存器	Finstruction ST(*n*), ST Finstruction ST, ST(*n*)	无 无
内存	Finstruction Memory_operand	ST	寄存器弹出	Finstruction ST(*n*), ST	无

注意：所有 FPU 指令都以 F 开头，且寄存器弹出指令都以字母 P 结尾。下面讨论各种指令格式，让读者知道如何在程序中使用它们。

5.8.4　经典指令格式

经典指令格式将 FPU 的堆栈视为经典堆栈。这意味着所有运算都针对栈顶 ST(0)和第二个元素 ST(1)。例如，如果使用如下指令请求执行加法运算：

```
FADD
```

将执行的运算为 ST(0)＝ST(0)＋ST(1)，即栈顶的值为最上面两个元素的和，如图 5.27 所示。一般来说，如果经典指令需要两个操作数，将使用 ST(0)和 ST(1)；如果只需要一个操作数，将使用 ST(0)。如果指令使用两个操作数，通常将栈顶的源操作数弹出，并将结果存储到栈顶中。

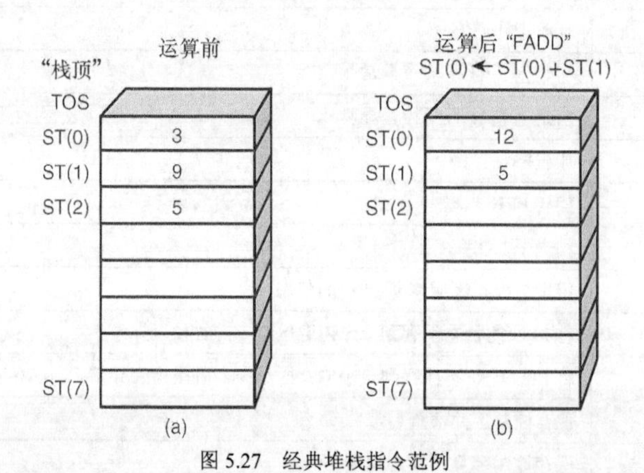

图 5.27　经典堆栈指令范例

5.8.5　内存指令格式

内存指令格式与经典指令格式类似，也将 FPU 堆栈当成经典堆栈。然而，内存指令格式允许将内存项压入到堆栈中或将栈顶元素弹出到内存中。例如，可以使用如下指令将一个内存操作数加载到堆栈中：

```
FLD memory
```

要将栈顶元素弹出并存储到内存中，可以这样做：

```
FSTP memory
```

这两条指令的结果如图 5.28 所示。

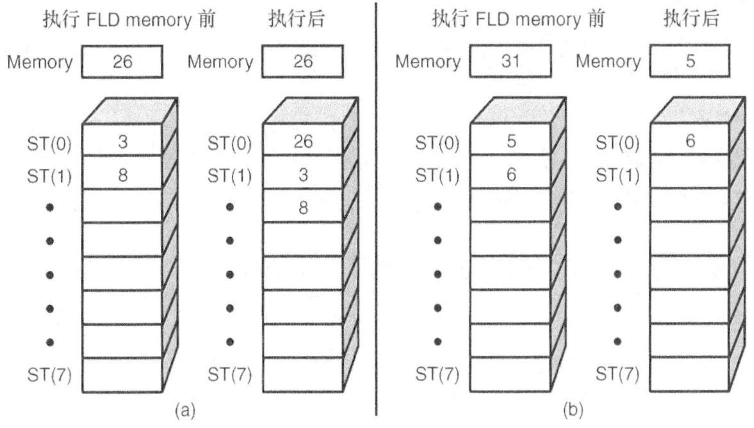

图 5.28　内存指令格式范例

5.8.6　寄存器指令格式

寄存器指令格式让您能够显式地引用栈元素（寄存器）。例如，要将 ST(0)与 ST(4)相加，可以这样做：

```
FADD ST(0), ST(4)
```

这样，ST(0)＋ST(4)的和将存储在栈顶中，如图 5.29 所示。另外，使用需要两个操作数的寄存器指令格式时，其中一个操作数必须为栈顶 ST(0)（其缩写为 ST）。

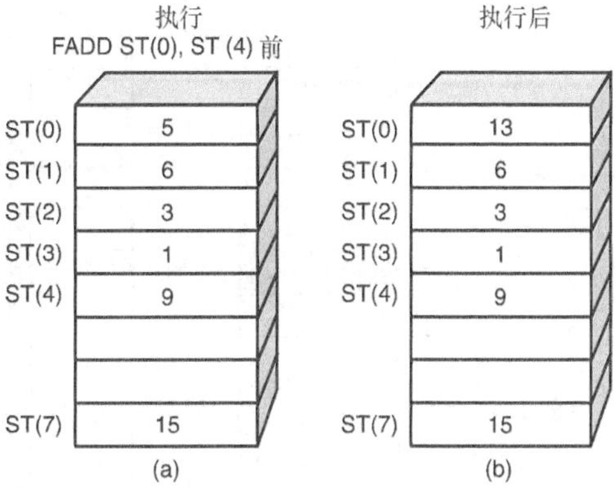

图 5.29　寄存器指令格式范例

5.8.7　寄存器弹出指令格式

寄存器弹出指令格式与寄存器指令格式相同，但将结果存储到栈顶后，对堆栈执行弹出操作一次。

5.8.8　FPU 范例

这里不打算介绍 FPU 提供的全部指令，而只讨论一些最具代表性的指令。它们是：

- FLD——全部形式。
- FST——全部形式。
- FADD——全部形式。
- FSUB——全部形式。
- FMUL——全部形式。
- FDIV——全部形式。

介绍每条指令时，包括以下内容：

1. 描述。
2. 指令句法和操作数（如果有的话）。

5.8.9 FLD 范例

各种形式的 FLD 指令用于加载实数（FLD）、整数（FILD）和常量（如 pi，FLDPI）。FLD 指令有下列格式：

- 加载一个实数：FLD op1，其中 op1 可以是 32 位短实数、64 位长实数、80 位临时实数或 ST(n)。
- 加载一个整数：FILD op1，其中 op1 可以是 16 位整数、32 位短整数、64 位长整数等。
- 加载一个常量：FLDcon，其中 con 是一个后缀，指定了要加载的常量，详情请参阅表 5.1 中关于常量的部分。

下面介绍一些范例。要从内存中加载一个 32 位实数，可以这样做：

```
FLD memory32
```

执行该指令后，栈顶 ST(0)将包含变量 memory32 的值，如图 5.30a 所示。

要将一个标准二进制 16 位整数加载到 FPU 中，可以这样做：

```
FILD memory16
```

执行该指令后，栈顶将包含用 IEEE 格式表示的这个 16 位整数，如图 5.30b 所示。

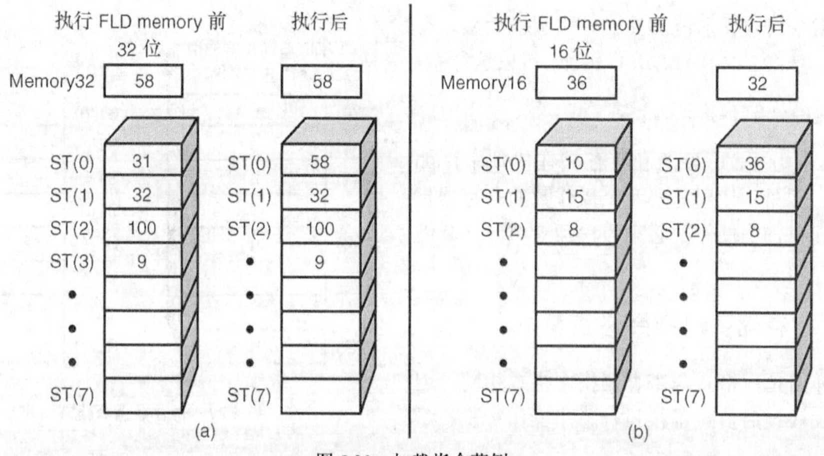

图 5.30 加载指令范例

注意：浮点数处理器在处理整数时，将把它转换为实数。

5.8.10 FST 范例

FST 指令用于存储实数（FST）和整数（FIST）。在这两条指令后可以加上字母 P，指示 FPU 在执行存储后对堆栈执行弹出操作。实质上，在指令后加上字母 P 后，栈顶元素 ST(0)将被存储到目标操作数中，且相应地调整堆栈指针。FST 指令的格式如下：

- 存储一个实数：FST op1，其中 op1 可以是 32 位短实数、64 位长实数或 ST(n)。

● 存储一个实数并对堆栈执行弹出操作：FSTP op1，其中 op1 可以是 32 位短实数、64 位长实数或 ST(n)。

● 对栈顶元素取整并存储结果：FIST op1，其中 op1 可以是 16 位整数、32 位短整数或 64 位长整数。

● 对栈顶取整，然后弹出并存储结果：FISTP op1，其中 op1 可以是 16 位整数、32 位短整数或 64 位长整数。

另外，栈顶元素总是隐含为源操作数，因此 op1 是目标操作数。下面介绍一些范例。要将栈顶元素存储到一个标准浮点数变量中，可以这样做：

```
FST memory32
```

结果如图 5.31（a）所示。注意，栈顶元素未被修改。如果执行如下指令：

```
FSTP memory32
```

栈顶元素将被弹出到 memory32 中。下面来看一些整数范例。要将栈顶元素存储到一个 32 位整数变量中，可以这样做：

```
FIST memory32
```

栈顶元素的值将被取整，转换为一个整数，然后存储到 memory32 中，如图 5.31（b）所示。FISTP 执行相同的操作，但还对堆栈执行弹出操作，如图 5.31（c）所示。

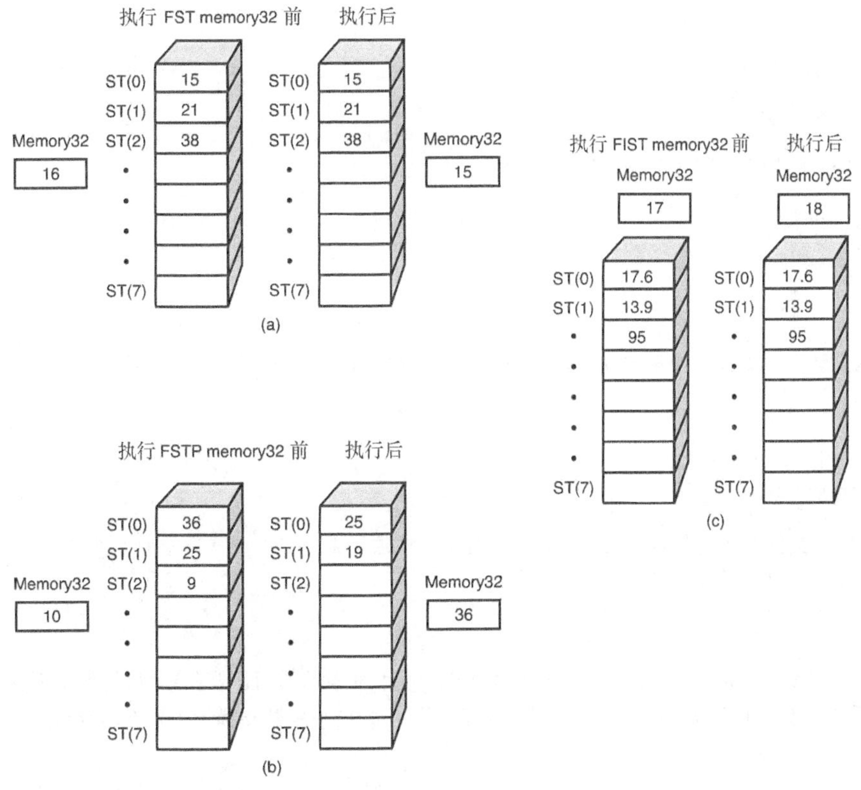

图 5.31　存储指令范例

5.8.11 FADD 范例

FADD 指令将两个实数相加（FADD）或将两个整数相加（FIADD）。另外，在实数版本指令后加字母 P 时，将在执行加法后对堆栈执行弹出操作。然而，对于整数版本，并不支持这项功能。FADD 指令有如下格式：

- 操作数默认为 ST(0)和 ST(1)，执行加法后，对堆栈执行一次弹出操作：

```
FADD
```

- 栈顶元素默认为目标操作数：

```
FADD    op1
        memory64
        ST(n)
```

- 一个操作数为栈顶元素，但不一定是目标操作数：

```
FADD    op1, op2
        ST(n), ST
        ST, ST(n)
```

- 将两个操作数相加，然后对堆栈执行一次弹出操作：

```
FADDP   op1, op2
        ST(n), ST
        ST, ST(n)
```

- op1 引用的整数被转换为实数，然后与栈项元素相加。

```
FIADD   op1
        memory16
        memory32
```

这些看起来非常容易。下面介绍一些范例。首先，将堆栈最上面两个元素相加，下面两个指令都能完成这项任务：

```
FADD ST(1)
FADD ST,ST(1)
```

图 5.32a 是执行上述指令后的结果。如图中所示，栈顶元素的值将设置为相加得到的和。

然而，如果使用下面的指令：

```
FADD ST(2), ST
```

ST(0)与 ST(2)的和将存储到 ST(2)中，因为 ST(2)为目标操作数，而 ST(0)的值将保持不变，如图 5.32b 所示。接下来介绍一个整数形式的例子。要将内存中的一个 32 位整数与栈顶元素 ST(0)相加，可使用如下指令：

```
FIADD memory32
```

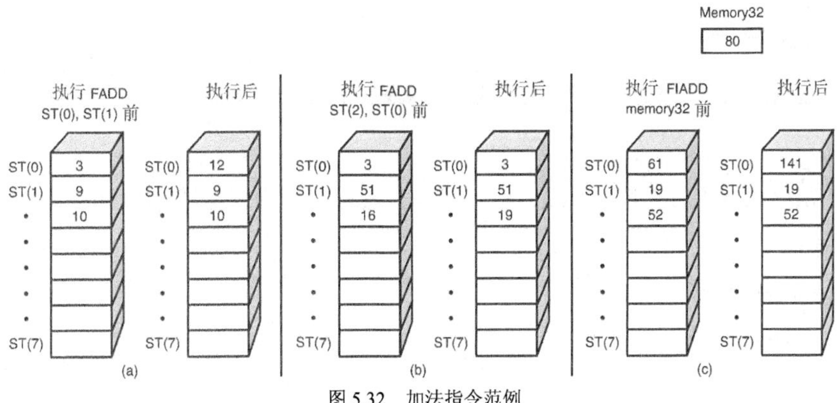

图 5.32　加法指令范例

memory32 的值将被转换为实数，然后与 ST(0) 相加。结果被存储到 ST(0) 中，如图 5.32c 所示。然而，如果要在执行加法后弹出栈顶元素，必须使用实数加法，因为不支持在执行整数加法后弹出栈顶元素。然而，可以使用如下指令手工地弹出栈顶元素：

```
FINCSTP
```

下面介绍一个小程序，它将两个实数相加，并将结果存储到一个 32 位整数变量中。下面是其源代码：

```
float fvalue_1 = 100.2;
float fvalue_2 = 50.5;
int ivalue_1 = 0;
_asm {
   FLD fvalue_1  // 加载第一个 4 字节实数
   FADD fvalue_2  // 将第二个 4 字节实数与栈顶元素相加，并将结果存储到栈顶元素中
   FISTP ivalue_1 // 将栈顶元素存储到整型变量 ivalue_1 中
          // byte integer
   } // end asm
```

图 5.33 说明了该程序的执行过程。

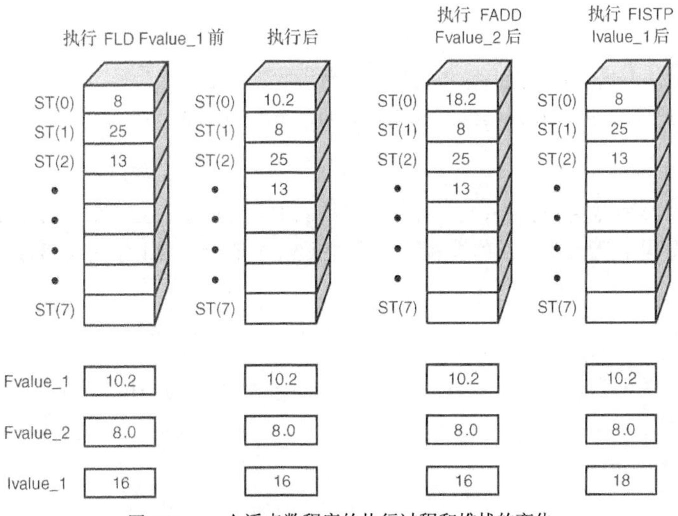

图 5.33　一个浮点数程序的执行过程和堆栈的变化

5.8.12 FSUB 范例

- 隐含地执行(ST(1) – ST(0))，且执行减法后将栈顶元素弹出。

```
FSUB
```

- 栈顶元素隐含为目标操作数，且提供另一个操作数 op1，执行的运算为(ST(0) – op1)：

```
FSUB    op1
        memory32
        memory64
        ST(n)
```

- 其中一个操作数为栈顶元素 ST，但它不一定是目标操作数，执行的运算为(op1 – op2)。

```
FSUB    op1, op2
        ST, ST(n)
        ST(n), ST
```

- 计算表达式(op1 – op2)，并弹出栈顶元素。

```
FSUBP   op1, op2
        ST, ST(n)
        ST(n), ST
```

- 将 op1 引用的操作数转换为实数，并将栈顶元素同其相减。当然，结果将存储在 ST(0)中。

```
FISUB   op1
        memory16
        memory32
```

减法与加法的工作方式相同，但源操作数和目标操作数更重要，因为(a – b)与(b – a)的结果不同。也就是说，执行减法时需要特别注意操作数的顺序。例如，下面的指令：

```
FSUB memory32
```

从栈顶元素 ST(0)中减去 memory32。即 ST(0) = ST(0) – memory32，如图 5.34a 所示。下面再来看另一个范例，假设要从栈顶元素 ST(0)中减去一个整数（可能为了是计算小数部分），可以使用下面的指令：

```
FISUB memory16
```

栈顶元素的值将为 ST(0)–(real)(memory16)，如图 5.34b 所示。同样，在计算之前，所有整数被转换为实数。

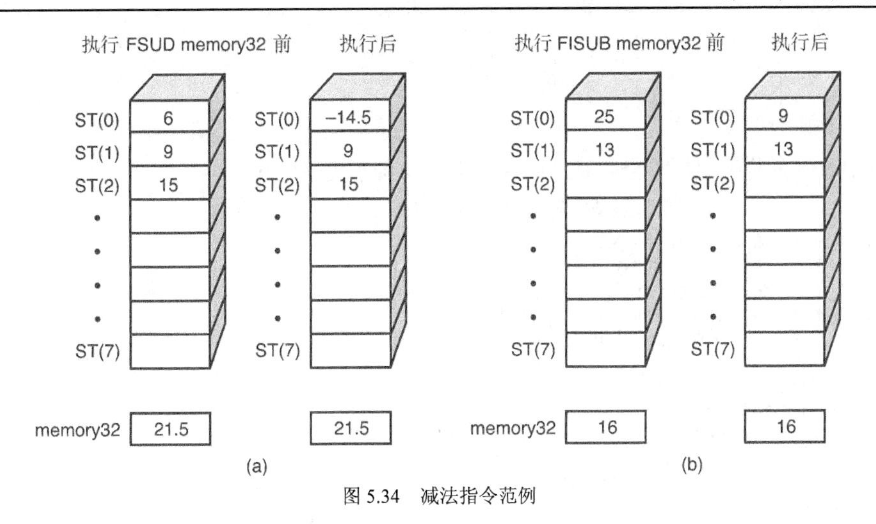

图 5.34　减法指令范例

5.8.13　FMUL 范例

FMUL 指令与 FADD 指令非常类似，可用于将两个实数相乘（FMUL），将一个整数与一个实数相乘（FIMUL），也可以在指令后面添加后缀 P，表示执行乘法后弹出栈顶元素。FMUL 指令有如下形式：

- 隐含执行运算 ST(0) * ST(1)，且执行乘法后弹出栈顶元素。

```
FMUL
```

- 栈顶元素隐含作为目标操作数，同时指定另一个操作数。

```
FMUL    op1
        memory32
        memory64
        ST(n)
```

- 栈顶元素为操作数之一，但它不一定是目标操作数。

```
FMUL    op1, op2
        ST, ST(n)
        ST(n), ST
```

- 将两个操作数相乘，并弹出栈顶元素。

```
FMULP   op1, op2
        ST, ST(n)
        ST(n), ST
```

- 将 op1 引用的整数被转换为实数，然后将其与栈顶元素相乘。

```
FIMUL   op1
```

memory16

memory32

假设要计算 5 的阶乘 5!，即 5*4*3*2*1，完成该任务的小程序如下：

```
_asm {
   FLD f_1 // 将1.0加载到堆栈中
   FLD f_2 // 将1.0加载到堆栈中
   FLD f_3 // 将1.0加载到堆栈中
   FLD f_4 // 将1.0加载到堆栈中
   FLD f_5 // 将1.0加载到堆栈中
   FMUL   // 5*4
   FMUL   // 5*4*3
   FMUL   // 5*4*3*2
   FMUL   // 5*4*3*2*1

  // 栈顶元素ST(0)的值为5*4*3*2*1
  } //end asm
```

图 5.35 说明该程序运行过程中的阶乘处理和堆栈。

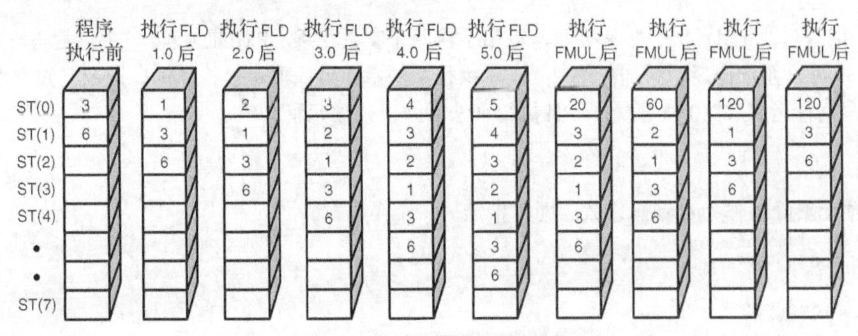

图 5.35　阶乘计算过程中的堆栈

5.8.14　FDIV 范例

我们要介绍的最后一种指令是除法指令：FDIV。它与减法指令类似，操作数的顺序将影响计算结果；即 a/b 与 b/a 是不相同的。如您期望的那样，它有全部的形式：实数、整数、和栈顶元素弹出。下面是除法指令的各种格式：

● 隐含执行运算 ST（1）/ST（0），且在执行除法后弹出栈顶元素。

FDIV

● 栈顶元素隐含为目标操作数，且指定另外一个操作数。

FDIV　　*op1*

memory32

memory64

ST(n)

● 栈顶元素为操作数之一，但不一定是目标操作数。

```
FDIV     op1, op2
         ST, ST(n)
         ST(n), ST
```

- 执行运算 op1/op2，且弹出栈顶元素。

```
FDIVP    op1, op2
         ST, ST(n)
         ST(n), ST
```

- 将 op1 引用的整数转换为实数，然后用它除栈顶元素。

```
FIDIV    op1
         memory16
         memory32
```

作为一个范例，使用如下公式：

```
velocity = distance/time
```

来计算使用火箭引擎到达月球所需要的时间：

```
// 到月亮的距离为 250000 英里
float f_dist = 250000.0;
// 太空飞船的速度为 35000 英里/小时
float f_vel = 35000;

// 时间
float f_time;

_asm {
   FLD f_dist   // 加载距离
   FDIV f_vel    // 除以速度
   FSTP f_time   // 弹出栈顶元素中的结果，并将其存储到 f_time 中
   } // end asm

printf("\ntime =%f",f_time);
```

5.9　数学引擎使用说明

在程序中使用数学引擎与使用任何其他库模块的方法相同。然而，在使用数学引擎时有点需要注意。首先，该数学引擎基于 T3DLIB1.CPP|H 中的一些代码，因此必须在使用数学库的程序中包含头文件 T3DLIB1.H 和 C++源代码文件 T3DLIB1.CPP。另外，T3DLIB1.CPP|H 以 Direct×8.0+为基础，因此必须包含 DDRAW.H 文件以获得类型信息。创建独立的控制台数学应用程序时，至少需要如下文件：

- 源文件——T3DLIB1.CPP、T3DLIB4.CPP。
- 头文件——T3DLIB1.H、T3DLIB4.H、DDRAW.H。

当然，还需要包含通常所需的头文件。不要忘记#define INITGUID；否则，链接器将无法找到与

DirectDraw 相关的内容，即使应用程序没有使用任何与 DirectDraw 相关的功能，也不能通过链接。别忘了，T3DLIB1.CPP|H 需要 DirectDraw 类型，而 T3DLIB4.CPP|H 需要 T3DLIB1.CPP|H。例如，我用于开发数学引擎的测试应用程序是一个控制台应用程序，它的头文件如下：

```
#define WIN32_LEAN_AND_MEAN

#ifndef INITGUID
#define INITGUID    // 需要该语句，也可以包含文件 DXGUID.LIB
#endif

#include <windows.h>  // 包含重要的 Windows 功能
#include <windowsx.h>
#include <mmsystem.h>
#include <objbase.h>
#include <iostream.h> // 包含重要的 C/C++功能
#include <conio.h>
#include <stdlib.h>
#include <malloc.h>
#include <memory.h>
#include <string.h>
#include <stdarg.h>
#include <stdio.h>
#include <math.h>
#include <io.h>
#include <fcntl.h>
#include <direct.h>
#include <wchar.h>

#include <ddraw.h>   // T3DLIB1.H 需要它
#include "T3DLIB1.H"  // T3DLIB4 使用了其中的一些常量
#include "T3DLIB4.H"
```

当然，您的大多数应用程序都将使用整个游戏库，所以应该包含如下文件：

- 源文件：
  - T3DLIB1.CPP：图形和实用程序支持；
  - T3DLIB2.CPP：输入支持；
  - T3DLIB3.CPP：声音和音乐支持；
  - T3DLIB4.CPP：数学引擎。
- 头文件：
  - T3DLIB1.H；
  - T3DLIB2.H；
  - T3DLIB3.H；
  - T3DLIB4.H。
- 库文件：
  - DDRAW.LIB：DirectDraw；
  - DSOUND.LIB：DirectSound；
  - DINPUT.H：DirectInput；
  - DINPUT8.H：DirectInput；
  - DMKSCTRL.H：DirectMusic；
  - DMUSICI.H：DirectMusic；

— DMUSICC.H：DirectMusic；
— DMUSICF.H：DirectMusic；
— WINMM.LIB：Windows 多媒体扩展（仅适用于 Visual C++用户）。

这里不介绍如何编译 DirectX 应用程序，详情请参阅附录 B。

游戏控制台

由于我们有了一个新的库模块，所以应该更新游戏控制台模块，以反映出新增的头文件。新的游戏控制台名为 T3DCONSOLE3.CPP，除新增了下面一行代码外，该文件与 T3DCONSOLE2.CPP 完全相同：

```
#include "T3DLIB4.h"
```

5.10　关于数学优化的说明

本章的源代码使用了较优化的算法；即使用泰勒级数来计算距离，使用共用系数扩展来计算矩阵的行列数等。对于它们，可以提高速度的方法有，在函数实现中删除循环，使用代数来简化计算，收集共用项等。另外，在很多算法中，我首先计算除数的倒数，然后将其与被除数相乘，从而避免使用除法。

提示：除法会占用大量的计算机资源。

然而，如前面所述，最好的优化方法是在算法级进行优化，或者根据已知的事实进行假设，从而提高速度。例如，假设要执行大量的矩阵乘法。可以很容易地分析出，与大多数变换矩阵相乘时，将执行很多无用的乘法，因为它们大多是稀疏矩阵，即矩阵中有很多零。这是一种常见的优化。然而，在有些时候，没有办法让算法的速度更快，这时使用内联汇编语言是唯一的优化方法。然而，就本书而言，为得到所需的性能，我怀疑是否真正需要使用内联汇编语言。我对 C/C++编译器的优化程序寄予了厚望！

总之，就优化而言，应首先编写清晰的代码和健壮的算法，最后才进行低级优化。

5.11　总　　结

本章介绍了很多基础知识，列出了大量的代码。通常，我并不喜欢列出这样多的代码，但这毕竟是一本关于编程的书籍，本章的所有内容都只是前一章内容的 C/C++版本。只有头文件中的宏没有逐行介绍过，但您应该能够理解它们的用途。当您编写使用该数学引擎的代码时，需要的一些函数和宏很可能我已经编写好了，因此在自己动手编写函数和宏之前，应确认它们是否已经有了。

在不远的将来，我们将面临的唯一问题是表示方法，即应使用 3D 点还是齐次 4D 点？我们将拭目以待，但至少我们知道如何处理这两者。实际上，我们将使用 4×3 和 4×4 矩阵，所以从技术上说，我们将使用 4D 齐次点，并假设 w=1 或将 w 作为第 4 个分量。

最后，就编写本章而言，TI-89/92 计算器提供的帮助非常大，它可以帮助我检查工作。如果您计划编写一些数学函数，强烈推荐您购买一个可执行矩阵、向量和符号计算的计算器，以便可以用测试数据来检查您的算法。编写四元数代码时，它的帮助将更大，因为四元数没有任何可视化类比；即它完全是一种数学概念。

第 6 章　3D 图形学简介

本章将介绍大量有关 3D 图形学的基本知识，读者可将其视为包括细节的总结。接下来的各章将分别着重阐述 3D 图形学的各个主要专门领域。作为绪论，本章不深入探讨晦涩难懂的内容，而只是 3D 图形学的速成课程，让读者在阅读全书之前对 3D 图形学的整个处理流程有所了解。然后，将探讨众多的主题，其中一些涉及大量的细节，而有些几乎不涉及任何细节。阅读本章后，读者将对本书余下的内容有深入了解。本章包括以下内容：

- 3D 引擎原理；
- 3D 游戏引擎的结构；
- 3D 坐标系统；
- 基本的 3D 数据结构；
- 变换和基本动画；
- 观察流水线简介；
- 3D 引擎类型；
- 3D 工具；
- 加载外部数据。

6.1　3D 引擎原理

本书的主旨是讲授 3D 图形学，而不是介绍如何使用 API 和加速器。本书介绍创建 3D 图形引擎所需的基本知识，这意味着读者阅读本书后，将了解创建 3D 引擎的每个步骤——从数据表示到最后的光栅化。实际上，如果您在 NVIDIA、ATI 等公司工作，将能够创建整个引擎 API 和底层软件算法，它们是由硬件状态机实现的。另一方面，本书不打算讲授如何使用诸如 Direct3D 和 OpenGL 等 3D API，它们虽然很酷，但读者要真正地理解 3D 图形学，必须知道如何动手编写 Direct3D 和 OpenGL，这正是作者追求的目标。最起码，作者希望读者阅读本书后，能够在只知道视频缓存地址的情况下，在任何计算机上编写出基于软件的 3D 引擎。在具备这种能力的情况下，学习 3D API 将是小菜一碟。

6.2　3D 游戏引擎的结构

编写 3D 引擎涉及的工作比仅仅编写 3D 引擎多得多。作为游戏程序员，编写 3D 引擎的目的是使用它来渲染 3D 游戏，这意味着必须将游戏引擎、物理系统、AI 以及大部分游戏内容同 3D 引擎本身集成起来；否则将问题重重。因此，编写实际的 3D 引擎时，需要考虑它与游戏引擎之间的关系以及它们如何交互，否则将一团糟。图 6.1 说明了 3D 游戏的组成部分：

- 3D 引擎；
- 游戏引擎；
- 输入系统和网络；
- 动画系统；
- 碰撞检测和导航系统；
- 物理引擎；
- 人工智能系统；
- 3D 模型和图像数据库。

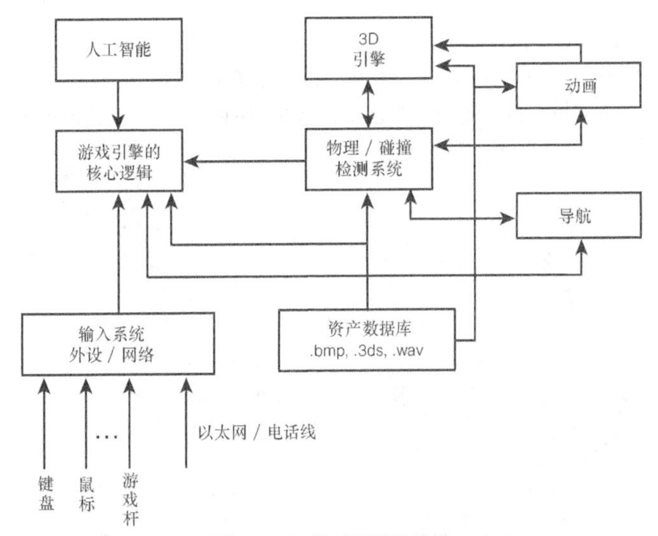

图 6.1　3D 游戏引擎的结构

正如读者看到的，需要考虑的因素很多。在简单的 2D 游戏中，碰撞检测、人工智能（AI）和数据库等问题都非常简单；但在 3D 游戏中，必须考虑这些问题。本书的重点是 3D 引擎，但显然将涉及其他问题。接下来讨论这些问题及其需要注意的事项。

6.2.1　3D 引擎

3D 引擎本身是一种软件，负责处理 3D 世界的数据结构（包括所有的光源、行动和常规状态信息）以及从玩家或相机所在的视点渲染 3D 世界。以模块化方式设计时，引擎将相对简单些，因为在这种情况下，3D 引擎和其他游戏子系统之间的交互较少。编写 3D 引擎时，可能犯的最大错误之一是，除了

3D 渲染外，还让它负责完成其他工作。例如，除处理 3D 图形外，还在 3D 引擎代码中完成物理造型（modeling）工作，这样做无疑是大错特错。另一种错误是在 3D 引擎中完成一些联网工作以简化网络，这是编写 3D 引擎的大忌。

提示：3D 引擎只负责一项工作——根据数据进行 3D 渲染，仅此而已。

6.2.2 游戏引擎

在 3D 游戏中，游戏引擎涵盖的内容很多，有时又几乎不涉及任何内容。然而，在大多数情况下，游戏引擎是一个处理所有事务的系统，它是一个控制模块，向所有的子系统发出命令。

因此，游戏引擎需要与每个游戏子系统联系。设计 3D 游戏时，一种错误的做法是首先设计 3D 引擎，然后将其某部分作为游戏控制中心，这种想法要不得。一开始，就应设计一个负责控制游戏中一切事务的模块，将其称为“游戏引擎”或其他任何名称。游戏引擎是一个容器，它容纳了其他所有的组件，熟悉整个系统的各个部分。

6.2.3 输入系统和网络

在 3D 游戏中，I/O 系统和网络系统以容易出现问题而著称，事实确是如此。问题在于，网络游戏需要通过网络传输的数据如此之多，以至于让 3D 网络游戏能够正常运行都是一个奇迹。图 6.2 说明了两种网络游戏模型。然而，对于 3D 游戏的网络部分，一种惯例是首先考虑游戏本身，并将网络部分和游戏分开。网络部分不应包含在 3D 引擎、AI 系统或物理系统中，而应将其完全独立出来。另外，考虑其他部分之前，应首先考虑 3D 游戏的网络支持。应首先考虑要使用什么类型的数据和同步技术来确保 3D 仿真的同步，然后再据此编写整个游戏；否则结果将一团糟。

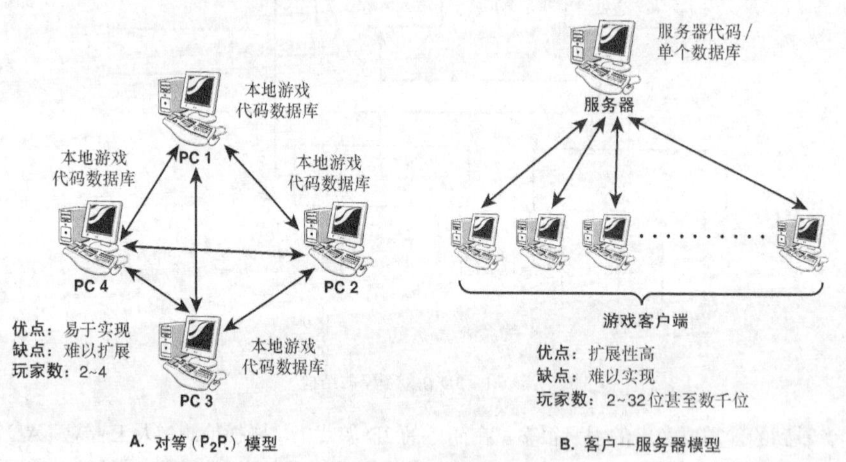

图 6.2 网络游戏模型

提示：编写 2D 游戏时，如果在开发末期再加入网络支持，也许可以以代码难懂为代价获得 50％逃脱失败命运的概率，但如果编写 3D 游戏时这样做，注定将以失败告终。因此，一开始就应做出网络支持方面的决策，然后在实现系统之前创建模型和仿真，并编写测试用例（test case）来测试它。

6.2.4　动画系统

这是与其他系统有也可能没有重大关联的重要系统之一。在 3D 游戏中，动画方式有多种：

- 简单运动；
- 复杂动画；
- 基于物理学的动画。

1. 简单运动

简单运动通常由游戏物体的基本平移和旋转组成，如图 6.3 所示。这种运动可以使用数据文件、AI、模式（pattern）、简单逻辑、状态机等来控制，没有什么神奇之处。然而，控制运动的系统可能或多或少地同其他系统相关联。例如，假设在游戏中，个体的运动是由人工智能系统控制的。这些个体在如图 6.4 所示的地图中移动。如果 AI 系统拥有描述该地图的数据，将能够执行碰撞检测，避免个体穿越墙壁。另一方面，AI 系统可能将命令传递给物理系统，而后者也能够处理碰撞检测，从而判断某种运动是否可能。正如读者看到的，至少在这个例子中，AI 系统、运动系统和物理系统位于一个联系紧密的系统中，且是可行的。

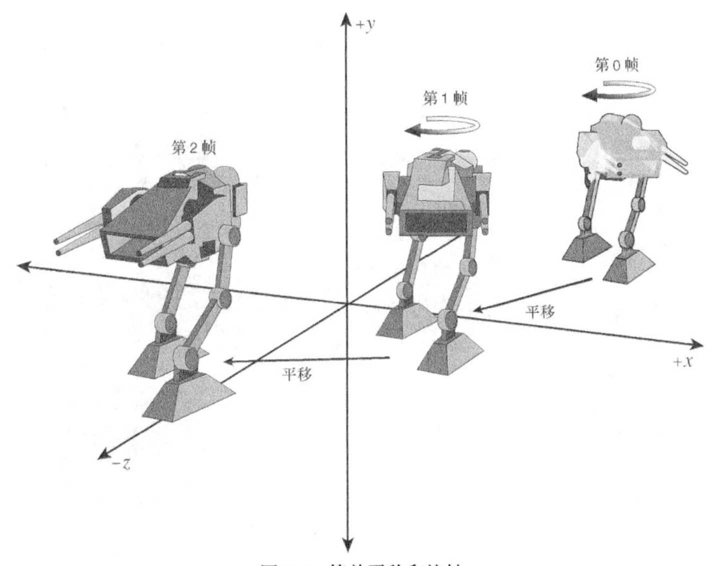

图 6.3　简单平移和旋转

2. 复杂动画

在 3D 中，复杂动画的含义非常丰富。但通常意味着有通过关节相连的多级（articulated-hierarchical）物体，其中的链杆（link）必须相对移动，如图 6.5 所示的机器人坦克，其上半身是一个炮塔。出于简化的目的，我们首先以坦克为例，它由车体和炮塔组成。炮塔可以绕车体上面的轴（通常平行于地面）旋转，但不能脱离车体。现在的问题是，对炮塔的控制将完全基于 AI 呢还是基于数据？换句话说，我们想让炮塔进行某些有趣的运动。如果使用 AI 代码来完成这些任务，可能非常困难；但如果使用动画指令或关键帧数据，将非常容易。下面花些时间来讨论这一点。

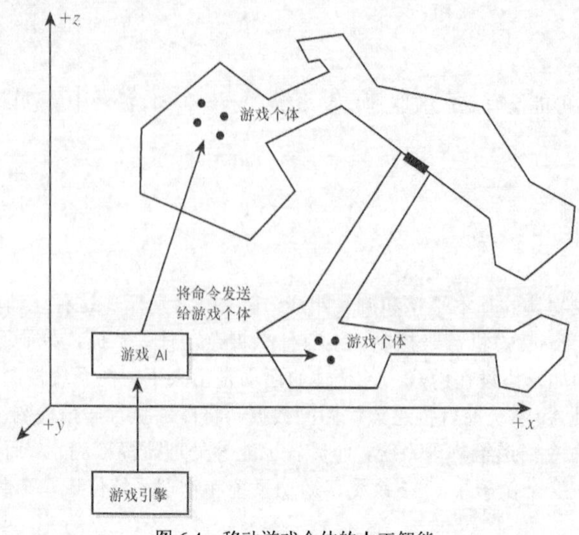

图 6.4　移动游戏个体的人工智能

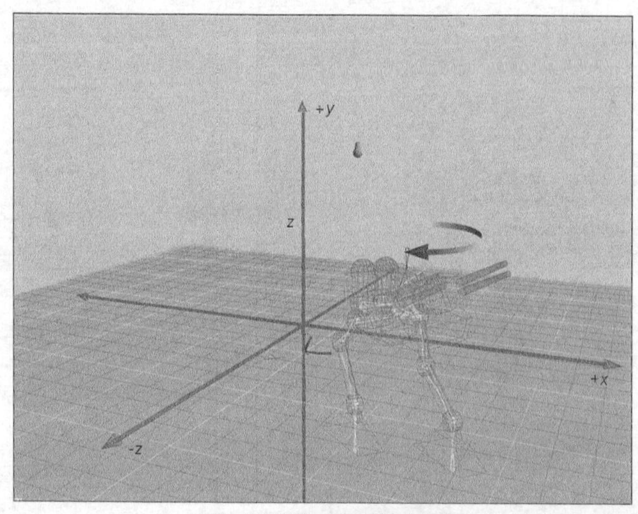

图 6.5　关节型 3D 模型动画

对于由多个部件（或通过关节连接的物体）组成的物体，制作动画的方法有两种。第一种方法是，使用 3D 建模工具制作网格（mesh），然后导入这些网格，并依次加载网格 1、网格 2、网格 3 等。这种技术类似于标准的 2D 位图动画，只不过其中的数据表示的是 3D 模型。这种方法是内存密集型的，但实现起来非常容易。图 6.6 是一个这样的例子。简单地说，我们建立炮塔角度各不相同的坦克模型，然后存储网格数据输出。为制作坦克动画，我们加载这些网格，并每次渲染其中的一个。Quake 和 Quake II 使用的就是这种技术。

另一种实现 3D 物体动画的方式是使用运动数据（motion data）。一种流行的运动数据格式是 BioVision .BVH 格式，如下述代码段中所示。有关这种数据格式规范，请参阅附带光盘中本章对应目录中的文件 BIOVISION.DOC。简单地说，这些数据告诉引擎，链杆需要相对于其他链杆做什么样的移动，引擎

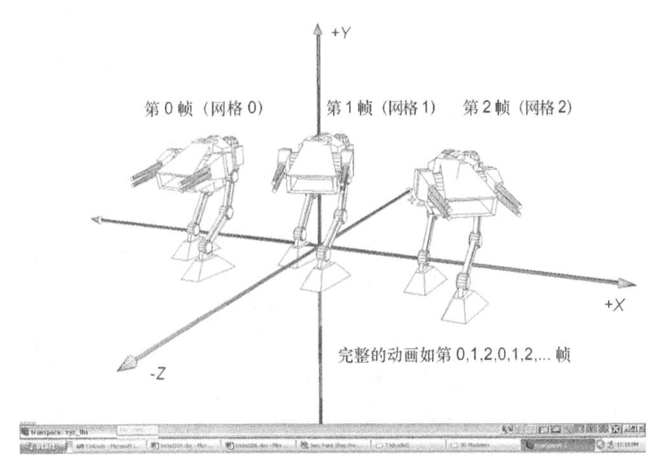

图 6.6　使用多个帧来制作动画

将相应地移动 3D 物体的各个部件。这种技术灵活得多，因为创建能够理解 BioVision 数据的动画引擎后，便可以输入表示任何动作的数据，无论是漫步还是跳舞，角色（character）都将做出相应的动作。Quake Arena、Doom III、Halo 以及大部分格斗游戏（如 Tekken 系列）使用的不是这种技术。如果读者要购买运动数据，可访问网站 http://www.biovision.com。

```
HIERARCHY
ROOT Hips
{
    OFFSET     20    0.00    0.00
    CHANNELS 6 Xposition Yposition Zposition Zrotation Xrotation Yrotation
    JOINT LeftHip
    {
        OFFSET     3.430000     0.000000     0.000000
        CHANNELS 3 Zrotation Xrotation Yrotation
        JOINT LeftKnee
        {
            OFFSET     0.000000     -18.469999     0.000000
            CHANNELS 3 Zrotation Xrotation Yrotation
            JOINT LeftAnkle
            {
                OFFSET     0.000000     -17.950001     0.000000
                CHANNELS 3 Zrotation Xrotation Yrotation
                End Site
                {
                    OFFSET     0.000000     -3.119996     0.000000
                }
```

在 3D 动画中，需要解决的问题是，如何在反馈循环中确定限制条件，以确保动画遵循现实世界中的规律。例如，假设坦克前面是一堵墙（如图 6.7 所示），此时系统发出将炮塔逆时针旋转 90 度的命令。这种命令可能是 AI 系统发出的，因为坦克想射击后面的目标，但 AI 系统目光没有那么远大，未考虑炮塔旋转时是否会撞向其他东西这一问题。这是 3D 游戏中常见的一种漏洞——读者肯定遇到过物体穿过其他物体的情形。之所以会出现这种问题，是由于游戏设计人员并不关心车轮是否在路面之下或拳击手的手臂是否击穿大树。然而，要避免这些情况发生，必须进行相应的检测。

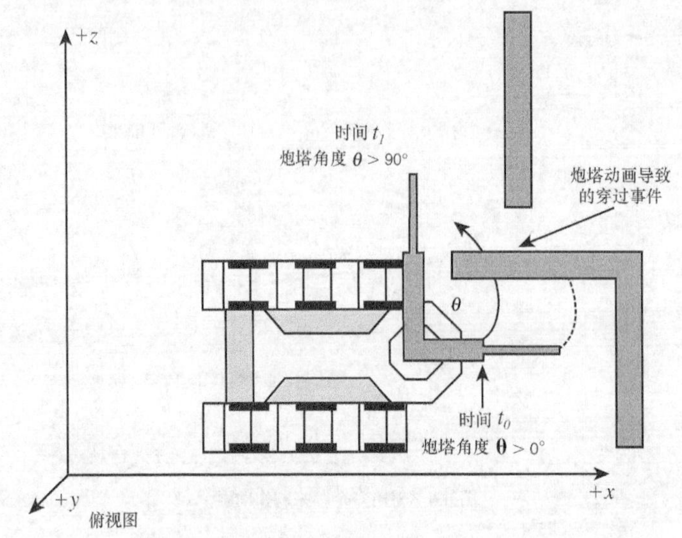

图 6.7　在不是基于物理学的动画中，出现的不符合物理学规律的情形

这种检测可能是在动画系统中进行的，也就是说，炮塔被命令进行旋转时，动画系统将检查是否会发生碰撞，据此执行或拒绝执行这种命令。这提出了另外一个问题：这种工作应由动画系统、AI 系统还是物理系统来完成？同样，这取决于很多因素。如果在游戏中，物埋造型工作量非常大，动画系统应将这项工作交给物理系统去完成；否则，由动画系统来完成检测是可行的。

在 3D 游戏中，有很多复杂的关系，希望读者注意到了这一点。

3．基于物理学的动画

这是所有动画中最复杂的。基于物理学的动画意味着物体的移动在很大程度上是由物理定律控制的。例如，在 3D 格斗游戏中，拳击动作本身可能是预先录制的运动捕捉数据（motion capture data）。然而，这些数据被输入给基于物理学的动画系统，后者控制执行动画的基于物理学的模型。它们不是盲目地旋转关节和平移物体，而是命令模型去完成动作。然后，由物理系统来判断这种动作是否可行。这是实现最逼真模拟的最佳方式。

还是以格斗游戏为例，假设拳击手 A 挥拳猛击拳击手 B。挥拳动作实际上是一组运动捕捉数据，这些数据可视为向模型的物理系统发出的命令，而不仅仅是通过模型来“播放”。因此，当拳头打到墙壁上时，物理系统将对此做出反应——通过运动控制器返回一个作用力，进而使拳头停止不动——这是符合现实的。再举一个例子，假设拳击手 B 将拳击手 A 扔了出去。扔出去的动作是运动捕捉的，但拳击手被扔出去后，处理工作将由物理系统接管，物理系统根据计算拳击手 A 的运动轨迹，并根据环境使其撞上地面或其他物体。

这里的关键之处在于，在基于物理学的动画系统中，动画系统和物理系统之间是紧密相连的。然而，它们同样与 3D 渲染毫无干系。进行渲染时，3D 引擎只需要一个多边形列表。

6.2.5　碰撞检测和导航系统

我们多次提到过物理系统，以证明 3D 游戏中的很多系统可能彼此相关联。然而在有的时候，游戏只需要一个简单的碰撞检测和导航系统，而不必创建功能完备的物理系统。我们可能将其称为物理系统，但除非它是基于力、动量或其他物理量，否则充其量只不过是一个碰撞检测系统而已。例如，创建一个 Doom

式的第一人称射击游戏（FPS）时，几乎不涉及任何物理量：角色动画是使用 AI 和预先录制（pre-canned）的网格实现的，没有滑动的东西（没有动量传递等）。唯一要考虑的是物体之间以及物体和游戏环境之间的碰撞（如图 6.8 所示）。

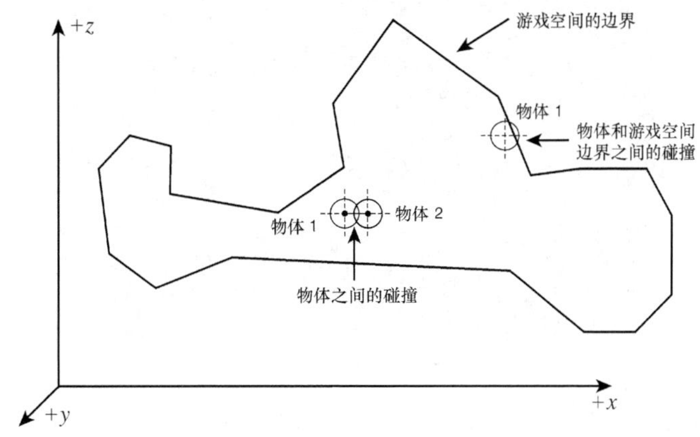

图 6.8　物体之间以及物体和游戏环境之间的碰撞

因此，只需要一个简单的碰撞检测系统。在动画系统命令物体行走、奔跑和移动时，碰撞检测系统将发生的情况反馈给动画系统（和/或 AI 系统）。然而，使用这种简单系统时，物体之间可能彼此穿过对方，怪物在地面上摔倒时可能显得不真实，等等。

6.2.6　物理引擎

游戏中的物理系统可能非常简单（如前面提到的碰撞检测系统），也可能非常复杂，这取决于实际的物理模型和闭环（closed-loop）模型。

游戏引擎中的物理系统与 3D 图形的可视化表示毫无关系。物理引擎所做的工作是，控制游戏中的物体可做出什么动作以及对动作做出响应——根据物理模型采取相应的措施。例如，非常简单的物理模型可能具有下述功能：

- 计算摩擦力和加速度；
- 弹性碰撞检测和响应；
- 线性动量传递。

在图 6.9 所示的简单 3D 赛车游戏中，赛道位于同一个平面中，其中有很多赛车，它使用的就是上述物理模型。对于每辆赛车，我们用一个点质量（或 4 个点质量，每个轮子一个）来模拟。赛车由 AI 或玩家控制，在赛道上行驶时，物理系统只根据摩擦力来确定赛车在赛道上的位置。也就是说，如果赛车的速度为 100 mph，并以某种角度转弯，物理系统将计算向心力和离心力，并据此修改赛车的加速度。另外，如果赛车相撞，将赛车视为球体，假设发生的是弹性碰撞，并据此计算动量传递，但不计算角动量（或虚构角动量）。

对于很多 2D 游戏和 3D 游戏而言，上述级别的物理模型足够了；但如果要求逼真，则需要改进。这意味着需要根据物体的实际几何形状对其进行建模，同时需要使用完整的物理模型：由物理系统控制物体；而不是由 AI 系统控制物体，并从简化的碰撞检测和摩擦力计算系统哪里接受反馈信息。在完整的物理模型中，每个物体都不断被模拟，作用到物体上的所有力都被用于标准的物理方程中，这些方程计算加速度、速度和位移。通过积分，这些方程被用于计算物体的位置：根据作用于物体上的力，将物体的位置表示为一个时间函数。这正是动力学的作用所在。

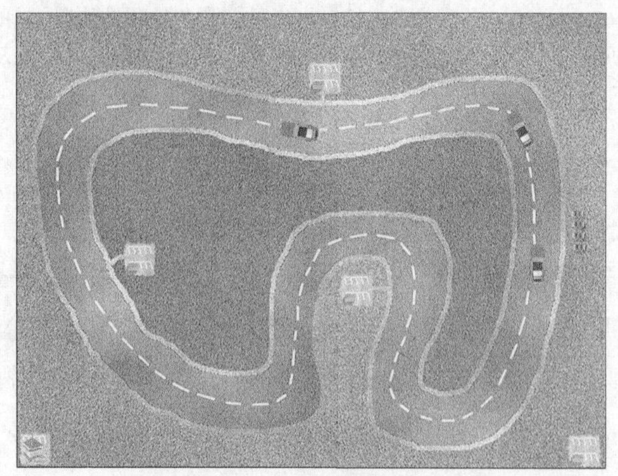

图 6.9　一个简单的赛车游戏

在本书后面介绍建模时将相当详细地讨论这一点。然而别忘了，在采用这种模拟等级的 3D 游戏中，动画系统和 AI 系统必须与物理系统紧密联系，这样其他系统才能对物理模型实现的人工逼真（artificial reality）做出响应，而不会不断地向游戏个体发出由于物理学约束条件而不可能执行的命令。

6.2.7　人工智能系统

3D 游戏中，AI 系统的复杂度可能比 2D 游戏高一个数量级，也可能差不多，这取决于游戏个体的建模方法。当然，在 3D 环境中，AI 存在的问题在于环境是 3D 的。诸如导航、寻径和动画等函数要复杂得多。在 2D 游戏中，移动一系列宇宙飞船也不那么困难，但在 3D 空间中移动任何东西都是困难的。3D 中使用的算法与 2D 相同：确定性、模式、规划系统、有限状态机、模糊逻辑、神经元网络等，只不过实现这些算法时需要考虑的因素多得多。

例如，图 6.10a 和 6.10b 分别是射击游戏 Valkyrie 和 Quake III 的 2D 环境和 3D 环境。该 2D 游戏的 AI 系统非常简单，因为环境很简单。其中的物体只不过是 2D 位图动画，大多数物体运动是由模式、跟踪逻辑和有限状态机控制的。3D 游戏的运行方式与此类似，但编写难度要高 10 倍。问题在于，一切都在 3D 空间内，即使是角色移动也是一个大问题。3D 角色接近玩家时，必须显得很聪明。这意味着其运动、动画和逻辑必须考虑到 3D 环境。

图 6.10　2D 环境和 3D 环境

这些约束条件使得编写 3D 游戏 AI 要难得多。由于 3D 世界的几何结构极其复杂，在其中将个体从一点移到另一点涉及的计算量都可能非常大。对人而言，发现一条简单路径可能很容易，但对 AI 来说，发现这样的路径一点也不容易。总之，这些都是 3D AI 编程中将出现的问题。最后，在 3D 游戏中，AI 系统依赖于动画系统和物理系统，因为 AI 需要来自游戏世界的输入，这常常是对其操作做出的响应。

6.2.8　3D 模型和图像数据库

3D 游戏的最后一个组成部分是数据，这包括很多。鉴于其 3D 特性，3D 游戏涉及的数据可能非常多。例如，典型的 3D 游戏涉及大量的如下几种数据：

- 物体的 3D 网格；
- 2D 纹理图和光照图（light map）；
- 3D 世界；
- 运动和动画数据；
- 游戏地图数据。

在大多数情况下，占据大部分内存的数据是纹理图和光照图，因为游戏涉及的纹理图即使不是数以千计，也是数以百计。而当前使用的纹理图的颜色为 24 位，分别率高达 1024×1024，因此每个纹理图达到 3MB。当然，很多游戏允许用户选择纹理图的大小和质量，但即使用户选择的颜色为 1 位，分辨率为 256×256，每个纹理仍有 65536 字节，这可是不少的内存，另外管理内存也需要开销。在本书中，处于简化的目的（同时也是为了提高速度，因为我们使用的是软件算法），纹理的分别率将被限制到 32×32 到 128×128 的范围内；但读者应该对存储纹理需要大量的内存有所认识。另外，不但纹理需要占据内存，网格本身也要使用内存。

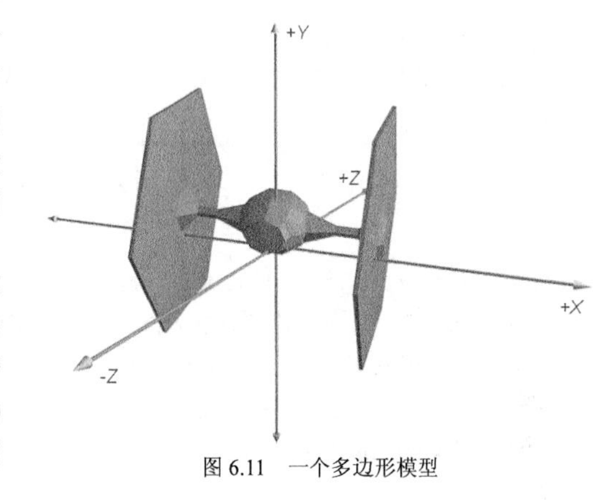

图 6.11　一个多边形模型

例如，如果使用预先录制好的动画化网格，而不是运动数据来控制动画。存储物体的网格动画所需的内存空间将急剧增加。例如，假设有一个如图 6.11 所示的物体，它由 200～300 个多边形组成，包含 200 个顶点。假设使用下面的简单数据结构来存储 3D 顶点（它能够存储位置坐标以及纹理信息和光照信息），我们来算算需要多少存储空间：

```
typedef VERTEX3Dptl_TYP
{
float x,y,z;    // 位置
float u,v;      // 纹理坐标
float l;        // 光照值（light value）

} VERTEX3Dptl, * VERTEX3Dptl_PTR;
```

每个顶点大约需要 24（6*sizeof（float））个字节（至少在 32 位系统上是这样的）。物体有 200 个顶点，因此：

```
24 字节/顶点 * 200 个顶点 = 480 字节/网格
```

然而，我们未考虑诸如多边形网格、颜色等更高级的数据。现在暂时不管它们，继续前面的例子。假设在动画中，每种运动需要 32 帧，且需要下述几种动作：

- 行走；
- 奔跑；
- 跳跃；
- 躲闪；
- 死亡；
- 射击。

因此总共需要 192（6*32）个运动帧。

而每个帧需要 480 个字节，因此总共需要 92160（192*480）字节。

这可是不少的内存。假设游戏中有 32 种动物（creature），顶点将总共占据大约 3MB（32*92160）内存。至此，读者对这些数据总共占据的内存量有所认识了吧。通用的原则是，在 3D 游戏中，必须定义高效的数据结构和数据库，并根据需要加载和卸载数据。当然，Windows 的虚拟内存管理器可提供很大的帮助，但不能同时加载和使用所有的数据，这样做将耗尽内存。

提示：另外，还必须考虑带宽。使用纹理图和大型网格时，仅仅移动物体就将占用系统总线上的大量内存带宽。这意味着高效的数据加载顺序至关重要，即加载数据后，应执行尽可能多的需要这种数据的操作。您不希望加载并使用对象 A 后，将其丢弃并使用对象 B，然后再次加载对象 A。您希望按这样的顺序加载数据：确保缓存连贯性（cache coherence）非常高，这意味着在加载其他数据之前，尽可能多地使用当前数据。

总之，3D 游戏只不过是一个字节流，但字节流的表示方法确实至关重要；这适用于任何游戏。因此在考虑编写代码之前，创建良好的数据结构和制定深思熟虑的规划总是一个不错的主意。接下来进入 3D 部分。

6.3 3D 坐标系

前面概要性地介绍了 3D 游戏编程，接下来讨论一些 3D 内容，首先从 3D 坐标系开始。

虽然我们介绍过迪卡尔坐标（2D/3D）、柱面坐标（3D）、球面坐标（3D），但它们常用于表示 3D 系统本身。我们现在感兴趣的是，3D 图形引擎在各个处理阶段如何表示 3D 物体。

一般而言，物体被渲染到视频屏幕上之前，其坐标可能被变换到很多坐标系中，这种过程被称为 3D 观察流水线（viewing pipeline）：

- 模型坐标；
- 世界坐标；
- 相机坐标；
- 透视坐标；
- 屏幕坐标。

这些是主要的坐标，但根据具体的 3D 引擎，可能还需要经过其他类型的变换，如归一化变换和变形（warpping）变换。尽管如此，就现在而言，我们只讨论上面列出的坐标。

6.3.1 模型（局部）坐标

模型坐标（也叫局部坐标，本书将交替使用这两个术语）是 3D 实体在其局部坐标系中的坐标。也就是说，每当您创建 3D 物体时，它通常有自己的一组局部轴，物体的中心位于局部坐标系的原点。图 6.12 是一个在左手坐标系中定义的立方体。该立方体的边长为 10 个单位，中心坐标为(0，0，0)，各个顶点的坐标如下：

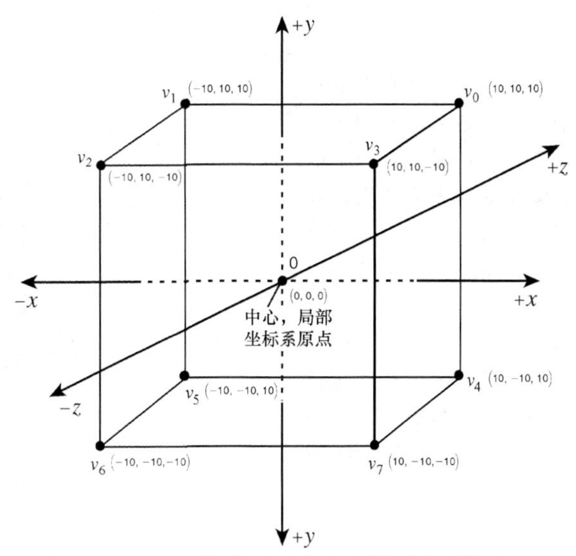

图 6.12　用模型/局部坐标表示的基本立方体

```
Vertex 0: (10,10,10)
Vertex 1: (-10,10,10)
Vertex 2: (-10,10,-10)
Vertex 3: (10,10,-10)
Vertex 4: (10,-10,10)
Vertex 5: (-10,-10,10)
Vertex 6: (-10,-10,-10)
Vertex 7: (10,-10,-10)
```

使用模型坐标的目的在于，在 3D 流水线的某些阶段，可以将模型平移到它们在 3D 世界中的实际位置。这也是 3D 游戏的工作原理。在另一方面，有时候，您不希望 3D 物体的局部坐标系原点为其几何中心。例如，假设要创建一个如图 6.13 所示的机器人手臂模型，可以将每个链杆定义为一个多边形网格，并将其中心作为局部坐标系的原点。每当物体被变换为世界坐标时，其中心将被移到相应的位置。然而，如果要旋转链杆该如何办呢？也就是说，如果要将第一个链杆作为肩膀，将第二个链杆作为前臂该如何办呢？并没有规定必须将物体的中心作为其局部坐标系的原点。对于图 6.13 所示的模型，可以将其某一端作为原点。对于这种物体，这样做更合适，因为这样原点将是旋转中心，旋转的链杆就像是一条 3D 线段。

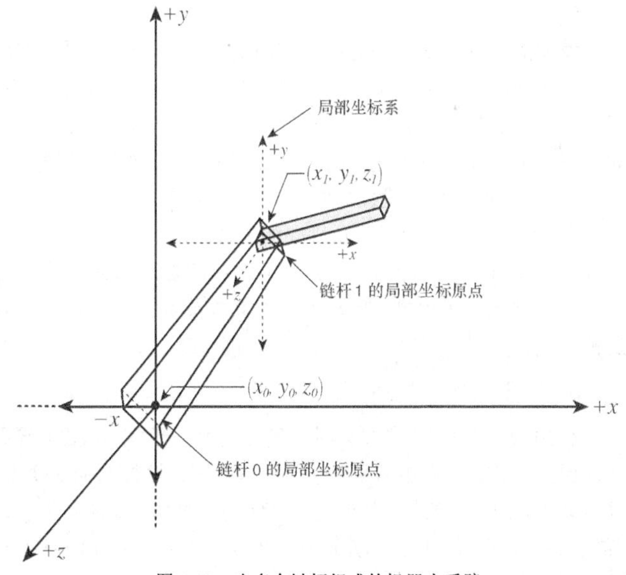

图 6.13　由多个链杆组成的机器人手臂

1．朝向问题

最后，作者想讨论一下模型坐标系下的朝向问题。朝向指的是必须有某种定义（加载）3D 模型的约定，否则将无法确定前面或上面是哪一向。例如，假设您在 3D 游戏中定义了如图 6.14 所示的两个物体。其中宇宙飞船的前面指向负 *z* 轴，上面为正 *y* 轴；而机器人的前面为正 *z* 轴。您发现了其中的问题吗？

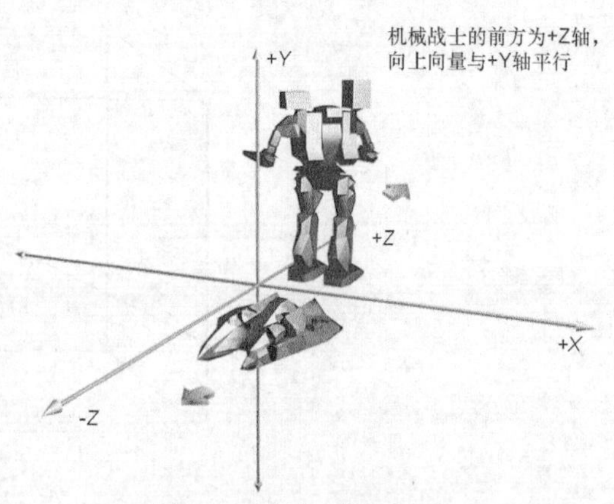

图 6.14　使用统一的朝向约定

对于朝向问题，处理方式有两种。第一种方法是，在建模阶段采用一种约定，规定所有模型的前方都必须是+*z* 轴，上方为+*y* 轴（也可以采用其他约定，只需统一即可）。第二种方法是，采用自己喜欢的方式建立物体模型，但让软件计算每个物体的主轴（最长的轴），并使之与+*z* 轴平行，然后计算第二个主轴，并使之与+*y* 轴平行。这样，不管加载时物体的朝向如何，物体的朝向都是合理的。作者的建议是，使用一种建模约定，而不要让软件去处理这项工作，因为软件只能考虑几何形状，而无法知道物体实际上看起来像什么。

在有些 2000 年以后推出的新型汽车（尤其是新型雷鸟）中，前脸看起来像后面。加载这种汽车模型时，很容易弄错朝向，导致驾驶汽车时实际上是在倒车。

提示：即使在建模时遵循了某种朝向约定，在加载物体时也可能对其进行旋转、缩放或平移。例如，可能有一个名为 Load_3D_Mesh()的函数，它加载物体，并允许您对物体进行变换。传递给系统的模型坐标将是变换后的坐标。

2．比例问题

模型的比例也是一个问题。在图 6.15 中，一个模型表示一辆车轮半径为 100 的汽车，另一个模型表示一辆车轮半径也为 100 的摩托车。这不合理，因为它们的缩放比例都为 1:1，这是不正确的。对于这种问题，一种解决方案是，在建模时使用相同的比例，这可能意味着建模程序中的 1 个单位总是相当于游戏引擎中的 1cm。另一种解决方案是，建立每个物体模型时，都将模型坐标空间范围设置为 1×1×1（归一化坐标），然后在加载模型时对其进行缩放。就个人而言，我总是使用相同的比例来创建所有的模型，这样无论 1 个单位表示 1cm、1m 还是 1km，模型的大小都相同。同样，加载函数可能允许您指定 *X-Y-Z* 缩放因子和 *X-Y-Z* 旋转因子，并相应地修改加载后的模型。对于诸如行星等简单物体，这项功能很有用。您可以加载同一个模型，但动态地对其缩放和旋转，这样加载后的模型看起来完全不同，从而简化了 3D 建模工作。

3．LHS/RHS 坐标系

在 3D 游戏中，定义物体时，使用左手坐标系（LHS）还是右手坐标系（RHS）完全取决于您。当然，必须保持一致。作者更偏爱左手坐标系，因为这样其他的变换（和投影）将更容易，作者喜欢+z 轴垂直于屏幕朝内，而不是朝外。然而，在图纸上绘图时，有时候使用 RHS 将更容易，因为这样+*z* 轴将指向绘图者。要使用 RHS 模型坐标系，并在最后的 3D 投影中使用 LSH 坐标系，只需反射 *z* 轴便可实现。但为何要将简单问题复杂化呢？

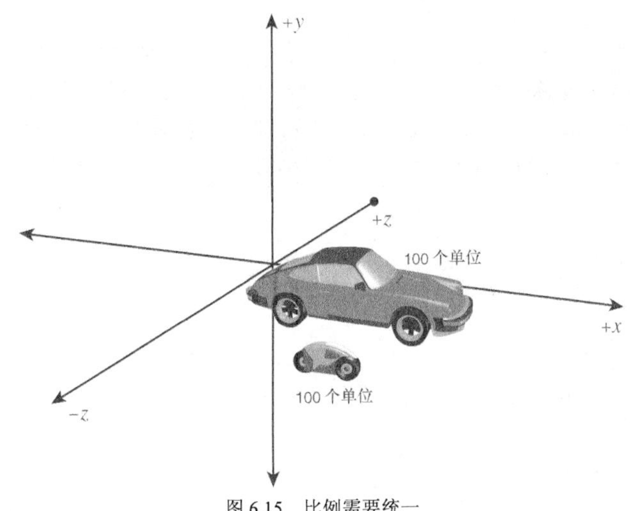

图 6.15　比例需要统一

6.3.2　世界坐标

建立好所有的 3D 模型后，需要将其放置到世界坐标系中。此时世界坐标将登上舞台。世界坐标表示的是虚拟宇宙（virtual universe）中的实际位置，物体将在虚拟宇宙中移动和被变换。也就是说，世界坐标表示的是绝对位置，而不是相对位置。要理解世界坐标，首先要理解其范围。即世界应多大？应为 1×1×1、10×10×10 还是 1 000 000×1 000 000×1 000 000?

如果在模型坐标中，1 个单位表示 1 米，同时希望游戏空间为 100×100×100km（对坦克和赛车而言，这很合适）。由于 1km 为 1000 米，因此游戏空间的坐标范围如下：

- x 轴—— −50 000 <= x <= 50 000；
- y 轴—— −50 000 <= y <= 50 000；
- z 轴—— −50 000 <= z <= 50 000。

对于上述范围，使用浮点数很容易对其进行处理。在另一方面，如果模型坐标的 1 个单位表示 1cm，而宇宙空间是一个 1 000 000km 的立方体，则处理世界坐标时可能遇到问题，因为世界坐标范围如下：

- x 轴—— $-0.5 \times 10^{10} <= x <= 0.5 \times 10^{10}$；
- y 轴—— $-0.5 \times 10^{10} <= y <= 0.5 \times 10^{10}$；
- z 轴—— $-0.5 \times 10^{10} <= z <= 0.5 \times 10^{10}$。

上述范围无法用 32 位整数（可表示的范围为 $\pm 2\times 10^9$）来表示，即使使用标准的 32 位浮点数来表示，也无法包含小数部分。总之，坐标范围太大了。经验法则是，需要对宇宙空间进行限制，使得即使在表示宇宙边界的坐标时，也能达到小数部分至少有 3～4 位的精度。

注意：除模型大小外，还需考虑最终的缩放变换和相机变换等因素，因此经常需要调整宇宙空间的大小，使之与游戏物体的大小、速度和缩放比例匹配。例如，在作者编写的一个 3D 射击游戏中，使用的宇宙空间非常小（4096 × 4096 × 4096），但玩家以 30 英尺/秒的速度从一端跑到另一端时，需要大约 15 秒钟，因此比较合适。然而对于空战游戏，宇宙空间需要大 10 倍，因为宇宙飞船的速度快得多。当然，实际上，宇宙飞船的速度要快数千倍，但在虚拟世界中，速度快 10 倍、空间大 10 倍可能足够了。

将物体放置到世界坐标系中

读者对局部坐标和世界坐标有所了解后，接下来介绍如何将局部坐标变换为世界坐标。别忘了，局部（模型）坐标只是用于定义物体，接下来必须将物体放置到世界坐标系中，以获得世界坐标。例如，回过头来看看图 6.12，在这个图中，用模型坐标定义了一个简单的立方体，其边长为 10 个单位。各个顶点的模型坐标如下：

```
Vertex 0: (10,10,10)
Vertex 1: (-10,10,10)
Vertex 2: (-10,10,-10)
Vertex 3: (10,10,-10)
Vertex 4: (10,-10,10)
Vertex 5: (-10,-10,10)
Vertex 6: (-10,-10,-10)
Vertex 7: (10,-10,-10)
```

实际上，我们将使用数据结构 POINT3D 来定义这个立方体：

```
POINT3D cube_model[8] = {
{10,10,10}, // 顶点0
{-10,10,10}, // 顶点1
{-10,10,-10}, // 顶点2
{10,10,-10}, // 顶点3
{10,-10,10}, // 顶点4
{-10,-10,10}, // 顶点5
{-10,-10,-10}, // 顶点6
{10,-10,-10}, // 顶点7
};
```

当然，也可以使用 4 个顶点来定义每个面，这些面是构成 3D 立方体的多边形：

```
Face 0: (0,1,2,3)
Face 1: (4,7,6,5)
Face 2: (0,3,7,4)
Face 3: (2,3,7,6)
Face 4: (1,5,6,2)
Face 5: (0,4,5,1)
```

然而，将局部/模型坐标变换为世界坐标时，并不需要多边形的定义，因此我们并不需要上述面列表。

给定用局部/模型坐标表示的物体顶点列表，要将其变换为世界坐标，只需知道要将物体的中心放置到游戏世界的什么位置，然后将局部/模型坐标平移到这个位置即可。假设游戏世界的大小为 1000×1000×1000，且要将物体的中心放置到世界坐标（world_x，world_y，world_z）上，如图 6.16 所示，则可以使用下述平移算法：

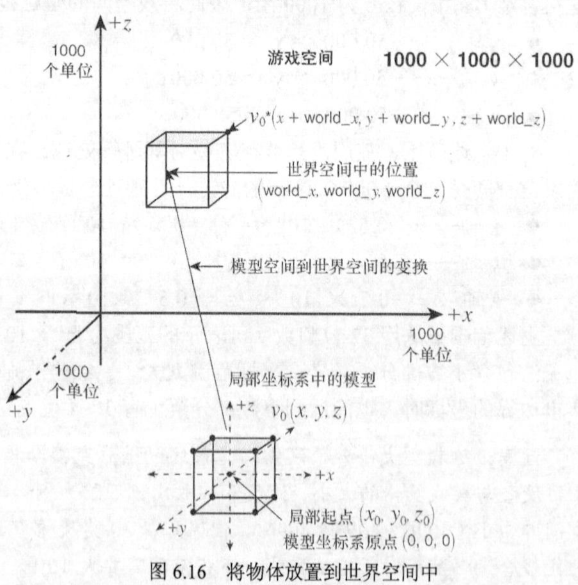

图 6.16　将物体放置到世界空间中

```
POINT3D cube_world[8]; // 用于存储世界坐标
// 对每个顶点平移(world_x, world_y, world_z)
```

```
for (int vertex = 0; vertex<8; vertex++)
    {
    cube_world[vertex].x=cube_model[vertex].x+world_x;
    cube_world[vertex].y=cube_model[vertex].y+world_y;
    cube_world[vertex].z=cube_model[vertex].z+world_z;
    } // end for
```

这里没有修改立方体的局部/模型坐标，这很重要。如果对其进行修改，将丢失立方体模型。这里对模型坐标进行变换，并将结果存储在一个新的顶点列表中。这看似浪费存储空间，但这是不可避免的。事实上，在 3D 流水线中对顶点进行处理时，可能存储多个坐标版本。我们将尽可能减少坐标版本数，但通常至少有 2～3 个版本。

上述算法只不过是进行平移而已。因此，从局部/模型坐标到世界坐标的变换可以用一个标准矩阵来表示，对于平移，这样的矩阵被称为 T_{mw}。然而，需要注意的是，要使用矩阵来表示平移，需要使用 4D 齐次坐标，平移矩阵如下：

$$T_{mw} = \begin{bmatrix} 1 & 0 & 0 & 0 \\ 0 & 1 & 0 & 0 \\ 0 & 0 & 1 & 0 \\ world\_x & world\_y & world\_z & 1 \end{bmatrix}$$

注意：本书常常用 T 表示矩阵，用下标表示变换方式，例如 T_{lw} 表示从局部坐标到世界坐标的变换矩阵。然而，如果矩阵为平移矩阵或旋转矩阵，则 T 表示平移，R 表示旋转。总之，读者看到用 T 和下标表示的矩阵时，它要么表示常规变换，要么表示平移。

然而，本书前面介绍了很多矩阵乘法函数，它们知道如何将 3D 向量和 4×3 矩阵相乘，或者将 4D 向量同 4×3 和 4×4 矩阵相乘。关键之处在于，要使用矩阵乘法来实现平移，必须使用包含 4 行的矩阵。要将点$[x_m\ y_m\ z_m\ 1]$从局部/模型坐标变换为世界坐标，需要执行的矩阵运算如下：

$$[x_m\ y_m\ z_m\ 1] * \mathbf{T}_{mw}$$

$$= [x_m\ y_m\ z_m\ 1] * \begin{bmatrix} 1 & 0 & 0 & 0 \\ 0 & 1 & 0 & 0 \\ 0 & 0 & 1 & 0 \\ world\_x & world\_y & world\_z & 1 \end{bmatrix}$$

$$= [x_m + world\_z\ \ y_m + worldy\ \ z_m + world\_z\ \ 1]$$

$$= [x_w\ y_w\ z_w\ 1]$$

为简化数学运算，这里使用的是 4D 齐次坐标，但只要将第 4 个分量 w 视为 1.0，也可以使用 3D 坐标，因此可以根据情况，分别使用 4×3 或 4×4 矩阵乘法。最后，要将 4D 齐次坐标转换为常规的 3D 坐标，只需将 x_w、y_w 和 z_w 分别除以分量 w 即可。在这个例子中，w 为 1.0，因此无需执行除法。

总之，将局部/模型坐标变换为世界坐标很简单，只需将每个物体的中心平移到世界空间中所需的位置即可。这是通过将模型的所有顶点进行平移，并将结果存储到另一个数据结构中实现的。

在 3D 流水线中，仅当需要旋转或缩放物体时，才需要对物体的局部坐标进行变换；否则只需将局部/模型坐标变换为世界坐标，从而将物体放置到世界空间中。图 6.17 是至此完成的 3D 流水线，其输出为世界坐标。

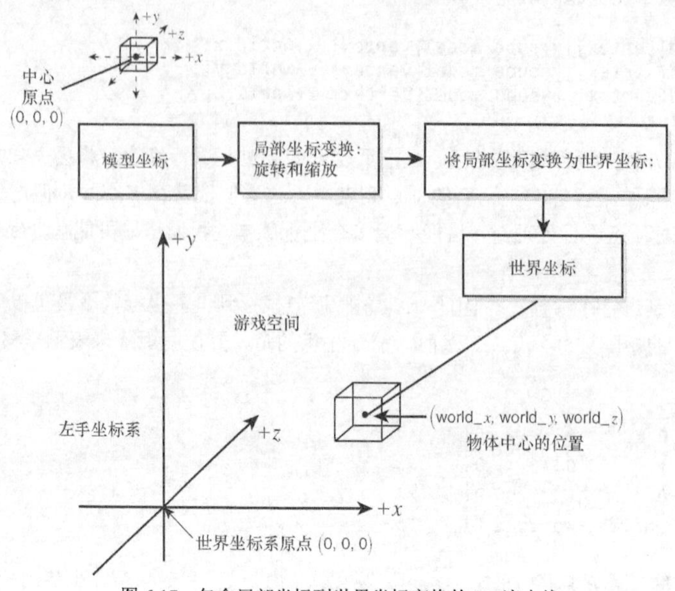

图 6.17　包含局部坐标到世界坐标变换的 3D 流水线

6.3.3　相机坐标

局部/模型坐标在物体自己的 3D 空间内定义了物体，坐标系是相对于(0，0，0)的；世界坐标系定义了虚拟的 3D 空间，物体将被放置到这个空间中。然而，3D 游戏是围绕着 3D 相机进行的，因此需要采取某种方式来观察 3D 物体。为此，需要定义相机坐标系，并将世界坐标变换为相机坐标。

1．视景体

要观察 3D 空间中的场景，最常用的方法是将一台相机放置在世界的某个地方，然后通过特定的视景体观察世界，如图 6.18 所示。正如读者看到的，有一个 3D 世界坐标系，一台虚拟相机放置在(cam_x，cam_y，cam_z)处，相机的方向是由(ang_x，ang_y，ang_z)定义的。另外，还有一个视景体，它定义了相机能够拍摄到的空间。视景体可以通过水平和垂直方向的视野（FOV）参数来定义的，这两个参数的取值范围通常为 60～130 度。另外，还有远裁剪面和近裁剪面，只有位于这两个裁剪面之间的物体才是可见的，其他物体都看不到。最后，还有更复杂的视平面，但归根结底，它是一个数学意义上的平面，3D 图像将被投影到该平面上，以便能够在 2D 计算机屏幕上渲染图像。接下来我们花些时间来讨论构成视景体的 6 个面。

（1）远、近裁剪面

远裁剪面和近裁剪面分别位于 far_z 和 near_z 处。它们的平面方程分别是 z = near_z 和 z = far_z。

这些平面垂直于观察方向，决定了哪些物体将被渲染到图像中。换句话说，比远裁剪面更远或比近裁剪面更近的物体都不会被渲染。比远裁剪面更远的物体被投影和渲染后将非常小（小点），因此没必要考虑它们；相反，比近裁剪面更近的物体离相机太近，如果考虑它们，将相当于让您面向一堵墙，并看着它。

（2）视景体墙

视景体实际上是使用远裁剪面和近裁剪面对一个棱锥进行裁截得到的，该棱锥是由视景体墙定义的。

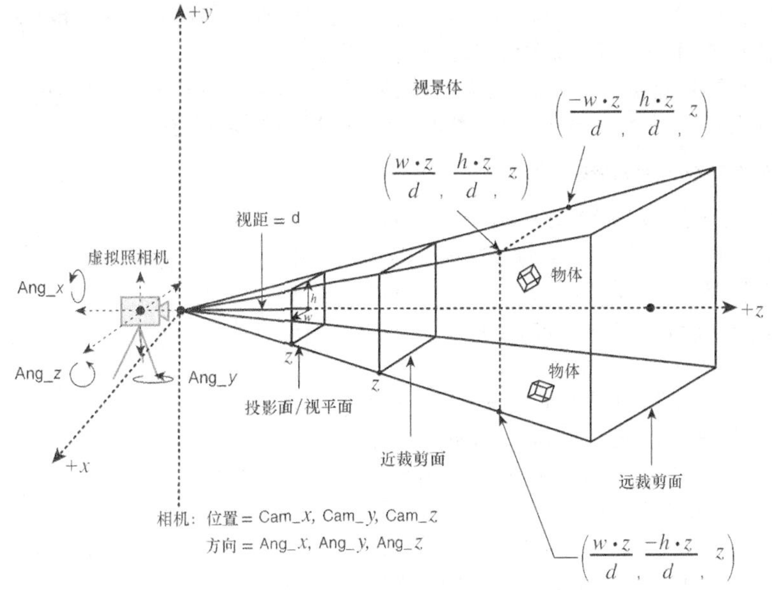

图 6.18　3D 视景体

在图 6.18 中，使用的是一个 90 度的视景体，四面视景体与观察方向的夹角都为 45 度，如图 6.19 所示。因此，视景体墙平面的方程为$|x| = z$ 和$|y| = z$。和远近裁剪面一样，视景体墙也被用于裁剪物体。不再视景体墙内面的物体是看不到的，将被裁减掉（删除）。

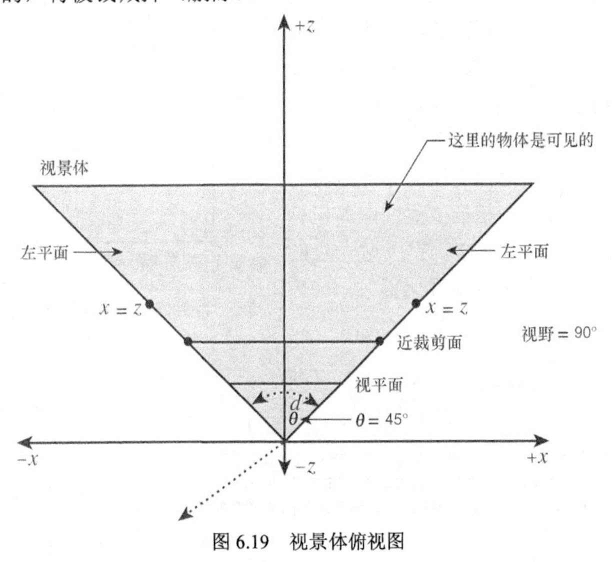

图 6.19　视景体俯视图

（3）世界和相机之间的关系

我们要对 3D 世界中的物体进行变换，使其位置是相对于相机的。换句话说，我们要以尽可能简单的方式将物体的世界坐标同相机关联起来，即需要将世界坐标变换为相机坐标。

在图 6.19 中，相机的世界坐标为(0，0，0)，镜头指向+z 轴方向，水平视野和垂直视野都是 90 度。如果物体位于视景体内，将被渲染；否则不被渲染。然而，在 99.99999％的情况下，相机都不位于原点处，也不是指向+Z 轴方向，而是位于玩家的眼睛处，并指向玩家前面。

如果要人为地世界坐标系，使相机位于世界坐标系的原点处，指向+z 轴方向，且上方为+y 轴方向，即观察角度为(0，0，0)，需要对所有的世界坐标进行什么样的变换呢？这就是世界坐标到相机坐标变换，实际上非常简单。

2．世界坐标到相机坐标的变换

世界坐标到相机坐标的变换指的是对世界坐标系进行移动，使得相机位于世界坐标系的原点，镜头指向+Z 轴方向；为此，只需相应的移动所有物体即可。这种变换由两步组成：首先平移，然后旋转。我们首先讨论平移。

（1）平移

图 6.20a 是一个经过简化的游戏世界，其中只有一个物体和一台相机，后者的位置为(cam_x，cam_y，cam_z)。为简化问题，假设相机角度为(0，0，0)。如果将相机移到世界坐标(0，0，0)处，要确保位于(world_x，world_y，world_z)的物体相对于相机的位置保持不变，应如何移动该物体呢？在图 6.20b 中，相机移到了(0，0，0)处，为保持物体和相机的相对位置不变，物体被移到(world_x－cam_x，world_y－cam_y，world_z－cam_z)处。相机和物体之间的相对距离和角度保持不变；换句话说，相机镜头中的风景依旧。

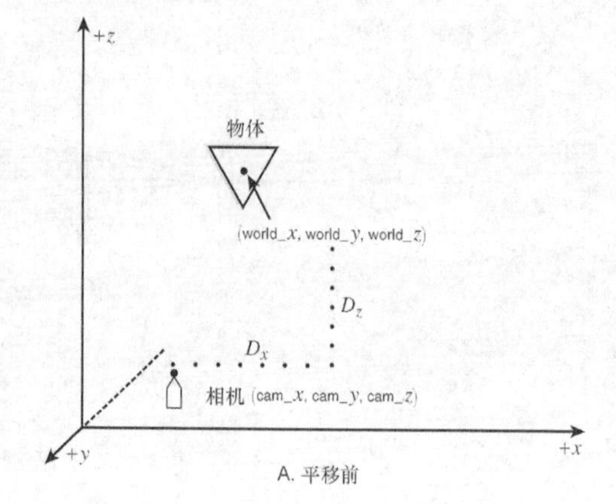

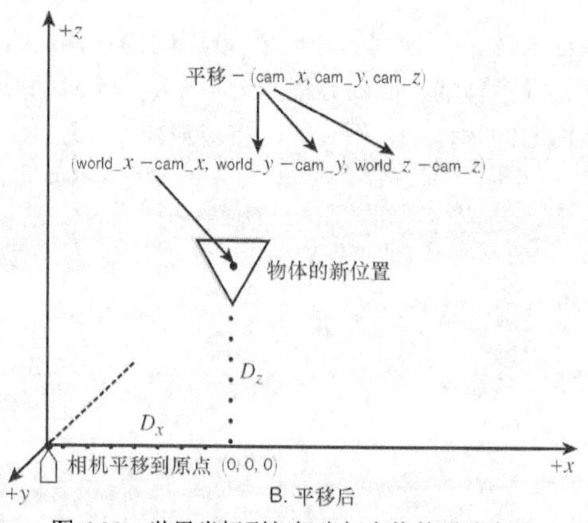

图 6.20　世界坐标到相机坐标变换的平移步骤

相机镜头指向+z 轴后，可以通过一些数学运算来判断物体是否在视景体内，如果是，则再通过其他一些数学计算将其渲染到屏幕上。这些内容将在后面介绍。关键之处在于，我们已经解决了世界坐标到相机坐标变换这一问题的一半——平移。

换句话说，世界坐标到相机坐标变换的第一步是对所有世界坐标进行平移，平移量为相机位置的世界坐标的负，即(−cam_x，−cam_y，−cam_z)。完成这一步的代码如下（这里使用的是前一节中的世界坐标）：

```
POINT3D cube_camera[8]; // 用于存储相机坐标

// 将每个顶点平移(-cam_x, -cam_y, -cam_z)
for (int vertex = 0; vertex<8; vertex++)
   {
    cube_camera[vertex].x=cube_model[vertex].x-cam_x;
    cube_camera[vertex].y=cube_model[vertex].y-cam_y;
    cube_camera[vertex].z=cube_model[vertex].z-cam_z;
    } // end for
```

同样，这里使用了一个新的 POINT3D 结构数据来存储相机坐标。另外，这一步类似于局部坐标到世界坐标变换，读者可能想将其合并成一次变换。虽然现在只完成了世界坐标到相机坐标变换工作的一半，但我还是要说，可以使用矩阵乘法将 3D 流水线中的很多变换合并起来。然而，很多时候，最好还是分步完成这些工作，因为我们可能不想将所有物体的世界坐标都变换为相机坐标。在 3D 流水线处理过程中，很多由顶点定义的物体和/或多边形可能由于诸如裁剪和隐藏面消除等操作而被丢弃。然而，根据 3D 引擎的工作方式，确实可能使用一个矩阵将点的局部坐标直接变换为屏幕坐标。这将在后面介绍。

同样，可以使用一个矩阵来表示上述平移步骤。假设相机位置的平移矩阵为 T_{cam}，则将其每个平移因子求负，可得到其逆矩阵 T_{cam}^{-1}：

$$T_{cam}^{-1} = \begin{bmatrix} 1 & 0 & 0 & 0 \\ 0 & 1 & 0 & 0 \\ 0 & 0 & 1 & 0 \\ -cam\_x & -cam\_y & -cam\_z & 1 \end{bmatrix}$$

数学知识：对于任何平移矩阵，只需将其最下面一行中的平移因子求负，便可以得到其逆矩阵。另外，对于任何旋转矩阵，要计算其逆矩阵，只需将该矩阵中每个正弦和余弦项中的角度求负，或将其转置。

因此，要计算相机被人为地移动到原点后，各个顶点的相应位置，只需将其世界坐标与矩阵 T_{cam}^{-1} 相乘即可。具体步骤如下（这里没有考虑相机的方向）：

$$[x_w\ y_w\ z_w\ 1] * T_{cam}^{-1}$$

$$= [x_w\ y_w\ z_w\ 1] * \begin{bmatrix} 1 & 0 & 0 & 0 \\ 0 & 1 & 0 & 0 \\ 0 & 0 & 1 & 0 \\ -cam\_x & -cam\_y & -cam\_z & 1 \end{bmatrix}$$

$$= [x_w - cam\_x\ \ y_w, - cam\_y\ \ z_w, - cam\_z,\ 1]$$

如果要在代码中使用矩阵来完成这个步骤，需要使用简单的矩阵乘法，如下所示：

```
// 定义平移矩阵
MATRIX4X4 Tcam_inv = { {1, 0, 0, 0},
                       {0, 1, 0, 0},
                        {0, 0, 1, 0},
                       {-cam_x, -cam_y, -cam_z, 1} };

// 通过矩阵乘法将每个顶点平移(-cam_x, -cam_y, -cam_z)
for (int vertex = 0; vertex<8; vertex++)
    {
    // 将向量/点 cube_world[]乘以平移矩阵
    // 为确保矩阵乘法运算有效，假设 w=1
    Mat_Mul_VECTOR3D_4X4(cube_world[vertex],
                         &Tcam_inv,
                         cube_camera[vertex]);

    } // end for
```

警告：执行矩阵乘法时，务必使用不同的源顶点数组和目标顶点数组，否则结果将不正确。因此使用矩阵对顶点进行变换时，决不要将变换结果存储到原来的顶点变量中。

至此，我们完成了世界坐标到相机坐标变换的第一步，接下来需要完成第二步。在第一步中，我们首先将相机平移到坐标系的原点，而对每个物体或顶点的世界坐标执行一个逆平移操作，即平移量为(-cam_x，-cam_y，cam_z)；对于相机的朝向，也可以以类似的方法来处理。

（2）旋转

图 6.21a 几乎与图 6.20a 相同，只是相机观察角度为(0，ang_*y*，0)。换句话说，相机的航向角（yaw angle）不再为 0，因此不再指向+*z* 轴方向。如果能够确定将相机的朝向旋转到与+*z* 轴平行对世界中其他物体的影

响，问题便解决了。

首先，需要平移所有物体的世界坐标，使相机位于世界坐标系的原点。为此，可对相机的位置坐标求负，然后将其作为所有物体的平移量，即平移(-cam_*x*，-cam_*y*，cam_*z*)。这相当于将每个点的世界坐标乘以矩阵 T_{cam}^{-1}。

此时的情形如图 6.21b 所示。相机位于世界坐标系原点，物体相对于相机的位置保持不变，但相机的观察角仍为(0，ang_y，0)。要让相机的朝向与+Z 轴重合，只需将相机绕 Y 轴旋转-ang_y，这是相机观察角度(0，ang_y，0)的逆。然而，我们必须对所有物体的顶点也这样做，结果如图 6.21c 所示。

在图 6.21c 中，相机位于(0，0，0)处，观察角度为(0，0，0)，同时，物体与相机之间的相对位置和角度保持不变。只有物体在世界空间的绝对位置发生了变化，但物体之间以及物体和相机之间的相对关系保持不变。至此，对于相机位置为(cam_*x*，cam_*y*，cam_*z*)和欧拉观察角度为(0，ang_*y*，0)的情况，从世界坐标到相机坐标的变换便完成了。

然而，对于一般性观察角度(ang_*x*，ang_*y*，ang_*z*)，又该如何处理呢？变换方法相同：必须首先使用逆矩阵 T_{cam}^{-1} 对世界坐标进行变换，然后使用相机朝向的逆进行一系列的旋转变换，将世界坐标变换为合适的值。当然，相机朝向由 3 个角度指定，因此旋转顺序有 6 种：

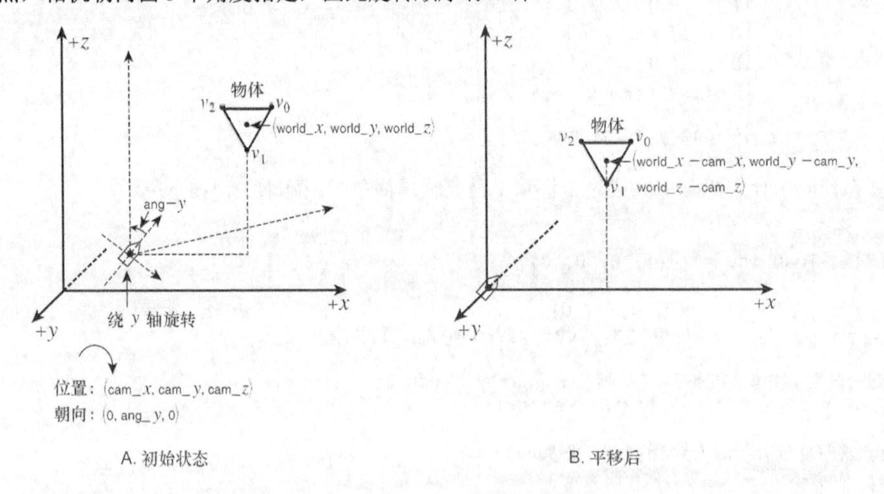

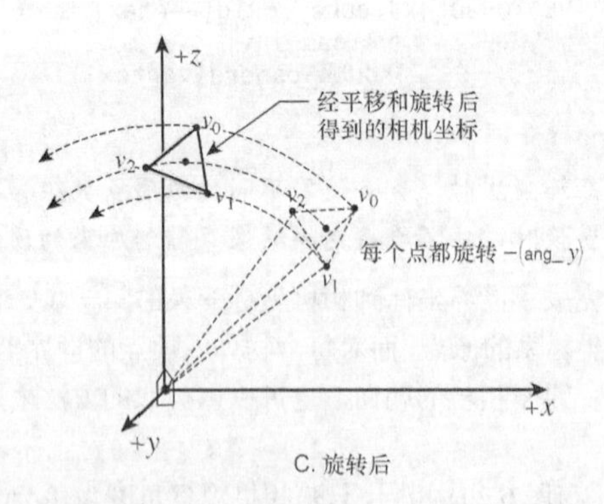

图 6.21　世界坐标到相机坐标变换的旋转步骤

- 顺序 1：xyz；
- 顺序 2：xzy；
- 顺序 3：yxz；
- 顺序 4：yzx；
- 顺序 5：zxy；
- 顺序 6：zyx。

然而，大多数人都使用顺序 3 或顺序 6，因为首先改变航向，然后改变倾斜角更为合理。除非对狗而言，否则倾侧角不容易理解。然而，采用哪种顺序完全取决于您。顺序只是意味着在有虚拟相机的情况下，按什么样顺序执行旋转，仅此而已。然而，在大部分情况下，游戏中并没有相机，而只有相机拍摄到的景色；因此旋转顺序是无关紧要的。无论如何，我们在范例中将采用顺序 3。

因此，需要执行 3 次旋转：一次绕 y 轴，我们称之为 R_{camy}^{-1}；然后绕 x 轴，称之为 R_{camx}^{-1}；再绕 z 轴旋转，称之为 R_{camz}^{-1}。另外，旋转必须是相机角度的逆，因为我们需要反转整个系统。对于每个顶点，将其变换为相机坐标的完整过程如下：

$$\mathbf{T}_{wc} = \mathbf{T}_{cam}^{-1} * \mathbf{R}_{camy}^{-1} * \mathbf{R}_{camx}^{-1} * \mathbf{R}_{camz}^{-1}$$

当然，可以将这些变换矩阵合并成一个矩阵，称之为 T_{wc}，然后使用它对每个顶点进行变换，以便将世界坐标变换为相机坐标，如下所示：

$$[x_w\ y_w\ z_w\ 1] * \mathbf{T}_{wc}$$

提示：注意，这里使用的是相机平移矩阵和旋转矩阵的逆矩阵。如果将相机视为一个物体，为正确地指定为位置和朝向，可使用下述变换序列将其变换为世界坐标：

$$\mathbf{R}_{camy} * \mathbf{R}_{camx} * \mathbf{R}_{camz} * \mathbf{T}_{cam}$$

注意，平移和旋转顺序相反，且使用的不是逆矩阵。另外，相机不过是一个单位向量而已，其位置为（cam_x，cam_y，cam_z），方向为（ang_x，ang_y，ang_z）。

在实际编程时，您需要计算矩阵 $\mathbf{T}_{wc}$，它等于 $\mathbf{T}_{cam}^{-1} * \mathbf{R}_{camy}^{-1} * \mathbf{R}_{camx}^{-1} * \mathbf{R}_{camz}^{-1}$。您可以在草稿纸上手工计算出这个矩阵，然后使用它来初始化；也可以定义各个矩阵，然后依次将它们相乘，并使用得到的结果。这两种方式都可行，因此对于每一帧，只需计算世界坐标到相机坐标变换矩阵一次，且几次矩阵乘法运算的工作量并不大。

然而，如果您确实要手工计算 $\mathbf{T}_{wc}$，可使用三角函数来简化矩阵乘法。然而，我想将这项内容放到后面去介绍，因为这只不过是一个三角函数练习而已。就现在而言，我们将使用前面的平移和旋转公式，让计算机完成这项工作：

```
// 假定相机位于(cam_x, cam_y, cam_z)处
// 观察角度为 (ang_x, ang_y, ang_z)
// 旋转顺序为 yxz

// 平移矩阵
MATRIX4X4 Tcam_inv = { {1, 0, 0, 0},
                       {0, 1, 0, 0},
                       {0, 0, 1, 0},
                       {-cam_x, -cam_y, -cam_z, 1} };
```

```
// 现在需要计算绕 x、y 和 z 轴旋转的旋转矩阵

// 下面是绕 x 轴的逆旋转矩阵
// 要得到逆矩阵，只需要将旋转角度取负即可
MATRIX4X4 Rcamx_inv = {
        {1,  0,            0,            0},
        {0,  cos(-ang_x), sin(-ang_x),   0},
        {0,  -sin(-ang_x), cos(-ang_x),  0},
        {0,  0,            0,            1}};

// 下面是绕 y 轴的逆旋转矩阵
// 要得到逆矩阵，只需要将旋转角度取负即可
MATRIX4X4 Rcamy_inv = {
        {cos(-ang_y), 0,  -sin(-ang_y),  0},
        {0,           1,  0,             0},
        {sin(-ang_y), 0,  cos(-ang_y),   0},
        {0,           0,  0,             1}};

// 下面是绕 z 轴的逆旋转矩阵
// 要得到逆矩阵，只需要将旋转角度取负即可
MATRIX4X4 Rcamz_inv = {
        {cos(-ang_z), sin(-ang_z),  0,   0},
        {-sin(-ang_z), cos(-ang_z), 0,   0},
        {0,            0,           1,   0}
        {0,            0,           0,   1}};

// 计算出所有的逆旋转矩阵后，将它们相乘
// Tcam_inv * Rcamy_inv * Rcamx_inv * Rcamz_inv

MATRIX4X4 Mtemp1, Mtemp2, Tcam;
Mat_Mul_4X4(&Tcam_inv, &Rcamy_inv, &Mtemp1);
Mat_Mul_4X4(&Rcamx_inv, &Rcamz_inv, &Mtemp2);

// 注意顺序
Mat_Mul_4X4(&Mtemp1, &Mtemp2, &Tcam);

// 现在可以执行世界坐标到相机坐标变换了

for (int vertex = 0; vertex<8; vertex++)
    {
    // 将向量/点 cube_world[]乘以平移矩阵
    // 为确保矩阵乘法运算有效，假设 w=1
    Mat_Mul_VECTOR3D_4X4(cube_world[vertex],
                         &Tcam,
                         cube_camera[vertex]);

    } // end for
```

数学知识：如果读者愿意，可以使用恒等式 sin（-x） = -sin（x）和 cos（-x） = cos（x）来简化矩阵中的正弦和余弦项。这里之所以没有这样简化，旨在向读者说明计算旋转矩阵的逆矩阵是多么简单。

现在，可以在 3D 观察流水线中加入世界坐标到相机坐标的变换，得到如图 6.22 所示的流程图。然而，该流程图并不准确，其中省略了一些中间步骤，如隐藏物体消除和裁剪，稍后将介绍这些步骤。

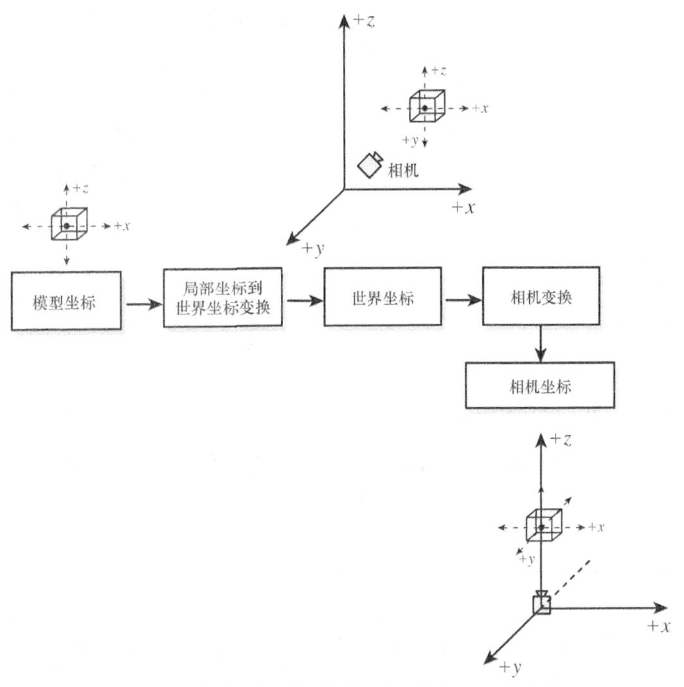

图 6.22 包含世界坐标到相机坐标变换的 D3 流水线

6.3.4 有关相机坐标的说明

最后需要提醒读者注意的是，世界坐标到相机坐标变换取决于您使用的虚拟相机表示方法。在本章中，我们使用的是一种非常粗糙的相机系统，这种系统存在很多问题，如万向接头死锁（gimbal lock）。

将相机绕某条轴旋转，使其达到与另一条轴重叠的程度后，再将相机绕后一条轴旋转时根本不管用。例如，在图 6.23 中，首先将相机绕 y 轴旋转 90 度，使其与 x 轴重叠后，再绕 X 轴旋转相机时根本不管用，这被称为万向接头死锁。

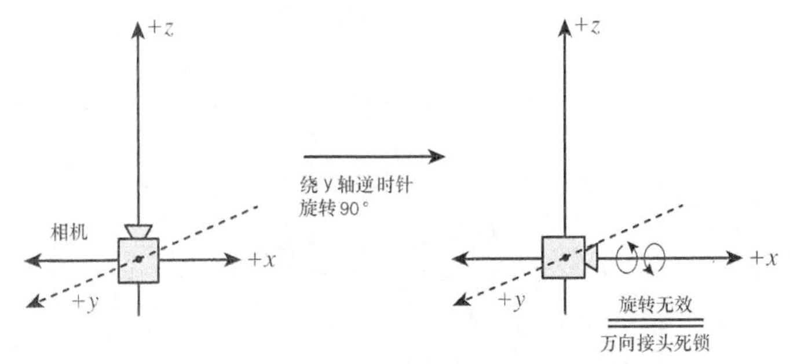

图 6.23 万向接头死锁

当然，有更好的相机系统，它们基于一种更自然的相机表示法，并从焦点（或注视点[look at point]的角度考虑相机的朝向和位置，如图 6.24 所示，这将在下一章详细介绍。

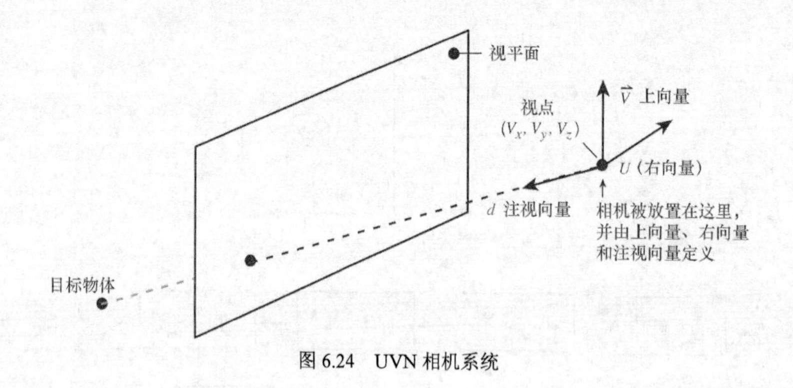

图 6.24　UVN 相机系统

6.3.5　隐藏物体（面）消除和裁剪

前面讨论坐标变换时，有两个主题——隐藏物体（面）消除和裁剪——没有介绍，因为它们与坐标没有关系。但要提醒读者注意的是，在 3D 流水线中需要考虑这两个主题。接下来花些时间来讨论它们，首先介绍隐藏物体（面）消除。

执行世界坐标到相机坐标变换时（或在此之前），需要执行很多测试，以判断物体对相机而言是否可见。这些测试通常被称为隐藏面消除。也就是说，需要判断哪些物体和/或几何体对相机而言是可见的，以免错误地渲染它们（更重要的是，首先避免对物体进行相机变换）。通常，执行的测试有两种：背面消除和包围球测试。

1．背面消除

在图 6.25 中，有一个物体和一台相机，但目前还处于世界坐标系下。隐藏面消除测试是在世界空间中进行的，测试还未执行世界坐标到相机坐标变换。这种测试用于避免对那些由于被遮住而从视点看不到的多边形进行世界坐标到相机坐标变换。

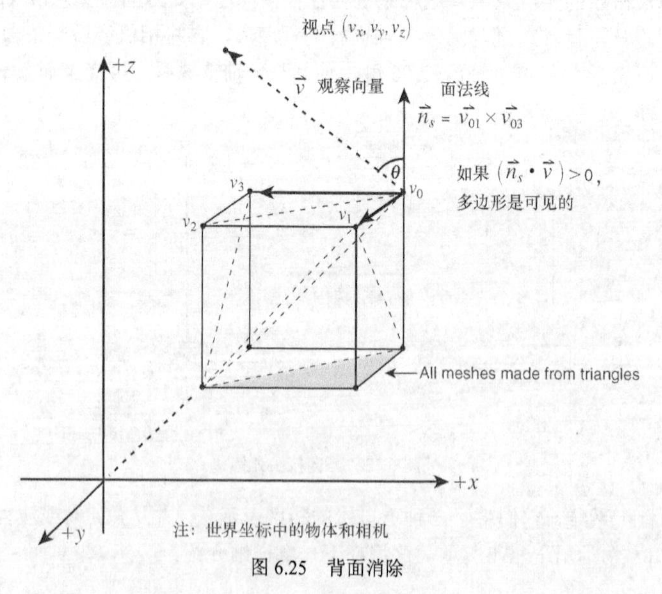

图 6.25　背面消除

背面测试的工作原理如下：以统一的方式（顺时针或逆时针，这无关紧要）对构成每个物体的所有多边形进行标记，然后计算每个多边形的面法线 $\mathbf{n}_s$，并根据观察向量对这条法线进行测试，如图 6.25 所示。如果面法线和观察向量之间的夹角不超过 90 度，则多边形对观察者而言是可见的（当然，对于双面多边形，这种测试不管用）。使用这种测试，最起码能消除一半的多边形。

这种测试是使用点积来实现的，因为任何两个向量的点积都具有如下性质：

- 当且仅当向量 u 和 v 的夹角为 90 度（$\pi/2$ 弧度）时，$u.v = 0$；
- 当且仅当向量 u 和 v 的夹角小于 90 度（$\pi/2$ 弧度）时，$u.v > 0$；
- 当且仅当向量 u 和 v 的夹角大于 90 度（$\pi/2$ 弧度）时，$u.v < 0$。

因此，在以多边形网格定义物体的数据结构（稍后将介绍）中，有一个指出多边形为单面的标记，这样便可以使用这种测试来排除大量的多边形，避免对它们进行开销高昂的世界坐标到相机坐标变换，伪代码如下：

```
if ( ns. v) > 0)
    {
    // 多边形是可见的
    } // end if
```

注意：您可能将面法线与观察方向的夹角刚好为 90 度（即位于视野边缘）的多边形也视为可见的。然而，这在渲染时可能带来问题，因为这些多边形的宽度通常为 1 个像素。

2. 包围球测试

执行背面消除——根据相机在世界坐标系中的位置排除尽可能多的多边形后，需要对余下的所有物体进行世界坐标到相机坐标变换。然而，在执行背面消除之前，可以执行另一种测试。事实上，应该在背面消除之前执行该测试，以排除物体。然而，仅当物体被隔离到凸形区域中时这种测试才管用。换句话说，如果游戏是在太空中进行的，可以使用框（或球面）将每个行星和宇宙飞船围住。另一方面，对于由单个网格组成的室内游戏，这种测试不适用。然而，您完全可以将房间划分成多个区域。关键之处在于，尽可能避免对游戏世界中不可见的大型区域进行处理。

这种测试的原理是，对于世界空间中的每个物体，创建一个将其包围起来的球体，如图 6.26 所示。然后，只对球心（单个点）执行世界坐标到相机坐标变换，并判断球体是否位于视景体内，如果不在视景体内，则丢弃它包围的整个物体。如果球体的一部分在视景体内，这种测试无法得出结论，需要做其他测试。

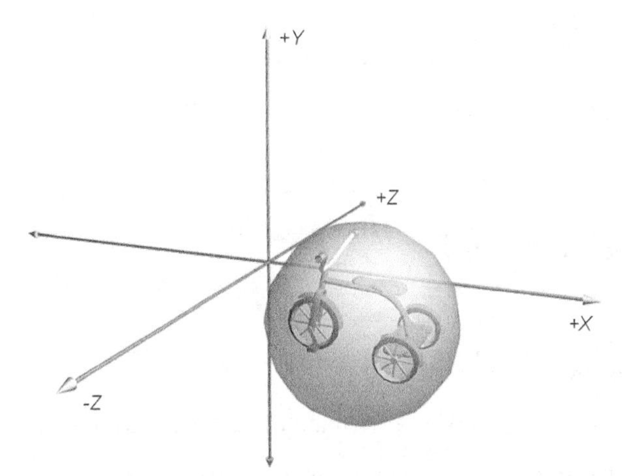

图 6.26　使用球体将物体包围起来以执行视景体剔除测试

因此，如果游戏世界中的物体由多边形构成，首先需要在世界空间内计算出包围每个物体的球体，然后只对（由单个点定义的）球体进行世界坐标到相机坐标变换，并判断它是否在视景体内。这样的物体将被丢弃，即包围它的球体完全不在视景体内。接下来，执行背面消除，并对余下的多边形执行世界坐标到相机坐标变换，这些多边形不是背面，且位于视景体内。

有关包围球算法的细节，将在创建线框 3D 引擎后介绍；这里只简述一下其中涉及的数学知识。问题很简单。假设有一个物体 O，它包含一组顶点，要计算包围球，可找出哪个顶点离物体中心最远，该顶点与中心之间的距离就是包围球的半径。这种计算可在加载物体前完成，而不要实时地计算。下面是一种可行的算法，它使用的是局部/模型坐标：

```
POINT3D cube_model[NUM_VERTICES]; // 3D 模型

float max_radius = 0; // 设置为 0
float curr_radius;

// 遍历顶点列表，将 curr_radius 设置为最大的半径
for (int vertex=0; vertex < NUM_VERTICES; vertex++)
    {
    float x=cube_model[vertex].x;
    float y=cube_model[vertex].y;
    float z=cube_model[vertex].z;

    // 当前半径是否更大？
    if (curr_radius = sqrt(x*x + y*y + z*z) > max_radius)
        max_radius = curr_radius;

    } // end for
```

当然，这里大量地使用了函数 sqrt()。要避免这样做，可以首先找出最大的距离平方，然后调用函数 sqrt()一次来计算出包围球半径：

```
POINT3D cube_model[NUM_VERTICES]; // 3D 模型

float max_radius = 0; // 设置为 0
float curr_radius;

// 遍历顶点列表，计算最大的半径平方
for (int vertex=0; vertex < NUM_VERTICES; vertex++)
    {
    float x=cube_model[vertex].x;
    float y=cube_model[vertex].y;
    float z=cube_model[vertex].z;

    // 半径平方是否更大？
    if (curr_radius = (x*x + y*y + z*z) > max_radius)
        max_radius = curr_radius;

    } // end for

// 计算半径
max_distance = sqrt(max_distance);
```

提示：上述代码基于的原理是，如果 $|a|>|b|$，则 $a^2>b^2$，反之，如果 $|a|<|b|$，则 $a^2<b^2$。

具体采用哪种算法无关紧要，因为这是在初始化阶段进行的。计算出半径后，可以通过一些计算来创建包围球：给定物体中心 **p0** 的世界坐标(x0，y0，z0)及其半径 max_radius，对中心点 **p0** 进行世界坐标到

相机坐标变换：

```
p1 = p0 * Twc
```

p1 是物体的包围球球心的相机坐标，如图 6.27 所示。接下来定义 6 个点，它们与 **p1** 之间的连线分别平行于±x 轴、±y 轴和±z 轴，到 **p1** 的距离都为 max_radius；这些点定义了一个以 **p1** 为球心的包围球 S。这样，便可以通过一些简单测试来判断包围球是否在视景体内。

图 6.27 是一个 x-z 平面俯视图；对于 y-z 平面，测试方法与此相同，这里不再重复。需要考虑的情况有多种：对包围球和视景体进行比较，以判断它是完全在视景体外、完全在视景体内还是部分在视景体内。如果包围球 S 部分或完全落在视景体内，只需在数据流中包含整个球体的网格，然后执行其他测试。此时，可以判断包围球是否部分或全部位于视景体内，也可以判断包围球是否完全在视景体外，采用何种方式完全取决于您。然而，有时候使用负逻辑的开销更低，因此这里将采用这种方法。

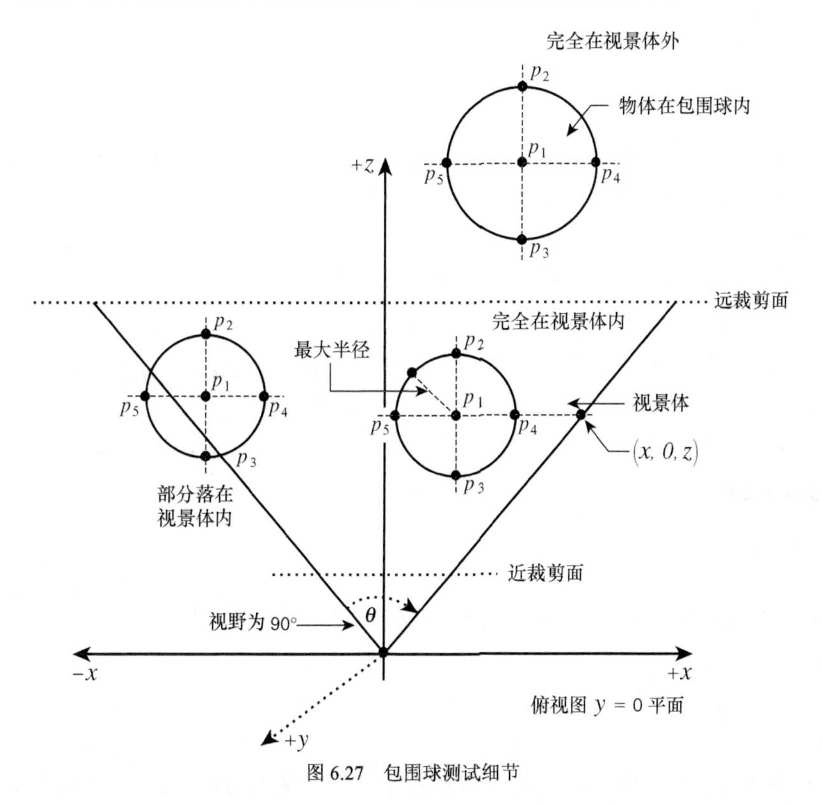

图 6.27　包围球测试细节

在 2D 空间中，可以这样描述问题：给定一个圆，其圆心为 **p1**($x1$，$z1$)，4 个点定义了其 x 和 z 方向的边界，即已知条件如下：

- 圆心：**p1**($x1, z1$)；
- 圆周上的 4 个点：

```
—p2(x1, z1+max_radius)；
—p3(x1, z1-max_radius)；
—p4(x1+max_radius, z1)；
—p5(x1-max_radius, z1)。
```

理论：如果这 5 个点都位于视景体内，则包围圆/球完全位于视景体内。

推论：如果这 5 个点都位于视景体外，则包围圆/球完全位于视景体外。

作者通常使用上述推论来排除整个球体。为此，需要根据视景体来得出一些方程，以便能够通过将点 **p1-p5** 代入方程，快速做出判断。根据图 6.26 可知，判断这些点与近裁剪面和远裁剪面的相对位置非常容易。如果下述任何一个条件为真，则可以肯定物体不在视景体内。

对于远裁剪面，条件为：

```
If (p3.z > far_z)
   {
   // 物体不在视景体内
   } // end if
```

对于近裁剪面，条件为：

```
If (p2.z < near_z)
   {
   // 物体不在视景体内
   } // end if
```

问题在于，视景体的左平面、右平面、上平面和下平面是一般性平面。然而，可以使用三角形（或平面方程）和点积来判断包围球和这些平面之间的相对位置。这里只考虑 2D 情形，且假设视野为 90 度。这样，问题简化为点 $\mathbf{p}(x, z)$ 是否在视景体左平面和右平面定义的三角形中。

视野为 90 度时，视景体左右平面的平面方程为

$$|x| = z$$

因此对于点 $\mathbf{p}(x, z)$，如果 $x<z$，则该点位于右裁剪面的左边；如果 $x>z$，则位于右边；如果 $x=z$，则刚好位于裁剪面上。对于左裁剪面，判断方法与此相同，但需要对 x 求负。

因此，对于右裁剪面，判断条件如下：

```
if (p5.x > p5.z)
   {
   // 物体不在视景体内
   } // end if
```

对于左裁剪面，判断条件如下（这里对 z 进行了求负，因为左裁剪面的方程为 $-z = y$）。

```
if (-p4.x > p4.z)
   {
   // 物体不在视景体内
   } // end if
```

对于上裁剪面和下裁剪面，也可以采用相同的方法；因此判断点 $\mathbf{p}(x, y, z)$ 是否位于视景体外的通用规则如下：

```
if ((z > far_z)  || (z < near_z) || // 远、近裁剪面
    (fabs(x) < z) || // 左、右裁剪面
    (fabs(y) < z))   // 上、下裁剪面
    {
    // 物体不在视景体内
    } // end if
```

现在，只需根据前面的规则对点 **p1**～**p5** 进行测试即可。

注意：这种方法看似不错，但别忘了它依赖于数据结构和物体的表示方法。游戏空间可能是由无约束的多边形（free polygon）组成的，因此没有真正可包含的物体。也许删除背面是没有意义的，因为网格是基于顶点列表的，必须对其进行变换，因此没有独立于构成物体的顶点的多边形列表。或者所有的物体都是半透明的，因此所有多边形都有两面。总之，在很多情况下，背面消除是没有意义的。

3．物体消除的局限性

关于物体消除，需要指出的一点是，如果物体的包围球不在视景体内，则物体也不可能在视景体内；反之则不正确：如果包围球部分位于视景体内，并不意味着物体也部分位于视景体内。这是因为包围球可能并没有很好地代表物体。例如，请看图 6.28，其中有一个非常长的物体的包围球以及一个视景体。有趣的是，包围球部分位于视景体内，但物体并不在视景体内。这并不意味着包围球测试不管用，而只是意味着它可能无法剔除所有位于视景体外的物体。因此，有时候将使用与物体形状更匹配的包围几何体，如立方体或平行六面体。

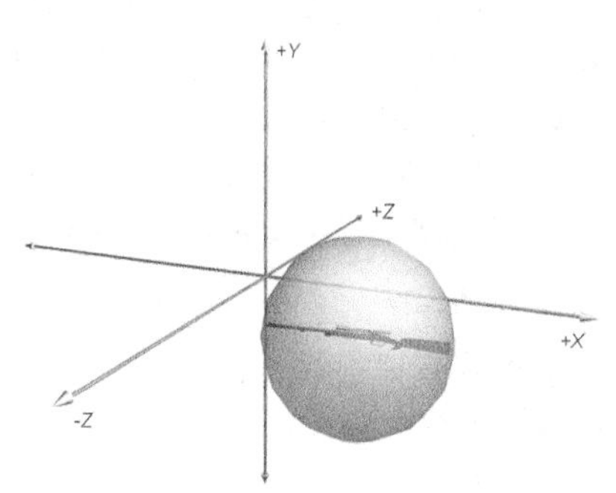

图 6.28　包围球可能不是最好的选择

至此，对物体和背面消除的简单介绍就结束了。图 6.29 是更新后的 3D 流水线。要将图像渲染到屏幕上，我们还有很长的路要走。

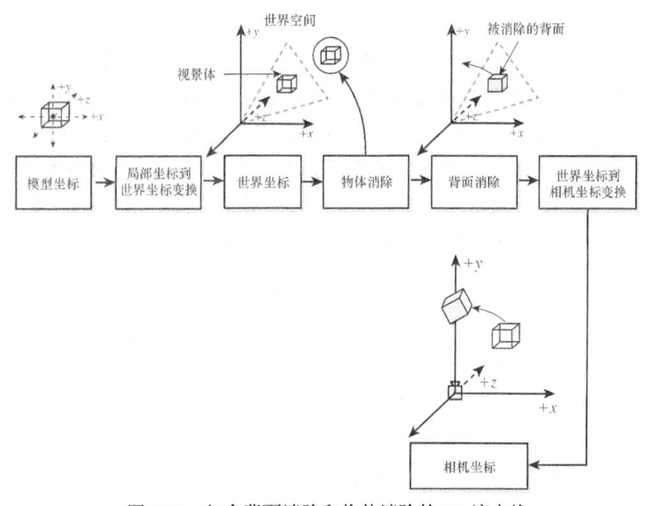

图 6.29　包含背面消除和物体消除的 3D 流水线

6.3.6　透视坐标

我们来回顾一下 3D 流水线的主要阶段。

- 第一阶段：在各个 3D 物体局部空间内使用局部坐标系定义它们。这种表示方法被称为局部/模型坐标表示法。
- 第二阶段：定义好所有 3D 模型后，通过将模型坐标变换为世界坐标，将它们放置到虚拟的 3D 世界中。这是通过模型坐标到世界坐标变换实现。这种变换只不过是根据要将物体中心放到世界空间的什么位置，相应地平移物体的顶点而已。在处理过程中，不要修改模型坐标，而应使用另一个数组来存储处理结果。

● 第三阶段：物体被放置到世界空间中后，它们是由世界坐标定义的，您需要通过一台虚拟相机来观察世界。表示相机的方式很多，但只要有位置和朝向就足够了。

● 第四阶段：此时可能需要执行隐藏物体/面消除，以最大限度地减少需要将其世界坐标变换为相机坐标的几何体数目。可能首先剔除物体，然后对于余下的可见物体，剔除其背面。

● 第五阶段：通过虚拟相机的镜头观察物体的方式很多，但当相机位于原点，镜头指向+*z* 轴方向时，可极大地简化处理工作。因此，对游戏世界中的几何体进行世界坐标到相机坐标变换，使得相机位于原点，镜头指向+*z* 轴。这种变换是用于放置虚拟相机时使用的平移变换和旋转变换的逆变换。

● 第六阶段：最后，相机位于原点，且观察角皆为 0 后，需要定义一个视景体，用于表示通过相机的虚拟镜头能够拍摄到的范围。视景体是由近裁剪面和远裁剪面以及水平和垂直视野定义的。位于视景体内的物体将被投影并渲染到屏幕上。投影阶段就是接下来要讨论的内容。

1．准备工作

讨论透视坐标之前，先简要地回顾一下投影过程和视景体。假设要渲染一个由一组顶点（v[ ]）组成的 3D 物体，而所有的变换工作已经完成。这个物体位于如图 6.18 所示的视景体中。问题是，如何将该图形投影到屏幕上？

答案取决于您想看到什么。我们首先来回顾一下虚拟相机系统，以方便解释相机、世界和屏幕之间的关系。

假设这个视野为 90 度的相机系统的观察方向与 Z 轴平行，并指向+Z 轴方向。下面的讨论将基于这个相机系统。

2．投影面/视平面

视景体决定了需要对哪些物体进行投影，而 3D 世界的虚拟图像将被投影到视平面上，然后被显示到 2D 光栅屏幕上。我们已经决定，相机最终将被放置到(0，0，0)处，并指向+Z 轴方向。接下来需要指定远裁剪面、近裁剪面和视平面。当然，您可以随意指定，但视平面的选择决定了观察流水线中后续处理的难易程度。

例如，由于视野为 90 度，因此可以通过 3D 系统的俯视图（如图 6.30 所示）来得出某些结论，同时又不失普遍性。然后将这些结论推广到 3D 空间中。首先，视平面和视点(0，0，0)之间的距离有时被称为视距(d)。d 的值对投影变换及其与屏幕坐标之间的关系有重大影响。

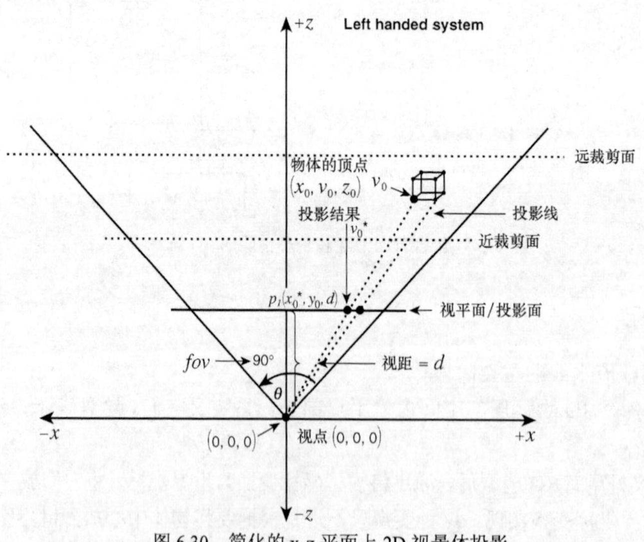

图 6.30　简化的 x-z 平面上 2D 视景体投影

定义好上述值并将 3D 物体放到视景体内后，为将其渲染到视平面上，我们从物体上的每点发出一条精确的投影线（mathematical projector），它穿过视平面，最终到达视点。这就是投影。然后，在虚拟视平面上形成的图像被渲染到计算机屏幕上。

当然，这里省略了一些与缩放相关的细节，稍后将介绍这些细节。接下来，更详细地讨论透视变换。

3. 透视变换

透视变换指的是将物体的顶点投影到视平面上，如图 6.31 所示。具体描述如下：给定视平面与投影点（相机视点）之间的距离 d，可以很容易计算出物体上任何一点和视点之间的连线与视平面的交点。

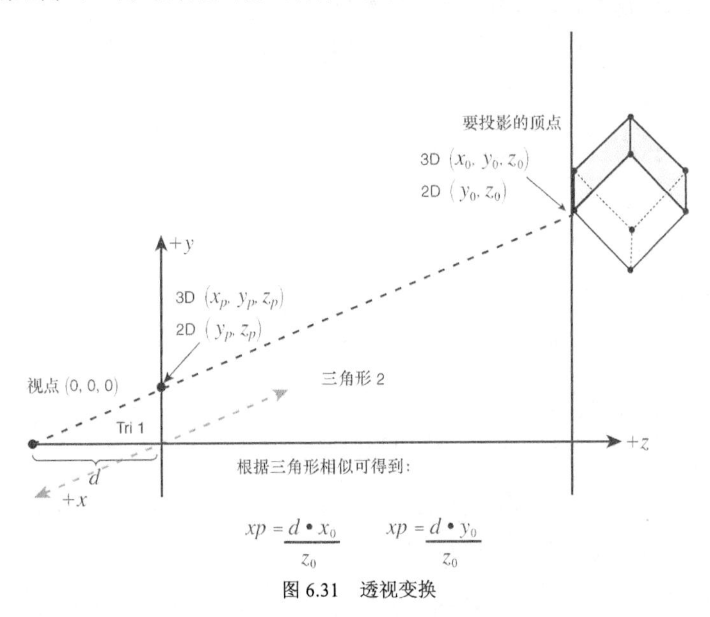

图 6.31　透视变换

对于这个几何问题，可以在 2D 空间中进行解决，然后推广到 3D 空间。图 6.31 是前述 3D 系统的侧视图（观察方向垂直于 *y-z* 平面）。我们要将点 **p**(*y*0，*z*0)投影到视平面上，后者离原点的距离为 d，其平面方程为 *z* = d。数学公式很简单，只是两个相似三角形，即：

$d/z0 = y_p/y0$

对其进行整理可得到：

$y_p = d*y0/z0$

同样，在 *x-z* 平面上，存在如下投影关系：

$d/z0 = x_p/x0$

对其进行整理可得到：

$x_p = d*x0/z0$

将上述公式组合在一起，可得到视平面为 z=d，视点位于(0，0，0)处时的投影变换：

$x_{per} = d*x/z$
$y_{per} = d*y/z$

首先说明一下上述公式存在的问题。当 z=0 时，上述公式的结果为无穷大，这很糟糕。也就是说，不能对 z=0 的顶点进行投影。另外，z 值为负的物体将被倒转，但能够被投影。这就是需要指定近裁剪面的原因，通过指定近裁剪面，可避免这些情况发生。

注意：还有一种平行（正交投影），这种投影有时被用于机械和 CAD 程序中。这种投影只是丢弃 z 坐标。当然，没有使用透视，但设计零件和住宅时，常常不希望进行透视。因此在投影阶段，顶点（$x0$，$y0$，$z0$）被投影到（$x0$，$y0$），有时候 $z0$ 被用作亮度值，根据 z 距离的远近给图像着色。

下面从编码和矩阵的角度来探讨投影变换。从编码的角度说，投影变换非常简单；但必须使用齐次坐标。原因在于，使用一个不包含 z 值的矩阵时，难以得到除以 z 的结果。下面是使用蛮干方式进行投影变换的代码：

```
POINT3D cube_camera[8]; // 用于存储相机坐标
POINT3D cube_per[8];    // 用于存储透视坐标

// 对相机坐标执行透视变换
// 假设视距为 d
for (int vertex = 0; vertex<8; vertex++)
    {
    float z = cube_model[vertex].z;

    cube_per[vertex].x=d*cube_camera[vertex].x/z;
    cube_per[vertex].y=d*cube_camera[vertex].y/z;

    // 不需要 z 坐标，因此复制原来的值即可
    cube_per[vertex].z=cube_camera[vertex].z;
    } // end for
```

至此，我们完成了投影变换，但如果要创建一个完全基于矩阵的系统，必须使用矩阵表示所有操作。下面的矩阵 T_{per} 用于对 4D 齐次坐标执行投影变换：

$$\mathbf{T}_{per} = \begin{bmatrix} 1 & 0 & 0 & 0 \\ 0 & 1 & 0 & 0 \\ 0 & 0 & 1 & 1/d \\ 0 & 0 & 0 & 0 \end{bmatrix}$$

下面使用相机坐标为 $(x_c, y_c, z_c, 1)$ 的点 p 来检验一下它是否管用：

$$\mathbf{p} * \boldsymbol{T}_{per} =$$

$$[x_c \ y_c \ z_c \ 1] * \begin{bmatrix} 1 & 0 & 0 & 0 \\ 0 & 1 & 0 & 0 \\ 0 & 0 & 1 & 1/d \\ 0 & 0 & 0 & 0 \end{bmatrix}$$

$$= [x_c \ y_c \ z_c \ (z_c/d)]$$

如果将分量 x、y 和 z 分别除以分量 w (z_c/d)，将齐次坐标转换为常规坐标，结果将如下：

$$=[x_c*d/z_c, \ y_c*d/z_c, \ z_c*d/z_c]$$

当然，我们无需考虑坐标 z，因为投影后，我们只关心坐标 x 和 y，它们的值如下：

$$x = x_c*d/z_c$$
$$y = y_c*d/z_c$$

这就是使用矩阵来执行投影变换。这是我们第一次将 4D 齐次坐标转换为 3D 坐标。我们可能重新审视考虑是否需要使用矩阵来执行投影变换，答案取决于将如何创建引擎。也就是说，要创建一个完全基于矩阵的系统，还是对于大部分变换使用矩阵来执行，但为提高速度，使用简单的代码来完成诸如投影变换和屏幕变换等操作？现在我们不考虑这种问题，但它确实是个问题。

我们几乎就要降服投影这条巨龙了，但还有一个细节需要考虑，这就是视距 *d*。应使用什么样的 *d* 值呢？这个问题问得好，但读者可能不喜欢答案：任何值都可以。是的，可以根据自己的偏好选择任何 *d* 值。改变 *d* 值将改变图像的比例。那么，什么样的 *d* 值最合适呢？作者通常采用两种方式之一来选择 *d* 值。首先，如果想简化数学计算，将 *d* 值设置为 1，这样投影公式将变成：

$$x_{per} = 1*x/z$$
$$y_{per} = 1*y/z$$

而投影变换矩阵将变为：

$$\mathbf{T}_{per1} = \begin{bmatrix} 1 & 0 & 0 & 0 \\ 0 & 1 & 0 & 0 \\ 0 & 0 & 1 & 1 \\ 0 & 0 & 0 & 0 \end{bmatrix}$$

执行上述变换时，得到的视平面坐标将是归一化的。换句话说，任何顶点被投影后，坐标 *x* 和 *y* 都在-1 到+1 之间。另外，需要将视平面坐标映射到屏幕坐标，以便查看。也就是说，将 *x* 和 *y* 坐标范围-1 到+1 映射到屏幕的分辨率宽度×高度。这里存在一个问题，因为我们要将一个方形视平面映射到视口，因此后者也必须是方形的，否则某个轴将被变形。因此，如果视口或屏幕不是方形的，必须将视平面的宽高比设置成与视口相同，或者在执行透视坐标到屏幕坐标变换期间，对某个轴进行缩放。有关这一点，将在后面更详细地介绍；但读者牢记。

另一种设置 *d* 值的方法是，根据屏幕坐标范围来计算。如果屏幕的分辨率为 640×480，可以这样选择 *d* 值，即使投影坐标位于范围 640×480 内。然而，这里存在一个小问题，因为 *x* 和 *y* 方向的范围不同。这意味着，对于 x 轴投影变换和 y 轴投影变换，需要使用不同的 *d* 值，但如果这样做，将导致最后渲染到屏幕上的图像变形。因此，投影到某种分辨率的屏幕上，并计算确保 *x* 轴的 FOV 为特定值的 *d* 值时，必须使用相同 d 值来进行 x 投影变换和 y 投影变换，这样 *y* 轴的视野将与 *x* 轴的视野不同。

当投影视平面或视口不是方形的时，方形投影不再适合，有一个将 *x* 轴和 *y* 轴关联起来的因子，它就是宽高比。对于 640×480 的屏幕，宽高比为 4:3（1.33333）。如果视平面不是方形，执行透视坐标到屏幕坐标变换时，宽高比将派上用场。在这种情况下，执行透视计算时，必须将视距和宽高比相乘。

图 6.32 说明了如何计算 *d* 值。对于垂直轴，使用相同的 *d* 值，因为必须使用相同的视距。

注意：一种副作用是，垂直视野通常与水平视野不同，因为宽高比不为 1。

$$d = 0.5*宽度*\tan(\theta_h/2)$$

也就是说，视距等于半视角的正切与投影面宽度的乘积的一半。如果读者理解不了，请看图 6.32。tan(*θ*) = 对边/邻边 = *y*/*x*；在这里，*y* 为视距，*x* 与宽度相关。

为推广变换公式，需要考虑宽高比，即将 *y* 分量乘以宽高比 ar。这样，变换公式如下：

$$x_{per} = x*d/z$$
$$y_{per} = y*ar*d/z$$

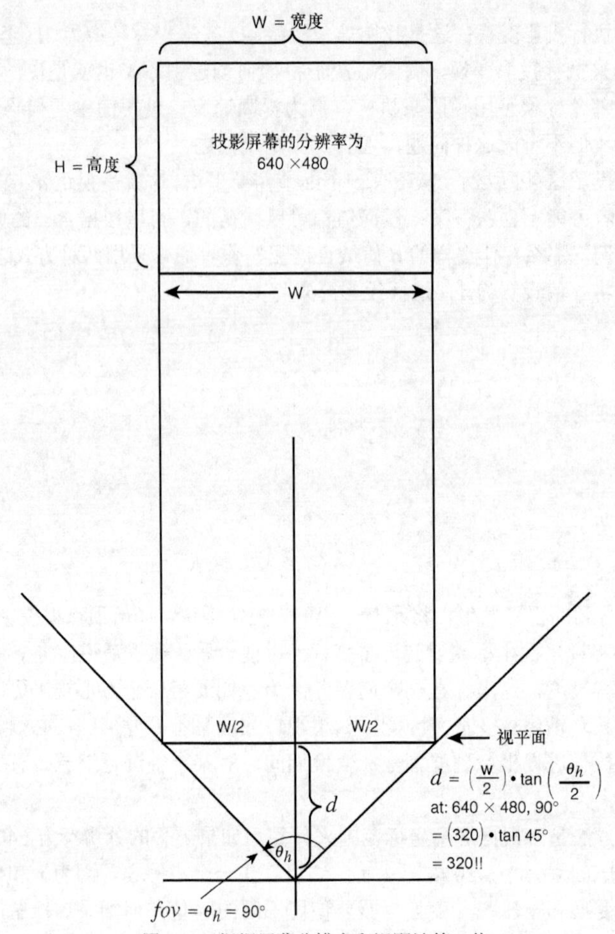

图 6.32　根据屏幕分辨率和视野计算 d 值

相应的投影变换矩阵如下：

$$\mathbf{T}_{perd} = \begin{bmatrix} d & 0 & 0 & 0 \\ 0 & d*ar & & \\ 0 & 0 & 1 & 1 \\ 0 & 0 & 0 & 0 \end{bmatrix}$$

注意：这里重新调整了 d 项的位置。

给定点 $p[x_c\ y_c\ z_c\ 1]$，将其乘以上述矩阵，看看结果是否正确：

$$p * T_{perd}$$

$$= [x_c\ y_c\ z_c\ 1] * \begin{bmatrix} d & 0 & 0 & 0 \\ 0 & d*ar & & \\ 0 & 0 & 1 & 1 \\ 0 & 0 & 0 & 0 \end{bmatrix}$$

$$= [(d*x_c)\ (d*ar*y_c)\ z_c\ z_c]$$

将分量 x 和 y 分别除以分量 $w(z_c)$，结果如下

```
x = d*x_c/z_c
y = d*ar*y_c/z_c
```

与前面相同，这表明该投影变换矩阵是正确的。

关键之处在于，可以手工计算投影变换，也可以使用矩阵来计算。读者可能会问，为何要使用矩阵呢？原因在于矩阵更方便，可以将多个矩阵组合起来。因此，可以将物体局部变换、局部坐标到世界坐标变换、世界坐标变换到相机坐标变换以及相机坐标到投影坐标变换组合成一个矩阵。

4．透视投影和 3D 裁剪

简单地说，透视投影是将视景体内用相机坐标表示的点变换到视平面上，以便下一步将其变换为屏幕坐标。然而，透视投影还有另一种裁剪方面的用途：将棱锥形视景体变成长方体。

在图 6.33 中，有两个点：**p1**($x1$，$y1$，$z1$)和 **p2**($x2$，$y2$，$z2$)，它们定义了一条线段，这条线段的一部分位于视景体内。假设我们有一个线框 3D 引擎，因此需要绘制该线段。使用物体消除无法剔除该线段，因为它并没有定义一个物体；同时直线没有背面，因为它不是多边形。

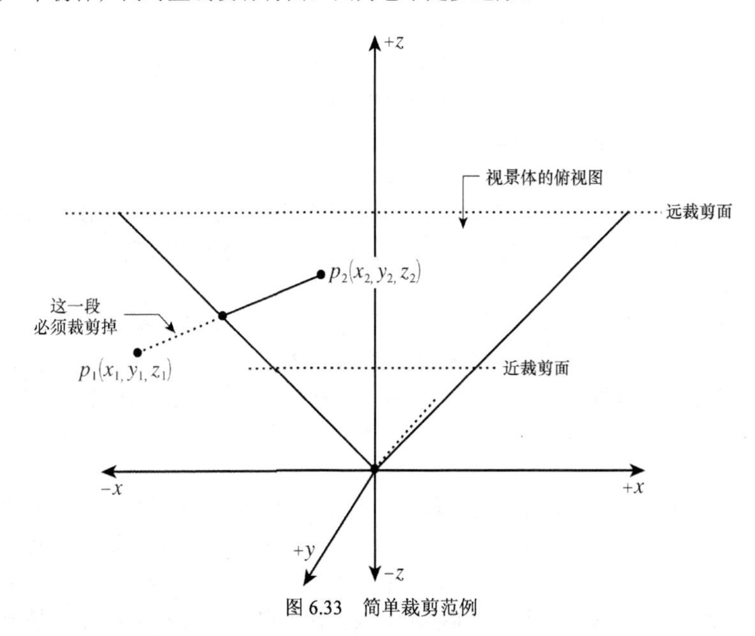

图 6.33　简单裁剪范例

绘制该直线时，需要使用视景体对其进行裁剪。这一步很重要，因为所有完全位于视景体内的物体都将被投影和渲染；同样所有完全位于视景体外的物体都将被剔除。然而，对于部分落在视景体内的几何体，必须对其进行裁剪，就像在 2D 窗口中裁剪直线和位图一样。当然，这里进行了简化，在实际工作中，必须使用视景体对多边形进行裁剪。

对于直线裁剪，处理方式有两种。第一种方式是，不管三七二十一，对直线执行投影变换（假设两个端点的 z 坐标都大于零），到 3D 流水线的光栅化阶段，再在 2D 空间内使用窗口对直线进行裁剪。这被称为图像空间裁剪。换句话说，图像空间裁剪是在所有要渲染的物体都被转换为屏幕坐标后（虽然它们可能在屏幕外），再使用屏幕空间或视口对它们进行裁剪，如图 6.34 所示。

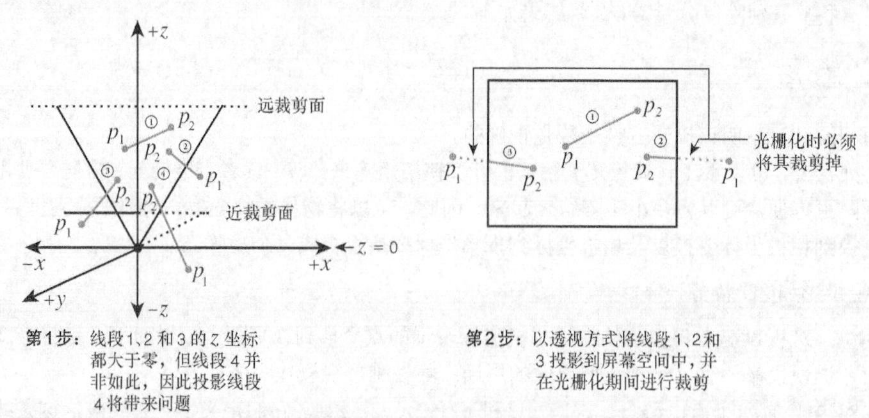

图 6.34　图像空间裁剪流水线

图像空间裁剪很管用，也易于实现，但这意味着需要在 2D 空间内对每个物体进行裁剪，即使它完全位于窗口内。这将极大地增加处理器的负载，尤其是渲染多边形时，需要对每个像素进行测试。但绘制直线时，在 2D 空间内进行图像空间裁剪的开销可能比在 3D 空间内进行裁剪时低，稍后将解释其原因。

第二种裁剪方式是在物体空间（即物体或几何体所在的数学空间）中进行。消除物体和/或背面，以免将其变换为相机坐标的操作就是一种物体空间操作。然而有些物体和几何体在游戏中是可见的，否则不称其为游戏。在这些物体中，有些并不完全落在视景体内，因此必须使用视景体对它们进行裁剪。这样，问题被简化为：如果在对几何体执行投影变换之前，要执行物体空间裁剪，必须在 3D 空间内使用视景体对所有不完全位于视景体内的几何体（直线或多边形）进行裁剪。这被称为 3D 裁剪。除非您是 Chris Knight，否则这项工作可不容易。

我们使用的视景体非常简单：有远裁剪面和近裁剪面，水平和垂直视野都是 90 度（上下平面和左右平面的平面方程分别是$|x|=z$ 和$|y|=z$），并假定投影面是方形的；然后使用这 6 个面对 3D 线段进行裁剪时仍非常繁琐。如果视平面不是方形的，则上下平面和左右平面的平面方程分别是$|x|=z$ 和$|y|=z/ar$。

另外，如果水平视野和垂直视野不是 90 度，裁剪操作将更复杂，因为上下平面和左右平面的平面方程将为通用形式。

如果首先在 3D 空间内使用视景体对所有部分位于视景体内的几何体进行裁剪（物体空间裁剪，如图 6.33 所示），可保证所有被投影后的几何体都将位于视平面内。正如前面指出的，3D 裁剪比较棘手，在本书后面介绍这个主题时，读者将发现，不但需要裁剪多边形顶点，还需要裁剪纹理坐标和光照坐标。

然而，在 3D 空间中，使用立方体和长方体进行裁剪要简单得多，因为这相当于在每个平面内使用矩形进行裁剪。在作者看来，投影变换和裁剪之间的关系是，如果愿意对所有可能看得见的东西都执行投影变换，投影变换本身就会将视景体变成一个长方体，原来呈一定角度（在我们的例子中为 90 度）的四个面将两两平行，这样将得到一个立方体，可以使用它来裁剪投影坐标。很惊讶吧！我们来看一个例子，以检查这种说法是否正确。

由于每个面的情况都相同，我们以视景体的俯视图（x-z 平面）为例，如图 6.35a 所示，其中远裁剪面为 $z = far\_z$，近裁剪面为 $z = near\_z$。投影面/视平面为 $d = 1$。当然，视野为 90 度，我们假设投影面为方形。我们要做的是，对视景体（2D）的角点执行透视投影，看看变换后是什么样子。也就是说，对其进行透视变换后，视景体本身是什么样子？

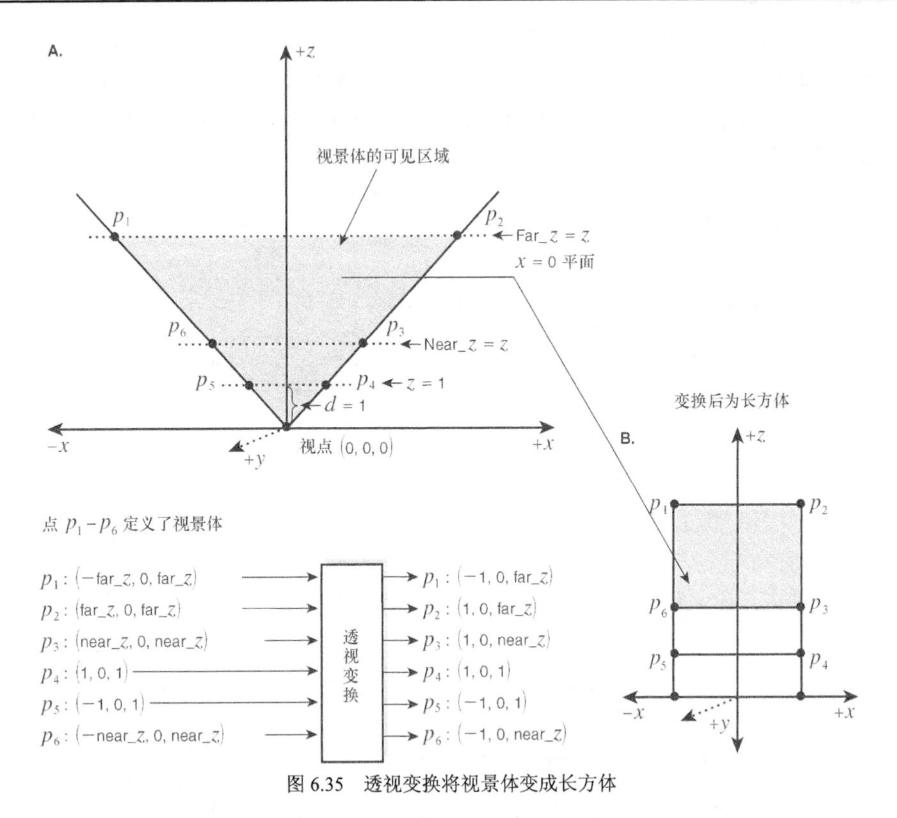

图 6.35　透视变换将视景体变成长方体

点 **p1**～**p6** 定义了视景体在 x-z 平面上的 2D 投影图，它们的 y 坐标都是 0：

```
p1(-far_z, 0, far_z)
p2(far_z, 0, far_z)
p3(near_z, 0, near_z)
p4(1,0,1)
p5(-1,0,1)
p6(-near_z, 0, near_z)
```

提示：读者可能注意到了，有些点的 x 坐标使用 z 坐标表示的，这是因为视野为 90 度，投影平面为方形，因此视景体左右平面和上下平面的平面方程分别为 $|x| = z$ 和 $|y| = z$，所以 $\{x, y\} = z$。

如果将 d 值设置为 1，并对这些点进行投影变换，即将每个分量乘以 d 再除以 z 坐标，将得到如下结果：

```
p1'(-far_z/far_z, 0/far_z, far_z)          = (-1, 0, far_z)
p2' (far_z/far_z, 0/far_z, far_z)          = (1, 0, far_z)
p3' (near_z/near_z, 0/near_z, near_z)      = (1, 0, near_z)
p4' (1/1, 0/1, 1)                          = (1, 0, 1)
p5' (-1/1, 0/1, 1)                         = (-1, 0, 1)
p6' (-near_z/near_z, 0/near_z, near_z)     = (-1, 0, near_z)
```

当然，可以忽略分量 y，因为知道这是在 x-z 平面上。

现在绘制出点 **p1'**～**p6'**，结果如图 6.35b 所示，它们组成了一个矩形。经过变换，棱锥变成了矩形，使用后者来裁剪将很容易，即使是在 3D 空间中。当然，可以在 *y-z* 平面进行相同的分析，得到相同的结果。将这些结果合并起来，将得到一个长方体形视景体，如图 6.35b 所示。这里旨在向读者证明，可以使用透视变换来归一化所有的几何体，从而很容易地对它们进行裁剪。本书后面将介绍如何这样做。

总之，3D 流水线中不仅包含透视变换，还可能包含 3D 裁剪阶段（如果不想在图像空间中进行裁剪的话），此时的 3D 流水线如图 6.36 所示。另外，如果愿意对所有几何体都进行透视变换，可以在透视变换之后再进行 3D 裁剪，图 6.36 也说明了这一步。

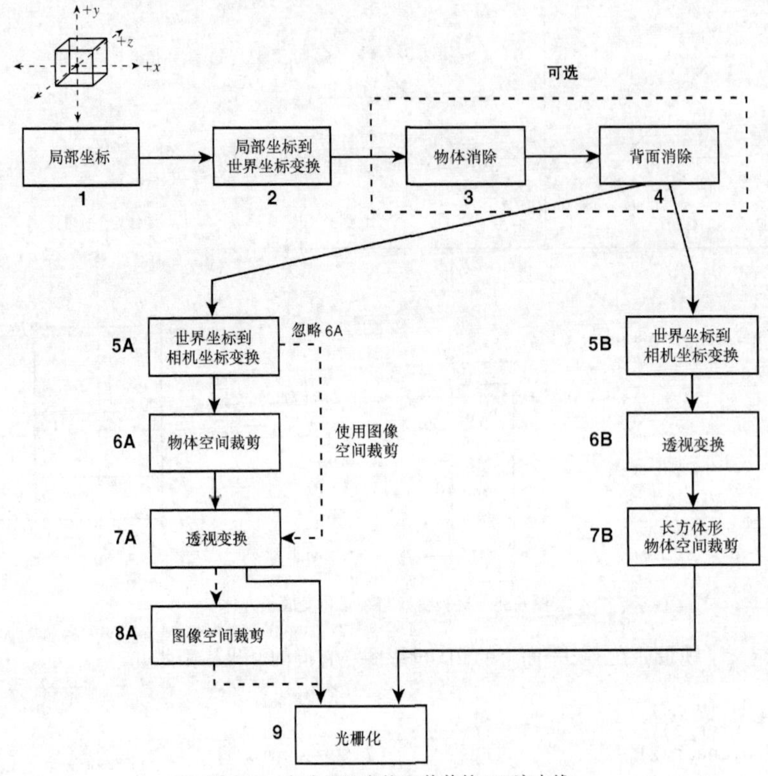

图 6.36　包含透视变换和裁剪的 3D 流水线

接下来介绍观察流水线的终点——屏幕坐标。

6.3.7　流水线终点：屏幕坐标

介绍流水线的屏幕坐标变换阶段之前，需要指出的是，我们省略了 3D 流水线中的光照和纹理映射阶段。这些高级主题不适合在本章介绍，但需要指出的是，在得到世界坐标后和得到屏幕坐标之前，必须对多边形进行光照计算和纹理映射。但现在暂时不去管它们，因为这里重点要介绍的是坐标变换。

现在，我们得到了一系列的点，它们表示了我们想在屏幕上看到的东西。这些点经过了投影变换，可能已经根据屏幕大小对它们裁剪过，也可能没有裁剪过。现在假设没有根据屏幕裁剪过，并需要根据屏幕进行裁剪。屏幕坐标的计算依赖于执行的投影变换类型，即在虚拟空间中，视平面为多大？这是因为需要将视平面映射到屏幕。下面来看几种透视变换。

1．视野为 90 度且视距为 1

当视野为 90 度，视距为 1，且投影面为方形时，投影变换将所有几何体投影到一个 2×2 的虚拟视平面上（x 和 y 坐标的范围都是-1 到+1）。当投影面不是方形时（这种情况更常见），投影变换将所有东西都投影到一个 2×（2/ar）的虚拟视平面上（*x* 坐标的范围为−1 到+1，*y* 坐标的范围为−1/*ar* 到+1/*ar*），其中 *ar* 为宽高比。进行屏幕变换时，我们并不关心宽高比，因为我们假定在投影变换中已经考虑过宽高比。然而，必须在某个阶段考虑宽高比，否则图像将变形。

为让读者对投影有清晰的认识，图 6.37 对其做了说明。接下来需要将视平面坐标（方形投影时为 2×2，非方形投影时为 2×（2/ar））映射为视口（或屏幕）坐标。视平面位于虚拟相机空间内，其大小可能与视口（光栅化窗口）相同，也可能不同。

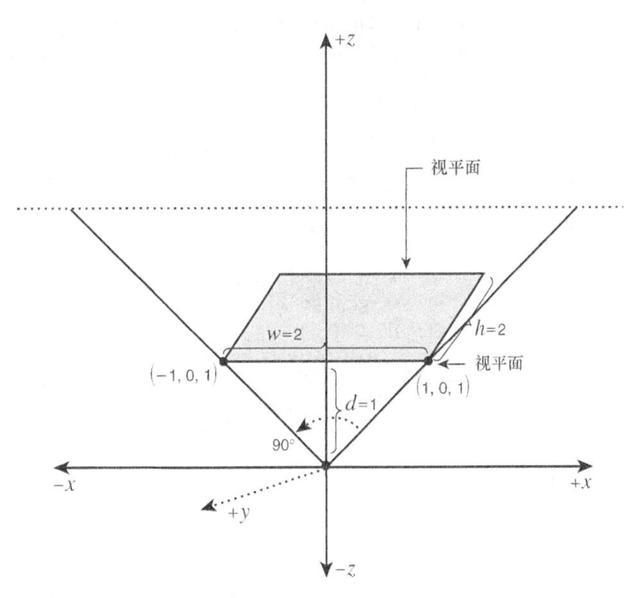

图 6.37　视野为 90 度且视距为 1 时投影到 2×2 投影面上的细节

对这种变换进行解释的方式有多种，我们假设需要渲染到一个视口缓存中，其原点 (0, 0) 位于左上角，大小为 SCREEN_WIDTH ×SCREEN_HEIGHT，如图 6.38 所示。这里宽度和高度相等，与第 2 章和第 3 章使用的虚拟计算机系统设置相同。

因此，只需计算出这样的变换方式，即按下述方式将视平面坐标变换为屏幕（视口）坐标：

x_{per}: -1 到 1 -> x_{screen}: 0 到 SCREEN_WIDTH – 1
y_{per}: -1 到 1 -> y_{screen}: 0 到 SCREEN_WIDTH – 1

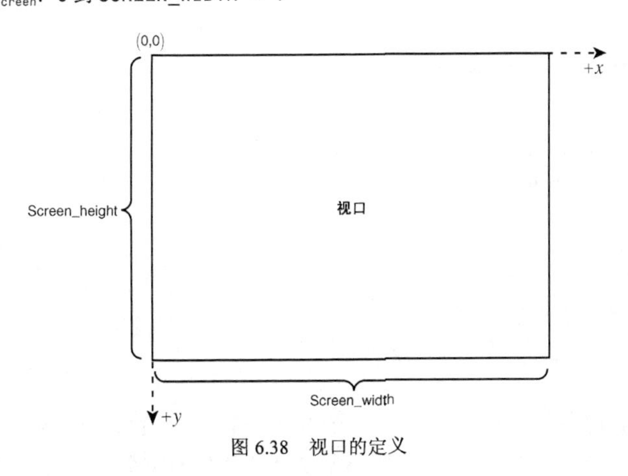

图 6.38　视口的定义

注意：y 轴被反转了。

推导数学公式的方式有多种，但最简单的方法是，找到屏幕中心，并从这里开始变换。然而，需要注意的是，*y* 轴被反转了，需要考虑到这一点。这样，变换公式如下：

```
x_screen = (x_per+1) * (0.5*SCREEN_WIDTH - 0.5)
y_screen = (SCREEN_HEIGHT – 1) – (y_per + 1) * (0.5*SCREEN_HEIGHT - 0.5)
```

下面使用边界条件来检查上述公式是否正确，例如，将视平面的 4 个顶点变换为屏幕坐标：

```
p1(-1,1)  = p1'(0, 0)
p2(1,1)   = p2'(SCREEN_WIDTH – 1, 0)
p3(1,-1)  = p3'(SCREEN_WIDTH – 1, SCREEN_HEIGHT – 1)
p4(-1,-1) = p4'(0, SCREEN_HEIGHT – 1)
```

结果为屏幕的 4 个角。当然，可以采用不同方式对屏幕变换公式中各项相乘再相加，例如：

```
x_screen = (x_per+1) * (0.5*SCREEN_WIDTH-0.5)
    = (x_per) * (0.5*SCREEN_WIDTH-0.5) + (0.5*SCREEN_WIDTH-0.5)
y_screen = (SCREEN_HEIGHT-1) - (y_per+1)* (0.5*SCREEN_HEIGHT-0.5)
    = - (y_per) * (0.5*SCREEN_HEIGHT-0.5) -
      (0.5*SCREEN_HEIGHT-0.5) + (SCREEN_HEIGHT-1)
    = - (y_per) * (0.5*SCREEN_HEIGHT-0.5) + (0.5*SCREEN_HEIGHT-0.5)
```

假定α = 0.5*SCREEN_WIDTH-0.5，β = 0.5*SCREEN_HEIGHT-0.5，则：

$x_{screen} = \alpha + x_{per}*\alpha$

$y_{screen} = \beta - y_{per}*\beta$

有趣的是，(α，β) 正好是屏幕中心，这没什么好奇怪的，因为此时映射的是视平面点(0，0)。上述公式的好处在于，将其转换为矩阵时将容易得多。由于处理的是 2D 屏幕坐标，因此没有必要使用 4D 齐次坐标。也就是说，如果透视点坐标格式为(x, y)，则没有必要使用 4×4 矩阵。如果愿意，可以使用 3×3 矩阵。有时候，全部使用 3×3 矩阵（丢弃 z 分量）或 4×4 矩阵是个好主意，具体采用哪种方式完全取决于您，但处于完整性考虑，这里将介绍这两种矩阵。

首先来看看 4×4 变换矩阵，假设视平面上点的透视坐标为$[x_{per}, y_{per}, z, 1]$，其中 z 值无关紧要，可以为 0，因为其作用已经发挥过。由于这是视距为 1 时的透视坐标到屏幕坐标变换，因此将矩阵命名为 $\mathbf{T_{scr1}}$：

$$\mathbf{T}_{scr1} = \begin{bmatrix} \alpha & 0 & 0 & 0 \\ 0 & -\beta & 0 & 0 \\ 0 & 0 & 1 & 0 \\ \alpha & \beta & 0 & 1 \end{bmatrix}$$

使用点 $\mathbf{p} = [x_{per}\ y_{per}\ 0\ 1]$对上述矩阵进行检测：

$$p * T_{scr1}$$

$$= [x_{per}\ \ y_{per}\ \ 0\ \ 1] * \begin{bmatrix} \alpha & 0 & 0 & 0 \\ 0 & -\beta & 0 & 0 \\ 0 & 0 & 1 & 0 \\ \alpha & \beta & 0 & 1 \end{bmatrix}$$

$$= [x_{per}*\alpha+\alpha\ \ -y_{per}*\beta+\beta,\ 0,\ 1]$$

从中提取分量 x 和 y，结果为：

$x = x_{per}*\alpha+\alpha$

$y = -y_{per}*\beta+\beta$

该变换矩阵是正确的。当然，这有点多此一举，因为我们完全可以使用前面的公式，将变换矩阵抛到脑后。但是别忘了，通过组合，可以在一个矩阵中完成 50 个不同的操作，这就是我们一直在介绍如何使用矩阵来完成每项工作的原因。接下来看第二个例子，这里假设有一个 2D 点(x_{per}, y_{per})，需要使用矩阵将其变换为屏幕坐标。问题在于，我们需要平移(α，β)，因此需要使用齐次坐标。我们将使用 2D 齐次坐标——它看起来像 3D 坐标，但坐标为(x, y, w)，然后使用一个 3×3 矩阵来执行屏幕变换。假设视距为 1，需要将点 $p(x_{per}, y_{per}, 1)$变换为屏幕坐标。变换矩阵如下：

$$\mathbf{T}_{scr1} = \begin{bmatrix} \alpha & 0 & 0 \\ 0 & -\beta & 0 \\ \alpha & \beta & 1 \end{bmatrix}$$

使用点 **p**= [x_{per} y_{per} 1]对上述矩阵进行检测：

$$\mathbf{p} * \mathbf{T}_{scr1}$$

$$= [x_{per}\ \ y_{per}\ \ 1] * \begin{bmatrix} \alpha & 0 & 0 \\ 0 & -\beta & 0 \\ \alpha & \beta & 1 \end{bmatrix}$$

$$= [x_{per}*\alpha+\alpha,\ -y_{per}*\beta+\beta,\ 1]$$

从中提取分量 x 和 y，结果为：

$$x = x_{per}*\alpha+\alpha$$
$$y = -y_{per}*\beta+\beta$$

这表明该变换矩阵是正确的。最后，来看看执行这种变换的代码，这里假设透视坐标已经被存储在数组 cube_per[8]中：

```
POINT3D cube_per[8]; // 用于存储透视坐标

POINT2D cube_screen[8]; 用于存储屏幕坐标
// 对透视坐标执行屏幕变换
// 假设屏幕的大小为 SCREEN_WIDTH x SCREEN_HEIGHT
// d=1，因此透视坐标是归一化的，即取值范围为-1 到 1

// 预先计算 alpha 和 beta
alpha = (0.5*SCREEN_WIDTH-0.5);
beta  = (0.5*SCREEN_HEIGHT-0.5);
// 循环并变换
for (int vertex = 0; vertex<8; vertex++)
    {
    cube_screen[vertex].x=alpha+alpha*cube_per[vertex].x;
    cube_screen[vertex].y=beta-beta*cube_per[vertex].y;
    } // end for
```

正如读者看到的，手工执行这种变换（不使用矩阵）并不复杂。

注意：这里没有对视平面、视口和屏幕坐标进行定义。视平面是在虚拟空间中将物体投影到其上的平面；视口是视平面坐标被映射到其中的窗口（在很多情况下，就是屏幕窗口）。

2. 视野和视距为任何值

前面介绍了视距为 1，视野为 90 度，在透视空间中视平面坐标在每个轴上被归一化为-1 到 1（方形投影）时的透视坐标到屏幕坐标变换；下面讨论更普遍的情况，在这种情况下，我们这样来计算 d 值：

```
d = (0.5)*viewplane_width*tan(θh/2)
```

这里我们根据主轴（通常是 x 轴）的视野 θ_h（视平面为方形时为 90 度，但在这里可以为任何值）来计算 d 值。另外，还需要知道将最终图像投影到其上的视平面的大小，如果与屏幕（视口）相同，则为 SCREEN_WIDTH×SCREEN_HEITHG。然而，需要注意的是，屏幕坐标范围如下：

- x 坐标——0 到 SCREEN_WIDTH – 1；
- y 坐标——0 到 SCREEN_HEIGHT – 1。

因此，必须将前述公式中的 viewplane_width 和 viewplane_height 替换为 SCREEN_WIDTH – 1 和

SCREEN_HEIGHT – 1，如下所示：

d = (0.5)*(SCREEN_WIDHT−1)*tan（θ_h/2）

这样，如果将透视变换和屏幕变换合并时，可确保结果是正确的。然而，这里好像没有考虑 SCREEN_HEIGHT，事实并非如此。通常，我们首先将图像投影到视平面上，此时对于 x 和 y 轴，使用的视距相同，在视平面中，x 的范围为−1 到 1，y 的范围为−1/ar 到 1/ar；然后将视平面映射到屏幕上：将 x 和 y 轴分别放大 SCREEN_WIDTH 和 SCREEN_HEIGHT 倍。但是，由于宽高比 ar 就是 SCREEN_WIDTH/SCREEN_HEIGHT，因此乘法和除法相互抵消掉了。因此，在不首先将相机坐标变换为视平面坐标，而直接将其映射到屏幕上得到视口屏幕坐标时，ar 项被消除了，结果如下：

$$x_{per} = (d*x_c)/z_c$$
$$y_{per} = (d*y_c)/z_c$$

结果已经被缩放到 SCREEN_WIDTH×SCREEN_HEIGHT，在不经过透视变换的情况下，直接完成了屏幕变换。然而，这种方法存在两个问题。在光栅显示器中，y 轴反转过来了，因为在光栅显示器中，原点位于左上角。这很简单，只需按下述方式将 y 反转即可：

$$y_{per} = (\text{SCREEN\_HEIGHT-1}) - y_{per}$$
$$x_{per} = x_{per}$$

第二个问题要复杂些，也更糟糕。虽然在 x 轴上，投影后 x 坐标的变化范围为 SCREEN_WIDTH – 1，y 坐标的变化范围为 SCREEN_HEIGHT−1，但实际的坐标范围如下：

- x 轴：-（SCREEN_WIDTH – 1）/2 到（SCREEN_WIDTH −1）/2
- y 轴：-（SCREEN_HEIGHT – 1）/2 到（SCREEN_HEIGHT−1）/2

在每个轴上，坐标范围以零为中心，一半为正，一半为负。在归一化投影中，每个轴上的坐标范围为-1 到 1，这里的情况与此类似，只是坐标范围更大而已。虽然避免了从归一化的投影坐标变换为屏幕坐标的缩放操作，但仍然需要平移原点。确实是这样，但可以对这种情况和 y 轴反转进行处理，得到投影变换后的如下变换：

$$x_{screen} = x_{per} + (0.5*\text{SCREEN\_WIDTH}-0.5)$$
$$y_{screen} = -y_{per} + (0.5*\text{SCREEN\_HEIGHT}-0.5)$$

如果对上述操作进行分析，将发现它们与进行归一化投影但不执行缩放操作时相同。正如读者看到的，这些投影方式的结果相同，只是考虑问题的方式不同而已。事实上，如果像前面一样假定α= 0.5 *(SCREEN_WIDTH−0.5)，β= 0.5 *(SCREEN_HEIGHT−0.5)，则结果如下：

$$x_{screen} = \mathbf{x_{per}} + \alpha$$
$$y_{screen} = -\mathbf{y_{per}} + \beta$$

在矩阵中，只需要对(x_{per}, y_{per})进行平移即可，因此矩阵 $\mathbf{T}_{scr}$ 如下：

$$\mathbf{T}_{scr} = \begin{bmatrix} 1 & 0 & 0 & 0 \\ 0 & -1 & 0 & 0 \\ 0 & 0 & 1 & 0 \\ \alpha & \beta & 0 & 1 \end{bmatrix}$$

与如下所示的更复杂的归一化透视坐标到屏幕坐标变换相比，上述变换唯一的差别在于，没有将坐标 x_{per} 和 y_{per} 分别乘以缩放因子α和β而已。乘以缩放因子只是将视平面的大小放大到 $2*\alpha\times2*\beta$而已，因为在 x 轴和 y 轴上，实际的坐标范围分别为$-\alpha$到α和$-\beta$到β。

$$x_{screen} = \alpha + x_{per}*\alpha$$
$$y_{screen} = \beta - y_{per}*\beta$$

关键之处在于，可以在屏幕变换之前，在透视变换中对视平面坐标进行缩放（但得到的视平面坐标是非归一化的），也可以在屏幕变换期间，将归一化的视平面坐标进行缩放，得到屏幕坐标。

最后需要指出的是，我们介绍了两种执行透视变换的方式：归一化投影和将视平面的大小放大到与视口相同；同时介绍了两种相应的屏幕变换。还需要指出的一个细节是，在处理过程中将 4D 齐次坐标转换为 3D 坐标。我们将投影变换和屏幕变换分开，分别用一个矩阵表示，并在这两个变换之间，将每个顶点的齐次坐标转换为 3D 坐标，但如何通过手工或使用一个矩阵来一次性执行相机坐标到屏幕坐标变换呢？首先来看手工变换情况。

简单地说，需要一次性执行投影变换以及缩放和平移，其数学公式如下：

$$x_{screen} = d*x_{cam}/z_{cam} + (0.5*SCREEN\_WIDTH - 0.5)$$
$$y_{screen} = -d*y_{cam}/z_{cam} + (0.5*SCREEN\_HEIGHT - 0.5)$$

是不是很容易？正因为上述数学公式很简单，因此在很多引擎中，都不使用基于矩阵的透视变换和屏幕变换。有了顶点的相机坐标后，使用上述两个公式一次性将相机坐标变换为屏幕坐标。但如果要使用单个矩阵来表示这种变换，情况将复杂些，因为变换得到的坐标为 4D 齐次坐标，必须通过除以 w 分量将齐次坐标转换为 3D（实际上是 2D）坐标。看看下述变换矩阵是否正确：

$$\mathbf{T}_{camscr} = \begin{bmatrix} d & 0 & 0 & 0 \\ 0 & -d & 0 & 0 \\ 0 & 0 & 1 & 1 \\ \alpha & \beta & 0 & 0 \end{bmatrix}$$

用相机坐标为$[x_c\ y_c\ z_c\ 1]$的顶点 p 来检验它：

$$\mathbf{p}*\mathbf{T}_{camscr} = [d*xc + \alpha,\ -d*y_c + \beta,\ z_c,\ z_c]$$

结果好像是对的。将其转换为 3D 坐标——将 x 和 y 分别除以 $w(z_c)$，结果如下：

$$x_{screen} = d*x_c/z_c + \alpha/z_c$$
$$y_{screen} = -d*x_c/z_c + \beta/z_c$$

将 4D 齐次坐标转换为 3D 坐标时，需要将每个分量除以 $w(z_c)$，这使得α和β项是错误的（都被除以 z_c）。因此，需要在原来的矩阵中将它们乘以 z_c，这样便能得到正确的结果。为此，将矩阵中的α和β向上移一行：

$$\mathbf{T}_{camscr} = \begin{bmatrix} d & 0 & 0 & 0 \\ 0 & -d & 0 & 0 \\ \alpha & \beta & 1 & 1 \\ 0 & 0 & 0 & 0 \end{bmatrix}$$

再次使用相机坐标为$[x_c\ y_c\ z_c\ 1]$的顶点 p 来检验它：

$$\mathbf{p}*\mathbf{T}_{camscr} = [d*x_c + z_c*\alpha,\ -d*y_c + z_c*\beta,\ z_c,\ z_c]$$

然后将坐标 x 和 y 分别除以 $w(z_c)$，结果如下：

$$x_{screen} = d*x_c/z_c + \alpha$$
$$y_{screen} = -d*x_c/z_c + \beta$$

警告：对于使用矩阵来执行透视变换和屏幕变换，需要注意的有两点：透视变换得到的是齐次坐标，必须将其转换为 3D 坐标；很多矩阵乘法运算和加法运算完全是浪费时间。

最后，读者可能会问，“宽高比怎么不见了呢”？原因在于将透视变换和屏幕变换合并起来后，宽高比被消除了。

那么，应该使用哪种投影方法呢？应该使用数学公式还是矩阵呢？本节提供了所有这些方法：归一化投影、将视平面的大小放大到与视口相同、数学公式和变换矩阵。在下一章的练习和演示程序中，我们将使用所有这些方法，但最终将选择视距为 1，x 轴的视野为 90 度的方式，因为作者喜欢使用归一化坐标。稍后我们将知道，编写代码时，将屏幕变换和透视变换合并起来，速度将更快。

另外，自由度为 3-4，可以设置视野、视距以及宽度和高度。然而，在大多数情况下，我们将 x 轴的视野固定为 90 度，并通过数学公式来计算 y 轴的视野，但无论如何，投影时对于两个轴应使用相同的视距。然而，对于非方形投影，必须考虑高宽比。

总之，读者可能认为，作者已经将整个投影过程阐述清楚了，但作者旨在让读者真正明白相机坐标、透视坐标、视平面、视口和屏幕坐标之间的关系，并了解使用各种变换得到这些坐标的所有方法，包括手工计算和使用矩阵。在本书中，大多数情况下我们都将水平视野设置为 90 度，将视距设置为 1.0。对于 y 轴，也将使用这样的视距值，因此对于非方形投影，将导致变形，但如果在透视计算中将 y 坐标乘以高宽比，则在屏幕变换中缩放 SCREEN_HEIGHT 时，将抵消这种变化。

3. 再看观察流水线

对几何体而言，此时的观察流水线是完整的。当然，我们还没有执行光照计算、着色处理和纹理映射，但它们属于 3D 渲染的范畴，而现在我们只关心 3D 流水线中的几何变换部分。图 6.39 描述了现在的 3D 流水线。

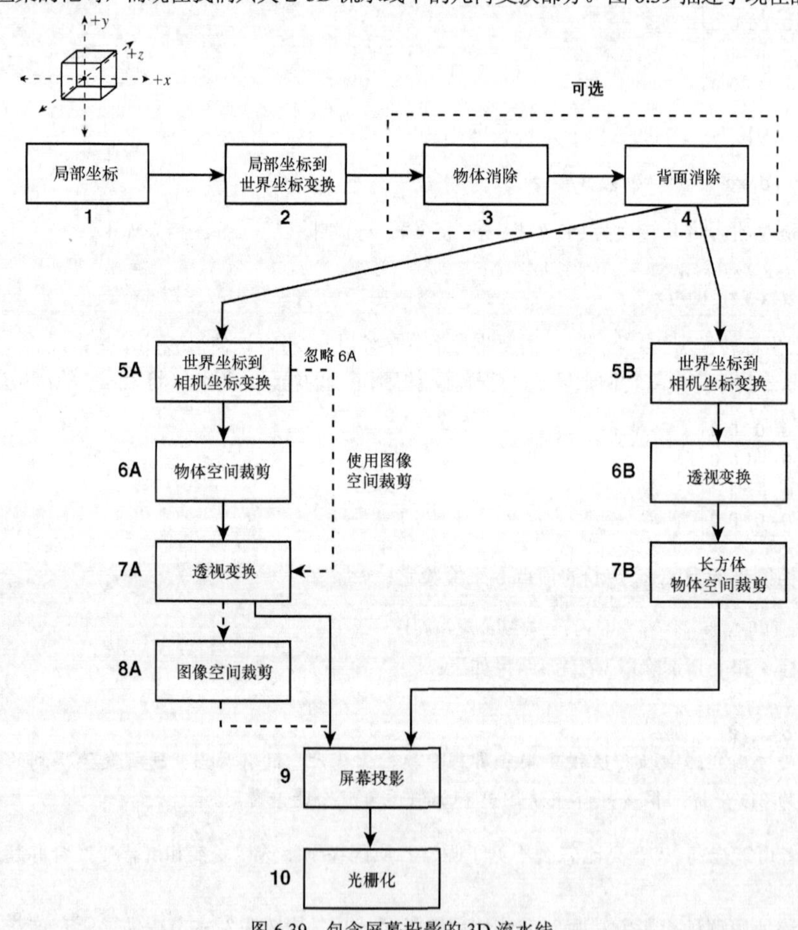

图 6.39 包含屏幕投影的 3D 流水线

6.4　基本的 3D 数据结构

现在，可以讨论通用的 3D 数据表示方法了。正如读者看到的，3D 数据将经过大量的变换，表示数据流的方法也有很多。因此，对于某种工作，没有放之四海皆准的处理方法，只有在特定条件下可行的方法。例如，存储太空游戏数据的方式可能与存储游戏数据的方式绝然不同。另外，根据裁剪图像的方式，在最终渲染的多边形中，可能需要插入或删除某些顶点，这要求预先考虑好。作者的朋友 John Amato 在编写其第一个 3D 引擎“SQL”时明白了这一点。

最起码，您需要对引擎深思熟虑，很多时候可能需要重做，因为您可能发现一种更佳的实现方式。本书采用的方法具有普适性，我们首先将使用一些粗糙的数据结构，然后在必要时对其进行调整。同样，要选择合适的数据结构，必须对 3D 的方方面面有深入认识，但是只有在读者阅读完本书后才能达到这样的程度，因此，现在我们将使用一些现成的东西，对问题进行简化，并做出一些假设。

作者的目标是，在本章结束前将创建出一个可行的 3D 线框引擎，让您能够在类似于地形图的环境中移动相机。该引擎将进行少量的裁剪，这种裁剪结合使用了物体空间裁剪算法和图像空间裁剪算法。接下来将讨论几种基本数据结构，用于在表示非常简单的通用 3D 系统中的 3D 物体。

6.4.1　表示 3D 多边形数据时需要考虑的问题

设计 3D 引擎时，首先需要做出的决策是，要支持三角形、四边形还是一般性 n 边多边形，如图 6.40 所示。大多数 3D 引擎（无论是基于软件还是硬件的）都只支持三角形。其原因很多，但最重要的原因是，三角形易于渲染——3 个点定义一个平面，同时很多 3D 算法最适合用于三角形网格。

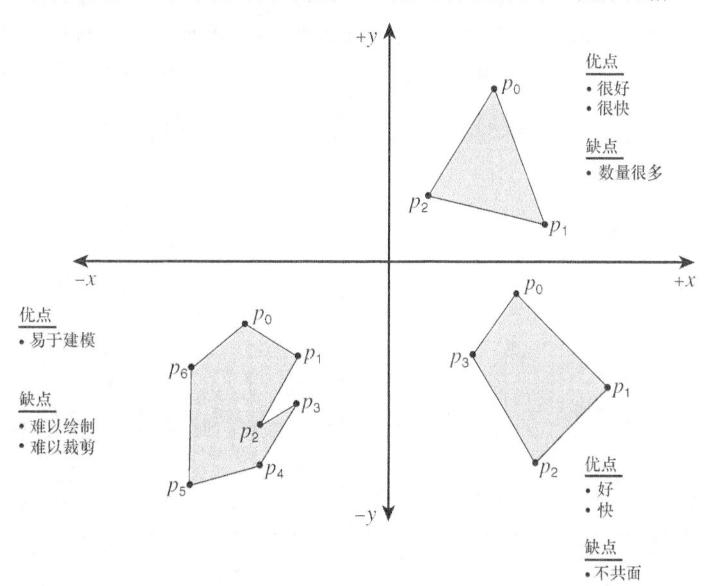

图 6.40　3D 引擎可能使用的多边形图元

当然，在建模工具中建立的模型可能包含一般性 n 边多边形，但最终所有模型都将用三角形表示。由于标准做法是使用三角形，因此我们将遵循这种约定，规定所有模型都必须是由三角形组成的，否则将在渲染之间将其转换为三角形。现在，我们还不知道如何获得物体的数据。是使用算法来生成、手工输入还是从文件中加载？这个无关紧要，我们只知道要处理的是基于三角形的几何体。

即使有了上述约束条件，仍然还有一个问题。在图 6.41 中，使用一个矩形来裁剪几个三角形。在裁剪阶段，可能会增加多边形的顶点数。例如，在最糟糕的情况下，三角形被裁剪后，可能增加 3 个顶点。因此，数据结构必须能够应对这种情况。

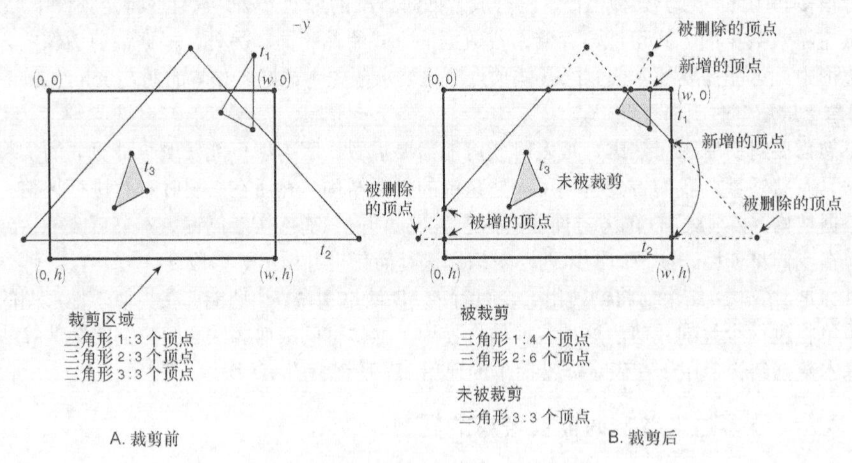

图 6.41　在物体空间中裁剪三角形新增顶点

读者可能会说，可以不在物体空间进行裁剪，而是等到渲染时再裁剪。这很好，但是多边形可能跨过近裁剪面，甚至更糟的是跨国 $z = 0$ 平面，如图 6.42 所示。对这些多边形进行投影时将出现问题，这一点必须考虑。当然，如果所有多边形都很小，最长的边短于近裁剪面和平面 z = 0 之间的距离，则可以很容易地剔除位于完全位于该范围内的多边形，避免对其进行裁剪，然后在光栅化期间对像素执行图像空间裁剪。

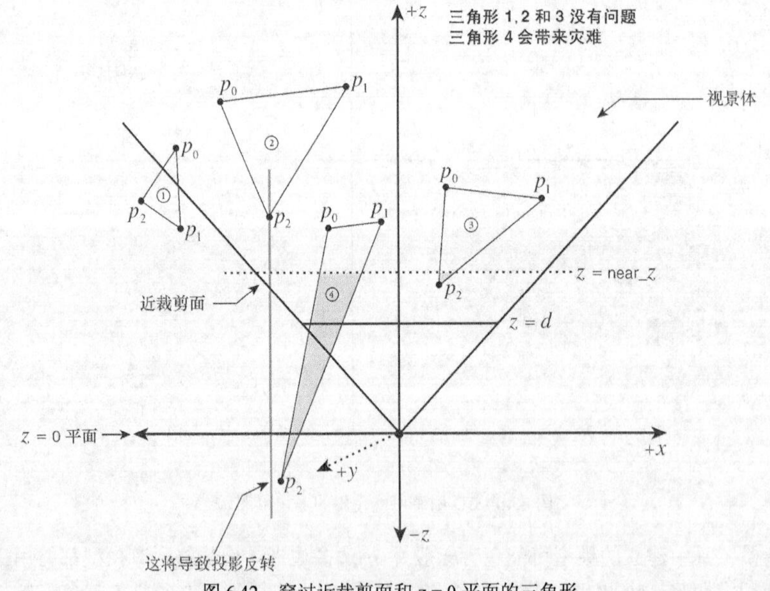

图 6.42　穿过近裁剪面和 z = 0 平面的三角形

基本原则是，创建数据结构时，必须根据将使用的几何体类型和裁剪方法，做出前瞻性和深思熟虑的考虑。这些因素将影响多边形的表示方法，如果多边形的顶点可以超过 3 个，它们将是决定性因素。

读者可能会说，可以规定所有模型都必须由三角形组成，如果经 3D 流水线的裁剪阶段后，某个多边形的顶点超过 3 个，可以将其当成特例来处理：将其划分成三角形，或对于 n 边多边形使用一个特殊的光栅化器。这种方法是可行的，作者也曾使用过。总之，必须在某个时候考虑所有这些因素，但现在为简单起见，暂时不管它们。

6.4.2　定义多边形

为打响多边形定义战役的第一枪，我们使用三角形规则，并假定在世界空间进行裁剪时，不会出现增加顶点的情形。也就是说，如果在世界空间或相继空间进行裁剪，要么将整个多边形剔除，要么保留它，让光栅化器在光栅化阶段根据屏幕对多边形进行裁剪（在我们的第一个引擎中，这非常简单，但这个引擎是线框型的）。这种简化使得我们在本章中无需涉及 3D 裁剪算法，这一主题将在以后介绍。定义多边形时，首先需要就 3D 世界的某些方面做出决策，例如要建立什么模型？

例如，假设要建立一个 3D 立方体模型，如图 6.43 所示。立方体有 6 个面，每个面由两个三角形构成（别忘了，不能使用四边形）。总共有 12 个多边形和 36 个顶点。是这样吗？确实有 12 个多边形，但总共 36 个顶点还是 8 个顶点呢？答案取决于如何存储模型。如果将每个多边形都视为一个独立的实体，将使用 3 个顶点来定义它：

```
struct typedef POLY_EX_TYP_1
{
POINT3D v[3]; // 顶点列表
} POLY_EX_1, *POLY_EX_1_PTR;
```

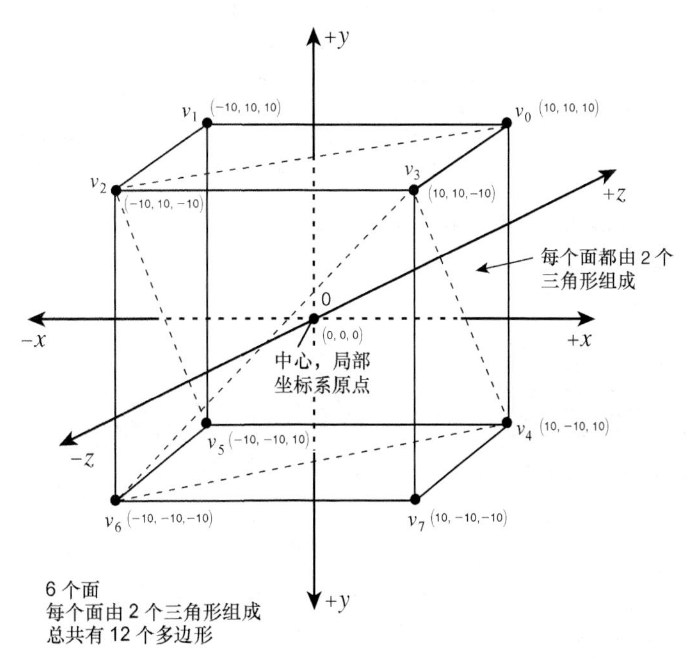

图 6.43　立方体模型

对于任何多边形，我们都将采用类似于下面的方式来定义：

```
POLY_EX_1 face_1 = { {x0, y0, z0},
                     {x1, y1, z1},
                     {x2, y2, z2}, };
```

这很好，也可行。但这样做浪费了存储空间，因为立方体总共只有 8 个顶点，如果我们采用上述方式定义立方体，将有 12 个多边形，每个多边形有 3 个顶点。应该能够更好地重用顶点数据，为此，可以采用一种间接方法，基于顶点列表来定义多边形。

顶点列表是一组用来定义几何体的顶点，如图 6.44 所示。因此，可以使用一个数组来定义立方体的顶点，然后使用指向该数组的指针或引用来定多边形。例如，可以这样定义顶点列表：

```
POINT3D vertex_list[NUM_VERTICES]; // 顶点列表
```

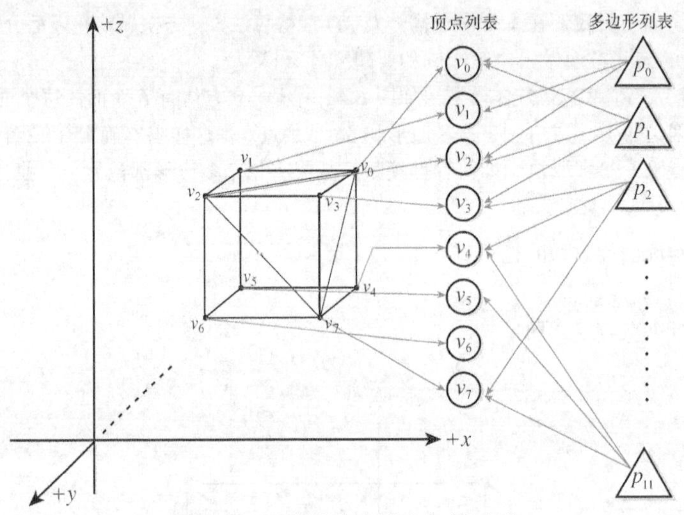

图 6.44　可以使用顶点列表来定义几何体

然后使用立方体 8 个顶点的坐标来初始化数组的元素：

```
vertex_list[0] = {x0, y0, z0};
vertex_list[1] = {x1, y1, z1};
vertex_list[2] = {x2, y2, z2};
vertex_list[3] = {x3, y3, z3};
vertex_list[4] = {x4, y4, z4};
vertex_list[5] = {x5, y5, z5};
vertex_list[6] = {x6, y6, z6};
vertex_list[7] = {x7, y7, z7};
```

接下来定义一个新的多边形类型，使用顶点列表来生成多边形：

```
struct typedef POLY_EX_TYP_2
{
POINT3D_PTR vlist; // 顶点列表本身
int vertices[3];   // 指向顶点列表的索引

} POLY_EX_2, *POLY_EX_2_PTR;
```

现在可以使用间接方法了。在每个多边形中，引用同一个顶点列表，而不是在多边形中重复存储顶点而浪费空间。下面的代码定义了一个多边形：

```
POLY_EX_2 face_1 = {vertex_list, 0, 1, 2};
```

上述代码指出，多边形 face_1 由顶点数组 vertex_list 中的 3 个顶点（0、1 和 2）组成，这 3 个顶点的坐标分别是(*x*0，*y*0，*z*0)、(*x*1，*y*1，*z*1)和(*x*2，*y*2，*z*2)。

进行实体建模时，还有另一个细节非常重要，这就是顶点顺序。也就是说，定义多边形或三角形时，需要以特定的方式排列顶点，这样才能确定哪一面是外面。

在图 6.45 中，三角形的顶点是按顺时针方向排列的。还记得背面消除吗？要进行背面消除，首先需要确定哪一边是前面，哪一边是后面，然后计算一条法线（当然，如果从两边看，多边形都可见，这就无关紧要）。为此，需要使用一种顶点顺序方案，这样才能以统一的方式计算指向外面的法线。

如果使用左手坐标系和顺时针顶点排列方案，可以使用左手规则来确定向外的方向：手掌环绕方向与顶点编号递增的方向相同时，拇指指向的方向就是向外的。换句话说，如果我们创建向量 *u* = **p0->p1** 和 *v* = **p0->p2**，然后计算向量 *u* 和 *v* 的叉积，得到的将是法线 n，如图 6.45 所示。当然，这就是外面的方向。进行背面消除时，我们使用的就是向量 n。在本书中，总是使用顺时针顶点顺序，来定义所有多边形的向外方向。然而，这种顶点顺序方案只适用于左手坐标系。在右手坐标系中，必须反转法线的方向（负号）或使用右手规则。

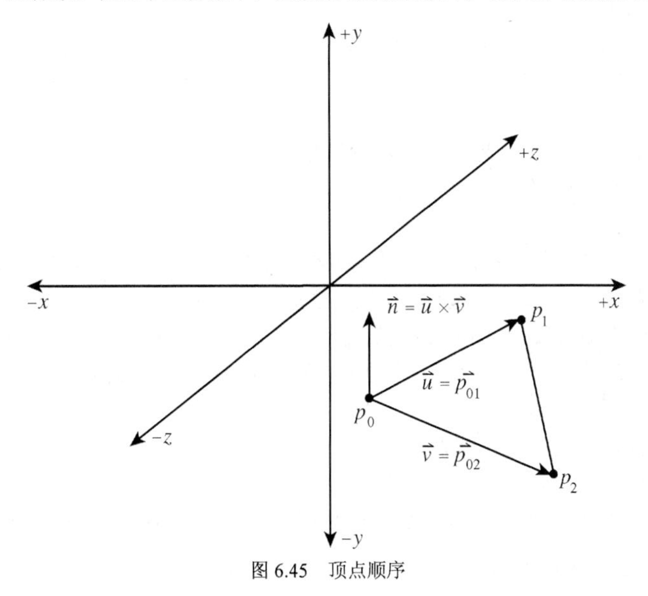

图 6.45　顶点顺序

提示：对于任何 *n* 边多边形，都有 *n* 种不同的顺时针（逆时针）顶点排列顺序，也就是说，排列顺序不是唯一的。在很多情况下，如果以编号从小到大的顺序排列顶点，将可提高数据连贯性（data coherence）。例如，假设多边形顶点排列顺序 0-5-12 是顺时针的，就应该采用这种顺序，虽然 12-0-5 和 5-12-0 也是顺时针的，但在后面两种情况下，在顶点数组中存取数据顺序是颠倒的，因此在大多数情况下第一种排列顺序的存取性能更高。然而，在很多情况下，存取最后一个元素，强制更新缓存，然后再存取第一个元素的速度更快。

回到顶点列表。顶点列表是一种不错的表示方法，使用这种方法有很多好处。例如，要对物体进行变换，无需对组成物体的多边形进行变换，而只需对顶点列表进行变换即可。另外，有表示同一个顶点的多个拷贝时，便可实现数值漂移（numerical drift）。也就是说，如果有两个多边形共享同一个顶点，但每个多边形都有这个顶点的拷贝，然后分别对这两个多边形及其顶点拷贝进行变换时，但在变换期间如果由于某种原因导致某个拷贝出现细微的误差，这两个原来被视为同一个顶点的顶点将不再是这样的。这可能导致几何体出现裂缝。只要看看 Tomb Raider，就能明白这里讨论的问题。

下面来看看使用顶点列表的缺点。很多情况下，随着您沿着 3D 流水线往下走，可能想将多边形和顶点列表分开。其原因很多，例如，假设有一个包含 1000 个顶点的网格，而只有一个多边形是可见的。由于所有的变换都是在顶点列表级进行的，因此将对所有的数据进行变换，而目的只为变换一个多边形。当然，有办法避免这种情况发生，但这毕竟是个问题，有必要注意。另外，在很多时候，编写根据顶点列表中的 3 个顶点（而不是一系列指向顶点列表的指针）来渲染多边形的光栅化器更容易。同样，所有上述因素都取决于最后的体系结构。

最后，在裁剪期间，如果几何体被表示为顶点列表，而不将其视为多边形，将很难进行裁剪。同样，如果裁剪一个顶点，所有共享该顶点的多边形都将被裁剪；至此，读者应该明白，需要考虑的问题很多。

因此，我们将使用混合方法，基于顶点列表来定义和变换物体；然而，在某个时候需要将它们转换为多边形，即使这些多边形共享顶点。这种转换将在以后介绍，现在暂时不去管它。

在定义第一个多边形结构之前，有必要对另一个之前被忽略的细节进行说明：使用 3D 坐标还是 4D 齐次坐标。这是一个棘手的问题，正确的做法是两种都使用。我们最终将使用 3D 坐标，并假设分量 $w = 1$，并使用之前编写的 4×3 矩阵乘法代码。但现在我们应使用 4D 齐次坐标和 4×4 矩阵，以便接下来的两章可以以统一的方式介绍使用矩阵来执行裁剪、透视和投影。虽然我们知道，我们并不需要 4D 齐次坐标提供的 w=1，而可以在代码中假设 w=1，不过现在我并不想做这样的假设。为确保数学公式和矩阵运算的一致性，我们假设在大多数情况下，所有的点和顶点的 4D 齐次坐标中 w=1。接下来将基于上述约定，创建一个更可靠的顶点列表和一种多边形数据结构。

第一个多边形

我们忽略了很多有关多边形的细节，因为我们现在对渲染还不太了解，无法考虑这些细节。然而，在下一章中设计线框引擎时，至少需要多边形的下述信息：

- 颜色——多边形的颜色。这可以是 8 位的颜色索引，16 或 24 位的 RGB 值，也可以是您虚构的其他东西。
- 状态——多边形的状态。用于存储在多边形被处理的过程中动态变化的状态信息。例如，多边形是否处于活动状态（active）、是否被裁剪以及是否受损等。
- 属性——多边形的物理属性，可能用于存储多个描述多边形的标记，例如是否是双面的、是否反射光、是不是由钢材制成、是否透明等。

根据约定，我们假设多边形的顶点数不超过 3 个（就现在而言）。下面是我们创建的第一个多边形结构版本：

```
typedef struct POLY4DV1_TYP
{
int state;    // 状态信息
int attr;     // 多边形的物理属性
int color;    // 多边形的颜色

POINT4D_PTR vlist; // 顶点列表
int vert[3];         // 顶点列表元素的索引

} POLY4DV1, *POLY4DV1_PTR;
```

注意：这里使用的命名规则是：[root][coordinate type][version]。POLY 是物体类型，4D 是坐标类型，V1 为版本号。

vlist 指向的顶点列表的类型为 POINT4D[ ]。为确保 state、attr 和 color 的抽象性，避免作茧自缚，我们不打算进一步定义它们。下面创建另一个数据结构，作者将其称为“面（face）”。

还记得吗，在光栅化阶段，需要一个独立于物体（顶点列表）的多边形列表。也就是说，需要一个多边形面数组或链表，其中每个多边形面都是自包含的，可以将其传递给光栅化器。为此，接下来创建一种名为 POLYF4DV1 的数据结构，用于存储多边形面。除了是自包含的（即没有引用外部顶点列表）外，它与数据结构 POLY4DV1 相同：

```
typedef struct POLYF4DV1_TYP
{
int state;    // 状态信息
int attr;     // 多边形的物理属性
int color;    // 多边形的颜色

POINT4D vlist[3];  // 三角形的顶点
POINT4D tvlist[3]; // 变换后的顶点
POLYF4DV1_TYP *next; // 指向列表中下一个多边形的指针
POLYF4DV1_TYP *prev; // 指向列表中前一个多边形的指针

} POLYF4DV1, *POLYF4DV1_PTR;
```

这个数据结构中包含指针 next 和 prev，它们用于建立如图 6.46 所示的多边形链表，这种链表可被传递给光栅化器。可能需要这两个指针，也可能不需要，这里定义它们旨在预先做好准备。另外，还有两个顶点数组：vlist[ ]和 tvlist[ ]，后者用于存储对前者进行变换得到的结果，这样可避免操纵多边形时覆盖原来的顶点数据。同样，数组 tvlist[ ]可能用得上，也可能用不上。以后，可能还需要添加用于存储世界坐标、相机坐标、透视坐标和屏幕坐标的顶点数组。

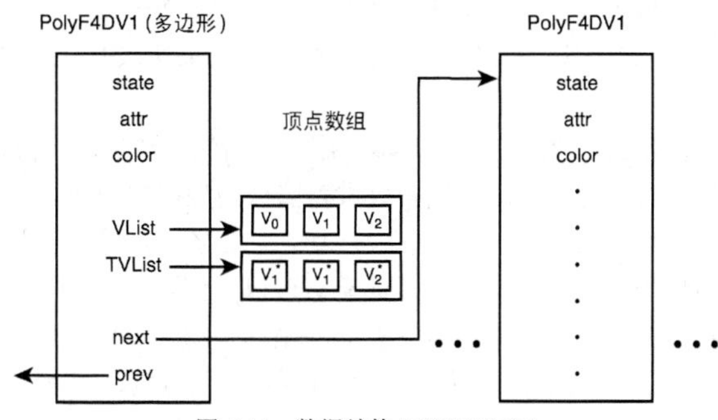

图 6.46　数据结构 POLYF4DV1

注意：不能删除最初的 3D 模型局部坐标。要么复制它们，要么在变换时将结果存储到另一个数据结构中，因为它们是一切数据的最终来源。另一方面，如果在局部坐标空间中执行了诸如旋转和缩放等变换，则可以将原来的顶点数据删除，因为您希望模型始终保持执行局部变换后的状态。

至此，我们创建了顶点列表、多边形数据结构以及可用于渲染的多边形面数据结构，具备了最基本的条件。接下来将定义物体，再增加一个层次。

6.4.3　定义物体

在 3D 游戏中，物体通常是由一组多边形构成的，如图 6.47 所示。然而，在较高级的 3D 系统中，物体可能是由多个通过铰链（link point）相连的物体组成的，如图 6.48 所示。这种物体将在后面讨论，现在只处理如图 6.47 所示的简单物体，这种物体由刚性多边形网格构成，没有活动部件。在这种情况下，物体由一组多边形组成，物体本身是基于一个顶点列表的。基于这种抽象模型，可以轻松地创建出一种存储物体的数据结构。然而，对于与 3D 流水线相关的数据存储方式，现在必须做出决定。

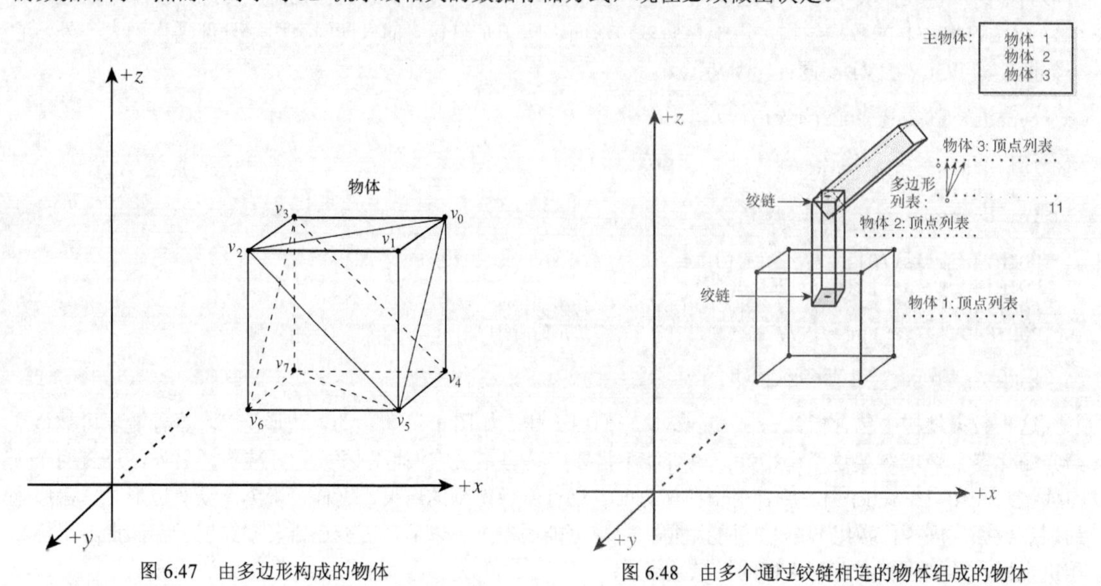

图 6.47 由多边形构成的物体

图 6.48 由多个通过铰链相连的物体组成的物体

有局部坐标、世界坐标、相机坐标、透视坐标和屏幕坐标。需要为所有这些坐标提供存储空间吗？答案取决于很多因素，但至少需要为局部坐标提供存储空间。至于是否需要为其他坐标提供辅助存储空间，完全取决于 3D 流水线的内部工作方式。也就是说，将物体传递给流水线时，由物体本身还是流水线负责提供辅助存储空间。

这是一个棘手的问题，没有放之四海皆准的答案。作者采用的方法是，让物体本身提供存储局部坐标、世界坐标和相机坐标的空间，同时在观察流水线中提供存储这些坐标的功能。

就现在而言，处于简化的目的，将物体视为包容一切（包括流水线的变换结果）的容器。然而，我们只提供存储局部坐标和变换后坐标的空间。变换后的坐标可以是世界坐标、相机坐标、透视坐标或屏幕坐标；只能通过数据处于流水线的哪个阶段来确定变换后的坐标是哪种坐标。这最大限度地减少了所需的存储空间。在物体数据结构中，还需要定义哪些数据呢？需要定义顶点数、属性、状态和物体名称（或 ID），以及后面需要使用的包围半径（bounding radius）。我们的第一个物体数据结构版本如下：

```
// 基于顶点列表和多边形列表的物体
typedef struct OBJECT4DV1_TYP
{
int  id;              // 物体的数值 ID
char name[64];        // 物体的字符串名称
int  state;           // 物体的状态
int  attr;            // 物体的属性
float avg_radius;     // 物体的平均半径，用于碰撞检测
float max_radius;     // 物体的最大半径

POINT4D world_pos;  // 物体在世界坐标系中的位置

VECTOR4D dir;         // 物体在局部坐标系下的旋转角度
                      // 为用户定义的坐标或单位方向向量
```

```
VECTOR4D ux,uy,uz; // 记录物体朝向的局部坐标轴
                   // 物体被旋转时，将相应地旋转

int num_vertices;   // 物体的顶点数

POINT4D vlist_local[64]; // 存储顶点局部坐标的数组
POINT4D vlist_trans[64]; // 存储顶点变换后坐标的数组

int num_polys;         // 物体的多边形数
POLY4DV1 plist[128];  // 存储多边形的数组

} OBJECT4DV1, *OBJECT4DV1_PTR;
```

对于上述数据结构 OBJECT4DV1，读者的第一印象是，它包含的静态数据会浪费大量的存储空间。这不是作者的疏忽，而是故意为之，旨在避开动态分配/释放内存的问题。以后的版本将动态地为顶点列表和多边形列表分配内存。就现在而言，64 个顶点和 128 个多边形足以描述立方体、岩石和玩具。另外，这个数据结构中还包含存储物体最大半径和平均半径的字段，它们用于剔除物体。

当然，还有存储物体位置的变量 world_pos 和存储物体在局部空间中朝向的变量 dir。在局部坐标系中对物体的朝向进行变换时，将修改这些局部坐标，因此需要采取某种方法来记录这些修改。当然，也可以像在流水线中对物体进行处理时那样，动态地执行所有的局部旋转，并保留原来的朝向数据，但如果沙漠中有 1000 块不需要旋转的岩石，这样做将浪费时间。在很多情况下，3D 引擎在物体的局部空间中对其进行旋转，并覆盖原来的局部坐标，但需要记录旋转结果，这就是变量 dir 的用途。

可以使用该变量来存储角度或一个单位向量，其初始值与 z 轴平行（dir=<0，0，1>），并在物体每次被旋转时相应地修改其值，这样便可以记录物体被加载时的朝向。另外，向量 u_x、u_y 和 u_z 也记录物体的朝向，即每当物体被变换时，u_x、u_y 和 u_z 也相应地被变换，从而记录物体变换后的朝向。例如，假设要基于下述顶点列表定义一个立方体：

```
p0(10,10,10)
p3(-10,10,10)
p2(-10,10,-10)
p1(10,10,-10)
p4(10,-10,10)
p5(-10,-10,10)
p6(-10,-10,-10)
p7(10,-10,-10)
```

代码如下：

```
// 手工定义立方体（极其繁琐）
OBJECT3DV1 cube_1;

cube_1.id    = 0;              // 当前未使用
cube_1.state = 0;              // 当前未使用
cube_1.attr  = 0;              // 当前未使用

cube_1.avg_radius  = 17.3;    // 物体的平均半径
cube_1.max_radius  = 17.3;    // 物体的最大半径
                              // sqrt(10*10+10*10+10*10)


cube_1.world_pos.x = 0; // 物体在世界坐标系中的位置
cube_1.world_pos.y = 0;
cube_1.world_pos.z = 0;
```

```
cube_1.local_ang.x = 0; // 物体的朝向
cube_1.local_ang.y = 0; // 这是所有物体被加载时使用的默认朝向
cube_1.local_ang.z = 1;
cube_1.num_vertices =  8; // 顶点数

// 创建一个顶点列表以简化初始化工作
POINT3D temp_verts[8] = { {10,10,10},     // p0
                          {10,10,-10},    // p1
                          {-10,10,-10},   // p2
                         {-10,10,10},    // p3
                          {10,-10,10},    // p4
                          {-10,-10,10},   // p5
                          {-10,-10,-10},  // p6
                          {10,-10,-10}};  // p7
// 设置顶点的局部坐标

for (int vertex=0; vertex < 8; vertex++)
    {
    cube_1.vlist_local[vertex].x = temp_verts[vertex].x;
    cube_1.vlist_local[vertex].y = temp_verts[vertex].y;
    cube_1.vlist_local[vertex].z = temp_verts[vertex].z;
    cube_1.vlist_local[vertex].w = 1;
    } // end for index

cube_1.num_polys = 12; // 多边形数

// 接下来定义多边形
// 这里将 state、attr 和 color 都设置为 0
// 将顶点指针指向局部坐标数组，但将其指向哪个列表无关紧要
// 因为所有的多边形都基于自己的顶点列表，而不是外部顶点列表

// 创建一个定义了每个多边形的三角形列表以简化初始化工作
// 所有三角形的顶点都按顺时针方向排列，因此方向朝外
int temp_poly_indices[12*3] = {
0,1,2, 0,2,3,  // 多边形 0 和 1
0,7,1, 0,4,7,  // 多边形 2 和 3
1,7,6, 1,6,2,  // 多边形 4 和 5
2,6,5, 2,3,5,  // 多边形 6 和 7
0,5,4, 0,3,5,  // 多边形 8 和 9
5,6,7, 4,5,7 };// 多边形 10 和 11

// 下面初始化每个三角形

for (int tri=0; tri < 12; tri++)
    {
    // 这些变量当前都未使用
    cube_1.plist[tri].state = 0;
    cube_1.plist[tri].attr  = 0;
    cube_1.plist[tri].color = 0;

    // 将顶点列表指向局部坐标数组
    cube_1.plist[tri].vlist = cube_1.vlist_local;

    // 设置顶点索引
    cube_1.plist[tri].vert[0] = temp_poly_indices[tri*3+0];
    cube_1.plist[tri].vert[1] = temp_poly_indices[tri*3+1];
    cube_1.plist[tri].vert[2] = temp_poly_indices[tri*3+2];
    } // end for
```

定义一个简单的立方体，竟然要这么多代码。这是 3D 图形最重要的问题之一：需要大量的数据。编写游戏时，不可能手工输入表示位图的数据；同样，在编写 3D 游戏时，也不可能手工输入表示物体和网格的

数据，而总是从文件中加载网格和游戏背景，因为它们包含的顶点有数百、数千甚至数百万个。在 3D 物体过于复杂之前，我们将通过手工输入，使用 ASCII 文件格式来表示 3D 物体。

定义立方体后，可以将其传递给 3D 流水线，后者能够设置相机位置和视景体，执行前面介绍的所有操作。最后，将以填充多边形或线框模式渲染物体，但这是下一章将介绍的内容。

6.4.4　表示世界

至此，我们的 3D 世界由 3D 物体组成，每个物体都是一组基于顶点列表的多边形。然而，如果要编写类似于 Quake 那样的游戏，或在非常广阔的地形中模拟坦克，该如何办呢？我们的物体数据结构完全可用于定义物体游戏中的物体，但无法定义游戏 Quake 中的室内环境和坦克模拟游戏中的大型室外地形图。

室内和室外世界（统称为环境）通常是特殊的物体，由于数量庞大，必须使用更复杂的数据结构来表示。例如，游戏中的坦克或角色通常由 20～500 个多边形组成；而游戏世界可能由数万甚至数千万个多边形组成。不能在一个大型列表中存储这些多边形，并将其传递给 3D 流水线，而需要使用一个更灵巧的数据加载方法，因为在任何时刻，都只有一部分多边形是可见的。在本章前面，我们讨论了一些可用于表示地形的方法，其中一种解决方案是将世界表示为一系列的区段（sector），也许区段就是物体？在另一方面，前面介绍的有些算法（如物体消除）不再管用，因为涉及地形或室为环境时，没有物体的概念，取而代之的是房间、区域和入口（portal）等，我们使用类似的方法来剔除它们。

另外，大多时候地形和室内环境变化不大，因此可以预先进行大量的计算和优化，并利用二叉空间分割（binary space partition，BSP）、八叉树和入口来进行简化，并最大限度地减少在每一帧中需要处理的数据量。例如，由于环境不会移动，因此可以使用世界坐标来定义，从而避免局部坐标到世界坐标的变换。

因此，在大多数情况下，确定环境的哪些部分是可见的后，只需使用相机变换矩阵和投影矩阵对其进行变换。

本书后面将讨论所有这些概念，但需要指出的是，使用现在介绍过的技术，完全可以编写出以线框和恒定着色处理模式渲染的 3D 游戏。要编写更复杂的游戏，必须创建出强大得多的数据结构和算法，以减少每帧中需要处理的数据量。

因此，没有理由现在就试图去创建用于表示世界的 3D 数据结构，因为我们的 3D 图形知识还不够；实际上，我们需要根据游戏世界来调整设计方案。然而，我们可以想象一下，对于类似于 Quake 的游戏，可能设计这样的引擎：将每个房间作为一个独立的树节点；每个房间都有指向从该房间中能够看到的其他房间的指针。使用这种数据结构，在任何时候都能够根据当前的位置，将除少数几个房间之外的其他所有房间剔除，如图 6.49 所示。

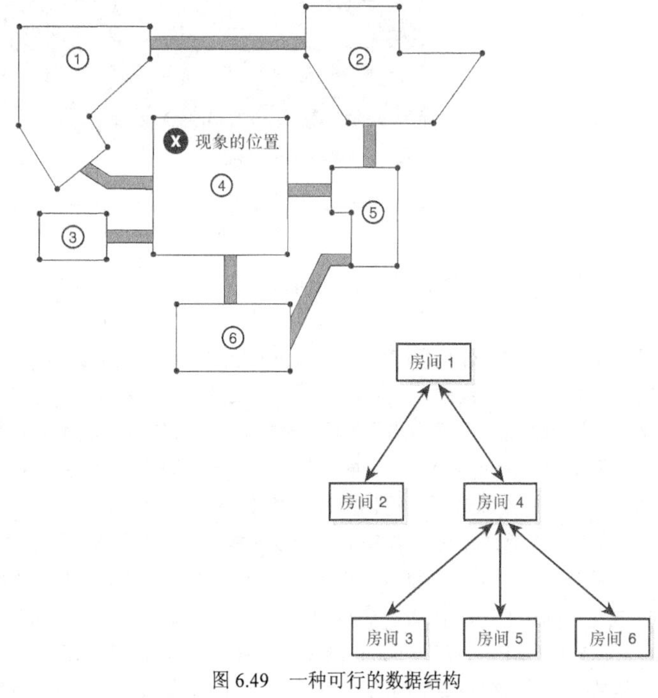

图 6.49　一种可行的数据结构

当然，如果从房间中可以看到外面或房间有很多窗户，这种数据结构将不管用。如果在您编写的游戏中，所有房间都通过走廊连接在一起，总共有 1000 万个房间，引擎将能够迅速将它们剔除。这是 BSP 树、八叉树和入口基于的一些思想。

6.5 3D 工具

当前，制作 3D 游戏的工作量非常大，主要原因是游戏是 3D 的，需要的数据非常多。游戏程序员/设计人员面临的最苦恼的问题之一是，如何生成和处理游戏数据。这个问题的解决方案有很多。对于简单的 3D 游戏，可以自己创建用于 3D 建模和生成世界的工具。例如图 6.50 是 DoomEdit 的一个屏幕截图。正如读者看到的，这是一个基于位图和直线的工具，显示的是俯视图。这个工具能够读取各种数据文件，让关卡设计人员能够加入物体、几何体、插销（switch）、动物和光源等，以创建游戏世界。DoomEdit 和其他“构建引擎（build engine）”用于生成整个 3D 游戏世界，是一种全方位（all in one）解决方案。当然，诸如脚本、位图和声音等游戏资源（game asset）是使用其他工具创建的。

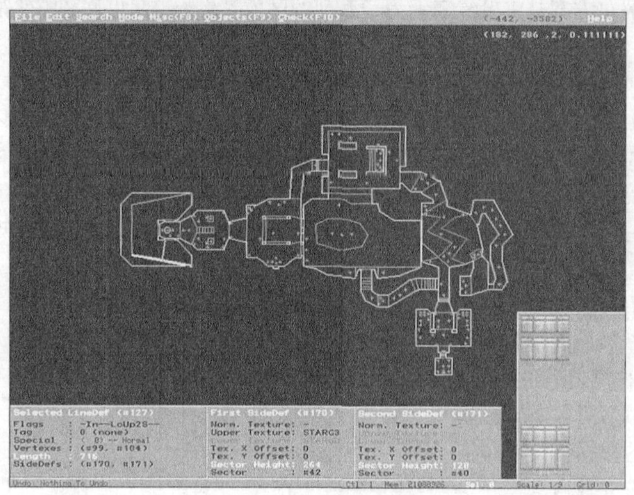

图 6.50　DoomEdit 的屏幕截图

当前，游戏越来越复杂，因为游戏世界是 3D 的，其中的几何体形状是任意的。因此，可采取的方法有两种，一是仍然自己编写 3D 工具，但最终您将发现自己实际上是在编写一个 3D 建模软件包；另一种方法是使用现成的 3D 建模程序，如 Caligari trueSpace、Maya、LightWave、3D Studio Max、Blender 或 Moray（和光线跟踪程序 Persistence of Vision），来设计物体和游戏世界，然后通过软件或插件在这些工具和游戏引擎之间连接起来。这可能是最佳的方法，因为您利用了他人所做的工作。在另一方面，3D 建模程序不擅长于加入怪物（monster）、大门插销等物体，不过功能在不断完善，很多建模程序提供了大量的挂钩（hook）和 API，让您能够对所需的建模程序基本功能进行修改。

最初，作者打算在本书中使用 Quake 格式的 3D 世界，并使用 WorldCraft 来创建 3D 世界，但 WorldCraft 的开发商陷入了困境，将这个程序转让给了 Valve 公司，现被更名为 Hammer Editor，而 Quake 是一种专用格式。考虑再三，作者不想受制于这种格式，决定使用诸如 Caligari .COB、3D Studio Max .3DS 或.MAX、.DXF、.NFF（neutral file format），让读者能够使用常见的工具和有大量文档（well-documented）的格式。另外，本书要介绍的是 3D 图形学和游戏编程，而不是要编写关卡设计工具，因此不打算偏离主题。

因此，读者可以使用任何 3D 建模工具，只要它支持本书的引擎能够读取的文件格式。

基于这个原因，本书附带光盘中包含大量 3D 建模演示程序和一些非常不错的共享软件建模程序，如 Moray。即使这些共享软件建模程序不支持您想要的文件格式，也可以使用本书附带光盘中的 3D 文件格式转换器进行转换。

动画数据和运动数据

有时候，您可能需要创建关节型动物动画，这非常复杂。本书前面介绍过，可以使用网格动画或骨架动画来实现动物动画。采用第一种方法时，需要使用 3D 建模程序生成角色网格关键帧，然后读取这些关键帧。采用第二种方法时，需要读取包含关节点的网格，然后，通过网格链杆输出运动数据（如 BioVision 运动文件）以制作动物或物体动画。这同样是一项极其复杂的任务，工具能够给您提供物体甚至运动数据（或者自己编写或购买），但必须编写代码，将这些数据提供给引擎。这将在后面更详细地介绍。诸如 3D Studio Max、Maya 和 trueSpace 等工具都是不错的角色动画软件包，让您能够完成上述两项任务。然而，最终我们将使用一种更基本的关键帧系统，如 Quake 的.MD2 格式。

6.6　从外部加载数据

前面说过，必要时将编写代码，但旨在让读者领会问题的本质。这里介绍几种可以使用的文件格式，让读者知道它们是什么样的。对于文件格式的总体要求是，能够使用引擎所需的信息表示 3D 物体。现在，我们并不需要有关纹理、光照等方面的信息，而只需要描述物体的顶点列表和多边形网格。

然而，随着读者往下阅读，将发现我们需要知道很多信息。例如，如果使用 3D 建模程序创建坦克，将需要知道顶点列表、多边形网格、纹理坐标、多边形属性等，因此需要一种更复杂的文件格式。另外，如果使用 3D 建模程序创建游戏世界，建模程序必须支持引擎能够使用的导出光源和标记信息。

这里不打算详细描述各种文件格式，而只简要地描述一些比较流行的文件格式。

6.6.1　PLG 文件

PLG 文件格式是 REND386 设计人员发明的，其中的成员之一是 Bernie Roehl（实际上，作者认为所有工作都是由他完成的）。这种格式很简单，并抓住了要点，从它开始介绍是种不错的选择。不幸的是，它不支持纹理映射和双面多边形，但对于快速手工编辑模型而言足够了，且很灵巧。使用这种文件格式的主要原因是，有些 3D 建模程序能够生成 PLG 文件，同时有现成工具能够将.DXF 文件转换为 PLG 文件，更为重要的是，编写读取这种文件的分析程序只需要一两个小时，而对于更高级的文件格式，需要一周。

1．PLG 文件的首行

PLG 文件以物体的名称及其包含的顶点数和多边形数打头：

```
object_name num_vertices num_polygons
```

例如：

```
pyramid 5 5
```

表示接下来是物体 pyramid 的数据，这个物体有 5 个顶点和 5 个面。

2. PLG 顶点列表

接下来的数据是顶点，顶点按 0 到 *n* 的顺序排列。每个顶点的坐标之间用空格隔开，坐标排列顺序为 *x*-*y*-*z*。例如，对于如图 6.51 所示的棱锥，顶点数据如下：

```
0    20   0
 30  -10  30
 30  -10 -30
-30  -10 -30
-30  -10  30
```

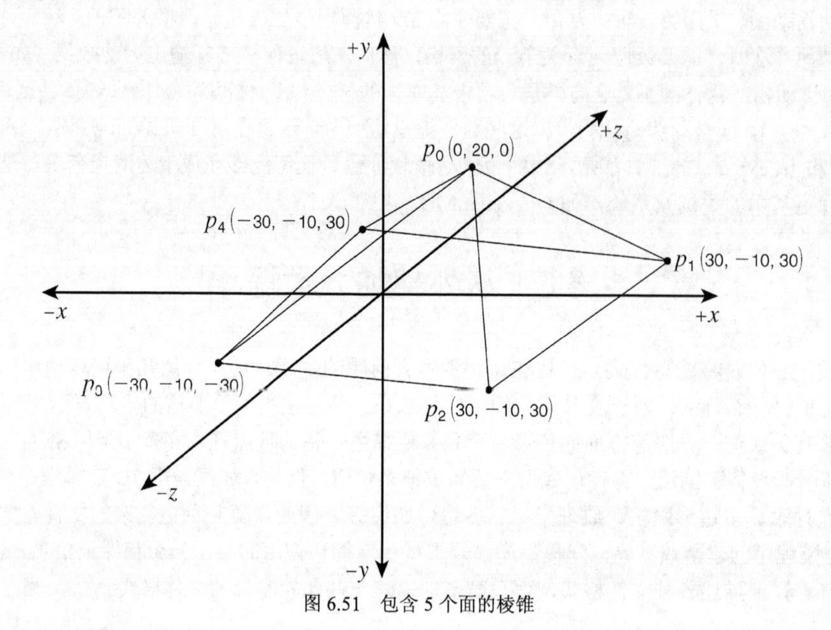

图 6.51　包含 5 个面的棱锥

3. PLG 多边形列表

文件的下一部分是多边形描述，每行描述一个多边形的颜色、顶点数、顶点的索引号，格式如下：

```
surface_description n  v1 v2 v3 ... vn
```

其中 surface_description 是面描述符（surface descriptor），稍后将介绍；*n* 是顶点数；v1、v2...vn 是顶点，按反时针方向排列。对于前述棱锥，多边形列表如下：

```
10  3 0 2 1
10  3 0 3 2
10  3 0 4 3
10  3 0 1 4
10  4 1 2 3 4
```

这意味着有 5 个多边形面。每行中的第一个数字是面描述符，接下来是多边形的顶点数。例如，第二行中的多边形有 5 个顶点：0、3 和 2，第 5 五行的多边形有 4 个顶点：1、2、3 和 4。我们要求模型必须由三角形组成，这里包含四边形只是为了说明这种文件格式支持 *n* 边多边形。

上述数据中，唯一不那么容易理解的是每行中的第一个数字，它被称为面描述符（对于棱锥，所有面的面描述符都是 10）。下面介绍面描述符的含义。

4．PLG 面描述符

在每个多边形的定义中，第一个数字被称为面描述符，它可以是十进制整数或十六进制整数——0x 或 0X 后面跟一个十六进制整数值。面描述符是一个 16 位的值，根据各位的值按如下方式进行解释：

$H_{15}\ R_{14}\ S_{13}S_{12}\ C_{11}C_{10}C_{9}C_{8}\ B_{7}B_{6}B_{5}B_{4}B_{3}B_{2}B_{1}B_{0}$

- R 位被预留，应将其设置为 0；
- 如果 H 位为 1，表示面是带纹理的，最后 14 位为纹理图索引；
- 如果 H 位为 0，则按表 6.1 来解释 SS 位。

表 6.1　　PLG 面描述符中 SS 位的含义

$S_{13}S_{12}$的值	含义
00	多边形采用固定着色处理，应使用一种固定颜色绘制。如果 CCCC 为零，则 BBBBBBBB 指定了 8 位颜色模式下的 256 种颜色之一；如果 CCCC 不为零，则它们指定了 16 种色调（hue）之一，BBBBBBBB 的前 4 位指定了使用该色调的哪种着色度（shade）
01	多边形采用恒定着色处理，即绘制时根据光线照射到多边形的角度来确定颜色的亮度，因此当多边形移动时，其亮度将发生变化。CCCC 指定了 16 种色调之一，BBBBBBBB 表示颜色的亮度。该亮度值将被乘以多边形法线向量与多边形到光源的向量之间的交角的余弦，该乘积被用作索引，从指定颜色的着色度数组中找出相应的着色度。如果 CCCC 为 0，颜色总是为黑色
10	多边形为使用金属效果（metallic）。CCCC（不能为零）指定了 16 中色调之一，BBBBBBBB 的前 5 位指定了一个偏移量，将从这里开始在一个着色度范围内循环变化，以实现金属效果
11	应将多边形视为透明的（transparent）。和面类型 10 一样，但绘制多边形时不是使用固定的颜色，而是使用交替开/关的点图案，让您能够“看透”多边形

表 6.1 反映的是 PLG 文件格式的原始定义，它显然是为 4/8 位颜色模式设计的，因此显得有些过时。虽然，8 位颜色模式有时候是可行的，但我们确实需要使用 16 位颜色模式。因此，下一章使用这种文件格式时，将对其做细微的修改，以便能够支持 16 位 RGB 颜色。当然，导出文件的程序并不知道这一点，但我们至少能够为试验提供手工支持。

5．加载 PLG 文件中的物体

加载 PLG 文件不太难。从本质上说，PLG 是标准 ASCII 文件，包含一行或多行描述物体的文本。唯一使得读取 PLG 文件有些复杂的因素是，面描述符可能是十进制的，也可能是十六进制的，这取决于是否有前导标记 0x，另外，文件中可以包含以字符#打头的注释。真正编写分析程序时，您将发现并没有想象的那么难：只不过是每次读取一行，并对其中的数字进行分析而已。相对来说，对于手工生成模型而言，这是一种不错的格式，下一章将实际使用这种格式。下面是物体的完整数据：

```
pyramid 5 5

# 顶点列表

  0   20  0
 30 -10  30
 30 -10 -30
-30 -10 -30
-30 -10  30

# 多边形列表
```

```
10  3 0 2 1
10  3 0 3 2
10  3 0 4 3
10  3 0 1 4
10  4 1 2 3 4
```

至此，对 PLG 格式的基本描述就结束了，读者应该明白作者为何喜欢这种格式。它简单、易懂、可作为学习的起点，同时编写读取这种格式的阅读器也很容易。当然，大多数建模程序都不直接支持这种格式，因为它太粗糙，但可以使用转换器进行转换。PLG 文件存在的唯一问题是，它采用右手坐标系统，顶点按反时针排列，因此加载从工具中导出的物体时，必须考虑到这一点，因为我们使用的是左手坐标系。

6.6.2 NFF 文件

下一种使用起来非常容易的文件格式是中立文件格式（neutral file format，NFF）。多年前，作者编写 VR 游戏时首次使用了这种格式，看起来很不错，因此决定支持它。这种格式最初是由 Sense-8 的 Eric Haines 开发的，那是很久以前了。NFF 文件格式的最新版本为 3.1，这里将介绍这种版本。

NFF 格式用于定义简单世界和物体，而 PLG 格式只能定义物体。NFF 格式支持诸如相机、背景色、光源位置等实体。这些特性对 NFF 格式的分析复杂度影响不大，因此对于我们要做的工作以及测试算法和试验而言，这种格式很不错。

1．NFF 支持的 3D 实体

NFF 支持下述实体（entity）：

- 简单视景体；
- 背景色描述；
- 定位（和定向）光源描述；
- 面属性描述；
- 多边形、多边形曲面片（polygonal patch）、圆柱/圆锥和球体描述。

NFF 文件由多行文本组成。每个实体占据一行或多行，第一个字段定义了其类型，其他内容定义了实体本身的其他信息。实体类型包括：

- v——观察向量和角度；
- b——背景色；
- l——定位光源；
- f——物体的材质属性；
- c——圆锥/圆柱图元；
- s——球体图元；
- p——多边形图元；
- pp——多边形曲面片图元。

接下来简要地描述一下我们将处理的一些较重要的实体。关键字将用粗体显示，参数用常规字体显示，后者通常是浮点值。

（1）视点位置格式

视点位置定义了视点以及前面介绍过的部分视景体参数，其格式如下：

```
v
from Fx Fy Fz
at Ax Ay Az
```

```
up Ux Uy Uz
angle angle
hither hither
resolution xres yres
```

上述参数的含义如下：

- from——用世界坐标表示的视点位置；
- at——将成为图像中心的“注视（look at）”位置，用世界坐标表示；
- up——一个向量，定义了一个相对于注视向量来说为上方的方向；
- angle——视野角度，单位为度；指的是从视点到最上面和最下面的像素行中点的向量的夹角以及从视点到最左边和最右边的像素列中点的向量的夹角；
- hither——近裁剪面到视点的距离；
- resolution——视平面的分辨率，单位为像素。

注意：这里没有对数据归一化做任何假设（例如，从视点到注视点的距离可以不为 1）；向量不必相互垂直；另外，远裁剪面默认位于无穷远处，高宽比默认为 1.0。

根据惯例，定义任何物体之前，必须定义观察实体，这样引擎将知道从哪里进行观察。

（2）背景色格式

背景色是用 RGB 定义的，其中每个分量的取值范围为 0～1：

```
b R G B
```

如果没有设置背景色，则认为其 RGB 值为{0, 0, 0}。

（3）定位光源格式

这种光源使用位置和颜色定义的：

```
l X Y Z [R G B]
```

其中 *X*、*Y*、*Z* 是光源的位置，R、G、B 是颜色（这是可选的）。同样，光源实体也必须在任何物体之前定义。如果没有设置光源的颜色，将默认使用一个非零强度，该强度未明确指定。

（4）填充颜色和着色处理参数格式

填充颜色和着色处理参数指定了接下来所有实体的光照属性，直到重新指定填充颜色和着色处理属性为止。

```
f red green blue Kd Ks Shine T index_of_refraction
```

上述各个参数的含义如下：

- red、green、blue——R、G、B 值，取值范围为 0.0～1.0；
- Kd——散射光反射分量；
- Ks——镜面反射光反射分量；
- Shine——用于计算反射区域的 Phong 余弦指数；
- T——透射率。

由于我们还没有介绍光照计算，上述参数还并不重要；然而，一般而言，计算表面反射光中散射项和镜面反射项的公式中，使用了上述大部分参数。

（5）多边形格式

多边形是由一组顶点定义的，这些顶点必须共面。在 NFF 文件中，所有多边形都是单面的，在右手坐标系中，当观察者位于多边形前面时，顶点按逆时针方向排列。另外，前两条边必须构成一个非零凸角，以便只根据前 3 个顶点便可以确定法线和面可见性。

警告：NFF 文件格式是基于右手坐标系的。

```
p num_vertices
v1.x v1.y v1.z
v2.x v2.y v2.z
.
.
vn.x vn.y vn.z
```

其中 num_vertices 是多边形包含的顶点数，v 表示顶点。

（6）多边形曲面片的格式

多边形曲面片是由一组顶点及其法线定义的，除了每个顶点都有法线外，它几乎与多边形相同。

```
pp num_vertices
v1.x v1.y v1.z n1.x n1.y n1.z
v2.x v2.y v2.z n2.x n2.y n2.z
.
.
vn.x vn.y vn.z nn.x nn.y nn.z
```

其中 num_vertices 为多边形曲面片包含的顶点数，v 和 n 分别表示顶点及其法线。

注意：NFF 文件格式还有很多其他功能，如允许定义诸如球体和锥体等图元，但从很大程度上说，除注释字符#外，我们需要的所有实体都在前面介绍过。

2. NFF 文件示例

结束对 NFF 文件的简介之前，下面列出一个表示 2×2×2 立方体的 NFF 文件：

```
v
from 0 2.0 2.0
at 0 0 0
up 0 1 0
angle 40
hither 1
resolution 512 512
l 0 5 0
l 0 2.0 2.0
f 0.000000 0.000000 0.000000 1 0 0 0 0
p 3
1.000000 -1.000000 -1.000000
-1.000000 -1.000000 -1.000000
-1.000000 -1.000000 1.000000
p 3
1.000000 -1.000000 -1.000000
-1.000000 -1.000000 1.000000
1.000000 -1.000000 1.000000
p 3
-1.000000 1.000000 -1.000000
-1.000000 -1.000000 -1.000000
1.000000 -1.000000 -1.000000
p 3
-1.000000 1.000000 -1.000000
1.000000 -1.000000 -1.000000
1.000000 1.000000 -1.000000
p 3
1.000000 1.000000 -1.000000
```

```
1.000000 -1.000000 -1.000000
1.000000 -1.000000 1.000000
p 3
1.000000 1.000000 -1.000000
1.000000 -1.000000 1.000000
1.000000 1.000000 1.000000
p 3
1.000000 1.000000 1.000000
1.000000 -1.000000 1.000000
-1.000000 -1.000000 1.000000
p 3
1.000000 1.000000 1.000000
-1.000000 -1.000000 1.000000
-1.000000 1.000000 1.000000
p 3
-1.000000 1.000000 -1.000000
1.000000 -1.000000 -1.000000
1.000000 1.000000 1.000000
p 3
-1.000000 1.000000 -1.000000
1.000000 1.000000 1.000000
-1.000000 1.000000 1.000000
p 3
-1.000000 -1.000000 -1.000000
-1.000000 1.000000 -1.000000
-1.000000 1.000000 1.000000
p 3
-1.000000 -1.000000 -1.000000
-1.000000 1.000000 1.000000
-1.000000 -1.000000 1.000000
```

6.6.3 3D Studio 文件

3D Studio 及其继任 3D Studio Max 是游戏和电影行业中使用最广泛的 3D 建模程序之一。最初的 3D Studio 面世了很长时间，它实际上是更古老的程序 AutoCad 的继任，后者是 AutoDesk 开发的。最先支持 DXF 文件格式的是 AutoCad，随着 3D Studio 的面世，3DS 文件格式和新的 MAX 文件格式也包含整个场景和每个网格的数据。不幸的是，这些文件格式非常复杂，可以是 ASCII 版本或二进制版本。由于篇幅有限，这里不打算像 PLG 和 NFF 那样详细介绍它们，而只对每种文件格式做简要的描述，并提供一个小型范例。然而，本书后面可能会支持 DXF 和/或 3DS 文件格式。

1. DXF 文件

DXF（Data eXchange Format，数据交换格式）最初是 AutoDesk 的 AutoCAD 支持的一种文件格式。这种格式有二进制版本和 ASCII 版本，但名称相同。这种格式还是不错的，但它并非为高端 3D 实体建模、光照处理和纹理映射等设计的，这是因为最初的设计人员更感兴趣的是建立 3D 机械和建筑模型，而不是从美学上说令人满意的图像。因此，这种文件格式提供了 3D 支持，但并不全面。另外，对于其支持的实体，DXF 文件中的开销非常大，同时技术图样中必须包含大量与物体本身无关的技术细节。因此，读取模型数据之前，通常必须分析所有无用的信息；但到达 3D 模型数据的位置后，读取文件将非常容易。

DXF 文件的格式

标准的 ASCII DXF 文件包含下列几个主要部分：

- HEADER——包含有关模型的通用信息；
- TABLE——包含指定项的定义；
- BLOCKS——包括块定义实体，它们描述了构成图样中每个块的实体；

- ENTITIES——包含描述模型本身的实体和块引用（block reference）；
- END OF FILE 标记——每个 DXF 文件都以字符串 EOF 结尾。

当然，这些部分中有各种各样的数据。数据被归类，并用组编码指示。组编码用于帮助编写分析函数，因为只要查看组编码，便可以知道数据的类型。表 6.2 列出了基本的组编码。

表 6.2　　　　DXF 文件中的组编码

组编码范围	含义	组编码范围	含义
0～9	字符串值	60～79	整数值
10～59、210～239	浮点值	999	注释

在 DXF 文件中，任何一项数据之前都有一个组编码，指出了数据的类型。因此，DXF 文件中的任何一个数字或字符串的前面都有一个组编码，这是很大的开销和浪费，但使得分析文件更容易。每个组编码范围都被分成多个子类，它们更详细地说明了数据，但 99%的组编码都与我们不相干。表 6.3 更详细地描述了组编码。

表 6.3　　　　DXF 文件中组编码的详情

组编码	含义	组编码	含义
0	标识文件、实体或表的开头	30	主 z 坐标
1	实体的主文本值（primary text value）	31～37	附加 z 坐标
2	某种形式的名称	38	高度（elevation）
3～4	其他文本或信息	39	厚度
6	直线类型	40～48	常规浮点值
7	直线样式	49	重复值
8	层名	50～58	角度
9	变量名标识符，用于 HEADER 部分中	62	色数
10	主 x 坐标	66	“实体跟踪（entities follow）”标记
11～18	附加 x 坐标	70～78	整数值
20	主 y 坐标	210、220、230	延展方向（extrusion follow）的 X、Y、Z
21～28	附加 y 坐标	999	注释

提示：有关 DXF 文件就介绍这么多，因为作者在 10 年前学习这种文件格式时，对各种数字感到极其迷惑，因此不希望读者有同感。不过，现在读者至少对各种数字的含义及为何使用它们有所了解。与 3D 数据相比，这些开销看起来大了些。

组编码总是在数据之前。例如，在 DXF 文件的开头，有一个字符串值标识文件的开始。从表 6.3 和表 6.4 可知，字符串值的组编码为 0～10，文件开头的组编码为 0，因此 DXF 文件的开头与下面类似：

```
0
SECTION
```

要加入注释，可以使用组编码 999，然后再加入注释，如下所示：

```
999
This is a comment, stupid huh!
```

下面来看一个普通的空 DXF 文件。其中使用 C++注释符“//”加入了注释，用于说明，DXF 文件中并没有这样的内容：

```
0 // 表示 HEADER 部分开头的组编码
SECTION

2 // 组编码
HEADER
 // 这里为 HEADER 项

0 // 组编码
ENDSEC    // 标识 HEADER 部分结束

0         // 表示 TABLES 部分开头的组编码
SECTION

2         // TABLES 组编码
TABLES

0         // TABLE 组编码
TABLE

2         // 视口 ENTITY 组编码
VPORT
70

// 视口表中最多包含多少项
// 视口表项

0        // 表示 TABLE 结尾的组编码
ENDTAB

0        // TABLE 组编码
TABLE

2       // 表示接下来为 LTYPE、LAYER、STYLE、VIEW、UCS 或 DWGMGR 的组编码
70
// 最大表项数
// 这里为表项

0        // 表示 TABLE 结尾的组编码
ENDTAB

0
ENDSEC    // TABLES 部分结尾标记

0     // 接下来为 BLOCKS 部分
SECTION

2     // BLOCKS 组编码
BLOCKS

// 这里为块定义实体

0
ENDSEC  // BLOCKS 部分结束标记

0        // 接下来为 ENTITIES 部分
```

```
SECTION

2       // ENTITIES 的开始位置
ENTITIES
// 这里为图样实体
0       // SECTION 部分结束组编码
ENDSEC // ENTITIES 结束标记

0
EOF // 文件末尾
```

正如读者看到的，即使是空的 DXF 文件，也包含不少的内容；但幸运的是，我们只关心 ENTITIES 部分，因为 3D 数据存储在这里。实体有很多，如表 6.4 所示。

表 6.4　　　　　　　　　　很有用的 DXF 文件实体

实体标签	描述	实体标签	描述	实体标签	描述	实体标签	描述
LINE	线段	ARC	弧	TEXT	文本字符串	VERTEX	顶点
POINT	点	TRACE	空间中的轨迹	SHAPE	形状	3DFACE	3D 面或多边形
CIRCLE	圆	SOLID	实心物体	POLYLINE	折线		

我们只关心实体 3DFACE，导出到 DXF 文件中时，任何 3D 几何体是以 3DFACE 的方式存储的。DFX 文件中没有光照、纹理映射和相机等信息，只包含非常简单的网格数据，仅此而已。四边形对应的 3DFACE 实体如下（这里也使用“//”来加入注释，但这是非法的；注释的组编码为 999）：

```
0 // 这是起始位置，因此使用组编码 0
3DFACE
10 // 接下来为顶点 0 的 x 坐标
x0

20 // 接下来为顶点 0 的 y 坐标
y0

30 // 接下来为顶点 0 的 z 坐标
z0

// 接下来为下一个顶点的坐标，因此将 X、Y、Z 的组编码都加 1

11 // 接下来为顶点 1 的 X 坐标
x1

21 // 接下来为顶点 1 的 y 坐标
y1

31 // 接下来为顶点 1 的 z 坐标
z1

// 接下来为下一个顶点的坐标，因此再次将 X、Y、Z 的组编码都加 1

12 // 接下来为顶点 2 的 x 坐标
x2

22 // 接下来为顶点 2 的 y 坐标
y2

33 // 接下来为顶点 2 的 z 坐标
z2
```

```
// 接下来为下一个顶点的坐标，因此再次将 X、Y、Z 的组编码都加 1

13 // 接下来为顶点 3 的 x 坐标
x3

23 // 接下来为顶点 3 的 y 坐标
y3

33 // 接下来为顶点 3 的 z 坐标
z3
```

注意：要定义三角形，只需将最后一个顶点 v3 的值设置成与 v2 相同。

下面是立方体的 DXF 文件（在 DXF 文件中，数据是逐行排列的，这里将每行包含多列，以便读者能够一眼看到文件的大部分内容）：

```
0               0               0               0
SECTION         SECTION         3DFACE          3DFACE
2               2               8               8
HEADER          HEADER          CUBE            CUBE
0               0               10              10
ENDSEC          ENDSEC          -1.000000       1.000000
0               0               20              20
SECTION         SECTION         1.000000        1.000000
2               2               30              30
TABLES          TABLES          0.000000        2.000000
0               0               11              11
TABLE           TABLE           -1.000000       1.000000
2               2               21              21
LAYER           LAYER           -1.000000       -1.000000
70              70              31              31
153             153             0.000000        2.000000
0               0               12              12
LAYER           LAYER           1.000000        -1.000000
2               2               22              22
Cube            Cube            -1.000000       -1.000000
70              70              32              32
0               0               0.000000        2.000000
62              62              13              13
15              15              1.000000        -1.000000
6               6               23              23
CONTINUOUS      CONTINUOUS      1.000000        1.000000
0               0               33              33
ENDTAB          ENDTAB          0.000000        2.000000
0               0               62              62
ENDSEC          ENDSEC          0               0
0               0               0               0
SECTION         SECTION         3DFACE          3DFACE
2               2               8               8
ENTITIES        ENTITIES        CUBE            CUBE
0               0               10              10
3DFACE          3DFACE          1.000000        -1.000000
8               8               20              20
CUBE            CUBE            1.000000        1.000000
10              10              30              30
1.000000        1.000000        0.000000        0.000000
20              20              11              11
-1.000000       -1.000000       1.000000        1.000000
30              30              21              21
0.000000        0.000000        -1.000000       1.000000
```

```
11            11            31            31
-1.000000     -1.000000     0.000000      0.000000
21            21            12            12
-1.000000     -1.000000     1.000000      1.000000
31            31            22            22
0.000000      0.000000      -1.000000     1.000000
12            12            32            32
-1.000000     -1.000000     2.000000      2.000000
22            22            13            13
-1.000000     -1.000000     1.000000      -1.000000
32            32            23            23
2.000000      2.000000      1.000000      1.000000
13            13            33            33
1.000000      1.000000      2.000000      2.000000
23            23            62            62
-1.000000     -1.000000     0             0
33            33
2.000000      2.000000
62            62
0             0
```

注意：在上述内容中，每个 3DFACE 的数据之前都有 8 和 CUBE。这是完全合法的，也是为何使用组编码的原因所在。在这里，8 是层名的组编码，字符串 CUBE 是层名，它是被导出的 3D 物体的名称。

正如读者看到的，分析这个文件没有想象的那么难。只需找到 ENTITIES 部分，然后开始读取每个 3DFACE 即可。唯一令人不快的是，DXF 文件没有使用顶点列表，而是使用独立的顶点定义了每个面。

2. 3DS/ASCII 文件

3D Studio Max 支持很多文件格式，但其中最天然（native）的是 3DS 和 ASCII。它们实际上是同一种格式，但 3DS 是二进制的，而 ASCII 是人类能够读懂的。这些格式极其强大，可使用它们来完成任何工作。这里不打算描述它们，而只列出位于(0，0，0)的 2×2×2 立方体的文件内容，通过阅读该文件，读者将能够大概了解这种格式：

```
Ambient light color: Red=0.3 Green=0.3 Blue=0.3

Named object: "Cube"
Tri-mesh, Vertices: 8    Faces: 12
Vertex list:
Vertex 0:  X:-1.000000    Y:-1.000000    Z:-1.000000
Vertex 1:  X:-1.000000    Y:-1.000000    Z:1.000000
Vertex 2:  X:1.000000     Y:-1.000000    Z:-1.000000
Vertex 3:  X:1.000000     Y:-1.000000    Z:1.000000
Vertex 4:  X:-1.000000    Y:1.000000     Z:-1.000000
Vertex 5:  X:1.000000     Y:1.000000     Z:-1.000000
Vertex 6:  X:1.000000     Y:1.000000     Z:1.000000
Vertex 7:  X:-1.000000    Y:1.000000     Z:1.000000
Face list:
Face 0:    A:2 B:3 C:1 AB:1 BC:1 CA:1
Material: "r255g255b255a0"
Smoothing:  1
Face 1:    A:2 B:1 C:0 AB:1 BC:1 CA:1
Material: "r255g255b255a0"
Smoothing:  1
Face 2:    A:4 B:5 C:2 AB:1 BC:1 CA:1
Material: "r255g255b255a0"
Smoothing:  1
Face 3:    A:4 B:2 C:0 AB:1 BC:1 CA:1
```

```
Material: "r255g255b255a0"
Smoothing:   1
Face 4:    A:6 B:3 C:2 AB:1 BC:1 CA:1
Material: "r255g255b255a0"
Smoothing:   1
Face 5:    A:6 B:2 C:5 AB:1 BC:1 CA:1
Material: "r255g255b255a0"
Smoothing:   1
Face 6:    A:6 B:7 C:1 AB:1 BC:1 CA:1
Material:"r255g255b255a0"
Smoothing:   1
Face 7:    A:6 B:1 C:3 AB:1 BC:1 CA:1
Material:"r255g255b255a0"
Smoothing:   1
Face 8:    A:6 B:5 C:4 AB:1 BC:1 CA:1
Material:"r255g255b255a0"
Smoothing:   1
Face 9:    A:6 B:4 C:7 AB:1 BC:1 CA:1
Material:"r255g255b255a0"
Smoothing:   1
Face 10:    A:1 B:7 C:4 AB:1 BC:1 CA:1
Material:"r255g255b255a0"
Smoothing:   1
Face 11:    A:1 B:4 C:0 AB:1 BC:1 CA:1
Material:"r255g255b255a0"
Smoothing:   1
```

6.6.4 Caligari COB 文件

这些年来，作者已成为 Caligari trueSpace 拥趸。这是一个功能非常强大的建模程序，谁说它的界面不是世界上最容易使用的，我跟谁急。在包含的数据方面，COB 格式与 3DS 格式类似，这种格式也有二进制版本和 ASCII 版本。这种格式过于复杂，这里无法详细介绍；和前面一样，这里也列出立方体的 COB 文件，这比用几页篇幅进行介绍更有效：

```
Caligari V00.01ALH
PolH V0.06 Id 16796788 Parent 0 Size 00000981
Name Cube
center 0 0 1
x axis 1 0 0
y axis 0 1 0
z axis 0 0 1
Transform
1 0 0 0
0 1 0 0
0 0 1 1
0 0 0 1
World Vertices 8
-1.000000 -1.000000  -1.000000
-1.000000 -1.000000   1.000000
 1.000000 -1.000000  -1.000000
 1.000000 -1.000000   1.000000
-1.000000  1.000000  -1.000000
 1.000000  1.000000  -1.000000
 1.000000  1.000000   1.000000
-1.000000  1.000000   1.000000
Texture Vertices 14
0.000000 0.333333
0.000000 0.666667
0.250000 0.333333
```

```
0.250000 0.666667
0.500000 0.000000
0.500000 0.333333
0.500000 0.666667
0.500000 1.000000
0.250000 0.000000
0.250000 1.000000
0.750000 0.333333
0.750000 0.666667
1.000000 0.333333
1.000000 0.666667
Faces 6
Face verts 4 flags 0 mat 0
<2,2> <0,0> <1,1> <3,3>
Face verts 4 flags 0 mat 0
<4,4> <0,8> <2,2> <5,5>
Face verts 4 flags 0 mat 0
<5,5> <2,2> <3,3> <6,6>
Face verts 4 flags 0 mat 0
<6,6> <3,3> <1,9> <7,7>
Face verts 4 flags 0 mat 0
<4,10> <5,5> <6,6> <7,11>
Face verts 4 flags 0 mat 0
<0,12> <4,10> <7,11> <1,13>
DrawFlags 0
Radiosity Quality: 0
Unit V0.01 Id 16796789 Parent 16796788 Size 00000009
Units 2
Mat1 V0.06 Id 16799524 Parent 16796788 Size 00000090
mat# 0
shader: phong  facet: auto32
rgb 1,1,1
alpha 1  ka 0.23  ks 0.81  exp 0.91  ior 1
ShBx V0.00 Id 16799525 Parent 16799524 Size 00000627
Shader class: color
Shader name: "chrome" (chrome)
Number of parameters: 3
base colour: color (255, 255, 255)
vector: vector (0, 1, 0.5)
mix: float 0.5
Shader class: transparency
Shader name: "none" (none)
Number of parameters: 0
Shader class: reflectance
Shader name: "caligari phong" (caligari phong)
Number of parameters: 8
ambient factor: float 0.23
diffuse factor: float 0.19
specular factor: float 0.81
exponent: float 43.8135
specular colour: color (61, 67, 255)
transmission factor: float 0
mirror factor: float 0.78084
refraction: float 1
Shader class: displacement
Shader name: "none" (none)
Number of parameters: 0
END  V1.00 Id 0 Parent 0 Size       0
```

正如读者看到的，与 3DS 格式相比，COB 的开头增加了一些内容，但它基本上也是一种基于顶点的格式，包含一个清晰的面列表。另外，其内容几乎是通俗易懂的英语，读者只需阅读一个物体的这种文件，花两三个小时便能理解这种格式的大部分内容，如朝向、光源、纹理坐标等，而无需阅读有关这种格式的文档。

另外，trueSpace 还有一种名为.SCN 的格式，这种格式支持整个场景和世界。3D Studio Max 也通过.MAX 格式支持这种功能。因此，使用这两种建模程序（Maya 或 Lightwave），不但可以定义问题，还可以定义包含光源等的世界。正如前面指出的，打算编写游戏时，应了解是否有现成的 3D 建模程序和自定义插件代码可用作游戏编辑器。大多数时候，这种方法的效果都不错，开发商正使 3D 建模程序使用起来日益简单，并在其新版本的工具中为游戏设计人员和编辑人员提供了越来越多的支持。

提示：3D Studio Max 有一种名为 MaxScript 的脚本语言。使用 MaxScript，几乎可以操纵 3D 世界中的任何东西。因此，可以通过编写脚本或宏，在 3D Studio Max 中加入新的功能，将其变成一个游戏编辑器。

6.6.5　Microsoft DirectX .X 文件

最后是 Microsoft 的 DirectX 格式。对于这种格式，作者不太在行，用得也不多，只是将其导出，然后让 Direct3D 为我导入过。也就是说，作者从来没有编写过这种文件的分析函数，但有一点可以告诉读者，这种格式的功能非常全面。它非常复杂，功能也非常强大，至于编写这种文件的分析函数，想都不要想。因此，本书将不编写处理.X 文件的程序。

6.6.6　3D 文件格式小结

正如读者看到的，每种 3D 文件格式都有其优缺点，但有 ASCII 版本的文件格式更佳。更多有关 3D 文件格式的信息，请阅读 Keith Rule 编写的 *3D Graphics File Formats*（Addison-Wesley Press）或在 Internet 上搜索。例如，下面两个 URL 是了解图形文件格式的好去处：

http://www.informatik.uni-frankfurt.de/~amueller/FF02.HTM

http://astronomy.swin.edu.au/~pbourke/3dformats/

对于本书需要的每种文件格式，我们都将编写一个分析函数。

注意：前面介绍的大部分文件格式都使用右手坐标系来导出坐标；然而，根据使用的工具，这种设置是可以改变的。作者想强调的是，编写分析函数时，必须考虑这一点；将物体加载到游戏中时，如果由于某种原因一切都是相反的，只需将顶点排列顺序反转并将 z 轴翻转即可。

6.7　基本刚性变换和动画

作为本书的读者，您应该牢固地掌握了 2D 动画技术，如平移、位图缩放和旋转。然而，在 3D 空间中，还可以用 3D 物体执行大量其他的操作，因为移动物体时有 6 个自由度，可以让网格本身变形。

本书前面概述了关键帧动画和基于运动数据的动画，本书后面介绍角色动画时将实现这几种动画。接下来介绍一些用于移动 3D 物体和改变其朝向的基本动画技术，这样您至少能够创建这样的游戏：其中有能够移动和做事情的刚性物体。下面简要地讨论如何实现基本的动画技术：运动、旋转和变形（morphing）。

6.7.1　3D 平移

3D 平移很简单，我们已经介绍过如何以手工方式和矩阵方式完成这种变换，这里不再赘述。这里要讨论的是如何平移整个网格，准确地说，是在 3D 游戏中平移网格的最佳方式。

每个物体都有一组相对于局部原点(0，0，0)的局部/模型坐标，但我们并不想通过平移局部坐标来平移物体。更好的方法是，平移物体的位置，然后在局部坐标到世界坐标变换中使用它作为参考点来平移物体，我们在前面这样做过。事实上，我们的物体数据结构中有一个记录物体位置的字段，它名为 world_pos。我们将平移网格中每个点的工作留给局部坐标到世界坐标变换去完成，这样只需处理平移单个点的工作，便可以移动整个物体。要根据向量 t = <tx，ty，tz>移动一个物体，只需这样做即可：

```
object.world_pos.x+=t.x;
object.world_pos.y+=t.y;
object.world_pos.z+=t.z;
```

非常简单。知道如何对单个点执行一次平移后，接下来的问题是如何在 3D 空间中移动物体？这实际上是一个 AI 问题。AI 将生成一个合适的运动（平移值）流。但出于好玩，来尝试在 3D 空间中让物体绕一个圆移动。我们要做的是，计算绝对位置值或相对于前一个位置的位置值。出于简化的目的，我们使用绝对值而不是相对值。假设要让物体沿一个与 x-z 平面平行的椭圆轨迹移动，则代码如下：

```
float x_pos = a*cos(angle);
float y_pos = altitude;
float z_pos = b*sin(angle);
```

只需代入 a、b、angle 和 altitude 的值，上述数学公式便会输出椭圆轨迹上的位置。那么，绕螺旋线轨迹移动呢？这也很容易：

```
// 初始状态
float altitude = 0;
float rate     = .1;

// 每次循环都执行的代码
float x_pos = a*cos(angle);
float y_pos = altitude+=rate;
float z_pos = b*sin(angle);
```

这样，点(x_pos，y_pos，z_pos)将沿从地面(y = 0)出发，沿螺旋线向上移动。正如读者看到的，编写 3D 运动代码和 2D 运动代码一样简单，即使沿曲线运动也没有任何问题。

6.7.2 3D 旋转

旋转比平移要棘手些。涉及的数学计算不难（虽然比平移复杂得多），难的是跟踪朝向。例如，将物体移到(x，y，z)处时，您知道它位于(x，y，z)处。但对旋转(ang_x，ang_y，ang_z)后，物体的朝向相对于坐标轴的角度并不一定是(ang_x，ang_y，ang_z)——还记得万向节死锁吗？另外，对物体进行旋转时，旋转顺序很重要；也就是说按 XYZ 和 YXZ 顺序旋转的结果完全不同。当然，如果旋转的是星星，可创建一个旋转速率(rx，ry，rz)，在每帧中据此对星星进行旋转，谁也不会注意到。但如果旋转的是坦克或飞船，则必要时必须计算它们的朝向。

在 3D 空间中旋转物体时，应对物体的本地坐标进行旋转。在局部坐标空间((0，0，0)为物体的局部坐标原点）而不是世界坐标空间进行旋转变换，否则物体旋转时将偏离中心。执行旋转并将旋转后的坐标存回到局部坐标数组中，还是在观察变换中考虑每个物体的当前朝向，完全取决于您。后一种方法指的是，当物体为渲染准备就绪后，对物体旋转一定的角度，并将结果存储到一个临时数组中。这种方法的优点是不会毁坏模型，可将其作为主拷贝，并将其他物体与之关联起来；其缺点是，对于不运动或非常稳定的物体，每帧中也必须经过旋转变换，从而浪费 CPU 周期。

有鉴于此，旋转物体时，应对其局部坐标进行变换，并将结果存储到局部坐标数组中。例如，假设在坦克模拟程序中，定义并加载了一个名为 tank1 的坦克物体，其朝向为+z 轴。当玩家将坦克向左或向右转的，我们可以旋转其局部坐标：

```
// 初始化
// 假设坦克在 x-z 平面中移动，因此旋转是绕 y 轴进行的
tank1.dir.x = 0;
tank1.dir.y = 0;
tank1.dir.z = 0;

// 游戏代码
if (turn_right)
   {
   for (int index=0; index<tank1.num_vertices; index++)
       {
       // 对每个顶点进行旋转，假设下述函数完成这种任务
       Rotate_Point_On_Y(&tank1.vlist_local[index], -5);
       // 更新当前朝向，以便知道坦克的朝向
       tank1.dir.y-=5;
       } // end for

   } // end if
else
if (turn_left)
   {
   for (int index=0; index<tank1.num_vertices; index++)
       {
       // 对每个顶点进行旋转，假设下述函数完成这种任务
       Rotate_Point_On_Y(&tank1.vlist_local[index], 5);

       // 更新当前朝向，以便知道坦克的朝向
       tank1.dir.y+=5;
       } // end for

   } // end if
```

上述代码很简单：如果玩家左转，则将整个顶点列表绕 y 轴旋转+5 度；如果玩家右转，则将顶点列表旋转−5 度。然而，旋转 3D 物体后，仅根据网格无法确定其朝向。

因此，通过更新 tank1.dir 来记录这种信息。在任何时候，根据 tank1.dir 都可以知道坦克朝向与+x 轴之间的夹角（绕 y 轴旋转时，我们假设+x 轴方向的角度为 0 度）。

这种方法很好，但同时绕 3 个轴旋转时，它便不再管用。前面说过，物体的实际朝向可能不是分别绕 3 个轴旋转的综合结果。然而，有一种更好的朝向记录方法——使用一个朝向向量。也就是说，对于 3D 世界中的每个物体，当您加载它并将其朝向设置为与+z 轴平行时，初始化一个也与+Z 轴平行的单位向量。然而，每次对物体进行变换时，同时对该单位向量进行变换，如图 6.52 所示。这样，即使经过 1 000 000 次旋转后，该向量仍反映了物体的当前朝向。这就是字段 dir 的用途。然而，如果通过绕 z-轴旋转，将物体倒转将如何呢？方向向量仍是正确的，但您丢失了信息，因为向量不能记录“倾侧角（roll）”（但四元数可以）。

重要的是，如果要使用向量来跟踪绝对朝向，需要在物体结构中使用 3 个向量，如图 6.53 所示。您首先将这些向量初始化为物体的局部坐标轴 x、y 和 z，然后在旋转物体时，对这 3 个方向向量也进行旋转。这样，您总是能够知道物体的绝对朝向，因为每当您对物体进行旋转时，对局部坐标轴也进行了相同的旋转，因此它们始终反映了所做的变换。

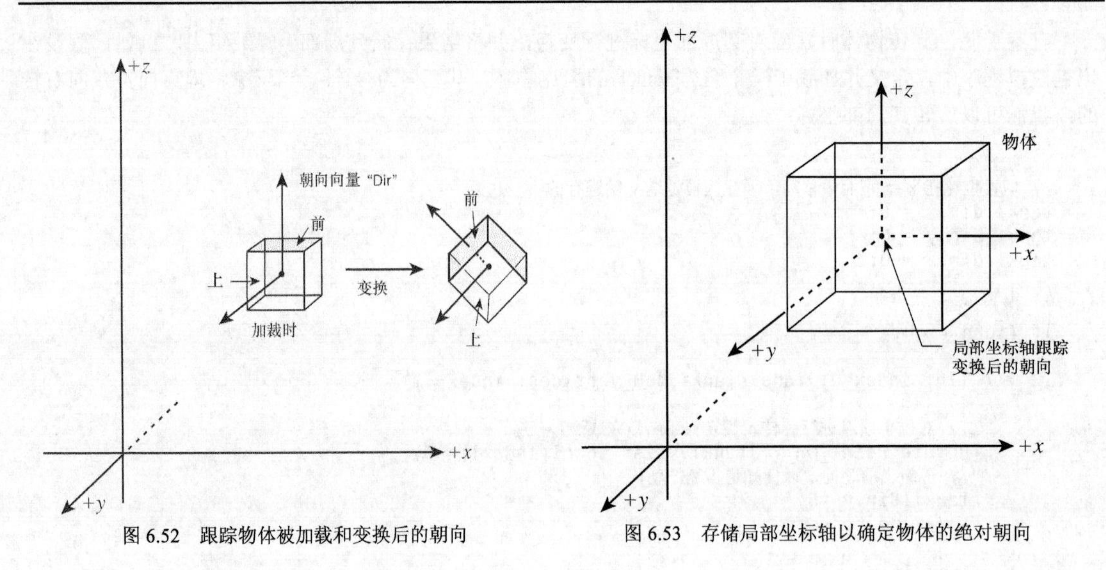

图 6.52　跟踪物体被加载和变换后的朝向

图 6.53　存储局部坐标轴以确定物体的绝对朝向

6.7.3　3D 变形

可对 3D 网格执行的最后一种简单动画是变形。这里指的不是将网格从一种形状变成另一种形状，而是实时地对网格数据进行缩放和剪切（shearing），使其看起来栩栩如生。例如，可以使用下面的代码来实现看似在呼吸的效果：

```
int up_down = 1; // -1 表示缩小，1 表示放大

float scale = 1; // 当前缩放比例

while(1)
{
// 缩小还是放大?
if (up_down==1)
   {
   Scale_Object(&object, 1.05);
   scale*=1.05;
} // end scale
else
   {
   Scale_Object(&object, .95);
   scale*=.95;
   } // end else

// 检测是否到达最大缩放程度
// 如果是，则反转缩放方式
if (scale < .75 || scale > 1.25)
   up_down=-up_down;

} // end while
```

上述代码每次将物体缩放 5%，使其看起来像在呼吸。当然，我们必须编写函数 Scale_Object()，该函数遍历传入物体的顶点列表，将每个顶点的坐标乘以缩放因子。作者想说的是，这里假定每次循环都对局部坐标进行修改，这很好，但数值误差将在模型中逐渐累积，根据模型数据，经过数百、数千或数万次修

改后，模型将失真。对于旋转动画来说，也存在这样的问题。

警告：对局部坐标进行修改时，存在这样的可能性，即由于数值误差，经过多次修改后，最初的网格数据将丢失。

对于这种问题，唯一的解决方案是：要么保存每个网格的主拷贝并频繁地刷新每个物体；要么在流水线中动态地对物体的局部坐标执行旋转和变形操作，并将结果存储到一个临时数组中，而不是覆盖原始网格数据。

6.8　再看观察流水线

读者对 3D 流水线的各个部分有一定的了解后，下面更新流水线，在其中加入尽可能多的内容，并注出我们知道需要做大量工作的地方。

图 6.54 非常详细地说明了 3D 流水线，其中包含各个步骤。下面是主要的组成部分：

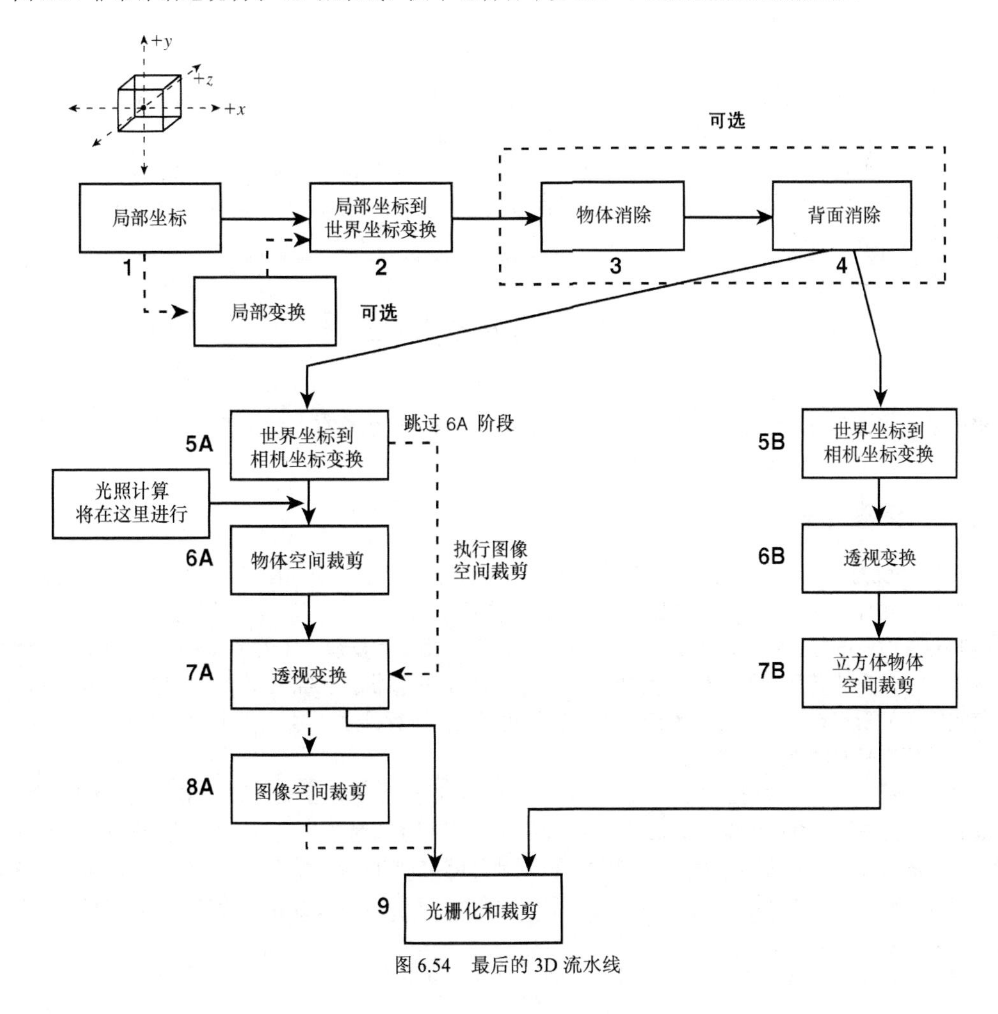

图 6.54　最后的 3D 流水线

- 局部变换——对每个物体的局部坐标进行变换。可能在原地执行旋转、缩放或其他顶点操作（即修改局部坐标——译者注）。
- 局部坐标到世界坐标变换——根据物体的位置（它记录在 world_pos 中，是相对于物体的局部中心的）将局部坐标变换为世界坐标。
- 隐藏面消除和光照计算——消除 3D 模型中的隐藏面以及将整个物体从 3D 流水线中删除。另外，光照计算通常是在世界坐标空间中进行的。
- 物体消除——这个步骤有时候是单独进行的，可以与光照计算步骤分开。同时执行光照计算和隐藏面消除的唯一原因是，这样光照模型可以重用执行隐藏面消除时计算得到的面法线。
- 世界坐标到相机坐标变换——根据相机位置和视角对可能可见的几何体进行变换。
- 3D 裁剪——根据 3D 视景体对多边形进行裁剪。
- 透视投影和裁剪——将相机坐标变换为透视坐标。另外，透视变换可能将视景体归一化为单位立方体，使 3D 裁剪更容易。因此，有时候 3D 裁剪是在透视变换后进行的。
- 屏幕投影——这几乎是流水线的最后一站。在这里，将视平面坐标映射为屏幕坐标，并将其传递给光栅化函数进行最后的渲染。
- 光栅化和裁剪——这是 3D 流水线的最后一个阶段。在这里，将一个多边形列表（其中包含顶点颜色、纹理图等）传递给光栅化函数，后者将多边形渲染到屏幕上。另外，有些多边形可能穿过了屏幕边界（如果以前没有进行裁剪），将在像素级或扫描线级对它们进行裁剪。

必须承认，要使该流水线管用，还有很多细节需要解决；但从很大程度上说，流水线就是这样的。虽然对于光照处理我们介绍得不多，但对其涉及的内容读者可以想象得到：数学运算、光源和多边形的朝向，这些将在后续章节中讨论。

6.9 3D 引擎类型

接下来花些时间来介绍 3D 引擎类型。这里只想让读者对 3D 引擎有大概的了解——它们存在的原因和擅长做什么，而不过多地涉及其中的技术。

6.9.1 太空引擎

图 6.55 是优秀的老式太空游戏——Star War: X-Wing 的屏幕截图。正如读者看到的，该游戏大部分是由在空中移动的物体组成的。这种游戏编写起来比第一人称射击游戏容易得多，其原因很多，包括动画、碰撞检测和数据库问题等，然而，最基本的原因是其 3D 引擎不那么复杂。在大多数情况下，3D 太空游戏是基于物体的，这意味着所有的实体都是物体，在渲染之前，很多物体已经从流水线中删除；然后在渲染期间，使用简单的画家算法或 Z 缓存对组成每个物体的多边形进行排序。然而，由于物体表示的是太空中的飞船，因此很容易对物体进行排序。

另外，当前，大多数太空游戏都是使用多边形引擎编写的；然而，游戏一流的 3D 太空游戏（如 Wing Commander）是使用子画面引擎（sprite engine）编写的，使用了大量预先渲染好的风景（view）、快速位图倒影（bitmap reflection）和缩放算法。飞船等的位置都是用 3D 空间中的单个点表示的，因此从某种意义上说引擎是 3D 的，但模型不是。总之，当前的太空游戏在很大程度上说是使用多边形引擎编写的，光照、动画等都是以常规方式处理的。

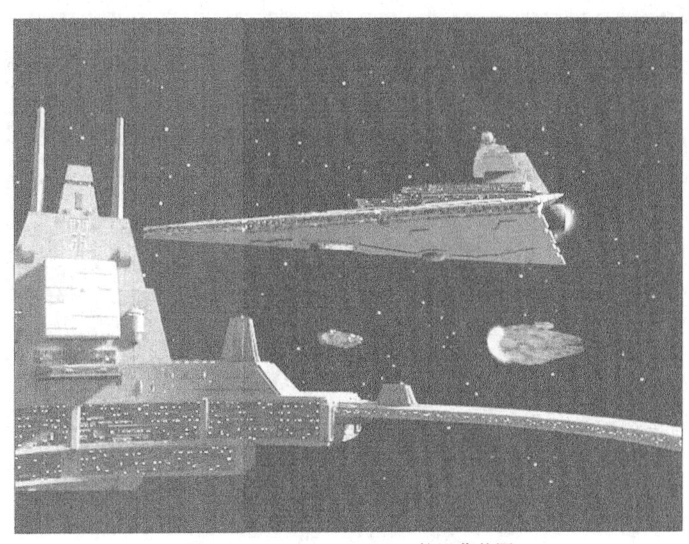

图 6.55 Star Wars: X-Wing 的屏幕截图

在太空游戏中，比较难处理的是运动。在第一人称射击游戏中，模拟两足动物行走非常困难，但常常有预先录制好的动画文件，且通常是在 2D 表面（如地面）上行走。3D 太空游戏的问题与其说是渲染，不如说是太空飞船的运动和 AI。这更为复杂，因为飞船必须能够在 3D 空间中平稳地转向、翻滚和运动。这意味着可能必须使用 3D 曲线和其他技术。但一条经验法则是，为简化渲染算法和数据库工作方式，3D 游戏应为基于地面的（在沙漠或太空中）。

6.9.2 地形引擎

比太空引擎复杂点的是地形引擎。当然，地形引擎不仅仅是地形，但地形是游戏世界的一个主要组成部分，还必须有确定可见多边形的合适方法。图 6.56 是 Longbow Digital Arts 制作的游戏 Tread Marks 的屏幕截图，这是一个使用了大量地形的 3D 游戏。除地形外，地形游戏中的物体都很容易处理，它们可能在地形上移动（飞行），在大多数情况下是坦克或车辆，因此动画制作不那么困难。当然，制作机械战士游戏时，必须处理复杂的动画和两足动物的地形跟踪问题。然而，地形引擎的主要问题是，如何表示世界数据库，它可能非常大。

例如，假设要创建一个大小为 100 000×100 000 单位的多边形网格世界，其中每个多边形的大小为 200×200 单位。这意味着该多边形网格包含大约 250 000（(100 000/200)*(100 000/200)）个多边形。

明白了作者的意思吧？需要跟踪大量的多边形。因此，必须使用某种空间划分方案，将任何时候可能可见的活动多边形数量降低到合理的程度。一种这样的技术是，将世界进行分区（sectorizing）。例如，如图 6.57 所示，100 000×100 000 的游戏世界被划分成 8×8 的分区阵列，每个分区包含大约 1000(250 000/256) 个多边形，这是容易处理的。假设玩家的视野范围为 1000 个单位，则在最糟糕的情况下（玩家位于某个分区的角上），玩家也只能看到 4 个分区，这意味着在任何时候，最多只需处理 4000 个多边形。

同样，由于地形和大型数据库，基于地形或陆地的游戏比太空游戏复杂些，但不同的是，渲染可以使用改进的画家算法、二元空间划分（如果游戏世界非常大）或 z 缓存来完成。当然，地形引擎中另一个难以处理的问题是物体的移动以及如何使物体紧贴地形。后者被称为地形跟踪，指的是确保游戏物体的脚、轮胎等紧贴地面，同时其质心的向上向量垂直于当前的地形分片。

图 6.56　最优秀的游戏 Tread Marks 的屏幕截图

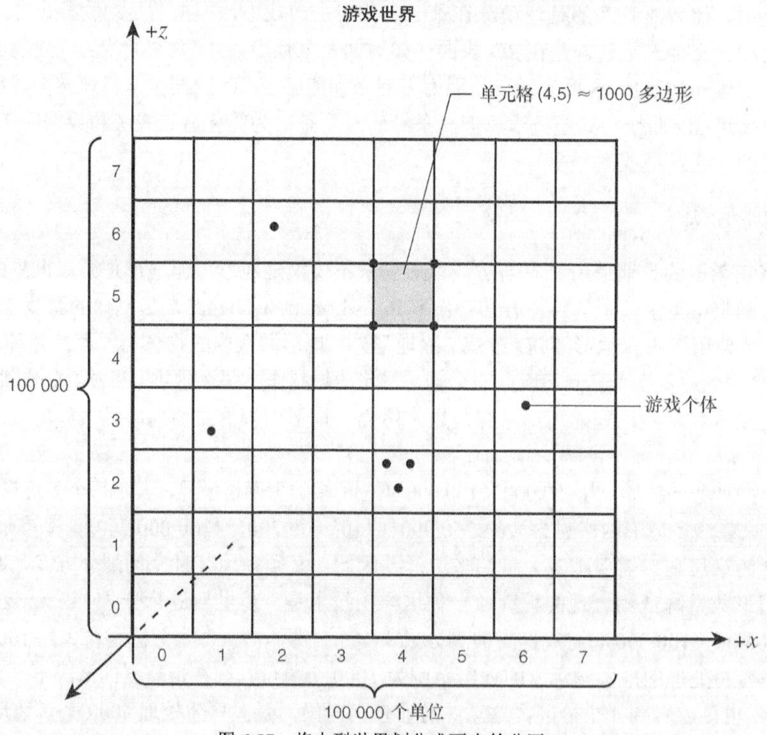

图 6.57　将大型世界划分成更小的分区

6.9.3　FPS 室内引擎

这种引擎比较棘手。图 6.58 是 Unreal Tournament 的屏幕截图，它是市面上最优秀的 3D 第一人称射击游戏（FPS）之一。第一人称射击游戏是最难编写的游戏，其原因有很多。首先，玩家在大部分时间都在室内，这意味着清晰的细节和近距离；其次，FPS 游戏世界在日益增大，多边形数据库也将随之增大。这意味着不能简单地将整个世界传递给 3D 流水线，而必须使用空间划分技术将游戏世界分区，以最大限度地减少需要考虑的多边形。

图 6.58　3D 第一人称射击游戏 Unreal Tournament

这意味着需要使用八叉树、二元空间划分、入口引擎等。在太空游戏或室外地形游戏中，3D 模型看起来不正确、多边形排序不正确等无关紧要；但在 FPS 游戏中，这样绝对行不通。请看图 6.58，FPS 游戏坚如磐石，让玩家沉醉在游戏世界中。玩家绝对不能接受不稳定、有缺陷或丑陋的游戏世界的，它们必须看起来像真的一样。

最后，FPS 的物理模型和 AI 非常复杂，同样其原因在于这种游戏的近距离性质。玩家对周围的一些都看得很清楚，能够预期到将发生的情况。在太空射击游戏中，太空飞船爆炸模拟起来不太难，但当玩家被脉冲能量击中而跌入水中时，玩家希望看到水波，箱子在水中上下漂浮。

6.9.4　光线投射和体素引擎

前面讨论了基于多边形的引擎，但还有其他类型的 3D 引擎，它们是基于光线投射（ray casting）和体素（voxel）的。光线投射是一种被用于很多一流 3D FPS 游戏（如 Wolfenstein 3D）中的技术，这些游戏是基于前向光线跟踪（forward ray tracing）的，即从玩家的视点投射一条光线，穿过视平面，直到遇到物体，如图 6.59 所示。根据游戏世界的几何形状和有关物体的线索，这种技术可以非常快地生成 3D 场景。

注意：实际上，第一个 3D 光线投射程序是由一位名为 Paul Edelstein 的程序员创建的，作者在 80 年代末期曾经在一款 Atari 800 游戏中见到过；但人们很久以后才意识到这种技术的强大威力。

光线投影的问题在于其功能有限。然而，作者相信，在 5 年之内，我们将再次看到高级的光线投射程序，它们以某种方式混合使用光线投射和光线跟踪，以真实感比多边形引擎更强的方式进行渲染。另一种光线投影技术叫体素图形学（voxel graphics）或体渲染（volumetric rendering）。Novalogic 的 Comandne 是使用体素图形学的最著名的游戏之一。从技术上说，真正的体素图形学并非基于光线投射，而是一种名为行进立方体算法（marching cubes algorithm）的技术，这种算法被用来渲染体数据。每个 3D 图像都是使用一组 3D 数据来渲染的，因此数据和要渲染的图像之间存在一一对应的关系。医学显像技术使用体素系统。然而，我们发现，可以根据体素数据，使用基于光线投射的其他技巧非常快地渲染图像。如果读者运行附带光盘中的体素演示程序，便可知道其速度有多快。

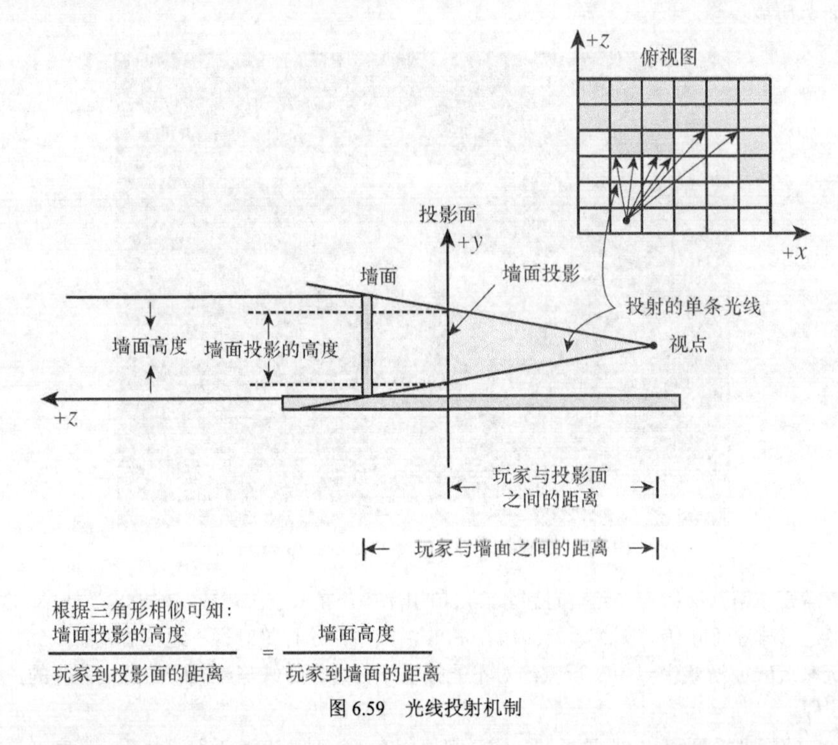

根据三角形相似可知：

$$\frac{墙面投影的高度}{玩家到投影面的距离} = \frac{墙面高度}{玩家到墙面的距离}$$

图 6.59　光线投射机制

光线投射引擎和体素引擎的问题在于，要表示任何包含细节的东西，都需要大量的数据。在当今的游戏中，这些引擎的应用并不广泛，因为带纹理的多边形的效率更高，视觉效果更好。但正如作者说过的，不久的将来它们将重现江湖，因为归根结底，所有的渲染技术都将是基于光源和光线跟踪的，而光线投射和体素引擎在这些方面很擅长。

6.9.5　混合引擎

这里要介绍的最后一种引擎是混合引擎，这意味着引擎被设计成能够同时模拟太空、陆地和 FPS。这也意味着单个引擎能够在相同的环境中使用不同的技术。例如，Wolfenstein 使用光线投射来渲染游戏世界，用子画面来表示物体；Doom 使用多边形来表示游戏世界，使用子画面来表示物体；Quake 使用多边形来表示游戏世界和有些物体，使用子画面来表示其他物体，在 Quake III 中，一切都是基于多边形的。

关键之处在于，在很多时候，您可能想创建一个有多种环境的游戏，这要求您必须使用多个不同类型的引擎，以便根据要完成的任务使用合适的引擎，而不是使用一个引擎来完成所有的任务。例如，当今的很多 3D 游戏都有粒子系统。很多时候，粒子系统是基于被称为广告牌的多边形的，即这种多边形总是面向观察者——就像是 3D 子画面。

总之，本书将始终使用基于多边形的 3D 引擎。如果读者对其他技术感兴趣——可能是想使游戏中的某些物体更容易实现等，市面上有很多有关子画面引擎、光线投射和其他技术的图书。

6.10　将各种功能集成到引擎中

本章介绍了很多主题，编写了大量的伪代码，列举了很多范例。现在，可以开始实际编写这样的工作代码：让我们能够创建粗糙的 3D 世界，将物体放入其中，移动物体，通过相机观察整个世界等。这些工作都将在下一章完成；随后的每一章都将重点介绍某些特定的主题，并进一步完善我们的引擎。本章编写了一些与物体和数据结构相关的代码，这些代码以及下一章的全部代码都可以在 T3DLIB5.CPP|H 中找到。

本章没有演示程序，只介绍了一些高度抽象的概念，列举了一些范例。从现在开始，作者将假设读者掌握了这些内容，并加快步伐；如果读者没有充分理解它们，请复习本章。

6.11　总　　结

本章无疑介绍了大量的基础知识，读者现在的问题可能比阅读本章前更多。随着读者往下阅读，这些问题将有望得到解答。本章的目标是让读者详细了解坐标系统——因为下一章将直接建立在本章的基础之上，并对 3D 图形学的方方面面有大致的了解——给读者提出一些在详细学习每个主题时需要思考的问题。正如作者说过的，3D 图形学非常复杂，需要以循序渐进的方式进行学习。

第 7 章　渲染 3D 线框世界

现在，可以编写 3D 应用程序了。读者具备了基本的数学知识，并对 3D 引擎的各个组成部分有了总体的认识。本章编写一个简单的 3D 线框引擎，接下来的章节将其升级为恒定着色处理引擎，加入光照、纹理映射，最终得到一个类似于 Quake 的软件引擎。不同于前一章，本章将编写大量的代码，同时对于每项工作，都将介绍两种不同的实现方法。另外，本章还将讨论除欧拉模型外的另一种相机模型——UVN 系统。本章包含以下主题：

- 线框引擎的总体体系结构；
- 编写一个简单的 3D 文件加载器；
- 建立 3D 流水线；
- 局部坐标到世界坐标变换；
- 相机模型；
- 世界坐标到相机坐标变换；
- 相机坐标到透视坐标变换；
- 透视坐标到屏幕视口坐标变换；
- 物体消除；
- 背面消除；
- 简单的 2D/3D 裁剪；
- 渲染 3D 图像。

7.1　线框引擎的总体体系结构

编写第一个 3D 引擎之前，首先简要地介绍一下最终的引擎是什么样的。对作者而言，仅仅提供一个类似于 Quake 的引擎没有任何意义，本书旨在逐步完善引擎，让读者了解从空白开始构建 3D 引擎的每个细节。这包括为构建 3D 引擎所做的错误假设和简化。

提示：说到犯错或过度简化，最典型的例子是原子模型。在高中乃至大学低年级的课程中，使用了这样的原子模型：原子由原子核和环绕圆形或椭圆形轨道运行的电子组成，其中前者由中子和质子组成。当然，情况并非如此。实际上，电子并非绕轨道运行，而是电子云，我们无法同时确定电子的位置和动量。但对于很多简单实验而言，轨道模型是可行的。同样，我们将学习的很多 3D 技术也有改进的空间，如果读者只知道这样做比那样做更好，而不知其所以然，注定将重蹈历史的覆辙，犯类似的错误。

前一章介绍了大量有关 3D 图形学的数学理论。读者已具备构建很不错的引擎所需的全部 3D 图形学知识（一些光栅化技术除外），也许读者还未意识到这一点。现在我们要做的是，使用前面介绍的有关坐标系、投影和数据结构的数学知识和算法，来构建一个简单的 3D 线框引擎。它让您能够以独立的方式或通过加载磁盘文件中的物体来定义多边形，进而渲染它们。另外，还将编写各种变换函数，以便能够创建各种 3D 流水线。例如，可以加载一个物体，并在流水线中使用硬编码对其进行变换，然后将物体作为一组多边形进行渲染。另一方面，也可以使用矩阵来执行各种流水线变换，将每个物体分解成多边形，然后渲染这些多边形，而不关心这些多边形表示的物体。

关键之处在于，将介绍多种实现同一个目标的方式，如果读者是 X Window System 程序员，将对此将有似曾相识之感。读者将发现，3D 公理（如矩阵）虽然很不错，但并不适合用于完成诸如局部坐标到世界坐标变换等任务，至少在软件引擎中是这样的。最后，将探讨两种不同的相机模型。第一种是欧拉模型，它指定了相机的位置和一组旋转角度；第二种是 UVN 系统（只描述，而没有实现），它类似于电影导演的思维方式，指定方向和焦点以及相对于该方向的朝向。

随便说一句，如果读者没有高级 T1（或 Casio）制图计算器，应购买一个，它们将在数学方面给您提供非常大的帮助。另外，还可以在这种计算器中编写游戏，因为它们装备了 32 位的 68000 处理器。

7.1.1　数据结构和 3D 流水线

我们的第一个 3D 引擎涉及的数据结构并不多。构建 3D 引擎之前，先简要地介绍一些数据源和 3D 流水线。图 7.1 说明了该引擎基于的 3 种数据结构：

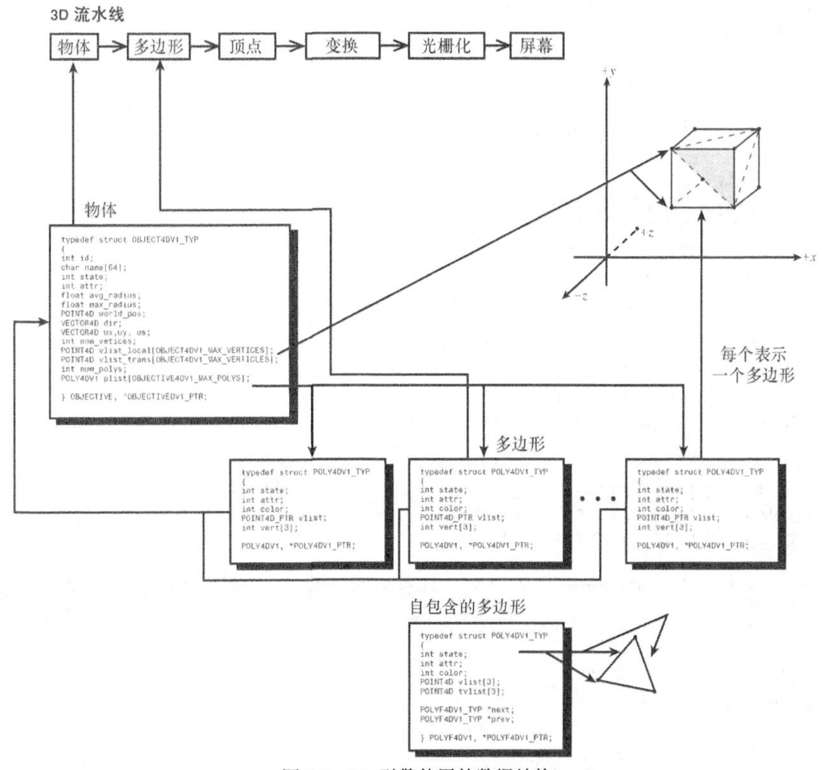

图 7.1　3D 引擎使用的数据结构

- 基于顶点列表的多边形数据结构；
- 自包含的多边形数据结构；
- 表示由多个多边形组成的物体的数据结构。

它们是使用前一章介绍的数据结构实现的。出于温习的考虑，这里再次列出它们：

```
// 基于顶点列表的多边形
typedef struct POLY4DV1_TYP
{
int state;      //   状态信息
int attr;       //   多边形的物理属性
int color;      //   多边形的颜色

POINT4D_PTR vlist; //顶点列表
int vert[3]; // 顶点列表中元素的索引

} POLY4DV1, *POLY4DV1_PTR;
// 自包含的多边形数据结构，供渲染列表使用
typedef struct POLYF4DV1_TYP
{
int state;  // 状态信息
int attr;   // 多边形的物理属性
int color; // 多边形的颜色

POINT4D vlist[3]; // 该三角形的顶点
POINT4D tvlist[3]; // 变换后的顶点

POLYF4DV1_TYP *next; // 指向渲染列表中下一个多边形的指针
POLYF4DV1_TYP *prev; // 指向渲染列表中前一个多边形的指针

} POLYF4DV1, *POLYF4DV1_PTR;
```

下面是一些为简化工作而使用的#define 语句：

```
// 多边形和多边形面的属性
#define POLY4DV1_ATTR_2SIDED       0x0001
#define POLY4DV1_ATTR_TRANSPARENT    0x0002
#define POLY4DV1_ATTR_8BITCOLOR     0x0004
#define POLY4DV1_ATTR_RGB16        0x0008
#define POLY4DV1_ATTR_RGB24        0x0010

#define POLY4DV1_ATTR_SHADE_MODE_PURE   0x0020
#define POLY4DV1_ATTR_SHADE_MODE_FLAT   0x0040
#define POLY4DV1_ATTR_SHADE_MODE_GOURAUD 0x0080
#define POLY4DV1_ATTR_SHADE_MODE_PHONG  0x0100

// 多边形和面的状态值
#define POLY4DV1_STATE_ACTIVE     0x0001
#define POLY4DV1_STATE_CLIPPED    0x0002
#define POLY4DV1_STATE_BACKFACE    0x0004
```

有些符号看似名不符实，但随着构建引擎的工作逐渐进行下去，读者将明白其含义。下面是表示物体的数据结构。

```
// 基于顶点列表和多边形列表的物体
typedef struct OBJECT4DV1_TYP
{
int id;       // 物体的数字 ID
char name[64];     // 物体的字符名称
```

```
int state;   // 物体的状态
int attr;    // 物体的属性
float avg_radius; // 物体的平均半径，用于碰撞检测
float max_radius; // 物体的最大半径

POINT4D world_pos; // 物体在世界坐标系中的位置

VECTOR4D dir;     // 物体在局部坐标系中的旋转角度
            // 用户定义的坐标或单位方向向量

VECTOR4D ux,uy,uz; // 局部坐标轴，用于存储物体的朝向
            // 旋转期间将被自动更新

int num_vertices; // 物体的顶点数
POINT4D vlist_local[OBJECT4DV1_MAX_VERTICES]; // 用于存储顶点局部坐标的数组
POINT4D vlist_trans[OBJECT4DV1_MAX_VERTICES]; // 存储变换后的顶点坐标的数组

int num_polys;    // 物体网格的多边形数
POLY4DV1 plist[OBJECT4DV1_MAX_POLYS]; // 多边形数组

} OBJECT4DV1, *OBJECT4DV1_PTR;
```

注意：如果使用指向多边形和顶点的指针数组，效率将更高，但现在不考虑内存的问题。使用动态数组会使算法更复杂。

图 7.1 是一条简化的 3D 流水线，它接受物体或多边形，将其局部坐标进行变换，最后得到屏幕坐标。下面讨论要使用 3D 引擎来处理什么。

在大多数情况下，3D 引擎接受大量的物体或表示几何体的多边形。在某个地方，所有物体都被转换为多边形，并被加入到渲染（光栅化）列表中。然而，在比较简单的 3D 引擎中，很可能将所有物体原封不动地作为独立的实体进行处理和渲染。在大多数情况下，您不希望在渲染阶段还涉及高级层次型物体。大多数 3D 光栅化器都处理多边形而不是物体，但也可以编写处理物体的光栅化器，只要它能够正确地处理物体。事实上，读者可能认为，在光栅化阶段，可能无法处理物体，因为没有单个多边形列表，其中包含构成场景中各个几何体的所有多边形。那么，如果对多边形进行排序，以便按正确的顺序渲染它们呢？

从理论上说，只要对物体进行排序，然后对构成物体的多边形进行排序，便可以正确地渲染每个物体，因为每个物体都定义了一个凸空间（为进行排序，可将物体视为一个包围它的球体或长方体）。当然，如果有 z 缓存（将在后面讨论），则使用多边形列表还是物体列表无关紧要，因为在这种情况下，光栅化所有物体时，都将对每个像素进行深度测试。

上一段旨在重申我们完成每项工作时都将采用多种方式，以便读者能够明白不同技术的优缺点。因此，我们将编写各种代码：接受单个多边形并对其进行光栅化；接受一组物体，并在光栅化之前一直将它们作为物体；将物体分解为多边形，并将其加入到主多边形列表中。接下来讨论主多边形列表。

7.1.2　主多边形列表

在大多数 3D 引擎（无论是基于软件还是硬件的）中，在某个时候将把游戏中的所有物体从高级表示转换为多边形，并将这些多边形插入到主多边形列表或流（stream）中，然后将主多边形列表传递给 3D 流水线进行处理。高级表示可能是 3D 网格、参数化描述或算法动态生成的。主多边形列表可能是在世界坐标系下生成的，也可能是在流水线的下游生成的，例如，进行相机变换后将所有物体转换为多边形。但无论如何，将把单个多边形列表传递给光栅化器。当然，在我们的 3D 引擎中，也有一个这样的列表，如图 7.2 所示。如果愿意，可以使用它来存储多边形。用于表示第一个多边形列表版本的数据结构是一个指针数组，

其中的指针指向静态数组，如图 7.2 所示；其定义如下：

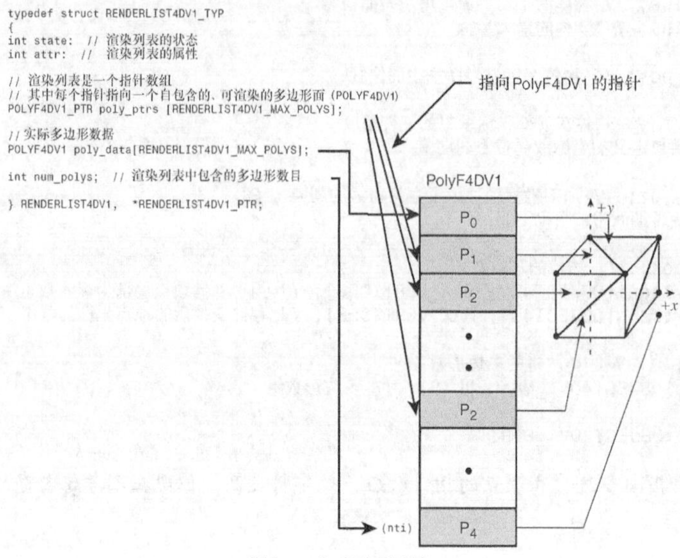

图 7.2　主多边形列表

```
// 存储渲染列表的对象，这样可以同时有多个渲染列表
typedef struct RENDERLIST4DV1_TYP
{
int state; // 渲染列表的状态
int attr; // 渲染列表的属性

// 渲染列表是一个指针数组
// 其中每个指针指向一个自包含的、可渲染的多边形面（POLYF4DV1）
POLYF4DV1_PTR poly_ptrs[RENDERLIST4DV1_MAX_POLYS];

// 为避免每帧都为多边形分配和释放存储空间
// 多边形存储在下述数组中
POLYF4DV1 poly_data[RENDERLIST4DV1_MAX_POLYS];

int num_polys; // 渲染列表中包含的多边形数目

} RENDERLIST4DV1, *RENDERLIST4DV1_PTR;
```

数据结构 RENDERLIST4DV1 包含字段 state 和 attr，它们用于跟踪列表的状态和属性；但最重要的是数组 poly_ptrs[ ]和 poly_data[ ]。这些数组实现了间接列表（索引列表），即数据存储在数组 poly_data[ ]中，但我们不直接遍历数组 poly_data[ ]，而是遍历数组 poly_ptrs[ ]，该数组中包含指向 poly_data[ ]元素的指针或索引。

注意：在 Direct3D 中，这种技术被称为索引顶点缓存（indexed vertex buffer）。

读者可能觉得这种技术有些怪异，但基于以下原因需要使用它。首先，需要根据某种键值（如 z 值，用于排列渲染顺序）对多边形进行排序；为此，可以对数组 poly_ptrs[ ]而不是 poly_data[ ]进行处理。其次，要删除某个多边形时，如果没有数组 poly_ptrs[ ]，必须从数组 poly_data[ ]中将其删除，并移动其他所有的多边形。然而，通过在数组 poly_ptrs[ ]中存储间接指针，只需在该数组中删除相应的指针即可。最后，读者可能会说，为何玩这么多花样，使用一个链表不就行了嘛！确实如此，但就现在而言，使用静态数组更容易；仅当多边形数目在 2 到 200 万之间变化时，才应使用链表。当前，每帧需要处理的多边形最多几百个，因此采用静态分配存储空间的方式，而不使用链表。

最后，在有多部相机时，可能有多个渲染列表，因此作者决定不将渲染列表声明为全局变量。要定义渲染列表，可以这样做：

```
RENDERLIST4DV1 rend_list;
```

然后，调用重置函数，以重置渲染列表，供动画的下一帧使用：

```
void Reset_RENDERLIST4DV1(RENDERLIST4DV1_PTR rend_list)
{
// 这个函数初始化和重置传递进来的渲染列表
// 为将多边形插入到其中做好准备
// 这个版本的渲染列表由一个 FACE4DV1 指针数组组成
// 每一帧都需要调用这个函数

// 这里使用 num_polys 来跟踪渲染列表中包含的多边形数目
// 因此将其设置为 0
// 如果需要使渲染列表更通用，需要采用更健壮的方案
// 并将其与多边形指针列表的关联切断
rend_list->num_polys = 0; // 硬编码

} // Reset_RENDERLIST4DV1
```

在后面需要创建动态地渲染列表时，该函数将更复杂，因为它可能需要释放内存，并清除前一帧的多边形数据。

注意：在 3D 图形学中，数据结构的重要性怎么强调都不过分，读者必须熟悉链表、双链表、树、图等数据结构以及查找、插入和删除等算法。有关这些数据结构和算法的详细讨论，请参阅 Sedgewick 编写的 *Algorithms in C++*或 Leendert Ammeraal 编写的 *Programs and Data Structure*。

熟悉所需的数据结构后，便可以开始编写 3D 线框引擎了。有趣的是，这很简单，确实如此，只不过是一些细节和关联，就像填写纳税申报单一样简单。需要做的只是创建一个多边形或加载一个物体（需要一个完成这项任务的函数），然后执行下述步骤：

1. 执行局部坐标到世界坐标变换；
2. 物体消除（可选）；
3. 执行背面消除（可选）；
4. 执行世界坐标到相机坐标变换；
5. 执行 3D 裁剪（可选）；
6. 执行相机坐标到透视坐标变换，即投影；
7. 执行透视坐标到视口（屏幕）坐标变换；
8. 光栅化多边形。

注意：有时候第 6 步和第 7 步被合而为一。

当然，有些步骤的顺序可能与上面列出的不同，另外，要处理物体还是将其转换为多边形（将在流水线的某个地方执行这种转换）也有关系。最后，可以选择采用矩阵、手工方法或混合方法来执行变换。例如，使用矩阵乘法来执行局部坐标到世界坐标变换无疑是浪费处理器周期，因为如果这样做，对于每个点需要执行 16 次乘法运算和 12 次加法运算，而这本来只需执行 3 次加法运算便可完成。另一方面，相机变

换几乎总是使用矩阵来完成的，因为相机变换矩阵不是稀疏矩阵。这里要说的是，没有放之四海而皆准的解决之道，速度快且管用的方法就是正确的方法。然而，本章将在完成每项工作时都采用两种不同的方式，让读者对可在流水线中使用的各种方法有深入了解，同时知道有些方法是及其低效的——尤其是使用齐次坐标时。使用齐次坐标有利也有弊。

7.1.3 新的软件模块

本章新增的库模块如下，它们包含了 3D 线框引擎的所有功能代码：

- **T3DLIB5.H**——头文件；
- **T3DLIB5.CPP**——C/C++源代码。

当然，要编译本章中的程序，需要包含之前的所有 T3DLIB*.CPP|H 文件以及所有 DirectX 库，还需要要求编译器生成 Win32 .EXE，读者应该知道如何完成这些任务。另外，在每个演示程序的开头，作者使用注释指出了为编译程序所需的文件；如果读者不知道需要哪些库文件，可查看注释。

警告：今天，作者收到 13 封指出编译程序时出现链接错误 error main() no found 的邮件。除非特别指明是 DOS 控制台应用程序，否则所有 Windows Win32/DirectX 应用程序都是 Win32 .EXE，入口为 WinMain()。因此，出现上述编译错误的唯一原因是，读者将 Windows 应用程序作为 DOS CONSOLE 应用程序进行编译，并相应地设置编译器。作者打算建立一个 CAGA（美国编译器滥用小组）的讨论小组，专门针对那些编译器产品滥用者；如果读者对此感兴趣，可给我发邮件，地址为 compilerabuser@xgames3d.com <GRIN>。

7.2 编写 3D 文件加载器

前一章介绍了很多 3D 文件格式，读者可能安装了附带光盘中的或自己购买的 3D 建模程序，并将诸如立方体等简单物体导出，在 ASCII 编辑器中查看其数据。如果读者选修过有关编译器和分析器设计方面的课程，编写 3D 文件阅读器将是小菜一碟；如果不是这样，编写语言分析器将是一件苦差事，因为这种任务确实不那么好对付。必须对自己要做的事情有深入认识。如果要完成大量的 3D 工作，可能需要有一套 3D 文件导入/导出/转换函数，这样就不用自己去编写它们。尽管如此，作者喜欢自力更生，将自己编写一个本书要使用的简单文件阅读器，而不使用第三方的产品。作者将尽可能使之简短、清晰、切中要害。

为此，本书将首先使用文件格式.PLG 和.NFF，因为它们易于理解，作者将在今晚 Sci-Fi 频道播出 *first wave* 之前编写好这两种文件的分析程序，这是一个重要的考虑因素。因为，这两种文件格式都是文本文件，读者可手工编写它们，本章将这样做。为何这样做呢？旨在让读者对如何处理 3D 坐标有所认识，然后再将这项工作交给 3D 建模程序去处理。

首先要编写的是.PLG 分析程序，但这里不详细介绍.PLG 文件格式，因为前一章已经介绍过；而只是概要地描述这种文件是什么样的。这种文件格式是基于顶点列表的，它包含一个多边形列表，多边形是使用顶点索引号来定义的。.PGL 文件类似于这样：

```
# 这是注释
# 首行为物体名称、顶点数和多边形数
object_name num_vertices num_polygons

# 顶点列表
# 每个顶点的格式都为 x y z
```

```
x0 y0 z0
x1 y1 z1
x2 y2 z2
x3 y3 z3
.
.
xn yn zn

# 多边形列表
# 每个多边形的格式如下
surface_descriptor num_vertices v0 v1 . vn
surface_descriptor num_vertices v0 v1 . vn
surface_descriptor num_vertices v0 v1 . vn
surface_descriptor num_vertices v0 v1 . vn
.
.
surface_descriptor num_vertices v0 v1 . vn
# 其中 v0 v1 . vn 是多边形的顶点的编号
```

下面是一个描述立方体的.PLG 文件：

```
# plg/plx 文件的开头

# 简单立方体，8 个顶点，12 个多边形
tri 8 12

# 顶点列表，顶点坐标按 x、y、z 顺序排列
 5 5 5
-5 5 5
-5 5 -5
 5 5 -5
 5 -5 5
-5 -5 5
-5 -5 -5
 5 -5 -5

# 多边形列表
# 每个多边形有 3 个顶点
0xd0f0 3 0 1 2
0xd0f0 3 0 2 3
0xd0f0 3 0 7 4
0xd0f0 3 0 3 7
0xd0f0 3 4 7 6
0xd0f0 3 4 6 5
0xd0f0 3 1 6 2
0xd0f0 3 1 5 6
0xd0f0 3 3 6 7
0xd0f0 3 3 2 6
0xd0f0 3 0 4 5
0xd0f0 3 0 5 1
```

PLG 文件存在的唯一问题是，它是 20 世纪 80 年代的产品，因此对其进行了修改，添加一些功能，并将修改后的格式称为.PLX 文件。关键之处在于，如果读者找到了能够导出.PLG 文件的 3D 建模程序，我们将编写的阅读器仍能够读取这种文件，但 16 位的面描述符将是无效的。在修改后的.PLG 文件（作者有时将其称为.PLX 文件）中，面描述符的定义如下：

```
CSSD | RRRR | GGGG | BBBB
```

其中：

- C 为 RGB/索引颜色标记；
- SS 描述了着色模式；
- D 为单面标记；
- RRRR、GGGG 和 BBBB 为 RGB 模式下红色、绿色和蓝色分量；
- GGGGBBBB 为 8 位颜色索引模式下的颜色索引。

下面的#define 用于识别并抽取这些位字段：

```
// 用于简化测试的位掩码
#define PLX_RGB_MASK      0x8000// 抽取 RGB/索引颜色模式的掩码
#define PLX_SHADE_MODE_MASK 0x6000// 抽取着色模式的掩码
#define PLX_2SIDED_MASK     0x1000   // 抽取双面状态设置的掩码
#define PLX_COLOR_MASK     0x0fff  // xxxxrrrrggggbbbb，每个 RGB 分量 4 位
                         // xxxxxxxxiiiiiiii，颜色索引模式下的 8 位索引

// 用于判断颜色模式的标记
#define PLX_COLOR_MODE_RGB_FLAG   0x8000     // 多边形使用 RGB 颜色
#define PLX_COLOR_MODE_INDEXED_FLAG 0x0000 // 多边形使用 8 位颜色索引

// 双面标记
#define PLX_2SIDED_FLAG       0x1000 // 多边形是双面的
#define PLX_1SIDED_FLAG       0x0000 // 多边形是单面的

// 着色模式标记
#define PLX_SHADE_MODE_PURE_FLAG  0x0000  // 多边形使用固定颜色
#define PLX_SHADE_MODE_FLAT_FLAG  0x2000  // 恒定着色
#define PLX_SHADE_MODE_GOURAUD_FLAG 0x4000 // gouraud 着色
#define PLX_SHADE_MODE_PHONG_FLAG  0x6000  // phong 着色
```

例如，要定义一个使用 RGB 颜色模式（红、绿、蓝颜色分量分别是 0x3、0x8 和 0xF）和 Gouraud 着色的双面多边形，可以按如下方式来计算面描述符。

鉴于 16 位的面描述符格式如下：

```
CSSD | RRRR | GGGG | BBBB
```

且：

C=1 表示 RGB 颜色模式；

SS=10 表示 Gouraud 着色；

D=1 表示双面多边形；

因此半字节 CCSD 为 1101；

半字节 RRRR、GGGG 和 BBBB 分别为 0x3、0x8 和 0xF，因此面描述符为：

```
1101 0011 1000 1111 = 0xD38F
```

面描述符的前 4 位定义了多边形的属性和颜色模式，余下的 12 位指出 RGB 模式下的颜色或颜色索引模式下的索引。文件阅读器需要做的只是将这些位的值提取出来，并在存储物体的数据结构中设置相应的值。下面介绍加载.PLG 文件的函数。

.PLG/X 文件加载器

.PLG 文件的优点之一是，其格式是固定的，也就是说顶点在前，多边形在后，而不能相反；而.DXF 文件的格式要灵活些。.PLG 文件的每行都包含一个数字或多个用空格分隔的数字。因此，可以编写一个简单的分析程序和一个粗糙的有限状态机，前者读取文件中的每一行，而后者知道.PLG 文件分 3 部分：

- 文件头信息；
- 顶点数据；
- 多边形数据。

每部分的格式都是固定的，且数据是基于行的（line-base data），这意味着每行数据都不会延续到下一行。因此，可以这样编写一个每次读取一行数据的分析程序，然后根据分析程序的状态（当前位于哪部分）分析和提取数据元素（它们由空格隔开），仅此而已。当然，分析程序分析数据的同时，将结果插入到某种数据结构（这里为 OBJECT4DV1）中。

编写该分析程序时，可以使用一个函数，但这样做代码将非常难看，需要在该函数中判断各种条件，并读取数据行。作者决定将其分成两个函数。

提示：确定分析方法正确后，将首先编写一组分析函数，然后使用它们来编写阅读器。当然，也可以使用商用工具，如 YACC 和 LEX，它们都是基于 UNIX 的工具（也有 PC 版本），可用于编写编译器和解释器。

第一个支持函数 Get_Line_PLG()从.PLG 文件中读取一行数据（使用了函数 fgets()），如下所示：

```
char *Get_Line_PLG(char *buffer, int maxlength, FILE *fp)
{
// 这个辅助函数跳过 PLG 文件中的注释和空行
//返回一整行数据
//如果文件为空，则返回 NULL

int index = 0; // 索引
int length = 0; // 长度

// 进入分析循环
while(1)
   {
   // 读取下一行
   if (!fgets(buffer, maxlength, fp))
   return(NULL);

   // 计算空格数
   for (length = strlen(buffer), index = 0;
      isspace(buffer[index]); index++);

   // 检查是否是空行或注释
   if (index >= length || buffer[index] == '#')
    continue;
   // 此时得到了一个数据行
   return(&buffer[index]);
   } // end while

} // end Get_Line_PLG
```

这个函数很简单。它识别空格以及用#标记的注释，并返回文件中的下一行，如果文件为空，则返回 NULL。后一种情况仅当出现错误时才会发生，因为.PLG 文件中包含头信息行指定的数据量。实际读取.PLG 文件的函数名为 Load_OBJECT4DV1_PLG()（请注意这里的命名规则），如下所示：

```
int Load_OBJECT4DV1_PLG(OBJECT4DV1_PTR obj, // 指向物体的指针
            char *filename,        // plg 文件的名称
            VECTOR4D_PTR scale,   // 缩放因子的初始值
            VECTOR4D_PTR pos,    // 初始位置
            VECTOR4D_PTR rot)    // 初始旋转角度
{
```

```
// 这个函数从磁盘中加载plg物体
// 并允许调用程序对物体进行缩放和旋转以及设置其位置
// 以免再调用其他函数来设置非动态物体的这些参数

FILE *fp;      // 文件指针
char buffer[256]; // 缓冲区

char *token_string; // 指向要分析的物体数据文本的指针

// 复习PLG文件的格式
// # 这是注释

// # 物体描述符
// object_name_string num_verts_int num_polys_int

// #顶点列表
// x0_float y0_float z0_float
// x1_float y1_float z1_float
// x2_float y2_float z2_float
// .
// .
// xn_float yn_float zn_float
//
// # 多边形列表
// surface_description_ushort num_verts_int v0_index_int v1_index_int .
// vn_index_int
// .
// .
// surface_description_ushort num_verts_int v0_index_int v1_index_int .
// vn_index_int

// 假设每个元素占一行
// 因此必须找到物体描述符，读取它
// 然后找到并读取顶点列表，最后找到并读取多边形列表

//第1步：清空和初始化obj
memset(obj, 0, sizeof(OBJECT4DV1));

//将物体状态设置为可见和活动的
obj->state = OBJECT4DV1_STATE_ACTIVE | OBJECT4DV1_STATE_VISIBLE;

// 设置物体的位置
obj->world_pos.x = pos->x;
obj->world_pos.y = pos->y;
obj->world_pos.z = pos->z;
obj->world_pos.w = pos->w;

//第2步：为读取而打开文件
if (!(fp = fopen(filename, "r")))
   {
   printf("Couldn't open PLG file %s. ", filename);
   return(0);
   } // end if

// 第3步:读取物体描述符
if (!(token_string = Get_Line_PLG(buffer, 255, fp)))
   {
   Write_Error("PLG file error with file %s (object descriptor invalid). ",filename);
   return(0);
   } // end if
```

```
Write_Error("Object Descriptor: %s", token_string);

// 对物体描述符进行分析
sscanf(token_string, "%s %d %d", obj->name,
                &obj->num_vertices,
                &obj->num_polys);
// 第 4 步：加载顶点列表
for (int vertex = 0; vertex < obj->num_vertices; vertex++)
   {
   // 读取下一个顶点
   if (!(token_string = Get_Line_PLG(buffer, 255, fp)))
   {
    Write_Error("PLG file error with file %s (vertex list invalid). ",
           filename);
    return(0);
    } // end if

// 分析顶点
sscanf(token_string, "%f %f %f", &obj->vlist_local[vertex].x,
                &obj->vlist_local[vertex].y,
                &obj->vlist_local[vertex].z);
obj->vlist_local[vertex].w = 1;

// 缩放顶点坐标
obj->vlist_local[vertex].x*=scale->x;
obj->vlist_local[vertex].y*=scale->y;
obj->vlist_local[vertex].z*=scale->z;

Write_Error("\nVertex %d = %f, %f, %f, %f", vertex,
                    obj->vlist_local[vertex].x,
                    obj->vlist_local[vertex].y,
                    obj->vlist_local[vertex].z,
                    obj->vlist_local[vertex].w);

} // end for vertex

// 计算平均半径和最大半径
Compute_OBJECT4DV1_Radius(obj);

Write_Error("\nObject average radius = %f, max radius = %f",
      obj->avg_radius, obj->max_radius);

int poly_surface_desc = 0; // PLG/PLX 多边形描述符
int poly_num_verts  = 0; // 当前多边形的顶点数（总是 3）
char tmp_string[8];    // 存储多边形描述符的字符串

// 第 5 步：加载多边形列表
for (int poly=0; poly < obj->num_polys; poly++)
  {
// 读取多边形描述符
if (!(token_string = Get_Line_PLG(buffer, 255, fp)))
   {
   Write_Error("PLG file error with file %s (polygon descriptor invalid).",
          filename);

   return(0);
   } // end if

Write_Error("\nPolygon %d:", poly);

// 每个多边形都有 3 个顶点
```

```
// 因为假定所有模型都是由三角形组成的
// 将面描述符、顶点数和顶点列表存储到变量中
sscanf(token_string, "%s %d %d %d %d", tmp_string,
                &poly_num_verts, // 总是3
                &obj->plist[poly].vert[0],
                &obj->plist[poly].vert[1],
                &obj->plist[poly].vert[2]);

// 面描述符可以是十六进制值（以 0x 打头）
// 因此需要对这种情况进行检测
if (tmp_string[0] == '0' && toupper(tem_string[1]) == 'X')
  sscanf(tmp_string, "%x", &poly_surface_desc);
else
   poly_surface_desc = atoi(tmp_string);

// 让多边形顶点列表指向物体的顶点列表
// 这是多余的，因为多边形列表包含在物体中
// 建立多边形几何体时，由用户决定使用局部顶点列表还是变换后的顶点列表
// 如果所有多边形都属于同一个物体，将该指针设置为 NULL 将更合适
obj->plist[poly].vlist = obj->vlist_local;

Write_Error("\nSurface Desc = 0x%.4x, num_verts = %d,
       vert_indices [%d, %d, %d]",
                     poly_surface_desc,
                     poly_num_verts,
                     obj->plist[poly].vert[0],
                     obj->plist[poly].vert[1],
                     obj->plist[poly].vert[2]);
// 存储顶点列表和多边形顶点索引值后
// 分析多边形描述符，并据此相应地设置多边形

// 提取多边形描述符中的每个位字段
// 从单面/双面位开始
if ((poly_surface_desc & PLX_2SIDED_FLAG))
   {
   SET_BIT(obj->plist[poly].attr, POLY4DV1_ATTR_2SIDED);
   Write_Error("\n2 sided. ");
   } // end if
else
   {
   // 单面
   Write_Error("\n1 sided.");
   } // end else

// 设置颜色模式
if ((poly_surface_desc & PLX_COLOR_MODE_RGB_FLAG))
   {
   // 为 RGB 颜色模式
   SET_BIT(obj->plist[poly].attr,POLY4DV1_ATTR_RGB16);

   // 提取 RGB 颜色值
   int red  = ((poly_surface_desc & 0x0f00) >> 8);
   int green = ((poly_surface_desc & 0x00f0) >> 4);
   int blue = (poly_surface_desc & 0x000f);

   // 虽然在文件中，RGB 颜色总是为 4.4.4 格式，而图形卡
   // 的 RGB 颜色格式为 5.5.5 或 5.6.5，但虚拟颜色系统将把
   //8.8.8 颜色格式转换为 5.5.5 或 5.6.5
   //因此需要将 4.4.4 的 RGB 颜色值转换为 8.8.8 的
   obj->plist[poly].color = RGB16Bit(red*16, green*16, blue*16);
   Write_Error("\nRGB color = [%d, %d, %d]", red, green, blue);
```

```
    } // end if
  else
    {
    // 使用的是 8 位颜色索引
    SET_BIT(obj->plist[poly].attr,POLY4DV1_ATTR_8BITCOLOR);
    // 提取最后 8 位即可得到颜色索引
    obj->plist[poly].color = (poly_surface_desc & 0x00ff);

    Write_Error("\n8-bit color index = %d", obj->plist[poly].color);

    } // end else

  // 处理着色模式
  int shade_mode = (poly_surface_desc & PLX_SHADE_MODE_MASK);

  // 设置多边形的着色模式
  switch(shade_mode)
     {
     case PLX_SHADE_MODE_PURE_FLAG: {
     SET_BIT(obj->plist[poly].attr, POLY4DV1_ATTR_SHADE_MODE_PURE);
     Write_Error("\nShade mode = pure");
     } break;

     case PLX_SHADE_MODE_FLAT_FLAG: {
     SET_BIT(obj->plist[poly].attr, POLY4DV1_ATTR_SHADE_MODE_FLAT);
     Write_Error("\nShade mode = flat");

     } break;
     case PLX_SHADE_MODE_GOURAUD_FLAG: {
     SET_BIT(obj->plist[poly].attr, POLY4DV1_ATTR_SHADE_MODE_GOURAUD);
     Write_Error("\nShade mode = gouraud");
     } break;

     case PLX_SHADE_MODE_PHONG_FLAG: {
     SET_BIT(obj->plist[poly].attr, POLY4DV1_ATTR_SHADE_MODE_PHONG);
     Write_Error("\nShade mode = phong");
     } break;

     default: break;
     } // end switch

  // 最后将多边形设置为活动状态
  obj->plist[poly].state = POLY4DV1_STATE_ACTIVE;

  } // end for poly

  // 关闭文件
  fclose(fp);
  // 指出操作成功
  return(1);

  } // end Load_OBJECT4DV1_PLG
```

该函数中包含大量的错误检查代码，这可能有些过度，但旨在让读者养成在加载文件的函数中使用错误处理代码的习惯，因为这种函数很容易出错，且将数据写入内存（如果仅仅是初始化变量，则无需这样做）。因此，在游戏代码中，作者从来不使用错误处理代码，因为如果代码不完善，我可以改进。但在文件加载函数中，指望外部文件是正确的，但情况可能并非如此。因此，当加载函数加载数据时，如果发生错误，应将错误消息发送给错误文件（即标准输出设备——译者注）。

接下来介绍这个函数的功能。它打开字符串 ***filename*** 指定的.PLG 文件，然后读取文件中的第一行，这一行指出了文件中包含多少个顶点和多边形的数据。然后，该函数读取顶点列表，将其中的顶点插入到 OBJECT4DV1 结构 obj 中；再读取并插入多边形数据，同时将面描述符中的标记和颜色模式转换为 POLY_ATTR_*标记，并使用 OR 运算将它们组合起来。另外，还可以给这个函数传递一些参数，以便在加载物体的同时对其进行变换；这些参数是 scale、pos 和 rot，它们都是向量，分别指定了物体的初始位置、缩放因子和旋转角度。

另外，这个函数还计算物体的平均半径和最大半径，供 3D 流水线的后面进行碰撞检测和物体消除时使用。要从磁盘中加载物体数据，可以这样做：

```
OBJECT4DV1 obj; // object storage

VECTOR4D scale = {1,1,1,1},  // 不缩放
     pos   = {0,0,0,1},      // 放置到世界坐标系原点处
     rot   = {0,0,0,1};      // 不旋转

// 加载物体
Load_OBJECT4DV1_PLG(&obj, "cube.plg", &scale, &pos, &rot);
```

如果使用调试器遍历数据结构 obj，读者将发现物体数据已被存储到其中且是正确的（但愿如此）。上述将外部文件加载到数据结构 OBJECT4DV1 中的操作初始化物体；设置字段 state 和 attr；将定义物体初始朝向的 ux、uy 和 uz 分别设置为<1，0，0，1>、<0，1，0，1>和<0，0，1，1>，即分别与世界坐标系的各个轴平行。

至此，有 3 个可以使用的数据结构：

- POLY4DV1——表示一个多边形，但需要引用外部顶点列表；
- POLYF4DV1——表示一个多边形，内部存储了顶点数据，是主多边形列表的主要组成部分；
- OBJECT4DV1——表示一个由众多多边形组成的物体，内部存储了顶点和多边形，即是自包含的。

可以编写引擎，在流水线中处理这些数据结构，但作者选择只对 POLYF4DV1 和 OBJECT4DV1 进行处理，因为 POLY4DV1 是没有顶点列表的 POLYF4DV1。下面开始编写引擎，在流水线中对多边形和像素进行处理。

7.3 构建 3D 流水线

现在可以开始实现 3D 流水线了。数据结构定义好了，从.PLG 文件中加载物体的函数也有了，只需要编写一些辅助（darn）函数即可。

警告：唯一遗憾的地方是，编写在屏幕上绘制图像的演示程序之前，需要编写大量的函数，因此这些函数之间是彼此相关的。但编写好这些函数后，作者将通过大量的演示程序来演示流水线中渲染阶段前的各种技术。

7.3.1 通用变换函数

在 3D 中的任何变换都可以通过 4×4 矩阵变换以及 4D 齐次坐标到 3D 坐标转换（将各个分量除以 *w*）来完成。然而，这并不意味着这种方法的速度是最快的。一般而言，对于由旋转、平移和投影组合而成的变换，使用一个 4×4 矩阵来完成更合适，因为这个矩阵涵盖了多种变换，通常不是稀疏矩阵。然而，如果仅仅是平移一个点，使用矩阵乘法就有宰牛刀杀鸡之嫌，因为将矩阵和点相乘时，需要执行 16（4×4）次乘法运算和 12（4×3）次加法运算；而使用手工来执行平移时，只需 3 次加法运算：

```
x=x+xt;
y=y+yt;
z=z+zt;
w=w;
```

在编写 3D 引擎时，读者可能发现，手工方法又快又简单。然而，虽然如此，但代码不那么清晰，也容易移植到基于硬件的引擎中，在基于硬件的引擎中，几乎所有操作都是使用 4×4 矩阵来完成的。因此，在我们的引擎中，只要可能总是允许使用这两种方法。

为使用 4×4 矩阵来执行多边形或物体变换，需要编写一个这样的函数，它将多边形（POLYF4DV1）或物体（OBJECT4DV1）作为参数，并使用一个变换矩阵对几何体的每个顶点执行矩阵乘法。另外，还需要考虑到这两个数据结构中都包含用于存储原始顶点坐标和变换后顶点坐标的数组。

本书前面介绍过，一旦对物体的顶点数据进行变换，原来的数据就将丢失。因此，必须确信确实要这样做，在很多情况下确实如此；但在有些情况下，变换是流水线的一部分，因此需要保留原始数据不动，将变换后的数据存储到另一个数组中。数据结构 POLYF4DV1 和 OBJCET4DV1 中都有存储这种数据的数组。

在数据结构 POLYF4DV1 中，顶点数据存储在下列两个数组中：

```
POINT4D vlist[3]; // 三角形的顶点
POINT4D tvlist[3];   // 变换后的三角形顶点
```

其中 tvlist[ ]用于存储变换后的数据。同样，在数据结构 OBJECT4DV1 中，顶点数据存储在下述数组中：

```
POINT4D vlist_local[OBJECT4DV1_MAX_VERTICES]; // 存储局部顶点坐标的数组
POINT4D vlist_trans[OBJECT4DV1_MAX_VERTICES]; //存储变换后顶点坐标的数组
```

因此，如果愿意可以删除第二个数组中的数据，因为第一个数组中存储了原始数据。然而，有时候需要对原始数据进行变换（可能为实现动画而进行缩放或旋转），并存储变换后的数据。在这种情况下，可以对存储原始数据的数组元素进行修改。图 7.3 是对顶点数据执行的两种操作的流程图。

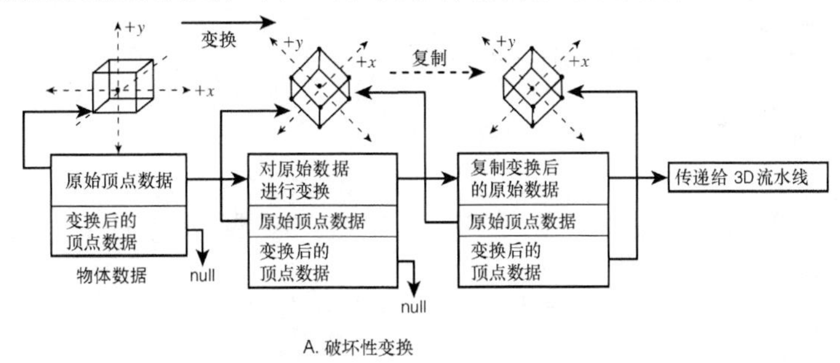

A. 破坏性变换

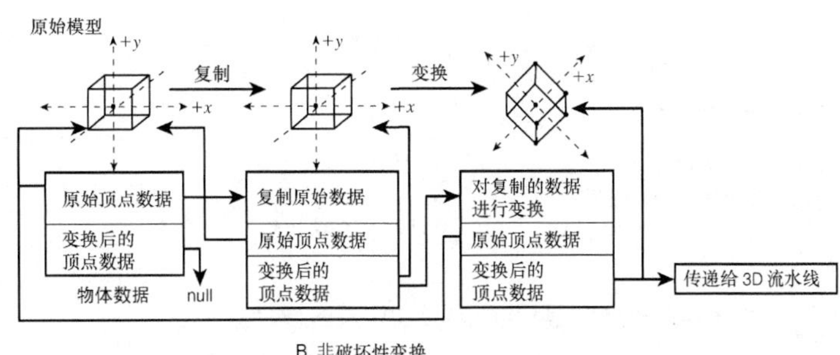

B. 非破坏性变换

图 7.3　对顶点数据的破坏性变换和非破坏性变换流程图

需要编写一个使用变换矩阵对 POLYF4DV1 进行变换的函数。但大多数情况下，不会对单个多边形进行变换，而是等到有了包含所有多边形的列表后，再进行变换。因此我们从变换多边形列表的角度来考虑问题，如主多边形列表，这是用结构 RENDERLIST4DV1 表示的，这种结构是一个 POLYF4DV1 数组。下面是一个使用矩阵 mt 对渲染列表进行变换的函数：

```
void Transform_RENDERLIST4DV1(RENDERLIST4DV1_PTR rend_list,
        MATRIX4X4_PTR mt,  // 变换矩阵
        int coord_select)  // 指定要变换的坐标
{
// 这个函数使用传递进来的矩阵
// 对渲染列表中局部顶点数组或变换后的顶点数组中
// 所有的多边形顶点进行变换

// 应对哪个数组中的坐标进行变换?
switch(coord_select)
{
case TRANSFORM_LOCAL_ONLY:
{
for (int poly = 0; poly < rend_list->num_polys; poly++)
   {
  // 获得当前多边形
  POLYF4DV1_PTR curr_poly = rend_list->poly_ptrs[poly];

  // 这个多边形有效吗?
  // 当且仅当多边形处于活动状态并可见时才对其进行变换
  // 在线框引擎中,“背面”的概念无关紧要
  if ((curr_poly==NULL) ||
     !(curr_poly->state & POLY4DV1_STATE_ACTIVE) ||
     (curr_poly->state & POLY4DV1_STATE_CLIPPED ) ||
     (curr_poly->state & POLY4DV1_STATE_BACKFACE) )
     continue; // 进入下一个多边形

  // 满足条件,进行变换
  for (int vertex = 0; vertex < 3; vertex++)
     {
    // 使用矩阵 mt 对顶点进行变换
    POINT4D presult; // 用于暂时存储变换结果

    // 对点进行变换
    Mat_Mul_VECTOR4D_4X4(&curr_poly->vlist[vertex], mt, &presult);

    // 将结构存回去
    VECTOR4D_COPY(&curr_poly->vlist[vertex], &presult);
    } // end for vertex
  } // end for poly

} break;

case TRANSFORM_TRANS_ONLY:
{
// 对渲染列表中每个变换后的顶点进行变换
// 数组 tvlist[]用于存储累积变换结果
for (int poly = 0; poly < rend_list->num_polys; poly++)
   {
  // 获得当前多边形
  POLYF4DV1_PTR curr_poly = rend_list->poly_ptrs[poly];
  // 该多边形有效吗?
  // 当且仅当多边形处于活动状态并可见时才对其进行变换
  // 在线框引擎中,“背面”的概念无关紧要
```

```
      if ((curr_poly==NULL) || !(curr_poly->state & POLY4DV1_STATE_ACTIVE) ||
         (curr_poly->state & POLY4DV1_STATE_CLIPPED ) ||
         (curr_poly->state & POLY4DV1_STATE_BACKFACE) )
         continue; // 进入下一个多边形

      // 满足条件，开始变换
      for (int vertex = 0; vertex < 3; vertex++)
        {
        // 使用矩阵 mt 对顶点进行变换
        POINT4D presult; // 用于存储变换结果

        // 变换
        Mat_Mul_VECTOR4D_4X4(&curr_poly->tvlist[vertex], mt, &presult);
        // 将结果存回去
        VECTOR4D_COPY(&curr_poly->tvlist[vertex], &presult);
        } // end for vertex
      } // end for poly

    } break;

    case TRANSFORM_LOCAL_TO_TRANS:
    {
    // 对渲染列表中的局部/模型顶点列表进行变换
    // 并将结果存储到变换后的顶点列表中
    for (int poly = 0; poly < rend_list->num_polys; poly++)
      {
      // 获得下一个多边形
      POLYF4DV1_PTR curr_poly = rend_list->poly_ptrs[poly];

      // 该多边形有效吗？
      // 当且仅当多边形处于活动状态并可见时才对其进行变换
      // 在线框引擎中，"背面"的概念无关紧要
      if ((curr_poly==NULL) ||
          !(curr_poly->state & POLY4DV1_STATE_ACTIVE) ||
         (curr_poly->state & POLY4DV1_STATE_CLIPPED ) ||
         (curr_poly->state & POLY4DV1_STATE_BACKFACE) )
         continue; // 进入下一个多边形
         // 满足条件，开始变换
        for (int vertex = 0; vertex < 3; vertex++)
          {
          // 使用矩阵 mt 对顶点进行变换
          Mat_Mul_VECTOR4D_4X4(&curr_poly->vlist[vertex], mt,
                       &curr_poly->tvlist[vertex]);
        } // end for vertex

      } // end for poly

    } break;

    default: break;

    } // end switch

    } // end Transform_RENDERLIST4DV1
```

这个函数非常简单。它根据坐标变换选择标记 coord_select，将 4×4 矩阵 mt 应用于渲染列表：通过循环和调用矩阵乘法函数对 coord_select 指定的坐标进行变换。参数 coord_select 的可能取值如下：

```
// 变换控制标记
#define TRANSFORM_LOCAL_ONLY    0 // 对局部/模型顶点列表进行变换
```

```
#define TRANSFORM_TRANS_ONLY   1 // 对变换后的顶点列表进行变换
#define TRANSFORM_LOCAL_TO_TRANS 2 // 对局部顶点列表进行变换
                                   // 并将结果存储在变换后的顶点列表中
```

因此，1 表示对局部坐标进行变换，2 表示对变换后的坐标进行变换，而 3 表示将局部坐标进行变换，并将结果存储为变换后的坐标。

这个函数的用法很简单：如果有一个名为 rend_list 的渲染列表，其中包含所有的多边形，要使用变换矩阵 m_trans 对其中每个多边形的局部坐标进行变换，并将结果作为变换后的坐标，可以这样调用该函数：

```
Transform_RENDERLIST4DV1(&rend_list, m_trans, TRANSFORM_LOCAL_TO_TRANS );
```

这样，将使用上述 4×4 矩阵对整个渲染列表进行变换。

接下来编写的是对物体（OBJECT4DV1）进行变换的函数，它与前一个函数基本相同，但更简单些，因为它只变换一个顶点列表，而不是一组各自都有一个顶点列表的多边形。当然，在这个函数中，仍然需要使用参数来指定要对哪种坐标进行变换。该函数的代码如下：

```
void Transform_OBJECT4DV1(OBJECT4DV1_PTR obj, // 要变换的物体
          MATRIX4X4_PTR mt,  // 变换矩阵
          int coord_select,  // 指定对哪种坐标进行变换
          int transform_basis) // 指定是否要对朝向向量进行变换
{
// 这个函数使用传递进来的矩阵
// 对局部数组或变换后的数组中的所有顶点进行变换

// 对哪种坐标进行变换？
switch(coord_select)
  {
  case TRANSFORM_LOCAL_ONLY:
  {
  // 对物体的每个局部/模型顶点坐标进行变换
  for (int vertex=0; vertex < obj->num_vertices; vertex++)
    {
    POINT4D presult; // 用于暂时存储变换结果

    // 对顶点进行变换
    Mat_Mul_VECTOR4D_4X4(&obj->vlist_local[vertex], mt, &presult);

    // 将结果存回去
    VECTOR4D_COPY(&obj->vlist_local[vertex], &presult);
    } // end for index
  } break;

  case TRANSFORM_TRANS_ONLY:
  {
  // 对物体的每个变换后的顶点进行变换
  // 数组 vlist_trans[]用于存储累积变换结果
  for (int vertex=0; vertex < obj->num_vertices; vertex++)
    {
    POINT4D presult; // hold result of each transformation

    // 对顶点进行变换
    Mat_Mul_VECTOR4D_4X4(&obj->vlist_trans[vertex], mt, &presult);

    // 将结果存回去
    VECTOR4D_COPY(&obj->vlist_trans[vertex], &presult);
    } // end for index

  } break;
```

```
        case TRANSFORM_LOCAL_TO_TRANS:
        {
        // 将物体的每个局部/模型顶点坐标进行变换
        // 并将结果存储到变换后的顶点列表中
        for (int vertex=0; vertex < obj->num_vertices; vertex++)
          {
          POINT4D presult; // hold result of each transformation

          // 对顶点进行变换
          Mat_Mul_VECTOR4D_4X4(&obj->vlist_local[vertex], mt,
          &obj->vlist_trans[vertex]);

          } // end for index
        } break;

        default: break;

    } // end switch

    // 最后检查是否要对朝向向量进行变换
    // 如果不进行变换，朝向向量将不再有效
    if (transform_basis)
       {
       // 旋转物体的朝向向量
       VECTOR4D vresult; // 用于存储旋转结果

       // 旋转 ux
       Mat_Mul_VECTOR4D_4X4(&obj->ux, mt, &vresult);
       VECTOR4D_COPY(&obj->ux, &vresult);
       // 旋转 uy
       Mat_Mul_VECTOR4D_4X4(&obj->uy, mt, &vresult);
       VECTOR4D_COPY(&obj->uy, &vresult);

       // 旋转 uz
       Mat_Mul_VECTOR4D_4X4(&obj->uz, mt, &vresult);
       VECTOR4D_COPY(&obj->uz, &vresult);
       } // end if

    } // end Transform_OBJECT4DV1
```

同样，在这个函数中，变换方式也有三种，但还有一个 transform_basis 标记。使用这个标记的原因如下：如图 7.4 所示，对 3D 物体进行变换时，将丢失其加载时的朝向。也就是说，如果您知道物体被加载时，上方为+*y* 轴方向，前方为+*z* 轴方向，如何记录物体被变换后的朝向呢？

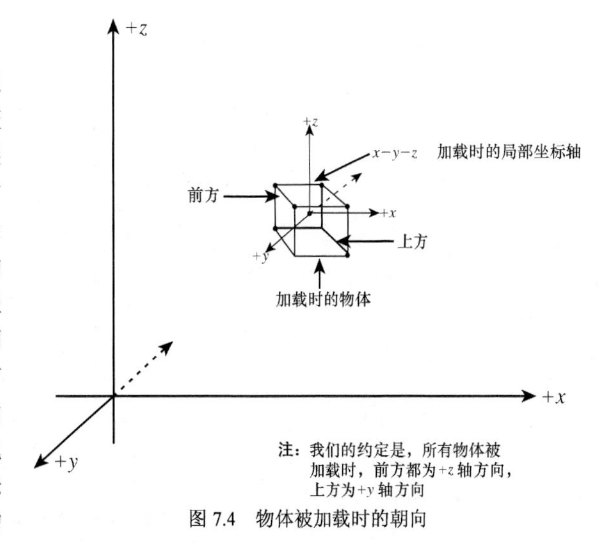

图 7.4　物体被加载时的朝向

关键之处在于，也需要对物体的局部坐标轴进行变换。这样，总是可以通过将物体的局部坐标轴同世界坐标轴进行比较，来确定物体的朝向；这是一个很常见的问题，作者收到了很多有关这一问题的邮件。图 7.5 说明了同时对物体的顶点数据和局部坐标轴进行变换的情况。标记 transform_basis 指出了是否要对物体的局部坐标轴也进行变换。物体的局部坐标轴可以为任何初

始值，但通常 ux = <1，0，0，0>，uy = <0，1，0，0>，uz = <0，0，1，0>，即与实际坐标轴平行。

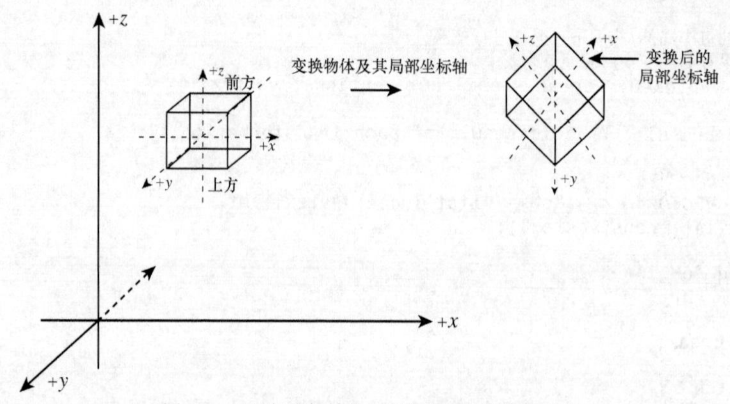

图 7.5　对局部坐标轴进行变换以跟踪物体的朝向

例如，假设有一个已被加载到变量 obj 中的物体，要使用矩阵 m_trans 对其局部坐标和局部坐标轴进行变换，可以这样调用上述函数：

```
Transform_OBJECTDV1(&obj, m_trans, TRANSFORM_LOCAL_TO_TRANS, 1 );
```

和偷税　样简单！当然，作者不会这样干。

有了通用的变换函数后，便可以将一个 4×4 矩阵作为参数来调用该函数，以实现任何变换。然而，别忘了，对于很多变换而言，手工计算的速度更快。接下来的几节将介绍如何执行流水线中的各个步骤：使用手工方法和矩阵方法对 OBJECT4DV1 和 RENDERLIST4DV1 进行变换。

7.3.2　局部坐标到世界坐标变换

局部坐标到世界坐标变换将物体（多边形）的局部/模型坐标变换为世界坐标（整个游戏空间是使用世界坐标定义的），如图 7.6 所示。给定点/顶点 **p** = <x，y，z，1>和平移因子 **dt** = <xt，yt，zt，1>，局部坐标到世界坐标变换很简单：

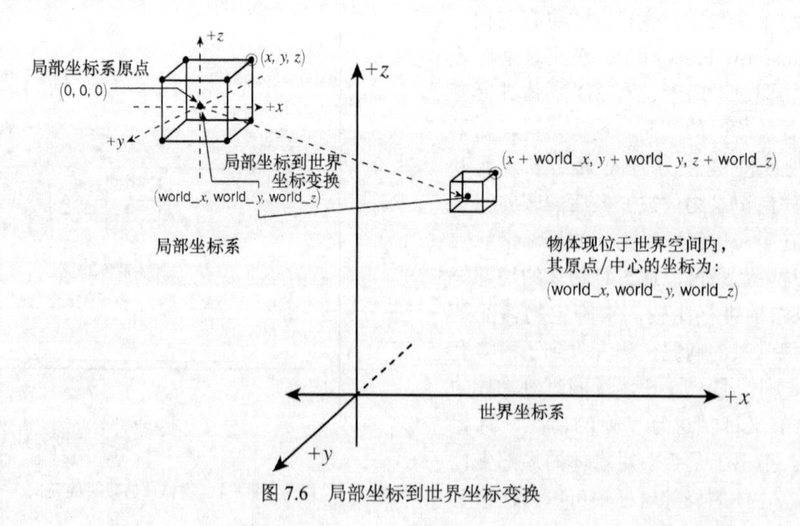

图 7.6　局部坐标到世界坐标变换

```
p' = p + dt
```

其中分量 w 保持不变，仍为 1。

1. 物体的局部坐标到世界坐标变换

对 OBJECT4DV1 的执行局部坐标到世界坐标变换的函数根据 world_pos 的值，将存储在 local_vlist[ ] 中的顶点进行平移，并将结果存储在 trans_vlist[ ]中。下面是这个函数的手工计算版本：

```
void Model_To_World_OBJECT4DV1(OBJECT4DV1_PTR obj,
         int coord_select= TRANSFORM_LOCAL_TO_TRANS)
{
// 这里没有使用矩阵
// 这个函数将传递进来的物体的局部/模型坐标变换为世界坐标
// 结果被存储在物体的变换后的顶点列表（数组 vlist_trans）中

// 遍历顶点列表，根据 world_pos 对所有坐标进行平移
// 以便将坐标变换为世界坐标
// 并将结果存储在数组 vlist_trans[ ]中

if (coord_select == TRANSFORM_LOCAL_TO_TRANS)
{
for (int vertex=0; vertex < obj->num_vertices; vertex++)
  {
  // 对顶点进行平移
  VECTOR4D_Add(&obj->vlist_local[vertex], &obj->world_pos,
         &obj->vlist_trans[vertex]);
  } // end for vertex
} // end if local
else // TRANSFORM_TRANS_ONLY
{
for (int vertex=0; vertex < obj->num_vertices; vertex++)
  {
  // 平移顶点
  VECTOR4D_Add(&obj->vlist_trans[vertex], &obj->world_pos,
         &obj->vlist_trans[vertex]);
  } // end for vertex
} // end else trans

} // end Model_To_World_OBJECT4DV1
```

假设已经将一个单位立方体加载到一个名为 cube 的 OBJECT4DV1 结构中，并将其 world_pos 设置为（100，200，400），要对其进行变换，可以这样调用上述函数：

```
Model_To_World_OBJECT4DV1(&cube);
```

该函数有一个用于指定要对哪种坐标进行变换的参数，这在需要对变换后的坐标再进行其他变换时很有用，为此，可以使用参数 coord_select 进行控制。

如果愿意，也可以使用矩阵来执行这种变换，但这样做将浪费 CPU 周期。然而，我们必须介绍这种方法，因为硬件喜欢使用矩阵。建立变换矩阵的函数为 void Build_Model_To_World_MATRIX4X4 ()，如下所示：

```
void Build_Model_To_World_MATRIX4X4(VECTOR4D_PTR vpos, MATRIX4X4_PTR m)
{
// 这个函数创建局部坐标到世界坐标变换矩阵
// 即根据 vpos 指定的值平移原点

Mat_Init_4X4(m, 1,    0,    0,    0,
        0,    1,    0,    0,
```

```
        0,     0,    1,    0,
        vpos->x, vpos->y, vpos->z, 1 );

} // end Build_Model_To_World_MATRIX4X4
```

该函数将变换后的位置和用于存储变换矩阵的矩阵作为参数。当然，该函数可用于生成通用平移矩阵，而不仅是局部坐标到世界坐标变换矩阵。要使用矩阵来执行局部坐标到世界坐标变换，可以调用上述函数来生成一个矩阵，然后调用函数 Transform_OBJECT4DV1()来执行变换，如下所示：

```
MATRIX4X4 mt; // 用于存储创建的矩阵
VECTOR4D pos = {100,200,300, 1};

Build_Model_To_World_MATRIX4X4(&pos, &mt);

Transform_OBJECT4DV1(&obj, m_trans, TRANSFORM_LOCAL_TO_TRANS,1 );
```

这就是对 OBJECT4DV1 执行局部坐标到世界坐标变换的全部步骤。

注意：这很简单，但从此读者将养成良好的习惯——相信我！

2. 渲染列表的局部坐标到世界坐标变换

大多数情况下，在对物体执行局部坐标到世界坐标变换后，才将物体的多边形插入到渲染列表中。因此，根本不需要对整个渲染列表执行局部坐标到世界坐标变换。但当您不想使用 OBJECT4DV1，而是将多边形直接加载到表示某些大型网格（如地形）的 RENDERLIST4DV1 时，且网格不是用世界坐标表示的时，将需要执行这个步骤。下面是采用手工方法对 RENDERLIST4DV1 执行局部坐标到世界坐标变换的函数：

```
void Model_To_World_RENDERLIST4DV1(RENDERLIST4DV1_PTR rend_list,
              POINT4D_PTR world_pos, int
              coord_select = TRANSFORM_LOCAL_TO_TRANS)
{
// 这里没有使用矩阵
// 这个函数将传递进来的渲染列表的局部/模型坐标变换为世界坐标
// 结果被存储在渲染列表的变换后的顶点列表（数组 vlist_trans）中

// 遍历顶点列表，根据 world_pos 对所有坐标进行平移
// 以便将坐标变换为世界坐标
// 并将结果存储在数组 vlist_trans[]中

if (coord_select == TRANSFORM_LOCAL_TO_TRANS)
  {
  for (int poly = 0; poly < rend_list->num_polys; poly++)
    {
    // 获得当前多边形
    POLYF4DV1_PTR curr_poly = rend_list->poly_ptrs[poly];

    // 当且仅当多边形没有被剔除和裁剪掉，同时处于活动状态且可见时
    // 才对其进行变换
    // 但在线框引擎中，多边形是否是背面无关紧要
    if ((curr_poly==NULL) ||
      !(curr_poly->state & POLY4DV1_STATE_ACTIVE) ||
      (curr_poly->state & POLY4DV1_STATE_CLIPPED ) ||
      (curr_poly->state & POLY4DV1_STATE_BACKFACE) )
     continue; // 进入下一个多边形

   // 满足条件，对其进行变换
   for (int vertex = 0; vertex < 3; vertex++)
     {
```

```
        // 平移顶点
        VECTOR4D_Add(&curr_poly->vlist[vertex], world_pos,
                     &curr_poly->tvlist[vertex]);
        } // end for vertex

      } // end for poly
    } // end if local
    else // TRANSFORM_TRANS_ONLY
    {
    for (int poly = 0; poly < rend_list->num_polys; poly++)
      {
      // 获得当前多边形
      POLYF4DV1_PTR curr_poly = rend_list->poly_ptrs[poly];

      // 当且仅当多边形没有被剔除和裁剪掉，同时处于活动状态且可见时
      // 才对其进行变换
     // 但在线框引擎中，多边形是否是背面无关紧要
     if ((curr_poly==NULL) || !(curr_poly->state & POLY4DV1_STATE_ACTIVE) ||
       (curr_poly->state & POLY4DV1_STATE_CLIPPED ) ||
       (curr_poly->state & POLY4DV1_STATE_BACKFACE) )
        continue; // 进入下一个多边形

      for (int vertex = 0; vertex < 3; vertex++)
        {
        // 平移顶点
        VECTOR4D_Add(&curr_poly->tvlist[vertex], world_pos,
               &curr_poly->tvlist[vertex]);
         } // end for vertex

      } // end for poly

    } // end else

    } // end Model_To_World_RENDERLIST4DV1
```

如果有一个名为 rend_list 的渲染列表，要对其执行局部坐标到世界坐标变换，以便将几何体放置到位置 world_pos 处，可以这样做：

```
Model_To_World_RENDERLIST4DV1(&rend_list, &world_pos, TRANSFORM_LOCAL_TO_TRANS);
```

上述函数的效率非常高。要使用矩阵进行上述变换，需要创建一个矩阵，如下所示：

```
MATRIX4X4 mt; // 用于存储创建的矩阵
VECTOR4D pos = {100,200,300, 1};

Build_Model_To_World_MATRIX4X4(&pos, &mt);
```

然后，使用通用函数 RENDERLIST4DV1 对几何体进行变换，如下所示：

```
Transform_RENDERLIST4DV1(&rend_list, &mt, TRANSFORM_LOCAL_TO_TRANS);
```

注意：对每个顶点都需要执行一次矩阵乘法，这样的开销会浪费 CPU 周期。

7.3.3　欧拉相机模型

这并非 3D 流水线中的步骤，但此时是讨论相机模型的最佳时机，因为流水线的后续步骤依赖于相机模型。在我们的第一个系统中，使用的是欧拉相机模型，这种模型是使用位置和旋转角度（欧拉角度）定义的，其中旋转角度决定了相机的朝向，如图 7.7 所示。本章后面还将介绍 UVN 相机模型，它是使用注视目标以及向量 u、v 和 n 定义的。

无论使用哪种相机模型，都需要视距、视野、远近裁剪面、一定宽度和高度的视平面（表示要在屏幕上显示的最终图像）以及一定宽度和高度的视口（表示实际的光栅窗口）。这些参数都将在相机模型中发挥作用，它们定义了一个包围相机视野的视景体及其属性。位于视野中的物体是可见的，将对其进行变换。

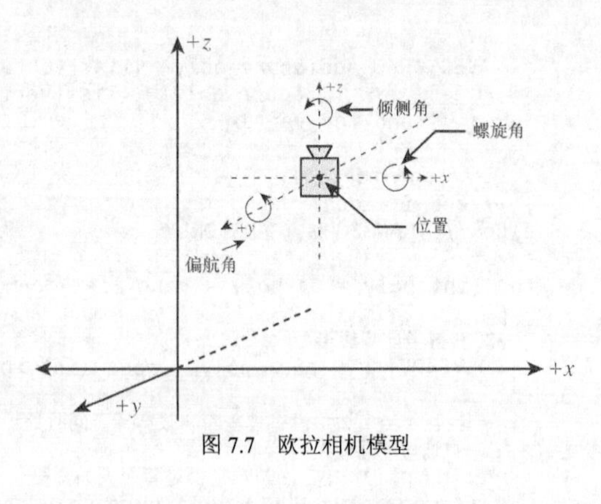

图 7.7 欧拉相机模型

接下来创建一种用于表示简单相机的结构。本可以不考虑角度、位置、远近裁剪面以及其他几个参数，但为让读者尽早考虑相机需要的所有信息（即使是不使用的信息），这里创建了一个包罗万象的结构。其中有些信息在本章还用不上，尤其是与裁剪相关的信息。相机结构如下：

```
// 第 1 个版本的相机数据结构
typedef struct CAM4DV1_TYP
{
int state;   // 相机状态
int attr;    // 相机属性

POINT4D pos;  // 相机在世界坐标系中的位置

VECTOR4D dir;  // 欧拉角度或 UVN 相机模型的注视方向

VECTOR4D u;    // UVN 相机模型的朝向向量
VECTOR4D v;
VECTOR4D n;
POINT4D target; // UVN 模型的目标位置


float view_dist_h; // 水平视距和垂直视距
float view_dist_v;

float fov;      // 水平方向和垂直方向的视野

// 3d 裁剪面
// 如果视野不是 90 度，3d 裁剪面方程将为一般性平面方程
float near_clip_z;   // 近裁剪面
float far_clip_z;   // 远裁剪面

PLANE3D rt_clip_plane; // 右裁剪面
PLANE3D lt_clip_plane; // 左裁剪面
PLANE3D tp_clip_plane; // 上裁剪面
PLANE3D bt_clip_plane; // 下裁剪面

float viewplane_width; // 视平面的宽度和高度
float viewplane_height; // 对于归一化投影，为 2×2
                  // 否则大小与视口或屏幕窗口相同

// 屏幕和视口是同义词
float viewport_width;   // 屏幕/视口的大小
float viewport_height;
float viewport_center_x; // 视口的中心
float viewport_center_y;

// 宽高比
float aspect_ratio;   // 屏幕的宽高比
```

```
// 是否需要下述矩阵取决于变换方法
// 例如，以手工方式进行透视变换、屏幕变换时，不需要这些矩阵
// 然而提供这些矩阵提高了灵活性

MATRIX4X4 mcam; // 用于存储世界坐标到相机坐标变换矩阵
MATRIX4X4 mper; // 用于存储相机坐标到透视坐标变换矩阵
MATRIX4X4 mscr; // 用于存储透视坐标到屏幕坐标变换矩阵

} CAM4DV1, *CAM4DV1_PTR;
```

虽然上述代码中有很多注释，但为避免混淆，下面介绍其中的每个元素：

- state——记录相机的状态，这没有什么可解释的。
- attr——定义相机的属性。当前只有两种属性——CAM_MODEL_ELUER 和 CAM_MODEL_UVN。
- pos——相机在世界坐标系下的位置。
- dir——定义欧拉相机模型的轴线角；使用 UVN 相机模型时，x 分量为球面坐标系的仰角，分量 y 为方向角。
- u、v、n——在 UVN 相机模型（将在本章后面讨论）中，用于记录相机朝向的向量。
- target——UVN 相机模型的注视目标的位置。
- view_list_h、view_dist_v——水平视距和垂直视距，在透视变换中需要使用它们。
- fov——水平视野和垂直视野。
- near_clip_z、far_clip_z——近裁剪面和远裁剪面的 z 坐标值。
- rt_clip_plane、lt_clip_plane、tp_clip_plane、bt_clip_plane——定义左、右、上、下 3D 裁剪面。视野为 90 度时，这些裁剪面从原点出发，与坐标轴呈 45 度角；但在视野为任意值时，这些裁剪面方程不再是 $x = z$、$y = z$ 等，而是广义平面方程。
- viewplane_width、viewplane_height——定义视平面的大小，执行透视投影时，物体将被投影到这个平面上。对于归一化投影，视平面为 2×2；将透视变换和屏幕变换合而为一时（速度更快），视平面的大小与视口（屏幕窗口）相同。
- viewport_width、viewport_height——光栅面的大小（单位为像素），图像将被渲染到这个面上。
- viewport_center_x、viewport_center_y——视口的中心位置。
- aspect_ratio：viewport_width 和 viewport_height 的比值。
- mcam——用于存储世界坐标到相机坐标变换的矩阵。
- mper——用于存储相机坐标到透视坐标变换的矩阵。
- mscr——用于存储透视坐标到屏幕坐标变换的矩阵。

包含的信息很多，但当前并不需要所有这些信息。创建这种结构旨在存储所有的相机信息，但还有很多派生信息，我们不想定义或计算它们。

接下来需要编写一个接受输入并创建相机的函数。下面是这个函数的原型：

```
void Init_CAM4DV1(CAM4DV1_PTR cam,    // 相机对象
         int cam_attr,      // 相机属性
         POINT4D_PTR cam_pos,  // 相机的初始位置
         VECTOR4D_PTR cam_dir, // 相机的初始角度
         POINT4D_PTR cam_target, // UVN 相机的初始目标位置
         float near_clip_z,   // 近裁剪面和远裁剪面
         float far_clip_z,
         float fov,        // 视野，单位为度
         float viewport_width, // 屏幕/视口的大小
         float viewport_height);
```

可以传递相机的类型、位置、朝向、裁剪面位置、视野、视口的大小，然后该函数将创建一个相机。现在，唯一的问题是，很多参数是相关的，它们会彼此约束。

因此，作者编写该函数时，将确保它创建的视平面的 x 坐标范围为−1 到 1，y 坐标范围为−1/aspect_ratio 到 1/aspect_ratio。必须确定视平面的坐标范围，因为在透视坐标到屏幕坐标变换期间，需要知道如何映射。采用这种约定使得透视坐标到屏幕坐标变换更容易。

在大多数情况下，本书将使用 90 度的视野，这使得视距为 1.0，但作者想在相机设置函数中加入其他功能，让读者能够使用不为 90° 的视野。最后，作者决定在初始化阶段，不应在相机函数中计算相机变换矩阵。相机变换矩阵应在以后通过调用欧拉或 UVN 相机支持（helper）函数来创建。下面介绍 UVN 相机模型。

7.3.4 UVN 相机模型

在很多情况下，欧拉相机模型是可行的，但它有很大的局限性，在指定观察角度时，它并不按您认为的那样工作。UVN 是一种更自然的相机模型，它使用起来容易得多，接下来介绍这种相机模型，并推导相机变换矩阵。图 7.8 是标准的 UVN 系统。

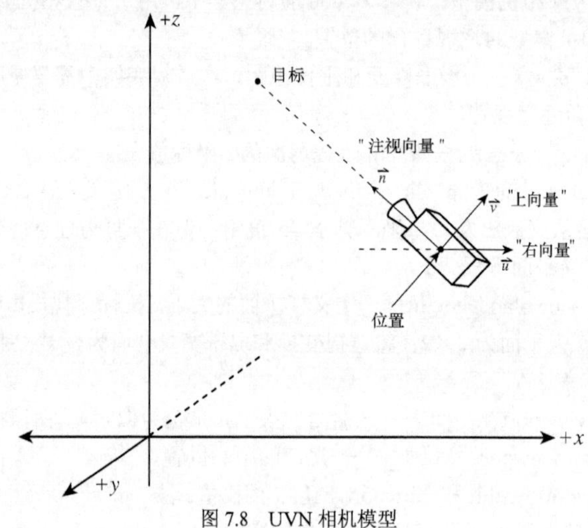

图 7.8 UVN 相机模型

从本质上说，欧拉相机和 UVN 相机之间的唯一差别在于如何定义相机朝向，前者使用角度，而后者使用向量。这些向量定义了相机的朝向（局部坐标轴）：

```
UVN = { X:<ux, uy, uz>, Y:<vx, vy, vz>, Z:<nx, ny, nz>}
```

例如，采用上述表示方法时，标准 XYZ 左手坐标系的坐标轴如下：

```
XYZ = { X:<1, 0, 0>, Y:<0, 1, 0>, Z:<0, 0, 1>}
```

UVN 系统与 XYZ 系统具有相同的性质：所有向量(U、V、N)之间是相互垂直（正交）的，它们的长度为 1 个单位，彼此之间是线性无关的。

另外，UVN 系统还有一个目标（注视点），它指定了相机的观察方向。当然，相机还有空间位置，这被称为观察参考点（view reference point，VRP）。

接下来讨论 UVN 向量及其含义，这里稍微调换了一下顺序。

- **n**——这个向量类似于 UVN 系统的 Z 轴，它从相机位置指向目标位置。换句话说，*n* = <目标位置 − VRP>。当然，*n* 必须是单位向量，因此我们将在某个时候对其进行归一化。
- **v**——这个向量被称为上向量，其初始值为 *y* 轴向量<0，1，0>。然而，这个 *v* 值是暂时性的，只用于计算“右”向量 *u*，然后将重新计算 *v*。
- **u**——这个向量被称为右向量，它是 *v* 和 *n* 的叉积——*u* = *v* × *n*，这是临时的 *v* 值发挥作用的地方。计算向量 *u* 后，将使用公式 *v* = *n* × *u* 重新计算 *v*。

注意：当然，必须在某个时候对所有这些向量进行归一化。

计算出 UVN 系统的 *u*、*v* 和 *n* 向量后，接下来介绍它们的用途。

实际上很简单。UVN 指定了 XYZ 系统的新朝向，所有物体都将被变换到这种空间中，换句话说，它指定了系统的坐标轴。因此，我们需要创建一个执行这种变换的矩阵。也就是说，假设 UVN 相机位于某个位置，并对准某个目标，执行这种变换的矩阵是什么样的呢？首先，暂时不管相机位置，因为它只是一种简单平移而已，复杂的是旋转部分。

1．计算 UVN 矩阵

要将标准 XYZ 系统中的点 **p**(*x*，*y*，*z*)变换为 UVN 系统中的点，只需分别计算 **p**(*x*，*y*，*z*)与 *u*、*v* 和 *n* 的点积即可。换句话说，需要将 *x* 乘以 *u* 轴和标准 XYZ 坐标系的 *x* 轴之间的共线程度（colinear amount），将 *y* 乘以 *v* 轴和 *y* 轴的共线程度，将 *z* 乘以 *n* 轴和 *z* 轴的共线程度。这样点 **p**(*x*，*y*，*z*)便被变换为 UVN 空间中的点。这个 4×4 矩阵如下：

$$\mathbf{M}_{uvn} = \begin{bmatrix} ux & vx & nx & 0 \\ uy & vy & ny & 0 \\ uz & vz & nz & 0 \\ 0 & 0 & 0 & 1 \end{bmatrix}$$

是不是很简单？这个矩阵的列向量为 *u*、*v* 和 *n*。对于点 **p**(*x*，*y*，*z*，1)，使用上述矩阵对其进行变换时，变换结果 **p'**如下：

$$\mathbf{p}' = \mathbf{p} * \mathbf{M}_{uvn}$$

$$= [x\ y\ z\ 1] * \begin{bmatrix} ux & vx & nx & 0 \\ uy & vy & ny & 0 \\ uz & vz & nz & 0 \\ 0 & 0 & 0 & 1 \end{bmatrix}$$

```
= (x*ux + y*uy + z*uz, x*vx + y*vy + z*vz, x*nx + y*ny + z*nz, 1)
```

表示为点积时，结果如下：

$$\mathbf{p}' = (p.u,\ p.v,\ p.n)$$

问题的最后一部分是相机的位置，这很简单。我们知道，任何相机变换都是平移加旋转，即

$$\mathbf{T}_{cam}^{-1} * \mathbf{R}_{cam}^{-1}$$

其中 $\mathbf{R}_{cam}^{-1}$ 是一种或多种旋转变换的组合。

注意：这里的逆矩阵表明，在原来的推导中，我们获得了放置相机所需的矩阵。要变换到相机空间，需要使用这些矩阵的逆矩阵。旋转的情况与此类似。

前面已经推导出了旋转矩阵 $\mathbf{M}_{uvn}$，还需要推导平移矩阵。假设相机位置为 cam_pos=（cam_x，cam_y， cam_z)，则平移矩阵如下：

$$\mathbf{T}_{cam}^{-1} = \begin{bmatrix} 1 & 0 & 0 & 0 \\ 0 & 1 & 0 & 0 \\ 0 & 0 & 1 & 0 \\ -cam\_x & -cam\_y & -cam\_z & 1 \end{bmatrix}$$

因此，UVN 的变换矩阵如下：

$$\mathbf{T}_{uvn} = \mathbf{T}_{cam}^{-1} * \mathbf{M}_{uvn}$$

$$= \begin{bmatrix} ux & vx & nx & 0 \\ uy & vy & ny & 0 \\ uz & vz & nz & 0 \\ 0 & 0 & 0 & 1 \end{bmatrix} * \begin{bmatrix} 1 & 0 & 0 & 0 \\ 0 & 1 & 0 & 0 \\ 0 & 0 & 1 & 0 \\ -cam\_x & -cam\_y & -cam\_z & 1 \end{bmatrix}$$

$$= \begin{bmatrix} ux & vx & nx & 0 \\ uy & vy & ny & 0 \\ uz & vz & nz & 0 \\ -(cam\_pos \bullet u) & -(cam\_pos \bullet v) & -(cam\_pos \bullet n) & 1 \end{bmatrix}$$

其中最后一行中的各项是平移因子（tx、ty 和 tz），它们分别是相机位置与向量 ***u***、***v***、***n*** 的点积求负。

至此对 UVN 相机系统的介绍就结束了。我们简要地复习一下，然后介绍如何计算和描述 UVN 系统。

UVN 系统也使用位置来描述相机，但不同的是它指定了一个目标。另外，表示相机时，UVN 系统不使用绕各个轴旋转的角度，而是使用注视向量 ***n***、上向量 ***v*** 和右向量 ***u***。这些向量通过下述映射关系同标准 *XYZ* 轴相关联：

- U -> X
- V -> Y
- N -> Z

计算向量 ***u***、***v*** 和 ***n*** 的步骤如下：

第 1 步 ***n*** = <目标位置 – 观察参考点>;

第 2 步 假设 ***v*** = <0，1，0>;

第 3 步 ***u*** = ***v*** × ***n***;

第 4 步 ***v*** = ***n*** × ***u***;

第 5 步 （可选）将向量 ***u***、***v*** 和 ***n*** 分别除以其长度，将其归一化（如果之前没有这样做）。

2. UVN 系统的实现

正如读者看到的，UVN 系统很棒，与实际生活中使用相机的方式极其接近：选定相机位置，然后将其对准要拍摄的目标，如图 7.8 所示。存在的唯一问题是，很多时候，并不知道目标的准确坐标，而只知道大概方向。换句话说，在这种情况下，欧拉相机模型更合适，但正如前面指出的，欧拉相机模型并非总能按我们希望的那样做，且存在万向节死锁和其他问题。如果知道注视点，便可以直接计算出向量 ***u***、***v*** 和 ***n***。然而，更自然的基于球面坐标系的相机系统如何呢？在这种系统中，首先需要指定相机的位置，然后指定仰角（elevation）和方位角（heading），如图 7.9 所示。在这种系统中，如何计算 ***u***、***v*** 和 ***n*** 呢？这并没有看起来的那么难。请看图 7.9，其中说明了计算步骤。

首先，假设相机位于原点处（被一个单位球面包围），以简化推导过程。显然，要将相机移到任何地方，只需在平移中使用加法运算即可。在图 7.9 中，方位角 θ 是绕+Y 轴旋转的角度，与+Z 轴重叠时为 0 度。仰角 Φ 是方向向量与地平面（x-z 平面）之间的夹角，如图 7.9 所示。现在，在球面坐标系中进行讨论，点的球面坐标为 $\mathbf{p}(\rho, \Phi, \theta)$。然而，在第 4 章的推导中，作者假定为右手坐标系，并假定了一些有关角度的约定；为避免得到与第 4 章完全相同的公式，对假定做细微的修改，如下所示：

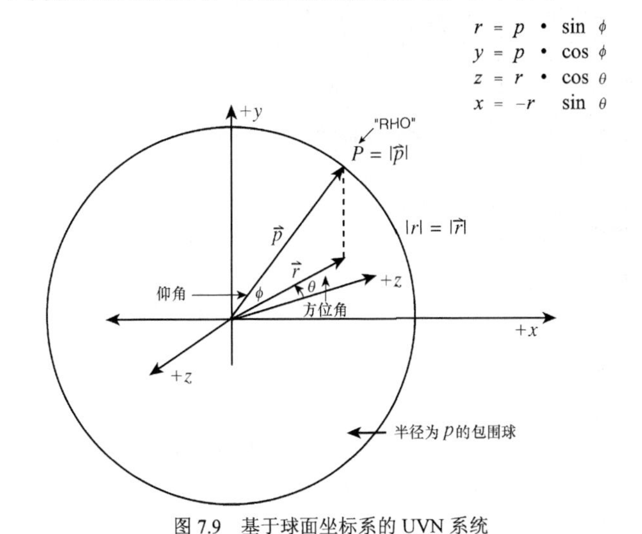

图 7.9　基于球面坐标系的 UVN 系统

假设相机位置的球面坐标 $\mathbf{p}(\rho, \Phi, \theta)$：

P = 目标向量。

ρ = 目标向量的长度，这里为 1.0，因为位于单位球体内。

θ = 方位角。

Φ = 仰角。

r = 目标向量在 x-z 平面上的投影长度。

则：

$r = \rho * \sin(\Phi)$

因此：

$x = -r*\sin(\theta)$

$y = \rho * \cos(\Phi)$

$z = r*\cos(\theta)$

从函数 SPHERICAL3D_To_POINT3D()的结果可知，它是基于右手坐标系来生成 x、y 和 z 的。要将它们映射到现在的系统中，需要执行如下变换：

x = -y

y = z

z = x

这样，计算得到的 $\mathbf{p}(x, y, z)$ 正好是注视目标，这表明使用方位角、仰角和位置可以完整地定义 UVN 相机，因为使用这些值可以计算出其他的值。

至此，对 UVN 系统的介绍就结束了。使用欧拉系统和 UVN 系统，将能够创建出任何类型的相机。稍后将介绍设置这两种相机的代码以及生成相机变换矩阵的函数。

3. 初始化相机

正如前面指出的，相机函数不建立相机变换矩阵（这项工作由辅助函数完成），而是设置与视平面、裁剪面等相关的各项信息，如下所示：

```
void Init_CAM4DV1(CAM4DV1_PTR cam,      // 相机对象
          int cam_attr,        // 相机属性
          POINT4D_PTR cam_pos,  // 相机的初始位置
          VECTOR4D_PTR cam_dir, // 相机的初始角度
          POINT4D_PTR cam_target, // UVN 相机的初始目标位置
          float near_clip_z,    // 近裁剪面和远裁剪面
          float far_clip_z,
          float fov,           // 视野，单位为度
          float viewport_width, // 屏幕/视口大小
          float viewport_height)
{
// 这个函数初始化相机对象 cam
// 执行的错误检查不多
// 这里旨在让读者能够根据需要指定投影方式

// 同时尽可能地减少该函数所需的参数

cam->attr = cam_attr;        // 相机属性

VECTOR4D_COPY(&cam->pos, cam_pos); // 位置
VECTOR4D_COPY(&cam->dir, cam_dir); // 欧拉相机的方向向量或角度

// 对于 UVN 相机
VECTOR4D_INITXYZ(&cam->u, 1,0,0); // 设置为+x 轴方向
VECTOR4D_INITXYZ(&cam->v, 0,1,0); // 设置为+y 轴方向
VECTOR4D_INITXYZ(&cam->n, 0,0,1); // 设置为+z 轴方向

if (cam_target!=NULL)
  VECTOR4D_COPY(&cam->target, cam_target); // UVN 目标位置
else
  VECTOR4D_ZERO(&cam->target);

cam->near_clip_z = near_clip_z;   // 近裁剪面
cam->far_clip_z = far_clip_z;   // 远裁剪面

cam->viewport_width = viewport_width;  // 视口的大小
cam->viewport_height = viewport_height;

cam->viewport_center_x = (viewport_width-1)/2; // 视口的中心
cam->viewport_center_y = (viewport_height-1)/2;

cam->aspect_ratio = (float)viewport_width/(float)viewport_height;

// 将所有的矩阵都设置为单位矩阵
MAT_IDENTITY_4X4(&cam->mcam);
MAT_IDENTITY_4X4(&cam->mper);
MAT_IDENTITY_4X4(&cam->mscr);

// 设置相关变量
cam->fov      = fov;

// 将视平面大小设置为 2×(2/ar)
cam->viewplane_width = 2.0;
cam->viewplane_height = 2.0/cam->aspect_ratio;
// 根据 fov 和视平面大小计算视距
```

```
float tan_fov_div2 = tan(DEG_TO_RAD(fov/2));

cam->view_dist = (0.5)*(cam->viewplane_width)*tan_fov_div2;

// 判断 fov 是否为 90 度
if (fov == 90.0)
  {
   // 建立裁剪面
   POINT3D pt_origin; // 裁剪面上的一个点
   VECTOR3D_INITXYZ(&pt_origin,0,0,0);

   VECTOR3D vn; // 面法线

   // 右裁剪面
   VECTOR3D_INITXYZ(&vn,1,0,-1); // 平面 x=z
   PLANE3D_Init(&cam->rt_clip_plane, &pt_origin, &vn, 1);

   // 左裁剪面
   VECTOR3D_INITXYZ(&vn,-1,0,-1); // 平面-x=z
   PLANE3D_Init(&cam->lt_clip_plane, &pt_origin, &vn, 1);

   // 上裁剪面
   VECTOR3D_INITXYZ(&vn,0,1,-1); // 平面 y=z
   PLANE3D_Init(&cam->tp_clip_plane, &pt_origin, &vn, 1);

   // 下裁剪面
   VECTOR3D_INITXYZ(&vn,0,-1,-1); // 平面-y=z
   PLANE3D_Init(&cam->bt_clip_plane, &pt_origin, &vn, 1);
  }// end if d=1
else
  {
   // 计算 fov 不为 90 度时的裁剪面
   POINT3D pt_origin; // 平面上的一个点
   VECTOR3D_INITXYZ(&pt_origin,0,0,0);

   VECTOR3D vn; // 面法线

   // 由于 fov 不为 90 度，因此计算起来要复杂些
   // 解决这种问题的几何学方法很多，这里采用的方法是，
   // 首先计算表示裁剪面在平面 x-z 和 y-z 上的 2D 投影的向量
   // 然后计算与这两个向量垂直的向量，它就是裁剪面的法线
   // 右裁剪面，请在草稿纸上验证这种方法
   VECTOR3D_INITXYZ(&vn,cam->view_dist,0,-cam->viewplane_width/2.0);
   PLANE3D_Init(&cam->rt_clip_plane, &pt_origin, &vn, 1);

   // 左裁剪面，可以绕 Z 轴反射右裁剪面的法线，来得到左裁剪面的法线
   // 因为这两个裁剪面是关于 Z 轴对称的，因此只需对 x 求负
   VECTOR3D_INITXYZ(&vn,-cam->view_dist,0,-cam->viewplane_width/2.0);
   PLANE3D_Init(&cam->lt_clip_plane, &pt_origin, &vn, 1);

   // 上裁剪面
   VECTOR3D_INITXYZ(&vn,0,cam->view_dist,-cam->viewplane_width/2.0);
   PLANE3D_Init(&cam->tp_clip_plane, &pt_origin, &vn, 1);

   // 下裁剪面
   VECTOR3D_INITXYZ(&vn,0,-cam->view_dist,-cam->viewplane_width/2.0);
   PLANE3D_Init(&cam->bt_clip_plane, &pt_origin, &vn, 1);
  } // end else

} // end Init_CAM4DV1
```

请花些时间研究该函数。它一点也不复杂，但说明了相机和投影问题以及如何避开约束条件。

这个函数首先根据参数值设置相应的相机信息，然后根据视野和视口大小，将 x 作为主轴（其视野必须为指定的值）来计算其他信息。该函数现在并不关心使用的是哪种相机模型，它只是记录相机参数，并设置几个字段，创建相机矩阵 mcam 的工作是由辅助函数完成的。下面来看一些简单的例子。

范例 1：相机模型为欧拉相机，使用归一化相机坐标，视野为 90 度，视距为 1.0，屏幕大小为 400×400。该函数计算视平面大小，这里为 2×2。图 7.10 说明了这个相机模型。

```
// 初始化相机
Init_CAM4DV1(&cam,    // 相机对象
        CAM_MODEL_EULER, // 相机模型
        &cam_pos, // 相机的初始位置
        &cam_dir, // 相机的初始角度
        NULL,    // 不用于欧拉相机，因此设置为 NULL
        50.0,    // 远近裁剪面
        500.0,
        90.0,    // 视野，单位为度
        400,  // 屏幕/视口大小
        400);
```

范例 2：相机模型为 UVN 相机，视野为 90 度，屏幕大小为 640×480，进行简化的屏幕投影。该函数计算视距。图 7.11 说明了这个相机模型。

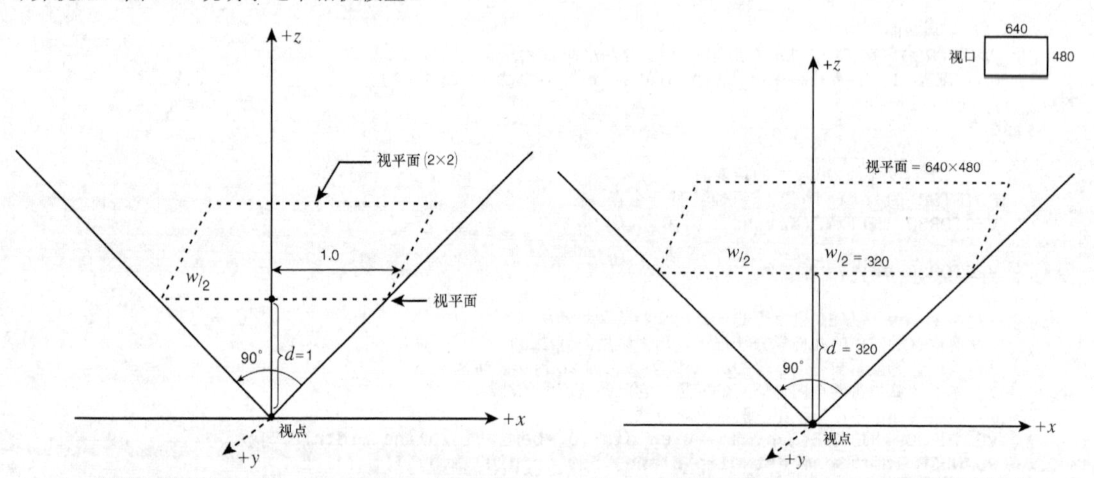

图 7.10 使用归一化坐标，视野为 90 度，视距为 1.0 的相机设置

图 7.11 视野为 90 度，视平面大小与视口相同的相机设置

```
// 初始化相机
Init_CAM4DV1(&cam,    // 相机对象
        CAM_MODEL_UVN, // 相机模型
        &cam_pos, // 相机的初始位置
        &cam_dir, // 相机的初始角度
        &cam_target, // 初始目标位置
        50.0,    // 远近裁剪面
        500.0,
        90.0,    // 视野，单位为度
        640,  // 屏幕/视口大小
        480);
```

在这两个例子中，函数都计算了视平面、视距和宽高比。一般而言，范例 1 和 2 的相机设置足以满足我们的需要。我们总是将视野设置为 90 度（或 60 度），并采用归一化投影：视平面为 2×2（视口不是方形

时，为 2×2/aspect_ratio）。

有关相机的工作几乎全部完成，余下的工作是指定相机位置和计算相机变换矩阵。下面的函数根据相机对象的位置和欧拉角度，计算各种矩阵及其他元素：

```
void Build_CAM4DV1_Matrix_Euler(CAM4DV1_PTR cam, int cam_rot_seq)
{
// 这个函数根据欧拉角度计算相机变换矩阵
// 并将其存储到传入的相机对象中
// 第 6 章介绍过，要创建相机变换矩阵，需要这样做：

// Mcam = mt(-1) * my(-1) * mx(-1) * mz(-1)
// 即相机平移矩阵的逆矩阵乘以相机绕 y、x、z 轴的旋转矩阵的逆矩阵
// 采用什么样的旋转顺序完全取决于用户，因此这里没有强制采用某种顺序
// 而是根据参数 cam_rot_seq 的值来决定采用哪种顺序
// 该参数的取值为 CAM_ROT_SEQ_XYZ，其中 XYZ 可以按任何顺序排列，即 YXZ、ZXY 等

MATRIX4X4 mt_inv, // 相机平移矩阵的逆矩阵
      mx_inv, // 相机绕 x 轴的旋转矩阵的逆矩阵
      my_inv, // 相机绕 y 轴的旋转矩阵的逆矩阵
      mz_inv, // 相机绕 z 轴的旋转矩阵的逆矩阵
      mrot,  // 所有逆旋转矩阵的积
      mtmp;  // 用于存储临时矩阵

// 第 1 步：根据相机位置计算相机平移矩阵的逆矩阵
Mat_Init_4X4(&mt_inv, 1, 0,   0,   0,
             0, 1,   0,   0,
             0, 0,   1,   0,
             -cam->pos.x, -cam->pos.y, -cam->pos.z, 1);

// 第 2 步：创建旋转矩阵的逆矩阵
// 要计算正规旋转矩阵的逆矩阵，可以将其转置，
// 也可以将每个旋转角度取负

// 首先计算 3 个旋转矩阵的逆矩阵

// 提取欧拉角度
float theta_x = cam->dir.x;
float theta_y = cam->dir.y;
float theta_z = cam->dir.z;

// 计算角度 x 的正弦和余弦
float cos_theta = Fast_Cos(theta_x); // cos(-x) = cos(x)，因此余弦值不变
float sin_theta = -Fast_Sin(theta_x); // sin(-x) = -sin(x)

// 建立矩阵
Mat_Init_4X4(&mx_inv, 1, 0,      0,      0,
             0,  cos_theta, sin_theta, 0,
             0,  -sin_theta, cos_theta, 0,
             0,  0,      0,      1);

// 计算角度 y 的正弦和余弦
cos_theta = Fast_Cos(theta_y); // cos(-x) = cos(x)，因此余弦值不变
sin_theta = -Fast_Sin(theta_y); // sin(-x) = -sin(x)
// 建立矩阵
Mat_Init_4X4(&my_inv,cos_theta, 0, -sin_theta, 0,
             0,      1, 0,           0,
             sin_ theta, 0, cos_theta, 0,
             0,      0, 0,           1);

// 计算角度 z 的正弦和余弦
```

```
cos_theta = Fast_Cos(theta_z); // cos(-x) = cos(x)，因此余弦值不变
sin_theta = -Fast_Sin(theta_z); // sin(-x) = -sin(x)

// 建立矩阵
Mat_Init_4X4(&mz_inv, cos_theta, sin_theta, 0, 0,
          -sin_theta, cos_theta, 0, 0,
          0,      0,          1, 0,
          0,      0,          0, 1);

// 现在计算逆旋转矩阵的乘积
switch(cam_rot_seq)
    {
    case CAM_ROT_SEQ_XYZ:
    {
    Mat_Mul_4X4(&mx_inv, &my_inv, &mtmp);
    Mat_Mul_4X4(&mtmp, &mz_inv, &mrot);
    } break;

    case CAM_ROT_SEQ_YXZ:
    {
    Mat_Mul_4X4(&my_inv, &mx_inv, &mtmp);
    Mat_Mul_4X4(&mtmp, &mz_inv, &mrot);
    } break;

    case CAM_ROT_SEQ_XZY:
    {
    Mat_Mul_4X4(&mx_inv, &mz_inv, &mtmp);
    Mat_Mul_4X4(&mtmp, &my_inv, &mrot);
    } break;

    case CAM_ROT_SEQ_YZX:
    {
    Mat_Mul_4X4(&my_inv, &mz_inv, &mtmp);
    Mat_Mul_4X4(&mtmp, &mx_inv, &mrot);
    } break;

    case CAM_ROT_SEQ_ZYX:
    {
    Mat_Mul_4X4(&mz_inv, &my_inv, &mtmp);
    Mat_Mul_4X4(&mtmp, &mx_inv, &mrot);
    } break;

    case CAM_ROT_SEQ_ZXY:
    {
    Mat_Mul_4X4(&mz_inv, &mx_inv, &mtmp);
    Mat_Mul_4X4(&mtmp, &my_inv, &mrot);

    } break;

    default: break;
    } // end switch

// 现在，mrot 逆旋转矩阵的乘积
// 接下来将其乘以逆平移矩阵，并将结果存储到相机对象的相机变换矩阵中
Mat_Mul_4X4(&mt_inv, &mrot, &cam->mcam);

} // end Build_CAM4DV1_Matrix_Euler
```

这个函数接收两个参数：相机对象和指定欧拉角度旋转顺序的标记。欧拉角度和相机位置存储在相机对象中，因此只需要调用该函数之前，在相机对象中设置它们。旋转顺序的可能取值如下：

```
// 定义相机旋转顺序对应的值
#define CAM_ROT_SEQ_XYZ 0
#define CAM_ROT_SEQ_YXZ 1
#define CAM_ROT_SEQ_XZY 2
#define CAM_ROT_SEQ_YZX 3
#define CAM_ROT_SEQ_ZYX 4
#define CAM_ROT_SEQ_ZXY 5
```

假设已经创建了一个名为 cam 的相机对象，并调用 Init_CAM4DV1()对其进行了初始化。要命令相机对象按旋转顺序 ZYX 来创建矩阵，可以这样做：

```
// 设置相机位置
cam.pos.x = 100;
cam.pos.y = 200;
cam.pos.z = 300;
// 设置观察角度（单位为度）
cam.dir.x = -45;
cam.dir.y = 0;
cam.dir.z = 0;

// 生成相机变换矩阵
Build_CAM4DV1_Matrix_Euler(&cam, CAM_ROT_SEQ_ZYX);
```

然后，便可以使用矩阵 cam.mcam 来执行世界坐标到相机坐标变换。图 7.12 显示了采用上述设置的虚拟相机的位置和朝向。然而，矩阵 cam.mper 和 cam.mscr 还未定义。

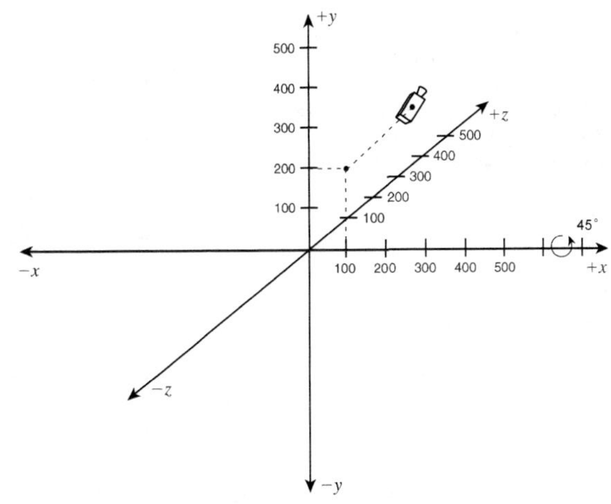

图 7.12　调用相机设置函数的结果

UVN 模型的相机函数如下：

```
void Build_CAM4DV1_Matrix_UVN(CAM4DV1_PTR cam, int mode)
{
// 这个函数根据注视向量 n、上向量 v 和右向量 u 创建一个相机变换矩阵
// 并将其存储到传入的相机对象中，这些值都是从相机对象中提取的
// 参数 mode 指定如何计算 uvn
// UVN_MODE_SIMPLE：低级简单模型，使用目标位置和观察参考点；
// UVN_MODE_SPHERICAL：球面坐标模式，分量 x 和 y 被用作观察向量的方位角和仰角，
// 观察参考点为相机位置。
MATRIX4X4 mt_inv, // 逆相机平移矩阵
      mt_uvn, // UVN 相机变换矩阵
```

```
     mtmp;   // 用于存储临时矩阵

//第 1 步：根据相机位置创建逆平移矩阵
Mat_Init_4X4(&mt_inv, 1,  0,    0,    0,
             0,   1,  0,    0,
             0,   0,  1,    0,
             -cam->pos.x, -cam->pos.y, -cam->pos.z, 1);


// 第 2 步：确定如何计算目标点
if (mode == UVN_MODE_SPHERICAL)
   {
   // 使用球面坐标模式
   // 需要重新计算目标点

   // 提取方位角和仰角
   float phi  = cam->dir.x; // 仰角
   float theta = cam->dir.y; // 方位角

   // 计算三角函数
   float sin_phi = Fast_Sin(phi);
   float cos_phi = Fast_Cos(phi);

   float sin_theta = Fast_Sin(theta);
   float cos_theta = Fast_Cos(theta);

   // 计算目标点在单位球面上的位置（x、y 和 z）
   cam->target.x = -1*sin_phi*sin_theta;
   cam->target.y = 1*cos_phi;
   cam->target.z = 1*sin_phi*cos_theta;
   } // end else
// 至此，有了为重新计算 U、V 和 N 所需的全部参数：观察参考点和目标点
// 第 1 步：n = <目标位置 – 观察参考点>
VECTOR4D_Build(&cam->pos, &cam->target, &cam->n);

// 第 2 步：将 v 设置为<0,1,0>
VECTOR4D_INITXYZ(&cam->v,0,1,0);

// 第 3 步：u = (v x n)
VECTOR4D_Cross(&cam->v,&cam->n,&cam->u);

// 第 4 步：v = (n x u)
VECTOR4D_Cross(&cam->n,&cam->u,&cam->v);

// 第 5 步：对所有向量都进行归一化
VECTOR4D_Normalize(&cam->u);
VECTOR4D_Normalize(&cam->v);
VECTOR4D_Normalize(&cam->n);


// 将 u、v、n 代入，得到 UVN 旋转矩阵
Mat_Init_4X4(&mt_uvn, cam->u.x,  cam->v.x,   cam->n.x,   0,
             cam->u.y, cam->v.y, cam->n.y,   0,
             cam->u.z, cam->v.z, cam->n.z,   0,
             0,        0,        0,     1);

// 将平移矩阵乘以 uvn 矩阵，并将结果存储到相机变换矩阵 mcam 中
Mat_Mul_4X4(&mt_inv, &mt_uvn, &cam->mcam);

} // end Build_CAM4DV1_Matrix_UVN
```

现在可以回到前面暂停的 3D 流水线了。

7.3.5　世界坐标到相机坐标变换

建立相机模型并对其进行设置后，便可以执行世界坐标到相机坐标变换，但在此之前先来简要回顾一下相机创建函数为何管用。UVN 模型和欧拉模型根据相机的位置和朝向信息创建一个矩阵，这包括两步：平移和旋转。

图 7.13 说明了世界坐标到相机坐标变换的这两个步骤。在该图中，通过一台虚拟相机来观察 3D 世界，这台相机位于某个位置，具有某种朝向以及特定的水平视野和垂直视野。我们关心的是，如果世界和相机都是真的，通过相机镜头将看到什么样的风景。为此，需要创建一个变换矩阵，用于对世界中的所有物体进行变换，使得相机就像位于原点(0，0，0)，并朝向+Z 轴方向。这样，可以简化流水线后面的透视投影的数学计算。

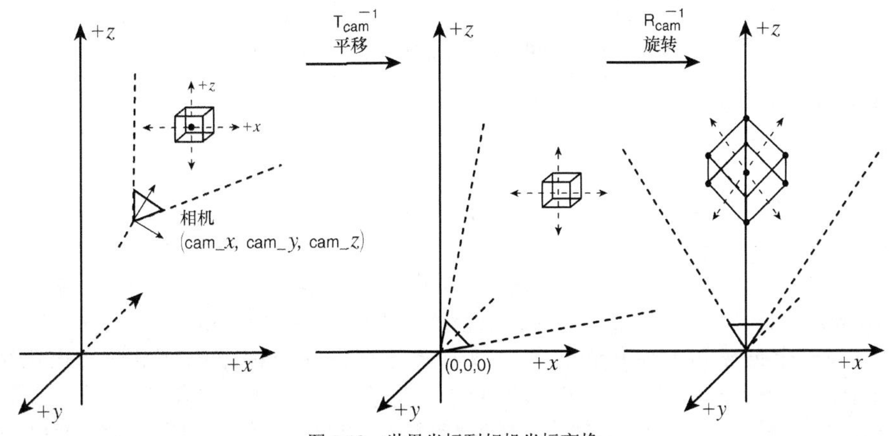

图 7.13　世界坐标到相机坐标变换

前面介绍过，可以这样来完成这项工作：假设相机位置的世界坐标为 cam_pos(cam_x，cam_y，cam_z)，这个位置是由矩阵 $\mathbf{T}_{cam}$ 定义的，则第一步是使用该矩阵的逆矩阵（-cam_pos=(-cam_x，-cam_y，-cam_z)），即 $\mathbf{T}_{cam}^{-1}$ 对世界中的所有物体、顶点和多边形等进行平移。该矩阵如下：

$$\mathbf{T}_{cam}^{-1} = \begin{bmatrix} 1 & 0 & 0 & 0 \\ 0 & 1 & 0 & 0 \\ 0 & 0 & 1 & 0 \\ -cam\_x & -cam\_y & -cam\_z & 1 \end{bmatrix}$$

使用这个矩阵对每个顶点进行变换后，所有几何体都将被平移到相机位于原点时的相对位置。相机变换的下一步是旋转，这一步要复杂些，表示相机朝向的 4×4 矩阵随相机模型而异。在欧拉相机模型中，使用 3 个角度来表示相机的朝向：cam_ang = (ang_x，ang_y，ang_z)，如图 7.14 所示。各个角度分别表示绕各个正轴顺时针或逆时针（右手坐标系）旋转的程度，这些变换分别被称为 $\mathbf{R}_{camy}$、$\mathbf{R}_{camx}$ 和 $\mathbf{R}_{camz}$。应用这些变换的顺序（XYZ、YZX 等）至关重要，在大多数情况下，我们将使用顺序 YXZ 和 ZYX。

因此，要执行相机变换的旋转步骤，需要按如下顺序应用这些旋转变换的逆变换：

$$\mathbf{R}_{camy}^{-1} * \mathbf{R}_{camx}^{-1} * \mathbf{R}_{camz}^{-1}$$

或

$$\mathbf{R}_{camz}^{-1} * \mathbf{R}_{camy}^{-1} * \mathbf{R}_{camx}^{-1}$$

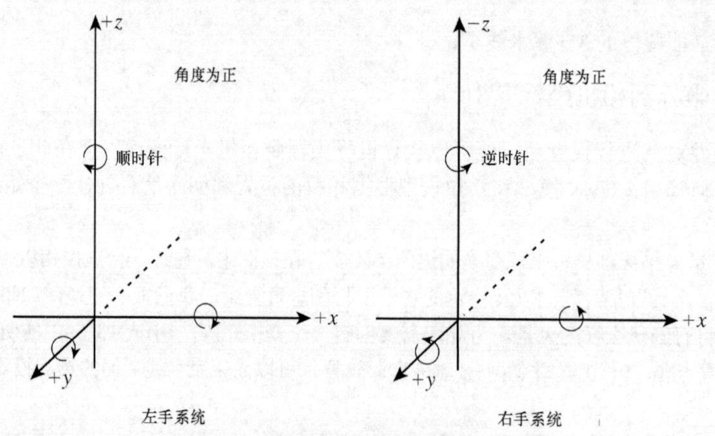

图 7.14　相机旋转角度和坐标系之间的关系

将平移和旋转组合起来，相机变换 $\mathbf{T}_{wc}$ 如下：

$$\mathbf{T}_{wc} = \mathbf{T}_{cam}^{-1} * \mathbf{R}_{camy}^{-1} * \mathbf{R}_{camx}^{-1} * \mathbf{R}_{camz}^{-1}$$

或：

$$\mathbf{T}_{wc} = \mathbf{T}_{cam}^{-1} * \mathbf{R}_{camz}^{-1} * \mathbf{R}_{camy}^{-1} * \mathbf{R}_{camx}^{-1}$$

无论采用哪种方式，都需要先执行一次平移，然后执行 3 次旋转。当然，可以将这些操作合并成一个名为 $\mathbf{T}_{wc}$ 的矩阵，如前面所示。为执行世界坐标到相机坐标变换，只需要使用矩阵 $\mathbf{T}_{wc}$ 对每个顶点进行变换即可。我们有一个创建和初始化相机的函数以及计算世界坐标到相机坐标变换矩阵的函数 Build_CAM4DV1_Matrix_Euler()。函数 Build_CAM4DV1_Matrix_UVN()的功能与此相同，但使用的方法不同，即它使用上向量、右向量和目标向量，而不是角度，但这两个函数都计算需要将其应用于每个顶点的变换矩阵。

因此，我们需要的只是一个将变换应用于物体和/或渲染列表的函数。我们已经有两个通用变换函数：void Transform_OBJECT4DV1()和 void Transform_RENDERLIST4DV1()，它们可接受任何矩阵作为参数，并对物体或渲染列表进行变换。可以使用这两个函数来完成这项任务，但作者喜欢编写专用函数（有时候为流水线中的每个步骤编写专用函数）而不是使用通用函数，以便能够充分进行优化。下面介绍这两种方法。

1. 物体的世界坐标到相机坐标变换

正如前面指出的，通过调用函数 Transform_OBJECT4DV1()，可以使用任何 4×4 矩阵对 OBJECT4DV1 进行变换，我们首先介绍这种方法。假设有一个名为 obj 的物体和一个名为 cam 的相机对象，且所有的初始化工作都已完成，则可以这样做：

```
// 生成欧拉相机变换矩阵
Build_CAM4DV1_Matrix_Euler(&cam, CAM_ROT_SEQ_ZYX);

// 应用变换矩阵：对世界坐标进行变换
Transform_OBJECT4DV1(&obj, &cam.mcam, TRANSFORM_TRANS_ONLY, 1 );
```

这样，物体将位于相机空间中，可以对其进行透视投影和屏幕映射。另一方面，也可以编写一个专用函数，而不使用函数 Transform_OBJECT4DV1()，其代码如下：

```
void World_To_Camera_OBJECT4DV1(CAM4DV1_PTR cam, OBJECT4DV1_PTR obj)
```

```
{
// 这是一个基于矩阵的函数
// 它根据传入的相机变换矩阵，将物体的世界坐标变换为相机坐标
// 它完全不考虑多边形本身，只是对 vlist_trans[]中的顶点进行变换
// 这是变换方法之一，您可能选择对渲染列表进行变换
// 因为渲染列表中的多边形表示的几何体都通过了背面剔除

// 将物体的每个顶点变换为相机坐标
// 这里假设顶点已经被变换为世界坐标
// 且结果存储在 vlist_trans[]中
for (int vertex = 0; vertex < obj->num_vertices; vertex++)
   {
   // 使用相机对象中的矩阵 mcam 对顶点进行变换
   POINT4D presult; // 用于存储每次变换的结果

   // 对顶点进行变换
   Mat_Mul_VECTOR4D_4X4(&obj->vlist_trans[vertex],&cam->mcam, presult);

   // 将结果存回去
   VECTOR4D_COPY(&obj->vlist_trans[vertex], &presult);
   } // end for vertex

} // end World_To_Camera_OBJECT4DV1
```

这个函数的速度更快，也更紧凑。它接受一个物体和一台相机作为参数。设置好物体和相机后，可以按如下方式来调用该函数：

```
World_To_Camera_OBJECT4DV1(&cam, &obj);
```

注意：在实际的 3D 软件引擎中，作者可能使用硬编码来执行矩阵和向量运算，一般而言，在整个引擎中都这样做可将速度提高 5% ~ 10%。如果需要提高速度，这种方法很不错；否则，没必要使用这种方法而导致代码混乱。在设计阶段，最好设计清晰的算法，而不要对代码进行优化。

2. 渲染列表的世界坐标到相机坐标变换

对于渲染列表，执行世界坐标到相机坐标变换的方式与物体相同。可以使用通用的变换函数，也可以编写专用函数来对渲染列表进行变换。同样，这里也将介绍这两种方法，首先介绍使用通用函数的方法：

```
// 生成相机变换矩阵
Build_CAM4DV1_Matrix_Euler(&cam, CAM_ROT_SEQ_ZYX);

// 应用变换：对世界坐标进行变换
Transform_RENDERLIST4DV1(&rend_list, &cam.mcam, TRANSFORM_TRANS_ONLY);
```

函数 Transform_RENDERLIST4DV1()没有参数 transform_basis，这是因为多边形列表表示很多物体，同时从物体中提取多边形并将其插入多边形列表中后，这些物体的朝向便无关紧要。下面是执行渲染列表变换的专用函数。唯一复杂的地方是，需要遍历列表中的每个多边形；而在对 OBJECT4DV1 进行变换的专用函数中，只需要对一个顶点列表进行变换。

```
void World_To_Camera_RENDERLIST4DV1(RENDERLIST4DV1_PTR rend_list,
                 CAM4DV1_PTR cam)
{
// 这个函数是基于矩阵的
// 它根据传入的相机变换矩阵将渲染列表中每个多边形变换为相机坐标
// 如果在流水线的上游已经将每个物体转换为多边形
// 并将它们插入到渲染列表中
// 将使用这个函数，而不是基于物体的函数对顶点进行变换
```

```
// 将物体转换为多边形的操作是在物体剔除、局部变换、局部坐标到世界坐标变换
// 以及背面消除之后进行的
// 这样最大限度地减少了每个物体中被插入到渲染列表中的多变形数目
// 这个函数假设至少已经进行了局部坐标到世界坐标变换
// 且多边形数据存储在 POLYF4DV1 的变换后的列表 tvlist 中

// 将渲染列表中的每个多边形变换为相机坐标
// 假设每个多边形都已变换为世界坐标，且结果存储在 tvlist[]中

for (int poly = 0; poly < rend_list->num_polys; poly++)
{
// 获取下一个多边形
POLYF4DV1_PTR curr_poly = rend_list->poly_ptrs[poly];

// 这个多边形是否有效？
// 当且仅当多边形处于活动状态、可见时才对它进行变换
// 但对于线框引擎，背面的概念无关紧要
if ((curr_poly==NULL) || !(curr_poly->state & POLY4DV1_STATE_ACTIVE) ||
   (curr_poly->state & POLY4DV1_STATE_CLIPPED ) ||
   (curr_poly->state & POLY4DV1_STATE_BACKFACE) )
    continue; // 进入下一个多边形
// 满足条件，对其进行变换
for (int vertex = 0; vertex < 3; vertex++)
   {
   // 使用相机对象中的矩阵 mcam 对顶点进行变换
   POINT4D presult; // 用于存储每次变换的结果

   // 对顶点进行变换
   Mat_Mul_VECTOR4D_4X4(&curr_poly->tvlist[vertex],&cam->mcam,&presult);

   // 将结果存回去
   VECTOR4D_COPY(&curr_poly->tvlist[vertex], &presult);
   } // end for vertex

} // end for poly

} // end World_To_Camera_RENDERLIST4DV1
```

要对渲染列表 rend_list 进行变换，可以这样调用上述函数（这里假设 cam 已被定义和初始化）：

```
World_To_Camera_RENDERLIST4DV1(&cam, &rend_list);
```

至此，流水线中的步骤已完成了一半左右。

现在，需要完成透视投影变换和屏幕变换。然而，这里需要指出的是，我们还未讨论过裁剪，这可是一个大主题。然而，前一章指出过，裁剪可以在 3D 物体空间中进行，也可以在 2D 光栅图像空间中进行。

然而，绝对不能等到光栅化阶段才进行裁剪，因为无法对 z 值为负（更糟的是为 0.0，将导致除以 0.0 的错误）的多边形顶点进行投影。这一点必须牢记。必须采用某种方式对裁剪进行处理，但在此之前先来讨论一下将整个物体从流水线中删除的问题。

7.3.6 物体剔除

物体剔除（culling）指的是将物体删除，以免在整个流水线中对其进行处理，如图 7.15 所示。物体剔除可以在世界空间中进行，也可以在相机空间中进行，作者喜欢采用后一种方式。但读者可能会问，如果到相机空间才去剔除物体，对于那些在相机空间不可见的物体，之前将其从世界坐标变换为相机坐标不是浪费 CPU 周期吗？答案是，不一定。

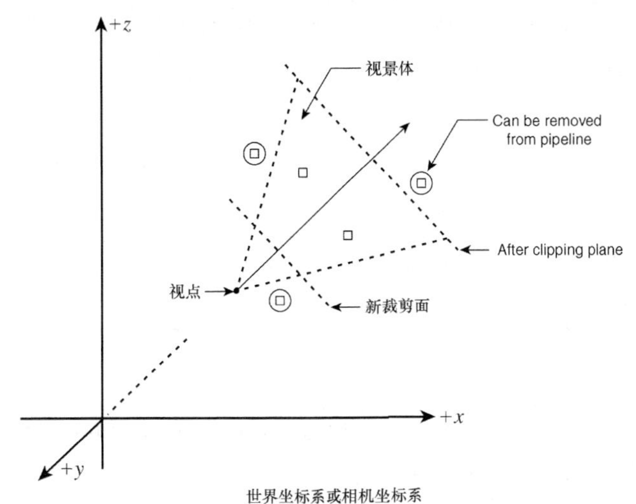

图 7.15 将物体从 3D 流水线中删除

如果使用物体的中心和最大半径来创建包围球，为执行物体剔除测试，可以将表示物体中心的单个点从世界坐标变换为相机坐标，然后判断包围球是否在视景体内。前一章对此做了详细介绍，最后的数学公式只是使用左、右、上、下、远、近裁剪面对几个点进行测试。无论如何，这是 3D 引擎流水线中最重要的步骤，因为在大多数情况下，只有几个物体位于场景中，其他物体要么在视野范围外，要么在观察者后面，因此没有理由对它们进行处理。所以，引擎流水线中绝对不能没有这样的功能。

要实现物体剔除，需要编写一个函数，它接受物体的世界空间位置和平均/最大半径作为参数，并根据当前的相机变换来剔除物体。这种方法只适用于物体，因为将物体变换为多边形并将其插入到主渲染列表中后，将不再有物体的概念。物体消除函数如下：

```
int Cull_OBJECT4DV1(OBJECT4DV1_PTR obj, // 要对其执行剔除操作的物体
          CAM4DV1_PTR cam,  // 剔除时使用的相机
          int cull_flags)   // 要考虑的裁剪面
{
// 这个函数是基于矩阵的
// 它根据传入的相机信息判断物体是否在视景体内
// 参数 cull_flags 指定在哪些轴上执行剔除
// 其取值为各种剔除标记的 OR
// 如果物体被剔除，将相应地设置其状态
// 这个函数假设相机和物体都是有效的

// 第 1 步：将物体的包围球球心变换为相机坐标

POINT4D sphere_pos; // 用于存储包围球球心变换后的坐标

// 对点进行变换
Mat_Mul_VECTOR4D_4X4(&obj->world_pos, &cam->mcam, &sphere_pos);

// 第 2 步：根据剔除标记对物体执行剔除操作
if (cull_flags & CULL_OBJECT_Z_PLANE)
{
// 只根据远近裁剪面来剔除物体

// 使用远近裁剪面进行测试
```

```
if ( ((sphere_pos.z - obj->max_radius) > cam->far_clip_z) ||
  ((sphere_pos.z + obj->max_radius) < cam->near_clip_z) )
  {
  SET_BIT(obj->state, OBJECT4DV1_STATE_CULLED);
  return(1);
  } // end if

} // end if

if (cull_flags & CULL_OBJECT_X_PLANE)
{
// 只根据左右裁剪面进行物体剔除
// 本可以使用平面方程，但使用三角形相似更容易
// 因为这是一种 2D 问题
// 如果视野为 90 度，问题将更简单
// 这里假设视野不为 90 度

// 使用右裁剪面和左裁剪面检测包围球上最左边和最右边的点
float z_test = (0.5)*cam->viewplane_width*sphere_pos.z/cam->view_dist;

if ( ((sphere_pos.x-obj->max_radius) > z_test) || // 右边
   ((sphere_pos.x+obj->max_radius) < -z_test) ) // 左边
  {
  SET_BIT(obj->state, OBJECT4DV1_STATE_CULLED);
  return(1);
  } // end if
} // end if

if (cull_flags & CULL_OBJECT_Y_PLANE)
{
// 只根据上下裁剪面对物体进行剔除
// 本可以使用平面方程，但使用三角形相似更容易
// 因为这是一种 2D 问题
// 如果视野为 90 度，问题将更简单
// 这里假设视野不为 90 度

// 使用上裁剪面和下裁剪面检测包围球上最下边和最上边的点
float z_test = (0.5)*cam->viewplane_height*sphere_pos.z/cam->view_dist;

if ( ((sphere_pos.y-obj->max_radius) > z_test) || // top side
  ((sphere_pos.y+obj->max_radius) < -z_test) ) // bottom side
  {
  SET_BIT(obj->state, OBJECT4DV1_STATE_CULLED);
  return(1);
  } // end if

} // end if

// return failure to cull
return(0);

} // end Cull_OBJECT4DV1
```

该函数很简单，它以数学方式实现了前一章得出的有关物体剔除的结论，这里不再重复。该函数接受要进行剔除测试的物体、当前相机（调用该函数之前，必须初始化矩阵 mcam）和一个标记（cull_flags，它指定要进行哪些测试）作为参数。

参数 cull_flags 指定要在哪些轴上进行剔除测试。例如，只在 z 轴上（根据近裁剪面和远裁剪面）进行剔除测试，物体的 x 坐标和 y 坐标仍可能使其不可见，但这样至少可以确保不会对位于观察者后面的物体

进行投影。一般而言，应根据 3D 视景体的所有 6 个裁剪面对物体进行剔除，因为这种测试的开销非常低。剔除测试标记如下：

```
// 剔除标记
#define CULL_OBJECT_X_PLANE    0x0001 // 根据左右裁剪面进行剔除
#define CULL_OBJECT_Y_PLANE    0x0002 // 根据上下裁剪面进行剔除
#define CULL_OBJECT_Z_PLANE    0x0004 // 根据远近裁剪面进行剔除
#define CULL_OBJECT_XYZ_PLANES  (CULL_OBJECT_X_PLANE | CULL_OBJECT_Y_PLANE
                        | CULL_OBJECT_Z_PLANE)
```

要进行多种测试，只需使用 OR 运算将相应的标记组合起来即可。例如，要根据整个视景体来剔除物体，可以这样调用上述函数：

```
if (Cull_OBJECT4DV1(&obj, &cam,
           CULL_OBJECT_X_PLANE |
           CULL_OBJECT_Y_PLANE |
           CULL_OBJECT_Z_PLANE))
{ /* 物体被剔除 */ }
```

执行剔除后，该函数将修改物体的状态标记，对于被剔除的物体，设置相应的位以指出这一点。为简化这项工作，作者定义了一些用于表示 OBJECT4DV1 状态的常量：

```
// 物体的状态
#define OBJECT4DV1_STATE_ACTIVE      0x0001
#define OBJECT4DV1_STATE_VISIBLE     0x0002
#define OBJECT4DV1_STATE_CULLED      0x0004
```

后面将使用这些状态常量，而现在通过在渲染函数和变换函数中设置和检测 OBJECT4DV1_STATE_CULLED，可以不考虑被剔除的物体。另外，物体在某一帧中可能被剔除，而在另一帧中没有被剔除，因此，在每个游戏帧中都必须重置物体的标记，以清除所有的临时标记（如剔除标记）。下面是一个完成这项工作的简单函数：

```
void Reset_OBJECT4DV1(OBJECT4DV1_PTR obj)
{
// 这个函数重置传入的物体的状态，为变换做准备
// 通常是重置被剔除、被裁剪掉和背面等标记，也可以在这里做其他准备工作
// 物体是有效的，接下来重置其各个多边形的状态标记
// 重置物体的被剔除标记
RESET_BIT(obj->state, OBJECT4DV1_STATE_CULLED);

// 重置多边形的被裁剪掉和背面标记
for (int poly = 0; poly < obj->num_polys; poly++)
  {
  // 获得下一个多边形
  POLY4DV1_PTR curr_poly = &obj->plist[poly];

  // 首先判断多边形是否可见？
  if (!(curr_poly->state & POLY4DV1_STATE_ACTIVE))
    continue; // 进入下一个多边形

  // 重置被裁剪掉和背面标记
  RESET_BIT(curr_poly->state, POLY4DV1_STATE_CLIPPED);
  RESET_BIT(curr_poly->state, POLY4DV1_STATE_BACKFACE);

  } // end for poly

} // end Reset_OBJECT4DV1
```

调用上述函数将重置物体的剔除标记以及组成该物体的每个多边形的背面标记。接下来讨论背面消除。

7.3.7 背面消除

背面消除指的是删除背向视点的多边形，如图 7.16 所示。前一章讨论了有关这方面的数学知识，这里不打算详细介绍。简单地说，将对物体或渲染列表的每个多边形进行测试。将计算一个从多边形到视点的方向向量和多边形外向法线以及它们之间的夹角。如果夹角大于 90 度（即 n.1<=0），表明多边形为背面，是不可见的。

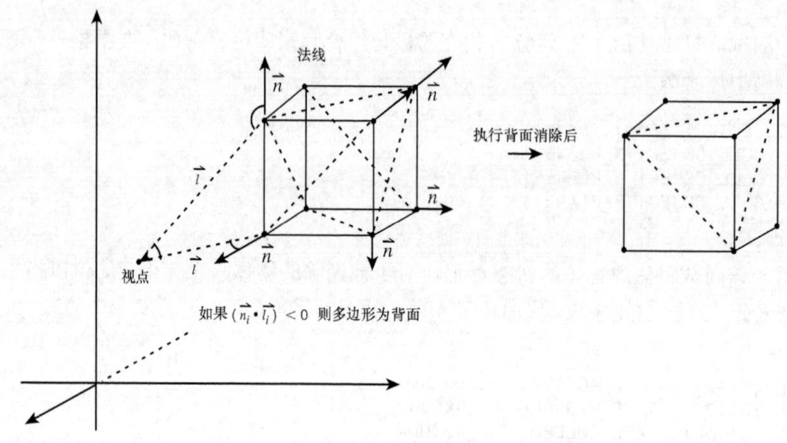

图 7.16　背面消除

当然，背面的概念只对单面多边形有意义。对于那些从两边都可以看到的（即双面）多边形，这种测试毫无意义。这种测试通常是在世界空间而不是相机空间进行的（因为只需要知道视点），这样可通过背面消除删除大量的多边形，避免对它们进行世界坐标到相机坐标变换。这是一种不错的删除一半几何体的方式。

1. 物体的背面消除

下面的函数删除结构 OBJECT4DV1 表示的物体的背面：

```
void Remove_Backfaces_OBJECT4DV1(OBJECT4DV1_PTR obj, CAM4DV1_PTR cam)
{
// 这个函数不是基于矩阵的
// 它根据数组 vlist_trans 中的顶点数据以及相机位置
// 消除物体的背面多边形
// 这里只设置多边形的背面状态

// 检查物体是否已被剔除
if (obj->state & OBJECT4DV1_STATE_CULLED)
   return;

// 处理物体的每个多边形
for (int poly=0; poly < obj->num_polys; poly++)
    {
    // 获取多边形
    POLY4DV1_PTR curr_poly = &obj->plist[poly];
// 该多边形是否有效?
// 判断多边形是否没有被裁剪掉、没有被剔除、处于活动状态、可见且不是双面的
if (!(curr_poly->state & POLY4DV1_STATE_ACTIVE) ||
    (curr_poly->state & POLY4DV1_STATE_CLIPPED ) ||
    (curr_poly->attr & POLY4DV1_ATTR_2SIDED)  ||
    (curr_poly->state & POLY4DV1_STATE_BACKFACE) )
```

```
        continue; // 进入下一个多边形

    // 获取顶点列表中的顶点索引
    // 多变形不是自包含的，而是基于物体的顶点列表
    int vindex_0 = curr_poly->vert[0];
    int vindex_1 = curr_poly->vert[1];
    int vindex_2 = curr_poly->vert[2];

    // 我们将使用变换后的多边形顶点列表
    // 因为背面消除只能在顶点被转换为世界坐标之后才能进行

    // 需要计算多边形的面法线
    // 顶点是按顺时针方向排列的，u = p0->p1, v=p0->p2, n=uxv
    VECTOR4D u, v, n;

    // 计算 u 和 v
    VECTOR4D_Build(&obj->vlist_trans[ vindex_0 ],
            &obj->vlist_trans[ vindex_1 ], &u);
    VECTOR4D_Build(&obj->vlist_trans[ vindex_0 ],
            &obj->vlist_trans[ vindex_2 ], &v);

    // 计算叉积
    VECTOR4D_Cross(&u, &v, &n);

    // 创建指向视点的向量
    VECTOR4D view;
    VECTOR4D_Build(&obj->vlist_trans[ vindex_0 ], &cam->pos, &view);

    // 计算点积
    float dp = VECTOR4D_Dot(&n, &view);
      // 如果 dp< 0，则多边形不可见
      if (dp <= 0.0 )
         SET_BIT(curr_poly->state, POLY4DV1_STATE_BACKFACE);

     } // end for poly

} // end Remove_Backfaces_OBJECT4DV1
```

请读者花几分钟阅读该函数，看它是否合理。这个函数接受一个物体作为参数，并遍历多边形列表，检查各个多边形是否处于活动状态且是单面的。如果是，则判断从相机对象定义的视点观察，它是否可见。在这个函数中，不需要矩阵 mcam，因为只需要知道相机的位置。要调用该函数，可以这样做：

```
Remove_Backfaces_OBJECT4DV1(&obj,&cam);
```

这样，在物体的多边形列表中，所有属于背面的多边形的标记都将被修改。具体地说，将像这样修改每个属于背面的多边形的背面标记位：

```
SET_BIT(curr_poly->state, POLY4DV1_STATE_BACKFACE);
```

提示：务必在执行物体剔除之后和世界坐标到相机坐标变换之前进行背面消除。

2. 渲染列表的背面消除

如果在背面消除之前物体被存储在一起，或者只有游戏空间的多边形列表而没有物体，则需要对渲染列表执行背面消除。当然，如果在将组成物体的多边形插入渲染列表时执行了背面消除，则没有必要对渲染列表执行背面消除。对 RENDERLIST4DV1 执行背面消除的函数与用于 OBJECT4DV1 的函数几乎相同，只是访问数据结构的方式不同而已。该函数如下：

```
void Remove_Backfaces_RENDERLIST4DV1(RENDERLIST4DV1_PTR rend_list, CAM4DV1_PTR cam)
{
// 这个函数不是基于矩阵的
// 它根据多边形列表数据 tvlist 和相机位置
// 来消除多边形列表中属于背面的多边形
// 这里只设置多边形的背面状态
for (int poly = 0; poly < rend_list->num_polys; poly++)
    {
    // 获取当前多边形
    POLYF4DV1_PTR curr_poly = rend_list->poly_ptrs[poly];

     // 该多边形是否有效?
     // 判断多边形是否没有被裁剪掉、没有被剔除、处于活动状态、可见且不是双面的
     if ((curr_poly==NULL) || !(curr_poly->state & POLY4DV1_STATE_ACTIVE)
        || (curr_poly->state & POLY4DV1_STATE_CLIPPED ) ||
        (curr_poly->attr & POLY4DV1_ATTR_2SIDED)  ||
        (curr_poly->state & POLY4DV1_STATE_BACKFACE) )
        continue; // move onto next poly

        // 需要计算多边形的面法线
        // 顶点是按顺时针方向排列的, u = p0->p1, v=p0->p2, n=uxv
        VECTOR4D u, v, n;

        // 计算 u 和 v
        VECTOR4D_Build(&curr_poly->tvlist[0], &curr_poly->tvlist[1], &u);
        VECTOR4D_Build(&curr_poly->tvlist[0], &curr_poly->tvlist[2], &v);

        //计算叉积
        VECTOR4D_Cross(&u, &v, &n);

        //创建指向视点的向量
        VECTOR4D view;
        VECTOR4D_Build(&curr_poly->tvlist[0], &cam->pos, &view);

        //计算点积
        float dp = VECTOR4D_Dot(&n, &view);

        // 如果 dp< 0, 则多边形不可见
        if (dp <= 0.0 )
          SET_BIT(curr_poly->state, POLY4DV1_STATE_BACKFACE);

        } // end for poly

} // end Remove_Backfaces_RENDERLIST4DV1
```

与物体的背面消除一样，对于渲染列表，也应在执行世界坐标到相机坐标变换之前执行背面消除，因为如果多边形是背面（不可见），对其进行上述变换只会浪费 CPU 周期。调用该函数的方式如下：

```
Remove_Backfaces_RENDERLIST4DV1(&rend_list, &cam);
```

调用该函数后，所有属于背面的多边形的 POLY4DV1_STATE_BACKFACE 位都将被设置。

7.3.8 相机坐标到透视坐标变换

3D 流水线中的下一个阶段是相机坐标到透视坐标变换。为方便读者复习，图 7.17 描述了投影数学。简单地说，给定点 $p(x_{world}, y_{world}, z_{world}, 1)$，透视变换为：

```
xper = viewing_distance*x_world/z_world
yper = viewing_distance*aspect_ratio*y_world/z_world
```

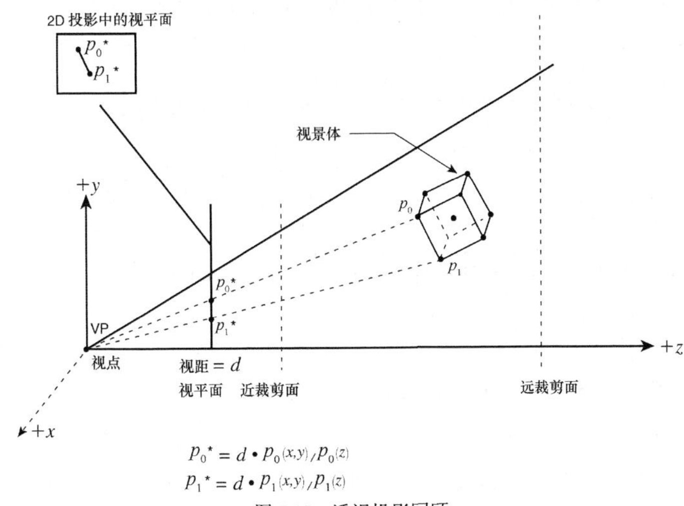

图 7.17　透视投影回顾

如果将视距（d）设置为 1.0，则视平面坐标将是归一化的，即坐标 x 和 y 的范围如下：

- x 坐标——−1 到 1；
- y 坐标——$-1/ar$ 到 $1/ar$，其中 *ar* 为光栅屏幕的宽高比。

另外，如果视平面是方形的，当视距为 1.0 时，x 轴和 y 轴的视野都是 90 度。如果要控制视距或视野（它们之间是相关的），且要投影到任意大小的视平面上，将得到下述投影变换公式：

$$d = 0.5*viewplane\_width*\tan(\theta_h/2)$$
$$x_{per} = (d*x_{world})/z_{world}$$
$$y_{per} = (d*y_{world}*aspect\_ratio)/z_{world}$$

使用代码实现这种变换的方法有两种。手工执行数学运算（速度较快）和使用矩阵执行变换。后一种方法存在的问题是，无法在最后通过矩阵去除以 z，因此要使用 4×4 矩阵变换，必须使用 4D 齐次坐标，并将矩阵变换的结果转换为 3D 坐标。除了需要对齐次坐标进行转换外，矩阵乘法也会浪费 CPU 周期，因此从性能的角度讲，在软件中使用矩阵来执行透视变换是一种糟糕的方法。但是很多硬件实现只使用矩阵。接下来介绍如何使用这两种方法对 OBJECT4DV1 和 RENDERLIST4DV1 进行透视变换。

1．物体的透视变换

相机对象中存储了执行透视变换所需的所有信息，这包括视距、视平面的宽度和高度、视野（用于计算视距），因此除对每个顶点执行变换运算外，透视变换函数涉及的其他工作并不多。下面是对 OBJECT4DV1 执行透视变换的函数：

```
void Camera_To_Perspective_OBJECT4DV1(OBJECT4DV1_PTR obj, CAM4DV1_PTR cam)
{
// 这个函数不是基于矩阵的
// 它根据传入的相机对象将物体的相机坐标转换为透视坐标
// 它根本不关心多边形本身
// 而只是对 vlist_trans[]中的顶点进行变换
// 这只是执行透视变换的方法之一，您可能不采用这种方法
// 而是对渲染列表进行变换，因为渲染列表中的多边形表示的是通过了背面剔除的几何体
// 最后，这个函数只是基于实验目的而编写的
// 您可能不会将物体完整地保留到流水线的这个阶段
```

```
// 因为物体可能只有一个多边形是可见的，而这个函数对所有多边形都进行变换

// 将物体的每个顶点变换为透视坐标
// 这里假设物体已经被变换为相机坐标，且结果存储在 vlist_trans[]中
for (int vertex = 0; vertex < obj->num_vertices; vertex++)
  {
  float z = obj->vlist_trans[vertex].z;

  // 根据相机的观察参数对顶点进行变换
  obj->vlist_trans[vertex].x = cam->view_dist_h *
                 obj->vlist_trans[vertex].x/z;
  obj->vlist_trans[vertex].y = cam->view_dist_v *
                 obj->vlist_trans[vertex].y *
                 cam->aspect_ratio/z;
  // z 坐标不变

  // 在这个函数中没有使用矩阵，因此无需将分量 x 和 y 除以 w

  } // end for vertex

} // end Camera_To_Perspective_OBJECT4DV1
```

这个函数的代码很少。简单地说，它将每个顶点的 x 坐标和 y 坐标乘以视距，然后除以 *z* 坐标（从技术的角度说，*x* 坐标和 *y* 坐标的处理方式相同，但宽高比使得需要考虑视平面不为方形的情况）。调用该函数的方式如下：

```
Camera_To_Perspective_OBJECT4DV1(&obj, &cam);
```

注意：在这个函数中，没有检查 z 值是否大于 0，这种情况需要在之前的剔除或裁剪步骤中进行处理。这里假设所有顶点都是可投影的。

如果要使用矩阵来执行投影，该如何办呢？可以使用透视矩阵作为参数了调用通用函数 Transform_OBJECT4DV1()，而透视变换矩阵可以使用下面的函数来创建：

```
void Build_Camera_To_Perspective_MATRIX4X4(CAM4DV1_PTR cam,
                     MATRIX4X4_PTR m)
{
// 这个函数创建相机坐标到透视坐标变换矩阵
// 在大多数情况下，相机的视平面是归一化的（2×2），FOV 为 90 度
// 这里假设使用的是 4D 齐次坐标，在某个时候将执行 4D 坐标到 3D 坐标转换
// 这种操作可能在透视变换之后马上进行，也可能在屏幕变换之后才进行

Mat_Init_4X4(m,
cam->view_dist_h, 0,                   0, 0,
0,         cam->view_dist_v*cam->aspect_ratio, 0, 0,
0,         0,                    1, 1,
0,         0,                    0,0);

} // end Build_Camera_To_Perspective_MATRIX4X4
```

创建透视变换矩阵后，只需这样将变换应用于 OBJECT4DV1 即可：

```
MATRIX4X4 mper;
Build_Camera_To_Perspective_MATRIX4X4(&cam, &mper);
Transform_OBJECT4DV1(&obj, &mper, TRANSFORM_TRANS_ONLY,1);
```

当然，还有一个细节需要处理。执行透视变换后，顶点的 *w* 坐标不再为 1.0；此时的坐标为齐次坐标，使用之前必须将其转换为非齐次坐标。为此，只需除以 *w* 分量即可。下面是对 OBJECT4DV1 执行这项任务的函数：

```
void Convert_From_Homogeneous4D_OBJECT4DV1(OBJECT4DV1_PTR obj)
{
// 这个函数将变换后的顶点列表中所有的顶点从 4D 齐次坐标转换为 3D 坐标
// 方法是将分量 x、y 和 z 都除以 w

for (int vertex = 0; vertex < obj->num_vertices; vertex++)
  {
  // 转换为非齐次坐标
  VECTOR4D_DIV_BY_W(&obj->vlist_trans[vertex]);
  } // end for vertex

} // end Convert_From_Homogeneous4D_OBJECT4DV1
```

因此，要得到真正的 3D 坐标，只需这样调用上述函数：

```
Convert_From_Homogeneous4D_OBJECT4DV1(&obj);
```

2. 渲染列表的透视变换

REDNERLIST4DV1 的透视变换方式与 OBJECT4DV1 相同，但访问数据结构的方式稍有不同。下面是不使用矩阵来执行相机坐标到透视坐标变换的函数：

```
void Camera_To_Perspective_RENDERLIST4DV1(RENDERLIST4DV1_PTR rend_list,
                             CAM4DV1_PTR cam)
{
// 这个函数不是基于矩阵的
// 它根据传入的相机对象，将渲染列表中的每个多边形都变换为透视坐标
// 如果在流水线的上游已经将物体转换为多边形，并将这些多边形插入到渲染列表中
// 将使用这个函数而不是基于物体的函数来执行透视变换

// 将渲染列表中的每个多边形变换为透视坐标
// 这里假设渲染列表中的多变形已被变换为相机坐标
// 且变换结果存储在多边形的 tvlist[]中

for (int poly = 0; poly < rend_list->num_polys; poly++)
{
// 获取当前多边形
POLYF4DV1_PTR curr_poly = rend_list->poly_ptrs[poly];

// 该多边形是否有效?
// 当且仅当多边形没有被裁剪和剔除掉、处于活动状态并可见时，才对其进行变换
// 但在线框引擎中，"背面"的概念无关紧要
if ((curr_poly==NULL) || !(curr_poly->state & POLY4DV1_STATE_ACTIVE) ||
    (curr_poly->state & POLY4DV1_STATE_CLIPPED ) ||
    (curr_poly->state & POLY4DV1_STATE_BACKFACE) )
     continue; // 进入下一个多边形
// 满足条件，对其进行变换
for (int vertex = 0; vertex < 3; vertex++)
  {
  float z = curr_poly->tvlist[vertex].z;

  // 根据相机的观察参数对顶点进行变换
  curr_poly->tvlist[vertex].x = cam->view_dist_h *
                  curr_poly->tvlist[vertex].x/z;
  curr_poly->tvlist[vertex].y = cam->view_dist_v *
                  curr_poly->tvlist[vertex].y *
                  cam->aspect_ratio/z;
  // z 坐标不变

  // 在这个函数中没有使用矩阵，因此无需将分量 x 和 y 除以 w
```

```
    } // end for vertex

  } // end for poly

  } // end Camera_To_Perspective_RENDERLIST4DV1
```

该函数的调用方式与相应的 OBJECT4DV1 版函数相同：

```
Camera_To_Perspective_RENDERLIST4DV1(&rend_list, &cam);
```

要使用矩阵来执行渲染列表的透视变换，可调用函数 Build_Camera_To_Perspective_MATRIX4X4()创建透视变换矩阵，然后调用函数 Transform_RENDERLIST4DV1()，如下所示：

```
MATRIX4X4 mper;
Build_Camera_To_Perspective_MATRIX4X4(&cam, &mper);

Transform_RENDERLIST4DV1(&rend_list, &mper, TRANSFORM_TRANS_ONLY);
```

同样，这里也需要将齐次坐标转换为非齐次坐标，因为 w 不再为 1.0（实际上，w=z）。将 4D 齐次坐标转换为 3D 坐标的函数如下：

```
void Convert_From_Homogeneous4D_RENDERLIST4DV1(RENDERLIST4DV1_PTR rend_list)
{
// 这个函数将变换后的顶点列表中所有有效的多边形顶点从 4D 齐次坐标转换为 3D 坐标
// 方法是将分量 x、y 和 z 都除以 w
for (int poly = 0; poly < rend_list->num_polys; poly++)
{
// 获取当前多边形
POLYF4DV1_PTR curr_poly = rend_list->poly_ptrs[poly];

// 该多边形是否有效?
// 当且仅当多边形没有被裁剪和剔除掉、处于活动状态并可见时，才对其进行变换
// 但在线框引擎中，"背面"的概念无关紧要
if ((curr_poly==NULL) || !(curr_poly->state & POLY4DV1_STATE_ACTIVE) ||
   (curr_poly->state & POLY4DV1_STATE_CLIPPED ) ||
   (curr_poly->state & POLY4DV1_STATE_BACKFACE) )
    continue; // 进入下一个多边形

// 满足条件，进行变换
for (int vertex = 0; vertex < 3; vertex++)
  {
  // 转换为非齐次坐标
  VECTOR4D_DIV_BY_W(&curr_poly->tvlist[vertex]);
  } // end for vertex

} // end for poly

} // end Convert_From_Homogeneous4D_RENDERLIST4DV1
```

因此，对渲染列表执行透视变换时，需要按如下顺序调用各个函数：

```
MATRIX4X4 mper;
Build_Camera_To_Perspective_MATRIX4X4(&cam, &mper);

Transform_RENDERLIST4DV1(&rend_list, &mper, TRANSFORM_TRANS_ONLY);

Convert_From_Homogeneous4D_RENDERLIST4DV1(&rend_list);
```

现在，我们得到了一个位于视平面上的虚拟图像。接下来需要将其投影到屏幕（视口）上，这是 3D 流水线中除光栅化外的最后一个步骤。

7.3.9　透视坐标到屏幕（视口）坐标变换

从某种意义上说，透视坐标到屏幕坐标变换是 3D 流水线的最后一个阶段，它将视平面坐标进行缩放，变成屏幕坐标，如图 7.18 所示。在这种变换中必须考虑这样一点，即大多数光栅屏幕的原点位于左上角，*y* 轴的方向与标准 2D 迪卡尔坐标系相反。当然，如果在透视变换中，视平面的大小与视口相同，则无需执行缩放操作，但在大多数情况下，需要执行平移，并反转 *y* 轴，因为在投影时，我们假设视平面的中心为原点，其+*x* 轴指向右方，+*y* 轴指向上方，而光栅屏幕的原点位于左上角，*y* 轴方向与此相反。因此，无论在什么情况下，都需要执行某种形式的视口变换。

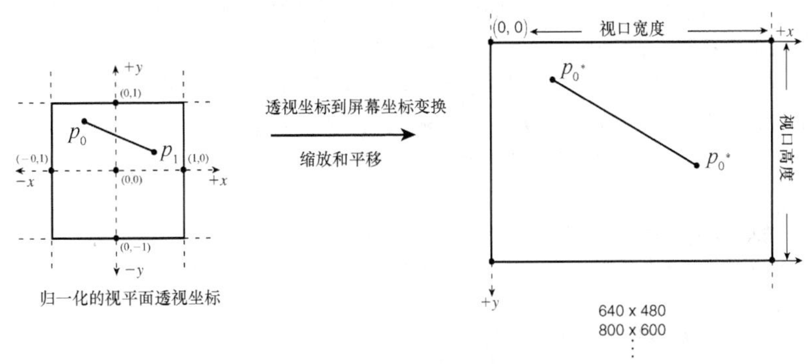

图 7.18　透视坐标到屏幕坐标变换

接下来介绍用于物体和渲染列表的视口变换函数。需要指出的是，这些函数假设透视变换是归一化的，即对于方形投影，投影到一个 2×2 的视平面上，对于非方形投影，投影到一个 2×2/*ar* 的视平面上；在这种情况下，必须执行缩放操作。下一节将讨论如何将透视变换和屏幕变换合而为一。

1．物体的视口变换

首先来看一个手工执行透视坐标到屏幕（视口）坐标变换的函数，这个函数假设透视坐标是归一化的，因此必须根据屏幕（视口）的大小对透视坐标进行缩放和平移，并反转 *y* 轴。该函数如下：

```
void Perspective_To_Screen_OBJECT4DV1(OBJECT4DV1_PTR obj, CAM4DV1_PTR cam)
{
// 这个函数不是基于矩阵的
// 它根据传入的视口信息将物体的透视坐标变换为屏幕坐标
// 但完全不关心多边形本身
// 而只是对 vlist_trans[]中的顶点进行变换
// 这只是执行屏幕变换的方法之一，您可能不采用这种方法
// 而是对渲染列表进行变换，因为渲染列表中的多边形表示的是通过了背面剔除的几何体
// 最后，这个函数只是基于实验目的而编写的
// 您可能不会将物体完整地保留到流水线的这个阶段
// 因为物体可能只有一个多边形是可见的，而这个函数对所有多边形都进行变换
// 对物体执行透视变换后调用这个函数

// 将物体的每个顶点变换为屏幕坐标
// 这里假设物体已经被变换为透视坐标，且结果存储在 vlist_trans[]中

float alpha = (0.5*cam->viewport_width-0.5);
float beta = (0.5*cam->viewport_height-0.5);
```

```
for (int vertex = 0; vertex < obj->num_vertices; vertex++)
  {
  // 假设物体的透视坐标为归一化的，取值范围为 - 1 到 1
  // 根据视口大小对坐标进行缩放，并反转 y 轴
  obj->vlist_trans[vertex].x = alpha + alpha*obj->vlist_trans[vertex].x;
  obj->vlist_trans[vertex].y = beta - beta *obj->vlist_trans[vertex].y;

  } // end for vertex

} // end Perspective_To_Screen_OBJECT4DV1
```

这个函数将归一化的视平面坐标（x 和 y 的取值范围都是−1 到 1）映射到光栅屏幕上。需要指出的是，无需对 4D 齐次坐标进行转换，因为在相机坐标到透视坐标变换期间，已经将 x 和 y 坐标除以了 z。因此经过上述变换后，每个顶点的分量 x 和 y 表示的已经是光栅屏幕上的位置。

有可能在透视变换期间没有除以 z，即这种变换是使用矩阵完成的，且没有对得到的 4D 齐次坐标（w 不等于 1.0）进行转换。在这种情况下，仍可以使用上述函数，但在某个地方将每个顶点的坐标除以 w 分量，将齐次坐标转换为非齐次坐标。然而，在大多数情况下，都会在视口变换之前对 4D 齐次坐标进行转换，虽然没有规定必须这样做。要对物体的透视坐标进行变换，可以这样调用上述函数：

```
// 首先执行相机坐标到透视坐标变换
// 将坐标转换为非齐次坐标后
Camera_To_Perspective_OBJECT4DV1(&obj, &cam);

// 执行视口变换
Perspective_To_Screen_OBJECT4DV1(&obj, &cam);
```

接下来讨论如何使用矩阵来执行透视坐标到屏幕坐标变换。使用的矩阵随透视坐标是 4D 齐次坐标还是已经通过除以 w 或 z（取决于透视变换方式）转换为 3D 坐标（从技术上说是 2D 坐标，因为我们只需要 x 和 y 坐标）而异。这里将对这两种情况都进行讨论。

假设使用下述代码执行了透视变换：

```
MATRIX4X4 mper;
Build_Camera_To_Perspective_MATRIX4X4(&cam, &mper);

Transform_OBJECT4DV1(&obj, &mper, TRANSFORM_TRANS_ONLY,1);
```

结果将为 4D 齐次坐标。要计算每个顶点的 3D 坐标，需要将其除以 w 的值。然而，可以将这项工作推迟到后面去完成，现在仍对 4D 坐标执行透视坐标到屏幕（视口）坐标变换。在这种情况下，可以使用下述函数来创建变换矩阵：

```
void Build_Perspective_To_Screen_4D_MATRIX4X4(CAM4DV1_PTR cam, MATRIX4X4_PTR m)
{
// 这个函数创建透视坐标到屏幕坐标变换矩阵
// 这里假定要对齐次坐标进行变换，并在光栅化期间执行 4D 齐次坐标到 3D 坐标转换
// 当然执行 2D 渲染时只考虑点的 x 坐标和 y 坐标
// 这个函数创建的矩阵用于对透视坐标进行缩放和平移，将其变换为屏幕坐标
// 创建矩阵时假定透视坐标是归一化的，即视平面大小为 2×2
// x 坐标的取值范围为-1 到 1，y 坐标的取值范围为-1/ar 到 1/ar

float alpha = (0.5*cam->viewport_width-0.5);
float beta = (0.5*cam->viewport_height-0.5);
Mat_Init_4X4(m, alpha,  0,   0,  0,
        0,   -beta, 0,  0,
        alpha,  beta, 1,  0,
```

```
        0,    0,    0,  1);

} // end Build_Perspective_To_Screen_4D_MATRIX4X4()
```

因此，可以这样创建变换矩阵并对物体进行变换：

```
MATRIX4X4 mscr;
Build_Perspective_To_Screen_4D_MATRIX4X4 (&cam, &mscr);
Transform_OBJECT4DV1(&obj, &mscr, TRANSFORM_TRANS_ONLY,1);
```

现在，只需将齐次坐标变换为 3D 坐标，便可以得到屏幕坐标：

```
Convert_From_Homogeneous4D_OBJECT4DV1(&obj);
```

提示：这些内容不那么好懂，读者必须牢记的是，无法用矩阵来完成除以 z 的工作，因此必须将 z 转移到 *w* 分量中，然后通过除以 *w* 来实现透视变换（非几何变换）。也就是说，问题将涉及 4 个分量，这很好，因为这样就可以使用 4×4 矩阵。然而，在大多数情况下，作者喜欢将 *w* 设置为 1，并手工执行透视变换和除以 z 的任务，而不是增加一个将齐次坐标转换为 3D 坐标的步骤（将其他所有坐标分量都除以 *w*）。

如果物体的所有顶点都已经从 4D 齐次坐标转换为 3D 坐标，则只需编写一个功能与 Perspective_To_Screen_OBJECT4DV1()相同的使用矩阵执行视口变换的函数，即这个函数假设坐标已经是 3D 的，*w*=1。下面的函数用于创建对 3D 坐标进行透视变换的矩阵：

```
void Build_Perspective_To_Screen_MATRIX4X4(CAM4DV1_PTR cam, MATRIX4X4_PTR m)
{
// 这个函数创建透视坐标到屏幕坐标变换矩阵
// 这里假设透视坐标已经从 4D 齐次坐标转换为 3D 坐标
// 这个函数创建的矩阵用于对透视坐标进行缩放和平移，将其变换为屏幕坐标
// 创建矩阵时假定透视坐标是归一化的，即视平面大小为 2×2
// x 坐标的取值范围为-1 到 1，y 坐标的取值范围为-1/ar 到 1/ar
// 这个函数与前一个函数的唯一差别在于，
// 矩阵的最后一列没有将 w 设置为 z
// 事实上，w 的值已无关紧要，因为应用这个矩阵之前，所有坐标都已经从 4D 转换为 3D

float alpha = (0.5*cam->viewport_width-0.5);
float beta = (0.5*cam->viewport_height-0.5);

Mat_Init_4X4(m, alpha,    0,   0,  0,
        0,   -beta,  0,  0,
        alpha,  beta,  1,  0,
        0,    0,    0,   1);

} // end Build_Perspective_To_Screen_MATRIX4X4()
```

这个函数假设顶点坐标已经是 3D 的（从技术上说是 2D 的，且是归一化的）。要对物体进行视口变换，可以这样做：

```
MATRIX4X4 mscr;
Build_Perspective_To_Screen_MATRIX4X4(&cam, &mscr);
Transform_OBJECT4DV1(&obj, &mscr, TRANSFORM_TRANS_ONLY,1);
```

这些范例旨在表明，将坐标从 4D 转换为 3D 后（通常是在透视变换期间完成的），流水线中的数学运算和矩阵也将发生变换，因此需要提供两个分支（branch）。就个人而言，作者喜欢在透视变换期间将透视坐标从 4D 转换为 3D。

2. 渲染列表的视口变换

渲染列表的视口变换与物体相同，只是访问数据结构的方式不同而已。首先来看透视变换为归一化的（已经使用 z 除以坐标 x 和 y）情况，在这种情况下，只需将透视坐标进行缩放和平移，便可得到屏幕坐标。函数如下：

```
void Perspective_To_Screen_RENDERLIST4DV1(RENDERLIST4DV1_PTR rend_list,
                              CAM4DV1_PTR cam)
{
// 这个函数不是基于矩阵的
// 它根据传入的相机的视口参数将渲染列表中的透视坐标变换为屏幕坐标
// 这里假设透视坐标是归一化的
// 如果在流水线的上游已经将物体转换为多边形，并将这些多边形插入到渲染列表中
// 则应调用这个函数，而不是基于物体的屏幕变换函数
// 仅当之前执行的是归一化透视变换时才使用这个函数
// 将渲染列表中的每个多边形从透视坐标变换为屏幕坐标
// 这里假设已经对渲染列表执行归一化透视变换，且结果存储在 tvlist[]中
for (int poly = 0; poly < rend_list->num_polys; poly++)
{
// 获得当前多边形
POLYF4DV1_PTR curr_poly = rend_list->poly_ptrs[poly];

// 该多边形是否有效？
// 当且仅当多边形没有被裁剪和剔除掉、处于活动状态并可见时，才对其进行变换
// 但在线框引擎中，"背面"的概念无关紧要
if ((curr_poly==NULL) || !(curr_poly->state & POLY4DV1_STATE_ACTIVE) ||
    (curr_poly->state & POLY4DV1_STATE_CLIPPED ) ||
   (curr_poly->state & POLY4DV1_STATE_BACKFACE) )
    continue; // 进入下一个多边形

float alpha = (0.5*cam->viewport_width-0.5);
float beta = (0.5*cam->viewport_height-0.5);

// 满足条件，对其进行变换
for (int vertex = 0; vertex < 3; vertex++)
  {
  // 顶点的透视坐标是归一化的，取值范围为-1 到 1
  // 对坐标进行缩放，并反转 y 轴

  // 根据相机的视口参数对顶点进行变换
  curr_poly->tvlist[vertex].x = alpha + alpha*curr_poly->tvlist[vertex].x;
  curr_poly->tvlist[vertex].y = beta - beta *curr_poly->tvlist[vertex].y;
  } // end for vertex

} // end for poly

} // end Perspective_To_Screen_RENDERLIST4DV1
```

这个函数只是对坐标进行缩放，并反转 y 轴。下面是一个使用该函数的例子。在这个例子中，首先调用了一个结果为非齐次坐标的透视变换函数。

```
// 执行透视变换，并将 x、y 坐标除以 z
Camera_To_Perspective_RENDERLIST4DV1(&rend_list, &cam);

// 将透视坐标变换为屏幕坐标
Perspective_To_Screen_RENDERLIST4DV1(&rend_list, &cam);
```

现在，读者应该知道了 4D 坐标和 3D 坐标之间的差别。和物体一样，也可以使用矩阵来执行渲染列表

的视口变换，在这种情况下，需要考虑透视坐标是 3D 的还是 4D 的。透视坐标为 4D 时应这样做：

```
MATRIX4X4 mscr;
Build_Perspective_To_Screen_4D(&cam, &mscr);

Transform_RENDERLIST4DV1(&rend_list, &mscr, TRANSFORM_TRANS_ONLY);
```

现在，只需调用下述函数，将 4D 齐次坐标转换为 3D 坐标，便可得到屏幕坐标：

```
Convert_From_Homogeneous4D_RENDERLIST4DV1(&rend_list);
```

如果透视坐标是 3D 的，则不用执行 4D 齐次坐标到 3D 坐标转换，可以像前面介绍过的那样执行简单的透视坐标到屏幕坐标变换：

```
MATRIX4X4 mscr;

Build_Perspective_To_Screen_MATRIX4X4(&cam, &mscr);

Transform_RENDERLIST4DV1(&rend_list, &mscr, TRANSFORM_TRANS_ONLY);
```

正如读者看到的，矩阵的优点在于，它是通用的。使用矩阵对物体和渲染列表进行视口变换时，唯一的差别在于，最后调用的变换函数 Transform_*()不同。

提示：在实际编程时，可以将 Transform_*()声明为虚函数（而物体和渲染列表都是类），这样便可以调用单个函数，该函数将根据底层对象的类型执行相应的变换。这些工作将在本书后面完成。

7.3.10 合并透视变换和屏幕变换

接下来基于一些常识进行优化。作者将介绍完成工作的所有方式，让读者知道所以然。现在，读者应该已经认识到，矩阵虽然很好，但绝对不适合用于透视变换，手工执行透视变换更容易。另外，在很多情况下，使用不同的函数分别执行透视变换和屏幕变换是合理的，但如果要将图像存储到缓存中，则没有必要这样做，因为屏幕变换函数只是对透视坐标进行缩放和平移而已。因此，通常将这两种操作合而为一，创建一个同时执行透视变换和屏幕（视口）变换的函数。

1. 物体的相机坐标到屏幕坐标变换

一般而言，执行相机坐标到屏幕坐标变换时，最快捷的方式是创建一个手工完成这项工作并将 x 和 y 坐标除以 z 的函数。下面是用于物体的函数：

```
void Camera_To_Perspective_Screen_OBJECT4DV1(OBJECT4DV1_PTR obj, CAM4DV1_PTR cam)
{
// 这个函数不是基于矩阵的
// 它根据传入的相机对象的 view_dist_h 和 view_dist_v（应根据视口宽度和高度相应地设置）
// 将物体的相机坐标变换为屏幕坐标
// 它完全不考虑多边形本身
// 而只是对 vlist_trans[]中的顶点进行变换
// 这只是执行相机坐标到屏幕坐标变换的方法之一，您可能不采用这种方法
// 而是对渲染列表进行变换，因为渲染列表中的多边形表示的是通过了背面剔除的几何体
// 这个函数只是基于实验目的而编写的
// 您可能不会将物体完整地保留到流水线的这个阶段
// 因为物体可能只有一个多边形是可见的，而这个函数对所有多边形都进行变换
// 最后，这个函数对 y 轴进行反转，以确保生成的坐标是屏幕坐标，可用于渲染

float alpha = (0.5*cam->viewport_width-0.5);
float beta = (0.5*cam->viewport_height-0.5);
```

```
// 将物体的每个顶点变换为屏幕坐标
// 这里假设物体已被变换为相机坐标，且结果存储在 vlist_trans[]中
for (int vertex = 0; vertex < obj->num_vertices; vertex++)
  {
  float z = obj->vlist_trans[vertex].z;

  // 根据相机的观察参数对顶点进行变换
  obj->vlist_trans[vertex].x = cam->view_dist_h *
               obj->vlist_trans[vertex].x/z;
  obj->vlist_trans[vertex].y = cam->view_dist_v *
               obj->vlist_trans[vertex].y *
               cam->aspect_ratio/z;
  // z 坐标不变

  // 在这个函数中没有使用矩阵，因此无需将分量 x 和 y 除以 w

  // 现在坐标的范围如下
  // x:(-viewport_width/2 to viewport_width/2)
  // y:(-viewport_height/2 to viewport_height/2),
  // 接下来需要对坐标进行平移，并反转 y 轴
  // 以得到屏幕坐标
  obj->vlist_trans[vertex].x = obj->vlist_trans[vertex].x + alpha;
  obj->vlist_trans[vertex].y = -obj->vlist_trans[vertex].y + beta;

  } // end for vertex

} // end Camera_To_Perspective_Screen_OBJECT4DV1
```

这个函数减少了更多的数学计算。我们无需根据视口的大小相应地缩放视平面坐标，因为物体被投影到大小为 viewport_width×viewport_height 的视平面上，这进一步减少了计算量。调用上述函数后，vlist_trans[ ]中的坐标便可以用来绘图。下面是一个调用该函数的例子：

```
Camera_To_Perspective_Screen_OBJECT4DV1(&obj,&cam);
```

作者也不知道自己为何一直列举调用这些极其简单的函数的范例，但这样做没有害处。需要指出的是，调用上述函数之前，坐标必须是相机坐标，仅此而已。

2. 渲染列表的相机坐标到屏幕坐标变换

对渲染列表一次性执行相机坐标到屏幕坐标变换也没有什么神奇之处，只是访问数据结构的方式稍有不同而已。下面是执行这种变换的函数：

```
void Camera_To_Perspective_Screen_RENDERLIST4DV1(RENDERLIST4DV1_PTR rend_list,
                         CAM4DV1_PTR cam)
{
// 这个函数不是基于矩阵的
// 它根据传入的相机对象的 view_dist_h 和 view_dist_v（应根据视口宽度和高度相应地设置）
// 将渲染列表中的相机坐标变换为屏幕坐标
// 它只是对 tvlist[]中的顶点进行变换
// 最后，这个函数对 y 轴进行反转，以确保生成的坐标是屏幕坐标，可用于渲染

// 将渲染列表的每个多边形变换为屏幕坐标
// 这里假设渲染列表已被变换为相机坐标，且结果存储在 tvlist []中
for (int poly = 0; poly < rend_list->num_polys; poly++)
{
// 获取当前多边形
POLYF4DV1_PTR curr_poly = rend_list->poly_ptrs[poly];
```

```
// 该多边形是否有效?
// 当且仅当多边形没有被裁剪和剔除掉、处于活动状态并可见时，才对其进行变换
// 但在线框引擎中，"背面"的概念无关紧要
if ((curr_poly==NULL) || !(curr_poly->state & POLY4DV1_STATE_ACTIVE) ||
    (curr_poly->state & POLY4DV1_STATE_CLIPPED ) ||
    (curr_poly->state & POLY4DV1_STATE_BACKFACE) )
    continue; // 进入下一个多边形

float alpha = (0.5*cam->viewport_width-0.5);
float beta = (0.5*cam->viewport_height-0.5);

// 满足条件，对其进行变换
for (int vertex = 0; vertex < 3; vertex++)
   {
   float z = curr_poly->tvlist[vertex].z;

   // 根据相机的观察参数对顶点进行变换
   curr_poly->tvlist[vertex].x = cam->view_dist_h *
                   curr_poly->tvlist[vertex].x/z;
   curr_poly->tvlist[vertex].y = cam->view_dist_v *
                  curr_poly->tvlist[vertex].y *
                  cam->aspect_ratio/z;
   // z 坐标不变

   // 在这个函数中没有使用矩阵，因此无需将分量 x 和 y 除以 w

   // 现在坐标的范围如下
   // x:(-viewport_width/2 to viewport_width/2)
   // y:(-viewport_height/2 to viewport_height/2),
   // 接下来需要对坐标进行平移，并反转 y 轴
   // 以完成屏幕变换
   curr_poly->tvlist[vertex].x = curr_poly->tvlist[vertex].x + alpha;
   curr_poly->tvlist[vertex].y = -curr_poly->tvlist[vertex].y + beta;

   } // end for vertex

} // end for poly

} // end Camera_To_Perspective_Screen_RENDERLIST4DV1
```

下面是一个调用该函数的例子：

```
Camera_To_Perspective_Screen_RENDERLIST4DV1(&rend_list,
&cam);
```

至此，3D 流水线的大部分工作已经完成。也许唯一让读者感到迷惑的地方是，进行透视变换时，必须决定采用手工方式还是矩阵方式以及是否继续使用 4D 坐标。另一方面，可以一次性执行透视变换和屏幕变换，以节省时间和计算量。在大多数情况下，我们将采用这种合而为一的方法，至少使用手工方式来执行透视变换和屏幕变换，将坐标转换为 3D 的，因为不想将 4D 坐标到 3D 坐标转换的工作留到流水线的后续阶段去完成。然而，正如前面指出的，使用硬件来实现引擎时，我们可能别无选择，只能使用矩阵和 4D 坐标。

7.4　渲染 3D 世界

终于可以渲染 3D 世界了！作者面临的困境在于，在本章前面巨大的篇幅中，不能介绍任何演示程序，因为首先必须让读者理解流水线的每个步骤，并编写相应的代码。现在，这些准备工作已经完成，可以编

写演示程序。不过，先回顾一下 3D 流水线，然后再编写一些简单的图形函数，根据 OBJECT4DV1 或 RENDERLIST4DV1 来绘制线框网格。

现在的 3D 流水线

我们已经编写了从磁盘中加载 3D 物体、将其存储到 OBJECT4DV1 结构中以及在流水线中处理一个或多个物体所需的代码。如果愿意，也可以在 3D 流水线中这样处理物体：将其分解为多边形，然后将它们插入到一个主多边形列表（数据结构 RENDERLIST4DV1）中。采用哪种方法完全取决于您，这两种方法各有利弊。一般而言，大多数 3D 引擎都同时使用了这两种方法。对于运动的东西，将其作为物体进行处理；但对于属于大型网格的环境，则将其分解，并将各个区段插入到渲染列表中。为简化起见，我们现在假设游戏世界是由物体构成的，没有需要处理的内部环境和外部环境。

图 7.19 说明几何体可能经历的各种路径，但通常必须经过下述阶段：

阶段 0 加载并放置物体；

阶段 1 局部坐标到世界坐标变换；

阶段 2 物体剔除和背面消除；

阶段 3 世界坐标到相机坐标变换；

阶段 4 相机坐标到透视坐标变换；

阶段 5 透视坐标到屏幕坐标变换；

阶段 6 渲染几何体。

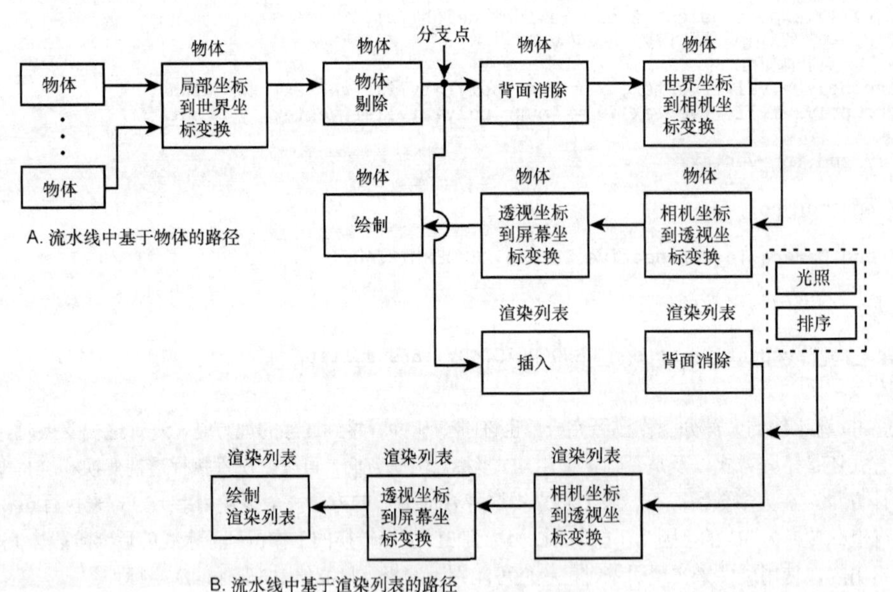

图 7.19 观察流水线和多条渲染路径

可能在阶段 2 之后的某个地方将物体转换为多边形，因为您希望至少在物体未被转换前对其进行剔除。将物体转换为多边形后，就失去了它们的结构，不能再将它们视为物体。我们没有进行 3D 裁剪，但只要执行了物体剔除便是安全的，因为在物体剔除操作中，至少根据近裁剪面对物体进行了裁剪。在很大程度上说，不会有顶点的 z 坐标小于 0 的几何体，但需要进行 3D 裁剪，这将在下一章介绍。就现在而言，假设所有被投影的顶点都是安全的，如果它们确实位于 2D 视口之外，2D 绘图函数将把它们裁剪掉。

不管在 3D 流水线中采取哪条路径，都将在某个时刻有下列两样东西之一：一个要渲染的 OBJECT4DV1 列表和一个表示所有要渲染的多边形的 RENDERLIST4DV1。当然，可以使用多个渲染列表，但就现在而言，我们假设只有一个渲染列表，它包含所有物体的多边形。因此，需要编写两个函数，一个能够绘制 OBJECT4DV1 中的所有多边形，另一个能够绘制 RENDERLIST4DV1 中的所有多边形。

绘制 OBJECT4DV1——编写函数之前，需要指出的一点是，我们将使用线框图形，不执行隐藏线消除，也不进行排序，这意味着物体是可以看穿的。另外物体的绘制顺序可能是错误的，因为我们没有根据物体的深度对其进行排序，也没有使用其他排序方法。物体是空心的。因此，我们只需编写一个这样的函数：假设在变换后的物体顶点列表中，包含的是有效的屏幕坐标，并依次绘制每个三角形，这个函数如下所示。这个函数检查每个多边形是否可见、被裁剪掉或是背面。

```
void Draw_OBJECT4DV1_Wire16(OBJECT4DV1_PTR obj,
              UCHAR *video_buffer, int lpitch)
{
// 这个函数使用线框模式和 16 位 RGB 颜色模式将物体渲染到屏幕上
// 它根本没有考虑隐藏线消除等问题
// 这是一种在不将物体转换为多边形的情况下对其进行渲染的简易方式
// 这里假设坐标为屏幕坐标，并执行 2D 裁剪

// 遍历物体的多边形列表，并渲染每个多边形
for (int poly=0; poly < obj->num_polys; poly++)
  {
  // 当且仅当多边形处于活动状态并可见时才渲染它
  // 在线框引擎中，"背面"的概念无关紧要
  if (!(obj->plist[poly].state & POLY4DV1_STATE_ACTIVE) ||
     (obj->plist[poly].state & POLY4DV1_STATE_CLIPPED ) ||
     (obj->plist[poly].state & POLY4DV1_STATE_BACKFACE) )
    continue; // 进入到下一个多边形

  // 提取指向顶点列表的顶点索引
  // 多边形不是自包含的，而是基于物体的顶点列表的
  int vindex_0 = obj->plist[poly].vert[0];
  int vindex_1 = obj->plist[poly].vert[1];
  int vindex_2 = obj->plist[poly].vert[2];

  // 绘制线段
  Draw_Clip_Line16(obj->vlist_trans[ vindex_0 ].x,
           obj->vlist_trans[ vindex_0 ].y,
           obj->vlist_trans[ vindex_1 ].x,
           obj->vlist_trans[ vindex_1 ].y,
           obj->plist[poly].color,
           video_buffer, lpitch);

  Draw_Clip_Line16(obj->vlist_trans[ vindex_1 ].x,
           obj->vlist_trans[ vindex_1 ].y,
           obj->vlist_trans[ vindex_2 ].x,
           obj->vlist_trans[ vindex_2 ].y,
           obj->plist[poly].color,
           video_buffer, lpitch);

  Draw_Clip_Line16(obj->vlist_trans[ vindex_2 ].x,
           obj->vlist_trans[ vindex_2 ].y,
           obj->vlist_trans[ vindex_0 ].x,
           obj->vlist_trans[ vindex_0 ].y,
           obj->plist[poly].color,
           video_buffer, lpitch);
```

```
  } // end for poly

} // end Draw_OBJECT4DV1_Wire
```

使用虚拟计算机系统和图形缓存，可以只顾埋头编写 3D 函数，而无需了解硬件——唯一需要知道的是视频缓存和内存块的地址。该函数遍历多边形列表，并绘制组成 3D 物体的所有三角形，它使用一个 2D 函数来绘制裁剪后的直线。设置好图形系统，创建一个物体对象 obj 并执行完 3D 流水线中的操作后，便可以这样调用这个函数：

```
Draw_OBJECT4DV1_Wire16(&obj, video_buffer,lpitch);
```

绘制 RENDERLIST4DV1——绘制渲染列表的函数与绘制物体的函数相同，只是访问数据结构的方式不同而已。这个函数如下：

```
void Draw_RENDERLIST4DV1_Wire16(RENDERLIST4DV1_PTR rend_list,
               UCHAR *video_buffer, int lpitch)
{
// 这个函数"执行"渲染列表
// 即使用线框模式和 16 位 RGB 颜色模式绘制渲染列表中所有的面
// 在线框模式下，无需对多边形进行排序，但后面需要这样做，以消除隐藏面
// 另外，这里让函数去判断位深，并调用相应的光栅化器

// 现在，我们只有一个多边形列表，可以绘制它们
// to draw them
for (int poly=0; poly < rend_list->num_polys; poly++)
  {
  // 当且仅当多边形处于活动状态且可见时才渲染它
  // 但在线框引擎中，"背面"概念无关紧要
  if (!(rend_list->poly_ptrs[poly]->state & POLY4DV1_STATE_ACTIVE) ||
     (rend_list->poly_ptrs[poly]->state & POLY4DV1_STATE_CLIPPED ) ||
     (rend_list->poly_ptrs[poly]->state & POLY4DV1_STATE_BACKFACE) )
   continue; // 进入下一个多边形

  // 绘制三角形的边
  //2D 初始化过程中已经设置好裁剪，位于 2D 屏幕/窗口外的多边形都将被裁剪掉
  Draw_Clip_Line16(rend_list->poly_ptrs[poly]->tvlist[0].x,
        rend_list->poly_ptrs[poly]->tvlist[0].y,
        rend_list->poly_ptrs[poly]->tvlist[1].x,
        rend_list->poly_ptrs[poly]->tvlist[1].y,
        rend_list->poly_ptrs[poly]->color,
        video_buffer, lpitch);

  Draw_Clip_Line16(rend_list->poly_ptrs[poly]->tvlist[1].x,
        rend_list->poly_ptrs[poly]->tvlist[1].y,
        rend_list->poly_ptrs[poly]->tvlist[2].x,
        rend_list->poly_ptrs[poly]->tvlist[2].y,
        rend_list->poly_ptrs[poly]->color,
        video_buffer, lpitch);

  Draw_Clip_Line16(rend_list->poly_ptrs[poly]->tvlist[2].x,
        rend_list->poly_ptrs[poly]->tvlist[2].y,
        rend_list->poly_ptrs[poly]->tvlist[0].x,
        rend_list->poly_ptrs[poly]->tvlist[0].y,
        rend_list->poly_ptrs[poly]->color,
        video_buffer, lpitch);

  } // end for poly
```

```
} // end Draw_RENDERLIST4DV1_Wire
```

这个函数的调用方式也没什么不同，只是需要一个渲染列表而不是一个物体：

```
Draw_RENDERLIST4DV1_Wire16(&rend_list, video_buffer,lpitch);
```

至此，为编写演示程序做好了准备。编写好所有的流水线和渲染算法后，接下来将编写一些演示程序，以复习本章前面介绍的各种技术。下一节将通过一些范例让读者深入了解如何完成各项工作。

7.5　3D 演示程序

本节介绍一些完整的演示程序。由于篇幅有限，这里只介绍一些使用前面编写的函数创建的基本线框范例。正如作者指出的，阅读本章后，读者将能够轻松地编写出像 Battle Zone 这样的游戏。对于每个演示程序，都列出了其名称及说明，以便读者可以快速浏览本节，从中找到自己感兴趣的内容。另外，这里没有列出演示程序的完整代码，而只列出了主循环中的重要代码，因为它们使用的函数都已经在前面介绍过。要编译这些演示程序，除演示程序主.CPP 文件外，还需要下述文件：

- T3DLIB1.CPP|H；
- T3DLIB2.CPP|H；
- T3DLIB3.CPP|H；
- T3DLIB4.CPP|H；
- T3DLIB5.CPP|H；
- DDRAW.LIB；
- DSOUND.LIB；
- DINPUT.LIB；
- DINPUT8.LIB。

所有.PLG 文件都存储在附带光盘上本章对应的目录中。

7.5.1　单个 3D 三角形

- 加载的物体：没有，手工创建一个多边形；
- 相机类型：欧拉相机，位置固定，视野为 90 度，视平面是归一化的；
- 投影类型：先进行透视变换，然后进行视口变换；
- 3D 流水线使用的计算方法：所有函数都使用手工计算，没有变换是基于矩阵的；
- 背面消除：没有执行；
- 物体剔除：没有执行；
- 渲染方式：包含单个多边形的渲染列表。

这个演示程序的主文件为 DEMOII7_1.CPP|EXE。这个程序创建一个多边形，然后绕+y 轴对其进行旋转，仅此而已。下面是这个程序中一些重要的全局变量：

```
// 初始化相机的位置和方向
POINT4D cam_pos = {0,0,-100,1};
VECTOR4D cam_dir = {0,0,0,1};

// 初始化代码
VECTOR4D vscale={.5,.5,.5,1}, vpos = {0,0,0,1}, vrot = {0,0,0,1};
```

```
CAM4DV1    cam;               // 相机
RENDERLIST4DV1 rend_list;          // 渲染列表
POLYF4DV1   poly1;             // 唯一一个多边形
POINT4D    poly1_pos = {0,0,100,1}; // 多边形在世界坐标系中的位置
```

下面是函数 Game_Init() 中的 3D 代码：

```
// 初始化数学引擎
Build_Sin_Cos_Tables();

// 初始化多边形
poly1.state = POLY4DV1_STATE_ACTIVE;
poly1.attr  = 0;
poly1.color = RGB16Bit(0,255,0);

poly1.vlist[0].x = 0;
poly1.vlist[0].y = 50;
poly1.vlist[0].z = 0;
poly1.vlist[0].w = 1;

poly1.vlist[1].x = 50;
poly1.vlist[1].y = -50;
poly1.vlist[1].z = 0;
poly1.vlist[1].w = 1;

poly1.vlist[2].x = -50;
poly1.vlist[2].y = -50;
poly1.vlist[2].z = 0;
poly1.vlist[2].w = 1;

poly1.next = poly1.prev = NULL;

// 将相机的 FOV 设置为 90 度，采用归一化投影
Init_CAM4DV1(&cam,   // 相机对象
       &cam_pos, // 相机的初始位置
       &cam_dir, // 相机的初始角度
       50.0,   // 近裁剪面和远裁剪面
       500.0,
       90.0,   // 视野，单位为度
       1.0,    // 视距
       0,     // 视平面大小 - 1
       0,
       WINDOW_WIDTH,  // 视口的大小
       WINDOW_HEIGHT);
```

最后，下面函数 Game_Main() 中的重要代码，该函数对三角形执行 3D 流水线操作和渲染：

```
int Game_Main(void *parms)
{
// 这是游戏的主干，将不断被实时地调用
// 它类似于 C 语言中的 main()函数，所有调用都在这里进行

static MATRIX4X4 mrot;// 旋转矩阵
static float ang_y = 0;   // 旋转角度

int index; // 循环变量

// 启动定时时钟
Start_Clock();
// 清空可绘制面（drawing surface）
```

```
DDraw_Fill_Surface(lpddsback, 0);

// 读取键盘和其他设备输入
DInput_Read_Keyboard();

// 游戏逻辑

// 初始化渲染列表
Reset_RENDERLIST4DV1(&rend_list);

// 将多边形插入到渲染列表中
Insert_POLYF4DV1_RENDERLIST4DV1(&rend_list, &poly1);

// 创建绕 y 轴旋转的旋转矩阵
Build_XYZ_Rotation_MATRIX4X4(0, ang_y, 0, &mrot);

// 缓慢地旋转多边形
if (++ang_y >= 360.0) ang_y = 0;

// 对渲染列表中唯一一个多边形的局部坐标进行旋转变换
Transform_RENDERLIST4DV1(&rend_list, &mrot, TRANSFORM_LOCAL_ONLY);

// 执行局部坐标到世界坐标变换
Model_To_World_RENDERLIST4DV1(&rend_list, &poly1_pos);

// 创建相机变换矩阵
Build_CAM4DV1_Matrix_Euler(&cam, CAM_ROT_SEQ_ZYX);

// 执行世界坐标到相机坐标变换
World_To_Camera_RENDERLIST4DV1(&rend_list, &cam);

// 执行相机坐标到透视坐标变换
Camera_To_Perspective_RENDERLIST4DV1(&rend_list, &cam);

// 执行屏幕变换
Perspective_To_Screen_RENDERLIST4DV1(&rend_list, &cam);

// 锁定后缓存
DDraw_Lock_Back_Surface();

// 渲染多边形列表
Draw_RENDERLIST4DV1_Wire16(&rend_list, back_buffer, back_lpitch);

// 解除对后缓存的锁定
DDraw_Unlock_Back_Surface();

// 交换缓存（flip the surfaces）
DDraw_Flip();

// 同步到 30 帧/秒
Wait_Clock(30);

// 检查用户是否想退出
if (KEY_DOWN(VK_ESCAPE) || keyboard_state[DIK_ESCAPE])
   {
   PostMessage(main_window_handle, WM_DESTROY,0,0);
   } // end if

 // 成功返回
 return(1);
```

```
} // end Game_Main
```

图 7.20 是运行 DEMOII7_1.EXE 时的屏幕截图。正如读者看到的，很有趣。这个演示程序旨在说明，使用 10 个左右的函数调用便可以创建一个完整的 3D 线框图形。

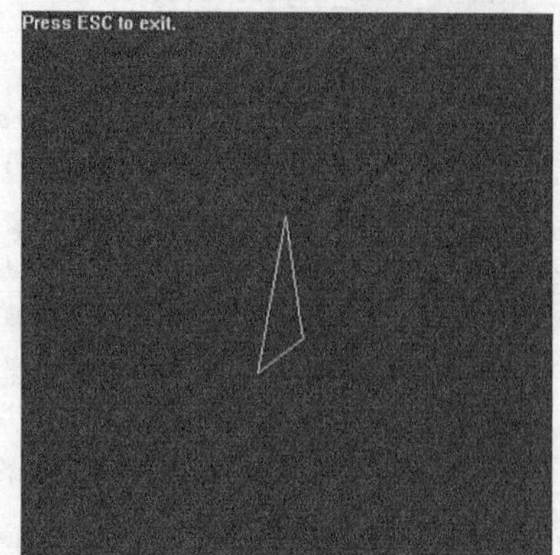

图 7.20 DEMOII7_1.EXE 的屏幕截图

7.5.2 3D 线框立方体

- 加载的物体：一个简单立方体（CUBE1.PLG）；
- 相机类型：欧拉相机，位置固定，视野为 90 度，2×2 的归一化视平面，视口大小为 400×400；
- 投影类型：先进行透视变换，然后进行视口变换；
- 3D 流水线使用的计算方法：所有函数都使用手工计算，没有变换是基于矩阵的；
- 背面消除：没有执行；
- 物体剔除：没有执行；
- 渲染方式：渲染物体，没有使用渲染列表。

前面演示了一个旋转的多边形，现在绘制一些更有趣的东西。DEMOII7_2.CPP|EXE 与前一个演示程序类似，但使用网格加载函数加载一个立方体网格，存储该网格文件为 CUBE.PLG，如下所示：

```
# plg/plx 文件开头

# 简单立方体
tri 8 12

# 顶点列表
 5 5 5
-5 5 5
-5 5 -5
 5 5 -5
 5 -5 5
-5 -5 5
-5 -5 -5
 5 -5 -5


# 多边形列表
0xd0f0 3 2 1 0
0xd0f0 3 3 2 0
0xd0f0 3 4 7 0
0xd0f0 3 7 3 0
0xd0f0 3 6 7 4
0xd0f0 3 5 6 4
0xd0f0 3 2 6 1
0xd0f0 3 6 5 1
0xd0f0 3 7 6 3
0xd0f0 3 6 2 3
0xd0f0 3 5 4 0
0xd0f0 3 1 5 0
```

这是一个 10×10×10 的立方体。将网格加载并存储到一个 OBJECT4DV1 结构中后，在主循环中缓慢地旋转它，并在 3D 流水线中对其进行变换。然而，这里没有将立方体转换为多边形，并将它们插入到一个渲染列表中，而是将立方体保持为物体不变，以说明在整条流水线中物体可以始终为物体。

下面是这个演示程序中使用的一些重要全局变量：

```
// 初始化相机的位置和方向
POINT4D cam_pos = {0,0,0,1};
VECTOR4D cam_dir = {0,0,0,1};

// 初始化代码...
VECTOR4D vscale={5.0,5.0,5.0,1}, vpos = {0,0,0,1}, vrot = {0,0,0,1};

CAM4DV1  cam;    // 相机
OBJECT4DV1 obj;   // 用于存储立方体
```

请注意 vscale 的值，这个向量用于在加载期间对网格进行缩放，因此加载时，10×10×10 的立方体将被放到 50×50×50。当然，也可以直接对模型进行修改，但这正是加载函数的灵活性所在：使用同一个模型并在加载时对其进行变换，可以让网格细微地变形。

下面来看一下函数 Game_Init()中的 3D 初始化代码。这与前一个演示程序中相同，但包含加载物体的代码。

```
// 将相机的 FOV 设置为 90 度，并采用归一化投影
Init_CAM4DV1(&cam,    // 相机对象
        &cam_pos, // 相机的初始位置
        &cam_dir, // 相机的初始角度
        50.0,    // 近裁剪面和远裁剪面
        500.0,
        90.0,    // 视野，单位为度
        WINDOW_WIDTH,  // 视口的大小
        WINDOW_HEIGHT);

// 加载立方体
Load_OBJECT4DV1_PLG(&obj, "cube1.plg",&vscale, &vpos, &vrot);

// 设置立方体在世界坐标系中的位置
obj.world_pos.x = 0;
obj.world_pos.y = 0;
obj.world_pos.z = 100;
```

物体被放置在离世界坐标系原点 100 单位（沿+z 轴）处，这样物体看起来将较大，投影到视平面的部分较大。最后，下面列出了函数 Game_Main()的代码，让读者知道调用了哪些流水线处理函数。

```
int Game_Main(void *parms)
{
// 这是游戏的主干，将不断被实时地调用
// 它类似于 C 语言中的 main()函数，所有调用都在这里进行

static MATRIX4X4 mrot; // 旋转矩阵

int index; // 循环变量

// 启动定时时钟
Start_Clock();

// 清空可绘制面（drawing surface）
DDraw_Fill_Surface(lpddsback, 0);

// 读取键盘和其他设备输入
DInput_Read_Keyboard();

// 游戏逻辑
```

```
// 重置物体（仅对背面消除和物体剔除有意义）
Reset_OBJECT4DV1(&obj);

// 创建绕 y 轴旋转的旋转矩阵
Build_XYZ_Rotation_MATRIX4X4(0, 5, 0, &mrot);

// 对物体的局部坐标进行旋转变换
Transform_OBJECT4DV1(&obj, &mrot, TRANSFORM_LOCAL_ONLY,1);

// 执行局部坐标到世界坐标变换
Model_To_World_OBJECT4DV1(&obj);

// 创建相机变换矩阵
Build_CAM4DV1_Matrix_Euler(&cam, CAM_ROT_SEQ_ZYX);

// 执行世界坐标到相机坐标变换
World_To_Camera_OBJECT4DV1(&obj, &cam);

// 执行相机坐标到透视坐标变换
Camera_To_Perspective_OBJECT4DV1(&obj, &cam);

// 执行屏幕变换
Perspective_To_Screen_OBJECT4DV1(&obj, &cam);

// 锁定后缓存
DDraw_Lock_Back_Surface();

// 渲染物体
Draw_OBJECT4DV1_Wire16(&obj, back_buffer, back_lpitch);

// 解除对后缓存的锁定
DDraw_Unlock_Back_Surface();

// 交换缓存（flip the surfaces）
DDraw_Flip();

// 同步到 30 帧/秒
Wait_Clock(30);

// 检查用户是否想退出
if (KEY_DOWN(VK_ESCAPE) || keyboard_state[DIK_ESCAPE])
   {
   PostMessage(main_window_handle, WM_DESTROY,0,0);

   } // end if

// 成功返回
return(1);

} // end Game_Main
```

同样，通过调用 10 个左右的函数，便创建了一个能够运行的 3D 演示程序。图 7.21 是运行 DEMOII7_2.EXE 时的屏幕截图。整个立方体都可见，这是由于视野较大，但物体离视点较近。

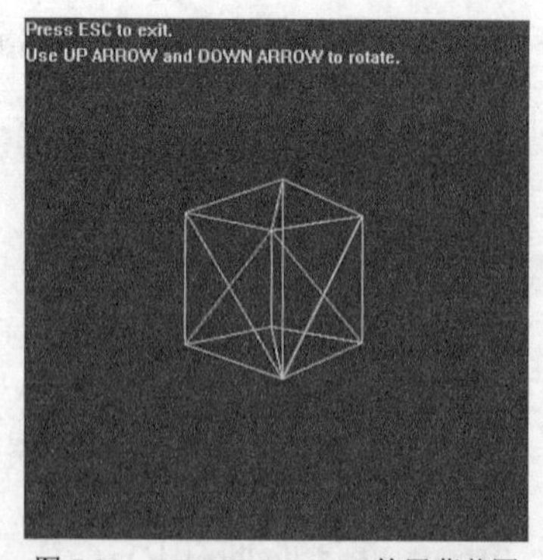

图 7.21 DEMOII7_2.EXE 的屏幕截图

7.5.3 消除了背面的 3D 线框立方体

- 加载的物体：一个简单立方体（CUBE2.PLG）；
- 相机类型：欧拉相机，位置固定，视野为 90 度，2×2/*ar* 的归一化视平面，视口大小为 640×480；

- 投影类型：先进行透视变换，然后进行视口变换；
- 3D 流水线使用的计算方法：所有函数都使用手工计算，没有变换是基于矩阵的；
- 背面消除：执行；
- 物体剔除：没有执行；
- 渲染方式：渲染物体，没有使用渲染列表。

DEMOII7_3.CPP|EXE 与前一个演示程序类似，只是进行了背面消除，且视口更大。另外，为执行背面消除，有两件事情需要考虑。首先是模型网格本身；加载网格时，多边形可能是单面的，也可能是双面的，但仅当是单面的时，背面消除才有可能。如果是双面的，背面消除是没有意义的，因为从两边都能够看到它。在线框模式下，背面消除显得并不那么重要，但只要愿意仍可以在网格数据中启用背面消除。需要做的第二件事情是，必须在局部坐标到世界坐标变换之后和相机变换之前进行背面测试。

首先，来看一看网格数据 CUBE1.PLG 中是否启用了背面消除。下面是该文件中的一个多边形描述符行：

```
# 多边形列表
0xd0f0 3 2 1 0 # 多边形 0
```

其中第一个数字是多边形描述符。本章前面讨论加载.PLG/PLX 文件的一节介绍过，在 16 位的多边形描述符中，D 位指定了多边形是否是双面的：

```
CSSD | RRRR| GGGG | BBBB
```

换句话说，D 位是第一个十六进制位中最后一个二进制位。在上述多边形描述符中，第一个十六进制位为 0xD，对应的二进制数为 1101，因此多边形是双面的。必须将多边形设置为单面的，为此，创建了另一个名为 CUBE2.PLG 的文件，附带光盘中包含这个文件。在这个文件中，D 为被设置为 0，因此多边形描述符的前 4 位为 1100（0xC）。对于上述多边形描述符，将被修改成这样：

```
# 多边形列表
0xc0f0 3 2 1 0 # 多边形 0
```

为删除背面，需要调用下述函数：

```
//  背面消除
Remove_Backfaces_OBJECT4DV1(&obj, &cam);
```

上述函数调用是在根据观察角度创建相机变换矩阵之后和执行世界坐标到相机坐标变换之前进行的，这样不可见的物体将不被执行世界坐标到相机坐标变换。

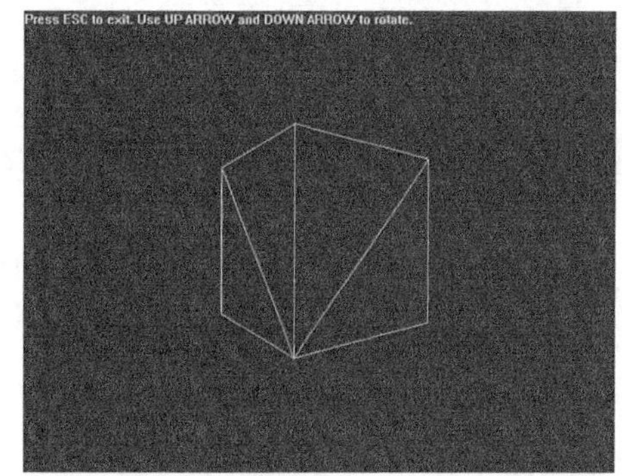

图 7.22　DEMOII7_3.EXE 的屏幕截图

图 7.22 是运行 DEMOII7_3.EXE 时的屏幕截图。用户通过按上箭头和下箭头键，可以使立方体绕 x 轴旋转。

7.5.4　3D 坦克演示程序

- 加载的物体——一辆简单坦克（TANK1.PLG）。
- 相机类型——可旋转的欧拉相机，视野为 90 度，2×2 的归一化视平面，视口大小为 400×400。
- 投影类型——先进行透视变换，然后进行视口变换。
- 3D 流水线使用的计算方法——所有函数都使用手工计算，没有变换是基于矩阵的。
- 背面消除——没有执行。

- 物体剔除——执行。
- 渲染方式——包含多个物体的渲染列表。

图 7.23 是运行 DEMOII7_4.EXE 的屏幕截图，这种截图不好捕获，但其中还是有几辆坦克。这是一个非常复杂的演示程序，首先按通常那样设置相机，然后加载坦克，并进入主循环。

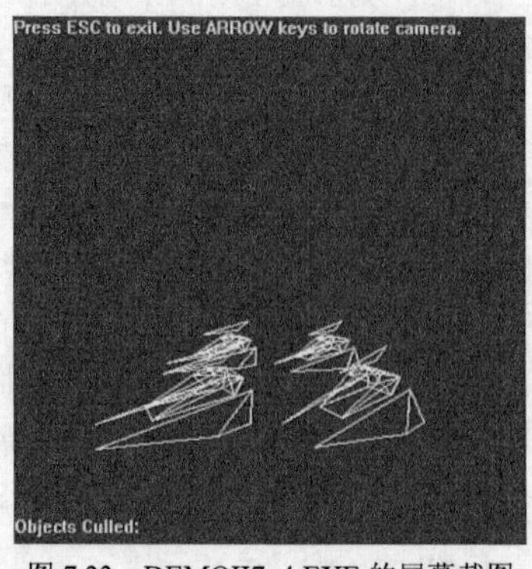

图 7.23　DEMOII7_4.EXE 的屏幕截图

在这个演示程序中，有趣的是如何创建多个坦克拷贝：这里没有加载多辆坦克，而是通过多次修改坦克的位置，并将其插入到主渲染列表中。这样，位于世界空间中特定位置的坦克的多边形将被变换，并插入到渲染列表中，使得看起来有多辆坦克。对渲染列表执行世界坐标到相机坐标变换和透视变换时，将有多辆坦克。下面是该程序的主循环中的重要代码，其中复制坦克并将其多边形插入到渲染列表中的代码为粗体：

```
int Game_Main(void *parms)
{
// 这是游戏的主干，将不断被实时地调用
// 它类似于 C 语言中的 main()函数，所有调用都在这里进行

static MATRIX4X4 mrot; // 旋转矩阵
static float x_ang = 0, y_ang = 5, z_ang = 0;
char work_string[256];

int index; // 循环变量

// 启动定时时钟
Start_Clock();

// 清空可绘制面（drawing surface）
DDraw_Fill_Surface(lpddsback, 0);

// 读取键盘和其他设备输入
DInput_Read_Keyboard();

// 游戏逻辑

// 重置渲染列表
Reset_RENDERLIST4DV1(&rend_list);

// 重置角度
x_ang = 0;
y_ang = 1;
z_ang = 0;

// 判断用户是否想旋转相机
if (KEY_DOWN(VK_DOWN))
   cam.dir.x+=1;
else
if (KEY_DOWN(VK_UP))
   cam.dir.x-=1;

// 判断用户是否想旋转相机
if (KEY_DOWN(VK_RIGHT))
   cam.dir.y-=1;
else
if (KEY_DOWN(VK_LEFT))
```

```
    cam.dir.y+=1;

  // 创建旋转矩阵
  Build_XYZ_Rotation_MATRIX4X4(x_ang, y_ang, z_ang, &mrot);
  // 对物体的局部坐标进行旋转变换
  Transform_OBJECT4DV1(&obj, &mrot, TRANSFORM_LOCAL_ONLY,1);

  // 执行物体剔除
  strcpy(buffer,"Objects Culled: ");

  for (int x=-NUM_OBJECTS/2; x < NUM_OBJECTS/2; x++)
    for (int z=-NUM_OBJECTS/2; z < NUM_OBJECTS/2; z++)
    {
    // 重置物体（仅对背面消除和物体剔除有意义）
    Reset_OBJECT4DV1(&obj);

    // 设置物体的位置
    obj.world_pos.x = x*OBJECT_SPACING+OBJECT_SPACING/2;
    obj.world_pos.y = 0;
    obj.world_pos.z = 500+z*OBJECT_SPACING+OBJECT_SPACING/2;

    // 执行物体剔除操作
    if (!Cull_OBJECT4DV1(&obj, &cam, CULL_OBJECT_XYZ_PLANES))
      {
      // 物体是可见的
      // 可以将其插入到渲染列表中
      // 执行局部/模型坐标到世界坐标变换
      Model_To_World_OBJECT4DV1(&obj);

      // 将物体插入到渲染列表中
      Insert_OBJECT4DV1_RENDERLIST4DV1(&rend_list, &obj);
      } // end if
    else
      {
      sprintf(work_string, " [%d, %d] ", x,z);
      strcat(buffer, work_string);
      }

    } // end for

  Draw_Text_GDI(buffer, 0, WINDOW_HEIGHT-20, RGB(0,255,0), lpddsback);

  // 创建相机变换矩阵
  Build_CAM4DV1_Matrix_Euler(&cam, CAM_ROT_SEQ_ZYX);

  // 背面消除
  Remove_Backfaces_RENDERLIST4DV1(&rend_list, &cam);
  // 执行世界坐标到相机坐标变换
  World_To_Camera_RENDERLIST4DV1(&rend_list, &cam);

  // 执行相机坐标到透视坐标变换
  Camera_To_Perspective_RENDERLIST4DV1(&rend_list, &cam);

  // 执行屏幕变换
  Perspective_To_Screen_RENDERLIST4DV1(&rend_list, &cam);

  // 显示程序用法说明
  Draw_Text_GDI("Press ESC to exit. Use ARROW keys to rotate camera.",
          0, 0, RGB(0,255,0), lpddsback);

  // 锁定后缓存
```

```
DDraw_Lock_Back_Surface();

// 渲染物体
Draw_RENDERLIST4DV1_Wire16(&rend_list, back_buffer, back_lpitch);

// 解除对后缓存的锁定
DDraw_Unlock_Back_Surface();

// 交换缓存（flip the surfaces）
DDraw_Flip();

// 同步到 30 帧/秒
Wait_Clock(30);

// 检查用户是否想退出
if (KEY_DOWN(VK_ESCAPE) || keyboard_state[DIK_ESCAPE])
  {
  PostMessage(main_window_handle, WM_DESTROY,0,0);

  } // end if

// 成功返回
return(1);

} // end Game_Main
```

现在读者应该知道渲染列表有多重要吧，与分别渲染各个物体相比，使用渲染列表是一种更佳的渲染方法。对于进行变换、动画、AI、逻辑等而言，使用物体是不错的，但进入渲染阶段后，最好（在执行物体剔除后）将物体分解成多边形，并将这些多边形插入到一个主渲染列表中。

7.5.5 相机移动的 3D 坦克演示程序

- 加载的物体——一辆简单坦克（TANK1.PLG）；
- 相机类型——可旋转的 UVN 相机，视野为 90 度，2×2/*ar* 的归一化视平面，视口大小为 800×600，全屏；
- 投影类型——先进行透视变换，然后进行视口变换；
- 3D 流水线使用的计算方法——所有函数都使用手工计算，没有变换是基于矩阵的；
- 背面消除——没有执行；
- 物体剔除——执行；
- 渲染方式——包含多个物体的渲染列表。

图 7.24 是 DEMOII7_5.EXE 的屏幕截图。这是已介绍过的演示程序中最复杂的，它类似于“克隆人的进攻”。这个演示程序使用 UVN 相机模型，它与其他演示程序之间的唯一差别在于，它调用函数 Build_CAM4DV1_Matrix_UVN() 而不是 Build_CAM4DV1_Matrix_Euler() 来创建相机变换矩阵。另外，使用了参数 UVN_MODE_SIMPLE，它告诉相机变换矩阵创建函数，我们只手工提供目标位置。

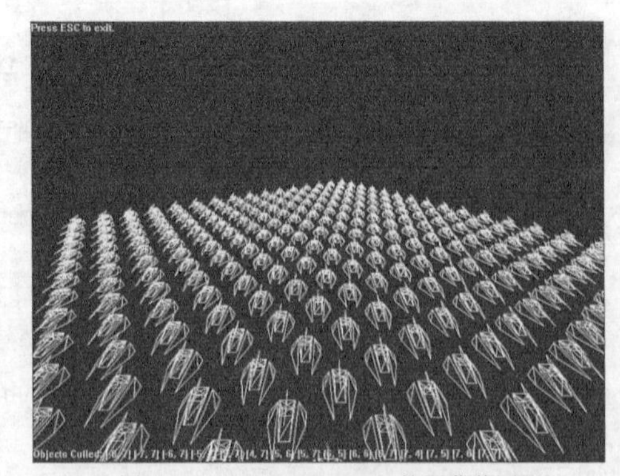

图 7.24 DEMOII7_5.EXE 的屏幕截图

因此，该函数将只计算向量 **u**、**v** 和 **n**，而不执行其他计算。函数 Game_Main() 与前一个演示程序中极其相似，但包含一项有趣的内容：计算 UVN 相机模型的相机位置。下面是计算相机位置的代码：

```
// 计算相机的新位置，相机绕圆周运动
cam.pos.x = camera_distance*Fast_Cos(view_angle);
cam.pos.y = camera_distance*Fast_Sin(view_angle);
cam.pos.z = 2*camera_distance*Fast_Sin(view_angle);

// 增加环绕角度
if ((view_angle+=1)>=360)
   view_angle = 0;

// 生成相机变换矩阵
Build_CAM4DV1_Matrix_UVN(&cam, UVN_MODE_SIMPLE);
```

图 7.25 说明了游戏世界中物体的排列情况。这是一个使用简单数学计算实现有趣的相机移动的典范。在这个演示程序中，相机沿圆周（也可能是椭圆，这取决于倍增因子）移动，同时其高度（相对于 *x-z* 平面）呈正弦波变化，这是一种很不错的相机移动轨迹。之所以能够这样移动相机，是因为使用的是 UVN 模型。在这个演示程序中，通过指定注视点和相机位置来设置相机，UVN 模型刚好能够满足这样的要求，它提供了我们所需的控制方式。相机被放在环绕目标的圆周上，而目标位于坦克群的中心。

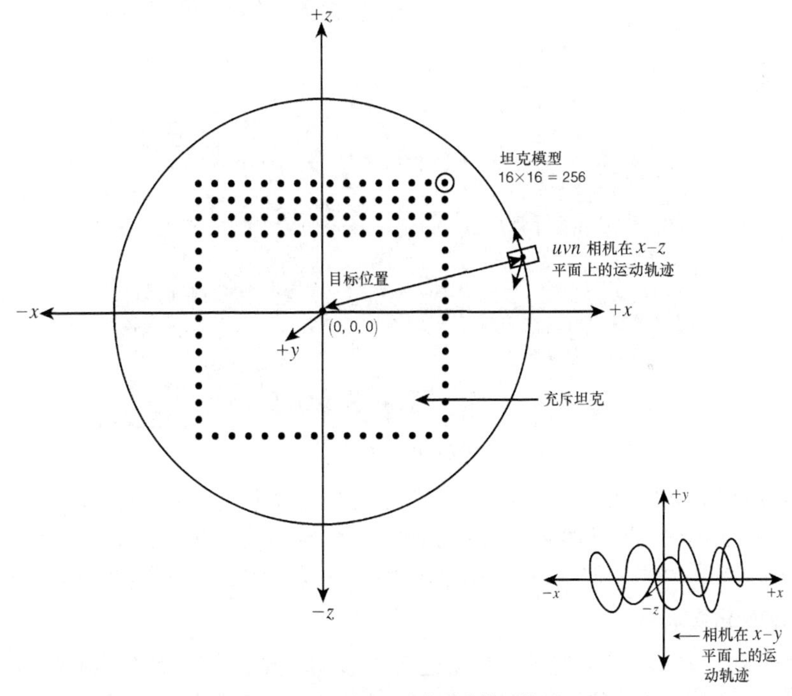

图 7.25　游戏世界中物体的排列情况

这种相机模型非常适合用于从第三者的角度观察场景。也就是说，在需要注视某个点时，可以使用 UVN 相机模型，并根据相机位置和目标位置计算 UVN 向量，进而计算旋转矩阵。然而，对于第一人称游戏（通过角色的眼睛来观察场景），基于球面坐标的 UVN 模型（即指定相机位置以及仰角和方位角）更合适。最后一个演示程序将使用这种技术：在 UVN 相机模型中使用球面坐标系。

7.5.6 战区漫步演示程序

- 加载的物体——坦克（TANK1.PLG）和高塔（TOWER1.PLG）；
- 相机类型——有方位角、可旋转的欧拉相机，视野为 120 度，2×2/*ar* 的归一化视平面，视口大小为 800×600，全屏；
- 投影类型——先进行透视变换，然后进行视口变换；
- 3D 流水线使用的计算方法——所有函数都使用手工计算，没有变换是基于矩阵的；
- 背面消除——没有执行；
- 物体剔除——执行；
- 渲染方式——包含多个物体的渲染列表。

这是至今为止最酷的演示程序。它融合了我们介绍过的所有内容，使用了一些游戏编程技巧。这个演示程序中包含三类物体：高塔、坦克和地面标记。由于使用的是线框渲染模式，难以实现深度感，因此在游戏空间中有规则地放置了大量的小型棱锥，以实现地平面假象。另外，还使用两个颜色较深的矩形来创建了天空和地面，如图 7.26 所示。

图 7.26　DEMOII7_6.EXE 的屏幕截图

对于这个演示程序，需要说明的重要内容是，通过变换主物体轻松地创建多个物体，然后将变换后的物体插入到渲染列表中，而不破坏原来的物体。当然，需要记录各个物体拷贝的位置和朝向，为此只需使用两个向量数组即可。下面描述演示程序中的各个部分及其工作原理。由于代码太多，这里只摘录其中的一些。

1．加载和初始化物体

正如前面指出的，有三类物体：坦克、高塔和地面标记。对于其中的每类物体，都有一个主物体（master object），它是最初的物体。各个物体拷贝特有的信息（这里为位置，因为物体是静止的）被存储在辅助数据结构中。下面是加载和设置物体的代码。其中对每个网格进行了缩放，有时候必须做类似于这样的调整。

```
// 加载主坦克拷贝
VECTOR4D_INITXYZ(&vscale,0.75,0.75,0.75);
Load_OBJECT4DV1_PLG(&obj_tank, "tank2.plg",&vscale, &vpos, &vrot);
```

```
// 加载玩家的坦克模型，并从第三人称的角度观察它
VECTOR4D_INITXYZ(&vscale,0.75,0.75,0.75);
Load_OBJECT4DV1_PLG(&obj_player, "tank3.plg",&vscale, &vpos, &vrot);

// 加载主高塔拷贝
VECTOR4D_INITXYZ(&vscale,1.0, 2.0, 1.0);
Load_OBJECT4DV1_PLG(&obj_tower, "tower1.plg",&vscale, &vpos, &vrot);

// 加载主地面标记拷贝
VECTOR4D_INITXYZ(&vscale,3.0,3.0,3.0);
Load_OBJECT4DV1_PLG(&obj_marker, "marker1.plg",&vscale, &vpos, &vrot);

// 放置坦克
for (index = 0; index < NUM_TANKS; index++)
  {
  // 随机放置坦克
  tanks[index].x = RAND_RANGE(-UNIVERSE_RADIUS, UNIVERSE_RADIUS);
  tanks[index].y = 0; // obj_tank.max_radius;
  tanks[index].z = RAND_RANGE(-UNIVERSE_RADIUS, UNIVERSE_RADIUS);
  tanks[index].w = RAND_RANGE(0,360);
  } // end for


// 放置高塔
for (index = 0; index < NUM_TOWERS; index++)
  {
  // 随机放置高塔
  towers[index].x = RAND_RANGE(-UNIVERSE_RADIUS, UNIVERSE_RADIUS);
  towers[index].y = 0; // obj_tower.max_radius;
  towers[index].z = RAND_RANGE(-UNIVERSE_RADIUS, UNIVERSE_RADIUS);
  } // end for
```

2. 相机系统

相机非常简单。使用的是欧拉模型，相机在游戏空间中移动，并绕 y 轴旋转。也可以修改相机相对于 x 轴的角度或仰角，但由于地平面是人造的，当仰角发现变化时，必须计算人造地平面矩形的哪些地方将发生变化，这非常麻烦。下面是移动相机的代码。请注意其中的变量 turning，它用于实现一种效果。

```
// 允许用户移动相机

//提高速度
if (keyboard_state[DIK_SPACE])
   tank_speed = 5*TANK_SPEED;
else
   tank_speed = TANK_SPEED;

// 前进/后退
if (keyboard_state[DIK_UP])
   {
   // 前进
   cam.pos.x += tank_speed*Fast_Sin(cam.dir.y);
   cam.pos.z += tank_speed*Fast_Cos(cam.dir.y);
   } // end if

if (keyboard_state[DIK_DOWN])
   {
   // 后退
   cam.pos.x -= tank_speed*Fast_Sin(cam.dir.y);
   cam.pos.z -= tank_speed*Fast_Cos(cam.dir.y);
   } // end if
```

```
// 旋转
if (keyboard_state[DIK_RIGHT])
   {
   cam.dir.y+=3;

   // 让坦克稍微转向
   if ((turning+=2) > 15)
    turning=15;

   } // end if

if (keyboard_state[DIK_LEFT])
   {
   cam.dir.y-=3;

   // 让坦克稍微转向
   if ((turning-=2) < -15)
    turning=-15;

   } // end if
else // 重新摆直
   {
   if (turning > 0)
     turning-=1;
   else
   if (turning < 0)
     turning+=1;

   } // end else

// 创建相机变换矩阵
Build_CAM4DV1_Matrix_Euler(&cam, CAM_ROT_SEQ_ZYX);
```

上述代码很简单。根据用户按下的键，相机位于沿一个向量移动，该向量取决于当前的方位角（与 y 轴之间的夹角）。由于位于 x-z 平面上，因此移动相机的代码如下：

```
cam.pos.x += tank_speed*Fast_Sin(cam.dir.y);
cam.pos.z += tank_speed*Fast_Cos(cam.dir.y);
```

另外，相机旋转只不过是更新变量 cam.dir.y 而已，因为上述代码清单的最后函数调用使用它来创建相机变换矩阵。比较有趣的是变量 turning 及其用途。如果读者运行该演示程序，将看到屏幕的最前面有一辆坦克，这表示玩家的位置。如果玩家按下左或右箭头键，这辆坦克将缓慢地改变方向，玩家松开这些键后，坦克将回到原来的方向。这是通过使用变量 turning 来跟踪转向状态实现的。玩家转向时，总角度被限制在某个值以下（这里为 15 度），达到这个值后，便不能进一步转向。玩家停止转向后，坦克将重新回到原来的方向。这是一种非常酷的效果，只需要几行代码就可实现，很多第三人称赛车游戏都使用。当然，在基于物理学的模拟中，这项工作是由物理模型完成的，但就我们的目的而言，现在这样做是可行的。

3. 生成游戏世界

游戏世界（arena）由大量静态物体组成。这些物体是通过复制主物体得到的，它们被放置在游戏世界中固定的位置上。各个物体是通过重新指定主物体的位置，对其进行变换并插入到主多边形渲染列表中（执行了物体剔除）来创建的。这种方法的优点在于，原来的物体没有损坏。由于只使用变换后的顶点，因此原来的模型毫发未损。在物体数据结构中，包含两个存储顶点数据的数组。下面是将所有的高塔模型加入到游戏世界中的代码：

```
// 将高塔加入到游戏世界中
for (index = 0; index < NUM_TOWERS; index++)
  {
  // 重置物体（仅对背面消除和物体剔除有意义）
  Reset_OBJECT4DV1(&obj_tower);
// 设置高塔的位置
obj_tower.world_pos.x = towers[index].x;
obj_tower.world_pos.y = towers[index].y;
obj_tower.world_pos.z = towers[index].z;

// 执行物体剔除操作
if (!Cull_OBJECT4DV1(&obj_tower, &cam, CULL_OBJECT_XYZ_PLANES))
   {
   // 物体是可见的
   // 可以将其插入到渲染列表中
   // 执行局部/模型坐标到世界坐标变换
   Model_To_World_OBJECT4DV1(&obj_tower);

   //将物体插入到渲染列表中
   Insert_OBJECT4DV1_RENDERLIST4DV1(&rend_list, &obj_tower);
   } // end if

} // end for
```

是不是很简单？最后来看看对玩家的坦克模型的处理方式。

4．渲染玩家的坦克模型

当前，我们的引擎并不太先进，无法将相机固定在物体上，并随物体一起移动。我们必须手工实现这种效果。在这个演示程序中，相机的位置是已知的，因此可以基于相机的方位角来完成这项工作。将坦克模型放在相机前面较合适的位置（约 400 个单位），并使其高度位置比相机稍低。然后，根据当前的观察角度旋转该坦克模型（该模型不同于物体放置函数使用的坦克模型），然后对局部坐标到世界坐标变换，这样便得到了一辆表示玩家的坦克。

完成上述任务的代码很短：

```
// 将玩家的坦克加入到游戏世界中
// 重置物体（仅对背面消除和物体剔除有意义）
Reset_OBJECT4DV1(&obj_player);

// 设置坦克的位置
obj_player.world_pos.x = cam.pos.x+400*Fast_Sin(cam.dir.y);
obj_player.world_pos.y = cam.pos.y-50;
obj_player.world_pos.z = cam.pos.z+400*Fast_Cos(cam.dir.y);

// 生成绕 y 轴旋转的旋转矩阵
Build_XYZ_Rotation_MATRIX4X4(0, cam.dir.y+turning, 0, &mrot);
// 对物体的局部坐标执行旋转变换
Transform_OBJECT4DV1(&obj_player, &mrot, TRANSFORM_LOCAL_TO_TRANS,1);

// 执行局部坐标到世界坐标变换
Model_To_World_OBJECT4DV1(&obj_player, TRANSFORM_TRANS_ONLY);

// 将物体插入到渲染列表中
Insert_OBJECT4DV1_RENDERLIST4DV1(&rend_list, &obj_player);
```

请注意其中的粗体代码，这行代码在当前方位角的基础上加上一个很小的转向角度，以实现转向效果。

注意：虽然在大多数演示程序中，使用的是 16 位的颜色；但不幸的是，使用软件光栅化和 16 位颜色来绘制着色和纹理映射图形时，难以得到合理的填充速度。为提高速度和演示调色板颜色模式下的优化方法，很多工作都将在 8 位颜色模式下来完成。

7.6 总　结

本章介绍的内容很多，同时编写了大量的代码，作者的手指都快磨破了，但这是值得的。读者可以根据自己编写 3D 引擎的需要学习相应的内容，但作者希望知道所有细节和完成工作的各种方法，但愿读者也是如此。本章介绍了大量的基本知识，如 3D 数据结构、从磁盘中加载物体、局部坐标到世界坐标变换、世界坐标到相机坐标变换、相机坐标到透视坐标变换、屏幕变换、物体剔除、背面消除、何时使用 4D 坐标、为何使用矩阵并非总是最佳的变换方式、以线框模式渲染物体、UVN 相机模型以及大量的演示程序。下一章将使用着色技术和光照来提高 3D 物体的真实感；处理 3D 裁剪，这项工作不能再往后推了；还需要编写一个更好的模型加载函数。